干旱驱动机制与模拟评估

赵　勇　翟家齐　蒋桂芹
吴　迪　屈吉鸿　刘文琨　著

科　学　出　版　社
北　京

内 容 简 介

本书系统探讨了气象干旱、水文干旱和农业干旱的形成机理和驱动机制，构建了干旱评估指标与方法，提出了气候变化和人类活动影响下流域和区域尺度分布式干旱模拟与评估方法，并以海河流域北系、渭河流域、澜沧江-湄公河流域和全国尺度为典型研究案例，模拟和评估了流域和区域尺度气象干旱、水文干旱和农业干旱演变规律，提出了我国干旱综合应对战略。

本书对深入认知干旱驱动机制、模拟演化、灾害评估，以及干旱管理应对具有一定的理论和实践指导意义，可供从事水文水资源、农业水管理、灾害学等相关专业的科研和管理人员参考使用，也可供大专院校有关专业师生参考阅读。

图书在版编目(CIP)数据

干旱驱动机制与模拟评估／赵勇等著．—北京：科学出版社，2017.9
ISBN 978-7-03-054582-4

Ⅰ.①干…　Ⅱ.①赵…　Ⅲ.①干旱-评估　Ⅳ.①P426.616

中国版本图书馆 CIP 数据核字（2017）第 231023 号

责任编辑：刘　超／责任校对：彭　涛
责任印制：肖　兴／封面设计：无极书装

科学出版社 出版
北京东黄城根北街 16 号
邮政编码：100717
http://www.sciencep.com

中国科学院印刷厂 印刷
科学出版社发行　各地新华书店经销
*
2017 年 9 月第　一　版　开本：787×1092　1/16
2017 年 9 月第一次印刷　印张：23 3/4
字数：563 000

定价：188.00 元

前　言

干旱从古至今都是人类面临的主要自然灾害，通常指长期无雨或少雨，水分不足以满足人的生存和经济发展的气候现象。随着经济社会发展、人口增加和全球气候变暖影响，极端干旱灾害事件发生得越来越频繁，水资源短缺现象越来越严重，干旱范围和持续时间都存在增加的趋势，已成为全球最常见、最严重的自然灾害之一。干旱不仅会造成水资源短缺，对工农业生产和居民生活用水安全也造成影响，甚至还会给生态环境带来巨大危害，影响国民经济的可持续发展。我国地理位置西靠欧亚大陆，东临太平洋，季风气候显著，是干旱灾害最严重、最频繁的国家之一，平均每年有2000多万公顷农田因旱受灾，占各类灾害影响面积的60%以上。近年来我国北方地区干旱加重的同时，南方和东部丰水地区干旱问题也日益严重。2009～2010年，西南地区发生了跨越秋、冬、春三个季节的持续性干旱事件，其维持时间之长、覆盖范围之广、灾害程度之重，均属历史罕见。

干旱受气候、地形地貌、土壤地质条件、植被、人类活动等因素的共同影响，是一个逐步积累的十分复杂的动态过程，其分类方式多样，国际上较为流行的是将干旱分为气象干旱、水文干旱、农业干旱和社会经济干旱四类，由于社会经济干旱涉及要素复杂，当前研究还处于概念探讨层面，本书重点针对气象干旱、水文干旱和农业干旱进行研究。揭示干旱驱动机制、模拟干旱演化规律、评估干旱灾害程度，是应对干旱的关键科学技术问题，本书从自然–社会二元水循环系统角度出发，围绕干旱驱动机制、过程模拟和灾害评估三大问题，分析干旱形成过程，识别干旱驱动因素，探讨干旱作用机制，开展气候变化和人类活动影响下海河北系、渭河流域、澜沧江–湄公河流域及全国尺度干旱模拟分析和系统评估。

本书共分为九章，第1章分析了我国干旱发生形势和管理需求，总结了干旱驱动机制、过程模拟和灾害评估的研究进展，指出了干旱研究亟待解决的问题；第2章探讨了气象干旱、水文干旱和农业干旱的形成机理和驱动机制，辨析了气象干旱、水文干旱和农业干旱的关联关系；第3章构建了干旱评估框架，提出了区域干旱评估指标与方法。第4章介绍了团队历时十多年研发的分布式水循环模拟模型（WACM），提出了流域尺度分布式干旱模拟与评估方法。第5章开发了大尺度水量平衡模型，提出了区域大尺度干旱模拟与评估方法。第6章介绍了气候变化背景下干旱模拟与评估方法。第7章以海河流域北系和渭河流域为典型案例，模拟和评估了人类活动影响下流域干旱驱动机制和演变规律。第8章以澜沧江–湄公河流域为典型案例，模拟和评估了气候变化影响下水文干旱、气象干旱和农业干旱演变规律。第9章分析了我国干旱时空变化特征，提出了干旱综合应对战略。

本书注重多学科的交叉融合，凝聚了作者近年来针对干旱研究的最近进展，对于深入认知干旱驱动机制、模拟演化、评估灾害，以及干旱管理应对具有一定的理论和实践指导意义，可为相关科学研究和管理决策部门提供参考。

本书的研究工作得到了国家自然科学基金项目（51379216，51309249）、国家重点研发计划项目（2016YFC0401407）、国家重点基础研究发展计划（973 计划）项目（2010CB951100）的共同资助。本书的撰写分工为：第 1 章由赵勇、李海红执笔；第 2 章由蒋桂芹、赵勇、肖伟华执笔；第 3 章由蒋桂芹、翟家齐、王丽珍执笔；第 4 章由翟家齐、刘文琨、王丽珍、何国华执笔；第 5 章由赵勇、屈吉鸿、何凡执笔；第 6 章由赵勇、吴迪、朱永楠、翟家齐执笔；第 7 章由翟家齐、蒋桂芹、刘文琨、王庆明执笔；第 8 章由赵勇、吴迪、李海红、姜珊、周婷执笔；第 9 章由屈吉鸿、赵勇、何凡、秦长海执笔。全书由赵勇与翟家齐统稿。

本书研究和写作，得到了王浩院士、张建云院士、裴源生教授等专家的大力支持和帮助，在此表示衷心的感谢。干旱驱动机制和模拟评估研究现今仍处于探索完善阶段，本书仅是起到抛砖引玉的作用，研究内容还需要不断充实完善。由于作者水平所限，书中难免存在疏漏之处，恳请读者批评指正。

作　者

2017 年 2 月于北京

目　　录

第1章 干旱问题及其研究进展

1.1 干旱问题与发展形势

干旱问题古来有之，是人类历史上分布最为广泛的自然灾害之一，全球超过一半的陆地表面遭受干旱的严重威胁，干旱不仅是导致生态系统与环境恶化的重要因素，也是饮水安全、粮食安全、经济社会发展的重要障碍。近年来，气候变化影响不断加剧，干旱频率、强度和持续时间呈显著增大态势（Mishra and Singh，2010），1968～1972年，从非洲萨赫勒和苏丹开始，发生了一场几乎蔓延全世界的大干旱，涵盖西非大陆、东亚、东南亚、苏联欧洲部分、美洲中南部、大洋洲等地区，给多个领域造成严重后果，特别是粮食、饮水和能源领域（WMO，2016）。未来几十年，干旱形势依然严峻，研究预测认为，未来全球大部分地区因蒸发量增加和土壤水分减少，干旱化趋势明显，持续干旱将对非洲、东南亚、南欧等地区，以及澳大利亚、巴西、智利和美国等国家造成严重影响（IPCC，2012）。与此同时，在人口持续增长、城市不断扩张、经济规模不断加大，以及全球气候变化和人类活动交织影响下，预计未来温室气体排放量仍将持续增加，干旱面积仍将显著扩大（Yi et al.，2014），尤其是干旱半干旱区面积将会加速扩张，且主要发生在发展中国家，使其面临土地进一步退化、加剧贫穷的风险（Huang et al.，2015）。干旱影响具有显著的累积效应，已然成为制约未来经济社会可持续发展的重要因素之一，如何科学应对和管理成为当前面临的迫切问题。

1.1.1 中国历史干旱问题回顾

中国特殊的地理气候条件，决定了降水年内时空分布不均、年际变化大，且历来是一个旱灾频发的国家。据中国水旱灾害公报不完全统计结果，自公元前206年至1949年的2155年间，干旱灾害有1056次，其中造成10万人以上死亡的水旱灾害时有发生（国家防汛抗旱总指挥部和中华人民共和国水利部，2007）。其中，北方干旱发生较多，受旱和成灾面积大，且发生连续多年干旱，灾情比较严重。1489～1948年的479年间，全国重大旱灾年共有51年，其中10个以上的省（自治区、直辖市）范围内遭受旱灾的年数有35年，1528～1529年、1637～1642年、1874～1879年、1899～1900年、1928～1930年、1941～1943年为持续特大干旱年段。在此期间还有1785年、1835年、1920年、1943年等重旱年。

从历朝历代灾害发生情况来看，据史料记载，早在夏代末年（公元前1809年前后），伊洛河流域遭遇大旱，造成“伊洛竭而夏亡”，旱灾成为夏衰落的重要原因（邓拓和冯天瑜，2012；光明网，2010）。商朝成汤十八年至二十四年（公元前1766～前1760年），连续七年大旱，导致河流干涸、井水枯竭，造成“赤地千里，民无死所，白骨遍野”的凄惨景象；商末再次出现大旱饥荒，以至于当时的文王所在之周原，不得不将都城迁徙至程邑，三年后才从程邑迁回封邑；西周末期、春秋末期至战国初期，也是旱灾较为集中的时期，其中周朝末年（公元前803～前780年），连续旱灾与大地震交织，直接加速了西周的衰亡（刘继刚和袁祖亮，2008）。秦汉时期，旱灾记录全部出现在两汉，共123次，其中西汉46次、东汉77次（焦培民等，2009），汉武帝时期是旱灾较多的一段时期（公元前141～前87年），发生大旱14次，其中元封元年至元封六年（公元前110～前105年），6年间5年发生大旱，随后发生连续4年蝗灾（公元前105～前102年），农业荒废，百姓困顿，人口大减（张文华，2003）；至王莽建平四年（公元前3年），“连年久旱，亡有平岁，北边及青徐地，人相食……饥民死者十七八”。魏晋南北朝时期（张美莉，2009），200年间发生旱灾112次，3年及3年以上的连旱出现9次，晋怀帝永嘉三年（公元309年），遭遇大旱，长江、汉水、黄河、洛水皆干，可轻易涉水而过，直接诱发“永嘉之乱”。隋唐五代时期（闵祥鹏和袁祖亮，2008），旱灾发生186次，尤其是唐朝后期，开始进入季风异常的干旱少雨期，其中大和三年到开成五年（829～840年）出现连续12年的旱灾记录，此外该时期区域政治经济的变迁也对旱灾的出现产生了明显影响，突出表现为唐朝中后期淮南、江南人口、税赋比重大幅提升，该地区旱灾记录也显著增加。宋代由于气候进入干冷期，其旱灾频度与广度较唐代时期更胜，320年间发生旱灾259次，其中宋太宗瑞拱二年至淳化三年（989～992年），河南、山东、河北多地连续大旱，北宋明道二年（1033年），南方大旱，百姓流离失所，饥荒成灾（邱云飞和袁祖亮，2008）。元代1260～1360年，104年中有89年发生旱灾，且大旱灾、长时间旱灾很多，如元中期（1326～1330年）连续五年大旱，范围遍及河北、河南、山西、陕西等地，导致流民达200多万，疫病大作，死亡众多（和付强和袁祖亮，2009）。明代时期旱灾无论是频次还是强度、广度皆胜以往，202年间发生旱灾728次，最长连旱达34年，超过9年的连旱发生了6次，最著名的就是明末“崇祯大旱”，直接加快了明朝的覆亡（邱云飞等，2009）。清代时期，有242年发生旱灾，大小旱灾共计625次，山东、浙江、湖北、河北四省旱灾最为频繁，康熙时期旱灾最为集中，影响上则以光绪时期的“丁戊奇荒”（1876～1878年）和乾隆五十年（1785年）最为突出，其中“丁戊奇荒”受旱范围涉及山西、河南、直隶[①]、山东等地的285县，受影响人口多达2亿人，2000万人逃荒外地，1000万人死于饥荒和疫病（朱凤祥和袁祖亮，2009）。

近现代以来，民国时期干旱广发、频发，加之国家动乱，经济贫弱，每遇旱情多成大灾，如1920年，山东、河南、山西、陕西、河北等省遭受40多年未遇的大旱，灾民2000万，死亡近50万人；1928～1929年，华北、西北、西南等13省区535县大旱，陕西全境受灾人口达940万人，死亡近250万人；1942年，中原大旱，仅河南一省饿死、病死者即

① 直隶：晚清直隶省所辖区域包括今河北省大部地区及北京市和天津市。

达 300 万人。

1.1.2 中国干旱发展现状与形势

(1) 中国旱灾发展现状

受全球气候变化的影响，近半个世纪以来中国大部分地区增温明显，北方地区尤为明显，我国的降水时空分布格局明显变化，尤其是在 1980 年前后，主要雨带由我国华北地区逐渐向长江流域和华南地区南移，北方地区尤其是黄淮海地区进入少雨阶段，干旱问题日益凸显，加上人类活动不断增强，干旱的影响范围和领域不断扩大，已从农业、农村发展到生态、城市，成为困扰区域经济社会发展的重大问题（国家防汛抗旱总指挥部办公室，2010）。

据统计，1949 年中华人民共和国成立以来，旱灾依然频发，几乎是无年不旱，其中 1959 ~ 1961 年、1978 ~ 1983 年两次大范围高强度的干旱给国民经济发展及社会稳定造成重大影响。近 60 年来全国年平均受旱面积 2087 万 hm^2，其中成灾面积 937 万 hm^2，全国平均因旱损失粮食 163 亿 kg/a，其中有 13 年发生严重干旱灾害，平均受旱面积达 3466 万 hm^2，成灾面积 1760 万 hm^2，干旱受灾率和成灾率分别以每 10 年 1.7% 和 1.4% 的速度在递增，特别是 1990 年以来，干旱影响范围明显扩张，其中，2000 年和 2001 年是受旱成灾最为严重的年份，受灾率达 36% 以上，成灾率达 22% 以上，是 1990 年以来受旱成灾率最高年份，如图 1-1 所示（国家防汛抗旱总指挥部和中华人民共和国水利部，2012 ~ 2016；邱海军等，2013）。到 2015 年，全国供用水量已达到 6103.2 亿 m^3，干旱进一步加剧了我国水资源短缺矛盾，直接影响我国经济社会发展和公共安全。

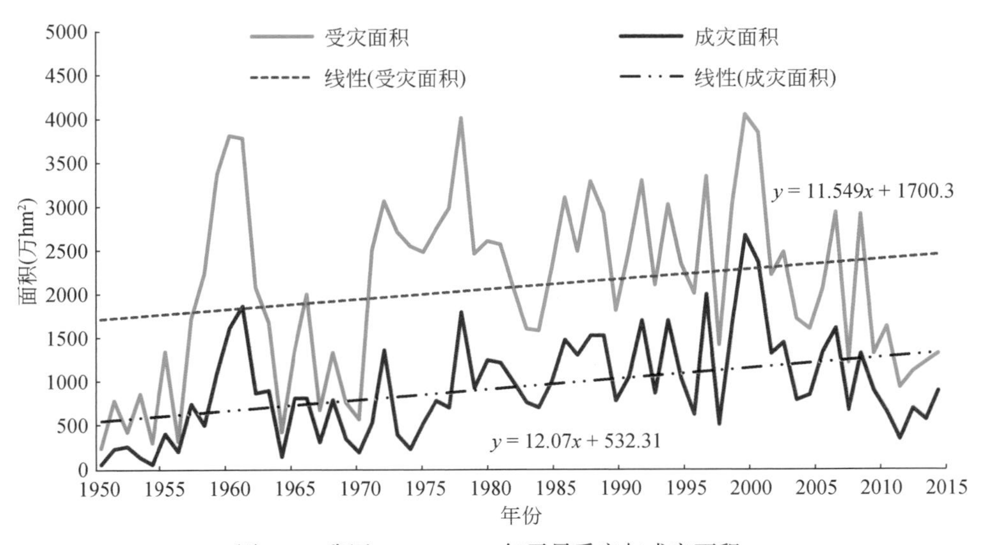

图 1-1 我国 1950 ~ 2015 年干旱受灾与成灾面积

(2) 中国干旱类型与时空分布

中国干旱季节分布主要为春夏旱、春旱、夏秋旱和夏旱四个种类型，这四类干旱易发县数占全国县区总数的92.5%。其中，北方的易旱季节主要以春夏旱和春旱为主，共有1244个县易发生这两类干旱，占北方县区总数的83.5%，占全国县区总数的43.5%；南方则以夏秋旱和夏旱为主，共有706个县易发生这两类干旱，占南方县区总数的51.4%，占全国县区总数的24.7%。具体空间分布如下：

春夏旱：主要分布在河北北部和东南部、山西全部、内蒙古大部分地区、辽宁和吉林的西部、黑龙江西南部和东北部、江苏北部、安徽北部和中东部、河南北部、湖北中东部、四川大部分地区、贵州中部、西藏东部和西部、陕西中部和北部、甘肃大部分地区、青海东部，以及宁夏和新疆的大部分地区。

春旱：主要发生在北京和天津全部、河北东北部和西南部、内蒙古东北部、辽宁中部和东部、黑龙江中部和西北部、山东大部分地区、湖北中南部、湖南北部、广西西部和南部、贵州西部、云南西部和东南部、西藏中部和北部、青海中部和西部、宁夏北部，以及新疆中部。

夏秋旱：主要发生在江苏东南部和西南部、浙江全部、安徽南部和中北部、江西中部和南部、河南南部、湖北北部、湖南中部和南部、广东北部、广西东部、重庆西部，以及四川东部。

夏旱：主要分布在吉林中部和东部、江苏中南部、安徽西部和中南部、福建大部分地区、江西局部地区、山东东南部、湖北东南部和西南部、湖南西北部和东北部、重庆大部分秋、贵州东部、陕西南部、甘肃西北部，以及新疆北部。

1.1.3 中国干旱灾害管理现状

干旱灾害管理是指按照经济、社会可持续发展的原则，协调人与干旱之间的关系，理性地规范和调控干旱灾害的发生和发展过程，并增强自适应能力等一系列活动的总称（吕娟，2013）。早期的干旱管理都具有强烈的“临时”和“应急”色彩，主要是针对已经发生的干旱问题采取一些缓解性措施，随着社会的发展进步及其对干旱风险管理的需求，目前的干旱灾害已经逐步从“应急”走向“常态”，有关干旱的政策法规制定、干旱规划及预案编制，干旱监测系统建设、抗旱队伍建设及抗旱物资储备体系等相继展开，促进了我国干旱灾害管理的不断发展进步。

(1) 干旱灾害管理机构设置

在干旱灾害管理的政府机构设置方面，我国早期的干旱灾害的重灾区集中在农村和农业生产，因此抗旱的管理主要集中在这些方面。历朝历代在旱灾的预防和应对方面，通过仓储制度、荒政制度等积累了丰富的经验，早在汉代，仓储制度已经具有相当规模，除了设置国家大粮库太仓，各郡国、地方也都设置了地方粮库，在应对灾荒、战争等社会性饥荒发挥了重要作用。因而该制度历经千年，不断发展完善，到清朝康乾盛世成为历史上仓储制度发展的高峰。此外，政府还通过修建各种水利工程以减轻和预防洪旱灾害，如都江堰、郑国渠、白渠等。民国时期，设置了全国性的专职机构——赈灾委员会为代表的政府灾害应对体系，负责洪灾、旱灾等事宜，并制定了相应的法律法规，但受国情财力限制，区域之间、部门之间都难以协调，实际收效甚微。1949 年，中华人民共和国成立后，逐步建立了门类齐全、按灾种划分的灾害分类管理系统，到 20 世纪 60 年代，我国抗旱管理的职能机构为农田水利局，先后由农业部、水利部、水利电力部主管。1971 年，设置中央防汛抗旱指挥部，由总参谋部、国家计划委员会、商业部、交通部、农林部、财政部、水利电力部等组成，办事机构设在水利电力部。1977 年，设置抗旱领导小组，由当时的农林部主管，办事机构也设在农林部。1979 年，抗旱领导小组办事机构设置在水利电力部，由国家计划委员会副主任任组长，水利部部长任副组长，之后各省、市、县也相继成立了抗旱机构。1988 年，设立国家防汛总指挥部，防汛抗旱办公室设置在水利部。1992 年，设立国家防汛抗旱总指挥部，办事机构设在水利部，国务院其他部门为成员单位，此后基本延续这一应对体系。

（2）干旱灾害管理应对措施

在干旱灾害管理的应对措施方面，主要分为工程措施和非工程措施两大类：

1）工程措施主要是通过建设以蓄水、引水、提水、扬水、跨流域调水工程等为主，闸坝、泵站、塘坝、窖池、机井等小工程为辅的抗旱减灾工程体系，结合已有水源工程的扩建、加固改造，或利用已有水源工程增建引提水措施，新建地表水、地下水及非常规水源工程，使现有水源工程通过改扩建具备抗旱应急供水能力，无建设水源工程条件的地方，因地制宜建设集雨工程，形成点、面相结合的抗旱应急供水系统，全面提高抗旱应急供水能力。据第一次全国水利普查成果统计，全国共有 10 万 m^3 及以上的水库 97 985 座（其中已建水库 97 229 座，在建水库 756 座），总库容 9323.77 亿 m^3，兴利库容 4699.01 亿 m^3，形成供水能力 2860.68 亿 m^3；过闸流量 $1m^3/s$ 以上的水闸 26 370 座，各类泵站 424 293 处，农村供水工程 5887.1 万处，塘坝工程 456.3 万处（总容积 300.89 亿 m^3，2011 年灌溉面积 7583.3 万亩①，供水人口 2236.3 万人），窖池工程 689.3 万处（总容积 2.51 亿 m^3，2011 年实际抗旱补水面积 872.2 万亩，供水人口 2426.0 万人）。另外还建成南水北调东线、南水北调中线、引滦入津、引黄济青、引黄入晋等一系列跨流域调水工程，为缓解农业旱情、保障城乡供水安全、修复生态系统功能发挥了重要的作用。

2）非工程措施，主要包括法律、政策法规、抗旱规划、抗旱预案、旱情监测与管理系统、抗旱组织机构等方面，构建全面的旱情监测预警系统、抗旱指挥调度系统和抗旱减灾保障体系。1988 年 1 月 21 日，新中国第一部水的基本法《中华人民共和国水法》（以下简称《水法》）诞生，2002 年新修订的《水法》开始实施，其中明确提出旱情紧急情况下的水量调度预案制定、批准和执行要求。为了预防和减轻干旱灾害及其造成的损失，保障生活用水，协调生产、生态用水，促进经济社会全面、协调、可持续发展，2009 年 2 月 26 日，《中华人民共和国抗旱条例》正式施行。此后，安徽、浙江、云南、天津等各省区相继制定出台了抗旱条例。2011 年，《全国抗旱规划》获得国务院批复通过。近年来，全

① 1 亩 = $666.7m^2$。

国省、市、县各级逐步建立了旱情统计和报告制度、旱情会商制度、旱情发布制度、水量统一调度制度、抗旱预案制度等，形成了相对完善的抗旱预案与规划体系，并借助于信息技术的飞速发展加强了遥感、地面等旱情监测系统建设，为农业抗旱、城市供水保障、农村饮用水安全等奠定了坚实的基础。

(3) 干旱灾害管理思想

在干旱灾害管理思想的发展与转变方面，我国在应对干旱灾害等自然灾害的总体思想采取的是危机管理方式，即灾害发生后才做出反应，临时采取应急管理措施或对策。这些应急措虽然在一定程度上缓解了灾害带来的损失，但由于缺乏充足和有针对性的对策和计划，主要考虑眼前的、局部的抗灾减灾，缺乏长远的、全局的预防措施，在人力、物质调配等诸多方面都难以实现高效运转，许多应急措施的实施效果有限。在2000年以来，国家开始全面反思和调整抗旱的指导思想，2003年国家防汛抗旱指挥部正式提出了“两个转变”的战略指导思想，即“由控制洪水向洪水管理转变，由单一抗旱向全面抗旱转变”，实现从被动抗旱向主动防旱、科学防旱转变，从应急抗旱向常态化抗旱和长期抗旱转变。这一新的防旱抗旱战略新思路的提出，客观上要求干旱灾害的管理应当从经济社会发展的需求出发，从传统的农业和农村领域扩展到城市、生态领域，兼顾农业、社会、经济和生态的整体效益。新的抗旱防旱战略思想实施以来，抗旱效益十分明显，我国干旱灾害管理的水平和应对能力得到了质的飞跃。

(4) 中国干旱灾害管理与国外的对比

虽然中国干旱灾害管理取得了长足的发展和提升，但是与国外先进水平相比较，仍然存在一定的差距。以国际上比较具有代表性的美国和澳大利亚为例，在20世纪80年代就已经提出了干旱灾害风险管理理念，即通过在干旱发生前就制定干旱预案、根据干旱发展的不同阶段，采取不同的防旱抗旱减灾措施，是一种主动的、有准备的、周密和有效的防旱减灾管理模式（顾颖，2006）。此外，两国还据此构建较为完备的法律、政策、保险管理体系。总体上看，我国目前实行的主动抗旱思想与风险管理思想基本相近，较美国、澳大利亚等发达国家晚了10～20年，但我国干旱灾害管理进步迅速，尤其是构建的“统一领导、分级负责”组织管理体系在应对巨灾、大灾时，反应更加迅速、运行效率更高，更具有优势；与国外差距较大的方面主要是干旱灾害信息的监测、采集与共享（资料系列短、不全面、难共享），干旱灾害的市场保险机制、社会民众的风险意识教育等，这在一定程度上限制了我国干旱灾害致灾机理研究、旱灾管理的科学化水平与社会应对能力的提升。

1.2 干旱驱动与评估研究进展

1.2.1 干旱驱动机制研究进展

影响干旱的驱动要素主要包括自然和人类活动两大类。目前对这两类因素的驱动机制研究主要集中在气象干旱或农业干旱事件，从大气环流、气象要素特征、土壤墒情等方面进行分析和探讨，缺乏从多尺度水循环全过程和多系统要素相互作用关系入手系统分析和研究干旱的形成机理与反馈效应。

（1）干旱的气候驱动机制方面

不同时空尺度下，干旱的形成与主要驱动要素也存在明显差异。Dai（2011）分析了全球干旱特征变化，指出气候变暖增加了大气水分需求，进而影响大气环流模式，诱发干旱，气候变化是导致干旱的主要因素。

在大区域尺度上，大系统环流相互作用，导致区域大气环流异常、不利于水汽输送是导致区域干旱的主要原因。张庆云等（2002）指出亚洲中低纬位势高度场偏高，华北地区主要受高压中心控制是该区域夏季干旱发生的基本条件，夏季欧亚 35°～45°N 中纬度带遥相关型（EU）的存在是华北地区干旱灾害的主要环流型。1999～2000 年华北地区极端干旱现象与此有关，来自南海的水汽输送比湿润年份弱得多，而高空气流强烈下沉，引起空气绝热增温，近地面感热增加使气温持续升高，局地下垫面非绝热强迫作用与大陆暖高压加强形成正反馈过程，有利于干旱维持和发展。李维京等（2003）对中国北方干旱成因进行了初步分析，指出亚洲季风、东亚阻塞高压和西太平洋副热带高压是直接影响夏季降水和旱涝趋势的三个主要东亚环流系统，东面的海洋和西面的高原是间接影响夏季降水的主要下垫面热力因素，但未能揭示各种因素间的相互作用。周秀洁等（2011）在分析 1954～2009 年黑龙江夏季干旱气候成因中指出，大部分年份的干旱发生在拉尼娜事件或赤道东太平洋为冷水位相，副高较弱及偏东和北界偏北地区，来自欧亚大陆 40°～50°N 与孟加拉湾和南海的水汽输送通道明显减弱或消失。琚建华等（2011）在云南干旱成因研究中指出，热带季节内振荡（MJO）和北极涛动（AO）的持续异常会对全球大气环流产生影响，同样会对东亚地区的旱涝造成影响，二者持续异常会影响云南地区降水变化。卫捷等（2004）对 1999 年及 2000 年夏季华北严重干旱的物理成因进行了分析，指出在 35°～55°N 纬度带内的静止波列的遥相关强迫作用和干旱区域下垫面异常的反馈作用是干旱形成的两个重要因子。这一异常环流相当稳定，造成长期无雨或少雨；下垫面近地面层蒸发减少，减弱局地水平衡，使异常环流长时间维持。在持续干旱地区，土壤含水量极低，夏季强烈的太阳光照射地面，直接加热近地面的大气，使近地面空气相对湿度变小，温度升高，抑制云的生成，进一步加剧干旱。沈晓琳等（2012）通过分析台站观测的降水、气温长系列资料和美国 NCEP/NCAR 再分析月平均资料认为，2010 年华北地区秋冬季的持续性干旱与大气环流及海温异常密切相关，可能与北极涛动（AO）和拉尼娜事件影响有关。王素萍等（2010）分析了 2009～2010 年冬季全国干旱的成因，认为干旱区气流明显的下沉运动是导致干旱少雨的动力因子，没有足够的水汽条件是导致干旱少雨的另一因子。陈权亮等（2010）对 2008～2009 年冬季我国北方特大干旱成因进行了分析，认为从青藏高原南侧到西南、华南地区的下沉气流减弱了西南方向偏西气流的水汽输送，导致降水减少，是引起干旱的主要原因。朱业玉等（2011）利用河南省历史旱灾资料和 NCEP 再分析资料，分析了河南省旱灾产生的原因，认为年内降水分配不均、无降水日数多是河南省干旱频发的成因之一，而冷、暖空气均偏弱导致其无法在黄淮流域交汇是导致干旱频发的另一原因。刘秀红等（2011）对山西省春季干旱的原因进行了探讨，认为在干旱年份，山西北部盛行北风，中南部盛行西风，整个春季多干冷气流，而西南气流大大弱于常年，水汽输送不能达到山西一带，导致春季干旱。吴泽新等（2009）指出，气候变暖、降水稀少或显著偏少是德州市2008～2009年小麦越冬期旱灾发生的主要原因。卢海新和陈并（2010）指出大气环流异常、西太平洋海温场分布及厄尔尼诺影响是导致厦门市同安区干旱的主要原因。

（2）干旱的人类活动影响与驱动机制方面

人类活动影响涉及大气、地表覆被、河川径流、地下水等诸多方面，与此同时，人口增加、城市化进程加速、经济社会的发展进步客观上导致人类对水资源的需求快速增长，干旱是水资源无法满足需求的一个重要表现。人类活动如何影响干旱的形成、发展及致灾效应，已有学者对此开展了相应研究。符淙斌和温刚指出（2002）不合理的人类活动对生态环境的破坏是加剧干旱的一个主要因素，有序的人类活动可改善生态环境，生态环境改善是防治北方干旱化和实现可持续发展的根本措施。宫德吉等（1996）等研究了内蒙古地区旱灾致灾因子，认为作物需水和供水状况是旱灾发生与否的关键，降水时空变异、土壤含水层的调蓄、作物不同生育期对旱灾也产生影响。Deo等（2009）、Zhang和Li（2009）分别研究了澳大利亚东部地区及我国西部地区干旱状况，指出人类活动是加剧干旱的主要原因。姜逢清和朱诚（2002）指出人工生态系统代替天然生态系统、人工渠道代替天然河道等人类活动极大地改变了新疆自然生态环境的分布格局与面貌，是1980年以来新疆洪旱灾害损失扩大化的主要原因。游珍和徐刚（2003）以重庆市秀山县为例，分析了人为因素在农业旱灾中的作用，认为人类活动既有加剧干旱的作用，又有缓解干旱的作用。高升荣（2005）指出淮河流域旱涝灾害更多的是人们利用自然的失当所致。程国栋和王根绪（2006）指出水资源开发利用、水土保持及土地利用等人类活动使西北地区水文干旱进一步加剧。穆兴民和王飞（2010）着重探讨了土地利用变化、水土保持、矿产开发等人类活动对西南地区2009年严重旱灾的影响。

（3）干旱的气候变化和人类活动共同驱动作用方面

干旱是气候变化和人类活动等多种要素综合作用的结果。冯定原等（1995年）从气象、地形、农作物本身及人类活动四个方面分析了农业干旱的成因，特别指出，人类活动既可以减轻或避免农业干旱的发生，也可以造成或加剧农业干旱。林文鹏和陈霖婷（2000）指出干旱的直接原因是不利于产生降水的大尺度环流维持，但也与地形、地理因素、土壤植被条件密切相关，而人口过快增长（水资源刚性需求增大）、不合理开发利用土地资源（土地的过度垦殖所致植被状态破坏和盲目的基建、开矿、修路，加快水土流失，加速了河道、水库淤塞，危及河槽容水量和水库拦洪蓄水能力，同时降低了流域天然蓄水和土壤保水能力，减少了水资源的补给量）和森林滥伐等人为因素也会加重干旱的程度与影响。李茂稳和李秀华（2002）分析了承德旱灾成因，指出旱灾形成因素包括气候因素、环境因素和人为因素三个方面，气候因素主要体现为全球大气环流影响导致降水量偏少且时空分布不均；环境因素是水土流失严重造成生态环境破坏；人为因素是指用水需求增长较快且抵御旱灾的水利工程建设滞后。黄建武（2002）指出湖北省旱灾是在气候因素、地貌因素、环境资源因素、抗灾能力因素、社会经济因素等自然因素和人为因素的共同作用下产生和发展的。王娟等（2003）从自然地理因素、气候因素、水资源条件及人为因素等几个方面剖析了吉林西部农业旱灾成因，并提出了相应的减灾对策。王建华和郭跃（2007）分析了2006年重庆市特大旱灾的特征及其驱动因子，认为2006年特大旱灾的发生是自然因素与人为因素的叠加，自然驱动因子与社会驱动因子共同作用的结果。李景保等（2008）指出洞庭湖区农业旱灾是其特定孕灾环境、致灾因子、承灾体相互作用的结果，与农业用水高峰期降雨量偏少，蒸发量大，洞庭湖汛期入湖水量减少，湖泊水位偏低，各受旱年份承灾体的数量、密度、价值及湖区自身抗旱能力的差异性等因素密切相关。张家团和屈艳萍（2008）分析了近30年来我国干旱灾害特点及其演变规律，得出东北、西南地区的旱情灾情呈明显的增加趋势，干旱灾害加重的趋势是降水变化、气温变化和河川径流变化等自然因素和水资源刚性需求增加、水资源利用率较低、抗旱基础设施建设严重滞后等人类活动共同影响的结果。龚志强和封国林（2008）发现华北和江淮流域在气候较暖的时期可能易发生强度大、范围广的干旱事件，并认为近30年北方地区的干旱化可能是自然气候变率起主导作用下人为气候变化和自然气候变率共同作用的结果。郭瑞和查小春（2009）研究了泾河流域1470～1979年旱涝灾害变化规律，讨论了旱涝灾害的产生与当地气候异常变化、太阳活动、地理特征及人类活动的关系，研究表明泾河流域510年间的旱涝灾害与该流域自然地理条件和当地人类活动之间的关系密不可分。侯光良等（2009）研究青海东部历史土地利用变化和气候变化对自然灾害的影响，发现自明清以来青海东部大量的人口增长和垦殖活动，改变了区域土地利用状况，是自然灾害频发的主要驱动力，同时指出气候变化对自然灾害也有影响，尤其是对干旱影响显著。史东超（2011）采用长系列降水资料及调查数据分析了唐山市旱灾特征，从气候等自然因素和下垫面变化等人为因素两个方面阐述了唐山市旱灾的成因。王树鹏等（2011）指出气象异常、水资源空间分布不均、水利基础设施薄弱、工程布局不协调是导致云南旱灾的主要原因。何马峰和张俊栋（2011）指出气候因素和地形因素导致的降水时空分布不均是造成干旱的直接原因，人类活动导致下垫面变化、需水量增加和水污染是导致干旱的又一重要原因。

1.2.2 干旱评估指标研究进展

干旱评估指标是表征某一地区干旱程度的标量，是干旱识别、干旱特征指标计算的重要基础，也是干旱评估的关键点。不同的干旱指标可能导致干旱识别结果不同，进而影响干旱强度、面积、历时、频率等特征指标计算结果，干旱评估方法也是在干旱指标发展基础上不断发展和完善的。

国外关于干旱指标的研究较早，不同学者从不同角度提出了许多干旱指标，如Munger指标（Munger，1916）、Kincer指标（Kincer，1919）、Marcovitch指标（Marcovitch，1930）、Blumenstock指标（Blumenstock，1942）、相对湿度指数（Penman，1948；Thornthwaite，1948）、Palmer干旱指数（Palmer drought severity index，PDSI）（Palmer，1965）、降水异常指数（rainfall anomaly index RAI）（Van，1965）、降水分位数（Gibbs and Maher，1967）、Keetch- Byrum指标（Keeth and Byram，1968）、作物水分指数（crop moisture index, CMI) (Palmer, 1968)、Bhalme 和 Mooly 干旱指数 (BMDI) (Bhalme and Mooley, 1980)、地表水供水指数 (surface water supply index, SWSI) (Shafer and Dezman, 1982)、标准化降水指数 (standardized precipitation index, SPI) (McKee et al., 1993, 1995)、矫正降水指数 (reclamation drought index, RDI) (Weghorst, 1996)、土壤湿度干旱指标 (soil moisture drought index, SMDI) (Hollinger et al., 1993)、特定作物干旱指数 (crop-specific drought index, CSDI) (Meyer and Hubbard, 1995), 特定作物干旱指数可更进一步细分为玉米干旱指数 (corn drought index, CDI) (Meyer and Pulliam, 1992)、大豆干旱指数 (soybean drought index, SDI) (Meyer and Hubbard, 1995) 及植被干旱指数 (vegetation condition index, VCI) (Liu and kogan, 1996)。近年来, 又出现了有效降水指数 (effective drought index, EDI) (Byun and Wilhite, 1999)、土壤湿度亏缺指数 (soilmoisture deficit index, SMDI) (Narasimhan and Srinivasan, 2005)、标准化径流指数 (standardized runoff index, SRI) (Shukla and Wood, 2008)、径流干旱指数 (streamflow drought index, SDI) (Nalbantis and Tsakiris, 2009)、土壤湿度指数 (soil moisture index, SMI) (Hunt et al., 2009) 等干旱指标。

我国对干旱指标的研究相对较晚, 但 2010 年以来相关研究大幅度增加, 多以应用国外相对成熟的干旱表征指标为主, 如降水距平百分率、帕尔默干旱指数、Z 指数、标准降水指数 (SPI) 等指标的计算应用最为常见 (杨世刚等, 2011; 谢五三和田红, 2011a; 陈峰等, 2011; 于敏和王春丽, 2011; 李红英等, 2012; 王素艳等, 2012; 付丽娟等, 2013; 陈丽丽等, 2013; 曹一梅, 2013; 刘占明等, 2013; 王芝兰等, 2013; 侯威等, 2013; 孙智辉等, 2014)。或者结合实际问题和新的研究思路提出的新指标或者原有指标的改进版, 如《气象干旱等级》中根据我国降水特征分布所提出的 Z 指数及综合气象干旱指数 (CI)。王春林等 (2011) 针对综合气象干旱指数 (CI) 的"不合理旱情加剧"问题, 采用线性递减权重方法计算近 90 天降水和可能蒸散, 提出了改进的综合气象干旱指数 CI_{new}。刘薇 (2005) 基于水库蓄水位距平值提出了地表水干旱指标, 并给出了相应评估标准。王劲松等 (2007) 基于降水和蒸发提出了 K 干旱指数, 并给出了其干旱等级标准。闫桂霞和陆桂华 (2009) 基于 SPI 和 PDSI 提出了综合气象干旱指数。张伟东和石霖 (2011)、王文和徐红 (2012) 基于实测资料提出了帕尔默干旱指数的权重因子的修正方法。

综合来看, 按照评估的干旱类型不同, 可分为气象干旱指标、水文干旱指标、农业干旱指标和社会经济干旱指标; 按照其涉及的因素, 可分为单因素指标、双因素指标和多因素指标。下面详细阐述其研究进展情况。

(1) 气象干旱指标

气象干旱指标主要分为三类: 一是单因素指标, 即直接以降水量或降水的统计量作为评估指标, 如降水量分位数、降水异常指数、标准化降水指数和 Z 指数及 Bhalme-Mooley 干旱指数等。二是双因素指标, 即依据降水和蒸发建立的指标, 如相对湿润度指数、K 指数和综合气象干旱指标 (CI) 等。三是多因素指标, 如依据土壤水分平衡原理建立的 Palmer 干旱指数。

1）单因素指标。单因素指标具有计算方法简单、计算资料容易获得等优点，是目前气象干旱评估中应用最为广泛的一类指标，其中，应用最多的单因素指标是标准化降水指数（SPI），应用领域涉及干旱预测（Mishra et al.，2007；Cancelliere et al.，2007）、干旱频率分析（Eslamian et al.，2012）、干旱时空分布分析（Desalegn et al.，2010；Livada and Assimakopoulos，2007）及气候变化对干旱影响（Burke and Brown，2008；Jenkins and Warren，2015）等方面。1993 年，美国学者 McKee 在评估美国科罗拉多州干旱状况时，提出了基于降水量的标准化降水指数。假定降水量符合偏态函数 Γ 分布，然后将其进行正态化变换，认为当地某时段内理想降水量为零，计算出的指数值正值表示比正常值偏多，负值表示比正常值偏少（McKee et al.，1993）。SPI 可用来评估不同时间尺度的干旱，短时间尺度 SPI 值可用来分析与土壤含水量（常用来表征农业干旱）的关系，长时间尺度 SPI 值可用来分析与径流、水库水位等（常用于表征水文干旱）的关系。例如，Szalai 等（2000）对 SPI 与站点径流、地下水位及土壤含水量的关系进行了研究，结果发现 2 个月尺度的 SPI 值与径流关系最为密切，而与地下水关系密切的 SPI 值尺度相对较大，土壤含水量与 2～3 个月尺度的 SPI 值关系最为密切。然而，SPI 也存在一定的局限性（Mishra and Singh，2010）：由于长度不同的序列拟合出的 Γ 分布形状及参数发生变化，SPI 值受降水序列长度的影响显著；在某些地区某些时间段降水零值较多，基于短时间序列数据对降水分布进行拟合时易产生较大偏差，导致 SPI 不服从正态分布，对其计算结果影响较大。我国提出的 Z 指数和 SPI 计算方法相同，只是假定降水量符合皮尔逊Ⅲ型分布，更符合我国的降水分布特征。

另外，降水距平百分率、累积降水距平百分率或者将降水或累积降水量进行标准化处理得到的干旱指标在干旱特征分析及气候变化对干旱影响方面也有所应用（Eleanor and Simon，2010），但是这种处理方式假定序列平均值为正常值，受序列长度影响。1967 年，澳大利亚学者 Gibbs 和 Maher 提出的降水量分位数即按照实际降水量在长时间序列中所占的分位数来判定干旱的严重程度（Gibbs and Maher，1967），因其依赖于两个静止的标准，在降水季节性特征明显的地区不太适用（Keyantash and Dracup，2002）。Bhalme 和 Mooley 于 1980 年提出的 BMDI 指标考虑了降水的年内分配，有人认为它是 Palmer 指数的简化形式，但是需要根据不同地区历史降水数据进行参数估算，参数估算结果会影响干旱指标计算结果（冯平等，2002）。

2）双因素指标。双因素指标不仅仅考虑降水因素，还考虑了蒸散发因素。早期提出的相对湿润度指数（Penman，1948；Thornthwaite，1948）及近年来提出的 K 干旱指数（王劲松等，2007）、勘察干旱指数（Tsakiris and Vangelis，2005）都属于这一类。综合气象干旱指数（CI）是基于标准化降水指数（SPI）和相对湿润度指数建立的，也综合考虑了降水和蒸散发因素。相对湿润度指数即某一时段降水量与同期潜在蒸散发量的差值，再除以同期潜在蒸散发量得到的比例，潜在蒸发量可用联合国粮食及农业组（FAO）推荐的 Penman-Monteith 或 Thornthwaite 方法计算。2007 年王劲松等在分析西北地区春旱时提出了 K 干旱指数，即某一时段降水量相对变率与同期潜在蒸发量相对变率的比值，该指标消除了由于各地降水、蒸发量级不同而产生的影响，且在我国西北地区干旱评估中得到了应用

(张天峰等，2007；庄晓翠等，2010)。Tsakiris 等（2005）也同时考虑了降水和潜在蒸发量，提出了勘察干旱指数（RDI），假设降水和潜在蒸发量的比值服从某一特定分布，将其进行标准化变换后得到 RDI，该指标具有可评估任意时间尺度的干旱、可评估气候因子变化对干旱的影响、与农业干旱联系紧密等优点。我国《气象干旱等级》中的综合气象干旱指数（CI）是基于近 30 天和 90 天 SPI 值，以及近 30 天相对湿润度指数建立的综合指标，该指标既能反映月尺度和季尺度降水量异常情况，又能反映短时间尺度（影响农作物）水分亏缺情况，适合实时气象干旱监测和历史同期气象干旱评估。

3）多因素指标。基于土壤水分平衡原理建立的 Palmer 干旱指数是一个典型的多因素指标，考虑了降水、气温、土壤含水量等多个因素。它表征一段时间内，某地区实际水分供应持续地少于当地适宜水分供应的水分亏缺状况，是一个无量纲数，在时间和空间上具有可比性，是当前应用较为广泛的干旱指标之一，可用来研究干旱时空分布特征（Soule，1993；Jones et al.，1996）、干旱的周期性特征（Rao and Padmanabhan，1984）、大尺度干旱特征分析（Johnson and Kohne，1993）、干旱监测（Heddinghaus and Sahol，1991）、干旱预测（Kim et al.，2003；özger et al.，2009）等。自 20 世纪 80 年代引入我国以来，一些学者结合我国的具体情况，对其中一些参数进行了修正，并将其运用于干旱评估与监测中（余晓珍，1996；杨扬等，2007）。

(2) 水文干旱指标

水文干旱指标研究相对较少，通常是基于径流（最为常用）、水库水位、地下水位等水文变量建立的，根据涉及水文变量的多少，可分为单因素指标和多因素指标。

1）单因素指标。单因素指标按照其计算方法可分为三类：第一类是基于水文变量绝对量建立的指标，如径流亏缺量；第二类是基于水文变量统计量建立的指标，如径流异常指数；第三类是基于水文变量统计量分布建立的指标，如标准化径流指数、径流亏缺指数等。

最早的水文干旱指标是基于游程理论提出的水亏缺量指标，即某时段内实际径流量（或其他水文变量）与给定截断水平（阈值）之间的差值。1980 年，Dracup 等提出用一次干旱事件的总亏缺量除以干旱历时来评估水文干旱强度（Dracup et al.，1980）。另一类基于单因素的水文干旱指标是累积径流异常指数，即运用月径流量（基于日累积的）或累积月径流量与同期多年平均值的差值，或者该差值与多年平均值的比例（径流距平百分率）计算，该方法计算简单，目前在水文干旱特征分析中应用较多（Hisdal and Tallaksen，2003；Konstantinos et al.，2005）。基于这一思想，2007 年，美国得克萨斯州水发展委员会（Water Development Board）提出了径流超标百分比（stream percent exceedance，SPE）指标，即水库当前蓄水量占水库兴利库容的比例与多年平均比例之间比值（Texas A & M Research Foundation，2007）。还有一类单因素指标是基于径流量或其统计量的分布建立的，如标准化径流指数（SRI）（Shukla and Wood，2008）、径流干旱指数（SDI）（Nalbantis and Tsakiris，2009），即假定径流量或其统计量服从某一特定分布，再将其进行正态标准化处理得到，计算方法同 SPI。

2）多因素指标。目前关于水文干旱指标还以单因素指标居多，考虑多因素的综合水文干旱指标主要有地表供水指数（surface water supply index，SWSI）和 Palmer 水文干旱指数（Palmer hydrological drought index，PHDI）两种。地表水供水指数是1982 年由 Shafer 和 Dezman 为美国科罗拉多州开发的水文干旱指数（Shafer and Dezman，1982）。它与 PDSI 具有相似的尺度，且同时考虑了水库蓄水、径流量、降水及积雪情况，适用于以山地积雪为主要水源的山区水文干旱监测，是分析水文干旱对供水、灌溉及水力发电影响的有效指标。其不足是：公式中各因素的权重系数随时空特征变化明显，要针对不同流域不同时段的具体情况进行确定（Mishra Singh，2010）。Pamler 水文干旱指标是 1986 年 Karl 基于 PDSI 提出的，采用两层土壤水平衡评估模式，同时考虑了降水、蒸散发、径流和土壤含水量等因素（Karl，1986）；其判断旱涝结束的标准比 PDSI 更加严格，PDSI 判别干旱结束的标准是水分条件开始不间断上升直到缺水消失，而 PHDI 判别干旱结束的标准是水分短缺完全消失，这一区别可以反映出水文干旱相对气象干旱的滞后性（Keyantash and Dracup，2002）。其不足是计算较为复杂，需要的参数较多且难以准确获取。

（3）农业干旱指标

农业干旱通常采用能反映农业生产中水分供需矛盾程度的某些物理量来评估，农业干旱指标按照考虑因素的多少也可分为两类：第一类是单因素指标，即直接以土壤含水量或其统计量作为评估指标，如土壤含水率、土壤水异常指数等；第二类是多因素指标，同时考虑土壤含水量、气温、降水等因素，如作物水分指标（CMI）、Palmer-*Z* 指数等。

1）单因素指标。根系层土壤水是作物水分的主要来源，常用土壤含水量或其统计量来表征农业干旱。例如，Bergman 等（1988）提出的土壤水异常指数，即土壤含水量占饱和土壤含水量的百分比，仅根据根系层土壤含水量来评估农业干旱；我国《旱情等级标准》（SL 424—2008）中推荐用 0 ~ 40cm 土壤相对湿度（土壤平均重量含水量/田间持水量）作为农业干旱指标之一。基于土壤含水量或其统计量的农业干旱指标计算相对简单，但其最大的局限是因目前还没有一个全国性的土壤水分监测网，土壤水分数据难以获得。

2）多因素指标。多因素指标不仅考虑了土壤水状况，还考虑了气温、降水、作物蒸腾等间接影响土壤水的因素。1968 年，Palmer 提出作物水分指数，即作物相对蒸散不足和土壤需水的总和，该指标可用于监测影响作物水分状况的短期变化，但不适合用于监测长期干旱状况（Dobrovolski，2015）；Palmer-*Z* 指数可弥补这一缺陷，它实际上是计算 PDSI 时的一个中间量，不考虑前期条件对 PDSI 的影响，但是该指标和 PDSI 一样，存在计算较为复杂的问题（López-Vicente et al.，2014）。

1.2.3 干旱评估方法研究进展

（1）干旱评估发展历程

干旱评估即基于干旱指标对干旱进行识别，进而计算干旱强度、持续时间、覆盖面积、频率等特征指标，并对特征指标统计特征进行评估分析，是定量研究干旱驱动机制的关键技术之一。

国外干旱评估研究可分为以下三个阶段：①起步阶段（20 世纪 70 年代以前），人们试图理解干旱这一自然现象，从不同角度提出了干旱的定义及相应的干旱指标；②历史干旱描述阶段（20世纪70～90年代），这一时期主要是利用干旱指标对历史干旱单一特征进行分析，以预测未来的干旱风险，寻求缓解干旱影响的措施；③干旱综合评估阶段（20世纪90年代以后），单一特征分析不能很好地描述干旱，人们试图从干旱的多方面特征（如干旱强度、持续时间、覆盖面积、频率等）来综合理解干旱现象。

国内关于干旱评估研究起步较晚，与国外相比尚存在明显差距。在中国知网上，通过主题词“干旱”“评估”组合检索，检索到的第一篇文献发表于1988年，2000年以前共检索到文献112篇，2000～2009年共计356篇，2011～2016年共计1039篇。总的来看，我国自20世纪80年代末才开始系统关注和研究干旱评估问题，并逐步引进国外的一些干旱指标，开展了一些应用研究，但大多数研究成果都是对研究区某时段干旱强度进行分析。2000年以来，受干旱问题及经济社会发展驱动，国家对干旱管理思路的转变客观上要求加强干旱基础问题的研究工作，干旱评估研究快速增加，其中农业干旱研究最多，各方面研究呈散点式铺开，但不够系统。2010年后，干旱评估相关的研究成果大幅度增加，从干旱的评估指标、评估方法到干旱模拟模型、旱灾损失计算模型、干旱风险管理，应用研究区域也涉及全国尺度、流域或区域尺度、城市和农田尺度等多个维度，干旱评估研究的系统性显著增强。

（2）干旱评估方法

干旱评估方法是定量研究干旱驱动的重要部分。根据查阅的文献，干旱评估方法发展主要经历了以下几个阶段：

1）站点干旱强度分析阶段。最初的干旱评估主要是局限于基于站点数据，运用干旱指标对各站点某时刻干旱强度进行计算分析。例如，张尚印等（1998）基于两种干旱指标对我国北方34个代表站点的干旱状况进行了分析，指出K指标更适合于我国北方地区单站干旱评估。袁文平和周广胜（2004）运用标准化降水指标与Z指数对我国干旱状况进行了评估分析。王俊等（2011）基于标准化降水指数对通辽地区干旱状况及其变化趋势进行了分析。尹盟毅等（2012）运用四种气象干旱指数对黄土高原43县区的气象干旱进行了分析比较；王素艳等（2012）运用6种干旱指标对宁夏气象干旱状况进行了对比分析，并指出了较适宜该地区干旱评估的两种干旱指标。

2）站点干旱特征分析阶段。自Yevjevich提出了游程理论并被运用于干旱评估中，可识别一次干旱事件的起止时间、持续时间、强度，并可运用统计分析方法计算干旱事件发生的频率或概率，干旱评估由站点某时刻干旱评估发展到对整个干旱事件特征分析。Lemuel和Asha（1995）基于游程理论和统计分析方法分析了干旱历时及其概率分布，并预测了其可能发生的概率。Shiau（2006）采用SPI指标、基于游程理论识别了干旱强度和干旱历时，并运用二维Copula函数分析了干旱发生的频率。翟劭燚等（2009）基于重庆市站点实测降水资料，采用随机模拟法生产长序列降水资料，对干旱历时和干旱强度的频率特性进行了分析；马明卫和宋松柏（2010）运用椭圆形Copula函数研究了西安站干旱特征。周玉良等（2011）基于游程理论识别了邵阳地区水文干旱强度和历时，并利用阿基米德族Copula函数构建了干旱历时与干旱烈度间的联合分布，计算分析了该地区干旱重现期。

3）干旱空间特征分析阶段。随着 3S 技术的发展及在干旱评估中的应用，可获取一次干旱事件中各个时刻的覆盖面积，干旱评估由站点干旱评估发展到区域干旱评估。Henricksen（1986）基于多时相 NOAA/AVHRR 的可见光和近红外影像对埃塞俄比亚 1983 ~ 1984 年干旱进行了评估。盛绍学等（2003）以结合 NOAA/AHVRR 和下垫面信息，对安徽省内干旱发生的动态变化进行了监测与评估。王春林等（2006）借助地理信息系统（GIS）技术，对广东历史的干旱强度、范围进行了动态评估。冯锐等（2009）依托 GIS 技术，利用 VBA（visual basic for applications）及 ArcObjects 建立了干旱监测评估系统，并结合辽宁省高程数据和土地利用等数据资料，对其干旱情况进行了评估。

4）干旱时空分布特征分析阶段。近年来，在计算干旱强度、持续时间、覆盖面积、频率等干旱特征指标的基础上，一些学者运用统计分析方法对多个特征进行综合分析，得到区域干旱时空分布特征。Hisdal 和 Tallaksen（2003）基于游程理论和 GIS 技术，提出了区域干旱时空分布特征分析方法，并以丹麦为例进行了实例研究，分析了其历史气象干旱和径流干旱的时空分布规律。Konstantinos 等（2005）研究了美国本土 20 世纪的水文和农业干旱特征，分别得到了其强度-面积-持续时间（SAD）分布图。Tallaksen 等（2009）分析了英国伯克郡 Pang 流域的气象和水文干旱特征，并研究了不同干旱指标对区域干旱时空分布特征的影响。Desalegn 等（2010）分析了埃塞俄比亚 Awash 流域的气象、水文干旱特征，并研究了气象干旱和水文干旱之间的关系，结果表明水文干旱滞后于气象干旱发生，指出这个滞后时间可用来缓解气象干旱所造成的水文干旱。Eleanor 和 Simon（2010）用该方法分析了英国近百年的干旱时空分布特征，并结合 HadRM3 气候模型的输出，分析了未来干旱变化趋势，结果显示，21 世纪下半叶，温室气体增加将导致干旱强度增加。周婷等（2011）分析了 1977 ~ 2010 年澜沧江-湄公河流域的气象干旱时空分布特征，结果表明干旱强度与覆盖范围随时间分布呈规律性变化，年际变化较大，雨季变化趋势不明显，旱季呈显著下降趋势。茅海祥和王文（2011）对中国南方地区近 50 年夏季干旱时空分布特征进行了分析，结果表明我国南方五个分区的年际及年代际波动幅度都比较明显；谢五三和田红（2011b）基于安徽省 78 个气象台站 1961 ~ 2009 年的气温和降水资料，采用综合气象干旱指数作为干旱指标，通过趋势分析、EOF 分析等方法系统分析了该省近 50 年的干旱特征；包云轩等（2011）基于 CI 指数对江苏省 1960 ~ 2009 年的干旱时空分布特征进行了分析，并从干旱持续日数、干旱覆盖范围和干旱强度变化几个方面分析了干旱的历史演变规律。

1.2.4 干旱驱动模拟研究进展

随着气候变化和人类活动对水系统影响的不断加大，近年来，国内外在气候变化和人类活动对水文循环、水资源量和质的影响，以及适应性对策方面给予了很大的关注，在定量研究气候变化和人类活动对流域径流量（施雅风和张祥松，1995；Milly et al.，2005；张建云和王国庆，2007；王国庆等，2008；江善虎等，2010）、水资源量（董雯，2010；崔炳玉，2004；Koster and Suarez，1999；Milly and Dunne，2002）及水文过程（张建云等，

2007；王刚胜，2004；张晓明等，2009；李丽娟等，2007）影响方面取得了很多有价值的成果。然而，气候变化和人类活动作为干旱的两个主要驱动因素，对干旱驱动作用定量分析的研究却较为少见。

国家防汛抗旱总指挥部办公室1997年出版的《中国水旱灾害文献》中通过对比我国一些地区气象干旱频率和实际发生的农业干旱频率，指出有无灌溉设施及灌溉保证率高低对农业干旱频率有很大影响。Zavareh（1999）基于海气耦合GCM模型模拟了CO_2增加条件下澳大利亚东部地区的干旱情况，结果表明在温室效应加强情况下干旱持续时间延长、强度变大。游珍和徐刚（2003）对秀山县农业旱灾中人为因素作用进行了定量研究，结果表明，在20世纪60年代、70年代、80年代和90年代的人为因素对农业旱灾灾情的影响程度分别为27.9%、-6.8%、-15.3%和-39.4%，即在60年代起加剧旱灾灾情作用，60年代之后起缓解作用。Wang（2005）运用政府间气候变化专门委员会（IPCC）第四次评估中的15种全球气候模式研究了未来以增温为主的气候变化条件下农业干旱情况，结果表明气候变化会导致全球性的农业干旱。Blenkinsop和Fowler（2007）基于6种区域气候模式研究了气候变化对不列颠群岛干旱频率、强度和持续时间的影响，研究表明不同气候模式下干旱变化具有较大的不确定性。Mishra等（2009）基于6种GCM模式，研究了气候变化对印度Kansabati河流域干旱SAF曲线的影响，结果显示，2001～2050年干旱更为严重，而2051～2100年干旱覆盖范围更广。尹正杰等（2009）分析了水库调节对水文干旱的影响，结果表明水库径流调节能抵御一定强度的水文干旱。Xiong等（2010）结合我国农业生产现状，分析了2020年和2050年不同气候情景下谷类作物需水量及产量。王小军等（2011）采用系统动力学方法构建了气候变化背景下灌溉用水响应模型，分析了宝鸡峡灌区灌溉用水的变化过程，结果表明未来气温升高将导致灌溉用水明显增加。Kirono等（2011）基于14种GCM模型模拟了温室效应加强条件下的澳大利亚干旱状况，结果表明在大多数地区干旱覆盖面积和干旱频率均呈增加趋势，而在有些地区变化不明显。周婷（2012）分析了气候变化和人类活动对澜沧江流域清盛站水文干旱的影响，结果表明不同气候变化情景对水文干旱历时、强度和频率的影响不同，水库调度对水文干旱起明显的缓解作用。

综合来看，目前关于干旱驱动定量研究主要包括以下两个方面：一是结合全球或区域气候模型和干旱指标模拟气候变化对干旱的影响；二是通过历史统计资料分析人类活动中的某些因素对干旱的影响。而未能揭示气候变化和人类活动对干旱相对驱动作用大小及其方向，干旱驱动定量分析还处于起步阶段。

1.3 干旱研究亟待解决的问题

目前，研究人员在干旱的形成机理与驱动机制、评估指标、干旱评估方法及干旱驱动模拟模型等方面已经开展了大量的研究，并且随着近年来对干旱问题的关注及干旱管理的实践需求，干旱研究进入了一个快速发展的阶段，取得了丰富的成果，但同时还存在诸多困难和挑战，亟待集中攻关和突破。主要体现在以下方面：

1）干旱驱动机制研究方面。目前的研究主要集中于针对单个干旱事件或小区域尺度的干旱事件成因进行分析，且以定性认识为主，定量的研究成果还比较少见。其中，单个干旱事件的成因分析多集中于大气环流过程，对干旱发生区域的自然地理、生态系统、社会经济条件等因素考虑不足；对小区域干旱事件的研究主要集中于田间尺度，以观测实验为主要技术手段进行微观分析，而对流域或区域水循环全过程视角的干旱尺度效应、孕灾机理和作用机制研究不足。特别是随着人类活动强度的不断提升，气候变化与各类人类活动共同影响下的水循环系统演变机制及其对干旱的影响研究还相对薄弱，亟待对此类干旱形成机理和驱动机制进行系统研究。

2）干旱评估方面。干旱评估作为定量研究干旱驱动机制的重要组成部分，虽然研究较多，但大部分研究对气象、水文等自然过程关注较多，对灌溉、水利工程利用等关注较少；针对干旱特征的某一方面进行分析的研究较多，进行从频率、强度到范围、持续时间等系统性的研究较少；干旱指标选取上多以单一干旱指标进行独立分析，缺少对气象干旱、水文干旱与农业干旱指标的综合分析；在干旱资料运用上，以单一的观测资料或单一干旱文献历史记录、树轮、调查等代用资料研究较多，缺乏对多源干旱数据的集成应用研究；干旱评价集中于水资源量或干旱过程等平均量的预估，对干旱的极端过程研究相对较少。

3）受干旱驱动机制本身复杂性及当前水循环模拟技术影响，定量研究干旱驱动机制还刚刚起步，如何定量分析气候变化和人类活动对气象、水文和农业干旱的驱动作用仍是当前面临的难题。

第2章 干旱形成机理与驱动机制

2.1 干旱基本概念及形成机理

目前，国内外对于干旱的理解有很多种（Wilhite，2000；孙荣强，1994；冯德光，1998；张景书，1993；耿鸿江，1993）。最初干旱是以降水为标志定义的，认为干旱是降水量比期望的“正常值”偏少的现象；随着经济社会发展和对干旱认识不断加深，逐渐认识到降水不能反映干旱的全部特征，开始从水资源供需角度来认识干旱，认为干旱是供水不能满足正常需水的一种不平衡缺水状态，不同供需关系会产生不同类型的干旱（张强等，2009a）。然而，由于不同地区水文气象条件和社会经济发展水平存在差异，以及对水资源需求的随机性，至今尚无一个准确和各界认同的干旱定义。因此，在研究干旱时应针对具体研究对象进行界定。

干旱分类方式也有多种，其中在国际上较为流行的分类方式是将干旱分为气象干旱、水文干旱、农业干旱和社会经济干旱四类（Wilhite，1985）。当降水缺乏并持续一段时间时，认为发生了气象干旱；当降水缺乏或人类活动导致了地表水或地下水异常偏少，则认为发生了水文干旱；当降水缺乏或灌溉水量不足导致农作物体内水分失衡并影响其正常生长发育时，则认为发生了农业干旱；社会经济干旱指自然系统与人类社会经济系统中水资源供需不平衡造成的异常水分短缺现象（国家防汛抗旱总指挥部办公室，2010）。气象干旱和水文干旱主要关注干旱的自然属性，而农业干旱和社会经济干旱更关注干旱的社会属性。实际上，农业是社会经济系统中受干旱影响最直接的要素，农业干旱可看作是社会经济干旱的一个子类。由于社会经济干旱涉及要素复杂，当前研究还处于概念探讨层面，本书只针对气象干旱、水文干旱和农业干旱进行研究，分析其形成过程，识别其主要驱动因素，探讨其作用机制。

2.1.1 气象干旱

气象干旱是指由降水和蒸发收支不平衡造成的异常水分短缺现象（国家防汛抗旱总指挥部办公室，2010）。气象干旱一般有两种类型（张继权和李宁，2007）：①由气候、海陆分布、地形等相对稳定的因素在某一相对稳定的地区常年形成的水分短缺现象，这类气象干旱称为干燥、干旱气候或气候干旱；②由各种气象要素的年际或季节变化形成的小范围、随机性水分异常短缺现象，称为大气干旱。气候干旱是相对于其他区域而言、从空间角度对比出现的现象，在较长时期内处于稳定状态，被认为是区域气候特征之一；而大气干旱是相对于区域自身而言、从时间角度对比出现的现象，是一种异常现象，即通常所关注的气象干旱。具体来讲，气象干旱是针对一定区域下垫面系统而言的，既可能发生在干旱地区，也可能发生在湿润地区。

与气象干旱密切相关的降水和蒸散发是两个相互联系的过程，降水作为下垫面水分的唯一来源，为各项蒸发提供水分条件；蒸发向大气中不断输送水汽又为降水形成提供必需的水汽条件。从长期平均来看，一定区域内降水和蒸发是保持相对稳定的，当某一时期降水与蒸发的比例较同期平均偏小，这种稳定状态被打破，即发生气象干旱。一次气象干旱事件发展过程可分为孕育、开始、缓冲期、发展、解除5个阶段（图2-1）。大气环流异常或水汽不足现象出现时，可能引起降水偏少，孕育着气象干旱；降水偏少意味着气象干旱的开始；干旱是否持续与下垫面的反馈作用（主要是蒸散发量影响）有关：在湿润地区或非湿润地区干旱刚刚开始，蒸发受蒸发能力控制，降水偏少时，下垫面蒸发可能增大或保持正常，当由水汽不足引起的降水偏少时，若蒸发增大或保持正常使水汽能得到及时补充，则降水可能增加，干旱缓解；而蒸发量偏大或正常情况下对大气环流异常的反馈作用尚不清楚，将这一时期称为缓冲期；在非湿润地区或者湿润地区干旱持续一段时间后，蒸发主要受降水控制，降水偏少导致陆地蒸散发量减少，难以补充水汽，水汽上升运动不明显难以影响大气环流，则有利于异常环流的长期存在（卫捷等，2004），降水则持续偏少，干旱继续发展；直至异常环流退出或区域外水汽输入带来足量降水才能使干旱得以解除。

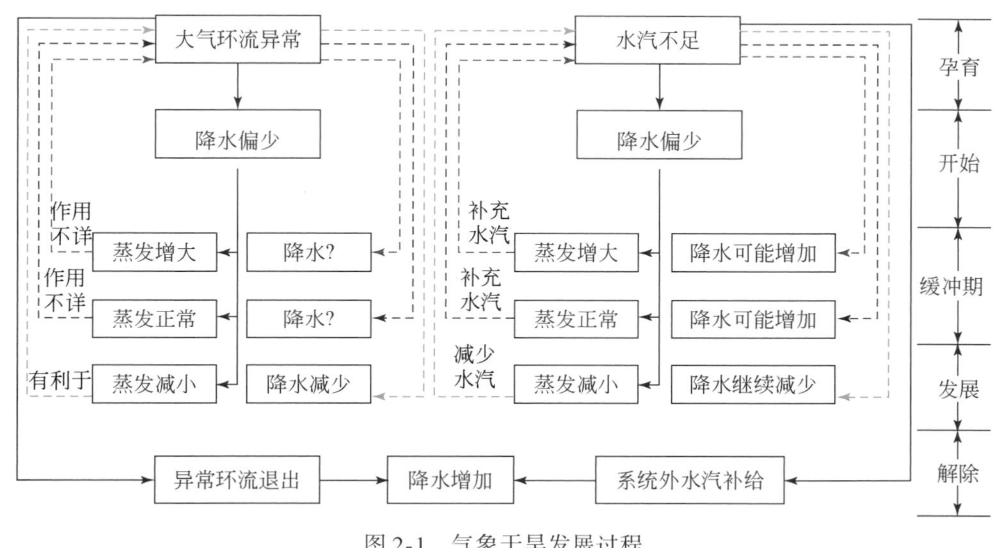

图 2-1　气象干旱发展过程

2.1.2　水文干旱

水文干旱是因气候变化或者人类活动造成的地表、地下水收支不平衡而引起的江河、湖泊径流或水利工程蓄水量异常偏少，以及地下水位异常偏低的现象（国家防汛抗旱总指挥部办公室，2010）。水文干旱是与水文循环关系最为密切的一种干旱类型，通常所说的水文干旱指狭义的径流干旱，即以径流量及其统计量作为表征指标。近年来，也有一些文献开始以水库蓄水位、地下水位作为表征指标来研究水文干旱的，甚至有学者提出地下水干旱（地下水位异常偏低的现象）应作为一种新的干旱类型（Ashok，2010）。

对于一次水文干旱事件，其发展过程可分为孕育、缓冲、开始、发展、解除5个阶段（图2-2）。气象干旱发生，或者经济社会用水需求增加，则会影响地表水和地下水的水分收入和支出，为水文干旱的孕育阶段；水利工程建设和管理及下垫面改变对水分收入和支出也有影响，一定时期的地表水与地下水量还与前期赋存水量有关，在这些因素共同作用下，若地表水与地下水量呈现出增大或正常状态，则认为没有发生水文干旱，将这一时期称为缓冲期；若呈现出减少状态，则认为水文干旱开始；之后若持续减少，则为水文干旱的发展阶段；直至气象干旱解除一段时间或者人工取用水减少，水文干旱才得以解除。通常气象干旱解除或者人工取用水减少后，水文干旱一般不会立即解除，还需要一个缓冲过程，因这一缓冲过程还处在水文干旱发生时期，将其并入发展期。

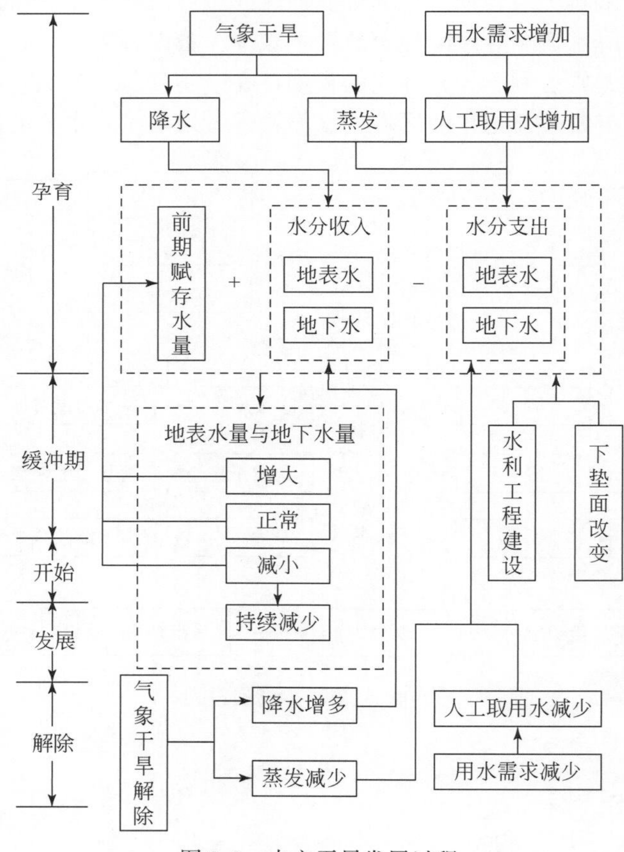

图2-2　水文干旱发展过程

2.1.3 农业干旱

农业干旱是因外界环境因素或人类活动引起作物体内水分收支失衡、发生水分亏缺，影响作物正常生长发育，进而导致减产或失收的现象（国家防汛抗旱总指挥部办公室，2010）。农业干旱按其成因不同可分为三种（张继权和李宁，2007）：①大气干旱。太阳辐射强、温度高、空气湿度小，使蒸发增强从而导致作物蒸腾消耗水分很多，这时即使土壤含水量并不是很低，但根系吸收的水分不足以补偿蒸腾支出，致使植物体内水分失衡。②土壤干旱。由于土壤含水量低，土壤颗粒对水分吸力大，作物根系难以吸收到足够水分以补偿蒸腾消耗，作物体内水分收支失衡从而影响正常生理活动。③生理干旱。土壤环境条件不良，根系生理机能活动受阻，吸水困难，导致植物体内水分失衡。无论哪种类型，均是因外界因素引起作物体内水分收入和支出不平衡而导致的，与作物本身生理特性、气象条件和土壤水分供给状况密切相关。

农业干旱发展过程也可分为孕育、缓冲期、开始、发展和解除 5 个阶段，且雨养农业与灌溉农业过程有所不同（图 2-3）。自然条件下，气象干旱发生意味着降水对土壤层的

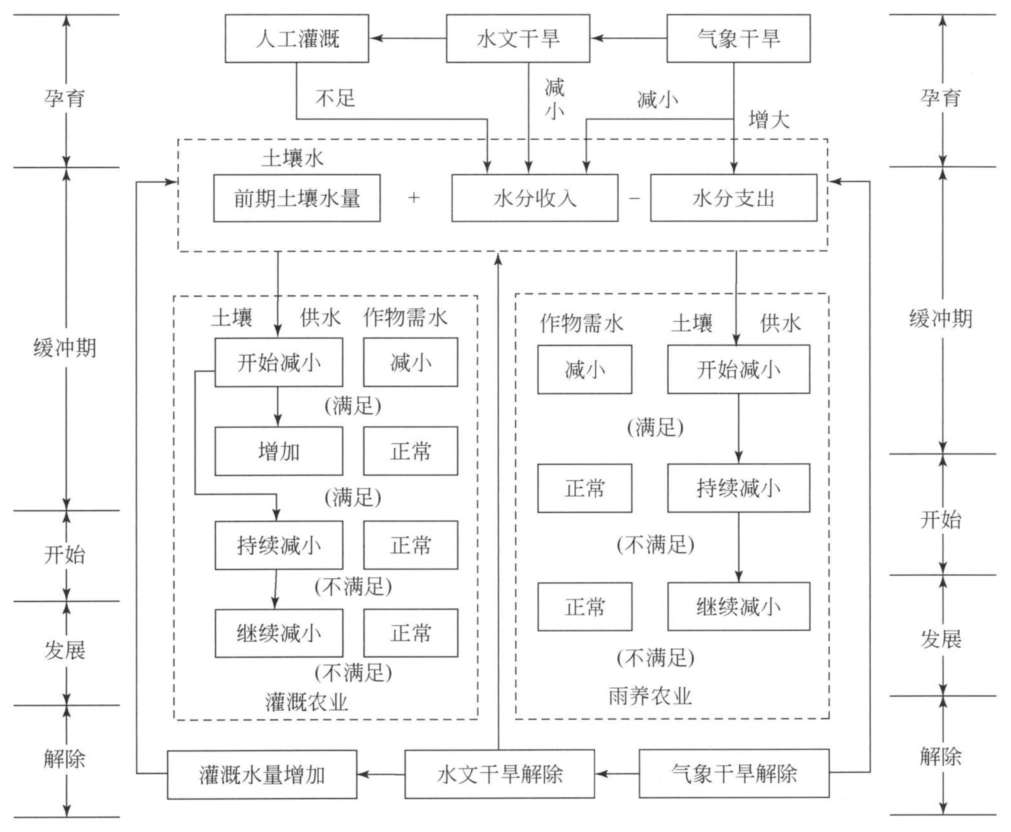

图 2-3　农业干旱发展过程

补给量减少、蒸散发量增大，土壤趋向干燥的可能性增大，土壤含水量降低；同时气象干旱也可能引发水文干旱，导致地表径流减少或地下水位下降，土壤包气带增厚，潜水蒸发对土壤水补给量减少，引起土壤水分状态变化，这一阶段为农业干旱的孕育阶段；在土壤水分亏缺的初始阶段，土壤供水开始减少，由于作物自身的调节作用，需水也随之减少，因此，初始时段水分胁迫对作物影响较小，可认为农业干旱尚未开始，处于孕育到开始的缓冲期。对于灌溉农业，如果及时灌溉，则土壤供水增加，可满足正常需水要求，农业干旱缓解或者避免，这一时期也可并入缓冲期；无论是雨养农业还是灌溉农业，如果土壤水分持续减少，超出了作物自身的水分平衡调节能力范围，土壤供水难以满足需水要求，则农业干旱开始；当水分亏缺进一步加大时，农业干旱继续发展，干旱强度和范围也随之增大；直到气象干旱或水文干旱解除，或者灌溉水量增加，使土壤水得到有效补给，满足作物生长需水要求，农业干旱才得以解除。

2.2 气象干旱驱动机制

2.2.1 主要驱动因素

气象干旱是区域气候系统受到某些干扰而使降水和蒸散发长期均衡打破后呈现出的现象。气象干旱驱动因素应是气候形成和变化的某些因素，不同区域、不同次干旱发生的驱动因素有可能不同，当这些因素相互作用发生异常时，则会导致气象干旱。

气候系统的演变过程既受其自身动力学规律的影响，也受到外部环境驱动（如火山喷发、太阳辐射变化），及由人类引起的驱动（如对大气组成及土地利用的改变）的影响，可归纳为四个因素：太阳辐射、大气环流、下垫面和人类活动（肖金香等，2009）。其中，太阳辐射是气候系统的主要能源，又是大气中一切物理过程和现象发生发展的基本动力，是气候形成的根本因素。太阳辐射的时空分布受纬度制约，不同地区的气候差异及气候季节交替，主要是由太阳辐射能在地球表面分布不均匀及其变化引起的；大气环流是太阳辐射不均导致空气大规模运动呈现出的一种状态，与降水的关系更为密切；下垫面通过影响辐射因素和环流因素来影响气候的；人类活动对气候系统也存在影响：如植树造林、种草、开荒毁林、城市化等活动会改变下垫面的性质；化石燃料燃烧后释放 CO_2、战争引起气溶胶浓度增加、汽车尾气排放会改变大气成分；通过制冷采暖设备的大量使用、人工降雨等活动干扰局部气候。对于特定区域，太阳辐射主要是通过影响大气环流来影响区域降水和蒸散发，进而可能驱动气象干旱；人类活动对气候系统影响极为复杂，对气象干旱形成是否有驱动作用、有多大的驱动作用目前尚存在争论，暂不考虑其对气象干旱的驱动。因此，气象干旱的主要驱动因素包括大气环流和下垫面。

（1）大气环流

地表太阳辐射能量不均引起的大气环流是热量和水分的转移者，也是形成气团的基本原因。空气的大规模运动，使各地的热量和水分发生交换，特别是径向环流使太阳辐射的纬度差异所形成的气候特点大为减色。大气环流是气候形成过程中最活跃的因子，它通过促进高低纬度之间、海陆之间热量和水汽的交换，调整全球热量和水分的分布，影响各地热量和水分的状况，进而影响、制约着各地气候的形成。另外，大气环流本身也是一种气候现象，维持着气候系统的稳定，使地表温度和降水的分布维持一定的平衡态，在不同的大气环流形势下可形成不同的气候类型。

（2）下垫面

下垫面因素中对气候影响最大的是海陆分布、洋流和地形，植被和冰雪覆盖等因其自身的辐射收支、温湿特性不同，也会对气候产生显著影响。

1）海陆分布：海洋和大陆由于物理性质不同导致同纬度、同季节海洋和大陆的增温和冷却显著不同，气温纬度地带性分布被破坏，进而影响气压分布和周期性风系。

2）洋流：洋流是指大规模的海水在水平方向的运动。洋流会产生表层海水的辐合与辐散，特别是在海岸附近，这种海水的辐合与辐散会引起海水上翻和下翻，使海面水温升高或下降，从而影响大气层的气压变化，产生气流辐合辐散与上升下沉运动，导致纬向和径向的环流。

3）地形：影响气候的地形因素有：海拔、山脉走向、长度、坡向、坡度、地表形态、组成物质等，它们对太阳辐射、空气温度、湿度和降水等都有影响。特别是诸如青藏高原等高大山地的机械阻挡、冷热源及动力作用，深刻影响着区域气候。

4）地表覆盖：地表覆盖主要有植被、冰盖和沙漠等。冰雪覆盖是一种具有特殊性质的下垫面，它不仅能影响所在地的气候，而且还能对其他区域的大气环流、气温和降水产生显著影响，并能影响全球海平面高低。

2.2.2 驱动作用机制

气象干旱是区域气候系统受到某些干扰而使降水和蒸散发长期均衡打破后呈现出的现象，研究大气环流和下垫面对气象干旱的驱动机制，需要明确区域气候系统的构成和功能。区域气候系统即一定区域内，由区域上空大气层、下垫面及其之间相互作用而组成的复杂系统，它是一个开放的系统。大气层通过降水以液态或固态水的形式向地面系统输送水分，下垫面系统通过蒸散发以气态水的形式向大气层输送水分，同时大气层也可能接受从系统外输入的水汽或向系统外输出水汽，伴随着水的形态的转化，在一定的区域内形成了一种相对稳定的状态。区域气候系统示意图如图 2-4 所示。

降水和蒸散发是区域气候系统内两个重要过程，也是与气象干旱关系最为密切的两个重要环节。大气环流和下垫面也是通过影响降水和蒸散发来驱动气象干旱的，气象干旱主要驱动因素及其作用机制如图 2-5 所示，左侧虚线框内表示降水形成过程及其主要影响因素，右侧虚线框内表示蒸散发组成及其主要影响因素，两个过程是相互联系的。主要驱动因素作用机制如下：

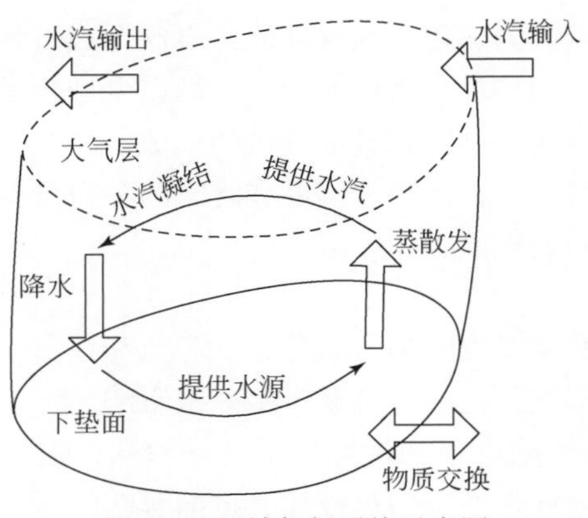

图 2-4　区域气候系统示意图

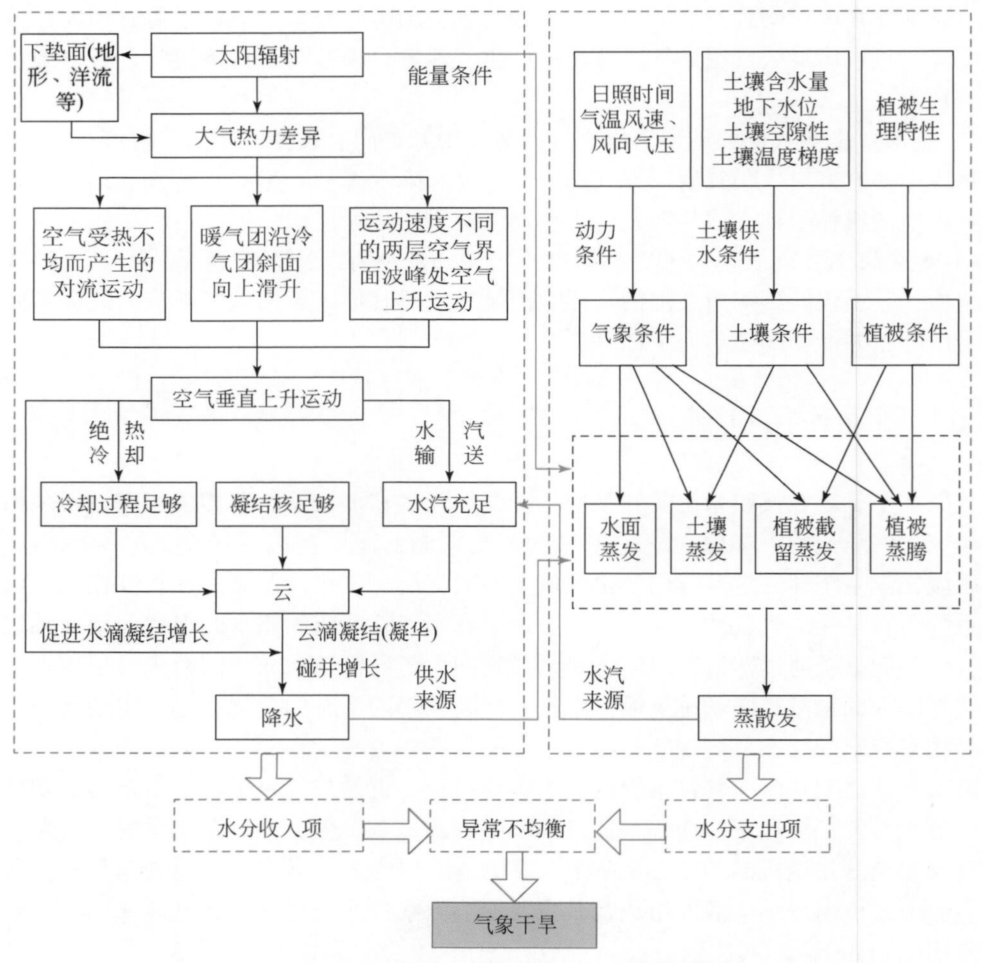

图 2-5　气象干旱主要驱动因素及其作用机制

（1）大气环流

太阳辐射差额分布不均引起大气热力差异，形成空气对流、冷暖气团交汇、空气界面波动等环流形式，进而引起了空气的上升运动，为降水提供了根本动力。空气的垂直上升运动也是云形成的主要原因，空气中的水汽和凝结核在空气垂直上升运动导致的绝热冷却过程中形成了云，云又是降水形成的主要来源，云滴受到空气的浮力和上升气流的顶托而悬浮于空气中，只有当云滴（包括水汽和冰晶）增大到能克服空气的阻力和上升气流的顶托，且在下降过程中又不被蒸发掉时，才能形成降水（肖金香等，2009）。当大气环流出现异常时，空气垂直上升运动受阻，水汽得不到有效的输送，则出现降水偏少或无降水。另外，太阳辐射和大气环流还是下垫面蒸散发过程的能量和动力条件，如上、下层空气之间的对流作用、空气紊动扩散作用可加快蒸发面上的空气混合运动，增大蒸散发量。

（2）下垫面

下垫面对气象干旱的驱动作用机制包括两个方面：一是通过影响蒸散发而直接影响水分支出；二是下垫面本身可能会影响正常的水汽输送，进而影响降水。根据下垫面蒸发面的不同，蒸散发分为水面蒸发、土壤蒸发、植被截留蒸发和植被蒸腾四种类型，不同的区域下垫面组成及性质有所差异，相应蒸散发量也会不同；地理位置、地形、洋流、地表覆盖等因素还会影响水汽的正常输送，在某些区域难以保证降水所需要的充足的水汽，使降水异常偏少。如海河流域燕山–太行山自东北向西南形成了一道高耸的弧形屏障，在夏季风盛行时阻挡海洋水汽向流域内陆输送，使背风山地的降水受到一定影响。

在大气环流和下垫面的共同作用下，区域降水和蒸散发长期保持的均衡状态被打破，导致气象干旱。通常情况下，大气环流异常所导致的降水异常偏少是气象干旱形成的直接原因；而区域下垫面异常的反馈作用对干旱的形成和持续起着推波助澜的作用。当不利于降水的环流相当稳定，区域长时期受高压系统控制，则造成长期无雨或少雨；当这种长期无雨或少雨的状态持续一段时间后，下垫面近地面蒸发量减少，使局地水平衡减弱，有利于维持异常环流的存在。当干旱进一步延续时，夏季强烈的太阳光照射地面，直接加热近地面的大气，使近地面空气相对湿度减小，温度升高，抑制云的生成，将会进一步加剧干旱。

2.3 水文干旱驱动机制

2.3.1 主要驱动因素

水文干旱表征为地表水或地下水的收支异常不均衡。在流域/区域“自然–人工”复合水循环系统内，对于地表水而言，其水分收入项主要为降水，在一些地区也可能会有地下水排泄或者外调水，而其水分支出项包括人类消耗、向区域外调水、水面蒸发，以及对土壤水和地下水的入渗补给；对于地下水而言，其水分收入项主要是来源于降水入渗补给，同时也会有地表水和土壤水的入渗补给，而其水分支出项则包括人工开采、潜水蒸发和排泄。这些相互联系的过程使地表水和地下水的状态处于动态变化之中，当其中某一环节受到异常干扰时，地表水和地下水的状态则会发生异常，当其异常偏少时，则发生水文干旱。因此，影响这些过程的因素或甚至某些过程本身就是水文干旱形成的主要驱动因素，可概括为以下 3 个方面。

（1）气候变化

气候变化导致气象干旱，可能直接引发水文干旱。气象干旱体现为降水和蒸发的异常不均衡，降水是地表水和地下水的主要来源，蒸发则影响地表水或地下水的支出，长期气象干旱必将导致地表水、地下水水分收入减少，支出增加，导致水文干旱。

（2）土地利用变化

下垫面条件与产汇流、蒸散发等过程密切相关，主要体现为人类活动导致的土地利用方式改变。主要包括：①城市化，居民工矿交通用地（以下简称居工地）建设面积扩大，埋设管线、开辟交通线路等城市基础设施建设随之扩大，使天然状态的土地变为居工地；②毁林开荒、过度放牧，使森林、草地变为农业用地或荒地；③水土保持，如坡地改梯田、植树造林、种草等；④水利工程建设，改变天然水域面积。这些人类活动通过改变下垫面来改变产汇流规律及蒸散发组成，加剧或缓解水文干旱。

（3）水资源开发利用

经济社会发展对水资源的刚性需求不断增加，人类对水资源系统的干扰程度加大，直接影响水文干旱，按照其作用方式，可将人类活动对水资源开发利用分为两种：①直接开发利用河道径流或地下水，造成地表水或地下水支出增加；②开发水资源造成了产流条件发生变化，造成同样降水情况下可用的水资源量发生变化，即影响地表水或地下水的收入项。

2.3.2 驱动作用机制

气候变化、土地利用变化及水资源开发利用对水文干旱的驱动均是通过影响水循环的不同环节而作用的，具体则是通过影响地表水和地下水的收入或支出项来加剧或缓解水文干旱的，如图 2-6 所示。

（1）气候变化

在不考虑人类活动因素时，气候变化是水文干旱的主要驱动因素，即气候变化首先导致气象干旱，气象干旱发展到一定程度才会引发水文干旱。气象干旱对水文干旱的驱动机制体现在三个方面：一是降水减少直接导致地表水和地下水补给减少；二是长期气象干旱使水资源状态和再生条件发生变化，如导致包气带干化、厚度增大，同样降水情况下地表水产流和地下水入渗补给减少；三是有利于蒸散发的气象条件使地表水和地下水蒸发量增大。一定时期内，地表水和地下水的赋存量还与前期水量赋存状态有关，当前期赋存水量较多时，暂时的降水减少可能不会造成水文干旱，即短期气象干旱可能不会导致水文干旱；当气象干旱持续时间较长，一方面大大减小地表水和地下水补给量，另一方面蒸发量加大，则会导致水文干旱。

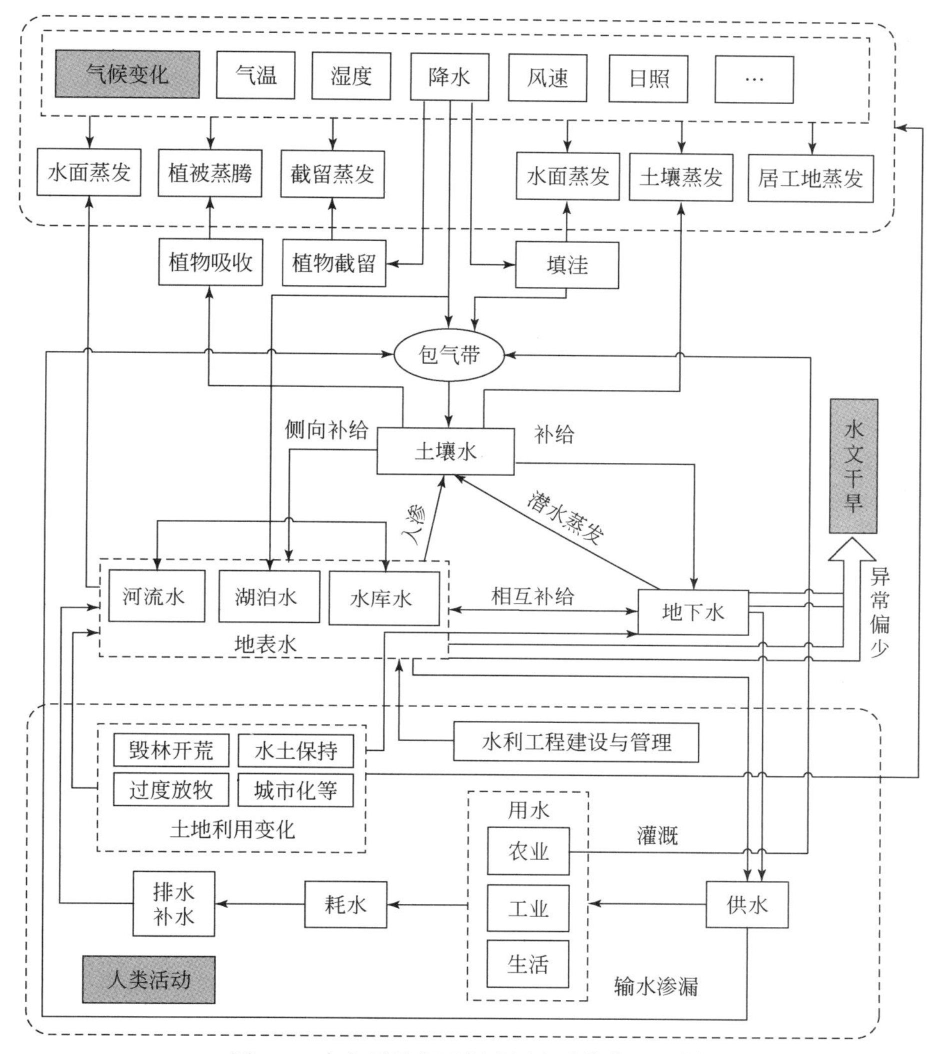

图 2-6　水文干旱主要驱动因素及其作用机制

当考虑人类活动因素时，气候变化可能不是驱动水文干旱的主要因素。在人类活动干扰较强的地区，即使没有发生气象干旱，也有可能发生水文干旱。例如，一定时期内，降水对地表水和地下水的补给量较往年平均水平正常甚至还多，但这一时期人类对地表水或地下水取用量大大增加，造成产流条件发生变化，导致其蒸发消耗量增大，也会发生水文干旱。

（2）土地利用变化

土地利用变化对水文干旱驱动主要是通过影响地表水及地下水运动规律而产生的，作用机制较为复杂。不同土地利用类型之间转换对地表水和地下水的影响不同，对水文干旱的驱动机制可分为以下 4 个方面：

1）城市化、交通线路开辟等对地表水干旱起缓解作用，对地下水干旱起诱发或加剧作用。城市化、交通线路开辟主要集中在平原地区，使天然状态的土地变为居工地，原有的疏松表面变为水泥路面，水流阻力变小，水流速度变快，同时，地表水主要是通过地下排水管网汇集，蒸发也有所减少，因此，相对于天然状态的土地，城市化使地表水收入项增大，支出项减少，对地表水干旱起缓解作用；而当疏松表面变为水泥路面后，下渗能力减少，降水对地下水的补给减少，地下水收入项减少，对地下水干旱起诱发或加剧作用，当然，是否一定会发生地下水干旱还与一定时期内地下水水分支出多少有关。

2）毁林开荒、过度放牧对地表水干旱起缓解作用，对地下水干旱起诱发或加剧作用。毁林开荒主要集中在山区，过度放牧可能发生在山区，也可能发生在平原区。森林变为耕地、草地变荒地后，植被覆盖度降低，土壤糙率减小，自然蓄积雨水量减少，地表径流量增大，增加地表水水分收入项，但是水量分布不均匀，不便于开发利用；自然蓄积水量减少，造成入渗补给地下水量也随之减少，即地下水水分收入项减少。同时，森林、草地变为耕地或荒地，蒸腾作用由全年变为季节性蒸腾或蒸腾作用微弱，蒸腾量也有所减少，地下水对土壤水补给减少。因此，毁林开荒、过度放牧对地表水干旱起缓解作用，但从长期来看，可能会带来沙漠化等生态环境问题；对地下水干旱起诱发或加剧作用，但是否一定会发生地下水干旱还与该时段其水分支出有关。

3）水土保持对地表水干旱起诱发或加剧作用，对地下水干旱起缓解作用。水土保持是与毁林开荒、过度放牧相反的作用过程，如坡地改梯田、植树造林、种草等。这些措施使土壤糙率增加，有利于自然蓄积水量（梯田化蓄水作用尤为明显），减少地表径流量，使水量分布更为均匀，便于开发利用，对地下水的入渗补给量增大，即减少地表水水分收入项、增大地下水水分收入项；同时，植物蒸腾作用增大会加大水分支出。因此，水土保持对地表水干旱起诱发或加剧作用，对地下水干旱起缓解作用。

4）水利工程建设对水文干旱的驱动作用体现在改变了水域面积，进而影响水分支出，其作用大小往往与该区域水域面积所占比重有关。

（3）水资源开发利用

人类通过对水资源的开发利用直接作用于地表或地下水资源，其对水文干旱的驱动机制包括两个方面：

1）人工直接消耗水资源诱发或加剧水文干旱，甚至起主要作用。人类通过消耗地表水和地下水，导致常年河流变为季节性河流或长期断流、平原区沿河道线补给地下水明显减少。开采的这部分水经供水工程（其中一部分水因输水渗漏回归包气带被重新分配）进入社会经济系统供给农业、工业和生活利用，其中，农业用水又回归到农作区的包气带，由包气带进行重新分配，其中大部分水被作物吸收最终耗于蒸腾；工业用水分为消耗性用水和非消耗性用水，前者如饮料生产，水进入产品中，后者如冷却、发电等；生活用水主要是日常饮用、洗漱用水等；工业和生活排放的废污水直接或者经初步处理后排入地表水或者补给地下水，这部分废污水进入地表水或地下水后如果超过天然水体自净能力，则会对其造成污染，使整体水质下降，人类为获取满足经济社会发展需求的水资源，会进一步开辟新的水源，如此恶性循环。人类通过这种“供–用–耗–排（补）”的模式对地表水和地下水直接干扰，诱发或加剧水文干旱，甚至起主要作用。

2）人类干扰了水资源的状态，使其再生条件发生变化，可能导致水文干旱。人类开采甚至超采地下水，使区域地下水位逐年下降，导致平原区包气带厚度不断增加，降水入渗补给周期增长，入渗系数减小，地下水补给困难。地表水和地下水的天然运动规律遭到破坏，可能导致同样降水条件下地表水和地下水量有所减少，可能会加剧水文干旱。

2.4 农业干旱驱动机制

2.4.1 主要驱动因素

农业干旱表征为作物体内水分失衡。对于作物体而言，其水分收入的直接来源是土壤水分，水分支出主要是叶片蒸腾和代谢耗水，在作物生长期内，当可被作物利用的土壤水不足以满足作物蒸腾、代谢对水分的需求时，则发生农业干旱。在作物生长的不同时期，对水分需求量不同，不同时期出现干旱都会对作物产生不良影响，且具有累积效应，若在作物需水临界期发生水分亏缺，会对产量产生较大影响。影响作物体水分收入和支出的因素都可能会驱动农业干旱，主要包括以下 3 个方面。

（1）气候变化

气候变化可能导致降水和蒸发异常，降水异常偏少直接影响土壤水分，蒸发异常偏大则影响作物蒸腾，诱发农业干旱。

（2）水资源开发利用

人类对水资源的开发利用也是农业干旱的驱动因素之一，其对农业干旱的形成既有加剧作用，又有缓解作用。一方面，人类通过对地表水和地下水的开发，进而影响其对土壤水的入渗和补给；另一方面，人类通过农田灌溉，可补充土壤水分。

（3）土地利用变化

人类通过城市化建设、开辟交通线路、毁林开荒、水土保持等方式改变土地利用类型，影响区域/流域产汇流规律，间接影响土壤水分。另外，人类通过对种植规模及种植结构进行调整，可影响农作物蒸腾消耗。

2.4.2 驱动作用机制

气候变化、水资源开发利用及土地利用方式变化对农业干旱的驱动均是通过影响土壤水分状态及作物水分支出来起作用的，如图 2-7 所示。

（1）气候变化

气候变化引起气象干旱，进而驱动农业干旱，主要是通过气象要素变化驱动的。降水、风速、温度、湿度、光照等气象要素的变化影响土壤水入渗补给、蒸发和作物蒸腾，当土壤水供应不足或作物蒸腾过强而超过作物自身调节能力时，则发生农业干旱。

降水主要影响土壤水分入渗补给，降水偏少引发的气象干旱直接诱发雨养农业区农业

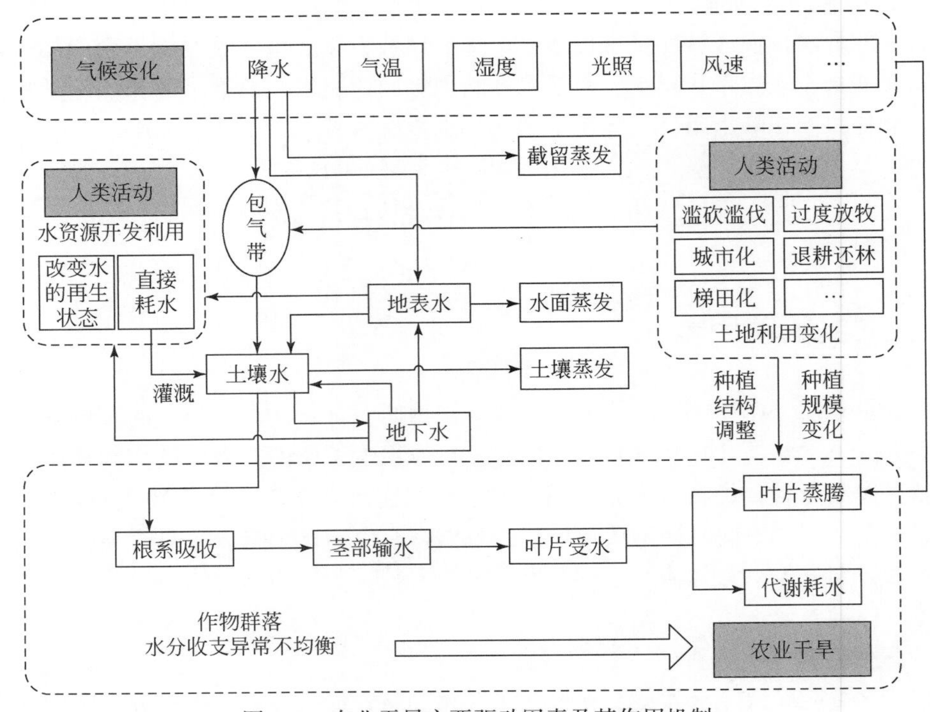

图 2-7 农业干旱主要驱动因素及其作用机制

干旱，或通过诱发水文干旱可能会间接引发灌溉农业区农业干旱。对于雨养农业区，降水是土壤水分的主要来源，尤其是对于坡地雨养农业，降水基本是土壤水分的唯一来源，而对于平地雨养农业，如果地下水位较高，还可能补给土壤水供作物利用；对于灌溉农业区，作物吸收的土壤水分主要来自于人工灌溉，降水多少对其影响相对较小甚至无影响，但是如果降水严重偏少，发生严重气象干旱时，造成河流断流或地下水位降低，进而导致灌溉水量不足，也会引发农业干旱。

风速、温度、湿度、光照等气象因子主要影响作物蒸腾，作用机制较为复杂。微风可带走聚集在叶面上的水汽，加强蒸腾作用，而强风反而可能会降低叶温，致使气孔关闭，降低蒸腾作用；在一定的范围内，温度升高，则加速水分的汽化，使气孔腔内蒸汽压的增加大于外界蒸汽压的增加，叶面与大气之间的水汽压梯度加大，蒸腾加强；一般作物叶子内气孔下腔的湿度总是接近饱和状态，与空气湿度间存在蒸汽压差，当空气湿度较小时，蒸汽压差较大，蒸腾作用强烈；光照能促使气孔张开，减少内部阻力，并能提高叶温，加速水分子扩散，从而加强蒸腾（蒋高明，2007）。这些气象因子之间也相互影响，如湿度直接影响蒸腾速率，而温度可以影响湿度，光可以影响温度，风可以影响温度和湿度，它们相互联系，共同作用于作物体，从而对蒸腾产生综合影响，进而加剧或缓解农业干旱。另外，这些气象因子还会影响棵间蒸发、截留蒸发及水面蒸发，直接或间接减少土壤水分，驱动农业干旱。

(2) 水资源开发利用

水资源开发利用对农业干旱既有加剧作用，又有缓解作用。加剧作用主要体现在通过干扰地表水和地下水系统，影响了水的赋存状态和转化规律，致使地表水入渗或地下水补给减少，进而影响土壤水状态，可能诱发农业干旱，这种情况在地下水位较高的平地雨养农业区较容易出现。缓解作用体现在人类通过取用地表和地下水对农田进行灌溉，补充土壤水分，对农业干旱有缓解作用。由于灌溉的作用，对于雨养农业区，在发生一般甚至严重气象干旱时也可能不会发生农业干旱。但是，对于以地表水为灌溉水源的灌溉农业区，若发生特大气象干旱导致地表水资源锐减，甚至河道断流，灌溉水得不到保证，也会引发农业干旱；对于以地下水为灌溉水源的灌溉农业区，若地下水长期超采，虽然能缓解当前的农业干旱，但可能会加大未来农业干旱发生的风险。

(3) 土地利用变化

土地利用变化对农业干旱的驱动作用体现在两个方面：一是通过不同土地利用类型之间的转换，改变了原有的产汇流规律，破坏了地表水、地下水对土壤水的天然转化规律，或者影响灌溉水量，进而影响作物吸水；二是其他土地利用类型与农业用地之间转换或者农业内部种植结构改变，改变了农业生产规模和结构，可能会改变作物蒸腾，进而影响作物需水。

前者如城市化、交通线路建设使天然状态土地变为居工地，原有疏松表面变为水泥路面，下渗能力减少，地表径流增加，而降水对地下水补给减少，可能会间接减少地下水对土壤水的补给；如毁林、过度放牧等人类活动使森林、草地变为荒地，植被覆盖度降低，下渗能力减少，增加地表径流而减少地下水补给量，也可能会间接减少地下水对土壤水的补给；这些人类活动对于雨养农业区和以地下水为灌溉水源的灌溉农业区可能起引发或加剧农业干旱作用，对于以地表水为灌溉水源的灌溉农业区则起缓解农业干旱作用；如植树造林、种草等水土保持措施则会减少地表径流量，增加地下水补给量，对于地下水位较高的平原区可能会增大地下水对土壤水的补给量，有利于缓解雨养农业区和以地下水为灌溉水源的灌溉农业区农业干旱，对于以地表水为灌溉水源的灌溉农业区农业干旱可能有诱发或加剧作用。

后者如梯田化、开荒等人类活动使农业种植面积扩大，增加作物蒸腾量，对土壤水的需求增加，如果降水、地下水或人工灌溉对土壤水的补给不足以满足需求，则发生农业干旱；而退耕还林则会起相反作用，可减少种植面积及作物蒸腾，缓解农业干旱；种植结构调整对农业干旱驱动作用与调整方向有关，如果朝高耗水或耐旱性较差的方向调整，则可能诱发或加剧农业干旱，如果朝低耗水或耐旱性较强的方向调整，则可能会缓解农业干旱。

2.5 气象、水文和农业干旱关联关系

通过气象、水文和农业干旱的主要驱动因素及其驱动作用机制分析可以发现，干旱的形成和蔓延是个复杂的过程，一次干旱事件可能是多种因素共同驱动的结果，且同一驱动

因素可导致不同类型的干旱。气象、水文和农业干旱是水循环不同环节出现水分失衡而呈现的现象，以水循环过程为主线，对气象、水文和农业干旱之间的关联关系进行探讨。气象、水文、农业干旱关联关系如图 2-8 所示。

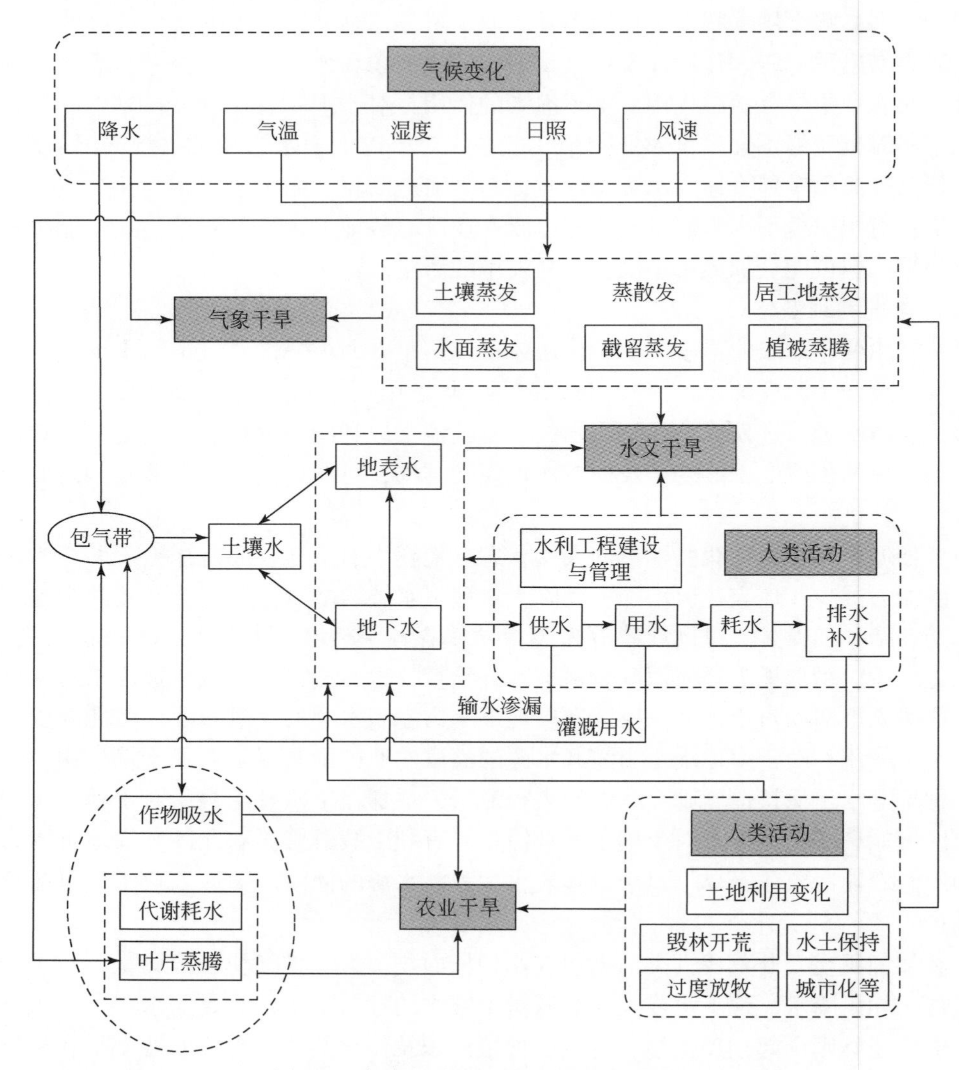

图 2-8　气象、水文、农业干旱关联关系

在人类活动干扰相对较小的地区，气候变化是各种干旱形成的唯一驱动力，首先各种气象因素变化导致降水和蒸发失衡，引发气象干旱；气象干旱发展，则引起土壤含水量降低，若土壤水分得不到地下水的有效补给或补给量不足以满足蒸腾需要，则诱发农业干旱；气象干旱持续发展，一方面会加大水面蒸发或潜水蒸发量，增加地表水和地下水的支出，另一方面可能会导致包气带增厚、干化，使同等降水条件下的产流减少，补给地下水的水量减少，可能诱发水文干旱。

在人类活动干扰强烈的地区，气象、水文和农业干旱的关系较为复杂。除气候变化外，人类通过开发利用水资源或改变土地利用方式，直接或间接影响水循环过程，导致地表水、地下水减少或土壤含水量降低，可能出现没有发生气象干旱、但发生水文干旱和农业干旱的情况。对于雨养农业，气象干旱依然是农业干旱的主要驱动力之一，而人类活动（如超采地下水）可能导致地下水对土壤水补给减少，引发水文干旱，出现没有发生气象干旱却发生农业干旱的情况；对于灌溉农业区，气象干旱与农业干旱的关系间接化，灌溉成为作物水分的主要来源之一，一般发生气象干旱时不会形成农业干旱，但是如果气象干旱严重导致严重的水文干旱进而影响灌溉水量时，也会导致农业干旱。人类还可以通过调整农业生产规模、种植结构、作物品种等方式来影响农业需水量，如果调整后的农业需水情况与当地水资源条件或灌溉条件不相适应，则会出现没有发生气象干旱或水文干旱，却出现农业干旱的情况。

第3章　区域干旱评估指标与方法

3.1　区域干旱评估框架

最初的干旱评估是根据站点监测数据，通过计算干旱指标对该站点的干旱强度进行分析（认为干旱指标值即干旱强度）；随着游程理论出现并在干旱识别中的应用，可识别出干旱起止时间及历时等特征指标，干旱评估由单一的干旱强度分析发展到多个变量干旱特征分析，但是依然难以获取准确的干旱覆盖面积；直到3S技术的推广应用，才能识别出干旱空间分布，获取干旱面积特征，进而可对干旱时空分布特征进行分析。目前干旱评估研究趋向于多尺度、多特征变量分析，但尚未形成一套系统完善的评估框架，本书在梳理现有研究成果的基础上，总结区域干旱评估基本框架（图3-1）。评估框架分为三个部分：

1）数据准备。首先，针对评估的干旱类型及研究区域，确定干旱评估时空尺度；其次，根据干旱评估指标收集相应的基础数据，若实测数据难以满足要求，可通过水循环模型模拟获得；最后，对满足序列长度要求的基础数据进行时间序列插补和空间展布，得到格式化单元基础数据，为下一步的干旱评估指标计算做准备。

2）干旱特征指标计算。根据准备好的格式化单元基础数据计算干旱指标，基于游程理论选取合理的阈值对干旱进行识别，确定干旱发生的起止时间，进而计算干旱历时、面积、强度（强度一般用干旱历时内干旱指标值与阈值的差值之和表示），在此基础上采用Copula理论和分析方法分析干旱频率。

3）干旱特征统计分析。每一次干旱均具有历时、面积、强度等干旱特征指标，由识别出的干旱事件序列可获取干旱特征指标序列，从单变量（单一特征指标的统计特征）、双变量（两特征变量关系分析或特征指标频率分析）和多变量（多个特征指标关系分析）几个方面来分析干旱特征。

本书主要研究气象干旱、水文干旱和农业干旱三种干旱类型，首先需要确定干旱评估时空尺度。根据已有部分研究成果中对干旱评估时间尺度的划分方式（表3-1）可知，气象干旱评估的时间尺度为1～12个月，水文干旱评估的时间尺度一般为月，而农业干旱评估时间尺度通常为月或者旬。为了分析气象、水文和农业干旱之间的关系，将三类干旱评估的时间尺度统一定为月尺度。对干旱评估的空间尺度，即划分干旱评估单元，通常有两种划分方法：一种是基于实际气象或水文站点按照泰森多边形方法划分的不规则单元，单元面积大小与研究区域面积及站点的密集程度有关；另一种是按照给定面积划分的规则网格单元，单元面积与研究区域面积大小有关。根据已有部分研究成果中对空间尺度的划分方式（表3-1），网格面积约为区域面积的0.1%～5%。两种方法各有优缺点，前者划分

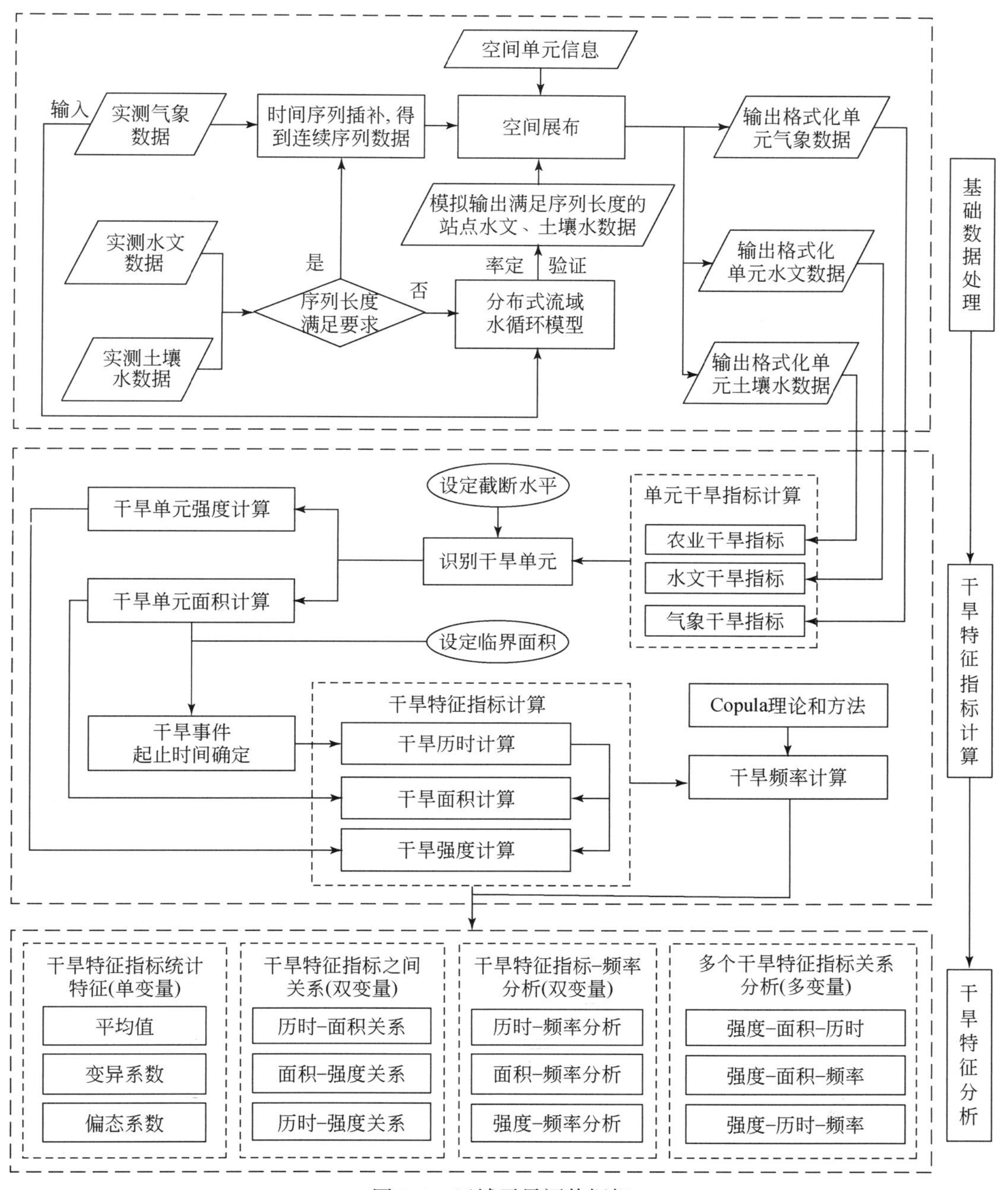

图 3-1 区域干旱评估框架

方法相对直观简单，可直接利用站点数据，但受站点密集程度影响，如果站点较少则对于干旱评估结果影响较大；后者划分方法相对复杂，需将站点数据展布到各个网格单元，受空间插值方法的影响，但是能获取相对准确的干旱空间分布。

表 3-1　已有研究成果中对干旱时空尺度的划分方式

干旱类型	研究区	总面积	时间尺度	空间尺度	来源
气象干旱	英国	24.48 万 km^2	月	25km×25km	(Eleanor, 2010)
气象、水文干旱	丹麦	4.31 万 km^2	月	14km×17km	(Hisdal and Tallaksen, 2003)
气象干旱	英国 Pang 流域	170km^2	月	分为 5 个，面积比例分别为 0.05、0.2、0.25、0.35、0.15	(Lena, 2009)
水文干旱	英国 Pang 流域	170km^2	月	0.4km×0.4km	(Lena, 2009)
气象干旱	印度 Kansabati 流域上游	4265km^2	3 个月	13km×13km	(Mishra and Desai, 2005)
			12 个月		
气象、水文、农业干旱	美国本土	797.9 万 km^2	月	经纬度 0.5°	(Konstantinos et al., 2005)

气象干旱评估通常需要降水、蒸发等气象数据，水文和农业干旱评估通常需要径流量或地表水资源量、地下水资源量及土壤含水量数据。首先，将收集到的数据转换为月尺度并判断其序列长度是否能满足要求，若能满足要求则进行下一步处理，否则考虑通过模型模拟方式获得；其次，对其中可能有的少量缺失数据进行时间序列插补，得到连续序列数据，常用的时间序列插补方法有最近时间距离插值法、算术平均插值法、函数拟合插值法等，可根据具体对象及插值效果选取合适的方法（彭思岭，2010）；最后，按照干旱评估空间尺度将连续序列数据进行空间展布，得到格式化的单元基础数据序列，常用的空间插值方法有泰森多边形法、反距离加权法、梯度距离反比法、样条函数法及普通克里金插值法等，其中普通克里金插值法是目前使用较为普遍的方法，它基于空间统计学理论，不仅能估计插值对象的空间变异分布，还能估计估计参数的方差分布，但是计算相对烦琐（彭思岭，2010；邬伦，2001）。

3.2 干旱指标

3.2.1 气象干旱指标

目前较为主要的气象干旱指标有降水量或累积降水量距平百分率、降水量或累积降水量标准化统计量、标准化降水指数（SPI）等单因素指标，*K* 干旱指数、勘察干旱指数（RDI）等双因素指标，以及 Palmer 干旱指数（PDSI）等多因素指标，各种气象干旱指标的优缺点见表 3-2。

表 3-2　主要气象干旱指标优缺点对比

干旱指标	优点	缺点
降水量或累积降水量距平百分率、降水量或累积降水量标准化量	1）需要数据容易获得 2）无量纲数，在时间和空间上具有可比性 3）适用于多个时间尺度	1）需要长时间序列数据 2）没有考虑到蒸发及其他水分支出因素 3）将序列平均值作为标准化基准，受序列长度影响
标准化降水指数（SPI）和 *Z* 指数	1）需要数据容易获得 2）无量纲数，在时间和空间上具有可比性 3）适用于多个时间尺度	1）需要长时间序列数据（大于 30 年） 2）没有考虑到蒸发及其他水分支出因素 3）在干旱区有些时段降水零值较多基于短时间序列数据对降水分布进行拟合时易产生偏差
K 干旱指数	1）同时考虑了降水和蒸发 2）无量纲数，在时间和空间上具有可比性 3）适合于多个时间尺度 4）可用于评估气候变化对干旱的影响	1）需要长时间序列数据 2）潜在蒸发量的计算相对烦琐 3）以序列平均值作为计算降水和蒸发相对变率的基准，受序列长度影响
勘察干旱指数（RDI）	1）同时考虑了降水和蒸发 2）无量纲数，在时间和空间上具有可比性 3）适合于多个时间尺度 4）对外界环境变化较为敏感，可用于评估气候变化对干旱的影响 5）可与水文、农业干旱有效联系	1）需要长时间序列数据 2）潜在蒸发量的计算相对烦琐 3）假设降水和潜在蒸发的比值服从对数正态分布，在某些地区若时段降水零值较多，则基于短时间序列数据按照对数正态分布进行拟合时易产生偏差
Palmer 干旱指数（PDSI）	1）基于土壤水平衡原理 2）无量纲数，在时间和空间上具有可比性 3）对降水和气温变化较为敏感	1）需要降水、气温及土壤水相关资料，较难获取 2）计算较为复杂 3）没有考虑到积雪和融雪，在冬季和高海拔地区不适用

综合考虑气象干旱概念、气象干旱指标本身的优缺点及数据资料的可获取性，选取勘察干旱指数（RDI）作为气象干旱的评估指标。RDI 是 Tsakiris 和 Vangelis（2005）提出的同时考虑降水和蒸发因素的气象干旱指标，该指标对外界环境变化敏感，可用于分析气候变化对干旱的影响；且可与水文干旱及农业干旱建立有效联系；虽然比单因素指标计算复杂，但相对于多因素指标计算要更简单；相对于采用序列降水与潜在蒸发比值的平均值作为标准化基准的 *K* 干旱指数，RDI 指标采用分布函数对降水和潜在蒸发比值进行拟合，评价标准更为明确。RDI 的计算方法如下：

假设研究区有 m 个评估单元，n 个评估时段，第 i 评估单元第 j 月的降水量和潜在蒸发量为 $P_{i,j}$ 和 $\mathrm{PET}_{i,j}$，首先按照式（3-1）计算相应降水量和潜在蒸发量的比值 $a_{i,j}$：

$$a_{i,j}=\frac{P_{i,j}}{\mathrm{PET}_{i,j}},\quad i=1,\ 2,\ \cdots,\ m;\ j=1,\ 2,\ \cdots,\ n \tag{3-1}$$

基于序列 $a_{i,j}$，有两种标准化处理方式，一种是进行距平处理；另一种是假设其对数序列服从某种特定分布（通常为 Γ 分布），计算出某时段 $a_{i,j}$ 值的 Γ 分布概率后，再将其进行正态标准化处理，最终用标准化累积频率分布来划分其干旱等级。由于第一种处理方式对于评价标准或评价阈值的界定存在主观性，选择第二种标准化处理方式，主要内容如下：

1）对于任意评价单元，假设某时段降水量与潜在蒸发量的比值 $a_{i,j}$ 为随机变量 x，则其 Γ 分布的概率密度函数如下：

$$f(x)=\frac{1}{\beta\gamma\Gamma(x)}x^{\gamma-1}e^{\frac{-x}{\beta}},\ x>0 \tag{3-2}$$

式中，$\beta>0$，$\gamma>0$ 分别为尺度参数和形状参数，可用极大似然估计方法求得：

$$\hat{\gamma}=\frac{1+\sqrt{1+\frac{4A}{3}}}{4A} \tag{3-3}$$

$$\hat{\beta}=\frac{\bar{x}}{\hat{\gamma}} \tag{3-4}$$

$$A=\lg\bar{x}-\frac{1}{n}\sum_{j=1}^{n}\lg x_j \tag{3-5}$$

式中，$\bar{x}$ 为 $a_{i,j}$ 的各时段平均值；x_j 为 $a_{i,j}$ 的资料样本。

2）确定概率密度函数中的参数后，对于某一时段的降水与潜在蒸发的比值 x_0，可求出随机变量 x 小于 x_0 事件的概率：

$$F(x<x_0)=\int_0^{\infty}f(x)\mathrm{d}x \tag{3-6}$$

利用数值积分可求式（3-2）代入式（3-6）后的事件概率近似估计值。如果 $x=0$，则按照式（3-7）估计：

$$F(x=0)=k/n \tag{3-7}$$

式中，k 为样本中 0 的样本个数；n 为样本总数。

3）对 Γ 分布概率进行正态标准化处理，即将用式（3-6）和式（3-7）求得的概率值代入标准化正态分布函数：

$$F(x<x_0)=\frac{1}{\sqrt{2\pi}}\int_0^{\infty}e^{\frac{-z^2}{2}}\mathrm{d}x \tag{3-8}$$

对式（3-8）进行求解得到的 Z 值，即为要求的 RDI 值。

RDI 的评价标准同 SPI，我国《气象干旱等级》中对 SPI 的评价标准进行了修正，与 McKee 提出的稍有差异，采用《气象干旱等级》（GB/T 20481—2006）中的标准，见表 3-3。

表 3-3　基于 RDI 的气象干旱等级划分

状态	RDI	等级
0	$-0.5<\mathrm{RDI}$	无旱
1	$-1.0<\mathrm{RDI}\leqslant-0.5$	轻旱

续表

状态	RDI	等级
2	-1.5<RDI≤-1.0	中旱
3	-2.0<RDI≤-1.5	重旱
4	RDI≤-2.0	特旱

3.2.2 水文干旱评估指标

通常用径流量或其统计量来表征水文干旱，较为常用的水文干旱指标有径流亏缺量、径流异常指数（径流量或累积径流量距平百分率、径流量或累积径流量标准化量），以及标准化径流指数（SRI）等单因素指标，地表供水指数（SWSI）及Palmer水文干旱指数（PHDI）等多因素指标。各种水文指标的优缺点见表3-4。可以看出，以往的水文干旱指标大多数是以地表径流来表征的，而忽略了地下水。近年来有学者提出地下水干旱也应作为水文干旱的一种（Ashok，2010），可用地下水补给量、地下水位或地下水排泄量或其统计量来表征。天然状况下，地表水和地下水之间是紧密联系的，可用数据资料较为容易获得的地表水资料来表征水文干旱；而在大多数情况下，地表水和地下水也会受人类活动的影响，人类通过水资源开发利用可能会割断地表水和地下水之间的联系，破坏其天然的运动规律，如在某些区域人类对地下水的大规模开发利用，导致地下水严重超采，造成包气带增厚，地表水向地下水补给困难，即使地表水处于正常甚至充沛状态，地下水却处于干旱状态，此时，如果仅以地表水来建立水文干旱评估指标，则难以真实反映水文干旱状况。考虑到地表水和地下水之间的联系，同时也考虑人类活动的影响，本书以全口径水资源量为基础构建新的水文干旱指标。

表3-4 主要水文干旱指标优缺点对比

干旱指标	优点	缺点
径流亏缺量	1）需要数据容易获得 2）计算方法简单	1）指标为绝对量，不便于区域间比较 2）阈值的设定还没有统一的方法
径流异常指数	1）需要数据容易获得 2）无量纲数，在时间和空间上具有可比性 3）计算方法简单，应用广泛	1）需要长时间序列数据 2）将序列平均值作为标准化基准，受序列长度影响
标准化径流指数（SRI）	1）需要数据容易获得 2）无量纲数，在时间和空间上具有可比性 3）适合于多个时间尺度 4）计算方法简单	1）需要长时间序列数据 2）基于短时间序列数据进行拟合时易产生偏差

续表

干旱指标	优点	缺点
地表供水指数（SWSI）	1）考虑了降水、径流、高海拔地区积雪和水库蓄水 2）计算方法简单，能反映流域内地表水分的供应状况	1）不同区域之间缺乏可比性 2）各项指标权重系数随时空变化，难以确定
Palmer 水文干旱指数（PHSI）	1）基于土壤水平衡原理，考虑多个因素 2）无量纲数，在时间和空间上具有可比性	1）需要降水、气温及土壤水相关资料，较难获取 2）计算方法较为复杂 3）在山区和极端气候频繁地区不适用，没有考虑到积雪、融雪状况

新的水文干旱指标构建借鉴标准化径流指数（SRI）的思路及计算方法，因为 SRI 是一个无量纲量，易于确定评价标准，且计算方法也相对简单；同时有研究表明其与 SPI、PDSI 等气象干旱指标有较好的相关性。以水资源量代替 SRI 中的地表径流量，得到标准化水资源指数（standard water resources index，SWRI）作为水文干旱指标。其计算方法与 SRI 及 RDI 的计算方法相同，即先根据某一干旱评估单元的月序列水资源量数据对其分布进行拟合，即求出其概率分布密度函数；再依据拟合的分布函数求出各时段水资源数据所对应的概率；最后将求得的分布概率进行正态标准化处理，得到标准化水资源指数（SWRI），详细计算方法不再赘述。SWRI 也是个无量纲量，其评估标准同 RDI。

3.2.3 农业干旱指标选取

通常用土壤水含水量或其统计量来表征农业干旱，较为常用的农业干旱指标有土壤相对湿度、土壤水异常指数等单因素指标及作物水分指数、Palmer 土壤异常指数等多因素指标。各种指标的优缺点见表 3-5。

表 3-5 主要农业干旱指标优缺点对比

干旱指标	优点	缺点
土壤相对湿度	1）计算方法简单，适用于站点农业干旱评估	1）不同土壤性质存在差异，难以建立统一的评价标准 2）仅考虑土壤水因素，没有考虑到作物需水因素
土壤湿度异常指数	1）计算方法简单，应用广泛 2）无量纲数，在时间和空间上具有可比性	1）需要长时间序列数据 2）仅考虑土壤水因素，没有考虑到作物需水因素
标准化土壤湿度指数（SSWI）	1）无量纲数，在时间和空间上具有可比性 2）适合于多个时间尺度 3）计算方法简单	1）需要长时间序列数据 2）基于短时间序列数据进行拟合时易产生偏差

续表

干旱指标	优点	缺点
作物水分指数（CMI）	1）考虑了降水、气温等因素 2）适用于暖季农业干旱监测	1）可能出现 CMI 随潜在蒸发量的增加而增加的情况，与实际不符 2）对于长期农业干旱监测不适用 3）计算较为复杂
Palmer 土壤异常指数（Palmer-*Z* 指数）	1）考虑了降水、气温等多种因素 2）对土壤含水量变化很敏感，可用于监测农业干旱	1）计算方法较为复杂 2）需要数据较多，难以获取

综合各干旱指标的优缺点，同时考虑与气象、水文干旱评估指标与标准的一致性，选取标准化土壤湿度指数（standard soil wetness index，SSWI）作为农业干旱指标。该指标也是一个无量纲量，计算方法也相对简单，所需要的长序列土壤含水率数据可通过模拟获得。其计算方法如下：

首先，将干旱评估单元各时段土壤含水率按式（3-9）计算相应的土壤湿度指数：

$$SWI=\frac{w_{\mathrm{sim}}-w_{\mathrm{wilt}}}{w_{\mathrm{fc}}-w_{\mathrm{wilt}}} \tag{3-9}$$

式中，SWI 为土壤湿度指数；w_{sim} 为模拟的土壤含水率；w_{wilt} 为凋萎系数；w_{fc} 为田间持水量。

其次，根据 SWI 序列来对其分布进行拟合，求出概率密度函数；再依据拟合的分布函数求出各时段水资源数据所对应的概率；最后，将求得的分布概率进行正态标准化处理，得到标准化土壤湿度指数（SSWI）。SSWI 评估标准同 RDI。

3.3 区域干旱识别

干旱识别即辨识某个评估对象某时段是否处于干旱状态，目前应用最为广泛的方法是阈值法。阈值即一个系统状态的临界值，当某一研究变量超过或低于该临界值时，系统的状态就会发生变化。阈值法最早在 1945 年由 Rice 提出，1967 年由 Yevjevich 将其应用于水文干旱研究中，之后在气象、农业干旱评估中陆续得到应用（Smakhtin，2001；Yevjevich，1983），本书采用阈值法对干旱进行识别。

根据评价对象的不同，干旱识别分为两个层次：一是识别每个干旱评估单元各时段是否处于干旱状态；二是识别研究区域各时段是否干旱。对于评估单元干旱识别，设任一评价单元 k 在 t 时段的干旱指标值 $z(t, k)$，给定一个截断水平 $z(p, k)$，当 $z(t, k) < z(p, k)$ 时，则该单元在 t 时段处于干旱状态（图 3-2）；对于区域干旱识别，统计各时段干旱单元面积占总面积的比例 $A(t)$，给定一个临界面积 A_c（也为比例），当 $A(t) \geq A_c$ 时，则区域在 t 时段处于干旱状态（图 3-3）。

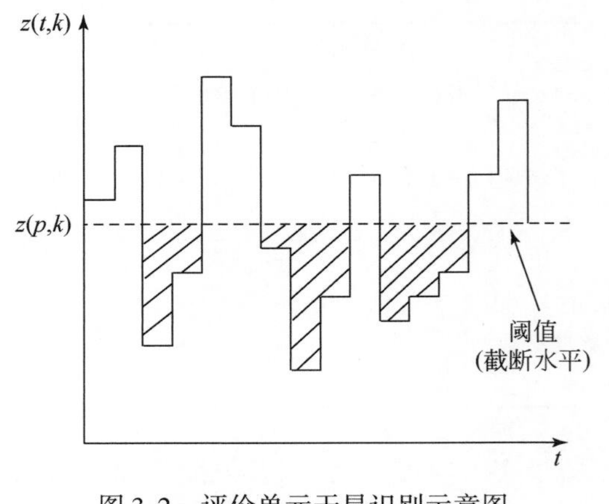

图 3-2　评价单元干旱识别示意图

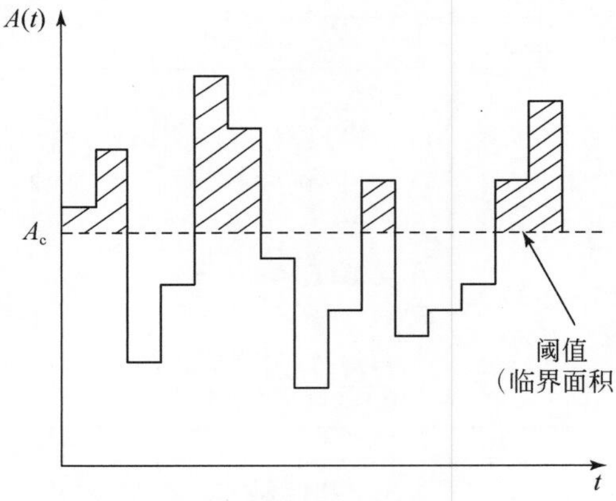

图 3-3　区域干旱识别示意图

干旱识别具体方法如下：

1）计算各干旱评价单元各时段干旱指标。根据准备好的格式化单元基础数据，以及气象、水文和农业干旱指标，分别计算各干旱评价单元各时段的气象、水文、农业干旱指标值；

2）对各评价单元各时段干旱进行识别。对于任意评价单元 k（$k=1, 2, \cdots, m$），第 t 时段的干旱指标值为 $z(t, k)$，设定截断水平 $z(p, k)$，则有

$$\begin{aligned} I(z(t, k)) &= 1, \quad 若\ z(t, k) < z(p, k) \\ I(z(t, k)) &= 0, \quad 若\ z(t, k) \geq z(p, k) \end{aligned} \tag{3-10}$$

式中，$I(z(t, k)) = 1$ 表示第 k 评价单元 t 时段内处于干旱状态，$I(z(t, k)) = 0$ 表示第 k 评价单元 t 时段内没有发生干旱。

关键是确定每个单元合理的截断水平 $z(p, k)$，截断水平的确定目前还没有统一的方法，通常取干旱指标分布的某个百分比或者经验频率曲线的某个百分位（表 3-6）。

3）对区域各时段干旱状况进行识别。根据各评价单元干旱识别的结果及各评价单元的面积，按式（3-11）统计各时段区域干旱面积 $A(t)$：

$$A(t) = \sum_{k=1}^{m} I(z(t, k)) \times \frac{a(k)}{a} \tag{3-11}$$

式中，$a(k)$ 为第 k 评价单元的面积；a 为区域总面积。

当 $A(t) \geq A_c$ 时，则区域在 t 时刻处于干旱状态。关键是确定合理的临界面积 A_c，临界面积的确定目前也没有统一的方法，根据现有研究成果中对临界面积的划分方法（表 3-6），一般取研究区面积的 0～20%。

表 3-6　已有研究成果中对干旱截断水平和临界面积的划分方式

干旱类型	干旱指标	截断水平	临界面积	来源
气象干旱	标准化前 12 个月累计降水量	月干旱指标分布的 10%	5% 区域面积	（Eleanor and Simon，2010）

续表

干旱类型	干旱指标	截断水平	临界面积	来源
气象干旱	月降水量距平值	经验频率曲线 80% 百分位	大于 0 则为干旱	(Hisdal and Tallaksen, 2003)
水文干旱	月径流量距平值	经验频率曲线 80% 百分位	大于 0 则为干旱	(Hisdal Tallaksen, 2003)
气象干旱	月降水量	经验频率曲线 80% 百分位	20% 流域面积	(Lena, 2009)
水文干旱	地下水补给量、地下水位	经验频率曲线 80% 百分位	20% 流域面积	(Lena, 2009)
气象干旱	标准化降水指数	0	大于 0 则为干旱	(Konstantinos et al., 2005)
水文干旱	径流量距平百分率	20%	大于 0 则为干旱	(Konstantinos et al., 2005)
农业干旱	土壤含水率距平百分率	20%	大于 0 则为干旱	(Konstantinos et al., 2005)

3.4 区域干旱特征指标计算

根据干旱识别及干旱评估指标计算结果可求得干旱历时、面积、强度等特征指标，在此基础上进一步分析干旱频率。

3.4.1 干旱历时

一次干旱事件持续时间（duration，D）即干旱事件开始到结束的时间。根据区域干旱识别结果，若 $j-1$（$j=2, 3, \cdots, n$）时段处于非干旱状态，而 j 时段处于干旱状态，则认为 j 时段为一次干旱开始时段（当 $j=1$ 时段为干旱状态时，则第 1 时段为第 1 次干旱事件的开始时段）；若干旱状态一直持续到 $j+L$ 时段，而 $j+L+1$ 时段又处于非干旱状态，则认为 $j+L$ 时段为干旱结束时段，该次干旱事件历时为 $D=L$。

3.4.2 干旱面积

干旱面积（area，A）即一次干旱在其持续时间内各时段干旱面积的平均值。各时段干旱面积常用该时段实际干旱面积占区域总面积的百分比表示，一次干旱在其持续时间内各时段干旱面积的平均值计算式如下：

$$A = \frac{\sum_{t=j}^{L+j} A(t)}{L} \tag{3-12}$$

式中，A 为一次干旱的覆盖面积；$A(t)$ 为 t 时段区域干旱面积（即干旱单元面积总和与区域总面积的比值）；j 为一次干旱开始时段，$j+L$ 为干旱结束时段，L 为干旱历时。

3.4.3 干旱强度

干旱强度（severity，S）即一次干旱在其持续时间内各时段干旱强度之和，各时段干旱强度即时段内所有干旱单元干旱强度按照干旱单元面积加权求和，而各时段干旱单元的干旱强度即截断水平与干旱指标的差值。具体计算方法见式（3-13）～式（3-15）：

$$S = \sum_{t=j}^{L+j} S(t) \tag{3-13}$$

$$S(t) = \sum_{k=1}^{m} S(t, k) \times \frac{a(k)}{a} \tag{3-14}$$

$$S(t, k) = (z(p, k) - z(t, k)) \times I(z(t, k)), \quad k=1, 2, \cdots, m; \; t=1, 2, \cdots, n \tag{3-15}$$

式中，S 为区域内一次干旱事件的干旱强度；$S(t)$ 为区域 t 时段内干旱强度；$S(t, k)$ 为任意干旱评价单元 k 在 t 时段的干旱强度；j 为一次干旱开始时段，$j+L$ 为干旱结束时段，L 为干旱历时。

3.4.4 干旱频率

干旱频率（frequency，F）即一定时期内发生某种特征干旱事件的频繁程度，是重要的干旱特征指标之一。干旱频率计算方法主要有经验频率方法和联合概率分布方法。

1. 经验频率方法

经验频率法通常用于单一干旱特征指标的频率计算，即将干旱事件某一特征指标按照从大到小排序，按式（3-16）计算该特征指标经验频率：

$$P = \frac{m}{n+1} \tag{3-16}$$

式中，P 为某特征指标的经验频率；m 为某特征指标按由大到小顺序排列的序号，n 为干旱发生的总次数。

也有一些文献对该方法进行拓展，用于考虑两个特征指标的干旱频率计算（Hisdal and Tallaksen，2003；Eleanor and Simon，2010），但是此方法适用于干旱样本足够大的情况。一般仅依靠少量历史干旱事件难以满足计算要求，通常需采用基于经验正交函数和蒙特-卡洛模拟技术建立的干旱随机模拟模型来模拟多次干旱事件，进而进行经验频率分析。

2. 联合概率分布方法

联合概率分布方法受样本容量限制较小，可分析考虑两个或者多个特征指标的干旱频率，但是计算方法较为复杂。其基本思路是：先基于经验频率计算结果，根据参数法或非参数法拟合出干旱各特征指标的边缘分布函数；再选择某种连接函数将两个或多个特征指标的边缘分布连接起来，构造联合分布函数并对对其参数进行估计；最后基于构造好的联合分布函数计算考虑两种或多种特征变量特征的干旱发生概率。具体方法如下。

(1) 确定干旱特征指标的边缘分布

确定各特征指标的边缘分布的方法有两种：参数法和非参数法。所谓参数法，即假定随机变量服从某种含有参数的分布，如正态分布、Γ 分布等常见分布，然后根据样本数据估计其中的参数，并进行检验（谢华和黄介生，2008；戴昌军和梁忠民，2006）；非参数法即基于经验分布和核密度估计方法，把样本经验分布函数作为总体随机变量分布的近似，利用核密度估计方法确定总体分布（Kim et al.，2003；马明卫和宋松柏，2011）。各种方法均有其优点和缺点：参数方法理论体系比较完善，是研究干旱和其他具有统计特性事件特征分布的一个重要手段，但计算相对复杂，难以找到一种普遍接受的分布类型来描述干旱特征指标概率分布，且参数估计中的一些假设条件会影响估计值的正确性；非参数方法对变量概率分布没有任何假定或限制，能很好地保留和重现样本观测值序列所蕴含的一系列特征与属性，但是非参数估计式及窗宽的选取对结果影响较大。目前，参数法和非参数法在确定干旱特征指标边缘分布中均有应用。综合考虑，在确定干旱特征变量的边缘分布时，优先选取参数法，若参数法估计结果没有通过检验，则采用非参数方法。

(2) 选取适当的、能够描述干旱特征指标间相关关系的联合函数

确定了干旱特征变量的边缘分布后，需根据特征指标之间的关系来选择合适的联合分布函数。多变量联合分布函数的分布概率如下：

$$F(x_1, x_2, \cdots, x_n) = \iint\cdots\int f(x_1, x_2, \cdots, x_n)\mathrm{d}x_1\mathrm{d}x_2\cdots\mathrm{d}x_n \tag{3-17}$$

式中，$F(x_1, x_2, \cdots, x_n)$ 为多因素共同作用的联合概率，$x_1, x_2, \cdots, x_n$为随机变量，$f(x_1, x_2, \cdots, x_n)$为多变量概率密度函数。对于多变量联合分布函数，只有在各变量均属正态分布时，其联合分布函数才会有解析表达式；对于非高斯、相关的多维随机变量，通常采用模拟法求解（谢华和黄介生，2008；戴昌军和梁忠民，2006）。

因不同研究区域、不同干旱特征指标可能具有不同的概率分布特点，且各特征指标之间可能具有复杂的线性和非线性关系，常规的两变量概率分布模型难以准确描述干旱特征变量的联合分布特征。Copula 函数（宋松柏等，2012）为解决这一问题提供了有效途径，该函数可将一元分布函数“连接”起来形成多元概率分布函数，其中各单因子变量的边缘分布可以采用任何形式，具有较强的灵活性。Copula 理论的提出要追溯到 1959 年，Sklar 提出可以将一个 N 维联合分布函数分解为 N 个边缘分布函数和一个 Copula 函数，这个 Copula 函数描述了变量间的相关性（宋松柏等，2012）。1999 年，Nelson（1999）给出了 Copula 函数的严格定义，并对其基本性质进行了讨论，随着 Copula 理论和方法的不断完善，其在金融、财经、保险、水文等领域得到了广泛应用。

设随机变量x_1，x_2，…，x_n的边缘分布函数分别为$F_{x_1}(x_1)$，$F_{x_2}(x_2)$，…，$F_{x_n}(x_n)$，则由Copula函数构造随机变量x_1，x_2，…，x_n的联合分布函数为

$$F(x_1, x_2, \cdots, x_n) = C[F_{x_1}(x_1), F_{x_2}(x_2), \cdots, F_{x_n}(x_n)] \tag{3-18}$$

式中，C为将变量边缘分布连接起来构成的随机变量联合分布，称为Copula函数。

目前已有一些学者将不同种类的Copula函数应用于干旱频率分析中，并取得了一定的进展（闫宝伟等，2007；陆桂华等，2010；许月萍等，2010；宋松柏和聂荣，2011；Song and Singh，2010）。本书也采用Copula函数作为描述特征指标相关结构的联合函数，采用平方欧式距离法（squared euclidean distance，SED）来优选适当的Copula函数。

（3）估计Copula函数中的未知参数

如果边缘分布采用参数法，则其中含有未知参数，且选用的Copula函数中也含有未知参数，因此，需要进行参数估计。常用参数估计方法有最大似然估计方法、分步估计方法和半参数估计方法（宋松柏等，2012）。最大似然估计法是将由边缘分布函数所构成的Copula函数作为一个整体，构造似然估计函数，求解似然函数的最大值点，即可得边缘分布和Copula函数中的未知参数；分步估计方法是将边缘分布和Copula函数中的未知参数分开估计，先根据样本数据采用最大似然估计法求出边缘分布中未知参数，再将其代入Copula函数中求出其中的未知参数；半参数估计即直接用样本经验分布函数代替边缘分布函数，不用估计边缘分布中的参数，只需估计Copula函数中的参数，通常采用最大似然法估计。

（4）计算干旱频率或重现期

根据干旱特征指标边缘分布，可求仅考虑单一特征的干旱发生频率；根据由Copula函数确定的多变量联合分布，可求同时考虑多个特征的干旱发生频率。如假设干旱历时、强度分别服从指数分布和Γ分布，其分布函数见式（3-19）和式（3-20）：

$$F_D(x_D) = \int_0^{\infty} \lambda(1 - e^{\frac{-x_D}{\lambda}})\,dx \tag{3-19}$$

$$F_S(x_S) = \int_0^{\infty} \frac{1}{\alpha^{\beta}\Gamma(\beta)} x_S^{(\beta-1)} e^{\frac{-x_s}{\alpha}})\,dx \tag{3-20}$$

式中，$F_D(x_D)$、$F_S(x_S)$分别为干旱历时和干旱强度的分布函数，λ、α、β为待估计的参数。

根据以上边缘分布可以分别计算出给定干旱历时d、干旱强度s的干旱发生的频率分别为

$$P(X_D \leqslant d) = F_D(d) = u \tag{3-21}$$

$$P(X_S \leqslant s) = F_S(s) = v \tag{3-22}$$

式中，u、v分别为给定干旱历时d、干旱强度s的干旱发生的频率。

同时考虑干旱历时和干旱强度的二维干旱事件发生的频率为

$$P(X_D \leqslant d \cap X_S \leqslant s) = c(u, v) \tag{3-23}$$

式中，$c(u, v)$为根据干旱历时和强度边缘分布确定的Copula函数分布。

则给定干旱历时和干旱强度中有一个发生或均不发生的干旱频率为

$$P(X_D \geqslant d \cap X_S \geqslant s) = 1-u-v+c(u, v) \tag{3-24}$$

$$P(X_D \leqslant d, X_S \geqslant s) = u-c(u, v) \tag{3-25}$$

$$P(X_D \geqslant d, X_S \leqslant s) = v-c(u, v) \tag{3-26}$$

给定条件 $X_D \geqslant d$ 时，干旱强度 S 的条件概率分布为

$$F_{S/D}(d, s) = P(X_S \leqslant s / X_D \geqslant d) = \frac{P(X_S \leqslant s, X_D > d)}{P(X_D > d)} = \frac{v-c(u, v)}{1-v} \tag{3-27}$$

给定条件 $X_S \geqslant s$ 时，干旱历时 D 的条件概率分布为

$$F_{D/S}(d, s) = P(X_D \leqslant d / X_S \geqslant s) = \frac{P(X_D \leqslant d, X_S \geqslant s)}{P(X_S \geqslant s)} = \frac{u-c(u, v)}{1-u} \tag{3-28}$$

常用重现期来更直观地描述干旱频率，根据 Kim 给出的干旱重现期公式，干旱历时和强度大于或等于某给定值的干旱事件重现期为

$$T_D = \frac{N}{n(1-F_D(d))} = \frac{N}{n(1-u)}, \quad T_S = \frac{N}{n(1-F_S(s))} = \frac{N}{n(1-v)} \tag{3-29}$$

式中，T_D、T_S分别为干旱历时和干旱强度的重现期；N 为干旱序列长度（年）；n 为干旱发生次数。

干旱历时和干旱强度的组合重现期为

$$T_0 = \frac{N}{nP(X_D \geqslant d \cap X_S \geqslant s)} = \frac{N}{n(1-u-v+c(u, v))} \tag{3-30}$$

$$T_a = \frac{N}{nP(X_D \geqslant d \cap X_S \geqslant s)} = \frac{N}{n(1-c(u, v))} \tag{3-31}$$

式中，T_0为干旱历时和干旱强度的同现重现期；T_a为干旱历时和干旱强度的联合重现期，其他符号意义同式（3-21）~式（3-23）和式（3-29）。

综合来看，经验频率法计算简单，但是要求有足够大的样本容量；联合概率分布方法受样本容量限制较小，可分析考虑两个或者多个特征指标的干旱频率，但是计算方法较为复杂。因通常所获得的数据样本容量有限，联合概率分布方法应用更为广泛。

3.5 区域干旱特征统计分析

干旱特征分析即基于干旱特征指标序列，对各特征指标本身统计参数及特征指标之间关系进行分析，可分为单变量特征分析、双变量特征分析及多变量特征分析三个层次。

3.5.1 单变量特征

单变量特征分析即对气象、水文和农业干旱强度、历时、面积等特征指标的统计特征进行分析，即对其均值或最大（小）值、均方差、变差系数及偏态系数等进行分析：

$$\bar{x} = \frac{1}{n}\sum_{i=1}^{n} x_i \tag{3-32}$$

$$\sigma = \sqrt{\frac{\sum_{i=1}^{n}(x_i - \bar{x})^2}{n}} \tag{3-33}$$

$$C_v = \frac{\sigma}{\bar{x}} \tag{3-34}$$

$$C_S = \frac{\sum_{i=1}^{n}(x_i - \bar{x})^3}{n\sigma^3} \tag{3-35}$$

式中，$\bar{x}$ 为均值；σ 为均方差；C_v 为变差系数；C_s 为偏态系数；x_i为干旱特征指标时间序列，$i=1, 2, \cdots, n$。

均值表示干旱特征指标序列的平均状况；均方差反映干旱特征指标序列的集中或离散程度，均方差越小，序列越集中；变差系数即均方差与均值的比值，反映干旱特征指标序列的相对集中或离散程度，变差系数越小，序列相对越集中；偏态系数反映了干旱特征指标序列在均值两侧的对称程度，偏态系数等于零，则概率分布函数曲线关于均值对称；偏态系数大于零，则为正偏，概率分布函数曲线右侧尾巴长；偏态系数小于零，则为负偏，概率分布函数曲线左侧尾巴长。通过单变量的统计特征分析，对于各种干旱特征有总体上的认识，并可初步估计干旱特征指标的概率分布。

3.5.2 双变量特征

双变量特征分析即基于干旱事件特征指标序列，分析两个干旱特征指标的关系，共包括强度-历时、强度-面积、历时-面积、强度-频率、历时-频率、面积-频率六组关系。

强度-频率、历时-频率、面积-频率关系分析即运用干旱频率计算方法，优先采用参数法对干旱强度、历时及面积序列概率分布进行拟合，并运用卡方分布检验和 Kolmogorov-Smirnov 检验方法对拟合优度进行检验，若通过检验，则得到相应的分布函数曲线；若不能通过则采用非参数法进行拟合，得到相应的分布函数曲线。参数法选用正态分布、Γ 分布和指数分布函数等常见的函数分布形式进行拟合，非参数方法选用核密度函数进行拟合。由各特征指标概率分布曲线可直接得到小于或等于某特定值的干旱事件发生的概率。

强度-历时、强度-面积、历时-面积关系则需通过相关性度量方法分析其之间的相关性。分析其之间的相关性目的包括两个方面：一是为描述干旱综合特征的指标构建提供基础依据；二是为多变量干旱频率分析中构建联合分布函数提供参考。首先根据两特征指标的序列数据，采用线性曲线、对数曲线、指数曲线、乘幂曲线及多项式曲线等常见曲线分别对其进行拟合，并进行拟合度检验，获取最佳拟合曲线；其次，为了进一步判断各特征指标之间的相关关系，采用 Pearson 线性相关系数 ρ、Kendall 秩相关系数 τ 和 Spearman 秩相关系数 ρ_s来度量其相关程度（余敦先等，2012）。各种相关系数计算方法如下。

(1) Pearson 线性相关系数 ρ

设 (x_i, y_i) $(i=1, 2, \cdots, n)$ 为取自总体 (X, Y) 的样本，则样本的 Pearson 线性

相关系数为

$$\hat{\rho} = \frac{\sum_{i=1}^{n}(x_i - \bar{x})(y_i - \bar{y})}{\sqrt{\sum_{i=1}^{n}(x_i - \bar{x})^2}\sqrt{\sum_{i=1}^{n}(y_i - \bar{y})^2}} \tag{3-36}$$

式中，$\bar{x} = \frac{1}{n}\sum_{i=1}^{n}x_i$，$\bar{y} = \frac{1}{n}\sum_{i=1}^{n}y_i$。

Pearson 线性相关系数 ρ 反映了变量 X，Y 之间的线性关系，$|\rho|$ 的值越接近于 1，说明两变量之间的线性相关性越强；当 $\rho=0$ 时，则 X，Y 不存在线性相关性。

（2）Kendall 秩相关系数 τ

设（x_1，y_1），（x_2，y_2）是相互独立且与总体（X，Y）具有相同分布的二维随机向量，用 $P\{(x_1-x_2)(y_1-y_2)>0\}$ 表示其和谐的概率，用 $P\{(x_1-x_2)(y_1-y_2)<0\}$ 表示其不和谐的概率，这两个概率的差即称为 X 与 Y 的 Kendall 秩相关系数 τ，即

$$\tau = P\{(x_1-x_2)(y_1-y_2)>0\} - P\{(x_1-x_2)(y_1-y_2)<0\} \tag{3-37}$$

设（x_i，y_i）（$i=1, 2, \cdots, n$）为取自总体（X，Y）的样本，a 表示其中和谐的观测对数，b 表示其中不和谐的观测对数，则 Kendall 秩相关系数为

$$\hat{\tau} = \frac{a-b}{a+b} \tag{3-38}$$

Kendall 秩相关系数实际上是利用两变量的秩次大小作线性相关分析，是一种非参数统计方法，使用范围更广。$|\tau|$ 的值越接近于 1，说明两变量之间的相关性越强。

（3）Spearman 秩相关系数 ρ_s

设（x_i，y_i）（$i=1, 2, \cdots, n$）为取自总体（X，Y）的样本，用 R_i 表示 x_i 在（x_1，x_2，$\cdots$，x_n）中的秩，用 Q_i 表示 y_i 在（y_1，y_2，$\cdots$，y_n）中的秩，则样本的 Spearman 秩相关系数为

$$\hat{\rho}_s = \frac{\sum_{i=1}^{n}(R_i - \bar{R})(Q_i - \bar{Q})}{\sqrt{\sum_{i=1}^{n}(R_i - \bar{R})^2}\sqrt{\sum_{i=1}^{n}(Q_i - \bar{Q})^2}} \tag{3-39}$$

式中，$\bar{R} = \frac{1}{n}\sum_{i=1}^{n}R_i$，$\bar{Q} = \frac{1}{n}\sum_{i=1}^{n}Q_i$，$\sum_{i=1}^{n}R_i = \sum_{i=1}^{n}Q_i = \frac{n(n+1)}{2}$，$\sum_{i=1}^{n}R_i^2 = \sum_{i=1}^{n}Q_i^2 = \frac{n(n+1)(2n+1)}{6}$。

Spearman 秩相关系数计算对于数据条件的要求相对较为宽松，无论总体分布形态、样本容量大小如何，只要两个变量观测值是成对的等级评定数据，均可以用它来分析变量之间的相关关系。$|\rho_s|$ 的值越接近于 1，说明两变量之间的相关性越强。

3.5.3 多变量特征

多变量关系分析即基于干旱特征指标序列分析两个以上的特征指标关系，就同时分析

三个特征指标关系而言，包括强度–面积–历时、强度–面积–频率、强度–历时–频率和历时–面积–频率四组关系。

强度–面积–历时关系可根据干旱评估结果将三者同时展现在一张图中，即绘制 SAD 关系图来直观地展示其之间的关系，并可结合 ArcGIS 工具给出典型干旱事件覆盖面积的空间分布。具体方法为：首先，固定一个特征指标，因干旱历时为离散变量，通常选择固定干旱历时；其次，分别以干旱面积和强度为横坐标和纵坐标，点绘出给定历时的干旱事件；再次，给定另一干旱历时，按同样方法绘出相应干旱事件；最后，将选取的典型干旱事件空间分布图标注到图中对应位置，则可得到直观且能反映三个特征指标关系的 SAD 关系图。根据图中干旱事件点的聚集位置及空间分布可看出区域干旱总体分布特征，初步判断易受干旱影响的区域。

强度–面积–频率、强度–历时–频率和历时–面积–频率关系则可通过联合概率分布方法来分析。在双变量分析中已经得到强度、面积和历时的边缘分布，以及两两特征指标之间的相关关系，如果两个特征指标相关性较高，可运用 Copula 函数来构造两特征指标的联合分布函数；如果两个特征指标相互独立，则可直接根据两变量边缘分布函数相乘求联合分布，无须再构造 Copula 函数。根据联合分布函数，可求任意给定两个特征指标值的干旱发生的概率，以及给定某一特征指标的条件概率，还可根据重现期计算方法求得给定特征指标值的干旱联合重现期及组合重现期。

3.6　干旱驱动因子定量辨识方法

3.6.1　分析框架

从系统角度看，干旱是系统的一种状态，状态是系统内组分相互作用、系统与外界环境进行物质和能量交换的结果，气象、水文和农业干旱所对应的系统组分和边界不同，系统内外环境相互作用也存在差异。可基于“驱动力–压力–状态–响应”的模式来研究干旱驱动模式，基本框架如图 3-4 所示。根据本书第 2 章干旱驱动机制研究，已识别气象、水文和农业干旱主要驱动因素，明确了系统的驱动力；本章 3.1 节干旱评估方法可对系统的状态进行描述；本节将探讨驱动因素变化规律分析方法，即明确系统的压力；并重点研究不同压力作用下系统状态响应分析方法，即定量分析气候变化和人类活动等因素对干旱的相对驱动作用。

气象干旱是气候变化作用的结果，气象干旱评估指标也是基于气象因素所建立的。气候变化主要受气候系统自身运动的影响，而气候系统运动规律极其复杂，限于作者水平及时间有限，难以从机理角度模拟气候变化对气象干旱驱动过程，因此，基于统计分析方法，通过分析气象干旱对气象因素变化的敏感性，定量研究气候变化对气象干旱驱动作用，基本思路如图 3-5 所示。首先，根据研究区气象因素变化规律，界定基准期与影响期，选取基准期气象条件作为基准方案；然后按照降水、气温等气象因素变化趋势依次等

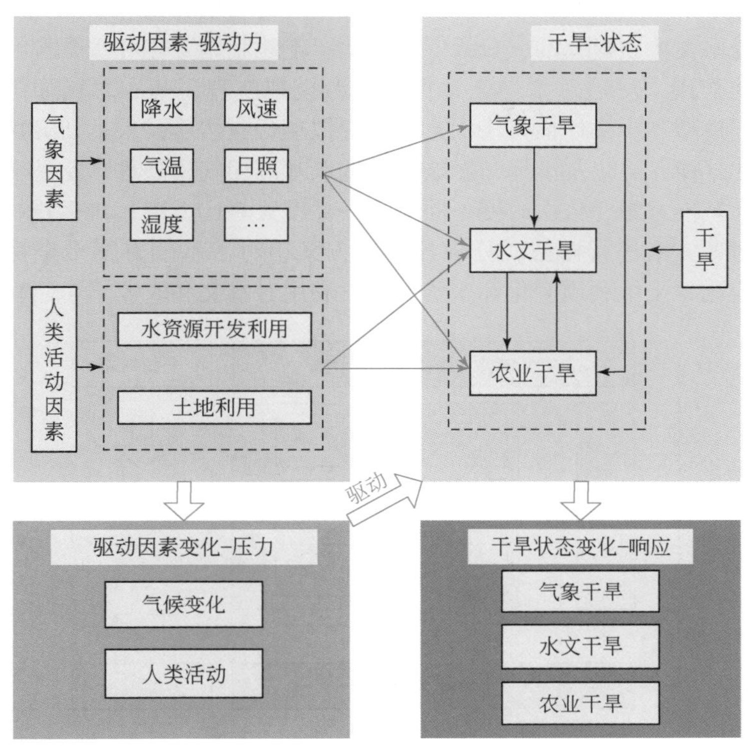

图 3-4　干旱驱动定量分析基本框架

幅度改变其中一个气象因素，设置多个对比方案；再采用干旱评估方法对各方案干旱状况进行评估，分析各对比方案相对于基准方案气象干旱特征指标变化情况，得出气象干旱驱动作用分析结果。

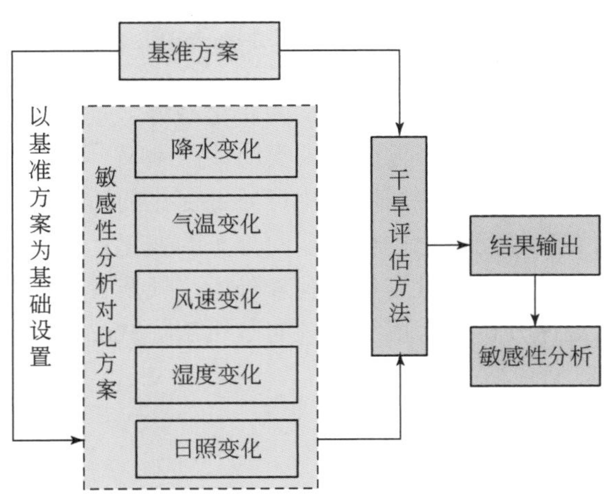

图 3-5　气象干旱驱动分析思路

水文和农业干旱是气候变化和人类活动共同作用的结果，其评估指标是基于水资源量和土壤含水率等水文要素建立的，分析气候变化、土地利用变化和水资源开发利用对水文和农业干旱驱动作用，可通过干旱驱动模拟平台模拟实现，基本思路如图 3-6 所示。首先，结合水循环模型和干旱评估方法构建干旱模拟平台；然后，根据研究区气象因素和人类活动因素变化规律，界定基准期与影响期，选取基准期气象条件、土地利用及水资源开发利用条件作为基准方案，依次改变不同输入条件设置对比方案；再运用构建的干旱驱动模拟平台分别对各方案进行模拟，分析各对比方案相对于基准方案干旱特征指标变化情况，得出气候变化、土地利用变化和水资源开发利用对水文和农业干旱驱动作用。

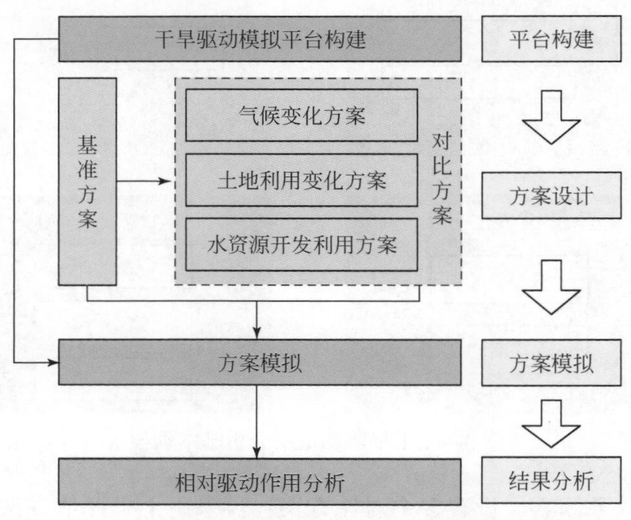

图 3-6　水文干旱和农业干旱驱动定量分析思路

3. 6. 2　干旱驱动因素变化特征分析

驱动因素变化规律分析即明确各驱动因素的变化趋势、是否存在突变及突变点等。驱动因素包括气候变化和人类活动两个方面，人类活动因素又分为土地利用变化和水资源的开发利用两个主要因素。其中，土地利用变化可通过变化前后时期的土地利用图来对比分析，得到各种土地利用类型相互转化过程及空间分布的变化；水资源的开发利用可用不同时期水资源开发利用程度及水资源量变化过程来分析。气候变化因素可用降水、气温等气象因素来表示，其变化规律分析可采用线性倾向分析法、Mann-Kendall 分析法、有序聚类法等常规统计诊断方法。

1. 趋势性分析

趋势分析方法有很多种，如线性倾向分析法、滑动平均分析法、样条函数分析法，Mann-Kendall 分析法等。其中，线性倾向分析方法较为直观，对于趋势十分明显的序列容易得到结论，但对于趋势不明显的序列则不易得到结论；Mann-Kendall 法是一种非参数统计检验方法，相对于其他趋势分析方法，具有检测范围宽、人为干扰少等优点，但计算相对复杂。为准确分析驱动因素的变化趋势，选用线性倾向分析法和 Mann-Kendall 分析法两种方法对比分析。

（1）线性倾向分析法

用 x_i 表示样本为 n 的某一时间序列变量，用 t_i 表示 x_i 所对应的时间，建立 x_i 与 t_i 之间的一元线性回归方程：

$$x_i = at_i + b, \quad i = 1, 2, \cdots, n \tag{3-40}$$

利用最小二乘法可估算出参数 a、b；然后求时间序列 x_i 与 t_i 的相关系数为

$$r = \sqrt{\frac{\sum_{i=1}^{n} t_i^{\ 2} - \frac{1}{n}\left(\sum_{i=1}^{n} t_i\right)^2}{\sum_{i=1}^{n} x_i^2 - \frac{1}{n}\left(\sum_{i=1}^{n} x_i\right)^2}} \tag{3-41}$$

给定显著性水平 α，查相关系数临界值表，若满足 $|r| \geq r_\alpha$，则认为线性趋势是显著的；$a>0$ 为上升趋势，$a<0$ 为下降趋势。

（2）Mann-Kendall 趋势分析法

Mann-Kendall 检验统计量 S 计算式为

$$S = \sum_{i=1}^{n-1} \sum_{j=i+1}^{n} \mathrm{sign}(x_j - x_i) \tag{3-42}$$

$$\mathrm{sign}(x_j - x_i) = \begin{cases} 1, & x_j - x_i > 0 \\ 0, & x_j - x_i = 0 \\ -1, & x_j - x_i < 0 \end{cases} \tag{3-43}$$

式中，x_i、x_j 分别为第 i、j 年对应的监测值；n 为资料序列的长度。

假设数据序列没有趋势，其检验统计量 S 具有零均值和方差，方差计算式为

$$\mathrm{Var}(S) = \frac{1}{18}[n(n+1)(2n+5)] \tag{3-44}$$

计算 Z 检验统计量：

$$Z = \begin{cases} \frac{S-1}{\sqrt{\mathrm{Var}(S)}}, & S>0 \\ 0, & S=0 \\ \frac{S+1}{\sqrt{\mathrm{Var}(S)}}, & S<0 \end{cases} \tag{3-45}$$

当 $|Z| \geq Z_{(1-\alpha/2)}$ 时，数据序列存在 α 显著水平下的变化趋势。$Z_{(1-\alpha/2)}$ 是标准正态分布中值为 $(1-\alpha/2)$ 时对应的统计值；$Z>0$ 表示序列为上升趋势，$Z<0$ 表示序列为下降趋势。

2. 突变诊断

序列突变诊断的方法也有很多种，如累积距平法、Mann-Kendall 突变检验法、Pettitt 突变点检测法、有序聚类法等。其中，Mann-Kendall 突变检验法是一种常用的突变检测方法，该方法可明确突变开始的时间，指出突变区域，但也可能出现有杂点，需与其他方法进行对比验证，以获取较为准确的突变点，选用有序聚类法进行对比验证。

（1）Mann-Kendall 突变分析法

对于具有 n 个样本量的时间序列 x，构造一秩序列：

$$s_k = \sum_{i=1}^{k} r_i, \quad k = 2, 3, \cdots, n \tag{3-46}$$

$$r_i = \begin{cases} 1, & x_i > x_j \\ 0, & x_i \leqslant x_j \end{cases}, \quad j = 1, 2, \cdots, i \tag{3-47}$$

秩序列 s_k 实际上是第 i 时刻数值大于 j 时刻数值个数的累计数。

在时间序列随机独立的假定下，定义统计量

$$\mathrm{UF}_k = \frac{[s_k - E(s_k)]}{\sqrt{\mathrm{Var}(s_k)}}, \quad k = 1, 2, \cdots, n \tag{3-48}$$

式中，$\mathrm{UF}_1 = 0$，$\mathrm{E}(s_k)$、$\mathrm{Var}(s_k)$ 分别为秩序列 s_k 的均值和方差，在 x_1，x_2，…，x_n 相互独立，且具有相同连续分布时，可按式（3-49）计算：

$$\begin{cases} E(s_k) = \dfrac{n(n+1)}{4} \\ \mathrm{Var}(s_k) = \dfrac{n(n-1)(2n+5)}{72} \end{cases} \tag{3-49}$$

按时间序列 x 的逆序，再重复上述过程，同时使 $\mathrm{UB}_k = -\mathrm{UF}_1$，（$k = n, n-1, \cdots, 1$），$\mathrm{UB}_1 = 0$。

给定显著性水平 α，如果正序列和逆序列两条曲线在临界区间 $[-U_\alpha, U_\alpha]$ 出现交点，则该交点对应的时刻即为突变时刻。

（2）有序聚类法

对于具有 n 个样本量的时间序列 x，将序列分割为两段，设分割点为 τ，则分割前后及整个序列的离差平方和 $S_n(\tau)$ 为

$$S_n(\tau) = V_\tau + V_{n-\tau} \tag{3-50}$$

$$V_\tau = \sum_{t=1}^{\tau} (x_i - \bar{x}_\tau)^2 \tag{3-51}$$

$$V_{n-\tau} = \sum_{t=\tau+1}^{n} (x_i - \bar{x}_{n-\tau})^2 \tag{3-52}$$

式中，V_τ、$V_{n-\tau}$ 分别为分割点前 τ 项和后 $n-\tau$ 项的离差平方和；$\bar{x}_\tau$、$\bar{x}_{n-\tau}$ 分别为分割点前 τ 项和后 $n-\tau$ 项的均值。

则满足 $S_n^* = \min\limits_{1<\tau<n} \{S_n(t)\}$ 的 τ 点为最优分割点，即序列的突变点。

3.6.3 干旱驱动分析模拟平台

构建干旱模拟平台有两个目的：一是为缺资料地区干旱评估提供基础数据；二是可模拟不同驱动因素作用下干旱状况，定量分析不同驱动因素对干旱的驱动作用。因此，干旱模拟平台需具备两个条件：一是能合理模拟研究区的水循环过程，能获得水文和农业干旱评估指标计算所需的时空尺度基础数据，即各干旱评估单元月尺度水资源量和土壤含水率数据；二是能及时、有效评估研究区干旱状况。因此，干旱评估方法和水循环模型是干旱模拟平台的两个核心技术，模拟平台构建思路如图 3-7 所示。其中，干旱评估方法已在 3.1 节中介绍，为了和水循环模型相结合并及时评估模拟干旱状况，需将干旱评估方法程序化。因干旱评估指标及干旱频率计算均需要采用不同函数对序列概率分布进行拟合，采用常规语言编程相对较为复杂，而 MATLAB 工具箱可提供大量函数可直接调用，大大缩小了程序编写工作量，且 MATLAB 软件有较强的绘图功能，可轻易绘出各种特征指标或者联合分布概率分布图。因此，采用 MATLAB 语言编程实现干旱评估方法程序化。水循环模型将在本书第 4 章详细介绍。

具备水循环模型和程序化的干旱评估方法后，按照以下方式将其结合搭建干旱模拟平台：第一，根据研究区 GIS 空间数据、土地利用数据、社会经济用水数据、气象数据及水文地质数据，进一步处理得到水循环模型模拟的基础响应单元及其相关属性数据。第二，将处理好的格式化数据输入水循环模型中对模型进行率定和验证，并输出满足时间序列要求的水资源量或土壤含水率数据；因水循环模型模拟时空尺度和干旱评估时空尺度可能存在差异，水循环模拟输出结果不能直接应用干旱评估方法，需将水循环模型模拟划分的计算单元编号与干旱评估单元编号进行对应，通过数据转换方式将水循环模型输出结果转换为干旱评估方法应用所需的输入数据格式。第三，需对干旱评估方法中的截断水平和临界面积等关键参数进行验证，通常采用实测气象数据对气象干旱进行评估，并与历史记载旱情进行对比，分析方法的适用性；第四，可根据处理好的水循环模拟输出结果，运用干旱评估方法进行干旱评估，并输出最终评估结果。

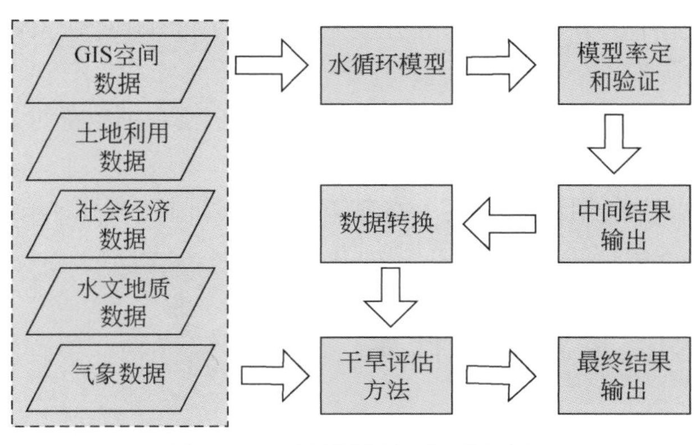

图 3-7　干旱模拟平台构建思路

3.6.4 干旱驱动模拟方案设计

构建好干旱模拟平台，需设置合理的模拟方案来分析不同驱动因素对水文干旱和农业干旱的驱动作用。以研究区过去实际发生干旱情况为基础，并结合驱动因素变化规律来设置模拟方案。水文干旱和农业干旱是气候变化和人类活动共同作用的结果，为分析气候变化、土地利用变化及水资源开发利用等人类活动对水文、农业干旱的驱动作用，需设置4个方案，包括1个基准方案和3个对比方案（表3-7）。

表3-7 水文和农业干旱驱动定量模拟方案设置

驱动力		数据序列	基准方案	方案1	方案2	方案3
气候变化	气候条件变化	基准期气象数据	√		√	√
		影响期气象数据		√		
人类活动	土地利用变化	基准期土地利用数据	√	√		√
		影响期土地利用数据			√	
	水资源开发利用	基准期水系统状态	√	√	√	
		影响期水系统状态				√

首先，根据研究区长序列资料，分析干旱驱动因素变化规律，界定基准期和影响期。认为在基准期气候尚未发生明显突变，人类活动的干扰相对较小，通常取气候突变前时段与人类活动影响较小时段的交集；而与基准期对应的是影响期，影响期则认为气候明显突变，且人类活动干扰强烈，取气候突变后时段与人类活动影响较强烈时段的交集；通常因气象因素突变点一般不会在同一年，而是一个区间，可根据这个区间及人类活动因素变化情况，将中间某段时期概括为过渡期。采用天然时期的气候变化条件、土地利用和水资源开发利用情况作为输入条件来设置基准方案。

在基准方案设置基础上，采用有无对比的思路依次改变驱动因素，来设置其他对比方案，各对比方案设置如下。

方案1：气候变化作用方案。在基准方案基础上，用影响期气象数据代替天然时期的气象数据，其他参数不变。

方案2：土地利用变化作用方案。在基准方案基础上，用影响期土地利用数据代替天然时期土地利用数据，其他参数不变。

方案3：水资源开发利用作用方案。在基准方案基础上，用影响期水系统状态数据代替天然时期水系统状态数据，其他参数不变。

3.6.5 干旱驱动因素贡献率计算

气候变化、土地利用变化及水资源开发利用等驱动因素对水文和农业干旱的驱动作用大小不同，甚至影响方向也不同，如水资源开发利用通过灌溉对农业干旱有缓解作用，而通过消耗水资源则可能对水文干旱有加剧作用。因此，分析不同驱动因素对干旱驱动作用需同时考虑作用的大小和方向，具体方法如下。

（1）确定干旱响应度量指标

从干旱评估方法可知，一次干旱事件可以用干旱历时、干旱面积和干旱强度指标来表示，因此，可用模拟时段干旱历时、干旱面积和干旱强度的平均值作为干旱响应度量表征指标。而对于一个区域特定干旱类型而言，干旱历时、干旱面积和干旱强度作为干旱的三个特征指标并不是相互独立的，可根据其之间的拟合关系将其转化为一个等量综合干旱特征指标，来综合度量不同驱动因素作用下干旱响应。

如一段时间内干旱历时（D）、干旱面积（A）均与干旱强度（S）关系密切，可根据 D、A 与 S 之间的拟合关系将各干旱事件 D 和 A 的值换算为等量的 S 值，再分别加上各次干旱事件实际干旱强度 S，得到以干旱强度表示的综合干旱特征指标，将其称为等量干旱强度，计算式如下：

$$S'=S_A+S_D+S \tag{3-53}$$

式中，S'为等量干旱强度；S_D、S_A分别为将干旱历时、干旱面积按拟合关系转换得到的干旱强度；S 为干旱事件实际干旱强度。

（2）计算不同驱动因素作用下干旱特征变化量

根据各方案干旱模拟结果及上述干旱响应度量指标，计算不同驱动因素作用下干旱特征变化量。设基准方案的干旱某一特征平均值（可为干旱历时、干旱面积、干旱强度或综合干旱特征指标）为 x_0，则不同驱动因素作用下（对应不同模拟方案）干旱特征变化量 Δx_i计算式为

$$\Delta x_i=x_i-x_0,\ i=1,\ 2,\ 3 \tag{3-54}$$

式中，x_i为不同模拟方案对应的干旱某一特征平均值，$i=1$，2，3 分别表示气候变化作用方案、土地利用变化作用方案、水资源开发利用作用方案。$\Delta x_i>0$ 表示该驱动因素变化使干旱加剧；$\Delta x_i<0$ 表示该驱动因素变化使干旱缓解；$\Delta x_i=0$ 表示该驱动因素变化对干旱影响不明显。

（3）计算各驱动因素对干旱相对驱动作用

气候变化、土地利用变化和水资源开发利用 3 个主要驱动因素对干旱相对驱动作用按式（3-55）计算：

$$\eta_i=\frac{\Delta x_i}{\sum_{i=1}^{3}|\Delta x_i|}\times 100\% \tag{3-55}$$

式中，η_i（$i=1$，2，3）分别为气候变化、土地利用变化和水资源开发利用对干旱相对驱动作用，其他符号意义同式（3-54）。

不同驱动因素对不同类型的干旱可能有加剧作用也有缓解作用，因此，在各驱动因素相对作用计算结果前加上正负号来区别作用方向，设定正号表示对干旱有加剧作用，负号表示对干旱有缓解作用。

第 4 章　流域尺度分布式干旱模拟与评估

4.1　流域尺度分布式干旱模拟与评估框架

流域干旱模拟与评估的瓶颈在于取得足够时空精度的水分分布信息，以往干旱模拟与评估主要依赖试验点监测信息，而现有的试验站网密度低、数据连续性与有效性难以满足流域大尺度干旱模拟，因此必须寻求新的技术手段突破这一难题，而分布式水循环模型成为最佳选项之一。以往多数分布式水文模型更多地偏重于地表水文循环过程，加之对水资源开发利用的刻画过于概化，在人类活动影响强烈及地下水问题突出的区域已显著不适用，并不能客观真实地反映流域干旱状态与发展趋势。针对这一问题，本章研究的重点之一即构建一套耦合地表-土壤-地下多层次、自然与人工驱动的水循环全过程的模拟模型，通过该模型提供干旱评估所需的多个时空尺度的径流、土壤水、地下水数据序列，再利用本节提出的干旱评估指标对干旱事件进行识别，计算干旱强度、历时、面积、频率等干旱特征指标，分析多尺度特征指标的统计规律，结合 3S 技术，定量识别不同干旱强度空间分布与发生频次，获取不同干旱阶段影响面积与分布特征，实现全方位地描述和定量刻画干旱演变规律。按上述思路，提出研究技术框架如图 4-1 所示，核心包括三个部分：

1）水循环模型构建。首先，针对评估的干旱类型及研究区域，确定干旱模拟与评估时空尺度，进而明确水循环模拟的时空尺度；其次，整理和处理模型输入所需的气象、地形、土地利用、人工用水等数据信息，构建研究区分布式水循环模型，并完成模型的率定与验证；最后，根据不同干旱评估指标的计算方法要求整理实测及模拟数据集信息，得到格式化单元基础数据，为下一步的干旱评估指标计算分析做准备。

2）干旱特征指标计算。采用格式化单元数据集（降水、径流、蒸散发、土壤含水量等）计算干旱指标，基于游程理论选取合理的阈值对流域干旱进行识别，确定干旱发生的起止时间、干旱历时、干旱面积、干旱强度（强度一般用干旱历时内干旱指标值与阈值的差值之和表示），然后采用 Copula 理论和分析方法分析流域不同类型干旱发生频率。

3）干旱特征统计分析。每一次干旱均具有历时、面积、强度、频率等干旱特征指标，由识别出的干旱事件序列可获取干旱特征指标序列，从单变量（单一特征指标的统计特征）、双变量（两特征变量关系分析或特征指标频率分析）和多变量（多个特征指标关系分析）几个方面采用统计方法来分析干旱时空演变特征。

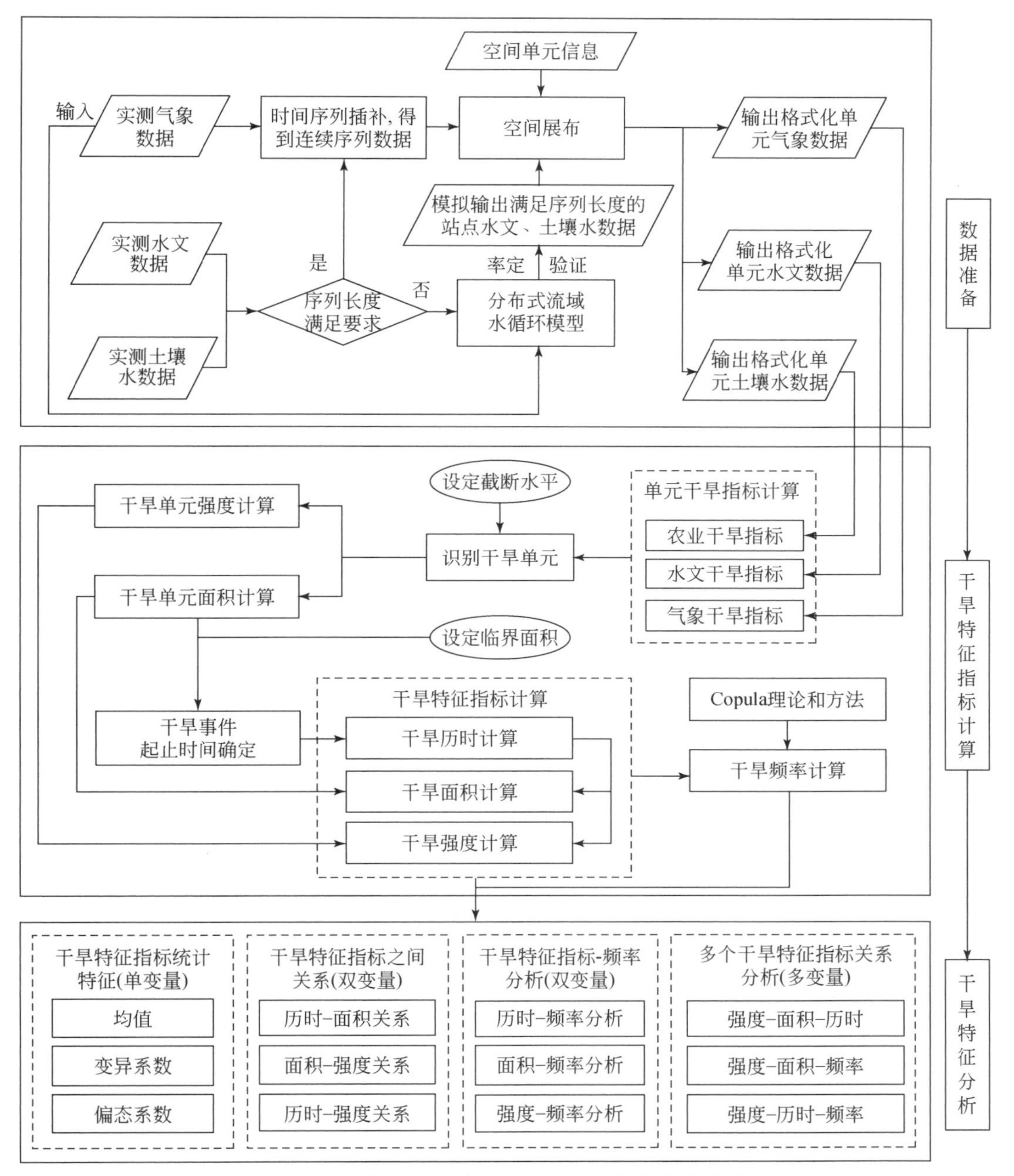

图 4-1　流域尺度分布式干旱模拟与评估技术框架

4.2　流域水循环主要物理过程

流域水循环过程主要包含地表水、土壤水和地下水三大运动层次，且三大层次相互交织和转化。其中，地表水运动过程主要表现为降水、蒸散发、产流、入渗、汇流、人工用水过程等，在垂向上通过降水入渗、蒸散发等环节与土壤水和地下水过程产生交汇；土壤水过程主要表现为包气带厚度及其含水量的变化，通过蒸散、渗漏等过程成为联系地表和地下水的纽带；地下水运动作为地表水和土壤水的调节器，同时也是社会经济活动的重要水源，通过一定的水文地质条件以潜水蒸发、泉水出露、人工开采等过程构成循环的闭合。另外，人工用水过程目前无论在水平方向还是垂直方向均显著存在，对水循环过程带来重大影响，下面也将重点进行解析。

4.2.1 地表水运动过程

地表水运动是水分在地表不同类型下垫面上产生的一系列蒸发、入渗、产流、汇流等一系列运动状态，从空间特征上将整个过程可分为三个阶段：单元阶段→坡面汇流阶段→河道及河网汇流阶段。

在单元阶段，主要考虑单元上降水、蒸散发、积雪融雪、农田灌溉引排水、产流、入渗等主要过程，这也是流域水循环的开始。在模型计算上，遵循水循环过程的先后时序，按照降水或灌溉后，同时经过蒸散发、入渗，形成单元产流或排水，并通过降水分布模块、蒸散发模块、积雪融雪模块、引水灌溉模块、产流入渗模块等分别完成相应功能的定量模拟，并通过单元产流输出，进入下一阶段。

在坡面汇流阶段，主要考虑单元产流或排水从各个单元汇集到最末一级模拟河道的过程，地表坡面汇流过程同时还伴随着土壤水侧向流动和地下水侧向流动过程，且不同过程还会在一定条件下相互转化。这一阶段在模型计算中，核心是坡面水流的汇集过程，通过坡面汇流模块中的一维运动波方程进行模拟，同时兼顾坡面汇流过程中的渗漏、水面蒸发、坡面下游断面出流、不同过程的交互量等，并通过调用蒸发、入渗等模块中的相应功能提供计算支持，最后得到从不同坡面各时段进入河道的汇集水量，进入河道及河网汇流阶段。

在河道及河网汇流阶段，需要考虑的过程较为复杂，总体分三部分：一是承接和汇集坡面单元来水，包括地表、土壤和地下水出露。二是完成流域多类型动态节点之间的水量运动过程演算，同时兼顾运动过程中的渗漏、蒸发等损失。其中，动态节点的水量过程演算，主要是利用流域水循环各河道之间的拓扑关系及可变节点的运动波方程来完成。三是考虑人工取水与排水影响，包括水库、闸坝、灌溉引水及其水量调度过程、跨流域调水等，并且面向未来水资源需求，还需要考虑流域规划方案、水资源配置及社会经济发展需求、生态保护等因素。

其中，流域水资源的调配过程模拟可分为实际情景和未来情景，对于实际情景可根据历史观测数据资料，构建实际供用水模型和水资源配置模型完成水量从河网到单元的分配；未来情景则依照方案设计、流域规划、区域规划等调整和优化水资源合理配置模型来完成水量从河网到单元的分配。在模拟时间次序上，首先考虑水量按照历史或未来规划情景，在模拟时段初分配到用水单元上去，然后计算水循环单元的产汇流过程，继而计算在时段末各河道断面水量过程，最后进行流域河网汇流过程计算。需要注意的是，水库既是取水和输水节点，也是河道流量过程再调节的关键节点，因此水库的出入流过程、流域内外调水过程、人工引排水的河网出入流过程需要借助河网拓扑动态节点来完成计算。至此，流域地表水过程总体形成一个从河网到单元，再从单元到河网的循环计算过程。其过程及循环拓扑关系示意如图 4-2 所示。

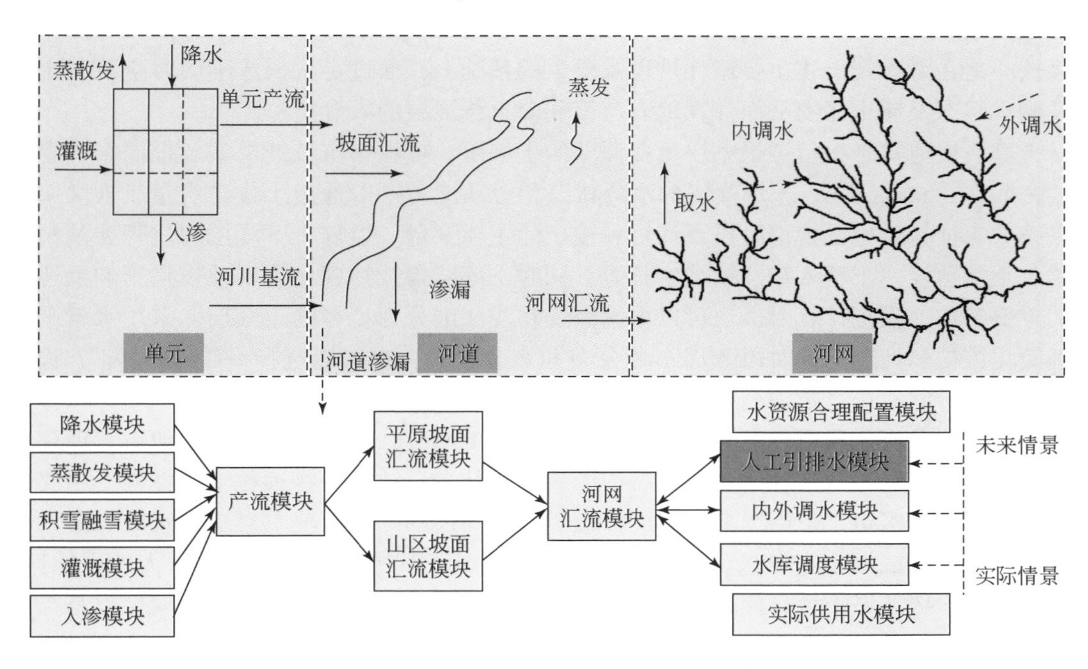

图 4-2 流域地表水运动过程及其拓扑关系

4.2.2 土壤水运动过程

土壤水运动过程主要包括降水或灌溉后，流域各水循环单元土壤层水分的运动、交换、分布和储存状况。一般可将土壤层简化为三大层次进行刻画和描述，即土壤储流层、土壤浅层和土壤深层。在模拟计算时，可根据模拟精度需求以及土壤剖面结构、质地等实际条件将土壤浅层和土壤深层细分为若干个实际模拟层。

土壤储流层是根据水分在土壤表层运动和存储分布特点而提出的一个抽象的空间，一般以地表 10cm 土壤层作为储流层。该层的特点在于其分界面功能，降水从大气、灌丛植被等首先进入土壤表面的储流层，积雪和融雪过程也是在土壤储流层，而后才有入渗、产流（超渗产流和蓄满产流）和坡面汇流过程，土壤蒸发及植被蒸腾也是通过储流层实现土壤与大气的水分交换。因此，积雪融雪、土壤蒸发、植被蒸腾、向下层土壤的入渗、地表产流与坡面汇流是水循环在土壤储流层的主要过程。其中，积雪融雪过程主要是针对北方地区降水过程中固态跟液态水的转化问题，对南方无雪地区可以忽略此过程。无论是降水入渗还是灌溉入渗，在入渗过程之前还有不同时刻土壤表层水分通量进入过程，降水主要受天气过程影响，在模拟计算时依据实际观测资料信息进行计算；灌溉过程则又涉及配置、引水或开采地下水、输水、灌溉等多个过程，并受种植结构、灌溉制度等因素的影响。蒸散发过程则涉及气象过程（辐射、降水、温度、日照时数等）、单元植被类型及其空间分布特征，以及不同植被生长过程（反映不同的植被覆盖度、叶面积指数、植被高度、根系深度等关键参数），并通过这些过程与大气、植被、地表、土壤深层及地下水产生交互关系。无论涉及多么复杂的过程及关系，在进行土壤水计算模拟中，储流层部分的计算核心是在考虑到上述主要循环过程及要素的基础上，通过定量描述不同时空节点土壤本身储水状态及储水能力从而计算地表产流和向土壤浅层的入渗量。

土壤浅层通常是指植被根系层所在深度的土壤层，可根据植被的类型及根深来确定层厚，一般在0.6~2.0m。土壤浅层的水分状态和运动能力一般通过土壤含水量、入渗率或入渗系数表征，这也是模拟时需要计算和输出的主要变量。影响土壤浅层的过程涉及植被蒸腾、土壤蒸发、土壤入渗、植被生长等，同时土壤结构及物理化学属性也是影响上述过程的重要参数。模拟计算时，还可以根据需要将浅层细分为更多的土壤层，采用水量平衡原理简化模拟和计算不同时段各层水量分布和水分状态，也可以选择一维 Richard 方程对该层土壤水分状态进行数值模拟，进行更细致和微观尺度的模拟分析。

土壤深层是指从浅层以下到潜水水面之间的土壤部分，根据浅层厚度及地下水埋深综合确定。土壤深层水分运动和储存状态的因素除了其自身结构与物理化学属性外，主要受浅层入渗量和潜水蒸发量的影响。因此，在模拟时描述刻画好土壤水对地下水的入渗量和地下水位较高地区地下水潜水蒸发的向上补给量即可，其中对山区或埋深较大的平原区，潜水蒸发量一般忽略不计，而大埋深条件下土壤包气带的水分蒸发入渗过程模拟也是当前研究的难点之一。

总的来说，随着人类活动影响的持续加剧，土壤层受土地和水资源开发利用的影响也在不断加大，土壤水的运动不仅受到气象、下垫面、土壤质地等自然条件影响，而且强烈地受到人类生产、生活等活动的干预。因此其在计算上必须综合考虑自然和人工复合影响，按此思路设计模型构架与过程模拟，土壤水运动过程及拓扑关系如图4-3所示。

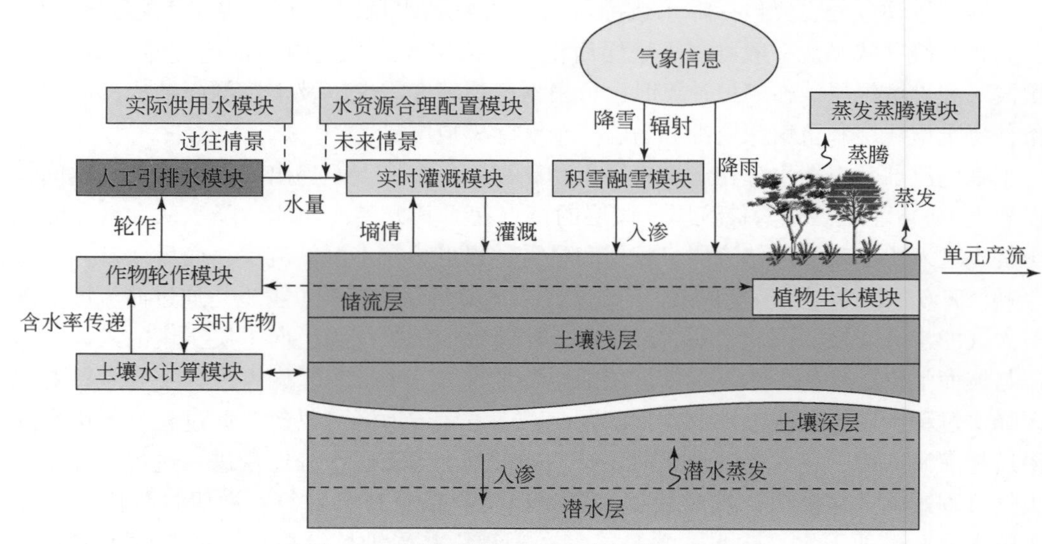

图4-3　流域土壤水运动过程及其拓扑关系

4.2.3 地下水运动过程

地下水运动过程根据山区和平原区水循环特点分为两大部分，即山区地下水运动和平原区地下水运动，前者主要表现为水在地质构造中的垂向运动及变化，后者则往往受水文地质构造影响表现出水平和垂向多维运动特征，这也导致在进行数学模拟时，对山区地下水采用垂向一维地下水均衡法，对平原区地下水运动采用平面二维或立体三维数值模拟方法。

山区地下水运动过程实际较为复杂，其中赋存于基岩破碎带及裂隙中的裂隙水和岩溶发育区的岩溶水较为常见。裂隙水含水层形态多样、空间异质性特征突出，受地质构造控制较为显著，水动力条件十分复杂。岩溶水分布有其特殊性，在岩溶山区水量极为丰富，分布差异大，一般具有较为统一的含水网络和汇水通道，同时独立的管道流也很普遍，导水通道与蓄水网络相互交织，而且在强烈发育区，受降水或地表水补给响应速度快，地下水位年际和年内动态变化大。在模拟计算时，岩溶区有其专门的计算方法，非岩溶山区的地下水则一般通过简化的地下水模型进行水位计算，作为描述山区地下水位整体变化趋势的依据。

平原或盆地区地下水多以孔隙水为主，常赋存于松散的砂层、砾石层和砂岩层中。按照地下水埋藏特征，分为上层滞水、潜水和承压水。其中，潜水层与土壤非饱和带相接，相接面也常被称为零通量面。在雨季或灌溉期，非饱和带含水量上升，受重力影响下渗至潜水面，补给地下水，入渗量大小多少取决于多种因素，一般来说降水入渗率在 10% ~ 40%，我国南方岩溶区可达 80% 以上，西北极端干旱的山间盆地则趋近于零。其余时刻则受毛细管力控制，浅层地下水以蒸发蒸腾形式向非饱和带移动，潜水蒸发量大小受地下水埋深影响，一般在 3m 以内较为显，潜水埋深超过 3m 则锐减，埋深超过 10m 则潜水蒸发量值可忽略不计。另外，受水头差控制，潜水层还会受到承压含水层的越流补给或者渗漏补给承压层，这些也是浅层地下水在垂向上的主要自然运动过程。在水平方向上，由于受隔水层的影响，垂向下渗过程受到抑制，水平移动和补排成为其主要运动方向。在此过程中，一方面受地势较高的山区侧向补给，一方面又沿着含水层分布向地势更低的流域出口运动排泄。随着人类开采地下水量和强度的不断增大，过度超采形成了地下水漏斗，造成漏斗区的低水头区，地下水向着抽水形成的漏斗中心运动。以地下水超采最为突出的华北平原为例，不同相对独立的地下水漏斗随着超采不断扩大融合，形成华北平原复合地下水漏斗，2005 年漏斗面积已达到华北平原总面积的一半以上。

承压含水层处于两个稳定隔水层之间含水层中，补给区与分布区通常并不一致，不具有潜水那样的自由水面，重力并非其运动的主要驱动力，而是受静水水压力作用以水交替的形式运动，中短期内相对比较稳定。因而，从水量平衡角度看，承压含水层的补排源汇项相对简单，垂向上主要是潜水渗漏补给、人工开采、越流补给浅水层，水平向主要是来自补给区侧向补给和排泄区地下水径流。

基于上述过程，在模型架构设计时，在水平方向上针对山区和平原区特点分别构建地下水概念模型，在垂向上则依托地下水模块分别对地下水潜水层和承压水层进行模拟，山区与平原区的衔接通过二者水位差计算实时补给通量。其中，土壤非饱和带与潜水层、潜水层与承压水层的垂向水量交换通过土壤入渗模块、潜水蒸发模块、人工引排水模块及地下水源汇统计模块等输出，包括土壤水渗漏、潜水蒸发、河湖渗漏、越流补给等，如图 4-4 所示。

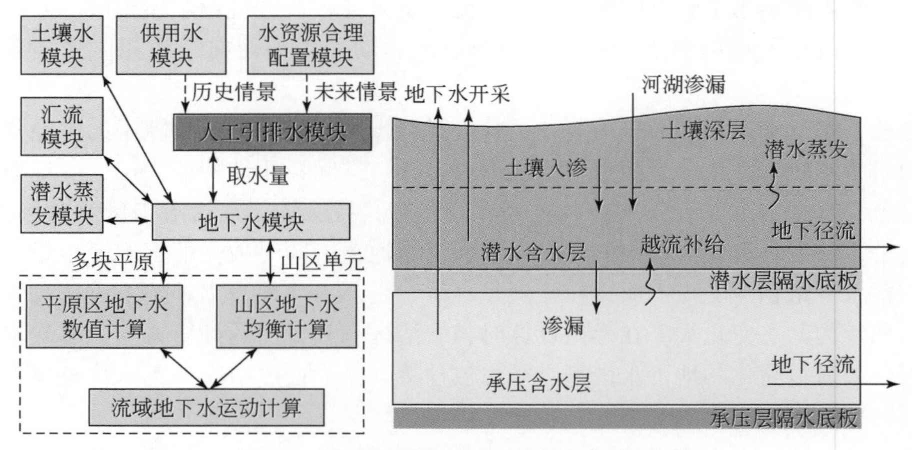

图 4-4　流域地下水运动过程及其拓扑关系

4.2.4　社会水循环过程

土地和水资源开发利用活动日益增强，尤其是在城市和人口密集的平原地区。由人类活动主导的人工引水、输水、用水、耗水和排水过程形成了整个社会水循环体系，并且社会水循环作用和影响自然水循环的范围和强度还在不断扩大，成为当前水循环研究的热点和难点。根据水资源的利用方式和途径，社会水循环可分为两大典型过程，即农田水循环过程和城乡工业与生活水循环过程，主要过程及关键环节如图 4-5 所示。

农田水循环过程从引水开始，引水方式根据农田耕作和灌溉模式分为四类：地表渠灌农田、纯井灌溉农田、井渠结合灌溉农田和雨养农田。①地表渠灌农田是最为传统的一种人工灌溉方式，通过干渠、支渠、斗渠、农渠等多级复杂的引水渠系，将河流、湖泊或水库可供灌溉的水源引流至田间，在引输水过程中有相当大一部分水量通过渗漏、蒸发损失，以我国最大的一首制大型灌区河套灌区为例，其 2012 年渠系水利用率仅 0.496，到达田间的灌溉水量不足引水的一半。到达田间的灌溉水，一般超过 80% 的水量被作物吸收蒸腾或土壤蒸发耗散掉，剩余一小部分入渗回补地下水或通过各级排水渠道返回河湖水系。②纯井灌溉农田以浅层或承压层地下水作为唯一灌溉水源，通过抽取地下水满足作物用水需求，井灌区由于开采地下水成本相对较高，其利用率也较高，除小部分入渗回补地下水外，没有排水产生，灌溉水被作物及土壤蒸发蒸腾耗散掉。③井渠结合灌溉农田一般是原来渠灌区由于地表水源不足退化形成，由于地表水源的不稳定性，通常是在有地表水源供

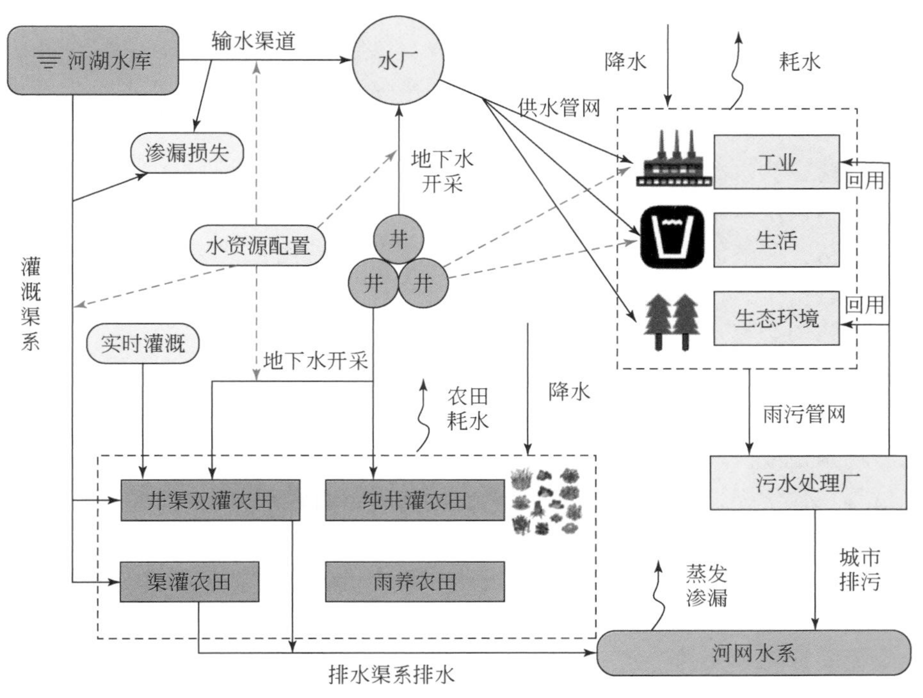

图 4-5　流域社会水循环过程及其拓扑关系图

给时通过灌溉渠系利用地表水源灌溉，地表水源不足时则就近通过地下水开采井抽取地下水灌溉。井渠结合灌区总体保持渠灌区特征，但有无排水及排水多少取决于地表水源供给丰枯程度，灌溉效率介于渠灌区与井灌区。④雨养农田完全依赖自然降水，其人工影响主要体现在对种植农作物的选择和农田耕作层面，通过选择耗水量不大且生长期与种植区自然降水期较匹配的作物品种，或者辅助一定的雨水收集设施，实施雨水灌溉，满足农田生产目标。由于农田对自然降水的充分利用，将对自然产汇流过程带来影响。

城乡工业生活水循环过程根据行业和用水集中程度可分为四种类型：工业用水、城市生活用水、农村生活用水和城市生态环境用水。①工业用水一般通过城市供水管网系统或独立的供水系统从河湖水库或地下水获取生产所需水量，除一小部分在输送过程中损失外，还有一部分在生产过程中通过蒸发损耗，大部分水以废污水的形式排出，进入工厂内部处理设施或城市污水处理厂经处理后回收利用或排入河湖水系，但也有部分工业企业将废污水未经处理直接排入河湖水系。随着水资源短缺加剧、工业节水技术进步和污水处理工艺与标准的提升，电厂、钢铁等行业的工业取水量大幅减少，并且能够做到循环利用、污水零排放。工业水循环过程受行业及行业用水工艺与节水技术的影响较大，不同行业及行业内差异显著。②城市生活用水水源包括来自河湖水库的地表水、地下水和外调水，引水通过取水工程或设施输送至水厂，经处理后通过城市供水管网系统，经加压泵站输送到居民家庭、学校、办公场所等用水户，输送过程中有一部分因为供水管网破损、爆管等渗漏损失掉，现状漏损率达 15% 以上。用水户根据自身需要使用水资源，除使用中蒸发消耗的水分，其余水分被使用后再经城市排水系统输送至污水处理厂或小区中水处理设施，一部分经处理后的废污水通过中水管网系统一部分再供给工业、城市生态环境用水，多余的部分达标后直接排放至河湖水系。③农村生活用水多以地下水为主要水源，但在地下水水质较差的区域则以地表水为主，比较常见的供水系统有两类，一是集中供水，常见于居民较为集中的村落，从水源地取水后经一定的净水消毒设施处理后通过供水管网输送至各个家庭，其特点是供水网络结构相对简单，输送漏损率较低。二是分散型供水，常见于居民较为分散的村落，一般以家庭为单位通过地下水井取水使用，其特点是省去了输水过程，即取即用。④城市生态环境用水主要是满足城市景观生态健康而人工补充的水量，多以地表水和再生水作为主要水源。

实现对社会水循环过程的模拟的关键第一步就是根据上述水循环类型及过程确定水量如何由各类水源引入，采用何种输水方式，输送过程的损失情况，用水户的耗水情况，然后如何从各用水户或区域系统排出，概括来讲就是水“从河网到单元，再从单元到河网”的一系列过程、数学模拟计算方法和参数确定。其中，引水部分在明确降水、地表水、地下水、外调水等水源及数量后，还需要通过水资源配置或调度模块、灌溉引水模块等确定输水设施和用水单元在不同时段使用不同类型水源的量值大小，即定量模拟确定河网各部分的引水、输水过程；在用水单元部分，则通过实时灌溉模块、工业用水模块、生活用水模块等定量模拟计算单元的耗水和排水过程；最后还需要与自然水循环中的地表产汇流、土壤水、地下水等模块耦合，采用节点排水模式或旁侧入流模式确定人工影响后的排水及汇流过程。

4.3 流域水循环单元离散方法

流域坡面单元离散方式比较常见的有三种：自然子流域、地貌单元和网格单元。自然子流域以自然地理分水岭作为边界，能够从水循环物理过程较好地反映和模拟计算流域产汇流、水量平衡关系。地貌单元依据山地、丘陵、平原、河谷、岩溶等地理构造及成因划分计算单元，能够合理反映不同流域地貌特征的产流、汇流循环特征。网格单元则是从数学离散化思想演变而来，即把连续求解域离散为若干个有限的子区域，建立每个子区域内部及其与相邻子区域之间的数量关系，然后求解各个子区域的物理变量，最后实现对全部子区域变量协调与连续条件下的数值解。因此，网格单元本身并不直接考虑自然地理特征，其优点单元数学传递关系简单明确，便于进行大数据运算和分析，并且理论上可以根据精度要求无限细化网格数量及大小，实现对模拟对象的精确刻画，这也是该方法在数学、工程结构、流体力学、空气动力学等诸多领域得到广泛应用的基础。

受自然与人工复合影响，不同区域单元的水循环特征有着显著的差异，如山区面积大、人类活动相对较弱，水循环主要受地形、地貌、水系分布等自然因素主导，且以地表水水平运动的模拟为主，因此在模拟时一般采用子流域单元即可满足计算需求；而平原地区面积相对小、人口稠密、人类活动集中且干扰强度大，不仅需要考虑地表水，还要考虑浅层与承压层地下水，把人类用水影响考虑在内，对模拟提出了更高的需求，此时单纯采用子流域或网格单元不能满足计算需要。因此，从当前水循环过程特征考虑，在模型构建时考虑模拟计算需求采取多维分层耦合的综合性坡面离散方法，总体思路如图 4-6 所示。该方法总体分为有形空间单元边界划分和单元内无形概念单元确定两大阶段。其中，有形空间单元边界单元划分包括子流域或地貌单元边界确定、行政边界确定、灌区单元确定、网格单元确定等步骤，单元内无形概念单元确定包括土地利用细化、农田种植结构细化、土壤类型细化等步骤。下面按照划分流程具体介绍。

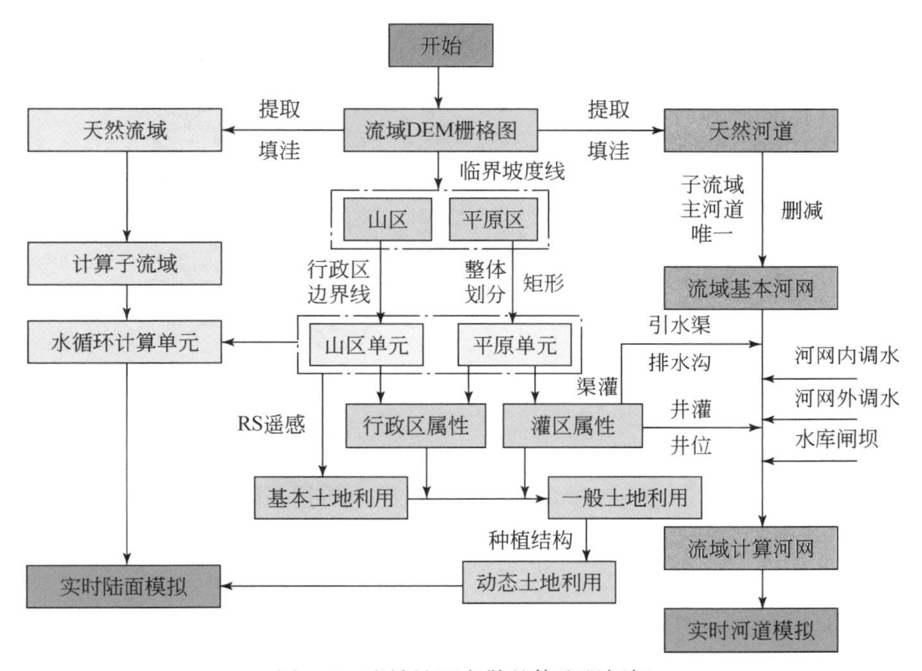

图 4-6　流域坡面离散整体流程框架

4.3.1　子流域或地貌单元划分

采用 DEM 数据，基于 ArcGIS 10.0 的 Arc Hydro Tools，对地形数据预处理、流域分析和河网拓扑关系构建确定子流域计算单元。

1）地形数据预处理。地形预处理是对 DEM 数据的预先处理，只有完成了地形预处理过程，形成了流域连续性的坡面和基本河网后，才能进行流域处理。其主要过程分为 DEM 校正、填洼、计算流向、汇流累积量、定义水流、河流分割、流域栅格划定、集水多边形处理、排水路线处理、伴随集水处理、排水点处理等。具体操作方法这里不再赘述，请参考 ArcGIS 相关工具书。

2）流域分析。流域分析是通过地形预处理完成后的流域 DEM 信息，采用 Arc Hydro Tools 对流域进行批量化的子流域划分及水流路径追踪。首先，根据输入的批量矢量点生成相应的上游流域，过程中可采用点划分工具（point delineation）根据兴趣点生成与之相对应的分水岭；最后采用批量划分子流域工具（batch subwatershed delineation）生成子流域单元。图 4-7 为采用上述方法得到的渭河流域河网和子流域单元结果。

图 4-7　渭河流域子流域单元划分结果

3）河网拓扑关系构建。根据每个子流域只模拟计算一条天然河道的设定，对河网进行修正和编码，使天然河道编码与子流域编码相同，同时利用 ArcGIS 计算出每一子流域下游子流域，再利用"逆推法"梳理清整个流域自然水系的拓扑关系和河网结构。

4.3.2　人工影响单元叠加

1）山区平原区划分。对于存在明确山区与平原区的流域，根据研究目标需求，在子流域或地貌单元划分结果的基础上，通常考虑高程、坡度、水文地质条件等要素，按照相邻地形栅格的坡度阈值的办法，对流域范围内的山区和平原区范围进行界定，其目的是针对山区和平原区的水循环过程按照其特点分别进行模拟计算。图 4-8 为渭河流域山区与平原区边界划分结果。

2）行政区单元叠加。在山区与平原区划分基础上，叠加行政区边界，行政区尺度根据研究需要及数据资料情况而定，一般以地级市或区县为界。由此可获得每个单元的行政区划信息，为进一步明确人口、经济、用水等空间分布信息提供明确载体。

3）灌区引排水单元叠加。在有集中灌溉的农田灌区，还需要根据灌区类型，如渠灌区、井灌区、井渠结合灌区来细化农田用耗水单元分布信息。①若是渠灌区，首先根据灌区引水渠系分布及干渠、分干渠、支渠等各级渠系控制区域，逐级分解确定本书考虑的末级渠系（一般为支渠或农渠）控制的灌溉范围及其物理边界，这样每个单元都有对应引水渠道。若是井灌区，则根据开采井分布信息和供水能力确定灌溉范围，明确灌溉单元，井渠结合灌区则综合考虑渠系和开采井供水范围即可。②在确定的引水灌域单元上，根据灌区排水沟系分布及支沟、干沟、总干沟等各级排水渠系的汇水控制区域，逐级分解确定本书考虑的末级排水渠系（一般为支沟）控制的灌溉排水、汇水范围及其物理边界，这样得到每个单元对应的汇水、排水沟段。至此，灌区每个单元对应引水和排水拓扑关系就明确下来。③将前面叠加行政信息后确定的单元边界与确定引排水范围的单元边界进行叠加剖分，获得更细致的计算单元，至此每个单元都有明确的子流域或地貌属性、山区或平原区、行政区、灌区引水域或排水域及开采井等信息。

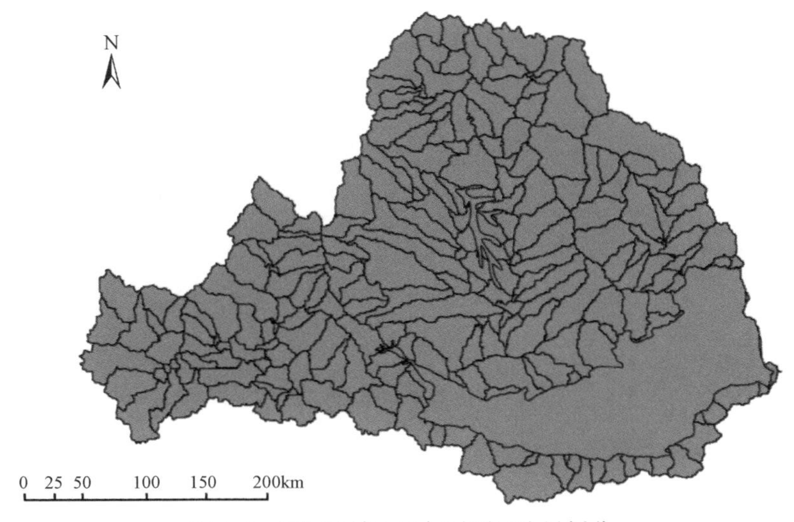

图 4-8　渭河流域山区与平原区边界划分

4.3.3　网格单元剖分

网格单元是针对平原区水循环模拟而设立的计算单元。第一，平原区通常需要进行精细的地下水过程模拟，而目前地下水二维或三维数值模拟在平面上通常采取矩形网格单元；第二，为保证地表水，土壤水、地下水计算模拟的连续性，实现地表水、土壤水和地下水的一体化模拟需求，客观上采取统一的地表水、土壤水和地下水计算单元更为有利；第三，平原区水循环由于受强人类活动的影响，其水循环的社会属性大幅提升、自然属性显著降低，主观上对单元的剖分需要更加精细。确定计算网格的物理边界后，还需要在此基础上考虑山区与平原区的衔接、人工水系等信息，对计算单元的内在拓扑联系进行构建。按照上述思想，网格单元的剖分核心包括以下四点：

1）剖分网格单元。在单元剖分时，对平原区单元采取整体划分的形式，即不针对具体子流域、灌区和行政区，直接对成片的平原区进行统一划分，将其直接划分为若干矩形单元格，因地下水差分计算的需要，对于边界单元在其外（上下左右）加划一个零值单元（面积等各参数为 0）以便差分计算。剖分的精度根据研究目标需求和计算效率综合选择确定，通常采用 1km×1km 的矩形单元精度。图 4-9 为渭河流域关中平原区按照 1km×1km 网格剖分的结果。

图 4-9　渭河流域关中平原区网格单元

2）构建地表水–土壤水–地下水单元间拓扑关系。此处面临的主要问题是地表、地下的属性边界不一致，难以进行统一计算，或者需要在计算中进行转换。本书提出一种地表水–土壤水–地下水一体化单元划分方法，即将平原区地表属性单元与地下水网格计算单元进行匹配，构建网格单元与地表单元的唯一属性关系，如网格单元 A1 只对应地表单元 B1，换句话说就是 A1 在 B1 的空间范围内，其中 B1 还可以涵盖 A2、A3 等，但 A1、A2、A3 只对应 B1。这样就可以建立所有地表单元与地下单元的拓扑对应关系。需要注意的是，由于地表单元边界不规则及网格单元精度的问题，必然会遇到二者边界不吻合的情况，对于此类情况通过比较网格单元在地表单元内外占比，以占比大者为据，同时根据最后确定的网格单元边界对地表单元边界进行修正微调，但要注意以不影响水循环客观特征为准。

3）山区与平原区边界单元衔接。山区与平原区交界线单元，因山区水循环计算单元为不规则单元，其边界线与交界线契合，当平原区矩形单元位于此边界线上时，其会造成平原区超出部分的重复计算部分。由于平原区单元在数值计算上的需要，须保证在计算上的完整性。故遇到此类单元时，利用 ArcGIS 图形软件按照平原区网格计算单元边界为准对山区单元边界进行修正，实现山区与平原区的单元无缝对接。与此同时，构建山区单元与衔接单元之间的拓扑联系，作为模拟计算时地下水运动等构建水力联系的判别依据。

4）人工水系叠加。本书所说的人工水系主要包括由人工修建的蓄水、引水、提水、排水等水利工程。引水工程包括进入城市、工厂企业和灌区的干渠、支渠、斗渠、农渠和田间输水工程等。排水工程包括生活工业废污水排水管道，农田的田间排水沟、斗沟、支沟和干沟等。蓄水工程主要包括水库、塘坝等。提水工程主要包括抽水井、泵站等。上一步确定的单元属于面要素，而人工水系多以线或点要素的形式出现，这些线或点要素是社会水循环过程取水、输水、用水、排水的关键节点，是模拟该过程必不可少的要素。因此，在划分单元的基础上，还需要构建这些面要素与线、点要素之间的拓扑关系。通过将概化的人工水系网线和节点赋予它们特有的水循环属性和功能，与自然水系融合，构建自然-人工水系与单元之间的水循环联系。图 4-10 为关中平原单元叠加上人工水系后的示意图。

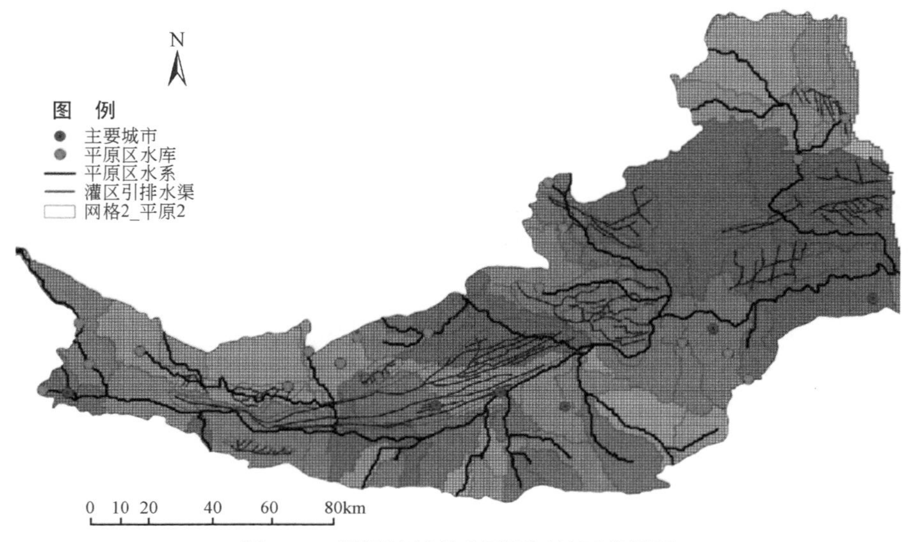

图 4-10　渭河流域关中平原区坡面离散图

4.3.4　计算单元编码

因山区与平原单元的迥异特性，对两者分开进行编码。每个水循环计算单元为八位数字编码形式，前三位为属性（山区/平原）编码，后五位为编号编码，其中山区属性编码固定为 100，平原区依照其片数，从 101 开始编号，上限为 199，而模型的某一属性单元个数上限为 99 999。对于山区单元，其属性编码全部设置为 1，然后依照山区单元个数，从 10 000 001 开始编码。对于平原单元，首先依照平原区的个数，将平原区从 101 开始编码。然后，将某片平原区的边缘进行补齐，构成以原形状最大横向单元个数 X 和最大纵向单元个数 Y 为矩形区域 $X \times Y$，然后从第一排第一个单元开始，编号为 00 001，按照从左到右，从上到下的顺序依次编号。这样编号的优点是，在已知 X、Y 的前提下，可以方便地知道某一水循环计算单元的上、下、左、右、左上、左下、右上、右下八个方向的单元编号，有利于单元拓扑关系的计算和地下水数值模拟。

4.3.5　单元土地与土壤信息划分

在研究了如何划分计算单元之后，从水循环模拟的需求来讲，还需要在单元的基础上确定单元内土地利用类型、种植结构、土壤类型等信息，明确概念单元的关键信息，才能对不同植被、作物、土壤的水循环过程进行差异化计算，实现完整的水循环模拟。在单元内部，上述信息的明确坐标并不是必需的，能够明确不同土地利用类型、作物、土壤属性在单元内的分配占比即可，这种信息的模糊处理完全满足对模拟精度的要求，同时能够大大降低信息运算量，显著提升模型效率，因而也是较为广泛采用的一套方法。

1）土地利用类型划分。在模型内计算层面，最底层的计算单元并不是拥有明确物理边界的计算单元，而是单元内不同的土地利用、作物子单元，每一种土地类型或作物类型均作为最底层的独立计算部分，完成这一层的计算才能汇总统计有形单元层面的水循环信息。按照我国土地利用相关划分标准，第一步获取的信息包括 12 类：耕地、园地、林地、草地、商服用地、工矿仓储用地、住宅用地、公共管理与公共服务用地、特殊用地、交通运输用地、水域及水利设施用地和其他用地，可通过 RS、GIS 等先进技术获取和处理。第二步，根据模型需求对部分土地利用类型进行归并细化，其中考虑灌溉需求，将园地归入耕地统一分析，将其他用地按未利用地分析，将商服、工矿、住宅、公共服务、交通运输及特殊用地统一作为居工地分析，并对水域和耕地进行细化，水域分为天然河道和湖库湿地，耕地分为引水渠系、排水渠系和农田。第三步，根据农田种植结构对农田进行细分，如小麦、玉米、棉花、水稻、蔬菜、果树等，可根据实际情况动态添加。其整体离散流程如图 4-11 所示。另外，在进行长系列模拟时，单元内的土地利用类型实际上是在不断演化的，为了反映这一客观实际情况，采取动态土地利用模拟方法，即根据多期土地利用数据提取不同阶段的土地利用分布及占比，实现单元层面土地利用及作物信息的动态滚动变化，提升模拟过程的科学性与合理性。

2）土壤类型划分。根据土壤的空间分布信息，利用 GIS 工具提取每个单元的土壤类型及占比，一般单元内部取占比最大的 2 ~ 3 种土壤作为单元计算土壤类型，其余的进行概化处理。

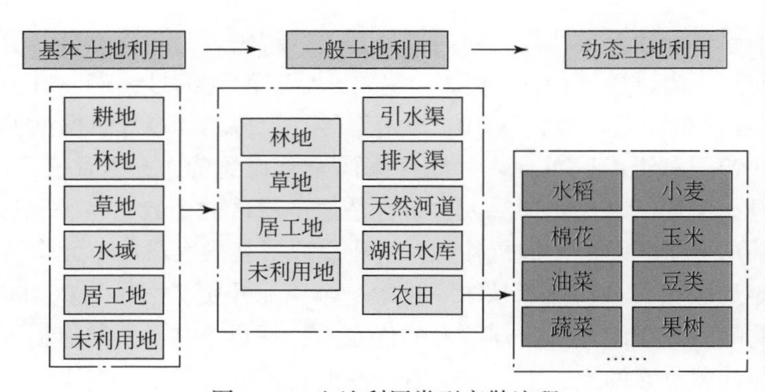

图 4-11　土地利用类型离散流程

4.4　流域水循环过程基本原理

通过流域水循环单元离散，已经得到水循环计算的空间单元载体，此时单元内水循环过程的物理数学机理是整个模型构建的基础与核心。在单元内，水循环的主要过程包括：降水过程、蒸发蒸腾过程、积雪融雪过程、土壤水运动过程、坡面汇流过程、河道汇流过程、地下水运动过程、植物生长过程、灌区引-灌-排水过程、城乡工业与生活用水过程、水利工程调蓄、水资源配置等，受模拟计算精度要求及基础数据信息条件限制，上述过程均有不同的计算方法，但是这些方法并非可以随机搭配组合，而是需要在模型构建过程中，综合考虑模型整体物理数学逻辑、尺度转换、资料信息条件进行系统融合，这样的模型才能从功能、效率、精度等多方面满足研究需求。本节将具体介绍本次模型构建各物理过程在数学方法上的选择。

4.4.1 降水过程

降水模拟过程中，日降水的形式是降雨或是降雪通过日平均气温判断。降雪背景温度阈值（一般为-5～5℃，多采用1℃）为模型的重要参数。如果当天的平均气温低于降雪背景温度阈值，则认为当天降雪（或冻雨），否则认为是降雨。

降水是水循环模型最重要的输入信息，除了需要判断降水的状态，掌握降水的强度与时空分布信息更为重要。对于流域尺度水循环模型，一般以日作为模拟时间尺度，重点需要明确24小时降水量及其在空间上的雨量分布情况。24小时降水量通过气象观测站或雨量站监测得到，然后通过泰森多边形法、克里金插值法、距离反比法等对降水空间分布进行插值展布。其中，泰森多边形方法应用最为广泛，但该方法适用于气象站点较多且气象变动较为平稳的平原地区，对于地形起伏大、站点少的山区该方法误差很大，很难反映实际降水分布情况；距离反比法比较适用于地形起伏大、降水变化剧烈的地区。

4.4.2 蒸发蒸腾过程

水循环单元的蒸发蒸腾量模拟是流域水循环模拟的重要环节，影响蒸发蒸腾的因素总结起来有四个大的方面：第一方面是边界层气象因子。包括地表温度、近地气压、地表净辐射、空气湿度、地表风速等，这些因子直接决定水分在蒸发过程中外界能量或热量对其的驱动，同时构成水分蒸发的边界层条件。第二方面是土壤含水率及土壤各层的水分分布，它为蒸发提供了植物根系吸水条件和土壤表层水分状况。第三个方面是植物生理特性，植物在不同生育期其叶面积指数、根系长度等均不相同，直接决定了各时期植物对水分的需求和损耗不同，造成了植物蒸腾的变化及土壤含水量的变化。第四个方面是土壤质地、潜水水位因素。这些因素是蒸发蒸腾计算过程中需要重点考虑的因子。

根据蒸散发的过程环节及不同类型土地可能出现的情况，结合流域特点将蒸发蒸腾过程分为五个计算过程模块，即水域蒸发计算模块、植被截留蒸发计算模块、植被蒸腾计算模块、土壤蒸发计算模块和不透水域蒸发计算模块，以供各类土地计算类型按需单独或者组合使用，从而完成该种土地计算类型的蒸发蒸腾计算。同时，由于能量过程无时无刻不伴随着蒸发蒸腾过程，两者紧密联系不可分割，因而将能量过程中的净辐射、显热、潜热、地表热通量等过程量计算也进行具体介绍。

1. 水域蒸发量计算

水域的蒸发量按照Penman公式（Penman，1948）计算：

$$E_w = \frac{(RN - G)\ \Delta + \rho_a C_p \delta_e / r_a}{\lambda\ (\Delta + \gamma)} \tag{4-1}$$

式中，RN 为净辐射量［MJ/（m^2·d)]；G 为传入水体的热通量［MJ/（m^2·d)]；Δ 为饱和水气压对温度的导数（kPa/℃）；δ_e 为水气压与饱和水气压的差（kPa）；r_a 为蒸发表面空气动力学阻抗；ρ_a 为空气密度（kg/m^3）；C_p 为空气定压比热［MJ/（kg·℃）]；λ 为水体的气化潜热（MJ/kg）；γ 为 C_p/λ。

2. 植被域-裸地蒸散发量计算

蒸散发量通常可由植被截留蒸发量、植被蒸腾量、土壤蒸发量三部分构成，即：

$$E_{SV} = \mathrm{Ei} + \mathrm{Etr} + \mathrm{Es} \tag{4-2}$$

式中，Ei 为植被截留蒸发量（mm）；Etr 为植被蒸腾量（mm）；Es 为土壤蒸发量（mm）。计算方法如下：

1）植被截留蒸发量：采用 Noilhan-Planton 公式计算。

$$\mathrm{Ei} = \mathrm{Veg} \cdot \delta \cdot \mathrm{Ep} \tag{4-3}$$

$$\frac{\partial \mathrm{Wr}}{\partial t} = \mathrm{Veg} \cdot P - \mathrm{Ei} - \mathrm{Rr} \tag{4-4}$$

$$\mathrm{Rr} = \begin{cases} 0 & \mathrm{Wr} \leqslant \mathrm{Wr}_{max} \\ \mathrm{Wr} - \mathrm{Wr}_{max} & \mathrm{Wr} > \mathrm{Wr}_{max} \end{cases} \tag{4-5}$$

$$\delta = (\mathrm{Wr}/\mathrm{Wr}_{max})^{2/3} \tag{4-6}$$

$$\mathrm{Wr}_{max} = 0.2 \cdot \mathrm{Veg} \cdot \mathrm{LAI} \tag{4-7}$$

式中，Veg 为植被域-裸地的植被覆盖度；δ 为湿润叶面的面积率；Ep 为潜在蒸发量（由 Penman 公式计算）；P 为降雨量；Rr 为植被出流水量；Wr 为植被截留水量；Wr_{max} 为最大植被截留水量；LAI 为叶面积指数。

2）植被蒸腾量：采用 Penman Monteith 公式计算。

$$\mathrm{Etr} = \mathrm{Veg} \cdot (1 - \delta) \cdot E_{PM} \tag{4-8}$$

$$E_{PM} = \frac{(RN - G)\ \Delta + \rho_a C_P \delta_e / r_a}{\lambda\ [\Delta + \gamma\ (1 + r_c / r_a)]} \tag{4-9}$$

式中，RN 为净辐射量；G 为传入植被体的热通量；r_c 为植物群落阻抗。其他符号意义同式（4-1）。

3）裸地土壤蒸发量：采用修正 Penman 公式计算。

$$\mathrm{Es} = \frac{(\mathrm{Rn} - G)\ \Delta + \rho_a C_P \delta_e / r_a}{\lambda\ (\Delta + \gamma / \beta)} \tag{4-10}$$

$$\beta = \begin{cases} 0, & \theta \leqslant \theta_m \\ \frac{1}{4}[1 - \cos\ (\pi\ (\theta - \theta_m)\ /\ (\theta_{fc} - \theta_m))]^2, & \theta_m < \theta < \theta_{fc} \\ 1, & \theta \geqslant \theta_{fc} \end{cases} \tag{4-11}$$

式中，β 为土壤湿润函数或蒸发效率；θ 为土壤浅层的体积含水量；θ_{fc} 为土壤浅层的田间持水量；θ_m 为单分子吸力对应的土壤体积含水量；其他符号意义与同式（4-1）。

3. 居工地蒸发量计算

居工地的蒸发量由式（4-12）计算：

$$E_u = cE_{u1} + (1-c)E_{u2} \tag{4-12}$$

式中，E_u为蒸发量；c 为居工地建筑物在不透水域的面积率；下标 1 表示居工地建筑物，2 表示居工地地表面。

居工地建筑物和居工地地表面的蒸发量计算如下：

$$\frac{\partial H_{ui}}{\partial t} = P - E_{ui} - R_{ui} \tag{4-13}$$

$$E_{ui} = \begin{cases} E_{ui\max} & P+H_{ui} \geqslant E_{ui\max} \\ P+H_{ui} & P+H_{ui} < E_{ui\max} \end{cases} \tag{4-14}$$

$$R_{ui} = \begin{cases} 0 & H_{ui} \leqslant H_{ui\max} \\ H_{ui}-H_{ui\max} & H_{ui} > H_{ui\max} \end{cases} \tag{4-15}$$

式中，i 取值为 1 或 2；P 为降雨量；H_u为洼地储蓄量；R_u为表面径流量；$H_{u\max}$为最大洼地储蓄深；$E_{u\max}$为潜在蒸发量（由 Penman 公式计算）；其他符号意义与同前。

4. 蒸发计算公式中一些具体参数的推求

1）净辐射（R_n）。有些气象站点可直接提供净辐射的观测数据，若无相应数据，则可按照以下公式计算：

$$R_n = R_{ns} - R_{nl} \tag{4-16}$$

$$R_{nl} = 2.45\times10^{-9}\cdot(0.9n/N+0.1)\cdot(0.34-0.14\sqrt{e_d})\cdot(T_{kx}^4+T_{kn}^4) \tag{4-17}$$

$$T_{kx} = T_{\max} + 273 \tag{4-18}$$

$$T_{kn} = T_{\min} + 273 \tag{4-19}$$

$$N = 7.64W_s \tag{4-20}$$

$$W_s = \arccos(-\tan\phi\cdot\tan\delta) \tag{4-21}$$

$$\delta = 0.409\cdot\sin(0.0172J-1.39) \tag{4-22}$$

$$R_{ns} = 0.77(0.19+0.38n/N)R_a \tag{4-23}$$

$$R_a = 37.6\cdot d_r(W_s\cdot\sin\phi\cdot\sin\delta+\cos\phi\cdot\cos\delta\cdot\sin W_s) \tag{4-24}$$

$$d_r = 1+0.033\cos(0.0172J) \tag{4-25}$$

式中，R_{nl}为净长波辐射［MJ/（$m^2\cdot d$）］；T_{kx}和 T_{kn}分别为日最高绝对温度和最低绝对温度（K）；n 为实际日照时数（h）；N 为最大可能日照时数（h）；W_s 为日照时数角（rad）；ϕ 为地理纬度（rad）；δ 为日倾角（rad）；J 为日序数（元月 1 日为 1，逐日累加）；R_{ns}为净短波辐射［MJ/（$m^2\cdot d$）］；R_a 为大气边缘太阳辐射［MJ/（$m^2\cdot d$）］；d_r 为日地相对距离。

2）饱和水蒸气压对温度的导数（Δ）。温度-饱和水汽压关系曲线上在平均气温 T 处的切线斜率（kPa/℃）。

$$\Delta = \frac{4098 \cdot e_s}{(T+237.3)^2} \tag{4-26}$$

$$e_s = 0.6108 \times \exp\left(\frac{17.27 T_a}{237.3+T_a}\right) \tag{4-27}$$

$$T_a = \frac{T_{max}+T_{min}}{2} \tag{4-28}$$

式中，e_s 为饱和水汽压（kPa）；T_a 为平均气温（℃）；T_{max} 和 T_{min} 分别为日最高气温和日最低气温。

3）空气密度（ρ_a）计算公式如下：

$$\rho_a = 3.486 \times \frac{P}{275+T_a} \tag{4-29}$$

式中，P 为大气压力（kPa），标准大气压为 1.01×10^2kPa；T_a为气温（℃）。

4）水蒸气压与饱和水蒸气压差（δ_e）的计算如下：

$$\delta_e = \left(\frac{e_s(T_{max}) + e_s(T_{min})}{2}\right) \times \frac{100-\mathrm{RH}}{100} \tag{4-30}$$

式中，T_a 为平均气温（℃）；e_s 为饱和水汽压（kPa）；T_{max} 和 T_{min} 分别为日最高气温和日最低气；RH 为相对湿度。

5）潜热 λ 的计算公式如下：

$$\lambda = 2.501 - 0.002361 T_s \tag{4-31}$$

式中，λ 为水的潜热（MJ/kg）；T_s 为地表温度（℃）。

6）地中热通量（G）的计算公式如下：

$$G = c_s d_s (T_2 - T_1) / \Delta t \tag{4-32}$$

式中，c_s 为土壤热容量［MJ/（m^3·℃）］；d_s 为影响土层厚度（m）；T_1为时段初的地表面温度（℃）；T_2为时段末的地表面温度（℃）；Δt 为时段（d）。

7）空气动力学阻抗（r_a）计算依据 Monin-Obkuhov 相似性理论，按照考虑风速的对数和气温剖面的方程计算：

$$r_a = \frac{1}{\kappa^2 U} \ln\left[(z_u - d) / z_{om}\right] \times \ln\left[(z_e - d) / z_{ov}\right] \tag{4-33}$$

式中，z_u、z_e为风速和湿度观测点离地面的高度；κ 为 von Karman 常数；U 为风速；d 为置换高度；z_{om}、z_{ov}、z_{oh}分别为运动量输送、水蒸气输送、热输送的粗度，其中 $z_{ox} = z_{om}$。根据 Monteith 理论，若植被高度为 h_c，则 $z_{om} = 0.123 h_c$、$z_{ov} = 0.1 z_{om}$、$d = 0.67 h_c$。

8）植物群落的阻抗是各个叶片气孔阻抗之和，忽略 LAI 对叶片气孔阻抗的影响，计算公式如下（Dickinson，1984）：

$$r_c = \frac{r_{smin}}{\mathrm{LAI}} f_1 f_2 f_3 f_4 \tag{4-34}$$

$$f_1^{-1} = 1 - 0.0016(25 - T_a)^2 \tag{4-35}$$

$$f_2^{-1} = 1 - \mathrm{VPD}/\mathrm{VPD}_c \tag{4-36}$$

$$f_3^{-1}=\frac{\frac{\mathrm{PAR}}{\mathrm{PAR_c}}\frac{2}{\mathrm{LAI}}+\frac{r_{\mathrm{smin}}}{r_{\mathrm{smax}}}}{1+\frac{\mathrm{PAR}}{\mathrm{PAR_c}}\frac{2}{\mathrm{LAI}}} \tag{4-37}$$

$$f_4^{-1}=\begin{cases}1 & (\theta \geqslant \theta_c)\\ \dfrac{\theta-\theta_w}{\theta_c-\theta_w} & (\theta_w \leqslant \theta \leqslant \theta_c)\\ 0 & (\theta \leqslant \theta_w)\end{cases} \tag{4-38}$$

式中，T_a 为气温（℃）；$\mathrm{VPD_c}$ 为叶气孔闭合时的 VPD 值（约为 4kPa）；$\mathrm{PAR_c}$ 为 PAR 的临界值（森林为 30W/m^2、谷物为 100 W/m^2）；r_{smin}为最小气孔阻抗；r_{smax}为最大气孔阻抗（5000s/m）；θ 为根系层的土壤含水率；θ_w 为植被凋萎时的土壤含水率（凋萎系数）；θ_c 为无蒸发限制时的土壤含水率（临界含水率）。

4.4.3 积雪融雪过程

积雪融雪过程是北方地区水循环过程的重要环节，对于调节流域水量的时空分布具有重要作用。本书介绍采用双层积雪融雪模型来模拟流域积雪融雪过程的影响。双层积雪融雪模型基于能量和质量平衡计算积雪和融雪过程，其中，能量平衡部分主要模拟融雪、再结冰以及积雪热含量的变化过程；质量平衡部分主要模拟积雪、融雪、雪水当量变化及融雪产流量。其优点是以考虑水-热过程的相位转化理论为基础，分层次提出了水、冰、水汽在土壤表层、冠层的变化、运动机理及数学表达式，整个积雪融雪过程由温度、湿度、蒸散发、大气压、风速、冠层、日照水平等多种因素共同决定，对积雪融雪过程的临界控制方面考虑的因素更加全面。

双层积雪融雪模型将雪层分为上积雪层和下积雪层两层。上积雪层的作用是与大气发生能量交换，且为方便计算，在物理上对其进行较薄的设定。与上积雪层以水和冰的形式发生物质交换，以热量的形式与上雪层发生能量交换，而与土壤层之间进行水量交换。

积雪融雪模拟计算过程分为能量和水量平衡计算两个部分。热量变化是水的相位变化中能量过程关注的重点，而水量平衡主要关注积雪融雪各个过程中水分的收支状况。

上积雪层与大气及冠层发生能量交换。采用在时间步长 Δt 上的向前有限差分格式，得到上积雪的能量平衡方程为

$$W^{t+\Delta t}T_s^{t+\Delta t}-W^tT_s^t=\frac{\Delta t}{\rho_w c_s}(Q_r+Q_s+Q_e+Q_p+Q_m) \tag{4-39}$$

式中，ρ_w为水的密度（kg/m^3）；C_s为冰的比热［J/（kg・℃）］；W 为表层积雪的雪水当量（m）；Q_r为净辐射［kJ/（m^2・d）］；T_s为表层温度（℃）；Q_s为感热通量［kJ/（m^2・d）］；Q_e为潜热通量［kJ/（m^2・d）］；Q_p为经由降雨和降雪提供给积雪层的能量［kJ/（m^2・d）］；Q_m为液态水结冰时向积雪层释放的能量或融化时从积雪层吸收的能量［kJ/（m^2・d）］；积雪表层吸收的能量记为正值，反之则为负值。

水量平衡方程：

$$\begin{aligned}\Delta W_{\text{liq}}&=p_{\text{L}}+\left[\frac{Q_{\text{e}}}{\rho_{\text{w}}\lambda_{\text{v}}}-\frac{Q_{\text{m}}}{\rho_{\text{w}}\lambda_{\text{f}}}\right]\Delta t\\ \Delta W_{\text{ice}}&=p_{\text{I}}+\left[\frac{Q_{\text{e}}}{\rho_{\text{w}}\lambda_{\text{s}}}+\frac{Q_{\text{m}}}{\rho_{\text{w}}\lambda_{\text{f}}}\right]\Delta t\end{aligned} \tag{4-40}$$

式中，ΔW_{liq}和ΔW_{ice}分别为液态水和固态水的变化量（m^3）；λ_{s}，λ_{v}，λ_{f}分别表示升华潜热，汽化潜热和熔解热；p_{L}和p_{I}分别为液态水和固态水的降水量（m）；其他符号意义与式（4-39）中相同。

降水量与降雪量计算：

$$\begin{cases}p_{\text{s}}=p, & T_{\text{a}}\leqslant T_{\min}\\ p_{\text{s}}=\dfrac{T_{\max}-T_{\text{a}}}{T_{\max}-T_{\min}}p, & T_{\min}<T_{\text{a}}\leqslant T_{\max}\\ p_{\text{s}}=0, & T_{\max}\leqslant T_{\text{a}}\\ p_{\text{r}}=p-p_{\text{s}}\end{cases} \tag{4-41}$$

式中，p_{r}为降雨量（m）；p_{s}为降雪的雪水当量（m）；$T_{\min}$为最低临界气温（℃），在此气温以下仅有降雪（模型取-1.1℃）；$T_{\max}$为最高临界气温（℃），在此气温以上仅有降雨（模型取3.3℃）；同时假定温度在$T_{\min}$和$T_{\max}$之间时，降水包括降雨和降雪。

冠层截留降雪计算：

$$I=f\cdot p_{\text{s}},\quad I<B \tag{4-42}$$

式中，I为时段内截雪的水当量（m）；f为冠层对降雪的截留率；p_{s}为本时段降雪量；B为最大截雪容量（m），其由叶面积指数等参数决定。

4.4.4 土壤水运动过程

土壤层是地面以下水分运动最为活跃的区域，控制和调节着整个地表水和地下水交换过程。降水和灌溉水量通过土壤非饱和带的再分配，形成入渗量、地表径流、地下水补给量和蒸发蒸腾量。在地下水埋深浅的地带，受强烈蒸发和蒸腾作用，土壤含水率迅速降低，地下水在水势差驱动下，通过毛细作用上升补给土壤水，可以起到缓解土壤墒情的作用。因此，土壤水系统作为联系地表水和地下水的纽带，在整个水循环系统中的地位非常重要。

以土壤层作为单元体，在上边界，降水、蒸发、灌溉是其收支项；在下边界，以变动潜水面为界限，垂向渗漏和潜水蒸发是其收支项；在侧边界，地表产流和壤中流是其收支项；单元体各边界收支的平衡演算结果即为土壤水蓄变量变化，通常以土壤含水率表示，土壤含水率的大小反映了土壤层的湿润或干燥程度。整个土壤水运动过程十分复杂，受降水量、降水强度、地形坡度、下垫面、土壤质地与结构分布、温度、生物化学作用、耕作、水质等诸多因素的影响。在进行流域尺度土壤水模拟时，通常考虑流域特点保留关键因素，如在耕作农田区，存在人工修筑的田埂，只有当降水与灌溉水深超过了田埂挡水的高度才会导致产流，这与天然状态下地表产流入渗过程有着明显的差异。针对这一问题，设置地表储流层作为土壤表层（厚度0～10cm），蓄滞深度作为该层反映人类耕作影响的关键参数；将地表储流层以下分为土壤浅层（厚度10～200cm）和土壤深层（土壤浅层至潜水面）。在构建模型时，根据研究需要再对上述三层进行细化，采用Richards方程进行计算，如图4-12所示。

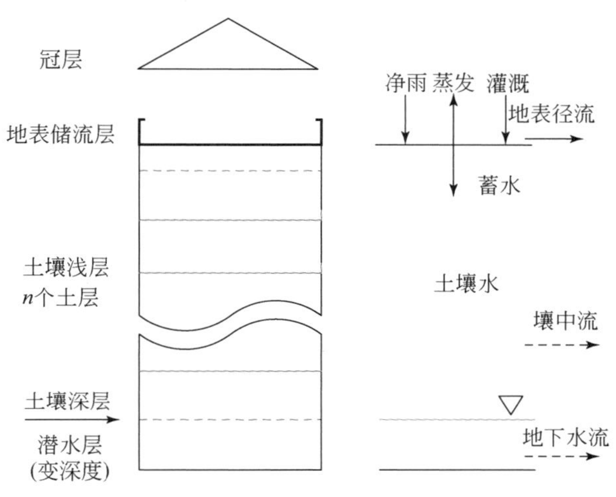

图4-12 土壤水系统模拟示意图

在模拟的时间尺度上，田块尺度土壤水过程模拟一般以分、秒为时间步长来模拟一次降水、灌溉或作物生长季的变化过程，而在流域尺度上，地表产汇流模拟多以小时、天或月作为计算时间步长，地下水模拟以天、旬或月为计算步长。因此，在选择土壤水模拟的时间步长时，若时间步长过小（如秒、分钟），将面临土壤边界信息资料匮乏、计算不易收敛、模拟耗时长、与地表地下水模块变量交换转换等问题，过于精细的模拟并不一定能够保证获得可靠的结果。综合考虑资料获取、计算效率及其与地表水、地下水模块的耦合问题，推荐选择以天作为时间步长来模拟土壤水运动过程。下面分层介绍土壤水运动计算过程。

(1) 地表储流层

地表产流、入渗、蒸发等多个过程均在地表储流层发生，其水量变化也是上述多过程综合作用的最终反映。根据水量平衡原理，天然降水量与农田灌水量之和减去土壤下渗量与地表蒸散发量应该等于地表产流量与地表积水量之和。地表积水量的计算在水资源开发利用条件下需要考虑到田埂高度、渠系阻拦的影响，同时按照不同的下垫面类型，在山区和平原区根据实际情况分别设置。

$$H_S = H_{S0} + P + I - R - E_S - F_S \tag{4-43}$$

$$R = \begin{cases} 0, & H_S \leqslant H_{SMax} \\ H_S - H_{SMax}, & H_S > H_{SMax} \end{cases} \tag{4-44}$$

式中，H_{S0}为模拟时段初的地表积水量（mm）；H_S 为地表积水量（mm）；I 为田间灌水量（mm）；P 为天然降水量（mm）；E_S 为地表蒸散量（mm）；R 为地表产流量（mm）；H_{SMax} 为储流层厚度（mm）；F_S 为土表入渗量（mm）。

土壤水入渗采用 Horton 公式计算，其形式为

$$f=f_c+(f_0-f_c)\ e^{-kt} \tag{4-45}$$

式中，f 为模拟时刻 t 的土壤下渗率；f_0 为计算时段初的下渗率；k 为土壤特性参数；f_c 为该土壤稳定下渗率，可通过相关土壤的特性曲线计算。

（2）土壤浅层

土壤浅层的水量平衡方程：

$$\theta_U \cdot H_U = W_{U0} + F_S - E_U - F_U \tag{4-46}$$

式中，H_U 为土壤浅层厚度；θ_U 为土壤浅层含水率；E_U 为浅层土壤蒸发和植被蒸散量（mm）；W_{U0}为土壤浅层初始蓄水量（mm）；F_U 为土壤水势梯度差异引起的土壤浅层与土壤深层的水分交换量（mm），使用式（4-47）计算：

$$F_U = K_{U,L} \cdot \left[\frac{2(S_L - S_U)}{H_L + H_U} + 1\right] \tag{4-47}$$

式中，S_L 为土壤深层的土壤水吸力；S_U 为土壤表层的土壤水吸力；$K_{U,L}$为上下两层土壤之间的调和平均非饱和渗透系数。按式（4-48）计算：

$$K_{U,L} = \frac{2K_U \cdot K_L}{K_U + K_L} \tag{4-48}$$

式中，K_L 和 K_U 分别为对应于浅层与深层土壤水含水量的非饱和渗透系数，可以通过土壤“水分–吸力曲线”和“水分–导水率曲线”经验公式得到。

（3）土壤深层

土壤深层的水量平衡方程：

$$\theta_L \cdot H_L = W_{L0} + F_U - E_L - F_L \tag{4-49}$$

式中，H_L 为土壤深层厚度，随潜水位变化；θ_L 为土壤深层含水率；E_L 为植被蒸散量（mm）；W_{L0}为初始深层土壤蓄水量（mm）；F_L 为土壤水势梯度差引起的土壤水和潜水之间水分交换量（mm），使用式（4-50）计算：

$$F_L = K_L \cdot \left(1 - \frac{2S_L}{H_L}\right) \tag{4-50}$$

模型中的非饱和土壤水力参数使用 Clapp & Hornberger 模型描述：

$$\begin{cases} \dfrac{\theta - \theta_r}{\eta - \theta_r} = \left(\dfrac{S_b}{S}\right)^{\lambda} \\ \dfrac{K(\theta)}{K_S} = \left(\dfrac{\theta - \theta_r}{\eta - \theta_r}\right)^{n} \end{cases} \tag{4-51}$$

式中，η 为土壤孔隙度；θ_r 为残余含水率；S_b 为考虑进气值的饱和含水率所对应的土壤水吸力；K_S 为土壤饱和渗透系数；λ 和 n 为拟合参数。

4.4.5 坡面汇流过程

（1）山区单元的坡面汇流过程计算

山区单元的坡度普遍较大，受重力驱动快速向坡底或河道汇集，受人类活动影响相对较小。采用一维运动波方程来模拟坡面汇流过程，该方法是一种水力学与水文学相结合的方法，利用简单的几何框架和简化的圣维南方程组来模拟复杂的天然坡面流。

1）第一步，将山区单元坡面汇流概化为一个斜平面上的漫流过程，斜平面的坡度和长度为山区单元所在流域的平均坡度 J 和平均长度 L。所在流域坡面平均坡度 J 取流域内所有山区单元的面积加权平均值，坡面平均长度 L 按照式（4-52）计算：

$$L=\frac{F}{2\sum l} \tag{4-52}$$

式中，F 为山区单元所在流域面积；$\sum l$ 为所在流域干、支流河道总长度。

2）第二步，把流域山区单元降水后的坡面汇流过程概化为“净降水量”在流域整体斜平面上的汇流过程。即在计算过程中把地表蓄积水量和入渗损扣除，且不考虑这些过程对坡面流运动的影响。

3）第三步，构建坡面流的运动波方程。将坡面流看作简单非恒定流，则可将圣维南方程组简化，忽略其压力项和惯性力项和影响，得到一维运动波方程，见式（4-53）：

$$\begin{cases}\dfrac{\partial A}{\partial t}+\dfrac{\partial Q}{\partial s}=q\\ i=J\\ Q=\dfrac{A}{n}R^{2/3}J^{1/2}\end{cases} \tag{4-53}$$

式中，Q 为过水断面的流量（m^3/s）；A 为过水断面面积（m^2）；q 为坡面旁侧入流单宽流量（m^2/s）；i 为坡面地表坡降（m/m）；s 为坡面长度（m）；J 为水力坡度（m/m）；n 为曼宁糙率系数（$s/m^{1/3}$）；R 为过水断面水力半径（m）。

河道流量与断面湿周可根据曼宁公式和运动波方程表述如下：

$$A=\alpha\cdot Q^{\beta} \tag{4-54}$$

式中，$\alpha=\left(\dfrac{nP^{2/3}}{J^{1/2}}\right)^{0.6}$；$P$ 为过水断面的湿周（m）；$\beta=0.6$。

4）第四步，运动波方程的求解。按照隐式差分格式将运动波方程组进行离散，可得

$$\frac{\partial A}{\partial t}=\frac{A_i^{j+1}+A_{i+1}^{j+1}-A_i^j-A_{i+1}^j}{2\Delta t}$$

$$\frac{\partial Q}{\partial s}=\frac{\theta\left(Q_{i+1}^{j+1}-Q_i^{j+1}\right)+(1-\theta)\left(Q_{i+1}^j-Q_i^j\right)}{\Delta s_i}$$

则式（4-53）可转化为

$$\frac{\partial A}{\partial t}+\frac{\partial Q}{\partial s}=\frac{A_i^{j+1}+A_{i+1}^{j+1}-A_i^j-A_{i+1}^j}{2\Delta t}+\frac{\theta\left(Q_{i+1}^{j+1}-Q_i^{j+1}\right)+(1-\theta)\left(Q_{i+1}^j-Q_i^j\right)}{\Delta s_i}=q_i^{j+1}$$

结合式（4-54），得

$$2\theta\Delta t Q_{i+1}^{j+1}+\alpha_{i+1}^{j+1}(Q_{i+1}^{j+1})^{\beta}\Delta s_i=[\alpha_i^j(Q_i^j)^{\beta}+\alpha_{i+1}^j(Q_{i+1}^j)^{\beta}-\alpha_i^{j+1}(Q_i^{j+1})^{\beta}]\Delta s_i$$
$$+2\Delta t[\theta Q_i^{j+1}+(\theta-1)(Q_{i+1}^j-Q_i^j)]+2q_i^{j+1}\Delta s_i\Delta t \tag{4-55}$$

而式（4-55）是一个与 Q_{i+1}^{j+1} 有关的非线性方程，等号的左侧是未知项，右侧是已知项。故可以选择通过牛顿迭代方法来求解该方程。令

$$C=[\alpha_i^j(Q_i^j)^{\beta}+\alpha_{i+1}^j(Q_{i+1}^j)^{\beta}-\alpha_i^{j+1}(Q_i^{j+1})^{\beta}]\Delta s_i+2\Delta t[\theta Q_i^{j+1}+(\theta-1)(Q_{i+1}^j-Q_i^j)]+2q_i^{j+1}\Delta s_i\Delta t$$

$$f(Q_{i+1}^{j+1})=2\theta\Delta t Q_{i+1}^{j+1}+\alpha_{i+1}^{j+1}(Q_{i+1}^{j+1})^{\beta}\Delta s_i-C$$

其中，$f(Q_{i+1}^{j+1})$ 的一阶导数为

$$f'(Q_{i+1}^{j+1})=2\theta\Delta t+\alpha_{i+1}^{j+1}\beta(Q_{i+1}^{j+1})^{\beta-1}\Delta s_i \tag{4-56}$$

所以，牛顿法迭代的格式为

$$(Q_{i+1}^{j+1})_{k+1}=(Q_{i+1}^{j+1})_k-\frac{f(Q_{i+1}^{j+1})_k}{f'(Q_{i+1}^{j+1})_k} \tag{4-57}$$

另外，迭代终止条件为

$$|f(Q_{i+1}^{j+1})_{k+1}|<\varepsilon \tag{4-58}$$

式中，ε 为迭代的精度要求；k 表示上一次迭代过程，而 $k+1$ 表示当前迭代过程；θ 为权重系数，$0\leqslant\theta\leqslant1$；$i$ 为坡面或河段节点编号，$i=1, 2, \cdots, N$，表示有 $N-1$ 个坡面或河段；j 为时间步长序号；其他参数物理意义同式（4-53）和式（4-54）。

（2）平原区单元坡面汇流计算

平原区单元坡度较缓，水平汇流速度较慢、滞时较长，且受到农田、道路、居工地等多种人类活动的扰动，其运动特征表现出显著的自然-人工复合特征，完全不同于山区坡面汇流过程。因此，在平原单元坡面汇流过程模拟计算时，根据不同的土地类型进行计算，例如最为典型的灌区农田，按照就近入流的原则进行汇流计算，即通过地理信息获取每个平原单元最近的排水渠道，按照距离排水渠道的距离及实际排水条件按照系数分时段汇入排水渠。这样灌区的坡面汇流就有节点排水与旁侧入流两种方式，对于有资料的灌区采取前一种，而资料缺乏的地区采取旁侧入流这种直接汇流入天然河道的形式。其物理过程概化如图 4-13 所示。

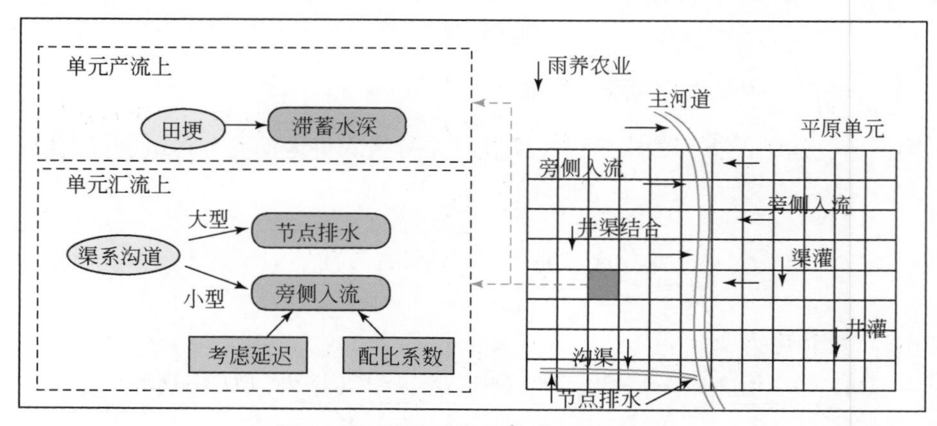

图 4-13　平原区单元汇流过程概化图

具体计算公式如下：

$$Q_i^j = \alpha_i^j Q_0^j, \quad \alpha_i^j \sim L_j \sim Q_0^j \tag{4-59}$$

式中，Q_i^j 为 i 时段末单元 j 汇入对应排水渠道的水量；Q_0^j 为本时段（i 时段）初单元表面蓄积水量，其由上时段未排水量与本时段净降水量构成；α_i^j 为 i 时段单元 j 的汇水系数；α_i^j 的数值由单元距离排水渠道的距离 L_j 与 Q_0^j 共同决定，具体依照模拟流域实际情况决定。

4.4.6 河道汇流过程

河道汇流过程特指流水由坡面汇流后进入天然河道及各类排水干沟中的汇流演算。在单元离散时将流域天然河网概化为每个子流域仅有一条天然河道，而每个灌区计算单元对应唯一的排水干沟或河道。整体河网的汇流过程采用自上而下的模拟空间顺序，即从上游顶级子流域的河道开始逐级演算至流域出口。

对于单个河道（或干沟）的水流演算，本次模型编制考虑到流域水循环对于地表水计算精度要求，以及河道和排水沟资料获取的难度，仍选择一维运动波方程来模拟单个河道及人工排水干沟的水流过程，其具体计算方法和求解过程与山区坡面汇流计算中的方程和求解方法相同。不同的是在具体物理参数的意义上，旁侧入量 q 的物理意义转化为单元坡面汇流在计算时段的沿河长的平均单宽流量，同时坡度等参数也随之改为与河道相匹配的物理意义。而流域天然河网的汇流过程将采用可变节点的动态运动波方法模拟，该方法主要由程序变化完成，在模型程序实现部分（4.5.3 小节）会具体介绍。

4.4.7 地下水运动过程

1. 山区水循环单元的地下水模拟

山区地下水变化采用均衡法进行模拟，主要考虑潜水含水层的地下水量的收支平衡，其均衡方程为

$$(F_L+f+T-T_D)+1000\frac{Q_1-Q_2}{F}=\mu\Delta H \tag{4-60}$$

式中，F_L 为由水势梯度差引起的土壤水和潜水之间水分交换量（mm）；T 为深层承压水越流补给量（mm）；T_D 为潜水的开采量；f 为水库、渠道和湖库湿地入渗补给潜水量（mm）；Q_1 与 Q_2 为均衡区地下水流入量和流出量（m^3）；ΔH 为地下水位变化；F 为均衡区面积（m^2）；μ 为潜水层的给水度。

2. 平原区水循环单元的地下水模拟

平原区水循环单元的地下水模拟采用二维或三维数值方法计算。潜水含水层与承压含水层地下水运动在计算方程及求解方法上类似，但它们求解的边界条件不一样。下面介绍

平面二维地下水数值模拟方法。

(1) 地下水运动控制方程

在水密度均匀分布的条件下，根据多孔介质流体力学，地下水在水平空间的流动可用二维偏微分方程表示如下。

潜水含水层：

$$\frac{\partial}{\partial x}\left[K_{xx}(h_1-h_b)\frac{\partial h_1}{\partial x}\right]+\frac{\partial}{\partial y}\left[K_{yy}(h_1-h_b)\frac{\partial h_1}{\partial y}\right]+w=\mu\frac{\partial h_1}{\partial t} \tag{4-61}$$

承压含水层：

$$\frac{\partial}{\partial x}\left(K_{xx}M\frac{\partial h_2}{\partial x}\right)+\frac{\partial}{\partial y}\left(K_{yy}M\frac{\partial h_2}{\partial y}\right)+w=S\frac{\partial h_2}{\partial t} \tag{4-62}$$

令 $T=K(h_1-h_b)$ 或者 $T=K\cdot M$，以上两式可统一表示为

$$\frac{\partial}{\partial x}\left(T_{xx}\frac{\partial h}{\partial x}\right)+\frac{\partial}{\partial y}\left(T_{yy}\frac{\partial h}{\partial y}\right)+w=S\frac{\partial h}{\partial t} \tag{4-63}$$

式中，T 为潜水含水层或者承压含水层的导水系数，量纲为 L^2/T；K_{xx} 与 K_{yy} 分别为渗透系数在 X 和 Y 方向上分量，量纲为 L/T，其中假定渗透系数主轴方向与坐标轴方向一致；h_1、h_2、h_b 分别为潜水位、承压含水层水头和潜水底板高程，量纲为 L；t 为时间，量纲为 T；w 为地下水单元源汇项，量纲为 L/T；S 为贮水系数，无量纲，即该孔隙介质条件下单位面积的含水层柱体（柱体高为承压含水层厚度 M 或潜水层水头 h）当水头上升（或下降）一个单位时所储存（或释放）的水量，对于承压水来说是该承压含水层贮水率与层厚的乘积，对于潜水含水层来说是该潜水层的给水度 μ。

(2) 边界条件

边界条件能刻画研究区边界的水力特征，或说是能刻画研究区外对研究区边界的水力作用。假如研究区包含了整个地下水系统，那么边界条件的表达是地下水系统以外（如地表水、土壤水等）在边界上作用于地下水的关系。此时，这种边界属于自然边界。而在实际研究过程中，常会遇到非自然的边界条件，或称为人为边界。所以，确定计算范围是一个相当复杂的问题，模型在方法构建过程中更需要具体问题具体分析。一般的地下水计算的边界条件主要分为三种。

a. 给定水头边界（第一类边界）

边界上水头动态为已知的被称第一类边界条件。其平面二维流可表示为

$$H|_{B_1}=H_1(x, y, t), \quad x, y\in B_1 \tag{4-64}$$

式中，H_1 为 B_1 上已知水头函数；B_1 为研究区上第一类边界。对于稳定流问题，t 与 H_1 无关。

该类型边界常见的有地表水体（如河、湖、海等）与渗流区域的分界线（面），此时 H_1 取地表水体水位。边界水头不再随时间改变时，称为定水头边界。

b. 给定流量边界（第二类边界）

边界上的单宽流量已知（对于平面二维流问题）或水力坡度已知，被称为第二类边界条件。其平面二维流问题可表示为

$$T\frac{\partial H}{\partial n}\Big|_{B_2}=q(x, y, t), \quad x, y\in B_2 \tag{4-65}$$

式中，H 与 n 为水头与边界的外法线方向；B_2 为研究区的第二类边界；$-\frac{\partial H}{\partial n}$ 为水力坡度在边界方向上的分量；q 为流入研究区的单宽流量，当入流时其取正值，当 $q=0$ 时，称为隔水边界，即$\frac{\partial H}{\partial n}=0$。

c. 混合边界条件

在实际计算过程中，也会遇到这样的情况，即在研究区的边界上，有部分条件是已知的水头变化情况，有部分条件则是已知的流量情况，此时就应使用混合边界条件来构建求解方程。

(3) 初始条件

初始条件即在初始时刻（$t=0$）时，研究区内各要素点处的水头分布情况。其平面二维流可表述为

$$H(x, y, t)\big|_{t=0}=H_0(x, y) \tag{4-66}$$

在实际计算过程中，只要某时刻的水头分布已知，则该时刻即可作为计算的初始时刻。

(4) 控制方程的数值离散

地下水运动的控制方程加上相应的边界条件和初始条件，就构成了描述地下水流运动的数学模型。从其解析解上来说，该数学模型的解是一表述水头值分布的数学表达式。但是一般地下水数学模型的解析解，除了一些简单的情况，其他的很难求得。所以，通常采用数值解法来获得地下水运动模型的近似解。数值求解方法常用的包括有限元法、有限差分法、边界单元法等，本次模型构建采用有限差分法来求解地下水运动方程。

有限差分法是一种方程离散计算方法，具体是按照泰勒（Taylor）级数展开式把控制方程中的导数用网络节点上的函数值差商代替进行离散，从而建立以网格节点值为未知数的代数方程组。该方法直接将微分问题演变为了纯代数问题，数学概念直观，发展较早且成熟，广泛地应用于各类数值优化计算中。

有限差分在格式和形式上有多种类型，从差分计算的时间因子来看，可以分为隐式差分、显式差分和显隐式差分格式；而从差分单元的空间形式上可分为中心差分、向前差分和向后差分格式；从差分计算的精度考虑，可分为一阶差分、二阶格差分和高阶差分格式。在实际计算过程中，一般是根据研究所需使用多种差分格式相组合的形式。采用泰勒级数法可以有四种基本的差分形式：其中一阶计算精度的差分格式有两种，分别为一阶向前差分和一阶向后差分，二阶计算精度有两种，分别为一阶中心差分和二阶中心差分。

本模型构建采用向前差分格式与中心差分格式分别对控制方程中的时间项和空间项进行离散。首先在单元（i, j）的四条边的中点插入四个点，记为$\left(i-\frac{1}{2}, j\right)$、$\left(i+\frac{1}{2}, j\right)$、$\left(i, j-\frac{1}{2}\right)$、$\left(i, j+\frac{1}{2}\right)$，如图 4-14 所示。

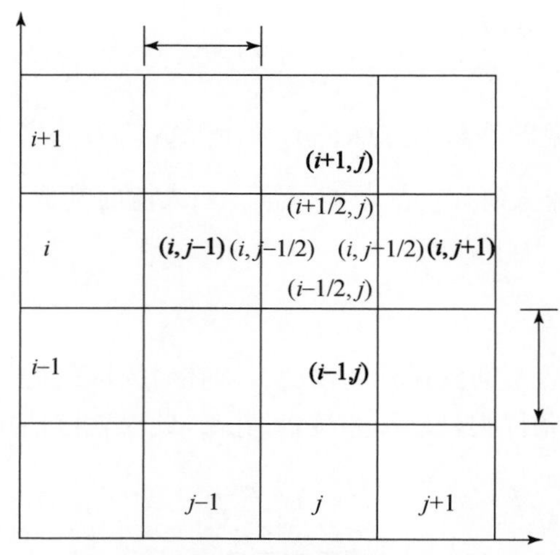

图 4-14 二维地下水剖分网格示意图

其导水系数 T 由相邻两个单元节点的导水系数的调和平均数表示，即

$$
\begin{aligned}
T_{xx_{i,j-\frac{1}{2}}} &= \frac{2T_{xx_{i,j-1}} \cdot T_{xx_{i,j}}}{T_{xx_{i,j-1}} + T_{xx_{i,j}}} \\
T_{xx_{i,j+\frac{1}{2}}} &= \frac{2T_{xx_{i,j+1}} \cdot T_{xx_{i,j}}}{T_{xx_{i,j+1}} + T_{xx_{i,j}}} \\
T_{yy_{i-\frac{1}{2},j}} &= \frac{2T_{yy_{i-1,j}} \cdot T_{yy_{i,j}}}{T_{yy_{i-1,j}} + T_{yy_{i,j}}} \\
T_{yy_{i+\frac{1}{2},j}} &= \frac{2T_{yy_{i+1,j}} \cdot T_{yy_{i,j}}}{T_{yy_{i+1,j}} + T_{yy_{i,j}}}
\end{aligned}
\tag{4-67}
$$

则可对水平二维地下水运动的控制方程作如下离散。

对 x 项离散：

$$
\begin{aligned}
\frac{\partial}{\partial x}\left(T_{xx}\frac{\partial h}{\partial x}\right) &= \frac{1}{\Delta x}\left[\left(T_{xx}\frac{\partial h}{\partial x}\right)\Big|_{i,j+\frac{1}{2}} - \left(T_{xx}\frac{\partial h}{\partial x}\right)\Big|_{i,j-\frac{1}{2}}\right] \\
&= \frac{1}{\Delta x}\left[T_{xx_{i,j+\frac{1}{2}}}\frac{h_{i,j+1}-h_{i,j}}{\Delta x} - T_{xx_{i,j-\frac{1}{2}}}\frac{h_{i,j}-h_{i,j-1}}{\Delta x}\right] \\
&= \frac{1}{\Delta x^2}\left[T_{xx_{i,j+\frac{1}{2}}} \cdot h_{i,j+1} - T_{xx_{i,j+\frac{1}{2}}} \cdot h_{i,j} - T_{xx_{i,j-\frac{1}{2}}} \cdot h_{i,j} + T_{xx_{i,j-\frac{1}{2}}} \cdot h_{i,j-1}\right] \\
&= \frac{1}{\Delta x^2}\left[T_{xx_{i,j+\frac{1}{2}}} \cdot h_{i,j+1} - \left(T_{xx_{i,j+\frac{1}{2}}} + T_{xx_{i,j-\frac{1}{2}}}\right) \cdot h_{i,j} + T_{xx_{i,j-\frac{1}{2}}} \cdot h_{i,j-1}\right]
\end{aligned}
\tag{4-68}
$$

同理，可对 y 项离散：

$$
\begin{aligned}
\frac{\partial}{\partial y}\left(T_{yy}\frac{\partial h}{\partial y}\right) &= \frac{1}{\Delta y}\left[\left(T_{yy}\frac{\partial h}{\partial y}\right)\Big|_{i+\frac{1}{2},j} - \left(T_{xx}\frac{\partial h}{\partial y}\right)\Big|_{i-\frac{1}{2},j}\right] \\
&= \frac{1}{\Delta y}\left[T_{yy_{i+\frac{1}{2},j}}\frac{h_{i+1,j}-h_{i,j}}{\Delta y} - T_{yy_{i-\frac{1}{2},j}}\frac{h_{i,j}-h_{i-1,j}}{\Delta y}\right]
\end{aligned}
$$

$$=\frac{1}{\Delta y^2}\left[T_{yy_{i+\frac{1}{2},j}}\cdot h_{i+1,j}-T_{yy_{i+\frac{1}{2},j}}\cdot h_{i,j}-T_{yy_{i-\frac{1}{2},j}}\cdot h_{i,j}+T_{yy_{i-\frac{1}{2},j}}\cdot h_{i-1,j}\right]$$

$$=\frac{1}{\Delta y^2}\left[T_{yy_{i+\frac{1}{2},j}}\cdot h_{i+1,j}-(T_{yy_{i+\frac{1}{2},j}}+T_{yy_{i-\frac{1}{2},j}})\cdot h_{i,j}+T_{yy_{i-\frac{1}{2},j}}\cdot h_{i-1,j}\right] \tag{4-69}$$

对时间项离散：

$$S\frac{\partial h}{\partial t}=S_{i,j}\cdot\frac{\Delta h_{i,j}}{\Delta t} \tag{4-70}$$

则可得到控制方程的离散方程式为

$$\frac{1}{\Delta x^2}\left[T_{xx_{i,j+\frac{1}{2}}}\cdot h_{i,j+1}-(T_{xx_{i,j+\frac{1}{2}}}+T_{xx_{i,j-\frac{1}{2}}})\cdot h_{i,j}+T_{xx_{i,j-\frac{1}{2}}}\cdot h_{i,j-1}\right]+$$

$$\frac{1}{\Delta y^2}\left[T_{yy_{i+\frac{1}{2},j}}\cdot h_{i+1,j}-(T_{yy_{i+\frac{1}{2},j}}+T_{yy_{i-\frac{1}{2},j}})\cdot h_{i,j}+T_{yy_{i-\frac{1}{2},j}}\cdot h_{i-1,j}\right]+w_{i,j}=S_{i,j}\cdot\frac{\Delta h_{i,j}}{\Delta t} \tag{4-71}$$

若单元格划分为正方形（本次模型构建拟采用 1km×1km 正方形网格），即 $\Delta x=\Delta y$，则方程可简化为

$$T_{xx_{i,j+\frac{1}{2}}}\cdot h_{i,j+1}+T_{xx_{i,j-\frac{1}{2}}}\cdot h_{i,j-1}+T_{yy_{i+\frac{1}{2},j}}\cdot h_{i+1,j}+T_{yy_{i-\frac{1}{2},j}}\cdot h_{i-1,j}$$

$$-(T_{xx_{i,j+\frac{1}{2}}}+T_{xx_{i,j-\frac{1}{2}}}+T_{yy_{i+\frac{1}{2},j}}+T_{yy_{i-\frac{1}{2},j}})\cdot h_{i,j}+w_{i,j}\cdot\Delta x^2=S_{i,j}\cdot\frac{\Delta h_{i,j}}{\Delta t}\cdot\Delta x^2 \tag{4-72}$$

在各向同性、均质、含水层厚度不变等条件下，各计算单元内的导水系数与渗透系数也不会改变，即 $T_{xx}=T_{yy}=T$，则方程可进一步简化为

$$T\cdot\left[h_{i,j+1}+h_{i,j-1}+h_{i+1,j}+h_{i-1,j}-4h_{i,j}\right]+w_{i,j}\cdot\Delta x^2=S_{i,j}\cdot\frac{\Delta h_{i,j}}{\Delta t}\cdot\Delta x^2 \tag{4-73}$$

以上各式中只考虑了空间网格上差分的差异，而按照时间差分的格式，又可分为显式差分格式与隐式差分格式。隐式差分在收敛性上优于显式差分，本书模型构建选择隐式差分格式，其推导求解过程如下。

由隐式差分格式可得 $\Delta h=h^{k+1}-h^k$，则可推出平面二维地下水运动控制方程的隐式差分格式方程为

$$h_{i,j}^k=\left(\frac{\Delta t}{S_{i,j}\cdot\Delta x^2}\cdot T_{xx_{i,j+\frac{1}{2}}}+\frac{\Delta t}{S_{i,j}\cdot\Delta x^2}\cdot T_{xx_{i,j-\frac{1}{2}}}+\frac{\Delta t}{S_{i,j}.\ \Delta y^2}\cdot T_{yy_{i+\frac{1}{2},j}}+\frac{\Delta t}{S_{i,j}.\ \Delta y^2}\cdot T_{yy_{i-\frac{1}{2},j}}+1\right)\cdot h_{i,j}^{k+1}$$

$$-\frac{\Delta t}{S_{i,j}\cdot\Delta x^2}\cdot T_{xx_{i,j+\frac{1}{2}}}\cdot h_{i,j+1}^{k+1}-\frac{\Delta t}{S_{i,j}\cdot\Delta x^2}\cdot T_{xx_{i,j-\frac{1}{2}}}\cdot h_{i,j-1}^{k+1}-\frac{\Delta t}{S_{i,j}.\ \Delta y^2}\cdot T_{yy_{i+\frac{1}{2},j}}\cdot h_{i+1,j}^{k+1}$$

$$-\frac{\Delta t}{S_{i,j}\cdot\Delta y^2}\cdot T_{yy_{i-\frac{1}{2},j}}\cdot h_{i-1,j}^{k+1}-\frac{w_{i,j}\cdot\Delta t}{S_{i,j}} \tag{4-74}$$

若单元网格为正方形网格，则本次模型构建拟采用 1km×1km 正方形网格，即 $\Delta x=\Delta y$，则方程的隐式差分格式可简化为

$$h_{i,j}^k=\frac{\Delta t}{S_{i,j}\cdot\Delta x^2}\left(T_{xx_{i,j+\frac{1}{2}}}+T_{xx_{i,j-\frac{1}{2}}}+T_{yy_{i+\frac{1}{2},j}}+T_{yy_{i-\frac{1}{2},j}}+\frac{S_{i,j}\cdot\Delta x^2}{\Delta t}\right)\cdot h_{i,j}^{k+1}$$

$$-\frac{\Delta t}{S_{i,j}\cdot\Delta x^2}(T_{xx_{i,j+\frac{1}{2}}}\cdot h_{i,j+1}^{k+1}+T_{xx_{i,j-\frac{1}{2}}}\cdot h_{i,j-1}^{k+1}+T_{yy_{i+\frac{1}{2},j}}\cdot h_{i+1,j}^{k+1}+T_{yy_{i-\frac{1}{2},j}}\cdot h_{i-1,j}^{k+1})-\frac{w_{i,j}\cdot\Delta t}{S_{i,j}} \tag{4-75}$$

同样的，在各向同性、均质、含水层厚度不变等条件下，各计算单元内的导水系数与渗透系数也不会改变，即 $T_{xx}=T_{yy}=T$，$\alpha=\dfrac{T\cdot\Delta t}{S_{i,j}\cdot\Delta x^2}$，则方程可进一步简化为

$$h_{i,j}^{k}=(1+4\alpha)\cdot h_{i,j}^{k+1}-\alpha h_{i,j+1}^{k+1}-\alpha h_{i,j-1}^{k+1}-\alpha h_{i+1,j}^{k+1}-\alpha h_{i-1,j}^{k+1}-\frac{\Delta t}{S_{i,j}}w_{i.j} \tag{4-76}$$

(5) 控制方程的数值求解

控制方程求解的总体思路是，逐一写出每个水循环计算单元的隐式差分方程，联立起来组成一个方程组，通过求解此方程组来获得最终解。但由于导水系数还会因为潜水含水层的水头或承压含水层的厚度在空间上变化而产生影响，所以以上推导得到的差分方程组并非是线性的。本次模型构建选择使用高斯-塞德尔迭代法求解此地下水二维隐式差分方程组。

建立在简单迭代法的基础上，高斯-塞德尔迭代法利用最新算出的相邻节点水头值作为新改进值，而新改进值通常比原有改进值更接近方程的解，如此就能大幅度提高方程组迭代效率，降低迭代次数，节约计算时间。

下面先基于迭代的思路和要求，对平面二维潜水层的地下水运动控制方程进行处理，对于矩形单元格，可以令：

$$\begin{aligned}
&\lambda_x=\frac{\Delta t}{S_{i,j}\cdot\Delta x^2}\\
&\lambda_y=\frac{\Delta t}{S_{i,j}\cdot\Delta y^2}\\
&\mathrm{TE}_{i,j}=\lambda_x T_{xx_{i,j+\frac{1}{2}}}\\
&\mathrm{TW}_{i,j}=\lambda_x T_{xx_{i,j-\frac{1}{2}}}\\
&\mathrm{TN}_{i,j}=\lambda_y T_{yy_{i+\frac{1}{2},j}}\\
&\mathrm{TS}_{i,j}=\lambda_y T_{yy_{i-\frac{1}{2},j}}\\
&\mathrm{TC}_{i,j}=\mathrm{TE}_{i,j}+\mathrm{TW}_{i,j}+\mathrm{TN}_{i,j}+\mathrm{TS}_{i,j}+1\\
&F_{i,j}=\frac{w_{i.j}}{S_{i,j}}\Delta t
\end{aligned} \tag{4-77}$$

则有，

$$h_{i,j}^{k}=\mathrm{TC}_{i,j}\cdot h_{i,j}^{k+1}-\mathrm{TE}_{i,j}\cdot h_{i,j+1}^{k+1}-\mathrm{TW}_{i,j}\cdot h_{i,j-1}^{k+1}-\mathrm{TN}_{i,j}\cdot h_{i+1,j}^{k+1}-\mathrm{TS}_{i,j}\cdot h_{i-1,j}^{k+1}-F_{i,j} \tag{4-78}$$

接下来按下述步骤迭代计算：

1）首先，任取一组水头值 $h^{(0)}$ 作为计算方程中系数的 k 时阶初始迭代初值，求出系数后，则非线性的地下水运动控制方程就转化为线性方程了。进而可以按照线性方程组的方法求出它的解，记为 $h^{(1)}$，作为 k+1 时阶水头值的第一次近似。

2）其次，将 $h^{(1)}$ 作为控制方程组的系数水头值，分别求出各项系数值，然后再依照线性方程组的解法求出各项水头值，记为 $h^{(2)}$，结果作为 k+1 时阶水头值的第二次近似值。如此反复进行迭代计算，直到迭代到第 m 次时，相邻两次迭代解 $h^{(m+1)}$、$h^{(m)}$ 小于预

定的允许误差 e_1 和 e_2 时，见式（4-79）：

$$\begin{aligned} &\max\ \{\ |h_{i,j}^{(m+1)}-h_{i,j}^{(m)}|<e_1 \\ &\max\left\{\frac{|h_{i,j}^{(m+1)}-h_{i,j}^{(m)}|}{h_{i,j}^{(m+1)}}\right\}<e_2 \end{aligned} \tag{4-79}$$

则可把 $h_{i,j}^{(m)}$ 作为 $k+1$ 时阶单元格点（i，j）的水头值。由此即完成了由 k 时阶到 $k+1$ 时阶的迭代计算过程。

4.4.8 植物生长过程

水分、温度及光照条件是植物生长的关键因子之一，尤其是在水分、温度胁迫条件下，植被生长状态、干物质量、产量、蒸散发过程均会受到显著影响。本模型对植物生长过程的模拟主要考虑能量和温度作用，以及水分受限情况下植物在生育阶段的光合作用、呼吸作用、生长过程及干物质量分配等生理过程的变化，通过与水循环的耦合模拟，实现植被生长过程中的碳循环通量模拟输出。下面介绍关键过程的模拟。

（1）作物的相对发育速度

$$\mathrm{DS}=\frac{T_{\mathrm{ei}}}{\mathrm{TSUM}_j},\quad j=1,\ 2 \tag{4-80}$$

式中，DS 为某一阶段相对发育进展速率（1/d）；i 为作物生育期的日序；T_{ei} 为有效积温（℃）；TSUM_j 为成某一发育阶段所需的积温（℃·d）。

有效积温采用式（4-81）计算：

$$\begin{cases} T_{\mathrm{ei}}=0 & T_{\mathrm{av}}\leqslant T_{\mathrm{b}} \\ T_{\mathrm{ei}}=T_{\mathrm{av}}-T_{\mathrm{b}} & T_{\mathrm{b}}<T_{\mathrm{av}}<T_{\max,\mathrm{e}} \\ T_{\mathrm{ei}}=T_{\max,\mathrm{e}}-T_{\mathrm{b}} & T_{\mathrm{av}}>T_{\max,\mathrm{e}} \end{cases} \tag{4-81}$$

式中，T_{av} 为日平均气温（℃）；T_{b} 为作物发育的下限温度，即基点温度（℃）；$T_{\max,\mathrm{e}}$ 为作物发育上限温度，即最大温度（℃）。

（2）生育期计算

$$\mathrm{DVS}_i=\mathrm{DVS}_{i-1}+f\times\mathrm{DS} \tag{4-82}$$

式中，DVS_i 为第 i 天的作物相对发育期；DVS_{i-1} 第 $i-1$ 天的作物相对发育期；f 为日长修正系数；DS 为某一阶段相对发育进展速率（1/d）；

（3）光合作用计算

$$P_d=\varepsilon\cdot\mathrm{PAR}_{\mathrm{CAN}}\cdot\mathrm{FPAR} \tag{4-83}$$

式中，P_d 为实际的作物生长环境条件下的每日光合产物量［kg CO_2/（hm^2·d）］；ε 为光转化因子，即吸收光的利用效率；$\mathrm{PAR}_{\mathrm{CAN}}$ 为冠层顶部的光合有效辐射［MJ/（m^2·d）］；FPAR 为吸收的光合有效辐射的比例。

（4）维持呼吸消耗量

$$\mathrm{RM}=R_{\mathrm{m},T_0}\times P_{\mathrm{d}}\times Q_{10}^{(T_{\mathrm{av}}-T_0)/10} \tag{4-84}$$

式中，RM 为维持呼吸消耗量，[kg CO_2/ (hm^2 · d)]；T_0 为作物呼吸的最适温度，视具体作物而定（℃）；P_d 含义同前；R_{m,T_0} 为 T_0 温度时的维持呼吸系数，取经验值，小麦取值为 0.015gCO_2/CO_2；Q_{10} 为呼吸作用的温度系数，一般取 2；T_{av} 为日平均气温。

(5) 生长呼吸消耗量

$$RG = R_g \times P_d \tag{4-85}$$

式中，RG 为生长呼吸消耗量 [kg CO_2/ (hm^2 · d)]；R_g 为生长呼吸系数，取为 0.39gCO_2/CO_2；P_d 含义同前。

(6) 光呼吸消耗量

$$RP = P_d \times R_{p,T_0} \times Q_{10}^{(T_{day}-T_0)/10} \tag{4-86}$$

式中，R_{p,T_0} 为 T_0 温度时的光呼吸系数，取为 0.33gCO_2/CO_2；T_{day} 为白天的温度。

(7) 群体净同化量与植株干物质量的模拟

$$PND = P_d - RM - RG - RP \tag{4-87}$$

式中，PND 为群体的净同化量 [kg CO_2/ (hm^2 · d)]；RM 为群体维持呼吸消耗量 [kg CO_2/ (hm^2 · d)]；RG 为群体生长呼吸消耗量 [kg CO_2/ (hm^2 · d)]；RP 为群体光呼吸的消耗量 [kg CO_2/ (hm^2 · d)]。

(8) 群体干物质计算

$$\Delta W = 0.95 \times \xi \times PND / (1-0.05) \tag{4-88}$$

式中，ΔW 为作物植株干物质的日增量 [kg · DM/ (hm^2 · d)]；ξ 为 CO_2 与糖类（CH_2O）的转换系数，ξ= CH_2O 的相对分子量/ CO_2 的相对分子量=0.682；0.95 为糖类转化为干物质的系数；0.05 为干物质中的矿物质含量。

(9) 干物质分配

干物质分配过程的模拟参考 WOFOST 模型，具体如下：

$$C_e = \frac{1}{\sum_{i=1}^{3} \frac{PC_i}{C_{e,i}} \cdot (1 - PC_{root}) + \frac{PC_{root}}{C_{e,root}}} \tag{4-89}$$

式中，C_e 为作物总的同化物转化系数（kg/kg）；$C_{e,i}$ 为 i 器官的同化物转化系数（kg/kg）；PC_i 为 i 器官的干物质分配系数（kg/kg）；i 分别代表叶（leaf）、储藏器官（storage）、茎（stem）；root 代表根。

另外对根系吸水的计算，将假设在根系以上的土壤水区域，根系的潜在吸水是均匀分布的。各水循环计算单元的各类植物根系在土壤水中实际根系吸水量则通过与实时土壤实际含水率有关的经验公式计算，方法如下：

$$AT_P = \begin{cases} T_P, & \theta \geq 0.75\theta_S \\ T_P \left[\dfrac{\theta - \theta_{WP}}{0.75\theta_S - \theta_{WP}}\right]^P, & \theta_{WP} < \theta < 0.75\theta_S \\ 0, & \theta \leq \theta_{WP} \end{cases} \tag{4-90}$$

式中，AT_P 为作物本时段实际根系吸水量（mm）；T_P 为作物本时段潜在吸水量（mm）；θ

为土壤的实际含水率；θ_S 为土壤的饱和含水率；θ_{WP} 为植株凋萎含水率；P 为蒸发蒸腾指数，可以按照当地的实际情况率定。

4.4.9 灌区引–灌–排水过程

灌区是一个非常典型的自然–人工复合单元。灌区水的循环转化都以人工调控为主导，如灌溉引水、农田排水过程按照引水、排水渠系进入或流出灌区，根据作物种植需求通过人为调控实施灌溉过程，尤其是在干旱缺水地区，没有灌溉就没有农业，整个灌区的水通量完全依赖人工调蓄作用。在进行数学模拟时，必须根据上述特征进行描述和概化，反映出灌区水循环的耗散结构。本书根据灌溉类型（渠灌农田、井灌农田、井渠结合灌溉农田和雨养农田）按照引水、灌水、排水过程分别给出以下模拟计算方法。

1. 灌区引水过程

农田灌溉引水根据水源及引水方式分为三种：地表渠系引水、地下井灌抽水、地表与地下混合引水。

(1) 地表渠系引水

地表渠系引水过程首先根据灌区渠系分布确定各级渠系及其引水节点，自干渠引水口向分干渠、支渠、斗渠、农渠等逐级向下分配，直至各个引水灌溉单元，其过程如图 4-15 所示。渠系引水过程计算按照水量平衡法逐级渠段进行计算，下面以一个干、支、斗、农四级渠系系统为例进行具体介绍。

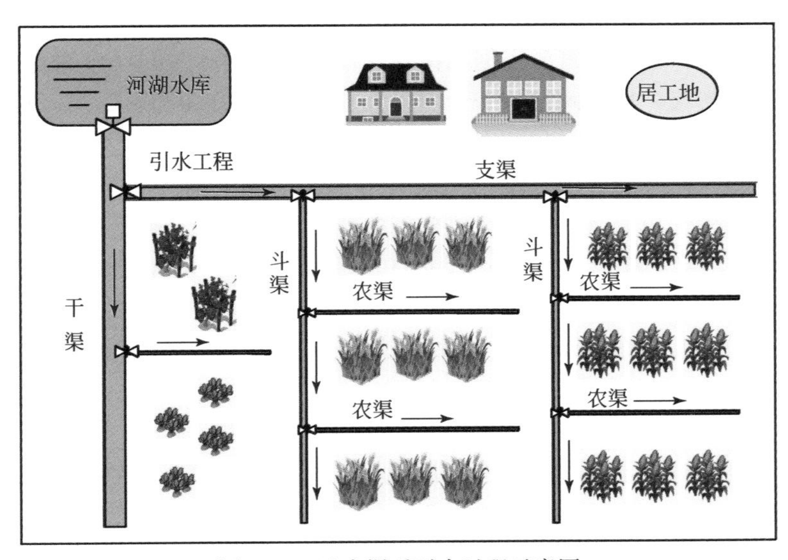

图 4-15 地表渠系引水过程示意图

在图 4-15 所示四级引水渠系中，任意一级渠段的水量平衡项包括从上一级渠段引入水量、向下一级渠系流出水量、蒸发损耗量、渗漏损耗量及其他引水项等（图 4-16），根据水量平衡原理，任意渠段 k 的水量平衡方程如下：

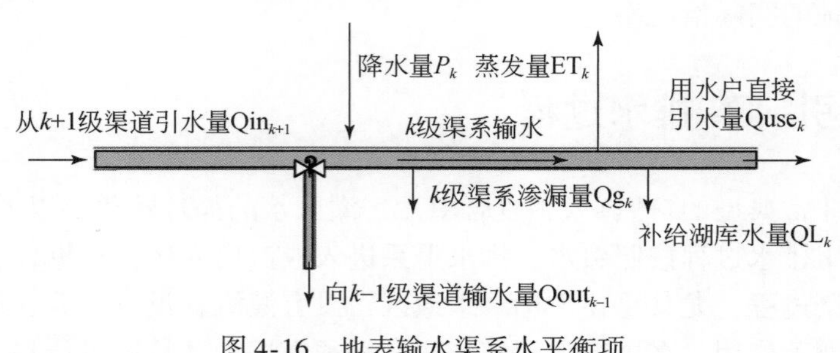

图 4-16　地表输水渠系水平衡项

$$\Delta W_k = Qin_{k+1} + P_k - ET_k - Qg_k - Quse_k - QL_k - Qout_{k-1} \tag{4-91}$$

式中，ΔW_k 为 k 级渠系在计算时段内的渠道水分蓄变量（m^3）；Qin_{k+1} 为本模拟计算时段从 k+1 级渠系引入的水量（m^3）；P_k、ET_k、Qg_k 分别为本时段的降水量、蒸发量和渠道渗漏量（m^3）；$Quse_k$ 为本时段用水户直接从 k 级渠系取水量（m^3）；QL_k 通过 k 级渠系直接补给河湖湿地的水量（m^3）；$Qout_{k-1}$ 为本时段 k 级渠系向 k−1 级渠系的输水量（m^3）。

（2）地下井灌抽

在地下抽水井灌区，采用从井点到灌溉单元的方式，在实际应用中根据数据资料情况可选择两种方法来处理抽水井点，一种是将井灌区的所有抽水井点或井群，结合水文地质条件，进行打包概化，集中到数量有限的几口集中开采井节点上，并保持地下水开采总量一致；另一种是根据实际开采井地理位置、抽水特征参数及开采量监测信息进行展布，适用于监测资料翔实的区域。

确定井的信息后，接下来需要根据模拟计算单元的空间和时间尺度对地下水抽水信息进行空间和时间的展布，从而确定每个计算单元在计算时段内的开采量信息。本书采用克里金插值方法，获取各计算单元的实时地下水开采量，必要时可详细区分潜水或承压水。克里金插值法是一种被广泛应用的统计格网化方法，在地下水位埋深的分布中经常用到，其优点是能够首先考虑插值要素在空间位置上的变异分布信息，确定对水循环单元本时段井灌水量有影响的距离范围，然后用此范围内的灌溉井（群）来估计的水循环单元的灌水量，此方法在数学上对井灌水量提供了一种最佳线性无偏估计的方法，能在水循环单元资料有限的前提下，最大程度的减少估计值与实际各单元水量在分配上的误差，如图 4-17 所示。

（3）地表与地下混合引水

在地表渠系引水与地下水开采混合灌溉农田，若无特殊要求，则按照先使用地表水、后使用地下水的顺序进行灌溉，具体过程计算可参考地表渠灌与地下水开采灌溉农田的计算方法，需要注意灌水量的分配与渠系输水损失计算。

2. 农田动态灌溉过程

农田灌溉过程受气象条件、作物生长需水状态、土壤墒情、可供灌溉水量、灌溉制度

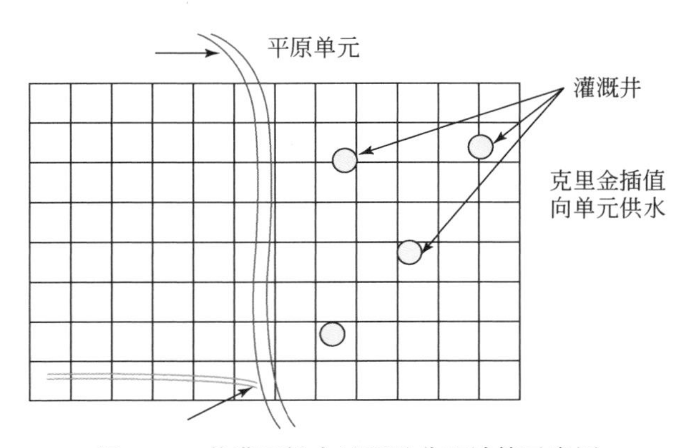

图 4-17　井灌区提水过程及分配计算示意图

等多种因素的综合影响。当日灌溉水量的模拟计算的关键问题是确定单元每一种作物的当日灌溉需水量和当日可供灌溉水量。其中，当日灌溉需水量计算需要确定作物类型，当前所处的生育阶段、轮作情况、灌溉轮次及日数、灌溉制度或计算需水量等；当日可供灌溉水量计算则需要根据水源类型（当地地表水、当地地下水、外调水、再生水等）、可供水量、输水距离等。动态灌溉过程的模拟实现简单地说就是所有计算单元在每个计算时段的适配问题，这里面由于轮作与生育期差异，作物种类是动态变化的；由于气象、土壤墒情、地下水埋深的动态变化，需水量过程也是动态变化的；由于不同单元对同一水源的竞争性，灌溉条件的更替演化，可供水量也是实时动态变化的。

实现上述动态过程的模拟，在灌溉需水量计算层面，模型详细考虑了作物轮作及复种对农田作物灌溉的影响。总体模拟思路是将作物分为可轮作类与不可轮作类，可轮作类按照其编号信息按照一定的规则进行实时土地计算类型的轮换计算，包括土壤含水量的交接、作物各类参数交接（如叶面积指数等）、灌溉制度交接等。作物高度、叶面积指数、根深等各类作物参数可由植物生长模块提供。

在可供灌溉水量计算层面，还需要在数据层面考虑尺度转换问题，这是由于实践应用中往往无法获取精细的日取水过程资料及空间分布信息，通常为月尺度或旬尺度，空间上到干渠或分干渠层面，因此在模型构建上考虑构建一个“虚拟水库”，通过水库的储水、放水过程，将“虚拟水库”中的水量作为可灌水量的上限，结合灌溉保证率，利用水量调配利用系数控制每日的可灌水量。对于有多个供给水源的情况，若无特殊要求，则按照外调水、当地地表水、浅层地下水、深层地下水的次序依次供给，直至满足灌溉需求；若全部水源全部用完还不能满足灌溉需求，则对不满足单元进行标记，在下一日灌溉时优先灌溉这些单元；若此灌溉轮次结束，还是不能满足灌溉需要，说明灌溉水源短缺严重，则以实际已供灌溉水量作为其实际灌溉水量。农田动态灌溉过程计算示意如图 4-18 所示。

3. 排水过程

排水过程是灌区水流汇集的过程，类似于流域汇流过程，不同的是灌区排水主要依赖人工修建的排水沟及抽水泵站来实现水流汇集并排出灌区（图 4-19）。大型灌区的排水过

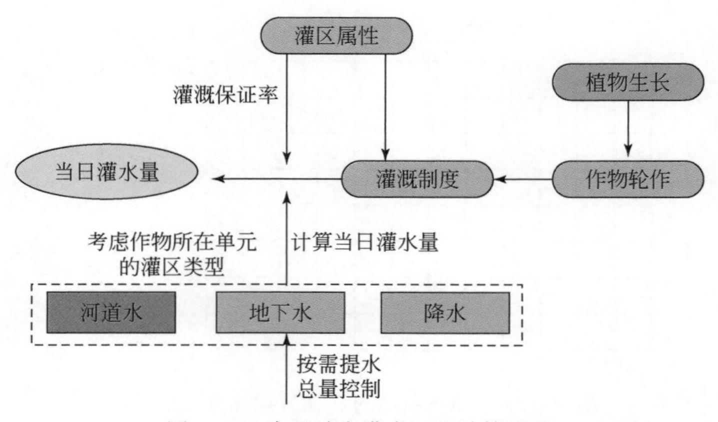

图 4-18　农田动态灌水过程计算流程

程对流域或区域的产汇流过程具有显著的影响，因而如何将灌区多级排水沟汇流过程进行从物理到数学过程的概化是模拟的关键。在地下水埋深较浅的灌区，灌溉渗漏补给地下再以地下水自然排泄是排水沟水流汇集的重要途径，对此类情况需要根据模拟的农沟、斗沟、支沟等各级排水沟底部高程与地下水埋深进行比较，以此判别地下水与排水沟之间的补排关系，再根据达西定律及河道汇流方程逐级演算汇流过程。在构建模型时，通常在每个灌区子流域内均设置一条唯一的排水干沟，该子流域内属于灌区的单元格按照一定的方式坡面汇流到排水干沟，再通过排水干沟汇到子流域的主河道，而子流域内不属于灌区的单元格，按照天然的方式直接汇流到子流域的主河道。这样，在主河道的模拟上需要增加一个排水节点，模拟该断面的水量过程。

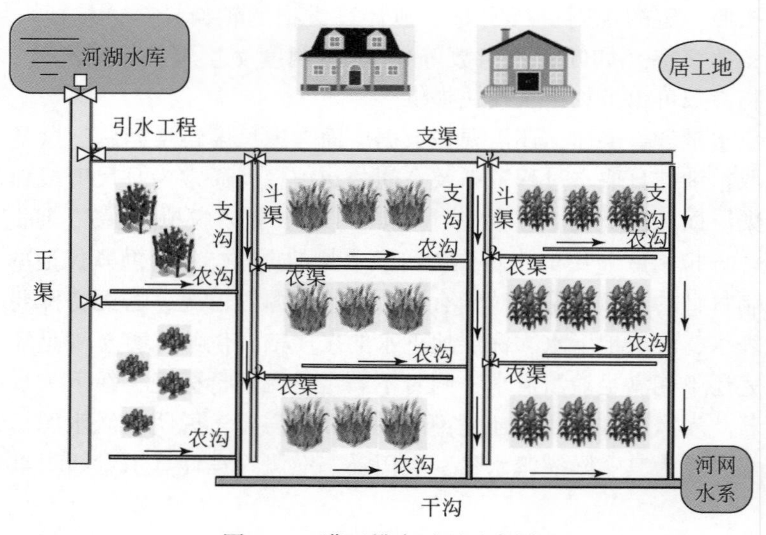

图 4-19　灌区排水过程示意图

为合理简化运算过程，提高运算效率，模型将排水干沟的水量演算过程按照一维运动波方法计算（具体方法同河道汇流），其他低级别的排水沟（支沟、斗沟、田间排水毛沟等）则按照水量平衡方程进行计算。

排水系统水量平衡计算关系为

$$Q_{P+1}=Q_P+P+Q_{ZP}+Q_{PH}+Q_P+Q_{TP}-E_W \tag{4-92}$$

式中，Q_{P+1}为进入本计算时段末的干沟水量；Q_P为本时段初进入该沟段的干沟水量；Q_{ZP}为本时段支沟汇入水量；P 为本时段排水干沟上降水量；E_W为本时段水面蒸发量；Q_{PH}为本时段地下水排水量（当地下水位高于排水沟水位时为正值；反之，则排水沟反向补给地下水，其为负值）；Q_P为引水渠道直接退入水量；Q_{TP}为本时段田间地表水排水量。

排出地下水是排水沟的重要作用之一，能有效防止农田渍害等对农作物的影响。排水沟的径流水深和农田地下水位的关系直接决定了地下水的排泄量。对径流深的计算上，模型采用明渠均匀流的谢才公式：

$$d=\beta Q^{\nu} \tag{4-93}$$

式中，d 为径流深度；β 为径流系数；Q 为净流量；ν 为径流指数。

由式（4-93）与地下水排水的经验公式，可得地下水的排泄流量：

$$Q_{PH}=T\ (H_g-D+d) \tag{4-94}$$

式中，Q_{PH}为本时段地下水排水量；H_g为计算单元内的地下水埋深；D 为计算单元内排水沟的底部深度；d 为径流深度；T 为计算单元内地下水向排水沟的排水系数。

4.4.10　城乡工业生活用水过程

在微观层面，城乡工业及生活用水系统及过程十分细致和复杂，本书从流域/区域层面对其主要过程进行简化，通过土地利用中居工地面积作为其空间分布载体，将工业生活的取水、用水、耗水及排水概化为单元节点，并与河湖、地下水过程建立取水、排水时空联系，建立和计算工业取、用、耗、排通量，如图 4-20 所示。

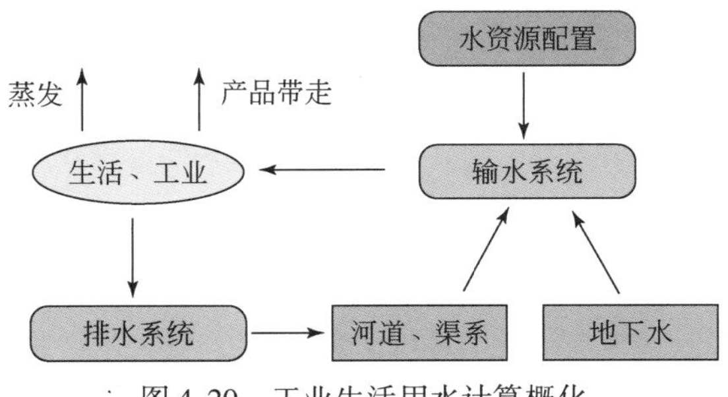

图 4-20　工业生活用水计算概化

其中，取水量根据社会经济用水数据输入或根据水资源配置模块获取。工业耗水量和废污水排放量计算如下。

耗水量：

$$Q_D = \sum_{i=1}^{2} \lambda_i \cdot Q_{oi} \tag{4-95}$$

式中，Q_D 为农村与城镇工业、生活耗水量；数字 1、2 分别表示工业、生活；λ_i 为工业、生活的耗水率；Q_{oi}为农村与城镇工业、生活用水量。

排水量：

$$Q_W = \sum_{i=1}^{2} (1 - \lambda_i) \cdot Q_{oi} \tag{4-96}$$

式中，Q_W 为污水排放量；其他符号意义同式（4-97）。

4.4.11 水利工程调蓄

水利工程是人类改造世界、开发利用自然资源的重要组成部分。据第一次全国水利普查成果统计（2017），全国共有水库、水电站、水闸、泵站、堤防、农村供水工程、塘坝、窖池 8 类工程数量 7127 万个，其中 10 万 m^3 及以上的水库 97 985 座，水利工程几乎遍布所有河湖水系，成为调蓄和影响自然水循环的重要因素。因此，在水循环模拟中考虑水利工程调蓄对河川径流过程的影响成为必备环节之一。

本模型模拟水利工程调蓄的总体思路是将各类水利工程概化为流域计算河网上的节点，通过按照一定调蓄规则和要求，结合上游来水与取水过程来计算节点水库的水量动态变化。由于模型对于计算河网的设置是动态的，这些水利工程的节点可以位于子流域唯一主河道的任意位置，但考虑模型计算速度需求，设置单条主河道上最大节点不超过十个。这样各类水利工程相当于将子流域主河道分成了更多小段，通过计算节点水流的入流项、出流项，以及原有主河道的上游来水信息采用运动波方程进行分析演算，如图 4-21 所示。

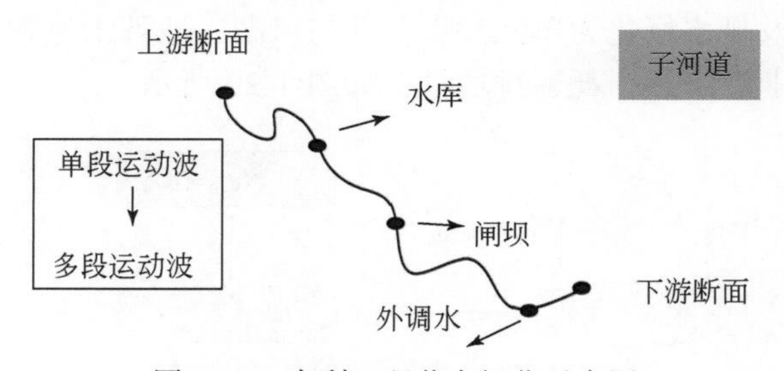

图 4-21　水利工程节点概化示意图

由于所有水库的实时调度资料很难全部掌握，故本模型对模拟期内的中小水库按照一般调度规则进行节点流量演算，对有资料的大型水库按照调度过程进行模拟计算。闸坝的调度过程，如一些河道节制闸，其运行具有较大的人为干预性，一般依照可查询资料进行模拟演算，若无资料则按照阈值排水量进行开闸放水，并通过水文站径流观测资料进行校验。对可能出现的跨流域调水情况，模型设计原则是：调水工程若为流域内调水则应在河网增加一个调水节点和一个被调水节点，若为流域外调水则根据工程是调出还是调入决定在河网上增加一个调水节点或被调水节点，通过调水工程的规划设计或实际调水过程来进行调水工程节点的河道演算。

另外，湖库湿地由于实际为大片水域。在其概化上，一方面将其作为河网节点进行出入流及河道演算；但另一方面并不能完全将湖库湿地等同于河网节点，应考虑其自身的水平衡关系，考虑降水、蒸发、入渗等对其自身水量的影响。

1. 湖库湿地水平衡计算

湖库湿地的消耗项主要为蒸发和渗漏，其水均衡示意如图 4-22 所示。

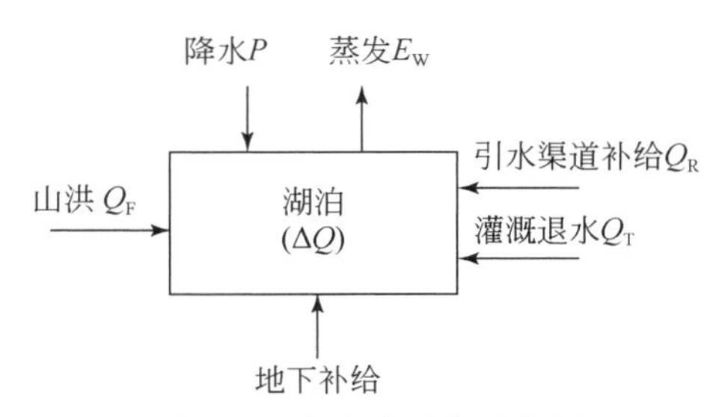

图 4-22 湖库水平衡示意图

湖库湿地的水量平衡关系为

$$\Delta Q = P + Q_F + Q_R + Q_T + Q_U - E_W \tag{4-97}$$

式中，ΔQ 为湖库水量蓄变量；E_W 为本时段水面蒸发量；P 为本时段降水量；Q_F 为本时段周边洪水补给量；Q_T 为本时段灌溉退水补给湖库水量；Q_R 为本时段人工直接补给湖库水量；Q_U 为地下水与湖库的补排关系（当地下水位高于湖水位时，地下水补给湖库向地下水渗漏，反之，湖库污漏补给地下水，如图 4-23 所示）。

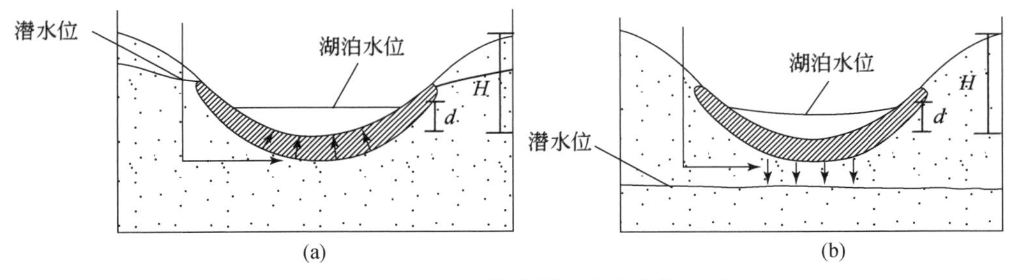

图 4-23 地下水与湖库湿地水量交换关系

湖库的地下水排泄量与田间排水沟地下水排泄原理类似，首先需计算湖库的水深，而湖库水量与湖库水深的幂函数关系可表述如下：

$$d = H \cdot \left(\frac{Q}{Q_F}\right)^{\alpha} \tag{4-98}$$

式中，d 为湖库水深；Q 为湖库水量；H 为湖库的总深度；α 为幂指数；Q_F 为湖库的最大蓄水能力。

则根据地下水排水的经验公式，可以计算湖库与地下水的交换量：

$$Q_U = T \cdot (H_g - H + d) \tag{4-99}$$

式中，T 为排水系数；H_g为地下水埋深；其他参数意义同式（4-98）。

2. 水库调度规则概化

根据水库防洪、供水的需要（暂不考虑发电需水），将模拟时段分成汛期、汛末和非汛期三类。因此，对模拟期内的水库调度规则进行适度的简化，简化后的水库汛期、汛期末、非汛期的一般调度规则方程如下所示。

（1）汛期

$$\begin{cases} Q_{out}=0 & V_{store} \leqslant V_{dead} \\ Q_{out}=f_{X1}(Q) & V_{dead} < V_{store} \leqslant V_{Lowflood} \\ Q_{out}=f_{X2}(Q) & V_{Lowflood} < V_{store} \leqslant V_{normal} \\ Q_{out}=f_{X3}(Q) & V_{normal} < V_{store} < V_{Highflood} \\ Q_{out}=Q_{max} & V_{store} \geqslant V_{Highflood} \end{cases} \tag{4-100}$$

式中，Q_{out}为本时段水库出流流量（m^3/s）；V_{dead}为水库的死库容（m^3）；V_{store}为当本时段末水库的蓄水量（m^3）；V_{normal}为水库的库容（m^3）；$V_{lowflood}$为水库汛限的库容（m^3）；$V_{Highflood}$为水库的防洪库容（m^3）；Q_{max}为水库的最大下泄能力（m^3/s）；$f_{X1}(Q)$、$f_{X2}(Q)$与$f_{X3}(Q)$分别为汛期各种条件下（由后缀不等式控制）水库调度流量的下泄过程（m^3/s）。

（2）汛期末

$$\begin{cases} Q_{out}=0 & V_{store} \leqslant V_{dead} \\ Q_{out}=f_{XE1}(Q) & V_{dead} < V_{store} \leqslant V_{normal} \\ Q_{out}=f_{XE2}(Q) & V_{normal} < V_{store} < V_{Highflood} \\ Q_{out}=Q_{max} & V_{store} \geqslant V_{Highflood} \end{cases} \tag{4-101}$$

式中，$f_{XE1}(Q)$与$f_{XE2}(Q)$分别为汛期末各种条件下（由后缀不等式控制）水库调度流量的下泄过程（m^3/s）；其他符号意义同式（4-100）。

（3）非汛期

$$\begin{cases} Q_{out}=0 & V_{store} \leqslant V_{dead} \\ Q_{out}=f_{NX}(Q) & V_{dead} < V_{store} < V_{Highflood} \\ Q_{out}=Q_{max} & V_{store} \geqslant V_{Highflood} \end{cases} \tag{4-102}$$

式中，$f_{NX}(Q)$为分别非汛期各种条件下（由后缀不等式控制）水库调度流量的下泄过程（m^3/s）；其他符号意义同式（4-100）。

4.4.12 水资源配置

水资源利用的配置过程是人类对水资源及其环境进行重新分配和布局的过程（裴源

生，2006）。水资源配置结果可为流域水循环模型对未来或虚拟情景进行模拟计算提供基本基础数据。根据《全国水资源综合规划技术细则》要求，在计算流程上首先完成基准年供需分析，然后按照配置需求设置各类规划情景方案，进而对规划年进行供需平衡分析，甄别各类方案的优劣，选择合适的配置结果，最后提出相应的水资源合理配置条件下的特殊时期应对策略等。其主体框架如图 4-24 所示。

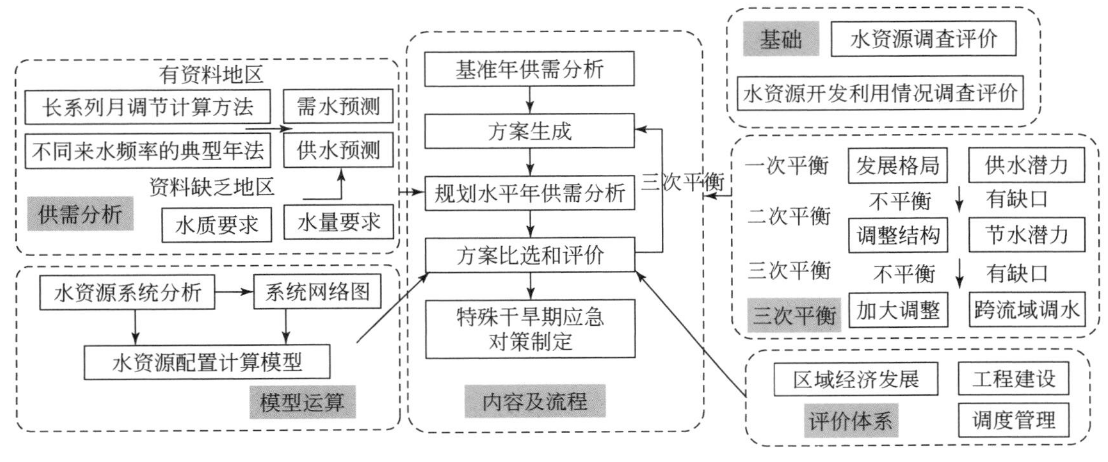

图 4-24　当前水资源配置主要内容框架及思路

其中，基于流域水资源系统网络图的水资源配置模拟模型是解决问题的关键手段和技术。本书模型编制针对以往的水资源配置模型过多地考虑仿真，而在通用性上存在不足的问题，采用基于实际工程模拟的优化算法模型，将优化算法和模拟算法相结合。其总体思路是：首先按照流域套行政区的方式，根据区域特点将整个水资源系统概化成由诸多计算单元、计算节点及输水网线构成的系统网络图，每个单元和节点有其单独供需水平衡方程，在弄清各单元和节点之间联系和约束条件后，可形成一个线性方程组，如图 4-25 所示。

对此方程的求解即是完成对水资源的一次配置过程，改变方程组的各类约束条件，可实现对不同水资源配置方案的模拟。其中单元由用水户构成，划分形式是流域套行政区；节点根据实际工程情况有多种种类，主要包括引水节点、退水节点、水库节点、汇水节点等。其模型整体计算流程如图 4-26 所示。

该模型是一个通用水资源配置模型，在传统的仿真模拟和数学优化算法基础上演化出来的水资源配置模型，既保持了仿真模拟在实际问题刻画上的优势，也保持了数学优化算法在计算方法上简单明了可通用的优点。可根据研究区域内不同的供用水需求，工程实际，调度情景等设置不同类的约束方程，简明的通过增加、减少、改变方程实现水资源配置过程的动态可控。

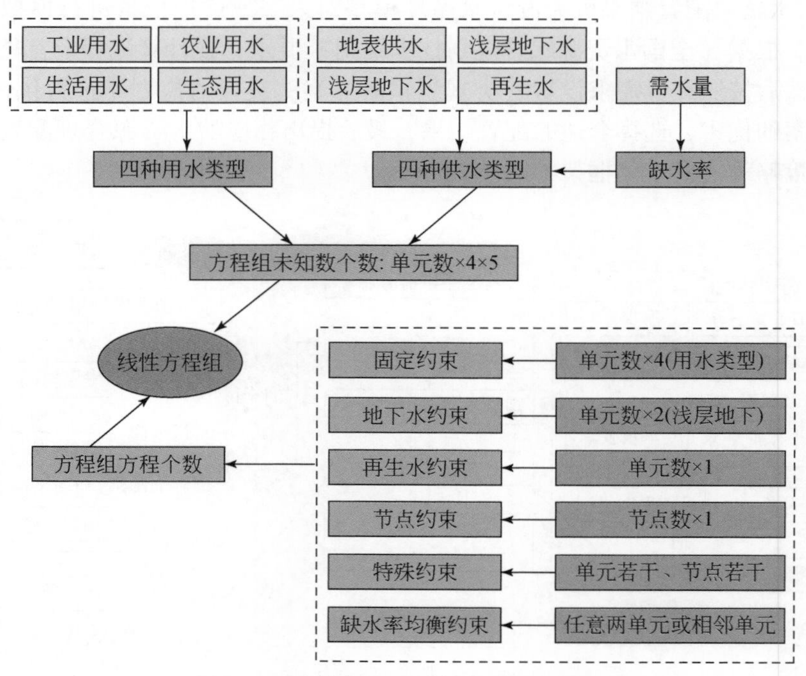

图 4-25　水资源配置计算方程组的构成

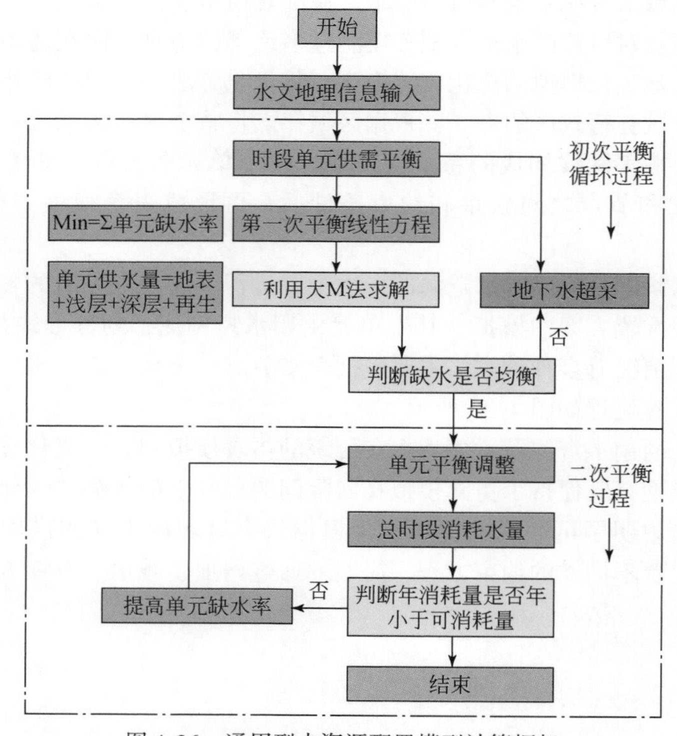

图 4-26　通用型水资源配置模型计算框架

4.5 流域分布式水循环模拟模型——WACM 模型

4.5.1 WACM 模型简介

WACM 模型（water allocation and cycle model，WACM）是由中国水利水电科学研究院水资源所裴源生教授级高级工程师、赵勇博士领衔的研究团队历经十余年自主开发而成的一套分布式水循环模型系统。该模型是基于人类活动频繁地区水的分配、循环转化规律及其伴生的物质（C、N）、能量变化过程而建立的，可为水资源配置、自然-人工复合水循环模拟、物质循环模拟、气候变化与人类活动影响等提供模拟分析的手段。WACM 模型的框架如图 4-27 所示。其中，水循环模块是 WACM 模型的核心，其他过程的模拟均是以此为基础展开的。经过在研发和应用的过程中不断改进和更新，自 2005 年以来相继出现 WACM1.0、WACM2.0、WACM3.0 和 WACM4.0 四个版本。

1）WACM1.0 版本。WACM 模型的开发最早依托于科技部西部开发重大攻关项目“宁夏经济生态系统水资源合理配置研究”，初期版本的模型系统围绕水循环模拟和区域水资源配置需求构建了两大核心模块，即平原区分布式水循环模拟模型和区域水资源合理配置模型，模型在宁夏水资源配置、生态稳定性评价、经济效益响应、农业节水潜力等方面取得了很好的应用效果。

2）WACM2.0 版本。在上一版本基础上，针对流域山区-平原区的产汇流及地下水模拟中的边界衔接问题，按照山区与平原区不同的产汇流特征对产流、汇流模块进行改进，将山区水循环中的河道汇流、山前地下水排泄分别与平原区水循环中的河道汇流、地下水模拟过程衔接起来，从而实现对流域山区-平原区水循环全过程模拟。

3）WACM3.0 版本。在水循环模拟的基础上，针对水循环伴生的物质循环过程，在前两个版本的基础上，并行开发了流域/区域物质循环模型（C、N），增加了 N 循环和 C 循环的模拟功能，并通过水与 N、C 在大气、植被、地表、土壤和地下多个界面循环中与水循环的相互作用实现动态耦合，可用于流域或区域的水循环模拟、污染物迁移转化过程模拟，以及 N、C 物质循环的模拟，为水环境模拟、农业非点源污染影响及温室气体排放的影响效应提供技术工具。

4）WACM4.0 版本。前三个版本模型都是采用 Delphi 语言平台开发的，在编程语言的通用性和模型结构架设上均面临较大的制约，尤其是在水资源开发利用条件下的水循环模拟问题存在较大困难，调用成熟的外部程序较为困难，模型运转效率也逐渐不能满足应用需求。因此，为解决上述问题，自 2011 年开始从框架和语言上对 WACM 模型进行结构重新设计和代码重新编写，形成 WACM4.0 模型。WACM4.0 版本的核心目标是构建一个水资源开发利用条件下的以流域水量循环过程为载体的流域能量过程、水化学过程和生态过程的综合性计算研究平台。在程序语言上采用 VB.NET 和 Fortran 语言进行混合编程。模型全部代码利用 VB.NET 和 Intel Visual Fortran 11.0 编译器在 Visio Studio 2010 平台下完成编译。并利用在 Visio Studio. NET 框架下使用 Fortran 语言编程的方法与 ArcGIS 软件以共享文本文件的方式实现耦合。

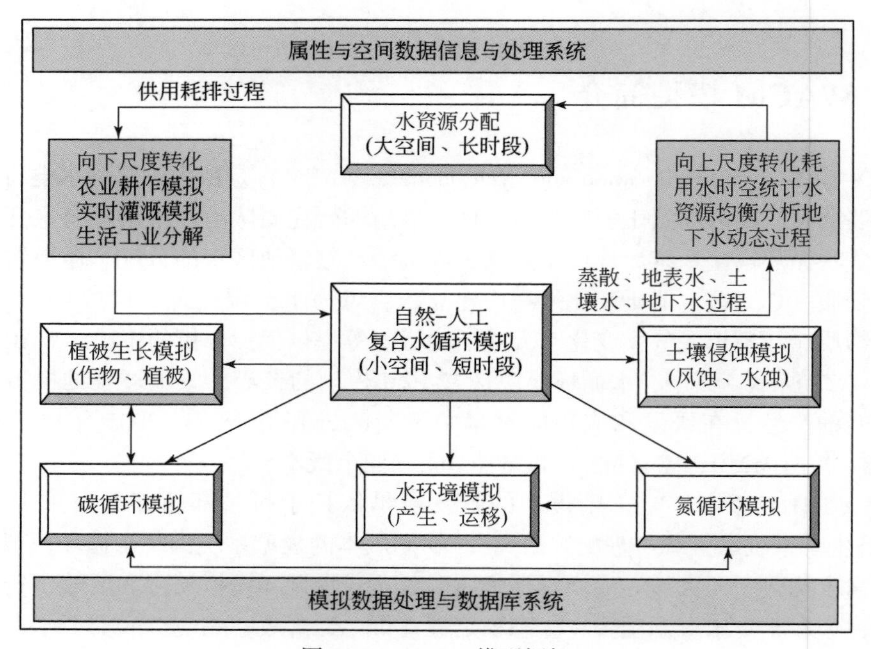

图 4-27　WACM 模型框架

4.5.2　WACM 模型主控结构

WACM 模型的研发一直坚持模块化构建思路，以便于根据模拟需要来新增功能性模块，这也是当前水循环模型开发的主流思想。采用模块化开发思路，需要将流域水循环各物理过程分解成众多的子过程，然后将每个子过程进行独立的模块化开发，通过主程序调用实现整个过程以及模块之间的耦合交互。其中，采用什么样的主控程序结构将这些模块系统组合起来，以实现不同的模拟环境，是影响流域水循环模型模拟效果和效率的关键。

当前的水循环过程已经不是单一的自然水循环过程，而是一种“自然-人工”复合的水循环过程，其结构和内容都发生了深刻的变化。流域单元与河网、水库、渠系、管网等各要素之间的拓扑关系成为构建模型需要处理的关键，为解决这一难题，作者在 WACM4.0 版本研发中构建了命令配置表来完成对流域整体水循环模拟的控制，即首先将水循环模拟过程抽象成多种水循环模拟命令（包括水资源配置、节点引水、生活工业用水模拟、井灌区模拟、渠灌区模拟、井渠结合灌区模拟、子流域模拟、河道模拟、水库模拟、节点间调水、汇水叠加、分水相减、跨流域调水、即时输出、地下水计算、平衡及统计计算 16 种命令，还可以根据应用需要进一步添加，不影响其他功能命令），模型采用多次反复调用这些模拟命令的方式完成整个流域水循环模拟任务。而这些命令通过调用模型具体子程序计算模块的方式来完成各自过程，每个命令的调用次数与调用顺序由命令配置表控制，而命令配置表的形成由流域水循环模拟的时间和空间离散方式及流域拓扑关系决定。

1. 水循环模拟时间尺度

水循环模拟的时间尺度分多个层次，如输入数据的时间尺度、模拟单元的时间尺度、模型参数的时间尺度、输出结果的时间尺度等，在同一个模型中并非要求所有层次的时间尺度完全一致，而是根据模拟研究目的、数据资料情况等综合确定。通常，在了解一个模型的时间尺度要求时习惯选择模拟单元过程的时间尺度作为主要参考指标，目前主流的水循环模型多以日作为最小模拟时间步长。

由于自然水文过程的周期性及社会经济用水的年、月特征，在时间序列上通常采用年、月、日多层嵌套循环的方式实现全过程的模拟。例如，在多年流域水循环模拟中，为便于反映模型各类参数和输入数据在年际的变化，模型选择逐年循环作为第一个循环层次，这种处理方式的好处是，一方面可以将水资源开发利用、土地利用等在规划，以及实际工程中的年际改变和调整及时的反馈到模型模拟中去，另一方面便于模型逐年数据的统计和输出，在模型率定时可方便地从宏观上把握模拟结果的合理性，根据实际应用需求添加针对不同水循环问题的代码，按需输出年统计数据以供参考。在逐年循环层次下，还需完成逐日循环层次的模拟，即通过当日气象、水资源开发利用等数据，完成每日水循环过程，然后对流域日过程进行统计、输出及传递给下一个模拟日。对于每日水循环过程的模拟，其与流域水循环空间推演顺序有关，其必须结合自然-人工拓扑关系实现。模型的时间离散概化如图 4-28 所示。

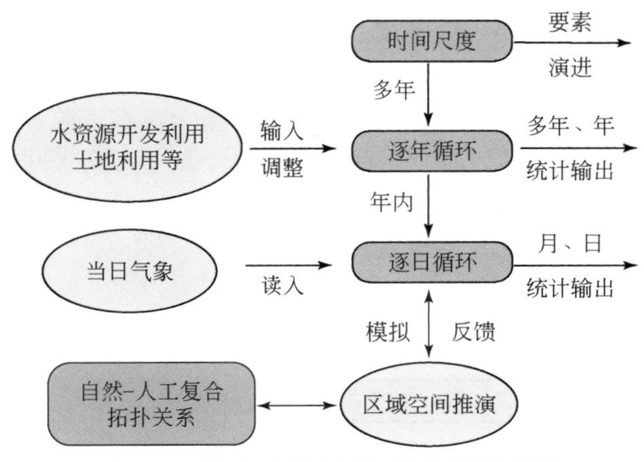

图 4-28　模型不同尺度的时间离散示意图

2. 水循环拓扑关系构建

水循环拓扑关系的本质是水分循环的路径、通道及运动的规则，比较常见的如基于树形或数字规则的流域河道编码方法（李铁键等，2006；罗翔宇等，2006）。此类方法的优点是能够系统描述和表征自然水系特征，且便于数字化提取和运算，但对于加入大量人工水系、渠系的情况则难以处理，在表征能力方面也存在较大困难。为解决这一问题，本模型在吸收上述方法优点的基础上，构建了一种模型的命令配置表，并将自然-人工复合拓扑关系融入其中，使流域拓扑关系不是通过单纯的数字编码体现，而是通过合理安排模型适时调用各种命令的形式来实现其对模型计算顺序的控制。

从天然水循环过程来看，地表水流在流域尺度上的运动可概化为一个从单元到河网的过程，如图 4-29 所示。首先是由天然降水而引起的坡面产流与汇流过程，然后再是水流进入河道后的河网汇流过程，与坡面产流与汇流过程相关的是各水循环计算单元，而河道汇流过程的载体是河网，由此水流在流域上完成的是一个从单元到河网的过程。

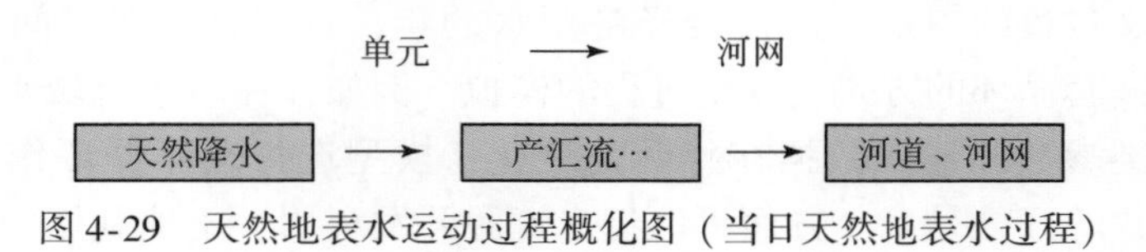

图 4-29　天然地表水运动过程概化图（当日天然地表水过程）

与天然水循环过程不同的是，自然-人工复合的水系统最大的特点是其水流路径已经不是自然的“单元-水网”汇流过程，而是在人工作用下增加了一个“取水-输水-用水-耗水-排水”的过程，与自然水循环过程叠加复合就形成了“单元-水网-单元-水网”的运动过程。其中，人工直接作用的部分可分为三个阶段（图 4-30）。第一个阶段是取水输水阶段，可概化为水流从河网到单元的过程，即通过各类水利工程由河网引水，输送至用水单元；对地下水取水，实际也是一种从点或者单元到单元的过程，可概化为从井网到单元的过程。简而言之，人工取水过程就是水流从水网到单元的过程。第二个阶段是用水耗水过程，该过程在水循环计算单元内完成。第三个阶段是排水过程，人工排水过程与天然排水过程类似，且相互交织，无论是天然降水产流、灌溉排水或者是生活工业污水排泄其在排放通道上都会或多或少的受到人造渠系的影响，甚至在水资源开发利用强烈地区，三者的排放通道是统一的。所以人工排水的过程就是一个从单元到水网的过程。

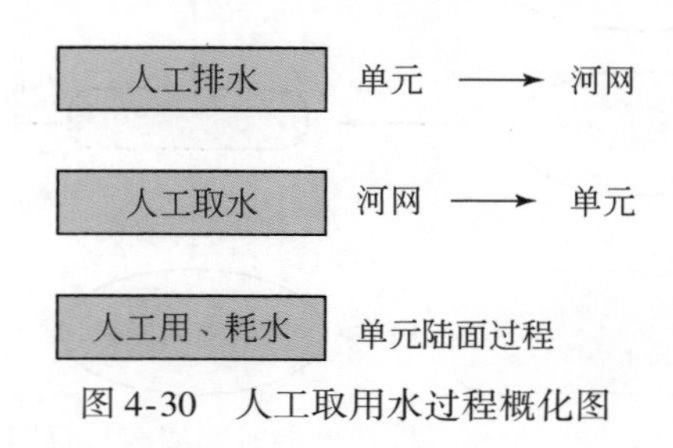

图 4-30　人工取用水过程概化图

综上，可以将水资源开发利用条件下的流域水循环的空间过程概化成一个由天然条件加之人工排水过程为主驱动推演的水循环单元到水网的过程和一个由人工取水过程为主驱动推演的水网到单元的过程（图 4-31），而且形成一个时间离散意义上的锁链，即一个从单元到水网再到单元再到水网的无限循环过程。在日尺度模拟计算时，则是逐段完成循环过程的模拟计算。在进行水资源配置计算时，从逐日人工取水开始，首先根据现有资料或水资源配置模型的水量分配要求，将水量通过各类型计算推演分配到各水循环计算单元，然后开始进行水循环单元的陆面过程模拟，最后完成水循环单元在天然降水和人工用水条件下的流域排水过程，即一个从“水网-单元-水网”的模型模拟空间概化思路。

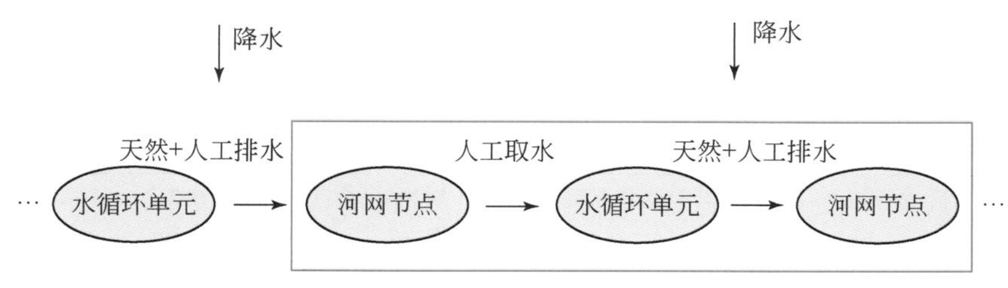

图 4-31 自然-人工复合水循环概化示意图

3. 模型主控——命令配置表

构建命令配置表的目的是将最小时间步长上单元水循环过程模拟以调用各种功能性命令模块来实现。本节已经介绍了模型命令配置的总体逻辑基础和拓扑关系实现基础，以下将从命令配置表的结构、构建过程及模型命令配置过程三个方面，来具体叙述模型是如何依靠命令配置表来控制模型的模拟次序，以及实现流域拓扑关系的程序化。

(1) 命令配置表的结构

从构成上讲，命令配置表是一个多行五列的纯整数字列表（图 4-32），每一行存放一个模拟命令，通过逐行读取数字信息的方式，来逐一完成模拟命令，以完成模型的当日循环。第 1 列为各类命令的自身编号（如节点引水命令编号为 1），用来表征当前命令的类型。第 2 列为过程编号，即当前的行号，一方面能记录当前使用过的命令个数，另一方面也是模型数据在不同模拟命令之间的传递数组的下标。第 3 ~ 5 列为当前命令的属性值，用来控制如何完成当前命令，以及当前命令的输入数据的来源和输出数据的去向。

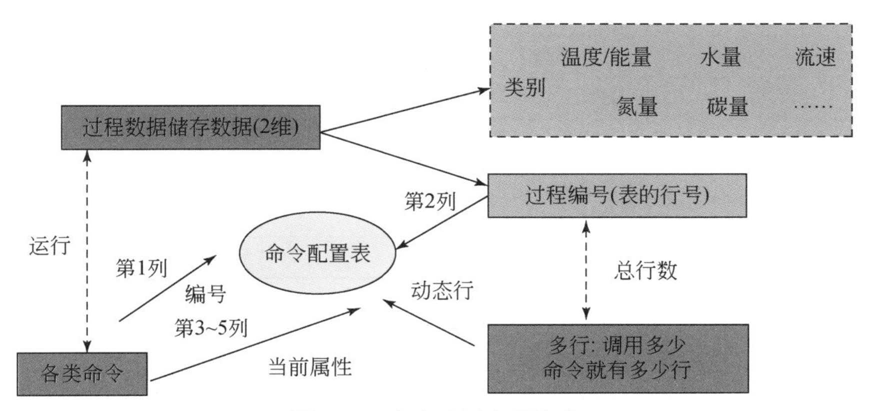

图 4-32 命令配置表的构成

需要说明的是，模型在各命令之间的当日数据传递上，利用的是一个二维双精度的过程数据存储数组，此数组的作用是存储当前命令的当日模拟计算结果，其第一个维度下标是计算结果的类别，如 1 代表温度/能量、2 代表水量、3 代表流速、4 代表氮量、5 代表碳量等，第二个维度下标则是命令配置表的行号，即每一行每一命令都会记录一个计算结果。下面举例介绍命令配置表的功能。

目前模型共设置了 21 种命令类型（表 4-1），也可根据需要添加新的模块及命令。下面具体介绍说明各种命令的功能：

表 4-1　命令配置表各命令的编号及属性

命令内容	命令编号/名称（第 1 列）	计算结果存储数组下标（第 2 列）	属性 1（第 3 列）	属性 2（第 4 列）	属性 3（第 5 列）
水资源合理配置	0/Dispose	从 1 开始依次累加	无	无	无
节点引水	1/Div	依次累加	生活工业源数据	渠灌区源数据	井渠结合源数据
生活工业用水模拟	2/DRI	依次累加	源数据	无	无
井灌区模拟	3/IDW	依次累加	源数据	无	无
渠灌区模拟	4/IDC	依次累加	源数据	无	无
井渠结合灌区模拟	5/IDWC	依次累加	源数据	无	无
子流域模拟	6/Sub	依次累加	子流域编号	无	无
河道模拟	8/River	依次累加	子河段编号	上游源数据	上级河道数量
水库模拟	9/Reservoir	依次累加	水库编号	上游源数据	所在流域编号
节点间调水	10/Diversion	依次累加	提水河道/水库编号	目的地类型（0 河道/1 水库）	供水河道/水库编号
汇水叠加（A+B）	11/Add	依次累加	下一目标河段编号	源数据 A	源数据 B
分水相减（A-B）	12/Minus	依次累加	下一目标河段编号	源数据 A	源数据 B
跨流域调水	13/Transfer	依次累加	目标编号	调水类型	主体类型
土壤风蚀模拟	14/Erosion	依次累加	源数据	无	无
植被生长过程模拟	15/PlantG	依次累加	源数据	无	无
氮循环模拟	16/Nitrogen	依次累加	源数据	无	无
碳循环模拟	17/Carbon	依次累加	源数据	无	无
地下水模拟	18/Groundwater	依次累加	无	无	无
即时输出	19/Output	与要输出的数组相同	输出编号	是否同时输出浓度 0/1	无
平衡统计	20/Balance	依次累加	无	无	无

注：为简化说明，以下对各命令采用其数字编号或英文简写名称对其称呼

0 号命令为水资源配置命令 Dispose，设置该命令的功能是解决水资源配置情景下流域水循环过程模拟问题。具体来讲就是在完成流域整体配置的前提下将当日的水资源配置结果转换成模型可识的数据结果，存放于传递数组中，其在命令配置表中第 1 列为 0，第 2 列为结果数据存放数组下标，第 3 ~ 5 列属性值为空值。

1 号命令为节点引水命令 Div，该命令的功能是计算当日河网引水节点的三类引水量，

即生活工业引水、渠灌区引水、井渠结合灌区引水。该命令通过调用取用水模块实现河道取水分流过程的模拟，其命令代码为 1，放置于命令配置表中的第一列，第 2 列为结果数据存放数组下标，第 3 ~5 列属性值分别为其三类引水的模型代号。

2 号命令为生活工业用水模拟命令 DRI，该命令的功能是完成当日的各单元生活工业用水、耗水及排水过程的模拟，计算生活、工业环节的水通量，其在命令配置表中第 1 列为 2，第 2 列为结果数据存放数组下标，第 3 列属性值为其源数据储存数组下标，第 4 ~5 列为空值。

3 ~5 号命令分别为井灌区、渠灌区、井渠结合灌区模拟命令，这三个命令的功能是完成当前灌区在当日灌溉制度下的灌水量模拟及作物生长模拟等。其中，3 号命令计算井灌区灌溉用水过程，4 号命令计算渠灌区灌溉用水过程，5 号命令计算井灌和渠灌均有的情况。其在命令配置表中第 1 列分别为 3、4、5，第 2 列为结果数据存放数组下标，第 3 列属性值为其源数据储存数组下标，第 4 ~5 列为空值。

6 号命令为子流域模拟命令，其功能是完成子流域当日的地表水循环过程模拟，计算当前模拟子流域各水循环单元上不同土地利用类型的当日产流量、蒸散发量、入渗量等，也是整个模型水循环过程的“单元过程”。该命令的完成还需要依赖其他命令的运行结果，如 3 ~5 号命令计算的灌区模拟结果。子流域模拟命令在命令配置表中第 1 列为 6，第 2 列为结果数据存放数组下标，第 3 列属性值为子流域编号，第 4 ~5 列为空值。

8 号命令为河道模拟命令 River，其功能是利用运动波方法对当前主河道进行流量过程计算。河道模拟命令在命令配置表中第 1 列为 8，第 2 列为结果数据存放数组下标，第 3 列属性值为子流域编号，第 4 列为上游源数据存放数组下标，第 5 列为下游河道编号。

9 号命令为水库模拟命令 reservoir，其功能是计算水库的当日入库、出库流量及蓄变量。其输入源数据来源于上游河道断面。其在命令配置表中第 1 列为 9，第 2 列为结果数据存放数组下标，第 3 列属性值为水库编号，第 4 列为上游源数据存放数组下标，第 5 列为其所在子流域编号。

10 号命令为节点间调水命令 Diversion，该命令功能是完成流域内的水量调度，以适应水资源开发利用条件下的水循环模拟的需求。调水量储存在传递数组中，通过其 3 个属性列编码决定其调水路径，由于此命令在设计上放于被调水河道或水库命令之后，第 3 列属性值为对应的河道或水库编号，第 4 列为供水目的地的类型（0 为河道、1 为水库），第 5 列为其供水目的的河道或者水库的编号。

11 号为汇水叠加命令 add，该命令功能是完成节点的水量叠加，实际上是两组传递数据 A 与 B 的数值叠加。多用于河道与河道的交汇点计算，同时用于供水目的地河道或水库之前的水量叠加。其在命令配置表中第 1 列为 11，第 2 列为结果数据存放数组下标，第 3 列属性值为下游河段的编号，第 4 列属性值为源数据 A 的数据存放数组下标，第 5 列属性值为源数据 B 的数据存放数组下标。

12 号为分水相减命令 minus，该命令功能是完成节点的水量消减，实际上是两组传递数据 A 与 B 的数值相减。多用于节点调水命令或跨流域调水命令之后。其在命令配置表中第 1 列为 12，第 2 列为结果数据存放数组下标，第 3 列属性值为下游河段的编号，第 4 列属性值为源数据 A 的数据存放数组下标，第 5 列属性值为源数据 B 的数据存放数组下标。

13 号为跨流域调水命令 Transfer，该命令功能是完成跨流域的水量调入或调出。其在命令配置表中第 1 列为 13，第 2 列为结果数据存放数组下标，第 3 列属性值为目标编号，第 4 列属性值为调水类型（1 为调入、2 为调出），第 5 列属性值为调水主体类型（1 为河道、2 为水库）。

14 号为土壤风蚀模拟命令 Erosion，该命令功能是完成流域或区域分布式土壤风蚀过程的模拟。其在命令配置表中第 1 列为 14，第 2 列为要输出的结果数据存放数组下标，第 3 ~5 列均为空值。

15 号为植物生长模拟命令 PlantG，该命令功能是完成陆面地表植物生长过程的模拟。其在命令配置表中第 1 列为 15，第 2 列为要输出的结果数据存放数组下标，第 3 ~5 列均为空值。

16 号为氮循环模拟命令 Nitrogen，该命令功能是完成流域分布式氮循环过程的模拟。其在命令配置表中第 1 列为 16，第 2 列为要输出的结果数据存放数组下标，第 3 ~5 列均为空值。

17 号为碳循环模拟命令 Carbon，该命令功能是完成流域分布式碳循环过程的模拟。其在命令配置表中第 1 列为 17，第 2 列为要输出的结果数据存放数组下标，第 3 ~5 列均为空值。

18 号命令为地下水计算命令 Groundwater，该命令功能是模拟山区与平原区地下水过程。其在命令配置表中第 1 列为 18，第 2 列为要输出的结果数据存放数组下标，第 3 ~5 列均为空值。

19 号为即时输出命令 Output，该命令功能是完成对指定变量或指标结果的输出，以及动态控制模型模拟的进程和实时计算结果，以方便模型调参。其在命令配置表中第 1 列为 19，第 2 列为要输出的结果数据存放数组下标，第 3 列属性值为输出编号，第 4 列属性值为是否输出浓度指标（默认值为 0 不输出，1 为输出），第 5 列属性值为空值。

20 号为平衡、统计计算命令 Balance，该命令功能完成当日水循环过程的各类型水量统计与平衡校验，包括选择性的输出当日的单元蒸发量、子流域蒸发量、全流域蒸发量、河道水量等不同面积尺度和时间尺度数据，以及保存当日数据到月统计数组、年统计数组、多年统计数组中去。其在命令配置表中第 1 列为 20，第 2 列为要输出的结果数据存放数组下标，第 3 ~5 列均为空值。

（2）命令配置表的构建

根据命令配置表的结构及属性要求，按照“河网-单元-河网”的时空路径，基于研究区单元及河道信息，进一步采用基于 Fortran 编制的命令配置表小程序完成整个命令配置表的书写，具体过程如下（图 4-33）：

1）第一步，书写水资源配置命令、引水节点命令、灌区模拟命令等人工引水、用水、耗水、排水相关的命令。

2）第二步，按子流域编号依次书写子流域模拟命令，完成流域水循环、氮循环、碳循环、土壤风蚀、植被生长等陆面过程。

3）第三步，根据坡面单元离散后构建的流域河网与子流域上下游关系，采用逆序法找到流域出口，然后倒序找到顶级子流域与子河道，继而加上各类人工取用耗排水节点（引排水节点、水库节点等），并按照总体河网的上下游关系书写各子流域的子河道命令，依次完成各主河道的模拟。

4）第四步，加上河网汇水、分水、调水命令，将这些命令按照其发生的空间和时间顺序穿插入已书写好的主河道命令表中，完成河网汇流。

5）第五步，完成地下水模拟、统计平衡计算命令，完成当日的流域水循环计算过程。

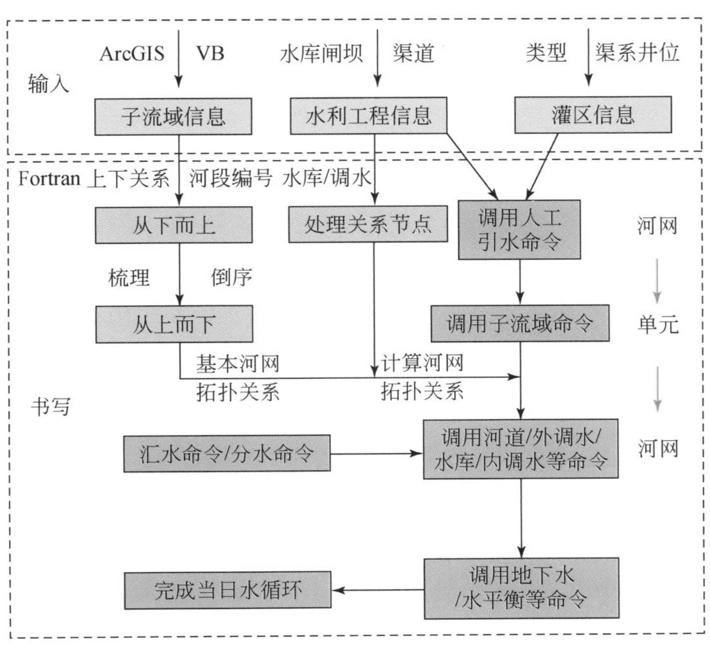

图 4-33　命令配置表的形成

（3）模型命令配置过程示例

前面已经介绍了命令配置表的结构及构建过程，下面结合几个小示例详细说明命令配置如何驱动流域整个水循环过程的模拟。

对于“河网–单元”过程，如图 4-34 所示，某日水循环模拟由水资源配置开始，其计算结果保存于下标为 1 的数组，结果包括当日生活工业用水、渠灌区用水、井渠结合灌区用水量，其通过其属性列的值 2，4，5 将这些数据传递到引水节点命令中，然后引水节点完成河道引水计算后，将其结果储存在下标为 6 的储存数组中继续往下传递，如其中一个引水节点会影响到 138 号、126 号、106 号子流域，则其数据会传递给这些子流域命令，以驱动子流域过程模拟。

对于河道汇水过程，如图 4-35 所示，如 90 号子河段与 77 号子河段的下游子河段均为 79 号河段，则汇水命令的源数据 A 与 B 分别为 90 号和 77 号子河段的数据储存数组下标

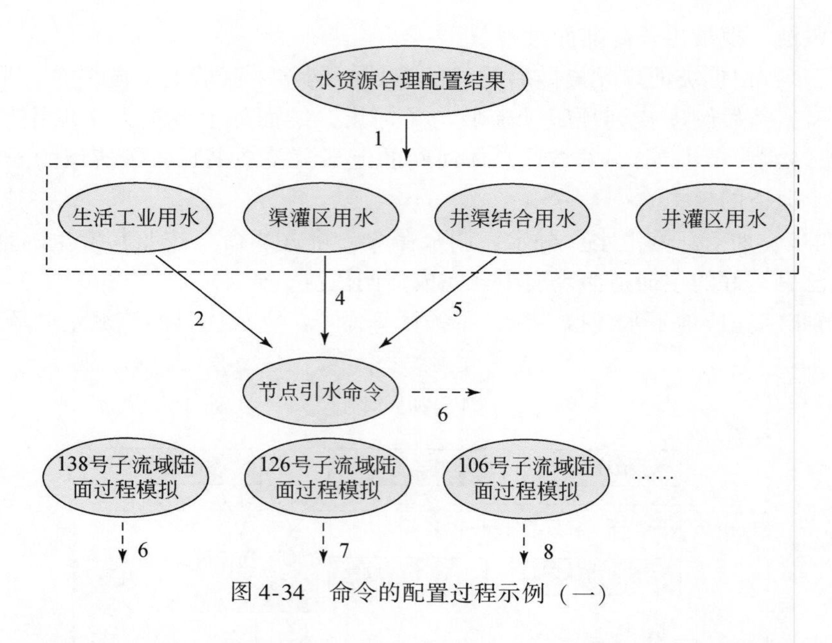

图 4-34　命令的配置过程示例（一）

256 与 257，通过汇水命令后数据储存在数组下标为 258 的数组中，继续传递给 79 号子河段，而 79 号子河段完成其河道模拟过程后将数据储存于下标为 259 的传递数组中，然后继续传递。

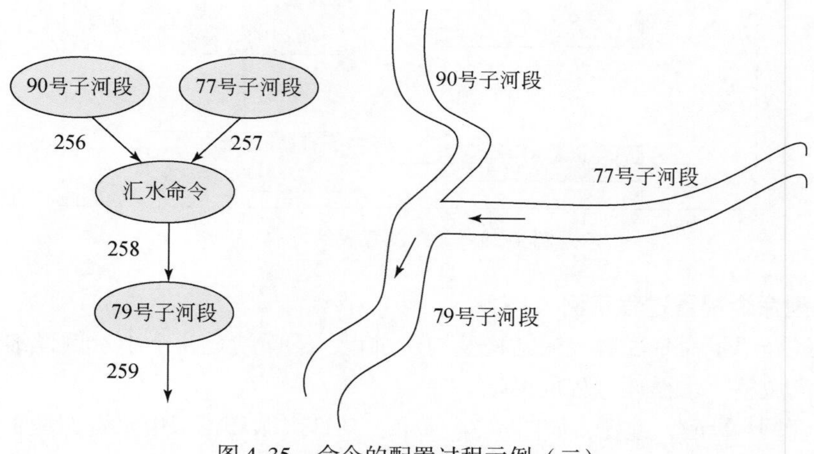

图 4-35　命令的配置过程示例（二）

对于河道汇水过程遇到水库节点，如图 4-36 所示，如 242 号子河段与 243 号子河段的下游子河段均为 247 号河段，但 242 号节点上存在编号为 10 的水库节点，则 242 号子河段的计算结果保存在下标为 337 的储存数组中，传递给 10 号水库节点完成计算后将结果保存在下标为 338 的储存数组中继续传递，其汇流过程与上述的河道汇流相同，不再赘述。

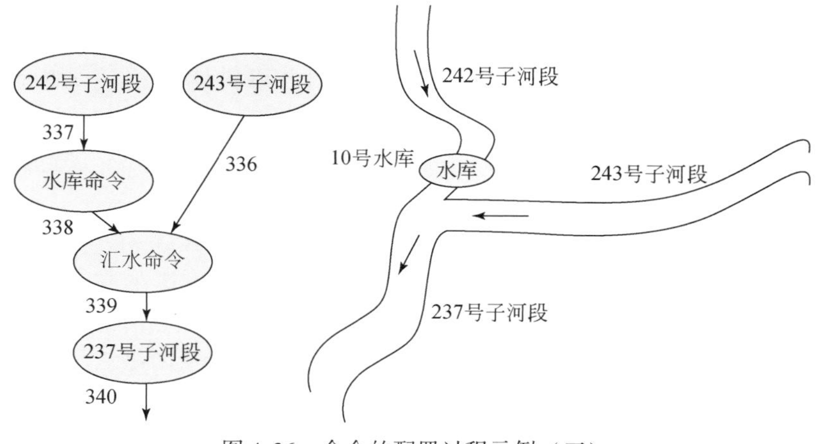

图 4-36 命令的配置过程示例（三）

4.5.3 WACM 模型程序实现

1. 混合编程的总体结构

WACM 1.0 ~ WACM 3.0 版本均是采用 Dephi 语言完成的代码编写，此编程语言并未被目前流行的数学模型软件广泛采用，为增强本模型与其他模型的可交互性，本次模型重构选择 Fortran 语言作为计算内核的编程语言，其全称为 FORmula TRANslator，在语言设计的本意上为公式翻译器，即为数值计算而生，在计算速度上对数值模拟计算具有先天优势。同时正由于这个优势，其目前在工程数值计算编程方面占据统治地位（Steven，2010），很多优秀的工程计算软件都是运用 Fortran 语言编写，如 ANSYS，Marc 等，同时 Fortran 语言也是水科学模型软件最为流行和被广泛使用的编程语言（彭国伦，2002），在水科学编程方法上积累了大量的源代码程序，本模型采用 Fortran 编写计算内核后，将会在水循环模拟项目功能拓展上具有更大的空间。

但 Fortran 程序语言并非十全十美，其在数值计算的优势并不能掩盖其在数据库操作、绘图等可视化功能上的薄弱。而 Visual Basic. NET 语言（以下简称 VB. NET 或 VB）作为 Visual Basic 语言在 . Net Framework 平台上的升级版本，增强了原有 VB 语言对于面向对象的支持，使其在数据库操作、绘图，以及与 ArcGIS 等实用软件的互通方面具有更强的支持性。同时 Visio Studio 2010（以下简称 VS 2010）平台中新的 VB 编译器对语言本身做了显著的改进，为其添加了函数式编程概念的支持，使代码更简洁，更干净，更具有表达性，这些特性还使得查询和操作数据成为 . NET 中的一等编程概念。综上，VB. NET 在模型可视化方面具有 Fortran 语言不可比拟的优势。

故本次模型构建在程序语言上采用 VB. NET 和 Fortran 语言进行混合编程。模型全部代码利用 VB. NET 和 Intel Visual Fortran 11. 0 编译器在 Visio Studio 2010 平台下完成编译。

并利用在 Visio Studio. NET 框架下使用 Fortran 语言编程的方法与 arcGIS 软件以共享文本文件的方式实现耦合。在混合编程技术实现上，使用不同的高级语言是可以实现的，因为在对高级程序语言进行编译后，它们会转换为汇编语言，以供计算机下一步转换为机器语言，而在汇编语言层次上是可以互相通信的。同时，与 Compaq Fortran 不同，Intel Fortran 已经纳入 VS2010 平台下，如今可以在同一平台下对 VB. NET 与 Fortran 进行操作，方便了混合编程。

从整个模型编程结构上来讲，为发挥混合编程的优势，VB 主对“外”，Fortran 主对“内”，即 VB 主要负责模型数据的输出输入及其可视化，发挥其在 Windows 平台兼容性好，界面制作功能强大，以及访问数据库简单快捷的优点；而 Fortran 主要负责处理模型的数值计算和内部处理，发挥其在数值计算方面的强大速度和结构优势。

基于上述思路，WACM 模型代码包括三大部分：

1）由 VB 编写的 WACM_ outside 工具箱。此部分主要负责模型可视化组件的编写，如软件界面，与 Access 数据库的数据输入、输出、查询等操作，对 ArcGIS 进行二次开发等。

2）由 Fortran 编写的 WACM_ Conerns 工具箱。此部分主要负责处理和整理由 WAMC_ cotside 与 ArcGIS软件传入的基础数据，并形成模型主控文件命令配置表。同时完成一些模型常用或基本的参数计算模块编写。

3）由 Fortran 编写的 WACM_ core 模块。此部分依照物理数序方法对水循环过程进行模块化编程，同时还包括对命令配置表的主控程序及各命令程序的代码编写。

2. WACM_ Outside 与 VB. net

WACM_ Outside 工具箱主要完成模型的可视化与数据接纳，编程可分为四个组成模块：outside 与数据库模块、outside 与 ArcGIS 模块、outside 与模型窗体结构、outside 与 origin 软件衔接模块。目前已完成前两部分的开发工作，后两部分还在开发中。

（1）outside 与数据库

对于 VB 与数据库链接，模型对比了各类与数据库链接的方式与方法（Wills and Newsome，2008），最后提出了两套备选方案，在模型实际运行中可根据模拟需求选择不同的方案。

方案一：使用 ADO. NET 类，如图 4-37，具体是使用 SqlConnection、SqlDataAdapter、SqlCommand 和 DataSet、Dataview 类，使用前三者的各种对象来连接数据库、修改数据，使用后两者来在程序中显示数据、操作数据，此方法优点是功能强大，可使模型后期界面制作上选择和发挥的余地更多，而且由于 DataSet 类采用的是存储在内存中的数据缓存（即存储从数据存储中检索到的数据），同时数据与数据源是断开链接的，它可被当作一个轻量级的数据库引擎，从而保证了较快的数据库访问速度。

方案二：使用 Adodb 类，具体是 Connection、RecordSet 进行数据库的访问，利用 ADODB. Connection 设置数据库连接属性，利用 ADODB. RecordSet 进行程序数据读取操作，此方法的优点是，简单易行，访问速度快，利用 RecordSet 的 Fields 及 movenext 属性可很容易地将数据库中的数据传输到程序中的数组中来。(利用 EOF 来判断是否到表的最后一行与利用 movenext 来将读取行转到下一行的操作。)

故而在模型应用实践中，如若仅从 ACCESS 数据库中读入数据继而传递给 VB 过程中，选择采用 Adodb 类的方式实现，而面对丰富的模型输入输出界面的时候，采用 ADO. NET 实现。

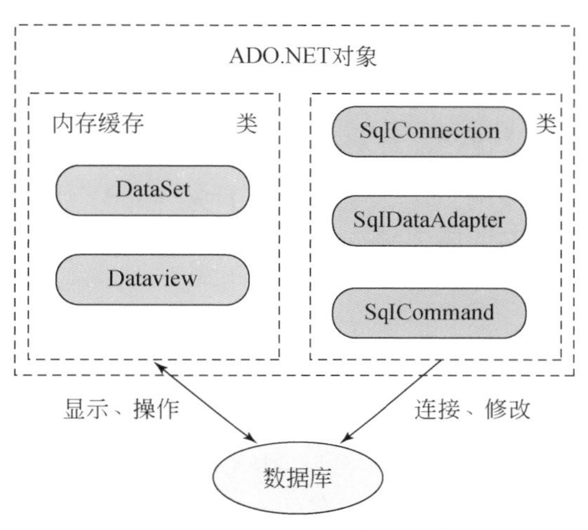

图 4-37　ADO. NET 类的数据库操作示意图

(2) outside 与 ArcGIS

利用 ArcGIS 自有水文分析功能（Arc Hydro Tools）做完流域初步处理后，还采用 VB 编程的方法，继续处理以达到模型的设计要求。

3. WACM_ Concerns 与 Fortran

模型的运行需要水文、气象、土地利用、土壤、水文地质等一系列基本输入资料，并按照模型要求的格式进行输入。为提高前处理文件的整理效率，WACM_ Concerns 工具箱利用 Fortran 编写了 7 个处理小工具：①配置文件处理工具；②气象信息处理工具；③地下水信息处理工具；④单元属性信息处理工具；⑤土地利用信息处理工具；⑥土壤参数处理工具；⑦流域单元信息处理工具。此外，还开发了 3 个内置辅助函数：①站点经纬度处理函数；②净辐射计算函数；③单元扩充函数。通过这些小工具和内置函数，可快速完成基础资料的整理和命令配置文件的书写。

(1) 配置文件处理工具

该工具旨在解决输出 WACM 模型水循环配置文件的问题。其输入包括：①基于 ArcGIS 水文处理之后划分的子流域信息（天然系统）；②流域内的水库闸坝等水利工程信息（人工系统）；③流域内的灌区及其引排水渠系信息（人工系统）。输出为 WACM 流域配置信息文件 config. info。具体步骤如下：

第一步，利用排序子程序通过 ArcGIS 所提供上下游信息的数据，计算并记录每个子流域上的上级子流域个数，从流域出口开始逆序回溯得到整个单元水系的拓扑关系序列，继而将排好的顺序，逆排序，得到从上而下的流域水循环计算序号。

第二步，按照水循环模型运行过程构造书写命令配置中的灌区命令，将灌区编号写在属性第1列数组的位置上，完成上一日排水，以及基于上一日农业墒情的当日各类灌溉用水量计算。完成后再书写灌溉命令，完成灌区当日灌水统计与整理。接着附加调用“流域内垮子流域调水和水库过程的预处理模块”（setRandD），读入水库，与调水位置。然后从上游到下游书写 sub 命令，进而逐河段循环书写 recession、river、reservoir，diversion、add 等过程，最后完成地下水及水均衡计算的命令书写。

（2）气象信息处理工具

该工具旨在生成模型输入所需的气象数据文件。目前较为常用的气象信息数据是来自于中国气象科学数据共享服务网全国气象站数据日集 V3.0，需要将研究区涉及的气象站序列信息提取出来，并对缺漏的序列进行插补，计算净辐射量，输出模型所需的标准格式文件。

程序输入信息包括待处理的数据集文件、研究区对应气象站点编号、需要读取的数据类型文件、需要读取的时间段。程序输出信息包括站点的经纬度、利用 FAO 修正的 P-M 公式的净辐射计算结果、气象输入文件的格式化数据 wth. info。具体步骤如下：

第一步，读入需要处理的数据文件类别。由于采用的气象数据源数据是按照不同要素类型（如降水、气温、相对湿度等）来保存的，这里选取文件名中关键的三个字母，来表示其文件名中的五位数字代码，以便获得需要读入的气象基础数据文件的文件名，稍后程序将自动循环读取这些文件。

第二步，读入需要处理的时间段与气象站点编号。

第三步，通过前两步的信息，循环读取所需的气象数据文件，对读入的信息进行整理，并处理奇异数据。按照一定的格式储存在临时数组中，并对由于缺测、记录错误及其他原因造成的奇异数据按照一定办法和规则进行处理。同时，对数据的单位按照要求进行转换。

第四步，计算净辐射。按照 FAO 修正的 P-M 净辐射计算公式，基于已读入的数据计算该站点每日的净辐射，其中需再次调用经纬度计算辅助函数来得到站点的纬度以方便计算太阳高度和角度。

第五步，按照 WACM 输入文件 wth. info 的格式要求输出所需站点的气象信息。

（3）地下水信息处理工具

该工具主要是解决地下水基本数据与参数的时空分布、初始状态、边界条件等问题。总体思路是先按照地质剖面的经纬度，将平原区位于剖面附近单元的潜水含水层厚度、包气带厚度得出，然后利用单元的实际地面高程（由单元中心点从 DEM 图中读取），得出单元的地下水位和潜水隔水底板高程。进而结合地下水等值线图和其他未赋值单元的高程，按照一定的方法将参数设置扩散开去，并结合地质剖面文字报告，对单元地下水参数赋值。而对于山区及缺乏资料地区，结合地质报告，对地下水埋深等参数进行合理推算。

需要的输入信息包括：地质剖面的多点图，需要明确各点的经度、地面高程、地下水位，潜水含水层底板高程；计算单元中心点经纬度。输出信息包括各单元的地下水埋深

（潜水位-地面高程）、含水层厚度（潜水底板高程-地面高程）等。具体过程如下：

第一步，读入水循环单元的基本信息、地质剖面的点位等基础信息，并对中心点在剖面附近的单元进行赋值。

第二步，先按照高程相近的原则进行第一层次单元赋值扩散，然后按照单元地理位置相近的原则进行第二层次的单元赋值扩散，通过不断调整扩散幅度和循环次数，检验是否所有单元均扩散完毕。

第三步，根据地质剖面材料及数字化信息，将水文地质分区参数、初始埋深/水头等信息分配至计算单元层面。

第四步，调用辅助函数 enlarge 进行实际单元向模拟单元扩充，并按照 WACM 输入文件的格式，输出地下水文件 gw. info。

（4）单元属性信息处理工具

此工具的功能是梳理单元属性信息并按照标准格式进行输出，包括单元所在的子流域、行政区、灌区、平原区等。具体步骤如下：

第一步，读入基本信息，包括单元的子流域、灌区、平原区、地市、三级区、边界等属性。

第二步，处理单元基本信息中边界单元对应山区单元的问题，判断边界单元属于哪些流域，这些流域有几个单元，拟将平原区对应单元按照对应子流域的山区单元面积大小进行分配。计算边界单元都属于哪些流域，去掉重复的，把结果放在 tempS1 中，并统计个数 countS。记录每个有边界单元的子流域的单元号，计算每个有边界子流域的山区子流域对山区单元号，统计每个有边界单元流域的山区单元总数与平原单元总数。计算比较流域山区单元的面积大小，拟按照面积进行分配平原单元。开始分配实际单元所对应的山区单元编号，在边界上的赋值 1，不在边界上的赋 0。

第二步，处理单元对应的三级区及行政区。

第三步，按照规则处理单元对应的气象站点，获取单元对应的气象站编号。

第四步，确定灌区单元范围、灌区编号及灌溉单元的优先序。

第五步，输出单元属性信息文件 unit. info、子流域文件 subnum. info。

（5）土地利用信息处理工具

该工具的功能是依据 6 种基本土地利用分类，结合研究区种植结构对土地利用类型进行细化，得到每个计算单元的土地利用信息。该功能需要输入 ArcGis 提取的土地利用信息表和单元拓扑关系表，最后按照模型格式要求输出单元土地利用文件 lu. info。

（6）土壤参数处理工具

该工具的功能是获取单元的土壤属性分布与参数信息。主要步骤如下：

第一步，读取单元信息表与土壤分布信息表，通过叠加选择单元的土壤属性信息，这里提供两种解决方法：一种是按照优势土壤原则，即选择单元内面积占比最大的土壤作为该单元的唯一土壤类型，其优点是计算简便，适用于某一种土壤占据明显优势的情况；第二种是将单元内不同类型土壤按照面积占比进行排序，选择全部类型或者挑选主要的几种土壤作为单元土壤，该方法优点是能够最大程度还原客观实际，不足是增加了模拟计算的复杂度与工作效率。

第二步，匹配土壤分布信息与土壤属性信息，确定并输出土壤计算信息表 soil. info。

（7）流域单元数量统计工具

该工具的功能是统计记录流域内每个子流域所包含的单元编号与单元个数，最后输出流域单元数量信息表 subnum. info。

4. WACM_Core 与 Fortran

WACM_Core 是整个 WACM 模型的核心部分，该部分程序代码采用 Fortran 语言编写。下面利用模型主程序 Mian 与主控子程序 Simulate 及陆面过程 Sub 命令的结构框图为例对 WACM_core 的程序结构进行解说。

（1）WACM_Core 主程序 Main

图 4-38 是模型主程序的结构流程，主要包括四大部分：

第一部分，将指针变量参数及常规参数归零，读入基本输入数据文件信息（单元个数、子流域个数、起止时间等），通过指针变量进行存储。

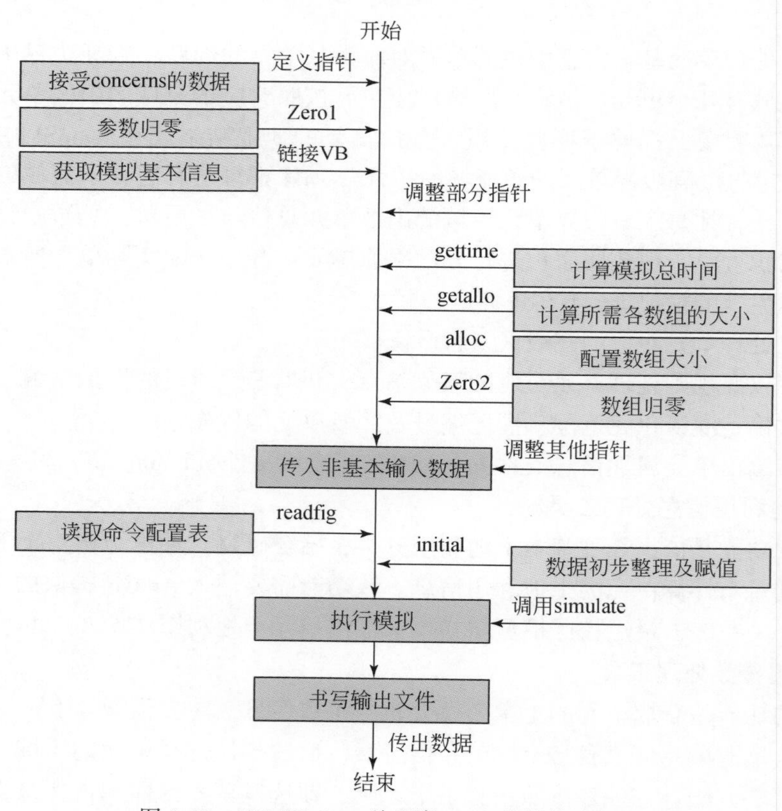

图 4-38　WACM_Core 总程序 Main 的结构流程图

第二部分，根据模型起止时间及单元数量信息，调用一个时间计算模块（gettime 模块)，通过该模块计算模拟的总天数、年数、每年的天数等，确定基本信息数组大小并传入全局数组指针；调用一个动态数组大小计算模块（getallo 模块)，利用基本信息来计算其他动态数组的大小；调用数组大小分配模块（模型中命名为 allocate)，将内存实际分配给动态数组，然后调整指针，传入数据赋值到相应的全局数组指针。另外，在整个模型模拟过程中要使用到的其他动态数组，由于它们的大小也是由这些基本信息决定的，一并在 getallo 与 allocate 过程对其分配内存。

第三部分，读取和调用模拟主控文件的配置文件（config 文件)。所以，在由 ACCESS 从 VB 传入气象数据、单元信息、种植信息、灌区信息、取用水信息之后，需要读取配置文件中的信息，故主控程序在读取了指令文件（模型中命名为 readfig)，将模型模拟计算需要的所有数据读入以后，调用初始化模块（模型中命名为 initial)，来对模型参数及输入信息进行初始化，并完成一些基本的准备计算，以及根据输入信息判断输出数据的种类、大小等。

第四部分，准备工作完成后，调用流域水循环过程模拟的执行模块（simulate 模块)，该模块具体构成与功能在下一小节会详细介绍。完成循环模拟后，对全流域的水均衡进行核算和验证，然后将模型模拟的输出数据按照要求输出或 传递给 VB 主程序后输出或显示。

(2) 循环模拟子程序 simulate

子程序 simulate 是流域水循环的过程计算全部集合，是模型进行水循环模拟的实际执行模块，其按照命令配置表给定的模拟顺序完成流域水循环计算，其结构及流程图如图 4-39 所示。

模型在构架上，为完成整个流域上水循环的模拟计算，以及伴随着水循环过程的水质过程、植被生长过程、土壤风蚀过程等的模拟计算，并针对平原区，灌溉用水、植被生长的特点，结合流域水循环模拟通常为长系列的特点，确定模型在年际采取逐年模拟，年内采取从当年第一天到当年最后一天逐日模拟的时序方式，另根据模拟计算需求，日内采取逐时模拟的方式。这样模拟的时间步长通常为天，特殊要求下为小时。这样设计具有如下优点：

1）对于一些类似水管理，种植操作，取用水操作等有明显的年际特点的数据信息，模型处理起来方便简洁；

2）在对输出数据进行统计的时候优势明显，能逻辑鲜明的处理各类过程变量；

3）对于一年生植物及农田耕作的描述在这种设计条件下能更清晰直观地识别，以及输入输出。

这样处理的一个关键技术问题是时间转换关系，具体为：如何将天序与模拟具体年月日直接互相转化，如何将当天的总天序与其当年天序相互转换，以及如何知道当前天序从而得到当前月份。模型程序中，利用三个子程序实现这些功能（gettime、getbd、xmon)，主体思想是利用输入的开始结束天的年月日，首先计算哪些年是闰年，然后计算模拟的总天数，再计算每年元旦的总天序，并由上述的信息，依次编写出总天序与当年天序的转换小程序，年月日与总天序的转换小程序，当年天序与当前月份的转换小程序。具体程序模

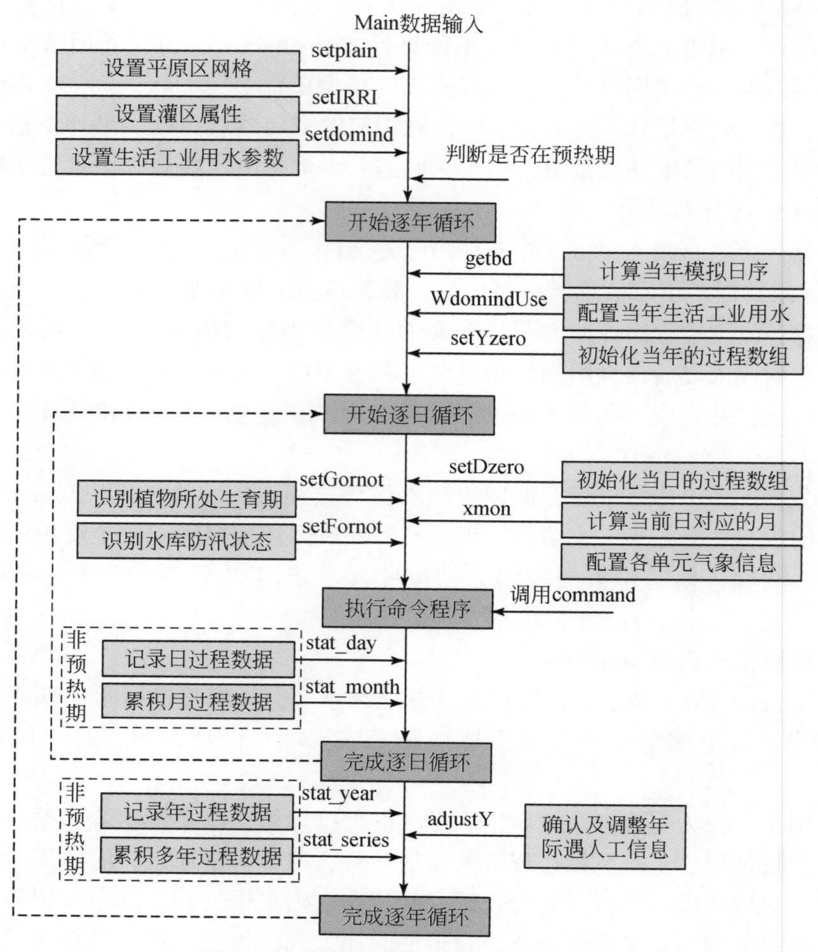

图 4-39　主控子程序 simulate 程序结构

块以下会做仔细介绍。然后在其他函数中灵活使用这三个小程序，可完成年月日与天序的各类转换要求。

从程序结构上来看首先是逐年循环，然后调用 getbd 来计算模拟开始天、结束天在当年的日序，以及每年元旦的日序。继而通过判断是否是开始或结束年，以及闰年等影响当年模拟总天数的过程，来确定当年逐日循环的天数。然后对年初数据进行初始化。

然后开始逐日循环，在日循环的内部，开始每天模拟时，首先是将日过程数据清零和初始化，调用月份转换模块（模型中称为 xmon）计算此日在当年的月份，再调用日气象信息处理模块（模型中称为 setwth），将模拟当天的气象信息，依照单元所在的气象站点赋值。

由于每日模拟中本模型涉及复杂的农业用水模拟，故而模型需要在每天开始对全流域上所有植物是否在生育期进行判断（模型中称为 SetGorNot），以便之后进行相应的植物生长、当日灌水量计算，以及其他的农业管理操作。

然后调用命令模块（模型中称为 command）执行当日的各种计算命令，完成模型在空间上的计算。此命令模块与前述的命令配置文件紧密结合在一起，是实现流域与河网拓扑关系的直接载体。

当日模拟完成后，需要对日、月数据进行统计（模型中称为 stat_ day/stat_ month），在当年循环结束后，要对年数据进行统计（模型中称为 stat_ year），在年循环结束后，要对多年数据进行统计（模型中称为 stat_ series）。

另外，模型在完成当年逐日循环后，根据一些多年生植物生长及水利工程使用情况的变化，对一些过程参数进行处理（模型中称为 plantgrow/netcheck）。

然后跳出逐日循环，调用 stat_ year 与 stat_ series 进行年与年际统计，最后调用一些管理操作命令，对逐年变化的参数与数据进行修正。

（3）命令子程序 Sub 与水循环陆面过程

本书已经详细介绍了流域水循环模拟的陆面过程的关键环节和基本原理，在 WACM 模型程序上，主要通过子程序 Sub 实现。Sub 命令通过 commad 调用而执行，其主要流程如图 4-40 所示。

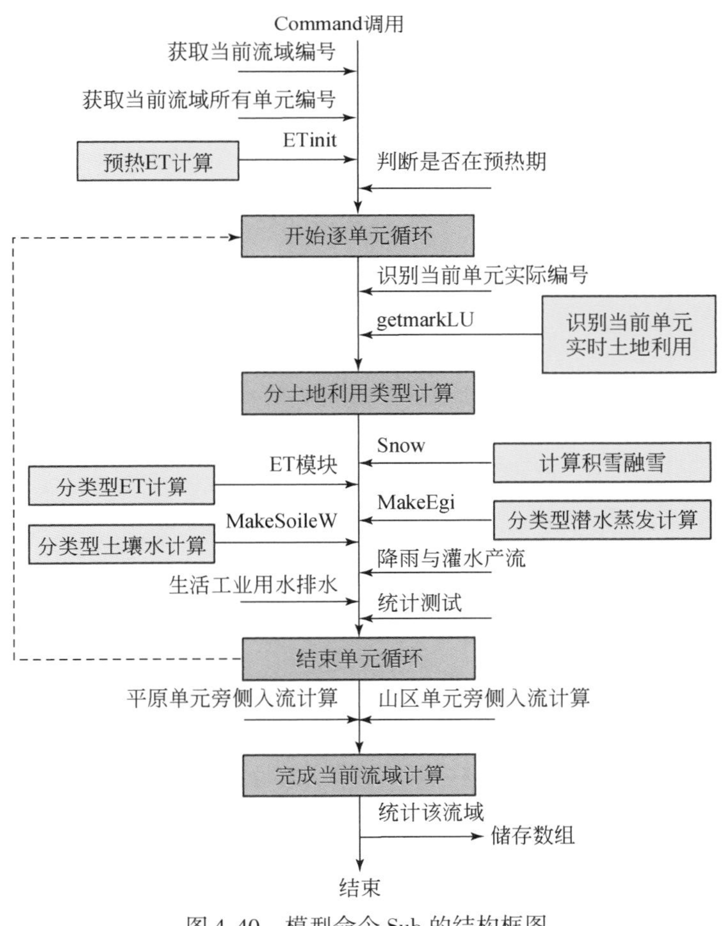

图 4-40　模型命令 Sub 的结构框图

第一步，读入当日模拟子流域的基本信息，如子流域编号和子流域内所有单元编号，包括山区单元和平原单元，然后判断此次模拟是否在预热期以选择数据完成命令。

第二步，程序开始子流域内逐单元的陆面过程循环，调用 getmarkLU 模块识别当前单元的实时土地利用，其中 getmarkLU 模块的主要功能是给出当前模拟时段作物是否存在轮作及轮作的作物是何种。

第三步，按照土地利用类型循环计算，先后调用 snow 模块计算土壤表层及植物冠层的积雪融雪，各土地利用类型的实时蒸发计算模块 ET，分类型潜水蒸发计算模块 MakeEgi，分类型土壤水计算模块 MakeSoilW，然后计算在降水与灌溉条件下该水循环计算单元当前土地利用类型上产流、工业生活污水排放，并将其统计记录。结束单元循环。

第四步，分别计算山区单元与平原单元对于运动波方程方法的旁侧入流量及此流量所对应的排水渠或者天然河道，统计及输出，完成当前子流域的陆面过程模拟。

第 5 章　区域大尺度干旱模拟与评估

5.1　区域大尺度干旱模拟与评估框架

5.1.1　研究进展及趋势

由于干旱的复杂性和影响的广泛性，不同的领域对干旱的定义不尽相同，从气象、水文、农业、社会经济等角度建立了许多干旱评估指标。目前，常见的大尺度区域干旱评估主要依据降水、气温、水文等数据，结合干旱评估指标，通过分析气象水文要素、干旱评估指标的时空变化特征来评估干旱。在全国尺度下，如通过气温、降水和地表湿润指数（SWI）（马柱国和任小波，2007）评估 1951～2006 年中国区域干旱；依据月降水和月平均气温资料，采用经验正交函数 EOF、旋转经验正交函数 REOF、小波变换及 Mann-Kendall 突变检验等方法，通过年标准化干旱指数（刘晓云等，2012）评估了 1961～2009 年中国区域的干旱。在区域或流域尺度下，采用降水、气温等气象数据，通过 Z 指数、降水距平百分率、相对湿润指数、标准化降水指数、综合气象干旱指数 CI 等分析 1960～2010 年淮河流域干旱的干旱演变特征（茅海祥，2012）。但多数干旱评估指标都只是从干旱现象的一个侧面来反映旱情程度，且没有考虑干旱持续时间因子对干旱程度的影响，难以体现干旱的变化发展过程和地区差异。此外，常用的干旱指标都是建立在特定的地域和时间范围内，难以准确反映干旱发生的内在机理，基于干旱指数的干旱识别、预报预测还不能达到定量化和客观化。例如，降水距平指标是以历史平均水平为基础确定旱涝，虽然计算过程简单，但难以反映水分收支和地表水分平衡状态，相同的降水距平值在不同地区、发生在不同时期，旱情的严重程度可能会有较大的差别；干燥度指标虽然能反映水分收入与支出之间的关系，但不利于不同地区的干旱程度比较；而且降水距平指数和干燥度都难以反映干旱的持续时间影响；由于水库大坝、取水工程等影响，水文站河道流量观测值已经不能体现流域自然的水文过程，显然径流距平值不太合适干旱评估。

干旱是水文循环过程中水分收支不平衡时，出现的对人类社会具有破坏性的一种现象。当前，越来越多的研究者开始采用更具有物理机理的水文模型来模拟和评估干旱，将干旱现象与水文循环过程相结合，更能真实客观地反映干旱形成机理。随着流域水文模型的发展，尤其是分布式水文模型的出现，不仅能够从水循环的机制入手模拟流域各水文要素状态和变化过程，而且能够模拟和预测气候波动、下垫面条件改变、人类活动等变化条件下的流域水文响应特征，因而在干旱预报、评估、监测等方面有较大的应用潜力。因此，干旱评估的另一类途径是从流域或区域水循环变化过程认识干旱的形成和发展机理。例如，李红军（2012）根据气象站点气象数据和水均衡原理，分析径流量、土壤有效持水量、蒸散，利用 PDSI 指数分析塔里木河流域干旱特征。许继军和杨大文（2010）建立了基于 GBHM 分布式水文模型和 PDSI 干旱指数的干旱评估预报模型 GBHM-PDSI，分析了长江上游干旱时空变化特征。张宝庆等（2012）基于可变下渗容量（variable infiltration capacity，VIC）模型和 Palmer 干旱指数，建立了黄土高原地区干旱评估模型，分析了黄土高原干旱时空变化特征。朱悦璐和畅建霞（2017）基于 VIC 模型和 GPP（gringorten plotting position）算法构建非参数多变量综合干旱指数（non- parametric multivariate standardized drought index，NMSDI）评估了黄河流域干旱。刘慧等（2013）利用 VIC 水文模型模拟的土壤水分数据及遥感的归一化植被指数 NDVI，基于 severity- area- duration（SAD）方法重建了美国科罗拉多流域 2000～2008 年的干旱事件，通过绘制 SAD 曲线分析了该流域的干旱特征。赵安周等（2015）采用 SWAT（soil and water assessment tool）分布式水文模型和 Palmer 干旱指数，建立区域干旱分析模型 SWAT- PDSI，对渭河流域干旱的时空演变规律和发生频率进行了分析。翟家齐等（2015）基于分布式水循环模型、标准水资源指数（SWRI），以及 Copula 函数、统计检验等方法，综合评估了海河北系流域水文干旱特征及其演变规律。师战伟（2016）采用垂向混合产流模型模拟土壤含水量，利用基于土壤相对湿润度、降水距平百分数和相对湿润度的综合指数评估大凌河流域干旱。

综上所述，建立基于水文模型与干旱指标的干旱模拟与评估模型更能描述干旱形成的物理机制，是干旱模拟、评估和预测研究的主要工具和趋势。但由于水文模型建立过程中需要大量的数据和水文参数为支撑，在大区域建立复杂的水文模型存在许多困难，而建立相对简单的、能够描述主要水循环过程的水文模型，获取主要的气象水文要素，并与干旱评估指标结合建立干旱评估模型，更适合于区域大尺度干旱模拟与评估。

5.1.2 模拟与评估框架

（1）研究思路

Palmer（1965）提出了 Palmer 干旱指数（palmer drought severity index，PDSI），其基本原理是土壤水分平衡原理，利用月值资料，通过一个一般在-6（干）和+6（湿）之间变化的标准指数值描述不同地区、不同时间的干旱状况。PDSI 在计算水分收支平衡时，考虑了前期降水量和水分供需，物理意义明晰。在建立水分平衡方程时，Palmer 提出了“当前情况下达到气候上适宜”的概念，即 CAFEC（climatically appropriate for existing conditions）。CAFEC 降水是指能够保持当地的水源适宜当地需求所需的降水量。这种方法详细统计了水文要素，其中除降水外还有蒸散量、土壤补水量、径流量、土壤失水量的实际值和可能值及土壤水分变化等项，从而得到气候适宜的蒸散量、土壤补水量、径流量和土壤失水量等数值。Palmer 旱度模式依据土壤水分平衡原理，综合反映水分亏缺量和持续时间因子对干旱程度的影响，既考虑了水分亏缺量，又考虑了持续时间，相对于标准化降水指数或降水距平百分率等单因子干旱指标，PDSI 干旱指标具有较好的时空可比性，能够更客观地反映旱情，能够描述干旱发生、发展直至结束的全过程变化，是目前国际上最广泛应用的区域性干旱指标之一。

区域大尺度干旱模拟与评估研究思路为，根据水循环转换的基本原理，建立四水源的大尺度流域水量平衡模型，获取流域内径流、蒸发和土壤水等水文要素信息，在水分平衡计算的基础上，结合影响干旱的降水、径流、蒸发和土壤墒情等因子，以干旱形成机理为基础，基于 Palmer 干旱模式，建立区域大尺度干旱评估模型。采用线性趋势分析法，M-K 方法、滑动 t 检验、Morlet 小波等技术和方法，分析不同时间尺度的干旱趋势线、突变性、周期性等时空演变特征。基于降水量和参考作物蒸散量，采用相对湿润度指数评估了农业干旱，通过线性回归模型、Mann-Kendall、Morlet 小波定量分析中国干旱时空演变特征。基于历史过程资料系列，结合统计分析的评价方法，揭示农业干旱灾害的时空特征，分析农业干旱成因。

（2）干旱模拟与评估框架

根据水循环转换的基本原理，以干旱形成机理为基础，结合科学合理的干旱评估指标，建立区域大尺度干旱评估模型，分析干旱时空演变规律，辨识干旱成因。大尺度区域干旱模拟与评估框架如图 5-1 所示。

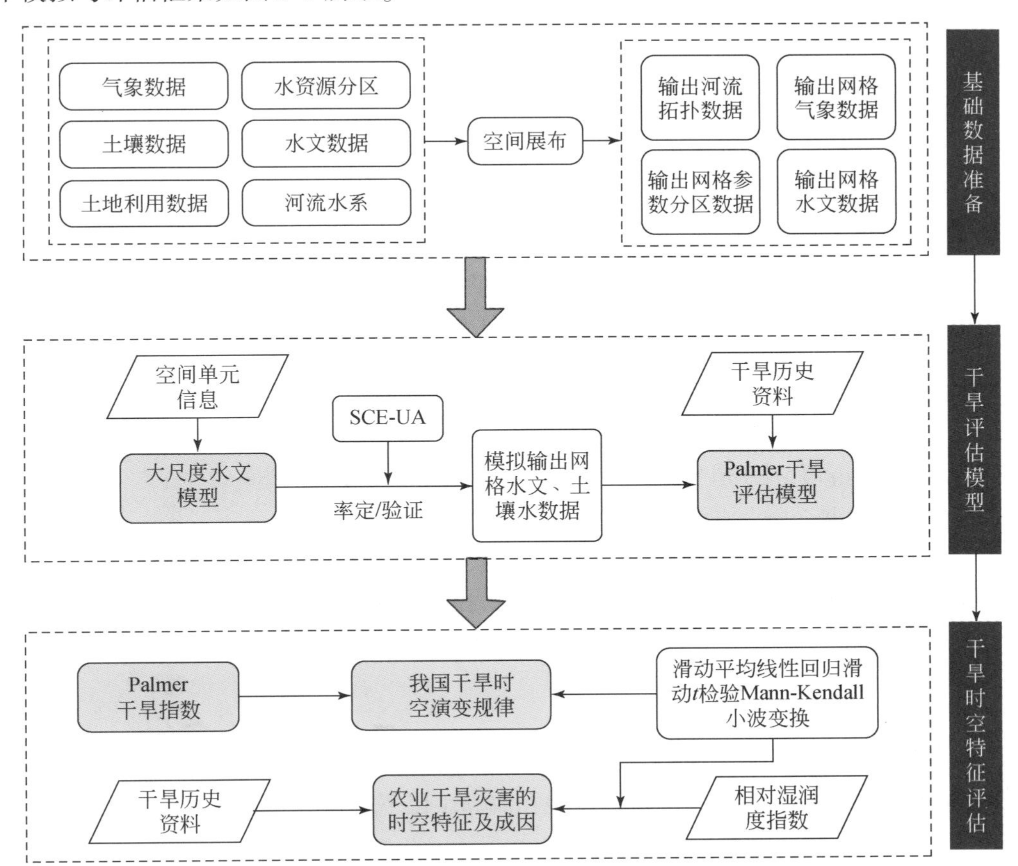

图 5-1　大尺度区域干旱模拟与评估框架

5.2 区域大尺度水量平衡模型构建与优化

5.2.1 区域大尺度水量平衡模型原理

根据水循环转换的基本原理，考虑实用原则，大尺度流域水量平衡模型结构如图 5-2 所示。模型以水量平衡原理为基础，同时考虑到我国地域辽阔，北方寒区融雪径流不可忽略的特点，建立四水源的水文模型，即河川径流包括地表径流、地下径流、融雪径流和壤中流。根据气温对降水进行了雨、雪划分，降雪首先累积，然后融化形成融雪径流。降水和融雪径流超过下渗能力的部分形成地表径流，下渗水量分别转化为壤中流、补充地下水和土壤水。根据地下水储蓄量，按照线性水库出流理论计算地下径流，基于蓄满产流机制，同时考虑流域空间不均匀的影响，采用土壤含水量线性估算壤中流；最后线性叠加地表径流、壤中流、融雪径流和地下径流，得到河川径流。

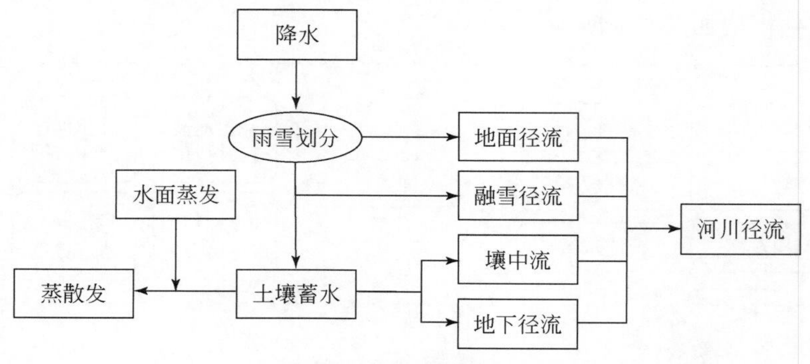

图 5-2 水量平衡模型框图

流域水量满足以下平衡方程

$$S(t) = S(t-1) + P(t) - E(t) - Q(t) \tag{5-1}$$

式中，$S(t)$、$S(t-1)$ 分别为第 t 月末和第 $t-1$ 月末的土壤蓄水量；$P(t)$ 为第 t 月降水量；$E(t)$ 为第 t 月蒸散发量；$Q(t)$ 为第 t 月径流量。

我国地域辽阔，北方寒区融雪径流不可忽略，因此，建立水文模型时，水源考虑四水源，即河川径流包括地表径流、地下径流、融雪径流和壤中流，满足方程（5-2）：

$$Q(t) = \mathrm{Qs}(t) + \mathrm{Qsn}(t) + \mathrm{Ql}(t) + \mathrm{Qg}(t) \tag{5-2}$$

式中，$\mathrm{Qs}(t)$ 为地表径流；$\mathrm{Qg}(t)$ 为地下径流；$\mathrm{Qsn}(t)$ 为融雪径流；$\mathrm{Ql}(t)$ 为壤中流。

为考虑不同土地利用、土壤类型、植被等对地表径流的影响，模型中地表径流量的计算采用美国农业部的 SCS 模型，降雨–地表径流满足以下关系：

$$\mathrm{Qs}(t) = \frac{(P(t) - 0.2\mathrm{Sp})^2}{P(t) + 0.8\mathrm{Sp}} \tag{5-3}$$

$$\mathrm{Sp} = 254\left(\frac{100}{\mathrm{CN}} - 1\right) \tag{5-4}$$

式中，Sp 为流域可能滞留量（mm）；P（t）为降雨量（mm）；Qs（t）为地表径流（mm）；CN 为反映降雨前流域特征的一个综合参数，与流域前期土壤湿润度、坡度植被、土壤类型和土地利用现状等因素有关，CN 的取值范围常在 0～100。

研究表明，冰雪融水率与气温具有较好的指数型关系，因此可根据气温资料，在雪、雨划分的基础上，采用指数型关系方程估算降雪的累积，进行融雪径流计算，基本方程为

$$\mathrm{Qsn}(t) = K_{\mathrm{sn}} \mathrm{e}^{\frac{T(t)-T_H}{T_H-T_L}} \mathrm{Sn}(t) \tag{5-5}$$

$$\mathrm{Sn}(t) = \mathrm{Sn}(t-1) + \mathrm{Psn}(t) \tag{5-6}$$

式中，K_{sn}为融雪径流系数；Sn（t）为时段内积雪量；Sn（t-1）为前期积雪量；Psn（t）为时段降雪量；T（t）为气温；T_H和 T_L为雪雨划分的两个临界气温，一般取+4℃和-4℃。当气温高于+4℃时，降水全为降雨形式；当气温低于-4℃时，降水全为降雪；气温在两者之间时，降雪量按线性插补。

假定地下径流为地下线性水库出流，根据地下水储蓄量，按照线性水库出流理论计算地下径流，公式为

$$\mathrm{Qg}(t) = K_{\mathrm{g}} S(t-1) \tag{5-7}$$

式中，Qg（t）为地下径流量；K_{g}为地下径流系数。

假设壤中流为线性水库出流，根据土壤含水量，壤中流计算公式为

$$\mathrm{Ql}(t) = K_{\mathrm{l}} S(t-1) \tag{5-8}$$

式中，Ql（t）为壤中流；K_{l}为壤中流系数。

流域实际蒸散发量计算公式仿照 Ol’dektop 公式，采用指数形式的水热平衡公式计算实际蒸散发量

$$E(t) = C \cdot \mathrm{PE}(t) \frac{\exp((bS(t-1) + P(t))/\mathrm{PE}(t)) - 1}{\exp((bS(t) + P(t))/\mathrm{PE}(t)) + 1} \tag{5-9}$$

式中，C、b 为蒸发参数，b 为前期土壤蓄水量可供流域蒸散发的比例，$b \in (0, 1]$；$bS(t-1) + P(t)$ 为流域可供蒸散的水量；PE（t）为流域蒸散发能力，采用 Penman-Montieth 公式计算的参考作物腾发量。

式（5-9）描述了流域前期蓄水量（土壤蓄水量、地表蓄水量）和降水对蒸散发的贡献。在雨季流域蒸散发可以达到或接近蒸散发能力，同时旱季又不会出现蒸散发过小或为零的现象，模拟得到的流域径流和蓄水量动态变化过程会更合理。

总体而言，模型结构简单，参数较少，包括 CN、K_{sn}（融雪径流系数）、K_{g}（地下径流系数）、K_{l}（壤中流系数），以及 b、C（蒸散发系数）。模型的输入包括三部分：逐时段降水量、流域蒸散发能力和径流量。

5.2.2 模型参数优化方法

为描述高度复杂的水文过程，集中式水文模型通常采用相对简单的数学公式和物理方

程对其进行概念化和抽象化处理，其中包含了许多不能直接测量或无法通过实验等手段获得的参数，为达到最佳的模拟效果，水文模型的参数识别和优化成为模型应用过程中不可缺少的环节。

由于受水文、气候、下垫面、人类活动等众多因素的综合影响，水文模型的参数一般较多且不完全独立，常表现出高维、非线性、不确定性等特征。国内外针对集总式水文模型参数自动优化开展了大量的研究。早期采用 Newton 法、共轭梯度法（conjugate gradient algorithm，CG）、变尺度算法、单纯形法、Rosenbrock 法等优化方法优选水文参数。但传统的基于梯度下降、导数理论的优化算法常取决于初始点的选取，优化结果常为初始点附近的一个极值（局部最优解）。此外，当参数取不同初始值时，优化结果有时相差较大，导致优化结果具有很强的不稳定性。传统优化方法的局部最优和不稳定性，直接影响水文模型的模拟精度和可靠性。鉴于传统水文模型参数优化方法的不稳定性，自 20 世纪 90 年代以来，不依赖于导数的直接搜索优化算法得到了广泛的应用。国内外采用了遗传算法（generic algorithm）、适应随机搜索算法（adaptive random search）、模拟退火算法（simulated annealing）、粒子群优化算法（particle swarm optimization）、蚁群优化算法（ant colony system），以及 SCE-UA（shuffle complex evolution algorithm）等优化水文参数。遗传算法在进化过程中存在早熟、稳定性差等问题，蚁群算法存在信息激素更新机制，且搜索时间长等缺点，粒子群算法存在易陷入局部最优点，且进化后期收敛速度慢、精度较差等问题。

SCE-UA 算法由 Duan 和 Mao（2009）在优化概念性降雨径流模型参数时，针对问题的非线性、多极值、无具体的函数表达式、区间型约束等特点而提出，是一种解决非线性约束最优化问题的有效方法，可快速找到全局最优解，已在概念性水文模型、半分布式水文模型和分布式水文模型的参数率定中得到了较广泛的使用。如采用 SCE-UA 算法率定新安江模型（Hapuarachchi et al.，2001；宋星原等，2009；辛朋磊，2011）、TOPMODEL 模型（唐运忆和栾承梅，2007）、SWAT 模型（Eckhardt and Arnold，2001），研究结果均表明 SCE-UA 算法能够全局一致、快速地收敛到全局最优解。本书采用 SCE-UA 算法对上述大尺度水文模型进行参数率定。

SCE-UA 算法是一种求解非线性约束最优化问题的全局优化算法，综合了确定性搜索、随机搜索和生物竞争进化等方法的优点，在复合形直接算法的基础上，按照自然界生物竞争进化原理，引入种群概念，复合形点在可行域内随机生成和竞争演化，可在多个吸引域内获得全局收敛点，避免陷入局部最小点，且能有效地表达不同参数的敏感性与参数间的相关性，处理具有不连续响应表面的目标函数，解决高维参数优化问题。SCE-UA 算法基本思路是将基于确定性复合型搜索技术和自然界中的生物竞争进化原理相结合，其关键部分为竞争的复合型进化算法（CCE）。在 CCE 中，每个复合型的顶点都是潜在的父辈，都有可能参与产生下一代群体的计算。每个子复合型的作用如同一对父辈。在构建过程中应用了随机方式选取子复合型，使在可行域中的搜索更加彻底。

采用 SCE-UA 算法求解最小化问题的具体步骤如下：

1）初始化。假定拟解决的问题为 n 维优化问题，选取参与进化的复合型个数 p（$p \geq 1$）

和每个复合型所包含的顶点数目 m（$m \geqslant n+1$），计算样本点数 $s=p \times m$。

2）产生样本点。在可行域内随机产生 s 个样本点 x_1，…，x_s，分别计算每一个样本 x_i 的函数值 $f_i=f(x_i)$，$i=1, 2, \cdots, s$。

3）样本点排序。将 s 个样本点（x_i，f_i）按照函数值 f_i 的升序进行排序，仍记为（x_i，f_i），$i=1, 2, \cdots, s$，且 $f_1 \leqslant f_2 \leqslant \cdots \leqslant f_s$，并将其存储到数组 D 中，$D=\{(x_i, f_i), i=1, 2, \cdots, s\}$。

4）复合型划分。将 D 划分为 p 个复合型 A^1，…，A^p，每个复合型含有 m 个顶点，其中 $A^k=\{(x_j^k, f_j^k) \mid x_j^k=x_{j+(k-1)m}, f_j^k=f_{j+(k-1)m}, j=1, \cdots, m; k=1, \cdots, p\}$。

5）复合型进化。采用竞争复合型进化算法（CCE）分别进化每个复合型 A^k，$k=1, \cdots, p$。

6）复合型混合。将进化后的每个复合型所有顶点组合成新点集，再次按照函数值的升序排序，新集合仍记为 D。

7）收敛性判断。如果满足收敛性条件则停止，否则返回到第4）步。

8）为防止死循环，符合下列条件之一时应停止计算：①当目标函数在若干次循环后仍无法提高指定精度（如0.01%）时，则认为当前参数的取值对应的点已达到可行域的平坦面；②当连续若干次循环后仍无法显著改变参数值，并且模拟结果没有明显的提高时，则认为目标函数已达到最优；③循环的最大次数已达到。

竞争的复合形进化算法 CCE 的步骤如下：

1）初始化选取 q，α 和 β，$2 \leqslant q \leqslant m$，$\alpha \geqslant 1$，$\beta \geqslant 1$。$p_i=2(m+1-i)/[m(m+1)]$，$i=1, \cdots, m$。

2）选取父辈群体。对第 k 个复合形 A^k 中的每个点分配其概率大小，形成子复合形。从 A^k 中按照概率分布随机选取 q 个不同的点 u_1，u_2，…，u_q，并记录 q 个点在 A^k 中的位置 L。计算每个点的函数值 v_j，将 q 个点及其函数值存储于变量 B 中。

3）进化下一代群体。①对 q 个点以函数升序排列，计算 $q-1$ 个点的形心 g。②计算最差点的反射点，$r=2g-u_q$。③如果 r 在可行域内，计算期函数值 f_r，转到第④步，否则计算包含 A^k 的可行域中的最小超平面 H，从 H 中随机抽取一可行点 z，计算 f_z，以 z 代替 r，f_z 代替 f_r。④若 $f_r<f_q$，以代替最差点 u_q，转到第⑥步，否则计算 $c=(g+u_q)/2$ 和 f_c。⑤若 $f_c<f_q$，以 c 代替最差点 u_q，转到⑥步，否则计算包含 A^k 的可行域中的最小超平面 H，从 H 中随机抽取一可行点 z，计算 f_z，以 z 代替 r，f_z 代替 f_q。⑥重复步骤①～⑤α 次。

4）取代。把 B 中进化的下一代群体即 q 个点放回到 A^k 中原位置 L，并重新排序。

5）重复步骤1）～4）β 次，表示进化了 β 代。

SCE-UA 算法流程如图 5-3 所示。

由模型结构可知 SCE-UA 模型有多个参数，主要包括待优化参数个数 n、每个复合型的顶点数 m、子复合型的顶点数 q、每个子复合型进化后产生的连续后代的个数 α 和每个复合型的进化次数 β，且 SCE-UA 算法的参数缺省取值为 $m=(2n+1)$、$q=n+1$、$\alpha=1$、$\beta=2n+1$，则可知复合型的个数 p 是唯一需要率定的参数，且 p 值越大，越适宜于高阶非线性问题，本书取 $p=2$。

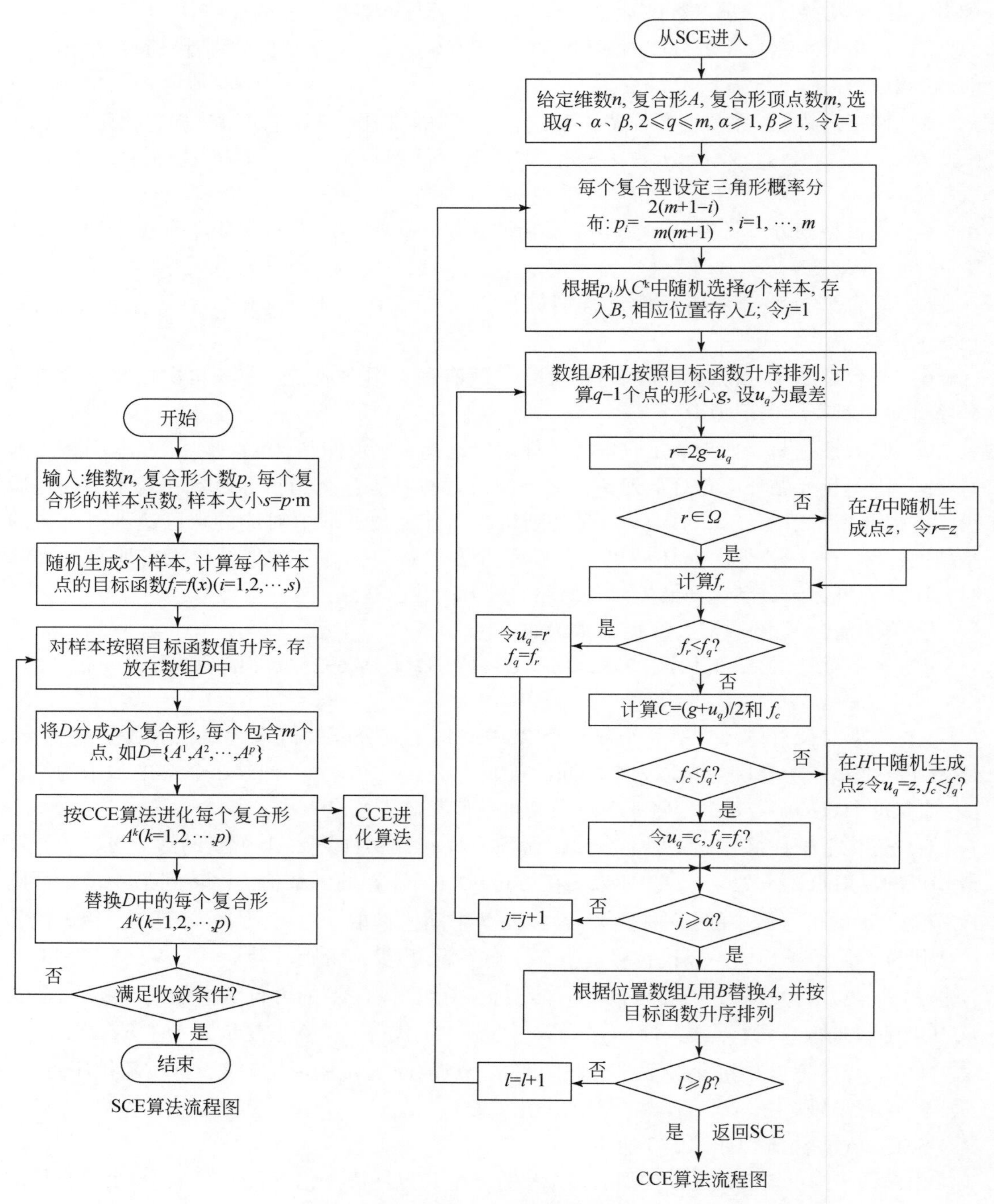

图 5-3　SCE-UA 算法流程图

目标函数以流量 Nash-Suttcliffe 确定性系数 E_{ns} 为目标函数：

$$E_{ns}(\theta) = 1 - \frac{\sum_{i=1}^{n} (Q_{sim,i}(\theta) - Q_{obs,i}(\theta))^2}{\sum_{i=1}^{n} (Q_{obs,i}(\theta) - Q_{obs,avg}(\theta))^2} \tag{5-10}$$

式中，$Q_{sim,i}$为模拟值，$Q_{obs,i}$为实测值，$Q_{obs,avg}$为实测平均值，θ 为优选的参数。当 $Q_{sim,i}=Q_{obs,i}$时，$E_{ns}=1$；E_{ns}越接近 1，表明模型效率越高；如果 E_{ns}为负值，说明模型模拟平均值比直接使用实测平均值的可信度更低。

为防止算法进入死循环需设定程序终止准则，这里主要从以下 3 个方面进行控制。第一是认为当不能明显改进目标函数值超过 KSTOP 次时便认为搜索达到一个较平坦的搜索区，可以终止搜索程序。用数学表达式可表示为

$$\left|\frac{f_{i-1},\ f_i}{f_i}\right| \leqslant \text{TOL} \tag{5-11}$$

式中，f_i 和 f_{i-1} 分别为第 i 步和第 i−1 步迭代的目标函数值；TOL 为确定的一个容许值，本书令 KSTOP=10，TOL= 0.01%。

第二是参数的收敛。当不能明显改进参数值且同时不能改进函数值超过一两次时，认为达到参数收敛，可以终止搜索程序。用数学表达式可表示为

$$\left|\frac{\lambda_{I-1}(j) - \lambda_i(j)}{\lambda_{max}(j) - \lambda_{min}(j)}\right| \leqslant \text{TOL}_{\lambda} \tag{5-12}$$

式中，$\lambda_{I-1}(j)$ 和 $\lambda_i(j)$ 分别为第 j 个参数在第 j−1 步和第 j 步的值；TOL_{λ} 为容许值，本书令 TOL_{λ} =0.0001。

第三是最大循环次数。由于计算时间的限制并确保不会进入死循环，通常要设定一个最大循环次数一般为 10 000 次。

5.3 区域大尺度干旱评估模型构建

5.3.1 区域大尺度干旱模型原理

Palmer 干旱指数依据土壤水分平衡原理，综合反映水分亏缺量和持续时间因子对干旱程度的影响，能够更客观地反映旱情，能够描述干旱发生、发展直至结束的全过程变化。但 Palmer 最初提出的 PDSI 干旱指标存在以下不足：

1）PDSI 干旱指标是基于气象站点的观测数据建立起来的，因此，所估算的干旱指标只是表示气象站所在点的干旱状况，空间上的代表性不够，尤其是气象站点较稀疏或根本就没有的地区，就无法进行干旱评估。

2）PDSI 干旱指标的计算基于概念性水量平衡模型，在计算各水文分量时，将土壤分为上、下两层，上层为耕层（深度为 0～20cm），下层为根系层（深度为 20～100cm），假定蒸散发首先在上层土壤中发生，直到其全部有效水分耗尽时下层土壤才发生蒸散发；同时假定在上层土壤达到田间持水量之前，下层土壤得不到补水，此外还假设只有当上层土

壤和下层土壤均达到田间持水量时才有径流。因此，Palmer 模型不能反映土壤特性的地区变化，不能反映土地利用类型的地区差异，且只考虑了代表点的水量收支情况，没有考虑实际的降雨-产汇流过程。

3）Palmer 旱度模式的可能蒸散量的计算采用 Thornthwait 方法，假设温度在 0℃以下没有蒸散，此假设导致在中国应用该方法计算蒸散发存在较大偏差。

本书按照 PDSI 思路，利用大尺度水量平衡模型，模拟水文过程，获取径流、蒸发和土壤水等水文要素信息，在水量平衡分量、气候常数、气候适宜值、权重因子修正的基础上，建立基于大尺度水量平衡模型和 Palmer 干旱指数的大尺度区域干旱评估模型。

1. 潜在蒸发量

根据已有的气象资料，本书选择联合国粮食及农业组织（FAO）推荐的修正 Penman-Monteith 公式计算潜在蒸发量，其计算方程为

$$\mathrm{ET}_0 = \frac{0.408\Delta(R_n - G) + \gamma \dfrac{900}{T+273} u_2(e_s - e_a)}{\Delta + \gamma(1 + 0.34u_2)} \tag{5-13}$$

式中，ET_0为潜在蒸散发量（mm/d）；R_n为作物表面的净辐射［MJ/（m^2·d）］；G 为土壤热通量［MJ/（m^2·d）］；γ 为干湿表常数（kPa/℃）；T 为平均气温（℃）；Δ 为温度-饱和水汽压关系曲线上在 T 处的切线斜率（kPa/℃）；u_2为 2m 高处的平均风速（m/s）；e_s为饱和水汽压（kPa）；e_a为实际水汽压（kPa）。

饱和水汽压计算公式为

$$e_s = \frac{e^0(T_{\max}) + e^0(T_{\min})}{2} \tag{5-14}$$

$$e^0(T) = 0.6108\exp\left(\frac{17.27T}{T + 237.3}\right) \tag{5-15}$$

式中，$T_{\max}$ 为日最高气温；$T_{\min}$ 为日最低气温；T 为气温（℃）。

实际水汽压 e_a计算公式为

$$e_a = \frac{\mathrm{RH}_{\mathrm{mean}}}{100} \times e_s \tag{5-16}$$

式中，$\mathrm{RH}_{\mathrm{mean}}$ 为时段平均相对湿度。

温度-饱和水汽压关系曲线上在 T 处的切线斜率 Δ 计算公式为

$$\Delta = \frac{4098 \times e^0(T)}{(T + 237.3)^2} \tag{5-17}$$

净辐射 R_n计算公式为

$$R_n = R_{ns} - R_{nl} \tag{5-18}$$

式中，R_n为净辐射；R_{ns}为短波净辐射；R_{nl}为长波净辐射。

短波净辐射 R_{ns}计算公式为

$$R_{ns} = 0.77(0.19 + 0.38n/N)R_a \tag{5-19}$$

$$N = \frac{24}{\pi}\mathrm{Ws} \tag{5-20}$$

$$R_a = 37.6 \cdot d_r (W_s \cdot \sin\psi \cdot \sin\delta + \cos\psi \cdot \cos\delta \cdot \sin W_s) \tag{5-21}$$

$$W_s = \arccos(-\tan\psi \cdot \tan\delta) \tag{5-22}$$

$$\delta = 0.409 \cdot \sin(0.0172J - 1.39) \tag{5-23}$$

$$d_r = 1 + 0.033\cos\left(\frac{2\pi}{365}J\right) \tag{5-24}$$

式中，n 为实际日照时数（h）；N 为最大可能日照时数（h）；R_a为日地球外辐射［MJ/（$m^2 \cdot d$）］；Ws 为日照时数角（rad）；ψ 为地理纬度（rad）；δ 为日倾角（rad）；J 为日序数（元月 1 日为 1，逐日累加）；d_r为日地相对距离；

长波净辐射 R_{nl}计算公式为

$$R_{nl} = 2.45 \times 10^{-9} \cdot (0.9n / N + 0.1) \cdot (0.34 - 0.14\sqrt{e_a}) \cdot (T^4_{max,K} + T^4_{min,K}) \tag{5-25}$$

式中，$T_{max,K}$ 为一天（24h）中最高绝对温度（K）；$T_{min,K}$ 为一天（24h）中最低绝对温度（K）。

土壤热通量 G 计算公式为

$$G = 0.38(T_d - T_{d-1}) \tag{5-26}$$

对于分月估算 ET_0，则第 m 月土壤热通量为

$$G = 0.14(T_m - T_{m-1}) \tag{5-27}$$

式中，T_d、T_{d-1}分别为第 d、$d-1$ 日气温（℃）；T_m、T_{m-1}分别为第 m、$m-1$ 日气温（℃）。

干湿表常数 γ 为

$$\gamma = c_p P / \xi\lambda = 0.665 \times 10^{-3} P \tag{5-28}$$

$$P = 101.3\left(\frac{293 - 0.0065Z}{293}\right)^{5.26} \tag{5-29}$$

式中，P 为气压（kPa）；Z 为计算地点海拔高程（m）；c_p 为空气定压比例，1.013×10^{-3} MJ/（kg·℃）；ξ 为水与空气的分子量之比，取 0.622；λ 为蒸发潜热，2.45MJ/kg。

2m 高处风速 u_2采用观测值，若没有观测值，则采用下式计算

$$u_2 = 4.87 \cdot u_h / \ln(67.8h - 5.42) \tag{5-30}$$

式中，h 为风标高度（m）；u_h为实际风速（m/s）。

2. 水量平衡计算

利用大尺度水量平衡模型，模拟流域水文过程，计算各子流域实际蒸发量 ET、可能蒸散量 PE、实际径流量 RO、土壤有效含水量 S，土壤有效含水量的变化量 ΔS，其他水量平衡分量的实际值和可能值采用 PDSI 水文要素统计方法计算。

土壤补水量 R 为

$$R = \begin{cases} \Delta S_s, & \Delta S_s \geq 0 \\ 0, & \Delta S_s < 0 \end{cases} \tag{5-31}$$

式中，ΔS 为土壤水分变化量（mm）。

由长期气象资料序列计算出月水分平衡各分量的实际值、可能值及平均值，包括蒸散

量 ET、可能蒸散量 EP、径流量 RO、可能径流量 PRO、补水量 R、可能补水量 PR、失水量 L 和可能失水量 PL。

根据帕默尔水分平衡各分量计算方法建立各站点的水文要素并求出水分平衡各分量的平均值，各气候常数和各气候适宜值。

（1）土壤失水量 L

$$L_s = \min(S'_s,\ \mathrm{PE} - P) \tag{5-32}$$

$$L_u = (\mathrm{PE} - P - L_s)\frac{S'_u}{\mathrm{AWC}} \quad L_u \leqslant S'_u \tag{5-33}$$

$$L = L_s + L_u \tag{5-34}$$

式中，L_s为上层土壤水分散失量（mm）；L_u为下层土壤水分散失量（mm）；S'_s 为开始时上层土壤有效水量（mm）；S'_u 为开始时下层土壤有效水量（mm）；PE 为月可能蒸散发量（mm）；P 为月降水量（mm）；AWC 为两层土壤田间有效持水量总和（mm）；L 为二两层土壤水分散失量总和（mm）。

（2）土壤补水量 R

$$R = \begin{cases} \Delta S_s + \Delta S_u, & \Delta S_s \geqslant 0 \text{ 且 } \Delta S_u \geqslant 0 \\ 0, & \Delta S_s < 0 \text{ 且 } \Delta S_u < 0 \end{cases} \tag{5-35}$$

式中，ΔS_s 为上层土壤水分变化量（mm）；ΔS_u 为下层土壤水分变化量（mm）。

（3）实际蒸散发量 ET

$$\mathrm{ET} = \begin{cases} \mathrm{PE}, & \mathrm{PE} \leqslant P \\ P - (\Delta S_s + \Delta S_u), & \mathrm{PE} > P \end{cases} \tag{5-36}$$

式中，PE 为可能蒸散发（mm）；P 为降雨量（mm）。

（4）径流量 RO

$$\mathrm{RO} = P - \mathrm{ET} - \Delta S_s - \Delta S_u \tag{5-37}$$

可能失水量 PL 表示降水为零时能够从土壤中取得的水量

$$\mathrm{PL}_s = \min(S'_s,\ \mathrm{PE}) \tag{5-38}$$

$$\mathrm{PL}_u = (\mathrm{PE} - \mathrm{PL}_s)\frac{S'_u}{\mathrm{AWC}} \quad \mathrm{PL}_u \leqslant S'_u \tag{5-39}$$

$$\mathrm{PL} = \mathrm{PL}_s + \mathrm{PL}_u \tag{5-40}$$

式中，PL_s 为上层土壤水分可能散失量（mm）；PL_u 为下层土壤水水分散失量（mm）；PL 为二两层土壤水分可能散失量总和（mm）。

可能补水量 PR 是降水充足时使土壤达到田间持水量所需的水量

$$\mathrm{PR} = \mathrm{AWC} - (S'_s + S'_u) \tag{5-41}$$

可能径流量 PRO 可认为是可能降水量与可能补水量之差，但由于可能降水量无法确定，用土壤田间有效持水量代替：

$$\mathrm{PRO} = \mathrm{AWC} - \mathrm{PR} = S'_s + S'_u \tag{5-42}$$

根据逐年逐月水文要素，计算各水平衡项月平均值，包括月平均降水量 $\overline{P}$ 、月平均蒸散量$\overline{\mathrm{ET}}$、月平均可能蒸散量$\overline{\mathrm{PE}}$、月平均补水量 $\overline{R}$ 、月平均可能补水量$\overline{\mathrm{PR}}$、月平均径流量

$\overline{\mathrm{RO}}$、月平均可能径流量$\overline{\mathrm{PRO}}$、月平均失水量 $\bar{L}$ 和月平均可能失水量$\overline{\mathrm{PL}}$。

3. 气候常数和气候适宜值

计算各气候常数和系数，包括蒸散系数 α、补水系数 β、径流系数 γ 和失水系数 δ。蒸散系数 α 为某月实际蒸散量 ET 多年平均值和可能蒸散量 PE 的多年平均值之比；补水系数 β 为某月实际补水量 R 的多年平均值和可能补水量 PR 的多年平均值之比；径流系数 γ 为某月实际径流量 RO 多年平均值和可能径流量 PRO 多年平均值之比；失水系数 δ 为某月实际失水量 L 多年平均值和可能失水量 PL 多年平均值之比。

$$\alpha = \overline{\mathrm{ET}} / \overline{\mathrm{PE}} \tag{5-43}$$

$$\beta = \bar{R} / \overline{\mathrm{PR}} \tag{5-44}$$

$$\gamma = \overline{\mathrm{RO}} / \overline{\mathrm{PRO}} \tag{5-45}$$

$$\delta = \bar{L} / \overline{\mathrm{PL}} \tag{5-46}$$

根据逐月水文账和各月气候系数，计算水分平衡各分量的气候适宜值，包括气候适宜蒸散量 ET′、气候适宜补水量 R'、气候适宜径流量 RO′、气候适宜失水量 L' 和气候适宜降水量 P' 。

$$\mathrm{ET}' = \alpha \mathrm{PE} \tag{5-47}$$

$$R' = \beta \mathrm{PR} \tag{5-48}$$

$$\mathrm{RO}' = \gamma \mathrm{PRO} \tag{5-49}$$

$$L' = \delta \mathrm{PL} \tag{5-50}$$

$$P' = \mathrm{ET}' + R' + \mathrm{RO}' - L' \tag{5-51}$$

4. 水分距平值和水分距平指数

Palmer 干旱指数与其他干旱指标的区别之一是提出了“当前气候适宜”的概念，并采用各月实际降水量与气候适宜降水量差值的水分距平值 d 表示降水量盈亏的度量，反映实际天气与“正常”天气的水分偏差：

$$d = P - P' \tag{5-52}$$

水分绝对距平值 d 可直接表示水分异常的程度，但缺点是时空可比性差，因为相同的距平值在不同的地区和时期意义不同。为实现水分距平值的时空可比较性，通过引入气候特征值 K 对距平值 d 进行加权，得出可进行时空对比的水分异常指标。Palmer 认为，平均水分需求与平均水分供应的比值能反映出不同地区和时期的气候差异，因此，将气候特征值 K 定义为

$$K = \frac{\overline{\mathrm{PE}} + \bar{R}}{\bar{P} + \bar{L}} \tag{5-53}$$

式中，$\overline{\mathrm{PE}} + \bar{R}$ 为月平均可能蒸散和补水量之和，表示平均水分需求；$\bar{P} + \bar{L}$ 为月平均降水量和失水量之和，表示平均水分供应。

由此可以求出各月水分距平指数 z 值（即未经修正的 z 值）：

$$z = kd \tag{5-54}$$

z 值既可表示干旱，也可表示湿润；在干旱期 z 值为负，表示气候为负异常，而在湿润期，z 值为正，表示气候为正异常。

5. 帕默尔干旱指数计算公式

在气候适宜降水量和各站气候常数计算的基础上，根据干旱严重程度是持续时间和水分亏缺量的函数的原理，建立旱度模式。

帕默尔将干旱分为四个等级：轻度干旱、中等干旱、严重干旱和极端干旱，见表 5-1。虽然这种等级的划分在气象和农业上广泛使用，但始终没有统一的定义。假定极端干旱总是与记载中的某些最旱时期相对应，则就可以用累积月水分距平指数值的方法来描述它。

表 5-1　帕默尔干旱指数等级划分

指数值 X	等级	指数值 X	等级
≥4	极端湿润	轻度干旱	(-2，-1]
[3，4)	非常湿润	中度干旱	(-3，-2]
[2，3)	中度湿润	严重干旱	(-4，-3]
[1，2)	轻微湿润	极端干旱	≤-4
[-1，1)	正常		

注：该指数表征某时段降水量、蒸发量和经流之间平衡的指标之一，由于该指标经过标准化处理，不同地区和不同时间尺度其干旱等级基本一致，能反映某时段水分盈亏特征

通过历史资料整理，选取最旱时段，统计其对应的累积 z 值，建立极端干旱持续时间与其累积月水分距平指数之间的关系方程，绘制关系曲线。此直线表示为极端干旱，干旱指数 $x=-4$，将纵坐标从正常到极端分成四等份，做出另外三条直线，分别表示严重干旱、中等干旱和轻微干旱，干旱指数 x 值分别等于-3、-2 和-1。假定历史资料中的最旱时段为极端干旱，$x \leqslant 4$，根据干旱严重程度是持续时间和水分亏缺量的函数的原理，则可建立某月干旱指数值的模式

$$x_i = \sum_{t=1}^{i} z_i / (at + b) \tag{5-55}$$

式中，a 和 b 待定系数，可通过上述的极端干旱持续时间与其累积月水分距平指数之际的关系曲线求得。

式（5-55）反映的干旱指标是不同时期指标值 z 代数和的函数，在干旱评估中存在与实际不符的问题。例如，在长期干旱中的一个特别湿润的月，即使在数年后也会直接反映在 z 的代数和中，通过式（5-55）计算得到的干旱不符合实际，因为在较长的干旱期中，仅一个湿润月对持续干旱的严重程度影响往往不大，因此需要进一步考虑不同时段的 z 值对干旱指数 x_i 的影响。

令 $i=1$，$t=1$，则式（5-55）变为

$$x_1 = z_1 / (a + b) \tag{5-56}$$

假设这个月是干旱的开始，则

$$x_1 - x_0 = \Delta x_1 = z_1/(a + b) \tag{5-57}$$

如果要维持上个月的旱情，随着时间 t 的增加，$\sum z$ 必须增加。但 t 的增加是恒定的，即每月增加 1，因此，维持上个月的旱度值所需要增加的 z 值取决于 x 值，故令

$$x_i - x_{i-1} = \Delta x_i = \sum_{t=1}^{i} z_t/(a + b) + Cx_{i-1} \tag{5-58}$$

式中，C 为待定系数，可假设在第 i 月，对于任意 $x_i - x_{i-1} = \Delta x_i = 0$ 的情况，对任意 t 值

$$x_{i-1} = \frac{\sum z_{i-1}}{a(t-1) + b} \tag{5-59}$$

$$x_i = \frac{\sum z_i}{at + b} = \frac{\sum z_{i-1} + z_i}{at + b} \tag{5-60}$$

由式（5-58）~式（5-60）可知：

$$C = \frac{-a}{a + b} \tag{5-61}$$

$$x_i = z_i/(a + b) + (1 + C)x_{i-1} \tag{5-62}$$

式（5-62）即为计算 Palmer 干旱指数的基本模式。

5.3.2 模型关键参数修正

Palmer 旱度模式是利用有限的站点资料建立的，用在其他地区往往不适用，因为相同的水分距平指数 z 在不同的地区干旱程度往往是不一样的。为了使该模式具有更好的空间适用性，需要对权重因子进行修正，重新确定水分距平指数 z。假设一年中每个月 $x=-4$，则 $t=12$ 代入式（5-55）得 $\sum z = -(48a + 4b)$。因假设这 12 个月对于任何地区都表示极端干旱，所以当地 12 个月期间的极端干旱平均权重因子 $\overline{K}$ 为

$$\overline{K} = -(48a + 4b)/\sum_{1}^{12} d \tag{5-63}$$

气候特征 $\overline{K}$ 取决于平均水分需要和平均水分供给的比值，在平均水分需要中除平均可能蒸散量 PE 和平均补水 R 外，还应包括平均径流量 RO，此外 $\overline{K}$ 值显然还应与 $\overline{D}$（d 的绝对值平均值）呈负相关关系。因此，根据各气象站点气候特征 $\overline{K}$ 及水平衡计算结果，建立平均气候特征系数 $\overline{K}$ 与平均水分贡献 $\frac{\overline{\mathrm{PE}} + \overline{R} + \overline{\mathrm{RO}}}{(\overline{P} + \overline{L})\overline{D}}$ 的回归方程，并修正气候特征系数 K。

根据已有研究成果，$\overline{K}$ 与 $\lg \frac{\overline{\mathrm{PE}} + \overline{R} + \overline{\mathrm{RO}}}{(\overline{P} + \overline{L})\overline{D}}$ 常成线性关系，即满足

$$K' = A\lg \frac{\overline{\mathrm{PE}}+\overline{R}+\overline{\mathrm{RO}}}{(\overline{P}+\overline{L})\ \overline{D}}+B \tag{5-64}$$

式中，A、B 为常数，$\overline{D}$ 为 d 绝对值 D 的多年平均。利用式（5-64）可得气候特征系数的第二近似值 K' 。

如果将站点的权重因子修正到所有站点平均年总和，则修正后的气候特征系数 K 为

$$K = \frac{\text{mean}DK}{\sum_{j=1}^{12} \overline{D_j} K'_j} K' \tag{5-65}$$

式中，$\sum_{j=1}^{12} \overline{D_j} K'_j$ 为多年平均绝对水分异常；meanDK 为所有气象监测站点多年平均绝对水分异常。

利用修正后的气候特征系数 K，计算修正后的水分距平指数值 $Z = Kd$，代入式（5-62）得出 Palmer 干旱指数系类 x_i 的最终计算公式。

第6章 区域气候模式与干旱评估

区域气候模式（regional climatic model，RCM）对干旱的模拟：一是利用其陆面过程模式（模型）输出的分层土壤含水量，计算干旱指标或指数对干旱进行模拟；二是区域气候模式可以在不同气候变化情景的全球环流模式（global circulation model，GCM）输出驱动下进行区域气候变化情景预估（动力降尺度），进而可以进行气候变化情景下的干旱预估；三是区域气候模式可以与水文模型耦合，利用区域气候模式输出结果来驱动分布式水文模型，对变化环境下的不同类型干旱进行情景模拟。

6.1 气候模式

用数学物理方程来定量描述全球气候系统是20世纪70年代以来在世界上发展较快且应用很广的方法。全球环流模式（GCM）是用于认识和归因过去气候变化并对未来气候变化进行预估的主要工具。在IPCC第四次评估报告（AR4）中，有24个全球海气耦合模式（水平分辨率一般在125~400km）参与，并为IPCC评估报告提供气候变化模拟预估的科学分析基础数据。研究表明，GCM对全球气候的模拟具有较好的可靠性，对区域气候的模拟在有些地区有些季节具有较好的模拟效果，但尚存在较大的不确定性（赵宗慈和罗勇，1998）。

随着人类活动，特别是温室气体排放所引起的全球变暖等气候问题的凸显，全球气候变化背景下的区域气候响应引起了众多学者的广泛关注。区域气候的成因是多方面的，大尺度背景场的影响在某种程度上起主导作用，但特殊地形和下垫面特征，往往造成区域气候的特殊变化规律，许多观测事实都证明了这一点。Giorgi（1990）最早提出使用有限区域模式进行区域气候研究的方法，其原理是将GCM模拟的结果或大尺度气象分析资料作为初始场和边界条件提供给区域模式，再用它来进行选定区域的气候模拟，以揭示大尺度背景场下区域气候更准确、更详细的特征。

全球环流模式（GCM）水平分辨率较低，一般在150~400km，对该尺度下的区域（或局地）气候变化模拟具有较大的不确定性；与GCM比较，区域气候模式（RCM）具有较高的分辨率，能细致地描述地形、海陆分布及地表植被等下垫面特征，对局地强迫引起的区域气候特征有较好的模拟能力，因此，近年来高分辨率RCM已成为获取区域气候变化信息的重要工具。

20世纪80年代末，Giorgi等（1993a，1993b）、Dickenson等（1989）首次成功地进行了区域气候的数值模拟试验，此后区域气候模式（RCM）不断地发展并广泛应用于科研领域，并开展了一系列模式比较计划，如亚洲区域模式比较计划（RMIP）、北美地区区域模式比较计划（PIRCS）、北极区域气候模式比较（ARCMIP）等。20 世纪 90 年代以来，随着计算机技术的快速发展，国际上在区域气候模拟方面有了较大进展。

大部分 RCM 都采用了数值天气预报模式的动力框架——宾夕法尼亚州立大学/美国国家大气研究中心（PSU/NCAR）的中尺度数值天气预报模式 MM4/MM5 的动力框架，通过调整模式中原有的物理过程参数化方案，使之适合长期气候变化特征的描述，如辐射传输方案、陆面过程及云物理过程等（鞠丽霞和王会军，2006）。目前国际上比较著名的 RCM 有美国国家大气研究中心（NCAR）和意大利国际理论物理研究中心（ICTP）的 RegCM 系列、美国国家大气研究中心（NCAR）的 MM5 系列、美国普林斯顿大学地球物理流体动力实验室模式（GFDL）/美国科罗拉多州立大学（CSU）的 RAMS、澳大利亚联邦科学与工业研究组织（CSIRO）的 DARLAM、英国气象局（UKMO）哈德莱中心的 HadRM、德国马普气象研究所（MPI）的 REMO、德国马普与丹麦气象研究所（DMI）的 HIRHAM，以及中国科学院大气物理研究所的 RIEMS 和中国气象局国家气候中心发展的 NCC-RCM。

6.2 区域气候模式 RegCM3

6.2.1 区域气候模式研究进展

区域气候模式 RegCM3 最早由美国国家大气研究中心（NCAR）开发，目前由意大利国际理论物理研究中心（ICTP）开发。由于该模式程序代码开源，因此在世界各地应用范围较广，已被广泛用于北美洲、欧洲、非洲、中亚及东亚-西太平洋等地区的模拟研究，不但进行过月、季时间尺度个例模拟，还进行过年代际的气候模拟检验、古气候模拟，以及人类活动影响模拟等（周建玮和王咏青，2007）。RegCM 系列模式发展历程见表 6-1 所示。

1980～1990 年，NCAR RegCM1 建立在 MM4 中尺度模式基础上，垂直方向采用 σ 坐标；其动力结构源于 MM4，为可压的、静力平衡有限差分模式。模式包括 BATS 陆面过程、行星边界层方案、CCM1 辐射传输方案、显式水汽方案、Kuo 积云对流参数化方案等。

1992 年后，对 RegCM1 进行改进，形成了 NCAR RegCM2。RegCM2 是建立在中尺度模式 MM5 和 CCM2 辐射传输方案基础上的。模式采用 BATS1e 陆面过程模式，增加了 Grell 积云对流参数化方案，采用 Holtslag 的非局地边界层方案等。

2003 年以后，RegCM2 得到不断更新和完善，形成新版本的 ICTP RegCM3。与以往版本比较，其主要改进为：使用了 CCM3 辐射传输方案，改进了大尺度云和降水参数化方案，使其可以解决次网格尺度云的变化问题；增加了 Betts-Miller 和 Emanuel 积云对流参数化方案；增加了新的海表通量参数化方案等。2010 年以后，具有更完善物理过程和强大功能的区域气候系统模式 RegCM4.1 版本也已经公布，目前正处于适用阶段。

表 6-1　RegCM 系列模式发展历程

RegCM 系列	时间/年	研发部门
RegCM1	1989 ~ 1990	NCAR
RegCM2	1993	NCAR
(RegCM2. 5)	1998 ~ 2002	ICTP
RegCM3	2003-	ICTP
RegCM4. 1	2010-	ICTP

区域气候模式 RegCM3 在国内应用较为广泛，研究人员使用此模式进行了大量当代气候、植被改变，以及气溶胶的气候效应、气候变化等的数值模拟研究工作，取得了大量研究成果，肯定了该模式在我国的适用性。

1. 对模式性能的研究

对模式性能研究表明，区域气候模式虽然在各个地区都能通用，但对不同地区的模拟能力又不尽相同。水平分辨率、初始场和边界条件、各物理过程参数化方案的选择都会敏感地影响到模拟结果。所以要研究一个地区的区域气候，有必要运用模式在该区域进行模拟试验，来优化各参数和方案的选择，以得到适合该区域的最优参数方案。

（1）分辨率的敏感性检验

已有研究表明，东亚地区降水的模拟效果取决于模式的水平分辨率，模式分辨率越高，模拟的效果越好（高学杰等，2006）。60km 或高于 60km 的分辨率可能是很好模拟中国降水所必要的，分辨率不够时，模式将不能很好地模拟出东亚和中国季风降水的主要特征。康丽莉（2005）利用 RegCM3，采用 60km 和 20km 水平分辨率对 1998 年 6 月长江流域特大暴雨过程进行模拟，结果表明 20km 水平分辨率的模拟效果明显好于 60km 水平分辨率，模拟雨区分布与降水强度接近实况。

（2）积云对流参数化方案敏感性检验

积云对流是影响大气能量、质量输送和分布，并对降水过程有直接影响的重要物理过程，它对大气环流和气候变化也有十分重要的影响，是气候模式中最难以描述的物理过程之一。由于模式中不同参数化方案反映的作用机制不同，相应的反馈机制也不同，降水、大气环流模拟结果存在一定的差异。积云对流参数化方案的敏感性试验主要是选择 RegCM3 中不同的积云参数化方案（Grell、Kuo 和 Emanuel 方案），对气候异常年的季节或不同月份的异常降水事件进行模拟，来比较不同方案下降水模拟效果，确定适合该地区的参数化方案。国内这方面的研究成果较多，在青藏高原地区（杨雅薇和杨梅学，2005）、西北地区（鲍艳等，2006b）、中国东部地区（刘晓东等，2005；胡轶佳等，2008；汤剑平等，2006）都进行过积云对流参数化方案的敏感性试验研究。

（3）适应调整时间的敏感性检验

模式的起转过程（spin-up）是指在非平衡初值或扰动的条件下，模式进行调整而达到平衡态的过程（刘树华等，2008）。通常区域气候模式运行一段时间后会以“气候模态”运行，而区域气候模式内部的气候模态是由边界强迫和模式内部的物理过程共同决定的。spin-up 时间的长短取决于模拟的区域大小、位置、季节及环流强度等。在这段时间内，由于边界强迫与模式内部动力过程的不平衡，会产生虚假的环流和降水，而且模式内部也会存留下很多初始场的误差信息，使模拟结果不能完全反映模式内部的气候特点。因此在区域气候模拟的结果分析中，spin-up 期间的模拟结果一般都不予考虑。钟中等（2007）利用 RegCM3，对季节尺度区域气候模拟的 spin-up 时间选取问题进行了数值研究，以检验不同长度的 spin-up 时间对 1998 年夏季异常降水模拟结果的影响。结果表明模式通常在经过 4 ~ 8d 的 spin-up 时间后就进入“气候模态”运行。模式的误差是由模式对区域内部大气过程描述能力不足造成的，因模拟的区域、时间、季节及选取的物理方案不同而不同，并不因为 spin-up 时间的不同而发生变化。对降水而言，一般月尺度模拟的 spin-up 时间取 10d 到 1 个月即可，但对于季节尺度模拟，spin-up 时间大于 2 个月更好。

2. 对区域气候模拟能力的研究

对区域气候模拟能力的研究表明，RegCM3 能较好地模拟区域气候的细部特征并且能较好地模拟出气候异常。一是对气候平均态的模拟。张冬峰等（2005a，2007）使用 RegCM3 对东亚地区进行了 15 年（1987 ~ 2001 年）时间长度的数值积分试验，结果表明模式对东亚平均环流的特征和中国地区降水、地面气温的年、季地理分布和季节变化特征均具有一定的模拟能力，对气温和降水年际变率的模拟也较好。但温度模拟存在系统性的冷偏差，降水地理分布模拟也存在一定偏差，降水量模拟在北方偏大，南方偏小；张冬峰等（2005b）使用 RegCM3 对青藏高原及青藏铁路沿线地区气温和降水进行了模拟，结果表明模式较好地模拟了青藏铁路沿线地区的降水，特别是气温的年际变化及年变化趋势，但对降水年际变化的模拟能力还有待进一步提高。二是对极端气候事件的模拟。李巧萍和丁一汇（2004a）对中国北方 1998 ~ 2002 年中国南涝北旱气候态的模拟表明，模式对我国北方长期的干旱气候态有一定的模拟能力；鲍艳等（2006a）利用 RegCM3 对 2001 年夏季我国西北地区极端干旱事件进行了模拟，结果表明模式能很好地再现西北干旱地区主要的环流特征、温度及降水的变化情况；李建云和王汉杰（2008）对 2003 年 7 月淮河流域强降水过程的模拟，以及刘晓冬等（2005）对 1998 年 5 ~ 8 月中国东部降水的模拟都证明了模式对极端降水事件也具有较好的捕捉能力。

3. 土地覆被和气溶胶变化对区域气候的影响研究

目前情景试验一般没有包括可能引起温度和降水预测结果偏差的土地覆被（土地利用和植被覆盖）变化和大气气溶胶的影响，而东亚地区的土地覆被和大气气溶胶在过去几十年里已经发生了明显变化，对区域气候变化产生一定的影响。

（1）土地覆被变化对区域气候的影响

研究表明，下垫面植被状况的改变可以通过改变地表反照率、粗糙度和土壤湿度等地表属性，从而影响辐射平衡、水分平衡等过程，可以导致区域降水和环流形势及大气温度和湿度等气候条件的变化（李巧萍和丁一汇，2004b；Im et al.，2007）。董喜春等

(2008) 利用20km高分辨率RegCM3研究了长江中下游地区城市化进程中由于农作物植被面积减小，地表参数改变对局地气候特征的影响。分析表明长江中下游地区农作物植被面积退化为城市下垫面后对局地气候的影响较大，使近地层温度明显升高。过渡试验和绿化试验能有效减小城市化进程中地表植被类型改变对局地气候的影响；张志富等（2006）使用RegCM3研究了西北沙漠面积变化对我国区域气候变化的影响。结果表明西北沙漠区扩展后对我国夏季降水和夏季风有明显影响，植被退化、荒漠化加剧会导致季风减弱，降水量减少，增大地面粗糙高度后的影响更为显著；高学杰等（2007）使用RegCM3，嵌套ERA40再分析资料，进行了中国区域实际植被和理想植被分布情况下各15年的积分试验，结果表明土地利用引起年平均降水在南方增加、北方减少，年平均气温在南方显著降低。

(2) 气溶胶的气候效应研究

大气气溶胶能通过直接效应（散射和吸收太阳辐射）和间接效应（改变云的微物理过程和光学特性）来影响气候（董俊玲等，2010）。近年来，气溶胶分布对亚洲夏季风降水和水循环的重要作用也引起了广泛关注（Duan and Mao，2009；Solmon et al.，2008；孙颖和丁一汇，2009）。随着经济快速发展，中国区气溶胶排放量增加，这将不可避免地对这里的气候产生很大影响。目前中国地区气溶胶气候效应研究主要集中在硫酸盐气溶胶、沙尘气溶胶和黑炭气溶胶，研究方法主要采用辐射传输模式、全球或区域气候模式模拟气溶胶对气候变化的影响，研究对象从单一气溶胶向多种气溶胶共同作用的气候效应方向发展，包括气溶胶引起的辐射强迫、对温度和降水的影响等，取得了一定进展（高学杰等，2003；吉振明等，2010）。

总之，植被变化、土地利用、人类活动排放的温室气体和气溶胶是影响气候的几个重要因素，它们共同影响着区域气候，今后还需要进行更多的数值试验和分析研究，来区别三者各自的作用，以考察它们相互作用下的气候效应。

4. 模式的耦合和改进

为了提高模式的模拟能力，需要对模式的主要物理参数化过程进行改进。姚素香和张耀存（2008）以RegCM3和普林斯顿海洋模式POM为基础，建立了一个区域海气耦合模式，对1963～2002年中国夏季降水进行模拟，结果表明耦合模式对中国夏季雨带分布的模拟明显优于控制试验（单独的大气模式），对长江流域及华南降水的模拟性能改进尤为明显，耦合模式能够更为真实地刻画中国东部地区汛期雨带的移动。陆面过程通过影响陆面和大气之间物质和能量的交换影响气候，其参数化方案对全球及区域气候模拟有重要影响；郑倩等（2007）利用陆面模式（common land model，CoLM）替代区域气候模式RegCM3原有的陆面模式BATS，发展了耦合区域气候模式C-RegCM3，将其应用于东亚地区典型洪涝年份夏季气候模拟，结果表明C-RegCM3能合理模拟大尺度环流场、近地表气温和降水的分布特征，对西北干旱地区降水模拟比RegCM3有所改进；曾新民等（2005）针对RegCM3中陆面方案BATS地表产流方案的不足，将考虑入渗和降水非均匀性的地表产流方案VXM并入BATS，利用改进后的区域气候模式模拟了中国1990年、1991年和1998年的夏季风气候，结果表明地表产流方案的改进对RegCM3模拟降水的影响不大，但模拟的径流有较大提高且与实测更为一致。

5. 对未来气候变化的情景预估

石英和高学杰（2008）利用区域气候模式 RegCM3，单向嵌套 FvGCM 的输出结果，对中国东部地区进行了 2×30a 的当代（1961～1990 年）和 IPCC A2 情景下未来（2071～2100 年）的气候变化模拟试验。结果表明：与 FVGCM 比较，RegCM3 模拟的温度和降水更为详细，未来中国东部地区年平均温度将明显升高，降水将增加 10% 以上。

6.2.2 RegCM3 模式

1. RegCM3 简介

由于 GCM 分辨率较低，不能很好地反映区域必要的异质性特征，而 RCM 具有较高的水平分辨率，能够描述区域内中小尺度地形、地表特征等下垫面条件和其他因子对区域气候变化的强迫和影响，目前已成为区域气候变化研究的重要工具。

RegCM3 采用了 MM5 的动力框架，垂直方向为 σ 坐标，水平方向采用“Araka-wa B”交错网格，主要物理参数化方案包括：陆面过程、辐射传输方案、行星边界层方案、积云对流降水方案、大尺度降水方案和气压梯度方案等。模式输出包括大气模式、陆面模式和辐射模式的结果，输出物理量有 40 多种。与以往版本比较，RegCM3 的改进主要包括（Elguindi et al.，2004）：

1）对陆面过程的描述，耦合了由 Dickinson 等（1993）改进的 BASTle 方案，该方案在水分循环、地表感热及动量通量计算方面与较早的 BATS 方案类似，可描述 18 种下垫面类型，不同之处在于增加了 3m 的深层土壤，修正了积雪区的土壤温度强迫-恢复计算法。

2）对辐射过程的描述，用 CCM3 辐射传输方案取代了过去的 CCM2 辐射传输包，虽然新方案中保留了原方案的主要特征，但增加了温室气体（NO_2、CH_4、CFCs）、大气气溶胶和云中冰晶的效应。

3）积云对流参数化方面，在保留原有的 Grell 和 Kuo-Anthes 两种积云对流参数化方案基础上，引入了 Betts-Miller 方案。

4）增加了考虑云的次网格变量的大尺度云和降水方案、新的海洋表面通量的参数化方案和并行计算等。

2. 模式动力方程组

（1）水平动量方程

$$\frac{\partial p^* u}{\partial t} = -m^2\left(\frac{\partial p^* uu/m}{\partial x} + \frac{\partial p^* \nu u/m}{\partial y}\right) - \frac{\partial p^* u\sigma}{\partial \sigma} - mp^*\left[\frac{RT_\nu}{(p^* + p_t/\sigma)}\frac{\partial p^*}{\partial x} + \frac{\partial \phi}{\partial x}\right] + fp^*\nu + F_H u + F_V u \tag{6-1}$$

$$\frac{\partial p^* \nu}{\partial t} = -m^2\left(\frac{\partial p^* u\nu/m}{\partial x} + \frac{\partial p^* \nu\nu/m}{\partial y}\right) - \frac{\partial p^* \nu\sigma}{\partial \sigma} - mp^*\left[\frac{RT_\nu}{(p^* + p_t/\sigma)}\frac{\partial p^*}{\partial y} + \frac{\partial \phi}{\partial y}\right]$$
$$+ fp^* u + F_H\nu + F_V\nu \tag{6-2}$$

式中，u、ν 分别为纬向风速和经向风速；T_ν 为虚温；ϕ 为位势高度；f 为地转（科氏）参数；R 为干空气比气体常数；m 为地图投影比例尺；$\sigma=\frac{\mathrm{d}\sigma}{\mathrm{d}t}$；$F_H$ 和 F_V 分别为水平和垂直扩散效应；$p^*=p_s-p_t$。

（2）连续方程和 σ 方程

$$\frac{\partial p^*}{\partial t} = -m^2\left(\frac{\partial p^* u/m}{\partial x} + \frac{\partial p^* \nu/m}{\partial y}\right) - \frac{\partial p^* \sigma}{\partial \sigma} \tag{6-3}$$

对该方程进行垂直积分计算地表气压的时间变化：

$$\frac{\partial p^*}{\partial t} = -m^2\int_0^1\left[\frac{\partial p^* u/m}{\partial x} + \frac{\partial p^* \nu/m}{\partial y}\right]\mathrm{d}\sigma \tag{6-4}$$

计算地表气压倾向后，通过对方程（6-3）的垂直积分可计算得到模式在 σ 坐标中每一层的垂直速度 σ'：

$$\sigma' = -\frac{1}{p^*}\int_0^\sigma\left[\frac{\partial p^*}{\partial t} + m^2\left(\frac{\partial p^* u/m}{\partial x} + \frac{\partial p^* \nu/m}{\partial y}\right)\right]\mathrm{d}\sigma' \tag{6-5}$$

（3）热力学方程和 ω 方程

$$\frac{\partial p^* T}{\partial t} = -m^2\left(\frac{\partial p^* uT/m}{\partial x} + \frac{\partial p^* \nu T/m}{\partial y}\right) - \frac{\partial p^* T\sigma}{\partial \sigma} + \frac{RT_V\omega}{c_{pm}(\sigma + P_t/P_{ast})} + \frac{p^* Q}{c_{pm}} + F_H T + F_V T \tag{6-6}$$

式中，c_{pm}为常压力下潮湿空气的特定比热容（$c_{pm}=c_p$（$1+0.8q_\nu$））；Q 为非绝热加热项；$F_H T$ 为水平扩散效应；$F_V T$ 为垂直混合和干对流调整效应。

ω 的计算公式为

$$\omega = p^*\sigma + \sigma\frac{\mathrm{d}p^*}{\mathrm{d}t} \tag{6-7}$$

$$\frac{\mathrm{d}p^*}{\mathrm{d}t} = \frac{\partial p^*}{\partial t} + m\left(u\frac{\partial p^*}{\partial x} + \nu\frac{\partial p^*}{\partial y}\right) \tag{6-8}$$

（4）流体静力学方程

$$\frac{\partial \phi}{\partial \ln(\sigma + p_t/p^*)} = -RT_V\left[1 + \frac{q_c + q_r}{1 + q_\nu}\right]^{-1} \tag{6-9}$$

式中，$T_V=T$（$1+0.608q_\nu$），q_ν、q_c 和 q_r 分别为水汽、云水/冰、降雨/雪的混合比。

3. 模式物理过程

RegCM3 模式中考虑的物理过程主要有陆面过程、辐射传输过程、行星边界层方案、积云对流参数化方案、边界层和大尺度降水方案、海洋通量及气溶胶等。

（1）陆面模式 BATS1e

陆面过程参数化方案直接影响到地气间各种通量的计算，而这些通量往往会影响模式对各个气象要素的模拟，如热量通量会影响地表温度的变化，动量通量会影响大气中风速的分布，水汽通量会影响空气中的水分含量和降水（黄安宁和张耀存，2007）。

为了较细致地考虑植被在地表水汽和能量收支中的作用，Dickinson（1986）设计了生物圈-大气圈传输方案 BATS（biosphere-atmosphere transfer scheme），经过不断地改进和完善，最后发展成 BATSle 陆面模式。该模式为典型的单层大叶模式，它是在一系列可以直接观测到的陆面参数的基础上，根据物理概念和理论建立起来的关于植被覆盖表面上空的辐射、水分、热量和动量交换，以及土壤中水热过程的参数化方案，较为真实地考虑了植被在陆地水热过程中的作用，尤其对植被生理过程，如蒸腾进行了较细致的描述。

如图 6-1 所示，BATSle 陆面模式从上到下分为植被层、雪盖层和土壤层，其中土壤层又分为土壤厚 10cm 的第一层，土壤深 1 ~ 2m 的第二层和土壤深 3m 的第三层。如果下垫面是海洋，则海表温度取观测的月均值；如果是陆地，则按照 Dickinson 等的地表植被分类方法，对每一模式格点分别定义其陆面状况和土壤类型参数，以区分不同的地表和植被物理特性；模式考虑了降水、降雪、融雪、径流、蒸散发、渗透等物理过程，利用“强迫-恢复法”计算各层土壤温度；植被冠层的温度、湿度计算通过包括辐射、感热和潜热的能量平衡方程和包括降水、蒸散发、径流等的水分平衡方程求解得到；土壤湿度计算则考虑了降水、叶面下滴、融雪、蒸发、径流，根系层以下的水分渗透、土壤各层间水分扩散交换等过程，通过求解土壤各层含水量的预报方程得到；根据植被覆盖、土壤湿度和雪盖状况计算地表反照率；根据相似理论导出的地面拖曳系数公式来计算地表感热通量、水汽和动量通量，而拖曳系数与大气稳定度和表面的粗糙度有关，表层的蒸发率则依赖于土壤湿度（Dickinson，1986；Pickinson et al.，1993）。

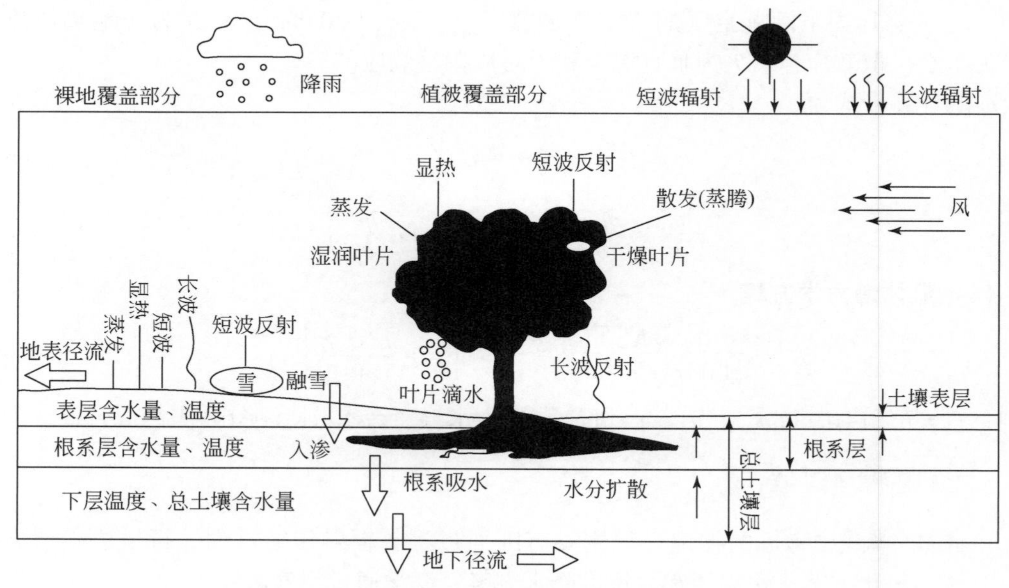

图 6-1　BATS1e 模式结构示意图

（2）辐射传输方案 CCM3

辐射传输过程是气候系统中各种重要的物理过程之一。辐射传输方案就是要给出到达地面的太阳短波辐射、地气间的长波辐射通量，用于计算地面的能量平衡、大气各高度上的能量收支及加热率等。RegCM3 采用的辐射传输参数化方案是 NCAR 的 CCM3 辐射传输方案（Kiehl et al.，1993），在 CCM3 方案中，保留了 CCM2 中所含有的 H_2O、O_3、O_2、CO_2和云的效应。除此之外，它还考虑了温室气体和气溶胶等大气成分，云及冰晶等辐射效应。

（3）行星边界层方案

行星边界层方案（Holtslag et al.，1990）是基于非局地扩散理论，考虑在不稳定的充分混合的大气中，由于大尺度涡旋而产生的反梯度通量。

（4）积云对流参数化方案

大量的观测和理论研究表明，积云对流过程中释放的潜热、云中热量、水汽和动量的垂直输送可以显著地改变大尺度环流，还会对地气辐射平衡产生重要作用。由于对流活动的水平尺度一般在 10km 以下，而模式网格的水平分辨率一般在几十千米，因此需要对积云对流过程进行合理的参数化方案设计。模式中的积云对流参数化方案，主要包括：①修正的 Kuo 方案（Anthes，2009）；②基于 Arakawa 和 Schubert 闭合假设（简称 AS74）或 Fritsch-Chappell 闭合假设（简称 FC80）的 Grell 方案（Grell，1993）；③MIT-Emanuel 方案（Emanuel，1991）。

（5）大尺度降水方案

模式中采用次网格显式水汽方案（SUBEX）用于处理模型可分辨的非对流云和降雨。SUBEX 按照 Sundqvist 的工作（Pal et al.，2000）把网格平均相对湿度和云含量及云水含量联系起来，从而考虑了云的次网格变化。

（6）其他物理过程

模式的其他物理过程：海表通量参数化方案是计算海气间感热、潜热、动量通量的参数化计算方案，除 BATS 外，还增加了 Zeng 方案，它考虑了各种稳定条件和不稳定条件情形，克服了以往过高估计潜热的缺陷；气压梯度参数化方案包括通用的 PCF 计算方案和采用一个扰动稳定使静力扣除的计算方案；化学模式用于考虑气溶胶、沙尘的影响，特别是对沙漠和半沙漠地区；湖泊模式与大气模式耦合，湖泊模式中的热通量、水汽和动量由气象资料和湖泊的表面温度、反照率计算得到。

4. 模式网格及侧边界

RegCM3 通常在压力面上获取、分析数据，这些资料在输入模式之前必须内插到模式的垂向坐标上。RegCM3 的垂直坐标是一种仿地形坐标，即 σ 坐标，其定义为

$$\sigma = \frac{(p - p_t)}{(p_s - p_t)} \tag{6-10}$$

式中，p 为压力，p_t 为顶层压力常量，p_s 为地表压力。

变量（u、v、T、q、p）均定义模式中各垂直层的半层；垂直风速定义到整数层上。

RegCM3 水平网格采用 Arakawa-Lamb B 型交错网格。标量（温度 T、湿度 q、气压 p 等）定义在网格中心点，而水平速度分量（东向分量 u 和北向分量 v）则定义在角点上。

RegCM3 使用的数据主要包括高程、植被/陆地类型、初始和侧边界场及海表温度数据。高程数据来自美国地质调查局（USGS）的 GTOPO30 数据，包括 2′~60′不同分辨率；植被/陆地类型数据使用全球陆地覆盖特征数据库（GLCC）资料，包括 2′~60′不同分辨率；初始和侧边界场主要有全球再分析数据（ECMWF、ERA40、NNRP1、NNRP2 等）或 GCM 输出数据（FVGCM、EH50M 等）；海表温度常用的有 1°×1°月平均格点数据 OISST 和 1°×1°周和月时间尺度最优插值表层海温格点数据 GISST；模式还提供了 5 种不同的边界嵌套方案，包括固定边界方案、线性松弛边界方案、时间相关边界方案、指数松弛边界方案、海绵边界方案，通常采用指数松弛边界方案处理效果最好。

5. 模式结构

RegCM3 由 4 大模块组成，包括地形（Terrain）、侧边界场（ICBC）、主程序（Main）和后处理（Postproc）模块。整个流程可分为预处理、模式运行和模式输出资料的后处理 3 个阶段。预处理包括地形参数、研究区域参数的设置，以及为模式运行准备的初始和边界条件的设定；主程序模块是模式所研究各种过程的主控程序；后处理是转换模式运行后的输出结果为需要的平均类型和数据格式。模式系统结构如图 6-2 所示。

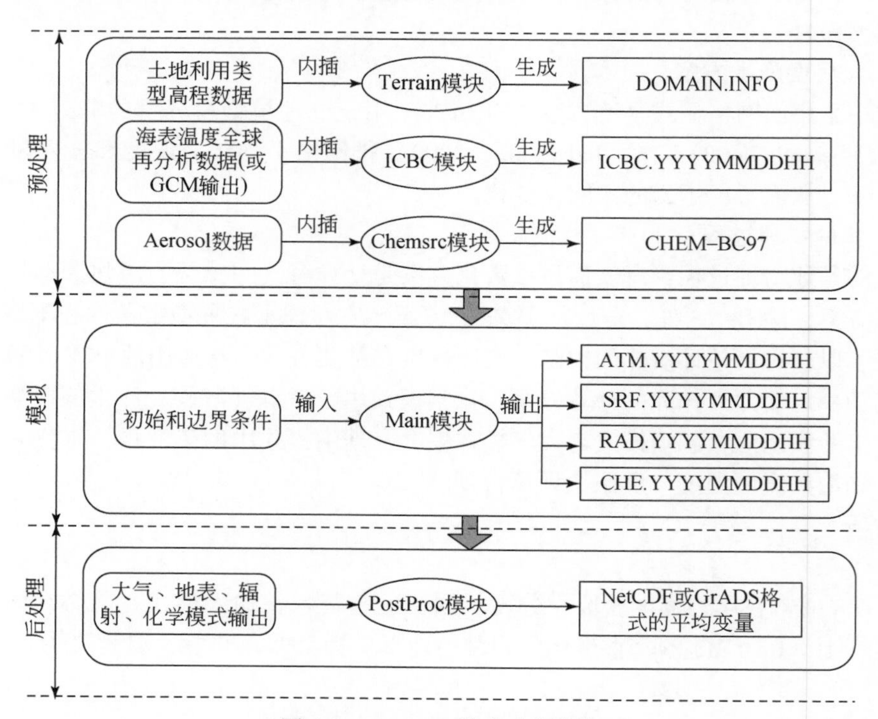

图 6-2　RegCM3 模式系统结构

6.3 区域气候模式与干旱模拟

6.3.1 区域气候模式的陆面过程

陆面过程和大气边界层过程是两个密切相关的科学领域，它们共同反映了地球表面陆、气间的动量、能量、水分和物质交换和输送过程，是气候系统响应外部强迫和调整内部变化的重要环节。研究表明，无论是气候变化还是大气环流异常都与陆面过程和大气边界层的贡献密不可分，尤其是干旱、暴雨洪涝等极端天气气候事件更是与陆面过程和大气边界层过程存在着许多内在必然联系（张强等，2009b）。

由于长系列降水观测数据相对容易获取，国内外以降水为基础构建的干旱指标（降水距平指数、PDSI 指数、SPI 指数等）应用十分广泛。然而，对农作物生长来说，土壤含水量是一个比降水更为直接和关键的要素，降水只有转化为土壤水后，才能被作物吸收利用。由于降水是一个随机事件，土壤含水量在前后两场降水事件之间对作物的供水起到重要的调节作用。因此，土壤含水量变化是干旱发生发展的关键环节，也成为农业干旱识别的重要指标。国内土壤含水量监测起步相对较晚，目前土壤含水量主要以有限的站点监测为主。由于气象、农业和水利部门业务关注点和监测制度的不同，目前还没有形成一个统一、综合、大范围的土壤含水量监测网络，长系列、大范围的土壤含水量信息不易获得；而利用遥感技术虽可获得大尺度的土壤含水量信息，但仅能获取土壤表层 0 ~ 20cm 的土壤含水量，且反演精度还有待进一步提高，尚不能完全满足对干旱机理的认识和归因分析。因此，获取长期土壤含水量信息的替代方法，是基于长系列气象观测资料，采用具有一定物理基础或概念的陆面过程模式或水文模型对土壤含水量进行模拟（吴志勇，2012）。

区域气候模式 RegCM3 的陆面过程是 Dickinson 等提出的“生物圈-大气传输方案”（BATS）的改进版 BATS1e，可以详细描述发生在大气边界层-植被-土壤耦合系统中的各种复杂的水分、热量传输过程。因此，通过数值模拟方法可以模拟现状和未来气候变化情景下流域/区域大尺度、长系列的分层土壤含水量变化，进而对农业干旱进行模拟和预估，为拓展干旱评估方法提供借鉴（图 6-3）。

6.3.2 区域气候-水循环耦合模拟平台

在世界气候研究计划（WCRP）、国际地圈生物圈计划（IGBP）等重大研究计划的推动下，陆面水文过程模拟得到越来越多的重视。但与常用的水文模型相比，大气模式中的陆面参数化方案对水文过程的处理都比较简单。此外，由于大气水文过程时空尺度的差异，大气陆面水文的双向耦合仍然是大气水文领域研究的难点。因此，目前通过区域气候模式与分布式水文模型（单向）耦合，可用于气候变化及人类活动对流域或区域水循环的响应研究（林朝晖等，2008）。

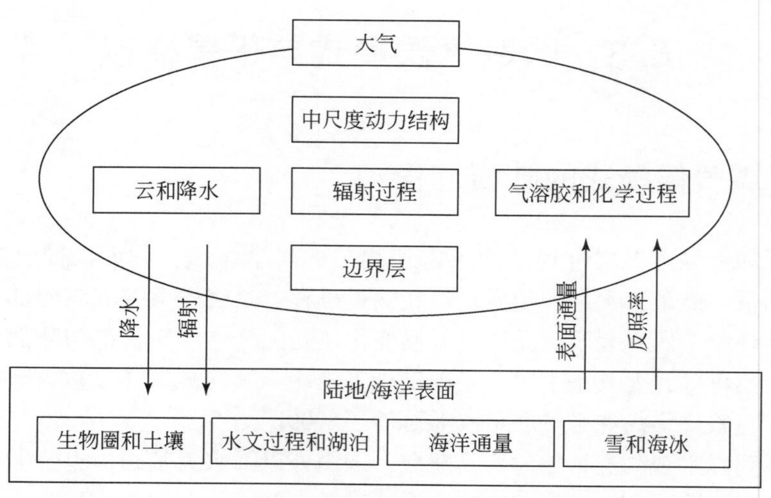

图 6-3 RegCM3 模式结构

(1) 区域气候-水循环响应研究总体框架

如图 6-4 所示，区域气候-水循环响应研究主要思路是：以德国马普气象所的全球海气耦合模式 ECHAM5/MPI-OM 模拟的 IPCC SRES 不同温室气体（A2/A1B/B1）排放情景下的输出作为区域气候响应的大尺度气候背景场，为区域气候模式 RegCM3 提供初始和侧边界驱动场。

区域气候变化通常是由大尺度过程（季风、海陆分布等）和区域内强迫因子（地形、植被等）共同作用引起的。GCM 输出分辨率低使全球尺度的计算结果用于局地气候变化预估将产生较大的偏差。因此，需要对全球环流模式的结果进行降尺度处理，本书将采用具有明确物理机制的动力降尺度方法（dynamic downscaling），即利用全球环流模式输出结果作为区域气候模式的初始和侧边界条件，区域气候模式 RegCM3 在大尺度气候背景场的驱动下，考虑了地形、植被类型等下垫面因素变化对局地气候的影响，利用模型参数空间分布来反映区域地理特征的空间变异性。采用 20km 高水平分辨率对区域气候的时空变化过程进行模拟，以得到详细的区域气候变化情景，更好地反映区域尺度的气候变化特征。

流域分布式水循环模型 WACM（water resources allocation and cycle model）可以进行高强度人类活动影响下的自然-人工复合水循环模拟研究，模型能够模拟冠层截留、融雪、蒸散发、坡面流、非饱和土壤水运动和饱和地下水出流等水文物理过程。在高分辨率气候变化情景驱动下，可以进行未来不同气候变化情景下的流域水循环响应研究；同时 WACM 还可以进行与水循环过程伴生的水资源、干旱、水环境、水生态和水沙过程等变化的模拟研究等。模型详细介绍详见第 4 章。

(2) 降尺度方法

如图 6-5 所示，GCM 是气候变化模拟的主要工具，但输出分辨率低（一般在 125 ~ 400km）使全球尺度的计算结果用于局部地区气候变化的预估，势必存在很大的不确定性。本书采用德国马普气象所的 ECHAM5/MPI-OM 海气耦合模式的大气模式 ECHAM5 采

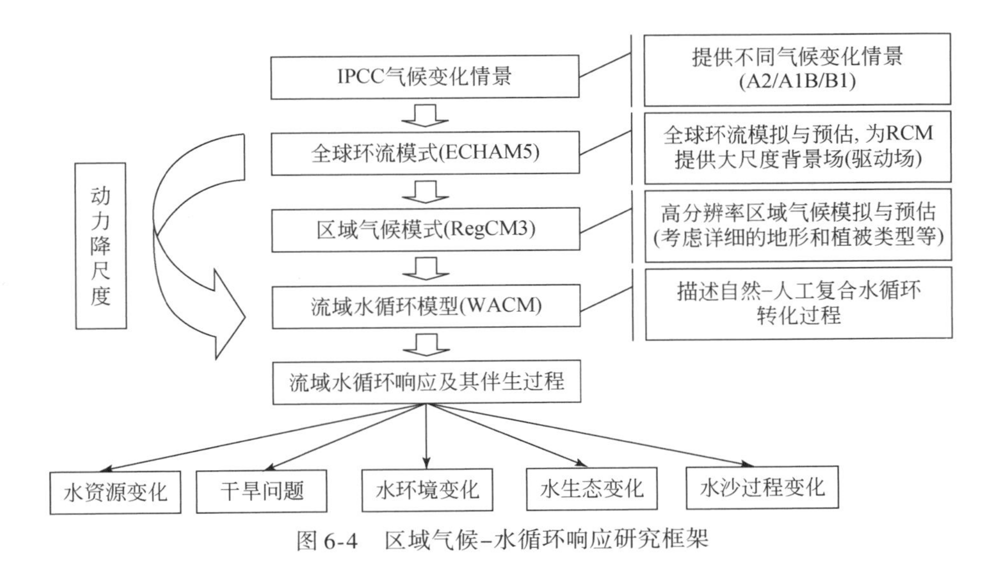

图 6-4　区域气候-水循环响应研究框架

用 T63 的网格，水平网格间距为 1. 875°×1. 875°，与流域水循环模型尺度不相匹配，因此需要对全球环流模式 ECHAM5 的输出结果进行降尺度处理。

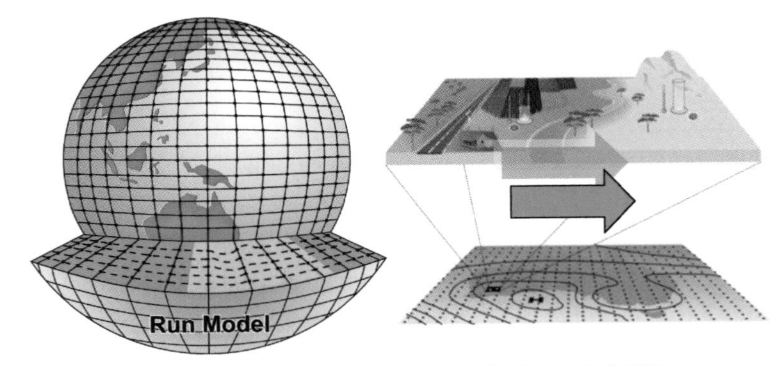

图 6-5　全球环流模式网格与区域网格比较示意图

目前，对全球环流模式结果进行降尺度处理主要有两种方法，即统计降尺度和动力降尺度。两种方法比较来看，统计降尺度方法存在以下不足：①模型缺乏明确的物理机制，主要是建立大尺度气候要素与区域气候要素间（点对点）的统计关系，不能对区域预报变量的空间分布进行描述；②需要有足够的观测资料来建立统计关系；对于大尺度气候要素与区域气候要素相关不明显的地区应用效果较差。

相对于统计降尺度方法，动力降尺度在一些方面更具有优越性，主要表现在：

1）模式具有明确的物理机制，并以网格为基本计算单元进行模拟，同时模式输出变量较多，包括大气、陆面、辐射和化学过程输出等，可以满足不同研究的需求。

2）模式可以应用到任何地方，而不受观测资料的影响，同时也可根据研究需要采用不同的水平分辨率。

3）模式输出变量具有时空分布式的特点。空间上，可以进行不同模拟变量的空间展布，描述变量的空间差异特征；时间上，可以进行不同模拟变量逐日、月和年尺度的输出，以满足不同研究对数据的要求。

4）适应未来气陆耦合模式发展趋势的要求，以提高气候和陆面水文过程模拟的精度。

统计与动力降尺度方法比较如图6-6所示。基于动力降尺度方法的优越性，本书采用了ECHAM5-RegCM3单项嵌套方法对全球环流模式ECHAM5的输出结果进行动力降尺度处理，为流域分布式水循环模型WACM提供未来气候变化情景数据。

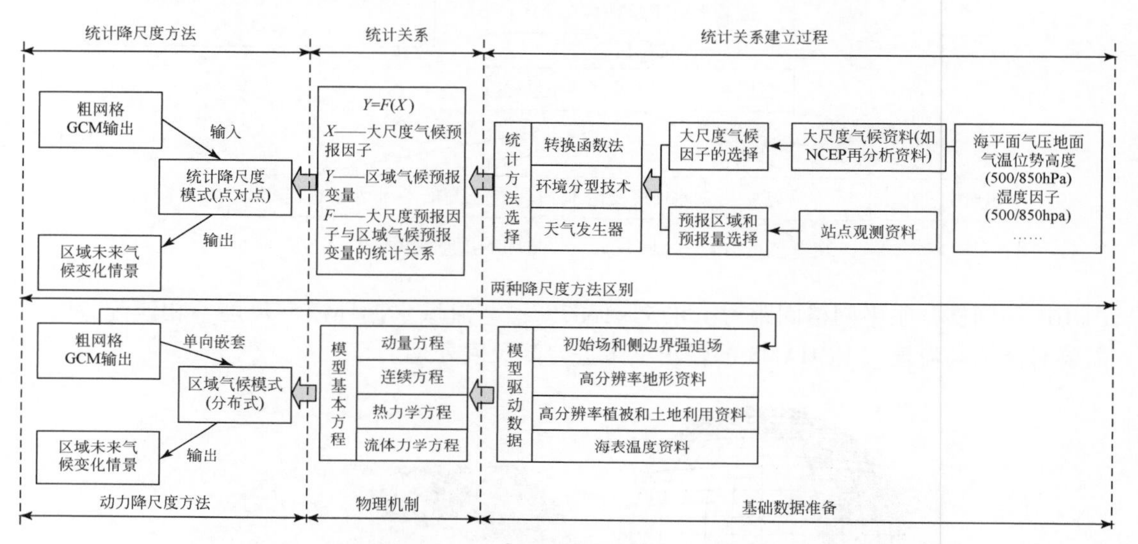

图6-6　动力与统计降尺度方法比较

（3）模型嵌套和耦合方式

全球环流模式ECHAM5与区域气候模式RegCM3采用的是单向嵌套方式，即ECHAM5的输出结果作为区域气候模式RegCM3的初始和侧边界场，而RegCM3模拟结果不对全球环流模式进行反馈。

区域气候模式RegCM3与分布式水循环模型WACM采用单向耦合方式，即区域气候模式输出的降水、温度、湿度和地表气压等变量作为WACM模型的输入数据，来驱动模型进行流域水循环变化过程的模拟。具体做法是将区域气候模式模拟的格点数据通过双线性插值方法插值到站点，再将站点数据转化为水循环模型的流域气象站点数据。气候变化条件下的区域气候-水循环响应评价流程如图6-7所示。

不同的气候变化和人类活动通过影响流域水循环的不同环节，使径流过程发生变化，进而导致水文干旱特征受到影响。基于流域水循环模拟模型，可以模拟、预测及评估未来不同变化环境下的水文干旱特征。本书选用基于模块结构的WACM模型，根据需要达到的模拟要求，对WACM模型进行拓展，增加了水库调度模拟模块，同时将区域气候变化与水循环进行耦合模拟，这样就可以进行气候变化和人类活动情景下的水循环模拟。根据模拟得到的流量结果进行变化环境下水文干旱的评估。这种方法可用于分析不同气候变化和人类活动情景对水文干旱的定量影响。

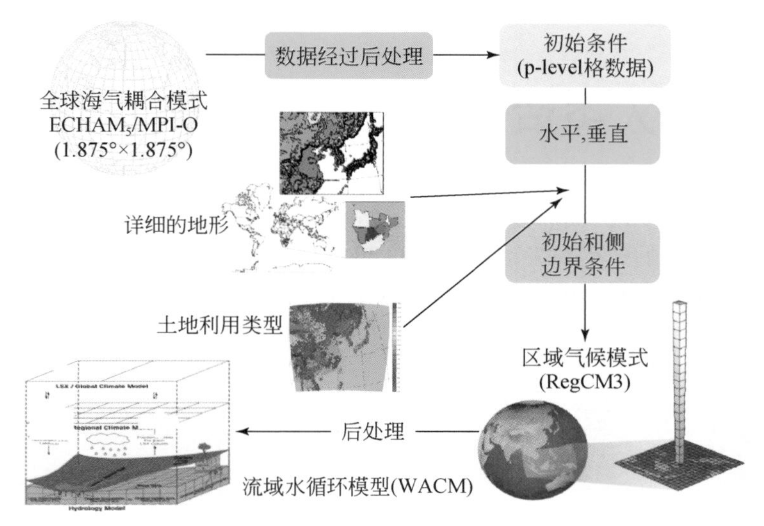

图 6-7　区域气候-水循环响应评价框架

第 7 章　人类活动影响下流域干旱模拟与评估

水资源开发利用、土地资源利用等人类的活动的影响正在越来越深刻地影响着流域水循环过程，对流域干旱的产生、发展和蔓延也起到了重要的影响。本章通过 2 个典型流域的案例——海河流域北系和渭河流域，具体分析流域干旱的模拟、分析和驱动要素的定量辨识。

7.1　海河流域北系干旱模拟与评估

7.1.1　研究区概况

1. 自然地理

（1）地理位置

海河流域北系（简称海河北系）位于 111°～119°E，38°～42°N，地跨河北、山西、北京、天津及内蒙古等 5 省、直辖市、自治区，涉及北京、天津、承德、唐山、廊坊、张家口、大同、朔州、忻州、乌兰察布 10 座大中型城市，64 个区县。海河北系南北长 29.5km，东西长 55.6km，总面积 8.39 万 km^2，其中山区面积 5.27 万 km^2，占 62.8%；平原面积 3.12 万 km^2，占 37.2%。海河北系是海河流域的二级水资源分区，包括永定河册田水库以上、永定河册田水库至三家店区间、北三河山区及北四河下游平原共四个水资源三级分区。海河北系地理位置如图 7-1 所示。

（2）地形地貌

海河北系地势西北高东南低，大致包括高原、山地及平原三种地貌类型。西部为山西高原和太行山区，北部为内蒙古高原和燕山山区，东部及东南部为广阔平原。流域山地和平原近乎直接相交，丘陵过渡段甚短。海河北系地形地貌图如图 7-2 所示。

（3）土壤类型

根据我国土壤类型划分标准，海河北系土壤类型有 58 种，其中褐土、淋溶褐土、潮土、栗钙土性土、棕壤性土、淡栗褐土、黄绵土、灰褐土、栗褐土、潜育水稻土、石灰性砂姜黑土、石灰性草甸土、潮褐土等 13 种土壤类型占流域总面积的 93.5%，是其主要土壤类型。海河北系土壤类型面积及其比例见表 7-1。

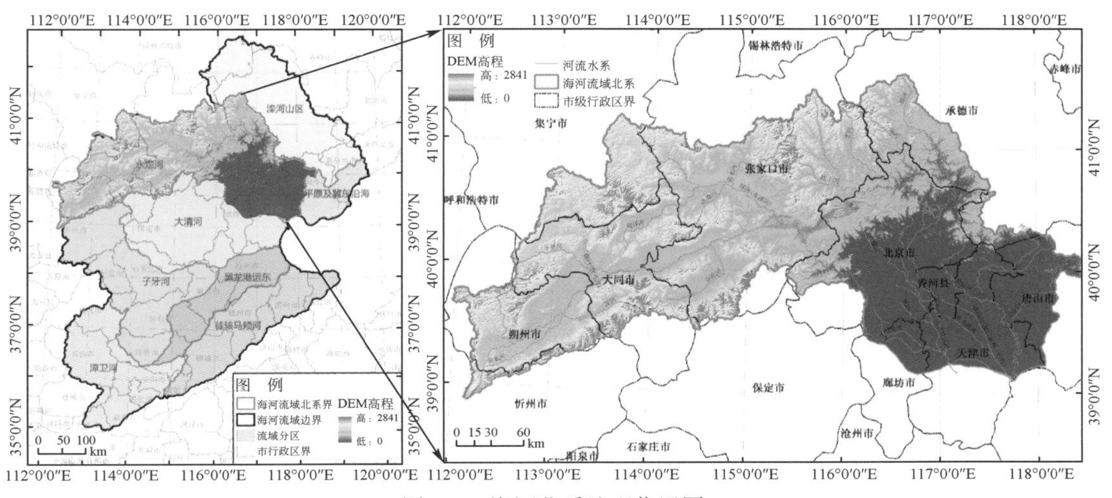

图 7-1　海河北系地理位置图

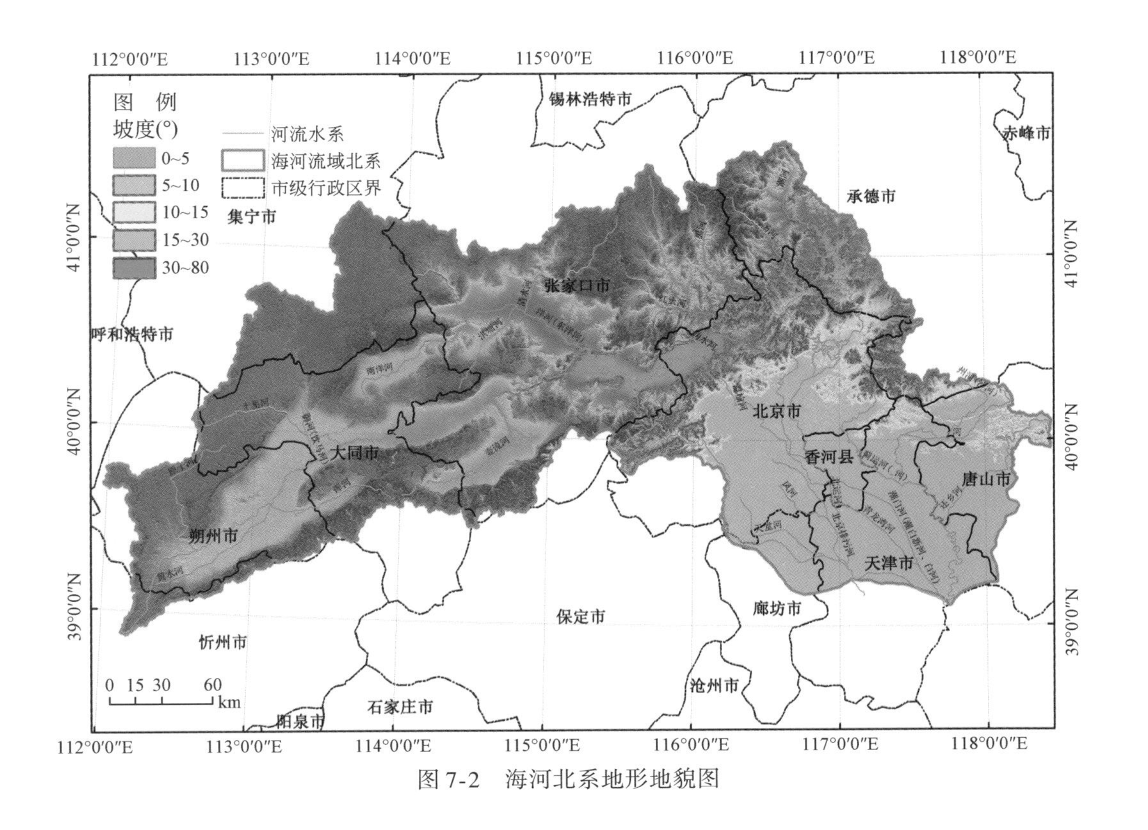

图 7-2　海河北系地形地貌图

表 7-1　海河北系主要土壤类型面积及其比例

序号	土壤类型	土壤代码	面积/km^2	百分比/%
1	褐土	22	23 256	27.7
2	淋溶褐土	34	19 862	23.7
3	潮土	14	12 634	15.1
4	栗钙土性土	32	6 245	7.4
5	棕壤性土	58	3 892	4.6
6	淡栗褐土	18	2 865	3.4
7	黄绵土	26	2 244	2.7
8	灰褐土	27	2 106	2.5
9	栗褐土	33	1 376	1.6
10	潜育水稻土	35	1 148	1.4
11	石灰性砂姜黑土	42	1 005	1.2
12	石灰性草甸土	40	935	1.1
13	潮褐土	12	929	1.1
合计			78 497	93.5

（4）气候水文

海河北系处于深厚的东亚大槽后部，属于温带东亚季风气候区。冬季受西伯利亚大陆性气团控制，寒冷干燥，雨雪稀少；春季受蒙古大陆性气团影响，气温回升快，降水稍有增多，但风速大造成蒸发量大，常出现春旱；夏季受海洋性气团影响，气温高，降雨量大，且多暴雨，但因历年夏季太平洋副热带高压进退时间、强度、影响范围等很不一致，致使降雨量的变差很大，旱涝时有发生；秋季随着蒙古高压加强，海河北系受极地大陆气团控制，气温迅速下降，降水骤减，多秋高气爽天气（冯焱等，2009）。

海河北系由永定河、蓟运河、潮白河及北运河流域组成，河流水系图如图 7-3 所示。其中，永定河是由桑干河和洋河两大支流在河北省怀来县朱官屯汇流形成的，因水土流失严重，素有小黄河之称；蓟运河、潮白河、北运河原是单独入海的水系，新中国成立后将三水系闸坝控制河道连通成一个整体，称为北三河。蓟运河和北运河发源于燕山、太行山迎风山区，源短流急，调蓄能力小，泥沙较少；潮白河发源于河北省丰宁县和沽源县，在山区汇集大量支流，并有一条主干河道穿越山区而入平原，流域调蓄能力强，泥沙较多。

1956～2000 年海河北系多年年平均降水量为 489mm，多年平均年径流量为 50.2 亿 m^3，入海水量为 21.1 亿 m^3。多年平均水资源总量为 89.3 亿 m^3，水资源可利用量 62.1 亿 m^3，水资源总量可利用率为 69.5%。截至 2000 年年底，海河北系共有大中型蓄水工程 44 处，其中大型水库 9 座，总库容 113.61 亿 m^3，设计供水能力 34.9 亿 m^3；中型水库 35 座，总库容 10.97 亿 m^3，设计供水能力 7.26 亿 m^3。流域内共有大中型引水工程 53 处，其中大型引水工程 6 处，中型引水工程 47 处，设计供水能力分别为 12.64 亿 m^3 和 8.37 亿 m^3。流域内共有大中型提水工程 69 处，其中大型引水工程 5 处，中型引水工程 64 处，设计供水能力分别为 0.43 亿 m^3 和 7.2 亿 m^3。

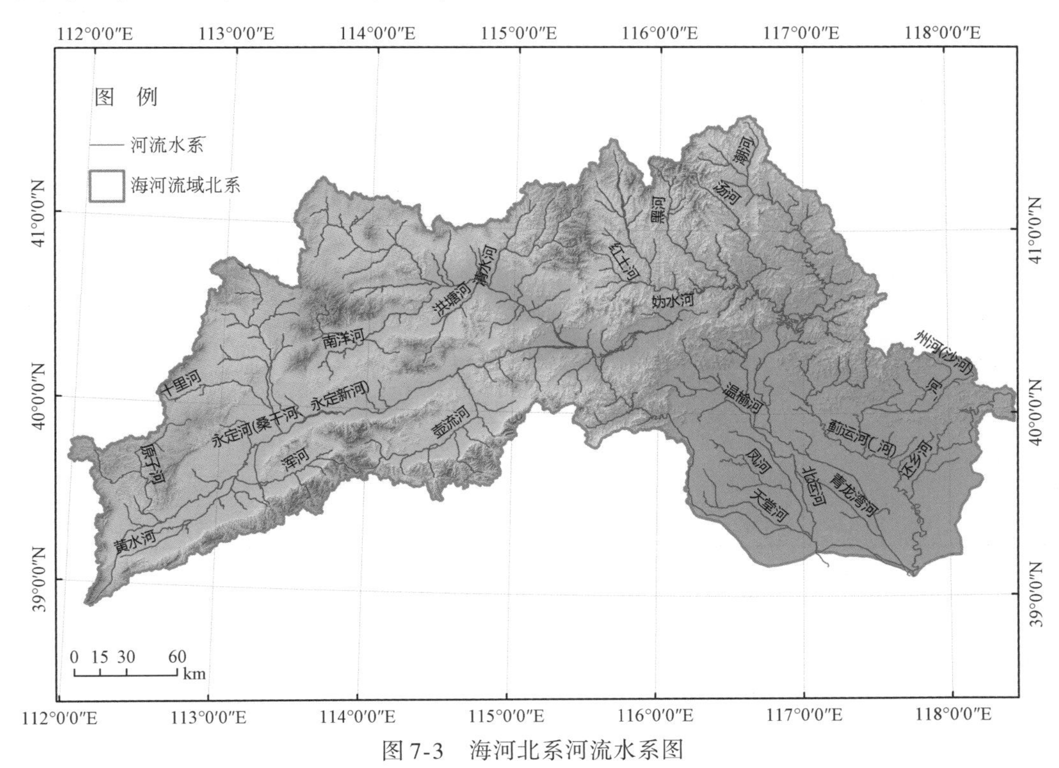

图 7-3 海河北系河流水系图

2. 经济社会

海河北系涉及北京、天津、唐山、廊坊、张家口、承德、大同、朔州、忻州和乌兰察布 10 座大中城市。2009 年，10 座城市总人口 5906 万人，占全国总人口的 4.4%，其中城镇人口 3829 万人，城镇化率为 64.8%，人口密度为 265 人/km^2；耕地 6349 万亩，约占全国的 3.5%，人均占有耕地 1.08 亩，有效灌溉面积 3360 万亩；农业总产值 2157 亿元，粮食总产量 1231 万 t，约占全国的 2.32%，人均生产粮食 208kg/人；工业总产值 35 800 亿元，约占全国的 6.53%，工农业总产值 37 957 亿元；人均 64 268 元/人。城镇人均收入 16 629元，农村人均收入 6029 元。详见表 7-2。

表 7-2 海河北系各城市 2009 年经济社会发展指标

行政区	人口		GDP	人均 GDP	农业总产值	工业总产值	城镇居民人均可支配收入	农村人均纯收入	有效灌溉面积	粮食总产量
	总人口	城镇人口								
	万人	万人	亿元	元	亿元	亿元	元	元	万亩	万 t
北京	1 755	1 492	121	70 452	315	11 039	26 738	11 986	248	125
天津	1 228	958	7 522	62 574	282	13 384	21 402	10 675	521	156

续表

行政区	人口		GDP	人均 GDP	农业总产值	工业总产值	城镇居民人均可支配收入	农村人均纯收入	有效灌溉面积	粮食总产量
	总人口	城镇人口								
	万人	万人	亿元	元	亿元	亿元	元	元	万亩	万 t
唐山	747	399	3 812	51 055	573	5 819	18 053	7 420	726	304
承德	344	133	760	22 083	192	988	13 282	3 926	217	87
张家口	424	186	800	18 897	216	684	13 246	3 559	381	81
廊坊	412	195	1 147	27 839	253	1 646	17 752	6 834	417	188
大同	320	166	596	18 710	57	617	14 585	3 590	170	53
朔州	154	70	561	36 452	63	736	15 500	5 124	165	72
忻州	310	116	349	11 292	73	308	12 863	3 028	170	114
乌兰察布	213	114	500	23 489	135	579	12 866	4 144	346	51
流域合计	5 906	3 829	28 202	34 284	2 157	35 800	16 629	6 029	3 360	1 231

注：上述 10 座城市部分区域在海河北系外，统计数据包括在海河北系之外的部分

3. 历史旱情

根记载，1949～1990 年海河流域旱灾频发，海河北系多年平均受旱面积为 30.6 万 hm^2，年均成灾面积 17 万 hm^2，成灾率为 55.6%，造成年均减产粮食 16.38 万 t。且年均受旱面积、成灾面积、减产粮食随年代均呈增加趋势（冯焱等，2009）。海河北系 1949～1990 年分年代农业受旱情况见表 7-3。其中，大旱灾有 1960～1962 年 3 年旱灾、1965～1966 年连续 2 年旱灾、1972 年、1980～1981 年连续 2 年旱灾、1986～1987 年连续 2 年旱灾；20 世纪 90 年代以后尤其是 1999 年以后，海河流域出现多年连续干旱，致使河道断流、湖淀干涸，湿地消失，生态环境恶化。从干旱空间分布特征来看，轻旱频发区位于流域东北部的承德、遵化、秦皇岛、唐山和五台山等地，而西北部则是中旱的高发区；重大干旱主要集中在张家口、忻州、朔州、衡水、邢台等地（李立新等，2012）。

表 7-3　海河北系 1949～1990 年间分年代农业受旱情况

年份	年均受旱面积/万 hm^2	年均成灾面积/万 hm^2	年均减产粮食/万 t
1949～1960	16.7	8.4	4.27
1961～1970	26.5	12	9
1971～1980	37.1	20.3	21.79
1981～1990	45.1	29.1	37.98
1949～1990	30.6	17	16.38

1965 年是海河流域全流域性的普遍干旱年，其中海河北系降水距平达-33%，河北省春夏秋连旱，石家庄地区有 7 条 667hm^2以上的灌溉渠道无水；保定地区 29 条河流，干了

23 条；邯郸地区漳河断流；张家口地区桑干河不到 1 个流量。京广铁路以西的部分岗坡丘陵地和北部部分春白地，土壤含水率不足 10%。位于海河北系的各城市也有相关记载，北京市出现了历史罕见的 190 天无雨状况（1964 年 10 月～1965 年 4 月），由于官厅、密云、怀柔等大中型水库发挥作用，全市大部分农业地区收成没有受到影响，部分缺乏水源的地区受灾 7.33 万 hm^2；天津市 1965 年受旱面积 6.8 万 hm^2；山西省雁北地区的左云、灵丘、广灵、大同等县市受旱严重；内蒙古永定河流域年降水量仅为 200mm，乌兰察布市大面积严重干旱。

1972 年降水量略大于 1965 年，也是严重干旱年。北京市 1972 年春季降水量仅 11mm，比多年平均值少八成；官厅、密云两大水库来水量大大减小，1971 年 6 月～1972 年 5 月两库来水量比多年平均值少一半；河北省从 2 月开始，旱象先在张家口、承德和唐山等地发生，并由北向南快速蔓延，严重干旱造成地下水位普遍下降；天津 1972 年春旱过后，上游来水量只有 2.9 亿 m^3，各河系均相继断流；山西省雁北地区则出现大面积春夏连旱，降水不及常年的一半。

1980～1981 年海河流域连续干旱，以海河北系最为严重。不仅造成了作物受灾、河道断流、地下水位普遍下降，在唐山、承德等地区甚至造成数万人饮水困难，有的地区甚至要到几公里外担水吃；北京市自 1979 年 8 月下旬至 1980 年底，连续 16 个月干旱少雨，全市除潮白河、北运河有少量基流外，其他各河先后干枯断流，80 多座大、中、小型水库除官厅、密云外，均干枯或降到死水位以下，地下水位普遍下降，山区人畜饮水困难；天津市水资源危机更加严重，海河水位最低降至 0.48m，造纸行业几乎全部停产，市民连年喝咸水，农田灌溉不得不大量引用未经处理的城市污水。

7.1.2 模型构建与验证

1. 基础数据准备

(1) 水文计算单元划分

子流域计算单元划分总体上采取子流域套行政区、套灌区的方式，具体划分过程如下：

1）划分子流域单元。在流域 DEM 图基础上，利用 ArcGIS 平台提取流域河网水系，进而得到相应的子流域单元。DEM 采用的是美国国家航空航天局（National Aeronautics and Space Administration，NASA）发布的 2009 年的全球 DEM 数据，数据采样精度为 30m，海拔精度为 7～14m。利用 ArcGIS 平台提取流域河网水系如图 7-4 所示，与实际河网水系（图 7-5）进行对比可知，提取的河网水系基本符合实际，根据提取的河网水系对应划分得到 403 个子流域单元，如图 7-6 所示。

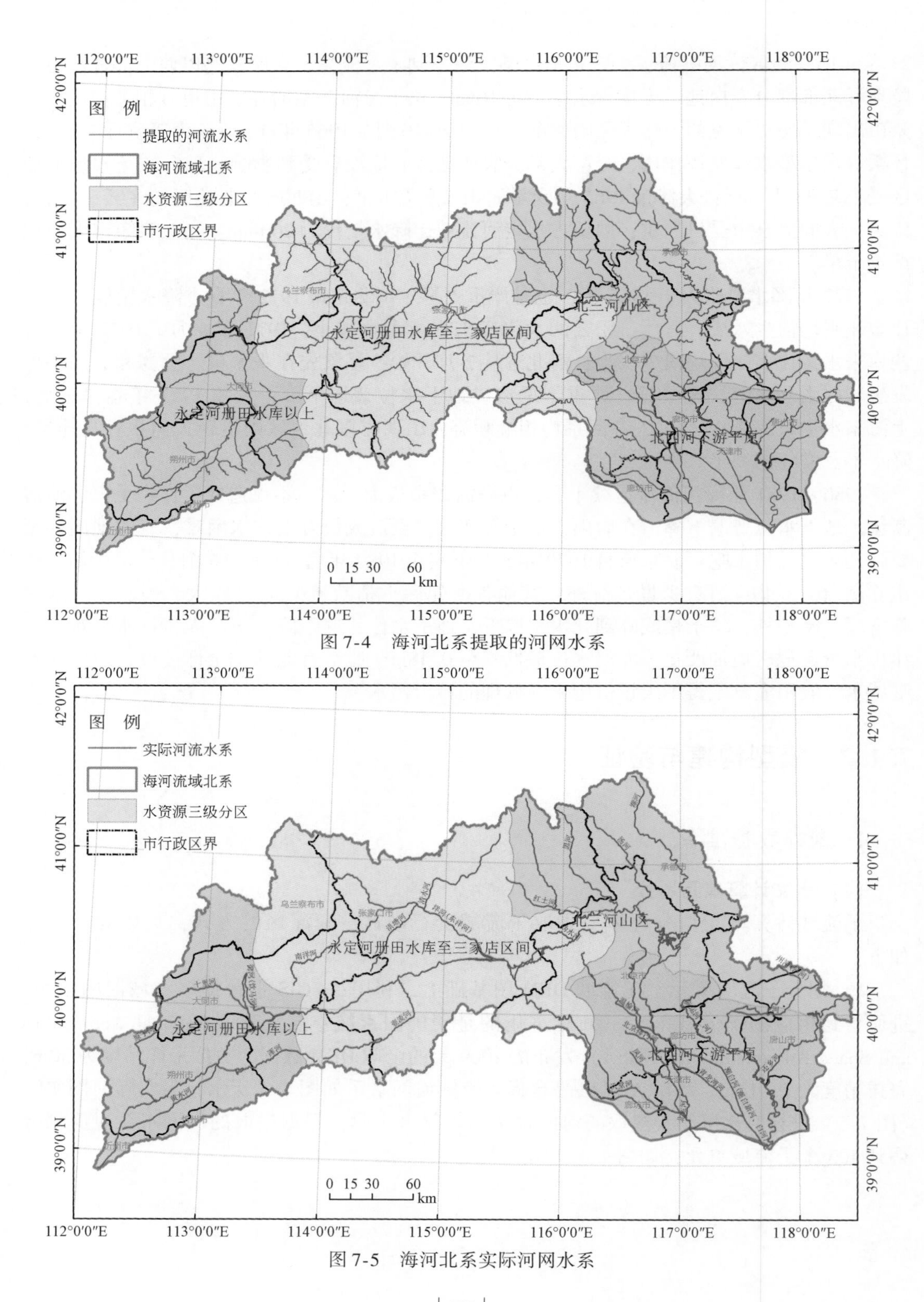

图 7-4　海河北系提取的河网水系

图 7-5　海河北系实际河网水系

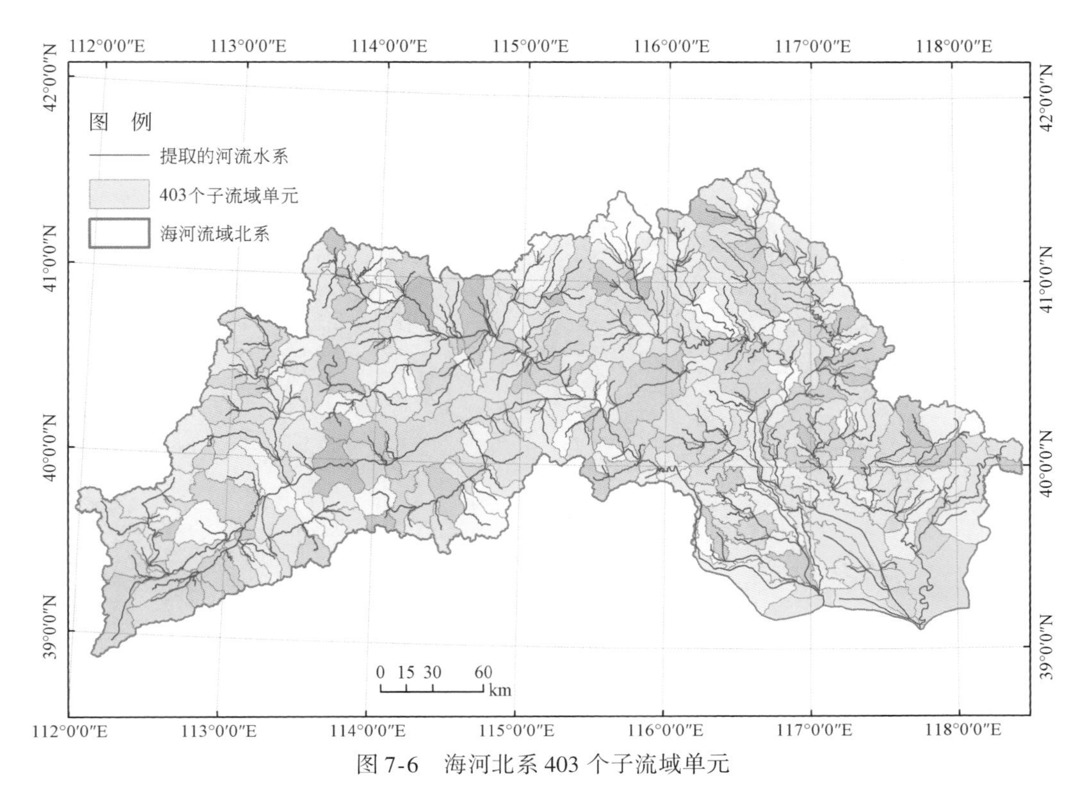

图 7-6 海河北系 403 个子流域单元

2）叠加行政区划图。考虑到人工用水过程信息展布及数据统计需要，子流域单元基础上叠加县级行政区划图（图 7-7），得到 751 个单元，如图 7-8 所示。

3）叠加灌区分布图。考虑研究区内 33 个灌区分布情况，同时对跨山区和平原区的单元再进行详细划分，得到 1015 个计算单元，如图 7-9 所示。

4）平原区单元进一步划分。因考虑到需要对平原区地下水运动进行详细的模拟分析，按照地下水数值模拟的需求，在保留平原区划分单元的子流域、行政区划及灌区等信息的基础上，按照 2km×2km 的网格将平原区划分为 3906 个有效单元，如图 7-10 所示。

5）综合山区和平原区单元划分结果，最终整个海河北系共划分得到 4619 个有效计算单元，如图 7-11 所示。

（2）干旱评估单元划分

干旱评估单元划分有泰森多边形法和规则网格划分方法。泰森多边形法适合于区域面积较小、且评估站点分布较为密集的地区；反之用规则网格划分方式更合适。海河北系面积较大、且仅有 17 个气象站点，因此，用规则网格划分干旱评估单元。参照已有研究成果中规则网格划分方式，通常将规则网格面积设定为区域面积的 0.1% ~5%，将海河北系划分为 15km×15km 的规则网格单元（含边界单元共 406 个），如图 7-12 所示。

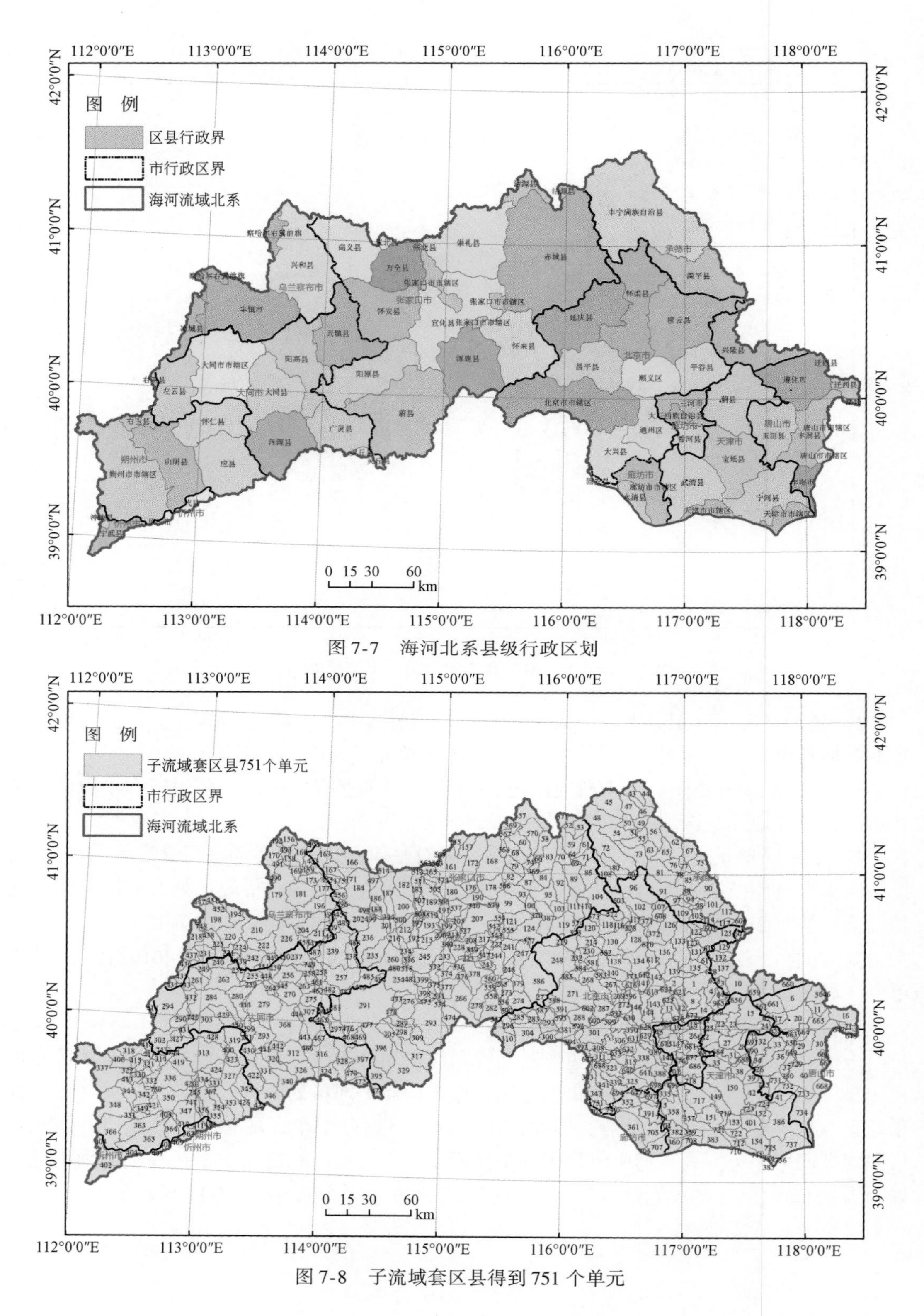

图 7-7 海河北系县级行政区划

图 7-8 子流域套区县得到 751 个单元

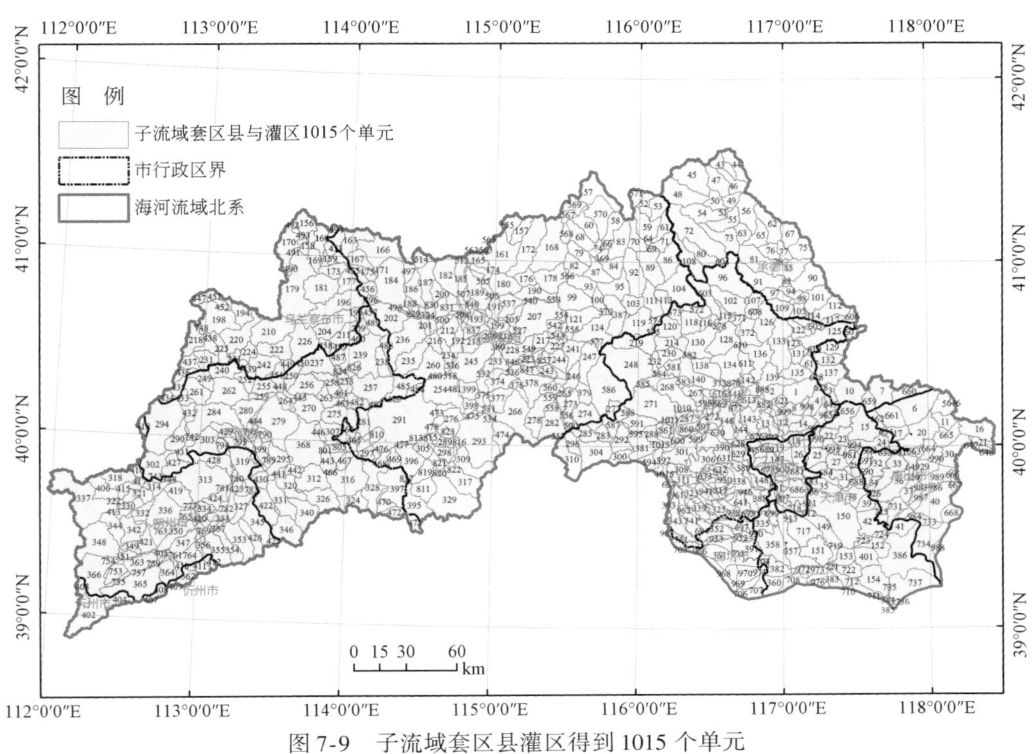

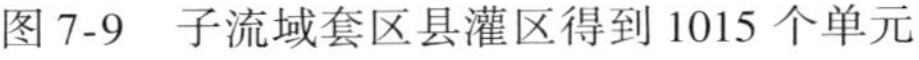
图 7-9　子流域套区县灌区得到 1015 个单元

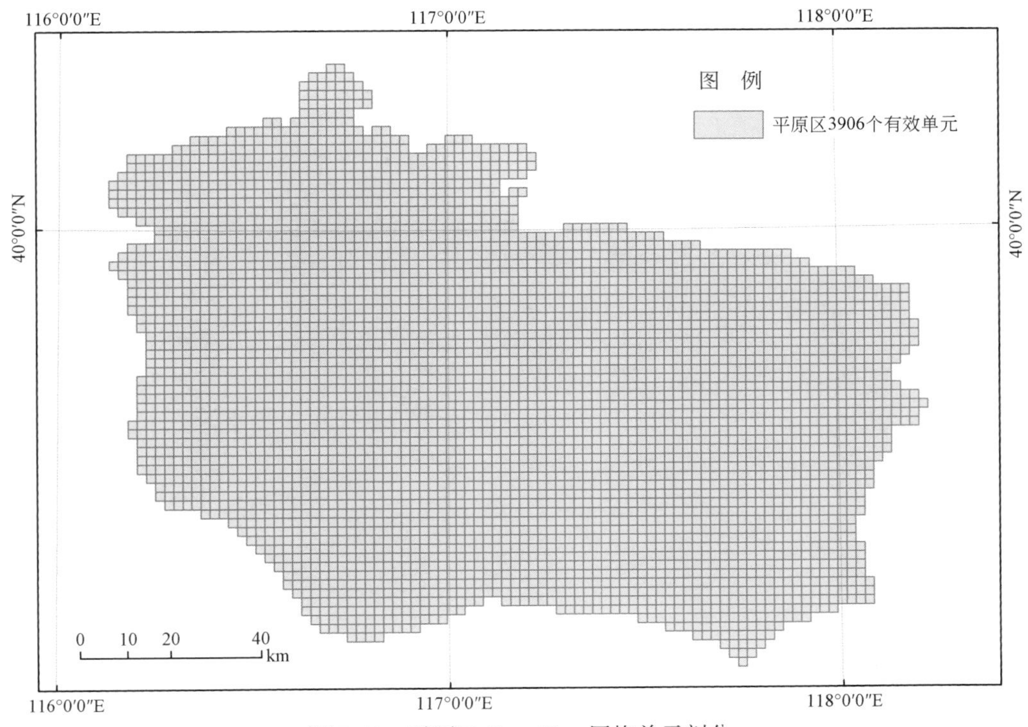

图 7-10　平原区 2km×2km 网格单元剖分

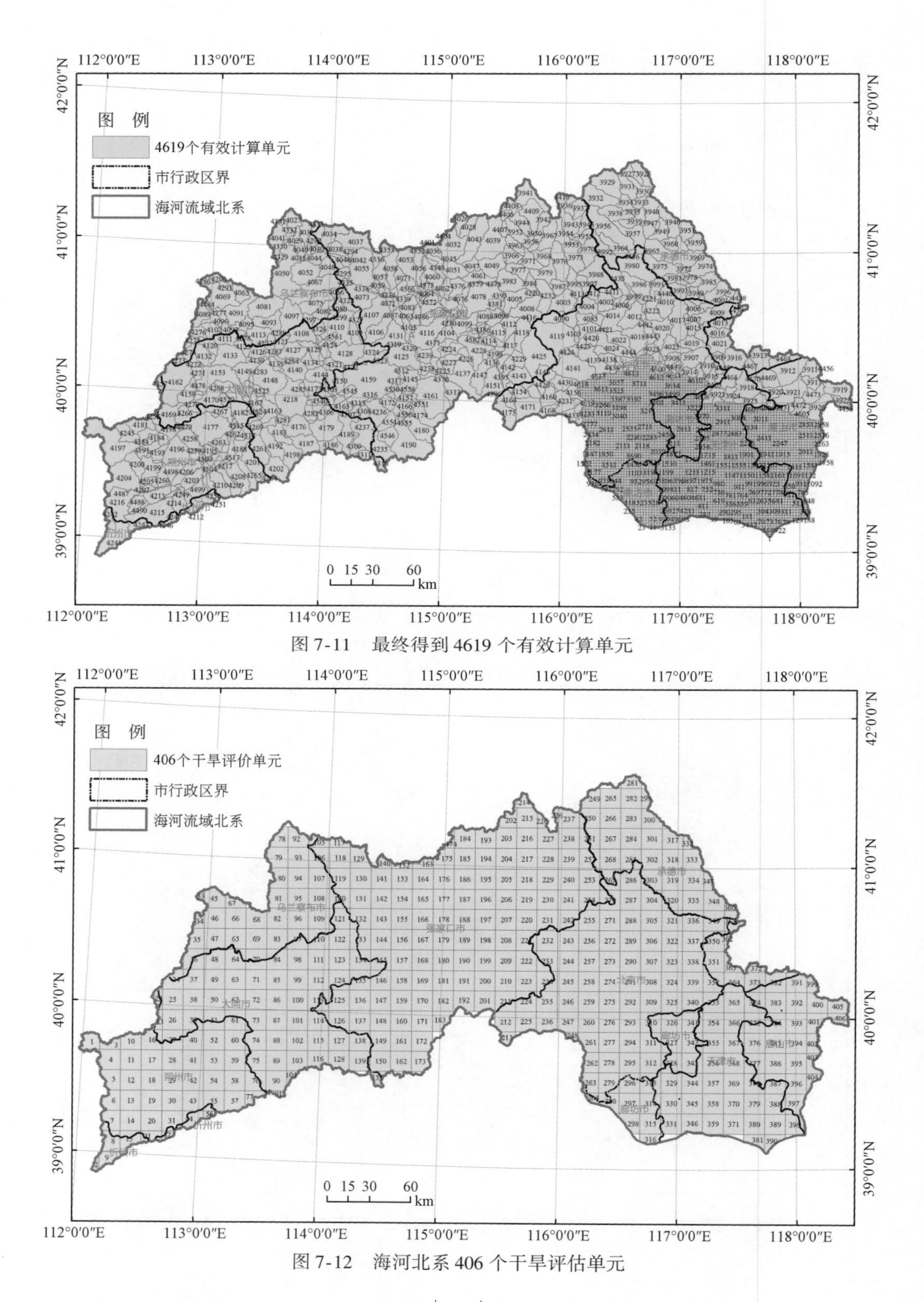

图 7-11　最终得到 4619 个有效计算单元

图 7-12　海河北系 406 个干旱评估单元

(3) 土壤类型与土地利用数据

根据我国土壤类型划分标准及土壤类型分布情况，在海河北系提取得到的土壤类型有58 种，其中褐土、淋溶褐土、潮土等 13 种土壤是北系主要的土壤类型，分布面积之和占北系土地面积的 93. 5%，具体土壤类型空间分布如图 7-13 所示。

土地利用类型数据是根据中国科学院资源环境科学数据中心发布的我国土地利用数据，通过对海河北系部分的土地利用空间分布信息的提取、重分类、校正后得到的，包括 1980 年、2005 年两期土地利用情况。

在前面划分得到 4619 个计算单元基础上，根据土地利用和土壤类型分布数据进一步明确各个单元所对应的土地利用类型和土壤类型分布信息，对计算单元进一步细分为 80 000多个基础响应单元，逐个进行模拟。

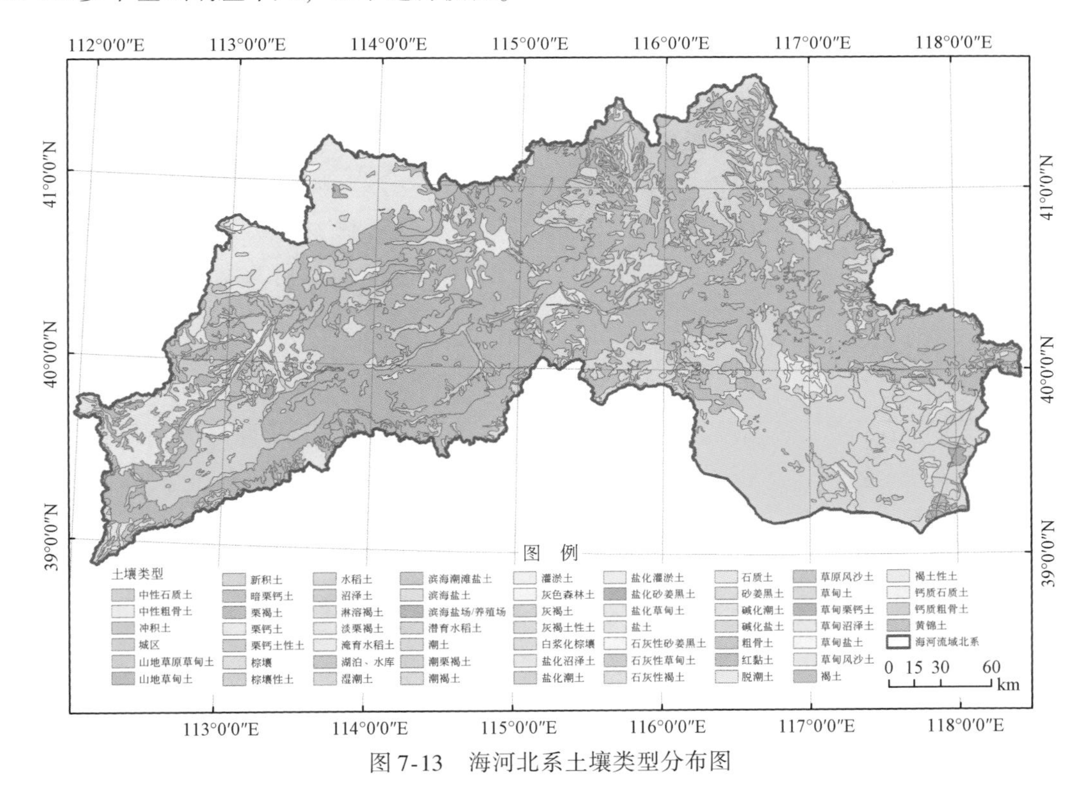

图 7-13 海河北系土壤类型分布图

(4) 气象数据

模型输入气象数据包括日降水、日平均气温、日最高与最低气温、日照时数、日均风速和日均相对湿度等，根据可获得的气象数据情况，采用海河北系内及周边的北京、天津、张家口等 17 气象站点的 1951 ~ 2009 年资料作为模型输入数据，海河北系 17 个气象站点分布如图 7-14 所示，资料来源于中国气象局国家气象信息中心，其中北京站的数据序列如图 7-15 所示。

气象干旱指标计算所需的月降水、月潜在蒸发量可直接根据 17 个气象站点的气象数据获得，对于其中潜在蒸发量不全的站点，采用 FAO Penman-Montieth 公式（裴源生等，2006）求得；将站点气象数据按照普通克里金插值（Kriging）方法（王舒等，2011；卢燕宇等，2010；邵晓梅等，2006）展布到各个干旱评估单元，得到格式化单元气象数据。

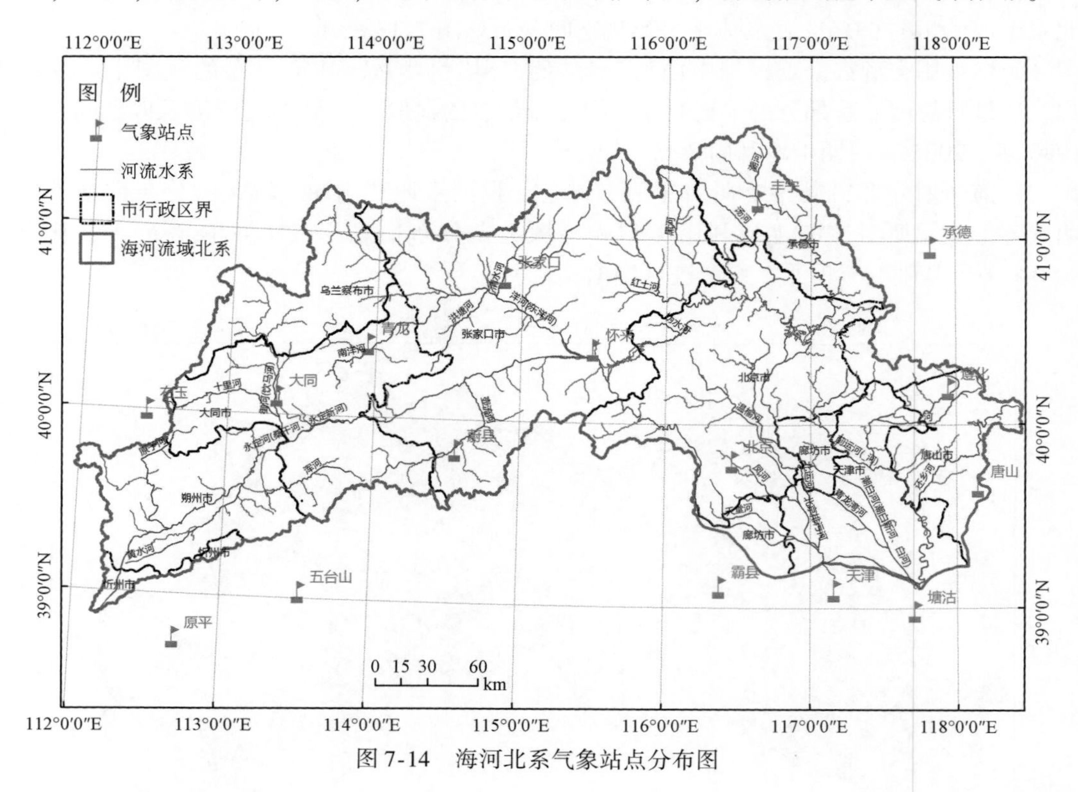

图 7-14　海河北系气象站点分布图

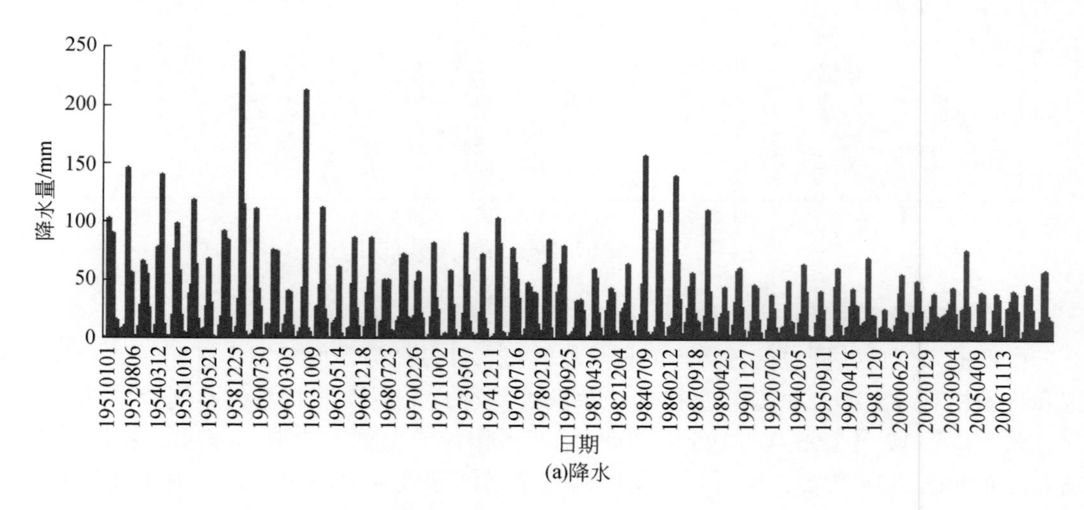

(a)降水

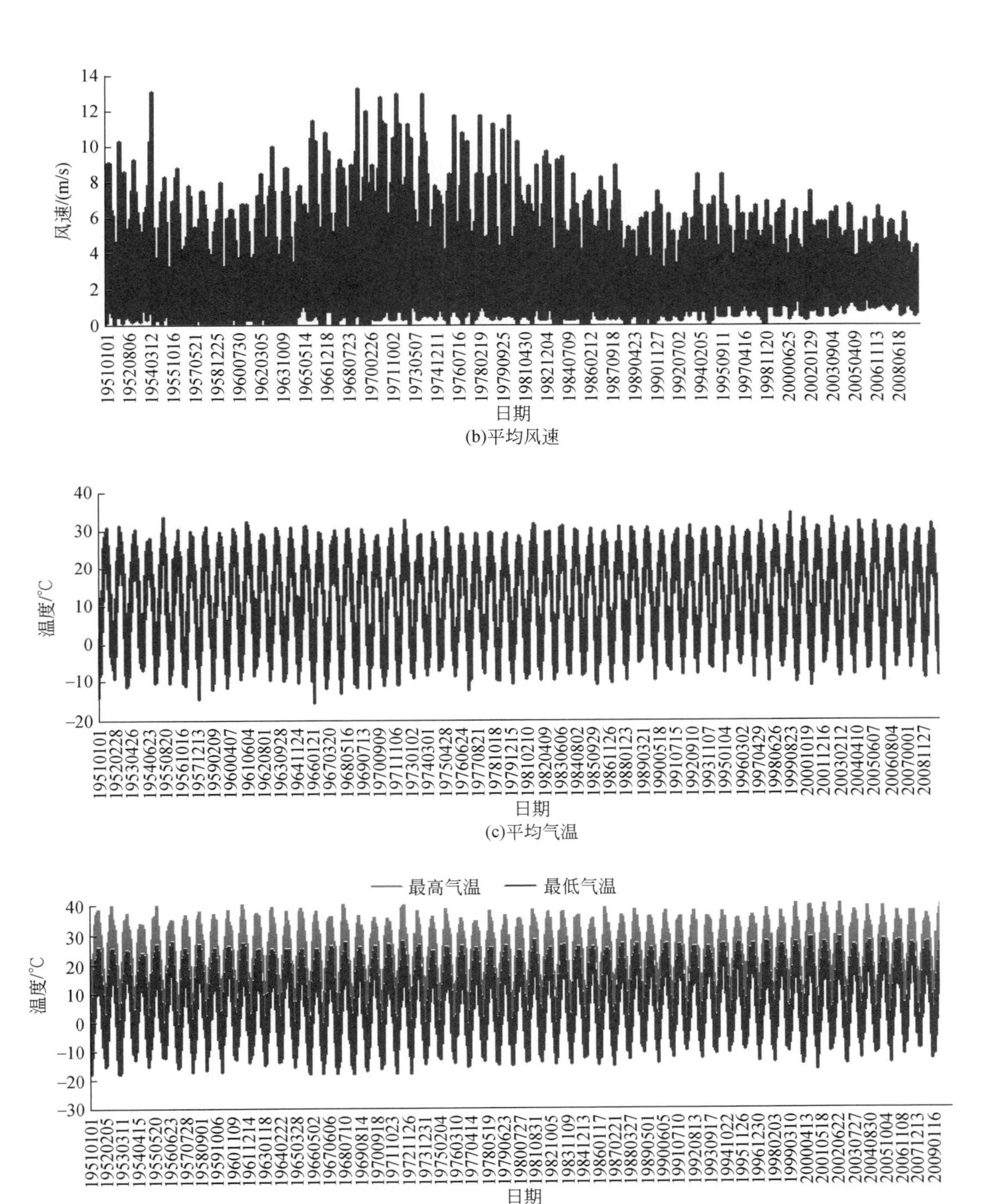

(b)平均风速

(c)平均气温

(d)最高最低气温

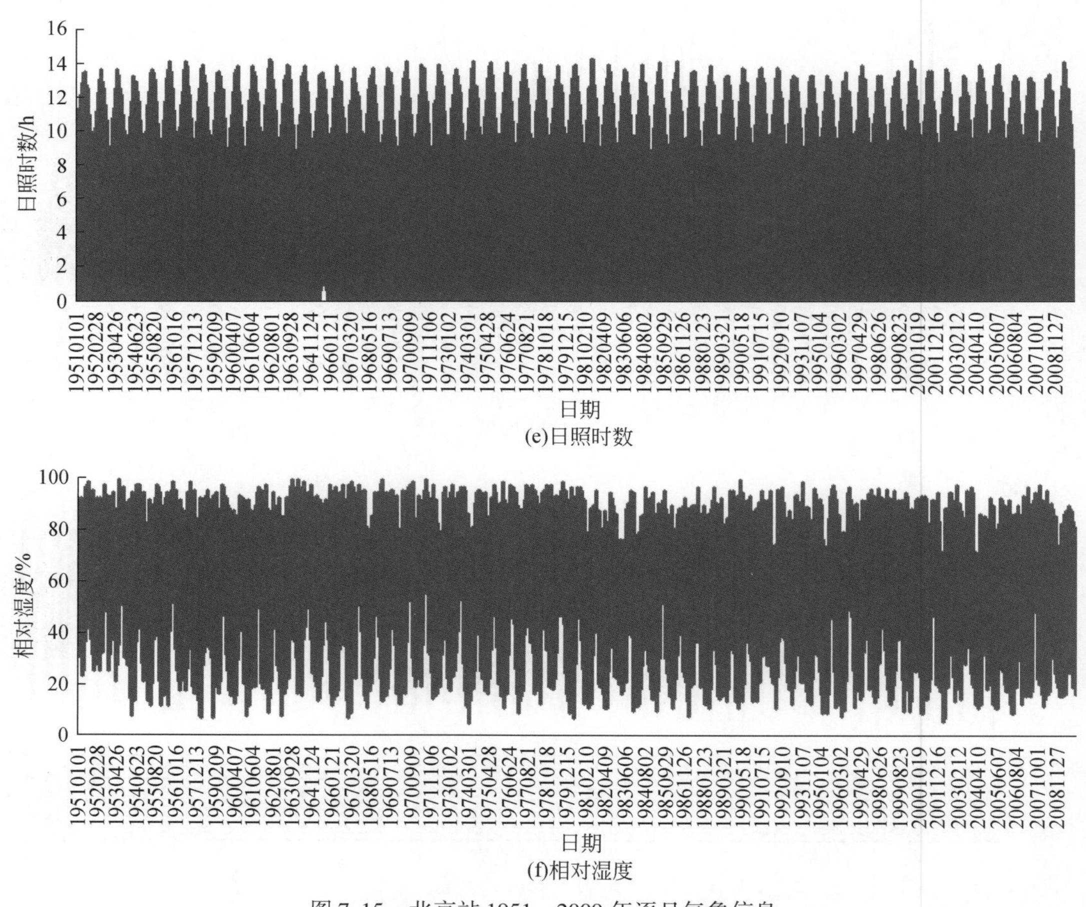

图 7-15　北京站 1951 ~ 2009 年逐日气象信息

(5) 平原区水文地质数据

给水度及渗透系数是重要的水文地质参数。海河北系平原区地下水给水度分布如图 7-16 所示。可以看出，给水度在平原区西部、北部及东北部的一些地区较大，一般为 0.12 ~ 0.2；平原区南部的给水度则普遍较小，一般在 0.04 ~ 0.08；海河北系平原区渗透系数分区如图 7-17所示，含水层渗透系数是综合反映含水层水流运动能力的指标，也是模型中的重要参数。

(6) 社会经济用水数据

根据《海河流域水资源综合规划》《海河流域水资源公报》，以及流域所涉省区公布的《水资源公报》，统计整理了各行政区 1951 ~ 2009 年城市工业生活用水和农村生活用水数据。对于有些部分在海河北系内的行政区，其城市工业生活用水量按照流域内居工地面积占各行政区居工地面积比例修正，农村生活用水也按照同样方式处理，农村生活一般都使用地下水；对于 20 世纪 70 年代以前各行政区用水数据难以获取，参照“七五”攻关项目专题报告《华北地区大气水－地表水－土壤水－地下水相互关系研究》提供的用水定额及估算的经济发展数据进行估计获取。

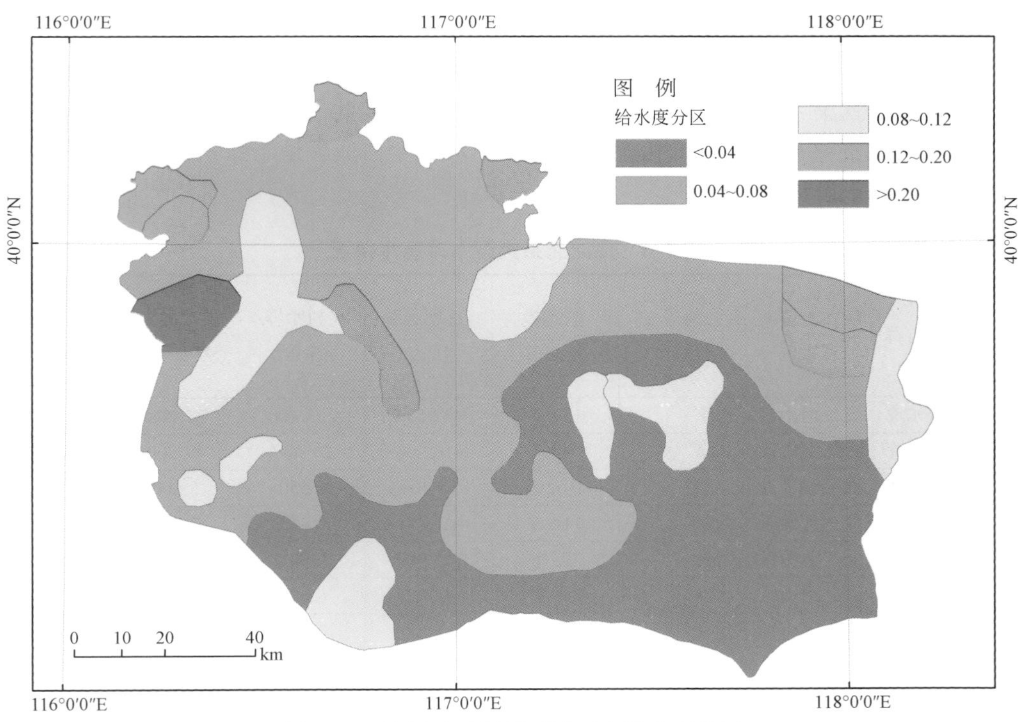

图 7-16　海河北系平原区地下水给水度分区

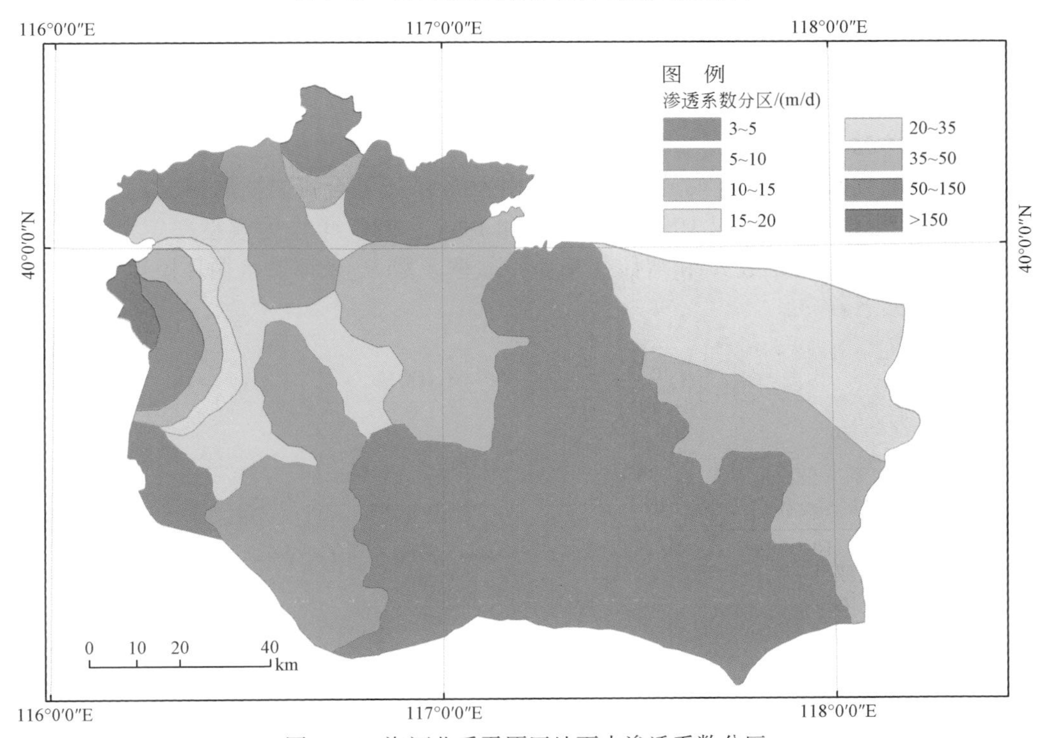

图 7-17　海河北系平原区地下水渗透系数分区

(7) 流域大型水库基本情况

自20世纪50年代开始，海河流域进行了大规模的水利基础设施建设，修建了一大批水库、水闸及灌溉渠系。据统计，截至2000年海河北系共有大型水库9座，见表7-4。1999年以来，华北平原进入一个相对枯水期，降水偏少，地表地下水资源锐减，各地区的水库蓄水量远低于设计蓄水水平。

表7-4 海河北系大型水库基本情况

序号	水库名称	所在水资源三级区	地级行政区	正常蓄水位/m	总库容/万 m^3	兴利库容/万 m^3	供水能力/(万 m^3/年)	蒸发损失/(万 m^3/年)
1	密云水库	北三河山区	北京	157.5	437 534	233 400	82 000	8 786
2	官厅水库	永定河山区	北京	479	416 000	25 000	47 900	6 917
3	怀柔水库	北四河平原	北京	62	14 400	6 550	5 800	601
4	海子水库	北三河山区	北京	114.5	12 100	9 455	5 200	297
5	于桥水库	北三河山区	蓟县	21.16	155 900	38 500	38 000	6 900
6	邱庄水库	北三河山区	唐山	66.5	20 400	6 588	1 607	643
7	云州水库	北三河山区	张家口	1 030.93	10 200	2 045	3 000	398
8	友谊水库	永定河山区	张家口	1 197	11 600	5 900	3 500	503
9	册田水库	永定河山区	大同	960	58 000	15 700	4 780	495
合计				—	1 136 134	343 138	191 787	25 540

2. 模型率定和校验

(1) 校验方法

准备好基础数据后，需对模型进行参数率定和验证。结合资料获取情况，选取1951～1955年作为模型预热，分别以1956～1990年和1991～2009年作为模型率定期和验证期，选用相对误差 R_e、相关系数 R^2 和纳什（Nash）效率系数 E_{ns} 来评价水循环模拟模型的模拟精度，计算式如下：

$$R_e = \frac{\overline{Q_{\mathrm{sim},\ i}} - \overline{Q_{\mathrm{obs},\ i}}}{\overline{Q_{\mathrm{obs},\ i}}} \times 100\% \tag{7-1}$$

$$R^2 = \frac{\left(\sum_{i=1}^{n}(Q_{\mathrm{sim},\ i} - \overline{Q_{\mathrm{sim}}})(Q_{\mathrm{obs},\ i} - \overline{Q_{\mathrm{obs}}})\right)^2}{\sum_{i=1}^{n}(Q_{\mathrm{sim},\ i} - \overline{Q_{\mathrm{sim}}})^2 \sum_{i=1}^{n}(Q_{\mathrm{obs},\ i} - \overline{Q_{\mathrm{obs}}})^2} \tag{7-2}$$

$$E_{\mathrm{ns}} = 1 - \frac{\sum_{i=1}^{n}(Q_{\mathrm{obs},\ i} - Q_{\mathrm{sim},\ i})^2}{\sum_{i=1}^{n}(Q_{\mathrm{obs},\ i} - \overline{Q_{\mathrm{obs}}})^2} \tag{7-3}$$

式中，$Q_{\mathrm{sim},i}$ 为模拟流量；$Q_{\mathrm{obs},i}$ 为实测流量；$\overline{Q_{\mathrm{obs}}}$ 为实测流量平均值。

如果相对误差 $R_e>0$，说明模拟值偏大；$R_e<0$，则说明模拟值偏小；$R_e=0$，则说明模型模拟结果与实测值正好吻合。相关系数 R^2 反映了模拟值和实测值的相关程度，其值越接近 1 说明两者的相关性越好，其值越小则反映了两者相关性越差。纳什效率系数 E_{ns} 的允许取值范围在 0～1，值越大表明效率越高；当该值小于 0 时，说明模拟结果没有采用平均值准确。

（2）地表水资源量率定和验证

以年地表水资源量进行地表水率定和验证。率定期相对误差为 0.37%，相关系数为 0.99，纳什效率系数为 0.99；验证期相对误差为 0.2%，相关系数为 0.99，纳什效率系数为 0.99。海河北系年地表水资源量模拟值与实测值对比如图 7-18 所示。

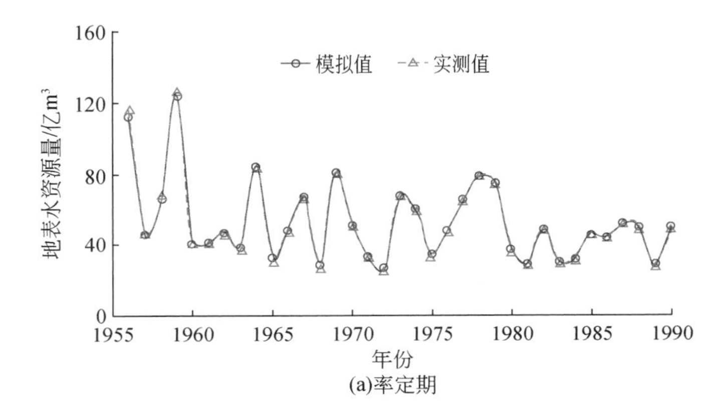

(a)率定期

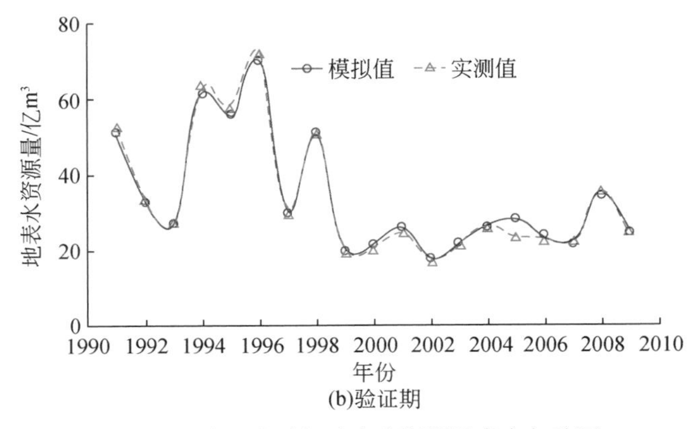

(b)验证期

图 7-18　海河北系年地表水资源量率定与验证

（3）地下水资源量率定和验证

以年地下水资源量进行地下水率定和验证。率定期相对误差为-2.15%，相关系数为 0.98，纳什效率系数为 0.97；验证期相对误差为-3.57%，相关系数为 0.89，纳什效率系数为 0.86。海河北系年地下水资源量模拟值与实测值对比如图 7-19 所示。

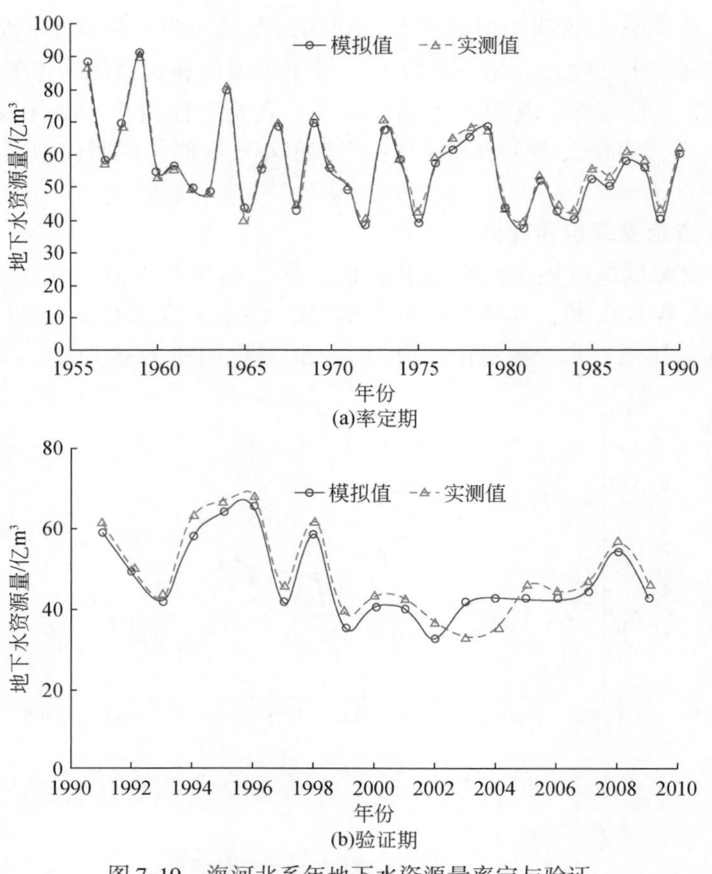

图 7-19　海河北系年地下水资源量率定与验证

(4) 入海水资源量率定和验证

以年入海资源量进行入海水资源量验证。率定期相对误差为-4.15%，相关系数为0.99，纳什效率系数为0.99；验证期相对误差为12.07%，相关系数为0.97，纳什效率系数为0.95。海河北系年入海水资源量模拟值与实测值对比如图7-20所示。

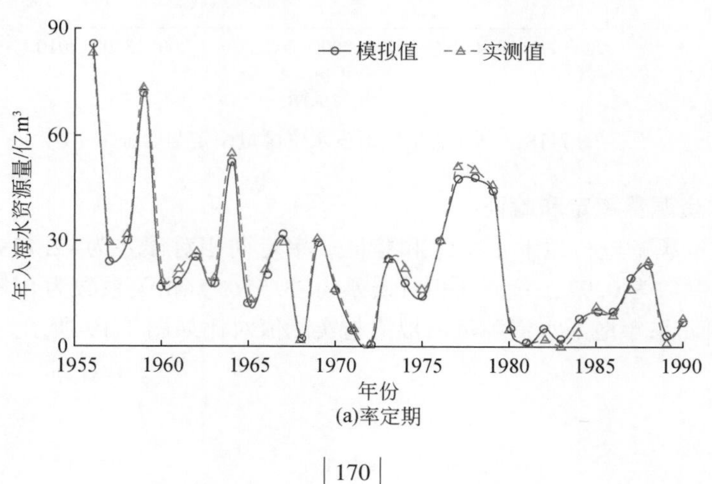

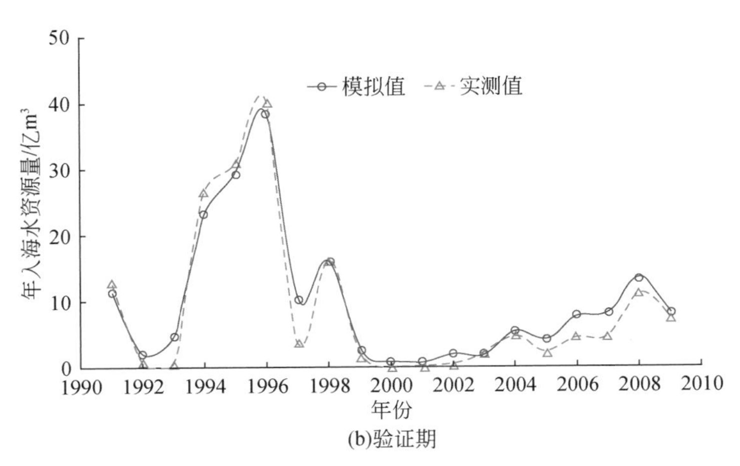

(b)验证期

图 7-20　海河北系年入海水资源量率定与验证

(5) 月径流过程率定和验证

以张家坟和响水堡水文站月径流量进行率定和验证，因缺失 2001 ~ 2009 年月径流数据，采用 1991 ~ 2000 年各站月径流数据进行验证。其中，张家坟站率定期相对误差为 -8.92%，相关系数为 0.90，纳什效率系数为 0.89；验证期相对误差为 -6.61%，相关系数为 0.86，纳什效率系数为 0.84。响水堡站率定期相对误差为 3.97%，相关系数为 0.86，纳什效率系数为 0.83；验证期相对误差为 -3.12%，相关系数为 0.94，纳什效率系数为 0.93。张家坟、响水堡水文站月径流过程模拟值与实测值对比如图 7-21 和图 7-22 所示。

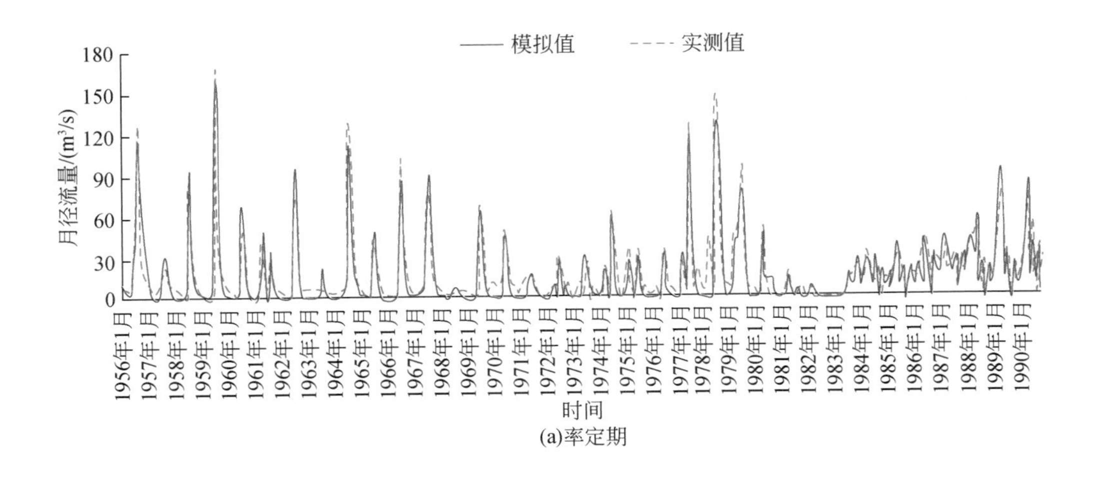

(a)率定期

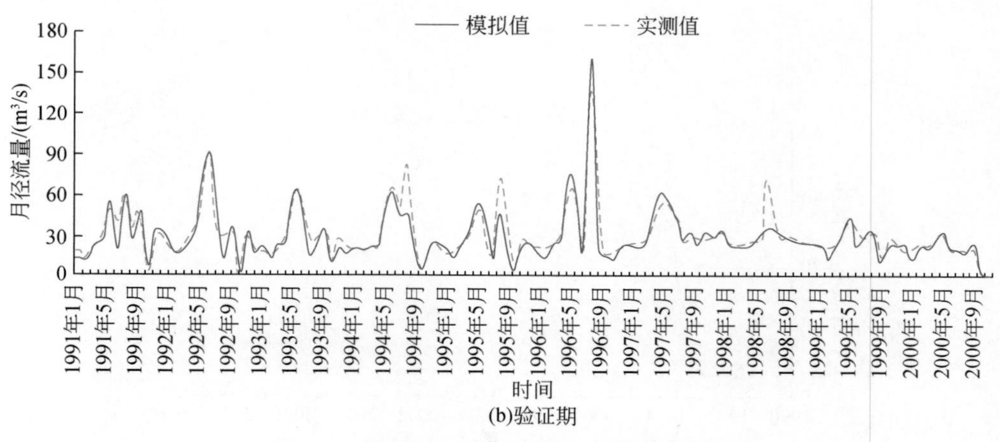

图 7-21　张家坟水文站月径流过程率定与验证

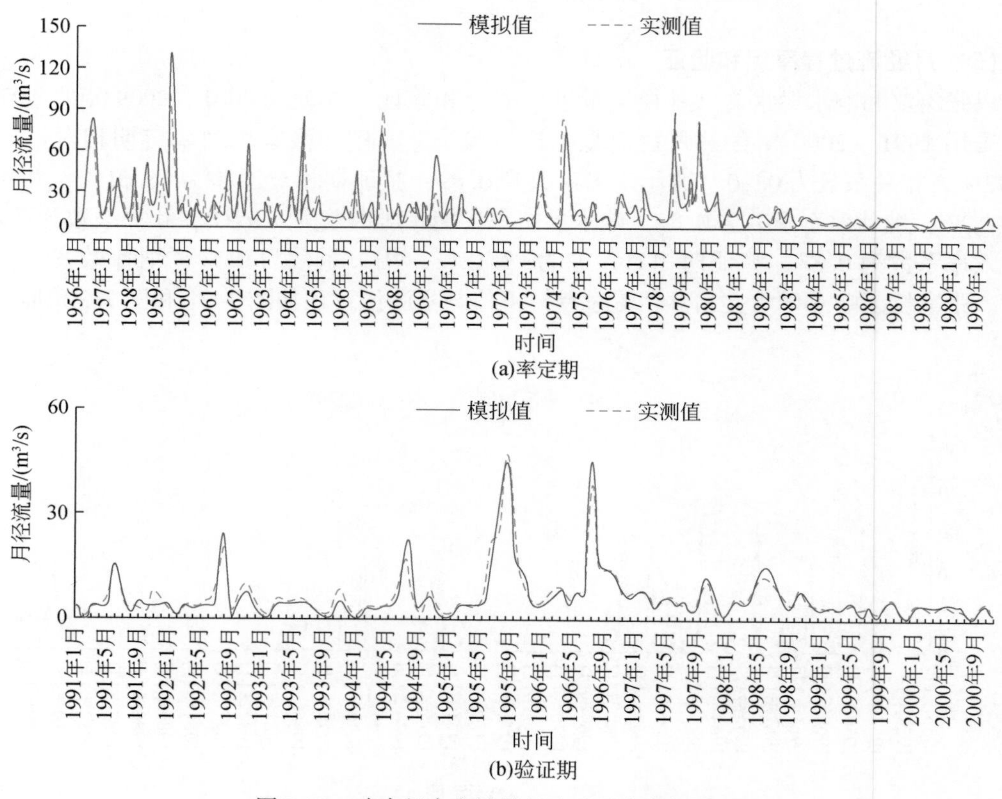

图 7-22　响水堡水文站月径流过程率定与验证

(6) 干旱评估参数合理性分析

干旱评估方法应用首先需确定其中两个关键参数，运用其对气象干旱进行评估，并和历史记载的典型干旱事件进行对比，分析所选参数是否合理。

截断水平和临界面积是干旱识别的两个关键参数，分别是识别干旱评估单元和区域某时刻是否处于干旱状态的阈值，截断水平和临界面积确定目前还没有统一的方法。根据海河北系实际情况，结合现有研究成果中对截断水平和临界面积的确定方式，确定截断水平和临界面积为：因选取的气象、水文、农业干旱指标均是无量纲指标，其评估标准也是统一的，认为当某时刻干旱指标值达到轻旱，则该单元在该时刻处于干旱状态，即截断水平 $z(p, k) = -0.5$；因研究流域总面积较大，取总面积的5%作为临界面积，当某时段流域内干旱面积占总面积比例大于或等于5%时，则认为流域处于干旱状态。

基于海河北系1951～2009年气象数据，采用干旱评估方法对该时段气象干旱进行评估。海河北系1951～2009年气象干旱事件序列如图7-23所示，其中，横轴表示干旱开始时间，主纵轴表示干旱历时，单位为月；次纵轴表示干旱强度和干旱面积，干旱强度为无量纲量，干旱面积用干旱覆盖面积占流域总面积的比值表示。可以看出，59年间，共发生了159次干旱，其中，1964年11月～1965年10月的一次干旱持续了12个月，干旱平均覆盖面积达60%，有些月份甚至达100%，干旱强度达5.91；1959～1962年共发生连续8个月以上的干旱两次、1972年发生8个月的干旱、1980年发生7个月的干旱、1981年发生6个月的干旱。据历史旱情记载，海河北系大旱灾事件有1960～1962年连续3年旱灾、1965～1966年连续2年旱灾、1972年、1980～1981年连续2年旱灾。可见，干旱评估结果与历史记载的严重干旱年份均能吻合，因此，认为确定的关键参数是合理的。

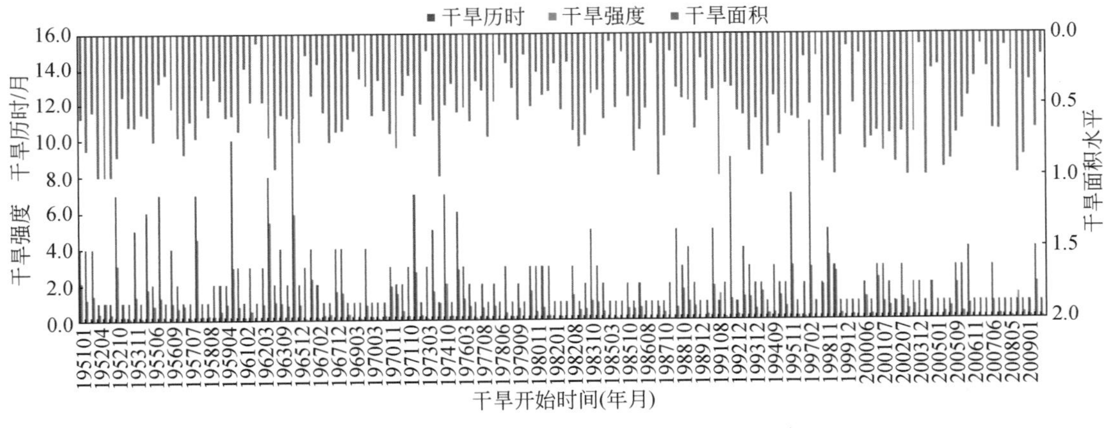

图 7-23 海河北系 1951～2009 年气象干旱事件序列

7.1.3 海河北系干旱评估

气象干旱因可直接采用实测气象数据，其评估时段为1951～2009年；而水文干旱和农业干旱需利用WACM模型模拟数据，1951～1955年为模型预热期，模拟误差较大，因此，水文和农业干旱评估时段为1956～2009年。各类干旱评估时间尺度均为月。

1. 气象干旱评估

（1）单变量特征

根据气象干旱评估结果（图 7-23），对海河北系干旱事件的历时（D）、面积（A）及强度（S）单一特征指标进行统计，得到主要统计特征值见表 7-5。1951～2009 年，平均干旱历时为 2.5 个月，最大值为 12 个月，最小值为 1 个月；平均干旱面积为流域总面积的 54%，最大干旱面积达 100%，最小干旱面积为 6%；平均干旱强度为 0.85，最大干旱强度为 5.91，最小干旱强度为 0.01。从各特征指标标准差、变异系数来看，干旱面积离散程度最小，其次是干旱历时，干旱强度分布最为离散；从各特征指标偏态系数来看，干旱历时和干旱强度分布与正态分布相比呈现右偏，而干旱面积分布则和正态分布较为接近。

表 7-5　气象干旱单一特征指标统计特征值

单变量特征	干旱历时/月	干旱面积/%	干旱强度
均值	2.5	54	0.85
标准差	2.06	0.25	0.98
最大值	12	100	5.91
最小值	1	6	0.01
变异系数	0.83	0.46	1.16
偏态系数	2.1	-0.08	2.34

（2）双变量特征

a. S-D、S-A、D-A 关系

基于海河北系气象干旱事件序列，分别对干旱历时、干旱面积和干旱强度三个特征指标两两间关系进行函数拟合，如图 7-24 所示，并采用 Pearson 线性相关系数 ρ、Kendall 秩相关系数 τ 和 Spearman 秩相关系数 ρ_s 来进一步判断干旱变量间的相关程度，见表 7-6。可

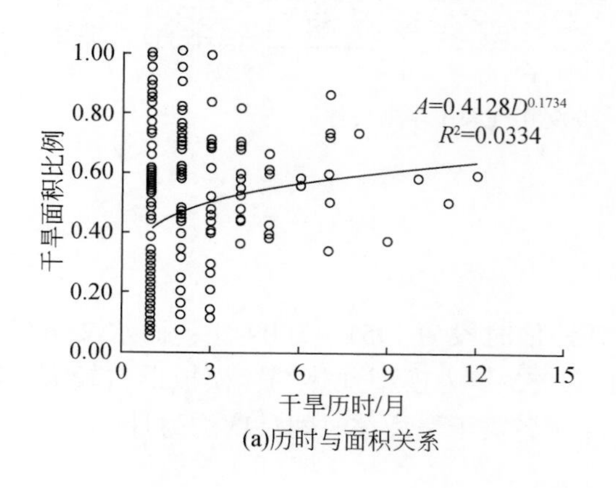

(a)历时与面积关系

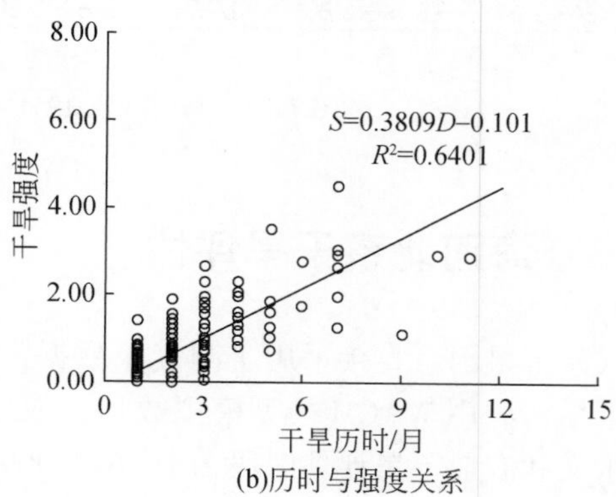

(b)历时与强度关系

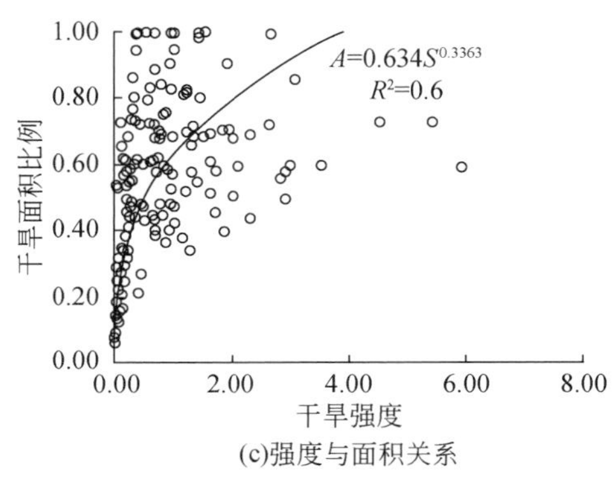

(c)强度与面积关系

图 7-24　气象干旱特征指标之间的关系

以看出，干旱历时和面积关系不明显，用指数函数拟合的 R^2 值仅为 0.03，各项相关系数均不到 0.1；干旱历时和干旱强度呈明显线性关系，随着干旱历时的增大，干旱强度呈线性增大，两变量 R^2 值达 0.64，各项相关系数均在 0.6 以上；干旱强度和面积呈指数关系，随着干旱强度的增大，干旱面积按指数增大，两变量 R^2 值为 0.6，各项相关系数在 0.5 左右。

表 7-6　气象干旱特征指标之间的相关性度量

变量	Pearson 线性相关系数 ρ	Kendall 秩相关系数 τ	Spearman 秩相关系数 ρ_s
历时（D）和面积（A）	0.06	0.04	0.06
强度（S）和历时（D）	0.8	0.6	0.74
强度（S）和面积（A）	0.48	0.43	0.59

b. S-F、D-F、A-F 关系

采用概率分布方法依次对各干旱特征指标进行频率分析。优先选用正态分布、Γ 分布等常见的函数分布对各特征指标概率分布进行拟合，并采用卡方分布检验和 Kolmogorov-Smirnov 检验方法对拟合度进行检验，若通过检验，则得到相应分布函数曲线；若未通过检验，则采用核密度函数进行拟合。干旱历时、干旱面积和干旱强度分布拟合参数估计及拟合优度检验见表 7-7，可以看出，干旱历时服从指数分布、干旱面积服从正态分布、干旱强度服从 Γ 分布。各干旱特征指标累积频率观测值（根据干旱评估结果计算出的累积经验频率）与相应拟合分布函数理论值比较如图 7-25 所示。根据拟定各特征指标概率密度函数，任意给定干旱特征指标值，通过计算其对应的分布函数值，即可得出特征值小于或等于该值的干旱发生频率，可为干旱应对提供依据。

表 7-7　气象干旱特征指标分布拟合参数估计及拟合度检验（α=0.05）

分布类型	检验方法	参数估计	干旱历时/月	干旱面积	干旱强度
正态分布		均值（μ）	2.49	0.54	0.85
		方差（σ）	2.06	0.25	0.98
	卡方分布检验	h 值	1	0	1
		p 值	0	0.29	0
		是否通过检验	否	是	否
	Kolmogorov-Smirnov 检验	h 值	1	0	1
		p 值	0	0.83	0
		是否通过检验	否	是	否
Γ 分布		尺度参数（α）	2.12	3.29	0.77
		形状参数（β）	1.17	0.16	1.1
	卡方分布检验	h 值	1	1	0
		p 值	0	0	0.26
		是否通过检验	否	否	是
	Kolmogorov-Smirnov 检验	h 值	1	0	0
		p 值	0	0.03	0.89
		是否通过检验	否	否	是
指数分布		率参数（λ）	2.49	0.54	0.85
	卡方分布检验	h 值	0	1	0
		p 值	0.15	0	0.97
		是否通过检验	是	否	是
	Kolmogorov-Smirnov 检验	h 值	0	1	0
		p 值	0.22	0	0.05
		是否通过检验	是	否	否

注：$h=0$ 且 $p>\alpha$ 表示通过检验

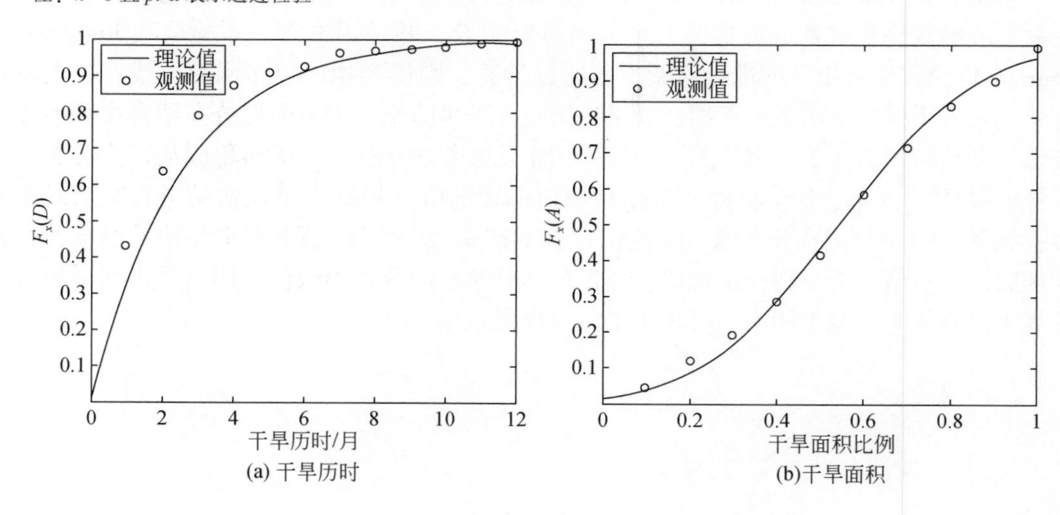

(a) 干旱历时　　(b)干旱面积

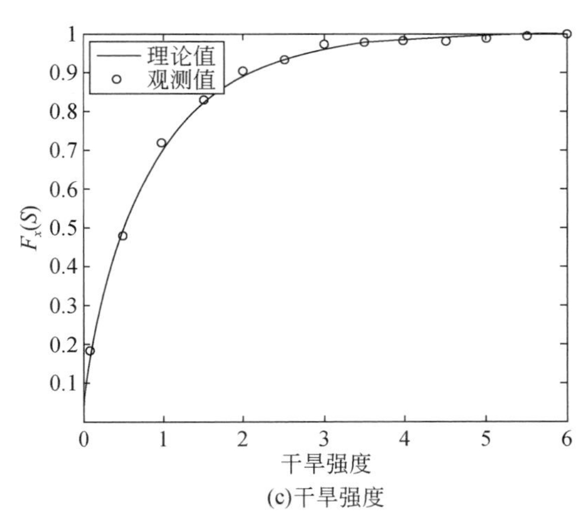

(c)干旱强度

图7-25　气象干旱特征指标累积频率观测值与理论值比较

(3) 多变量特征

首先根据干旱评估结果，分析干旱强度–面积–历时之间的关系（*S-A-D* 关系），并选取典型干旱事件展示其空间分布；其次，考虑其中两个特征指标，进行频率分析。根据两变量关系分析结果，干旱历时和面积相关关系不显，认为其相互独立，不需要构造 Copula 函数来分析其联合频率，而干旱强度与面积、干旱强度与历时则有显著相关关系，因此，选用合适的 Copula 函数来构造其联合分布，分析干旱强度–面积–频率关系（*S-A-F* 关系）和干旱强度–历时–频率关系（*S-D-F* 关系）。

a. *S-A-D* 关系

海河北系气象干旱 *SAD* 关系图如图7-26所示。可以看出，随着干旱历时增大，干旱事件越来越少；随着干旱强度增大，干旱事件也越来越少；干旱面积呈两头分散、中间聚集状态。总体上，干旱事件集中在强度较小、面积适中、历时较小的区域，强度较大、历时较长的极端干旱事件较少。选取1964年11月～1965年10月、1959年11月～1960年8月等9次典型干旱事件绘制其空间分布图（图7-26），图中红色区域表示干旱覆盖范围，该范围为各次干旱平均干旱面积所对应的范围，并非最大覆盖范围，相当于强度达到该次干旱平均强度所对应的单元。可以看出，1964年11月～1965年10月、1972年2月～1972年8月、1982年8月～1982年10月、1997年2月～1997年12月发生的几次干旱事件覆盖范围较广，各次干旱发生的范围也有所差异。

b. *S-A-F* 和 *S-D-F* 关系

通过单一特征指标频率分析已得出气象干旱强度、干旱面积和干旱历时分别服从Γ分布、正态分布和指数分布，分别选用正态 Copula、t-Copula、Clayton-Copula、Frank-Copula 和 Gumbel-Copula 5种函数构造干旱强度和面积、干旱强度和历时的联合分布，并采用平方欧式距离法对拟合优度进行检验，选取最优的 Copula 函数（平方欧式距离最小的函数），各种函数参数估计结果及拟合优度评价指标计算结果见表7-8。可以看出，Clayton-

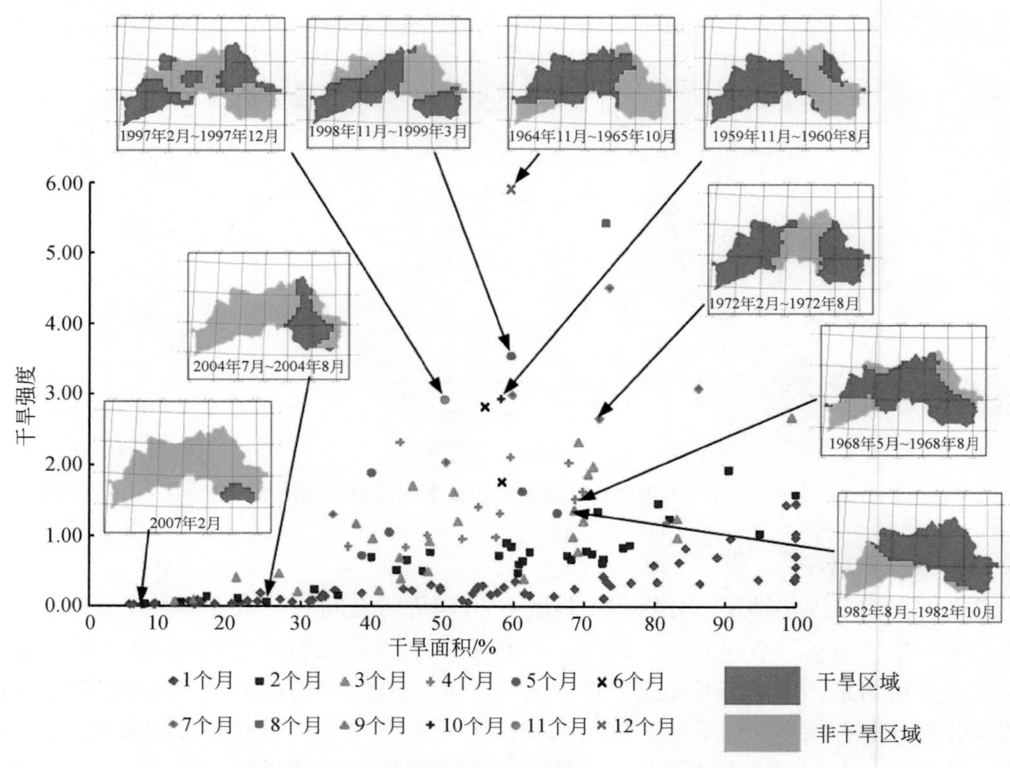

图 7-26 气象干旱强度-面积-历时（*SAD*）关系图

Copula 函数对于干旱强度和面积拟合效果最好、Frank-Copula 函数对于干旱强度和历时拟合效果最好。将优选的 Clayton-Copula 和 Frank-Copula 函数理论概率分布与各自的经验概率分布进行比较，干旱强度和面积、干旱强度和历时拟合效果对比如图 7-27、图 7-28 所示。

表 7-8 Copula 函数参数及拟合度评价指标计算结果

Copula 函数	参数估计及检验值	干旱强度-干旱面积（*S-A*）	干旱强度-干旱历时（*S-D*）
正态 Copula	ρ_1	0.609	0.75
	SED	0.151	0.029
t-Copula	ρ_2	0.611	0.754
	k	1 391 449	2 728 970
	SED	0.15	0.027
Clayton	α_1	1.85	1.147
	SED	0.049	0.296
Frank	α_2	4.287	6.882
	SED	0.162	0.023

续表

Copula 函数	参数估计及检验值	干旱强度-干旱面积（S-A）	干旱强度-干旱历时（S-D）
Gumbel	α_3	1.494	2.135
	SED	0.257	0.024
Min（SED）		0.049	0.023
最优 Copula 函数		Clayton	Frank

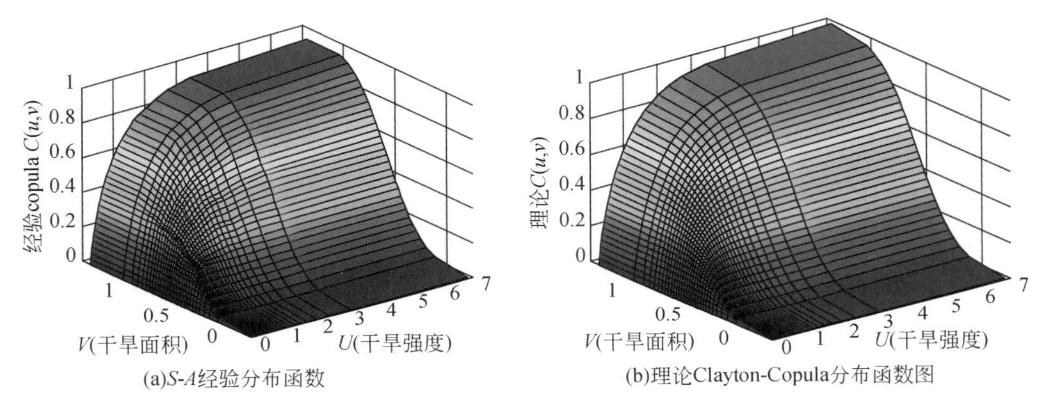

图 7-27　气象干旱强度-面积经验分布函数图和理论 Clayton-Copula 分布函数图

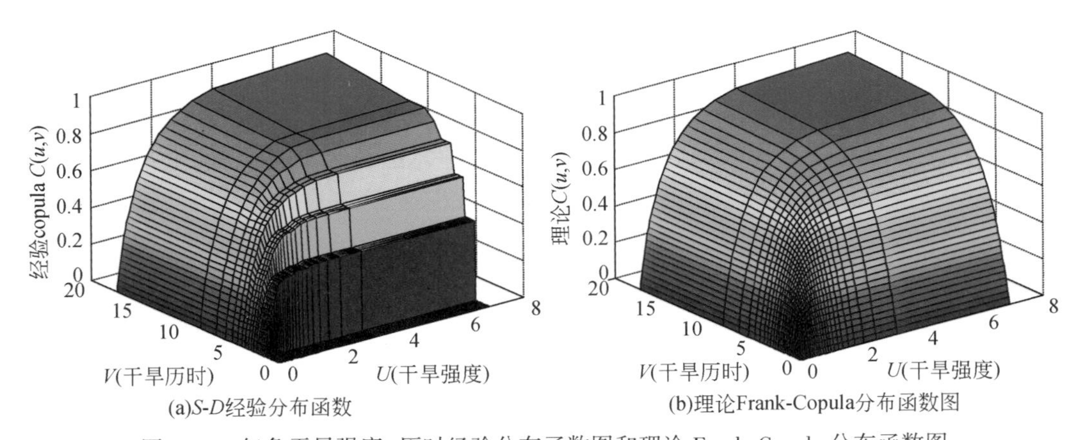

图 7-28　气象干旱强度-历时经验分布函数图和理论 Frank-Copula 分布函数图

对于干旱频率分析，一般比较关注干旱特征的条件概率，即一个特征指标值固定，另一个特征指标变化的干旱事件发生的概率。根据式（3-27）和式（3-28）计算的条件概率累积分布如图 7-29 和图 7-30 所示。以图 7-29（a）为例，固定干旱面积，干旱强度越小的干旱发生概率越大，如设定 $A=0.6$，则有 $P(S\geqslant 0.1 \mid A\leqslant 0.6)=0.51$、$P(S\geqslant 0.5 \mid A\leqslant 0.6)=0.35$、$P(S\geqslant 1 \mid A\leqslant 0.6)=0.3$、$P(S\geqslant 3 \mid A\leqslant 0.6)=0.22$，即干旱面积不超过某特定值的干旱发生概率随强度条件增大而减小；干旱强度超越概率则是随着干旱面积的增大而增大的，图中曲线实际上表示的是给定干旱强度的干旱超越概率。

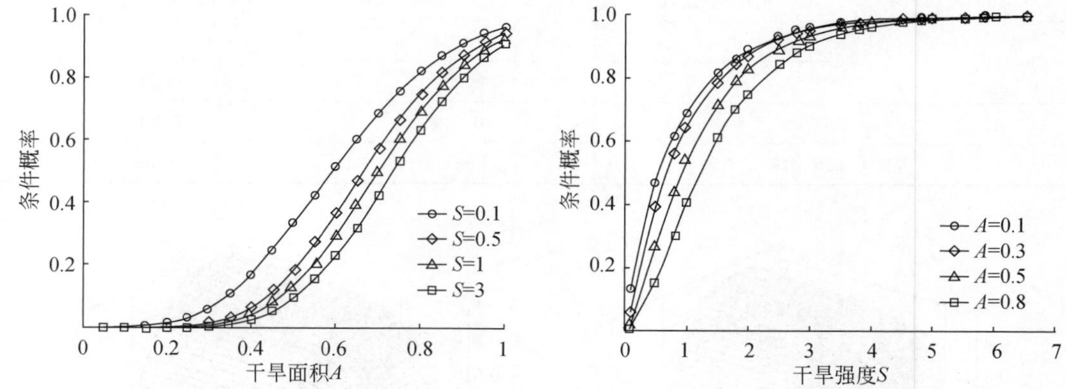

(a)给定S　(b)给定A

图 7-29　气象干旱强度-面积条件概率累积分布图

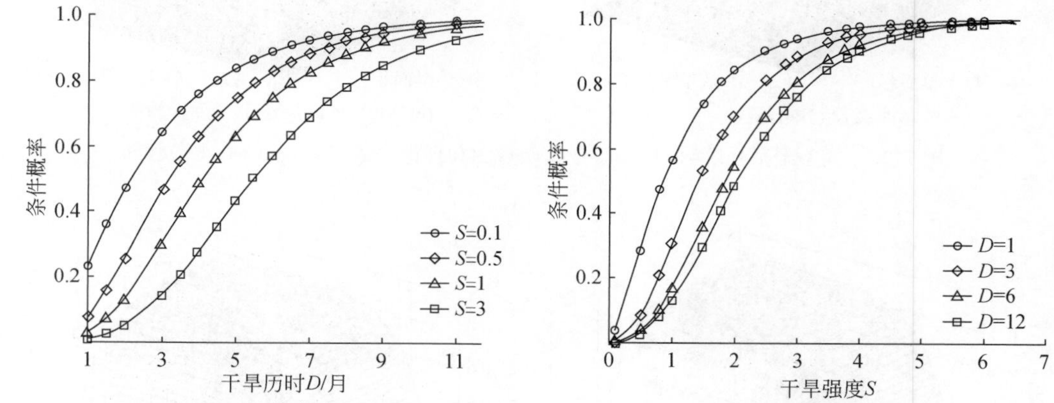

(a)给定S　(b)给定D

图 7-30　气象干旱强度-历时条件概率累积分布图

给定单变量重现期为 2 年、5 年、10 年、20 年、50 年和 100 年，由单变量边缘分布函数求其逆函数，得到干旱强度、面积和历时等特征值，再代入式（3-30）和式（3-31）求出其对应的组合重现期，计算结果见表 7-9。可以看出，单变量的重现期介于联合重现期 T_a和同现重现期 T_0，即联合分布的两种组合重现期可以看作边缘分布重现期的两个极端；在各单变量增加相同幅度下，相应的同现重现期 T_0比联合重现期 T_a增幅要大。

表 7-9　气象干旱特征指标边缘分布的重现期及对应的组合重现期

重现期/年	强度 S	面积 A/%	历时 D/月	S-A		S-D	
				联合重现期 T_a	同现重现期 T_0	联合重现期 T_a	同现重现期 T_0
2	1.46	77	4.2	1.2	6.09	1.4	3.47
5	2.38	81	6.48	2.7	34.05	3.02	14.63

续表

重现期/年	强度 S	面积 A/%	历时 D/月	S-A		S-D	
				联合重现期 T_a	同现重现期 T_0	联合重现期 T_a	同现重现期 T_0
10	3.09	86	8.2	5.2	130.84	5.57	48.94
20	3.81	91	9.93	10.2	512.7	10.6	176.26
50	4.76	94	12.21	25.2	3 164.31	25.62	1 027.68
100	5.49	99	13.94	50.2	12 603.84	50.63	4 011.44

2. 水文干旱评估

运用 WACM 模型模拟海河北 406 个干旱评估单元 1956～2009 年水资源量，计算标准化水资源指数，结合选定的干旱评估阈值（截断水平和临界面积）对水文干旱事件进行识别，并计算相应历时、面积、强度等干旱特征指标。海河北系 1956～2009 年水文干旱事件序列如图 7-31 所示。图中，横轴表示干旱开始时间，主纵轴表示干旱历时，单位为月；次纵轴表示干旱强度和干旱面积，干旱强度为无量纲量，干旱面积用干旱覆盖面积占流域总面积的比值表示。可以看出，1956～2009 年，共发生了 34 次水文干旱，其中影响范围最大一次水文干旱发生在 1965 年 3 月～1966 年 7 月，平均干旱面积为流域总面积的 62%；而持续时间最长的一次水文干旱发生在 1995 年 10 月～2009 年 12 月，共持续 171 个月，也是最为严重的一次水文干旱，这与海河北系 1995 年以来水资源量持续减小的趋势是吻合的。

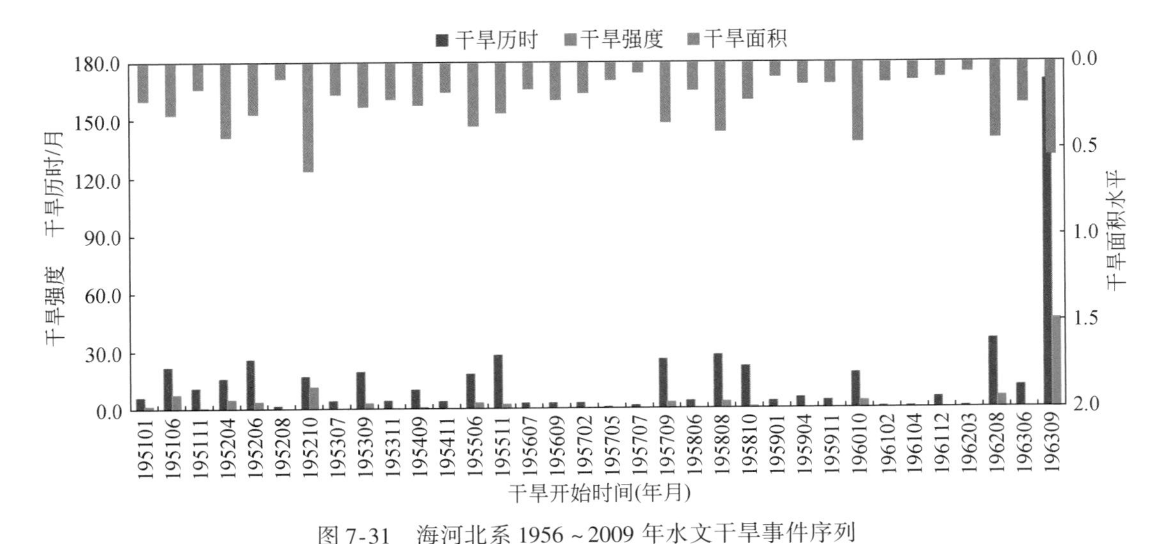

图 7-31 海河北系 1956～2009 年水文干旱事件序列

(1) 单变量特征

对水文干旱历时（D）、干旱面积（A）及干旱强度（S）相关统计特征值进行分析，结果见表 7-10。1956～2009 年，平均干旱历时为 16 个月，最大值为 171 个月，最小值为

1 个月；平均干旱面积为流域总面积的 24%，最大干旱面积为 62%，最小干旱面积为 6%；平均干旱强度为 3.25，最大干旱强度为 46.48，最小干旱强度为 0.01。从各特征指标标准差、变异系数来看，干旱面积离散程度最小，其次是历时，强度分布最为离散；从各特征指标偏态系数来看，干旱历时和强度分布与正态分布相比呈现右偏，而干旱面积分布则和正态分布较为接近。

表 7-10　水文干旱单一特征指标统计特征值

单变量特征	干旱历时/月	干旱面积/%	干旱强度
均值	16	24	3.25
标准差	29	0.14	8.11
最大值	171	62	46.48
最小值	1	6	0.01
变异系数	1.82	0.56	2.50
偏态系数	4.82	0.21	4.89

（2）双变量特征

a. S-D、S-A、D-A 关系

基于海河北系水文干旱事件序列，分别对干旱历时、干旱面积和干旱强度三个特征变量两两间的关系进行分析，如图 7-32 和表 7-11 所示。可以看出，干旱强度和历时关系最为紧密，呈明显的线性关系，线性拟合 R^2 值达 0.93，其 Pearson 线性相关系数 ρ、Kendall 秩相关系数 τ 和 Spearman 秩相关系数 ρ_s 均在 0.7 以上；其次是干旱强度和面积关系，用指数函数拟合 R^2 值为 0.87，各项相关系数在 0.6 以上；而干旱历时和面积呈指数关系，但其各项相关系数较小。

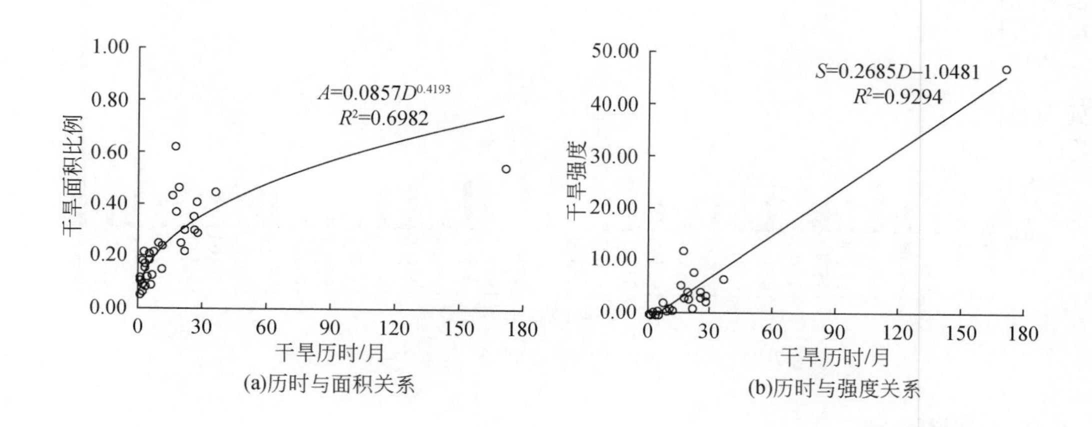

(a)历时与面积关系　　(b)历时与强度关系

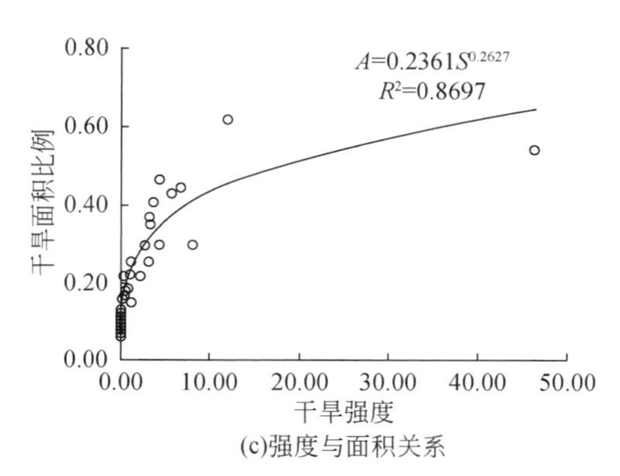

(c)强度与面积关系

图 7-32 水文干旱特征指标之间的关系

表 7-11 水文干旱特征指标之间的相关性度量

变量	Pearson 线性相关系数 ρ	Kendall 秩相关系数 τ	Spearman 秩相关系数 ρ_s
历时（D）和面积（A）	0. 46	0. 40	0. 54
强度（S）和历时（D）	0. 96	0. 71	0. 89
强度（S）和面积（A）	0. 63	0. 82	0. 95

b. S-F、D-F、A-F 关系

采用概率分布法依次对干旱历时、干旱面积和干旱强度等特征指标进行频率分析。优先选用正态分布、指数分布和 Γ 分布等常见函数对各干旱特征指标概率分布进行拟合，并采用卡方分布和 Kolmogorov-Smirnov 检验方法对拟合度进行检验，若通过检验，则得到相应分布函数拟合曲线；若未通过检验，则采用非参数方法进行拟合，即运用核密度函数拟合。水文干旱历时、干旱面积和干旱强度分布拟合参数估计及拟合度检验见表 7-12。可以看出，可用 Γ 分布对干旱历时和干旱强度的概率分布进行拟合，而干旱面积服从正态分布，各种分布拟合参数见表 7-12。

表 7-12 水文干旱特征指标分布拟合参数估计及拟合度检验（α=0. 05）

分布类型	检验方法	参数估计	干旱历时/月	干旱面积	干旱强度
正态分布		均值（μ）	7. 85	0. 34	1. 22
		方差（σ）	5. 10	0. 11	0. 85
	卡方分布检验	h 值	1	0	0
		p 值	0. 01	0. 06	0. 05
		是否通过检验	否	是	否
	Kolmogorov-Smirnov 检验	h 值	0	0	0
		p 值	0. 07	0. 60	0. 08
		是否通过检验	是	是	是

续表

分布类型	检验方法	参数估计	干旱历时/月	干旱面积	干旱强度
Γ分布		尺度参数（α）	2.73	12.11	2.27
		形状参数（β）	2.88	0.03	0.54
	卡方分布检验	h 值	0	1	0
		p 值	0.30	0.04	0.26
		是否通过检验	是	否	是
	Kolmogorov-Smirnov 检验	h 值	0	0	0
		p 值	0.75	0.94	0.82
		是否通过检验	是	是	是
指数分布		率参数（λ）	7.85	0.34	1.22
	卡方分布检验	h 值	1	1	1
		p 值	0.00	0.00	0.00
		是否通过检验	否	否	否
	Kolmogorov-Smirnov 检验	h 值	1	1	1
		p 值	0.00	0.00	0.01
		是否通过检验	否	否	否

注：$h=0$ 且 $p>\alpha$ 表示通过检验

干旱历时、干旱面积和干旱强度等特征指标累积频率观测值（根据干旱评估结果计算出的累积经验频率）与相应拟合分布函数理论值比较如图 7-33 所示。根据拟合的各特征指标概率密度函数，对于任意给定干旱特征指标值，通过计算其对应的分布函数值，可得出小于或等于该特征值的干旱发生频率。

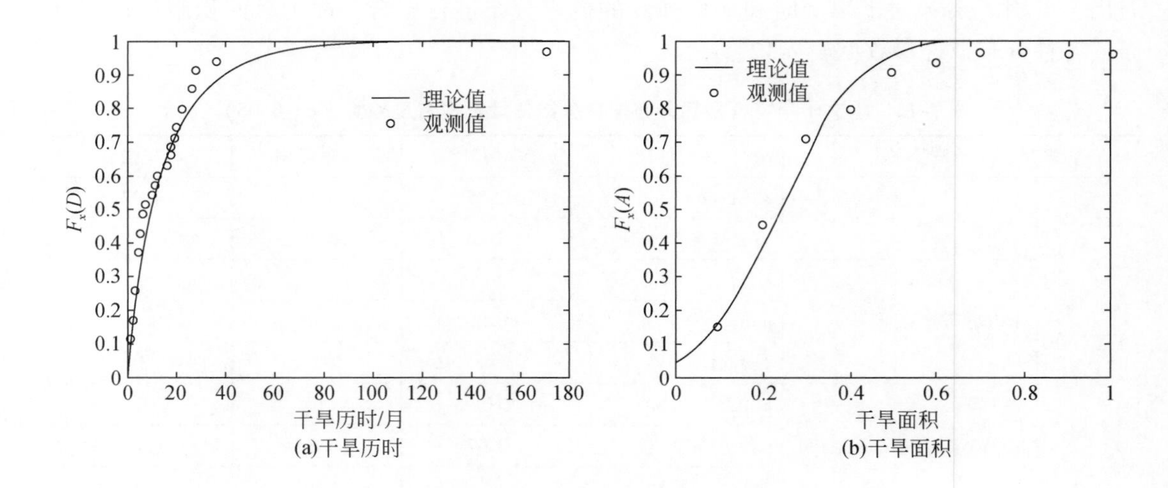

(a)干旱历时 (b)干旱面积

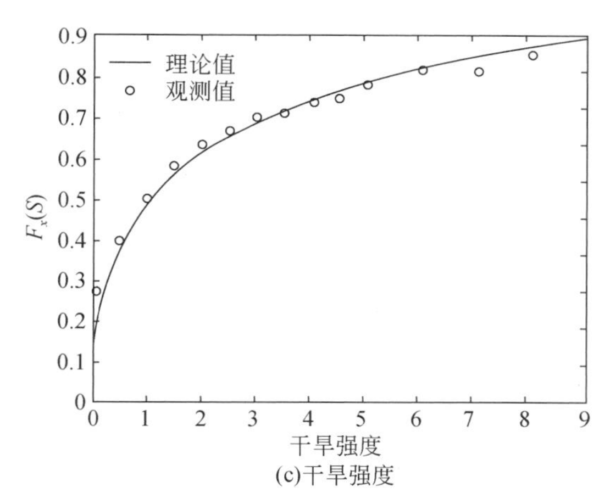

(c)干旱强度

图 7-33 水文干旱特征指标累积频率观测值与理论值比较

(3) 多变量特征

首先根据干旱评估结果，分析干旱强度-面积-历时的关系（*S-A-D* 关系），并选取典型干旱事件展示其空间分布；其次，考虑其中两个特征指标，进行频率分析。根据两变量关系分析结果，干旱历时和面积相关关系不显，认为其相互独立，不需要构造 Copula 函数来分析其联合频率，而干旱强度与面积、干旱强度与历时则有显著相关关系，因此，选用合适的 Copula 函数来构造其联合分布，分析干旱强度-面积-频率关系（*SAF* 关系）和干旱强度-历时-频率关系（*S-D-F* 关系）。

a. *S-A-D* 关系

海河北系气象干旱 *S-A-D* 关系图如图 7-34 所示。可以看出，干旱事件集中在面积为 5%～25%的区域，随着干旱强度和历时增大，干旱事件越来越少。选取 1965 年 3 月～1966 年 7 月、1991 年 7 月～1994 年 6 月等 7 次典型干旱事件绘制其空间分布图（图 7-34），图中红色区域表示干旱覆盖范围，该范围为各次干旱平均干旱面积所对应的范围，并非最大覆盖范围，相当于强度达到该次干旱平均强度所对应的单元。从选取的典型干旱事件影响范围来看，在张家口、大同以及北京、天津等地区经常受水文干旱影响，尤其是 1965 年 3 月至 1966 年 7 月、1991 年 7 月至 1994 年 6 月这 2 次面积较大的水文干旱事件，几乎涵盖了上述几个区域。

b. *S-A-F* 和 *S-D-F* 关系

通过单一特征指标频率分析已得出水文干旱强度和历时服从 Γ 分布、面积正态分布，分别选用正态 Copula 函数、t- Copula 函数、Clayton- Copula 函数、Frank- Copula 函数和 Gumbel-Copula 函数 5 种函数拟合干旱强度和面积、干旱强度和历时的联合概率分布，并采用平方欧式距离法（*SED*）对拟合优度进行检验，选取最优的 Copula 函数。各种 Copula 函数参数估计结果及拟合优度评价指标计算结果见表 7-13。

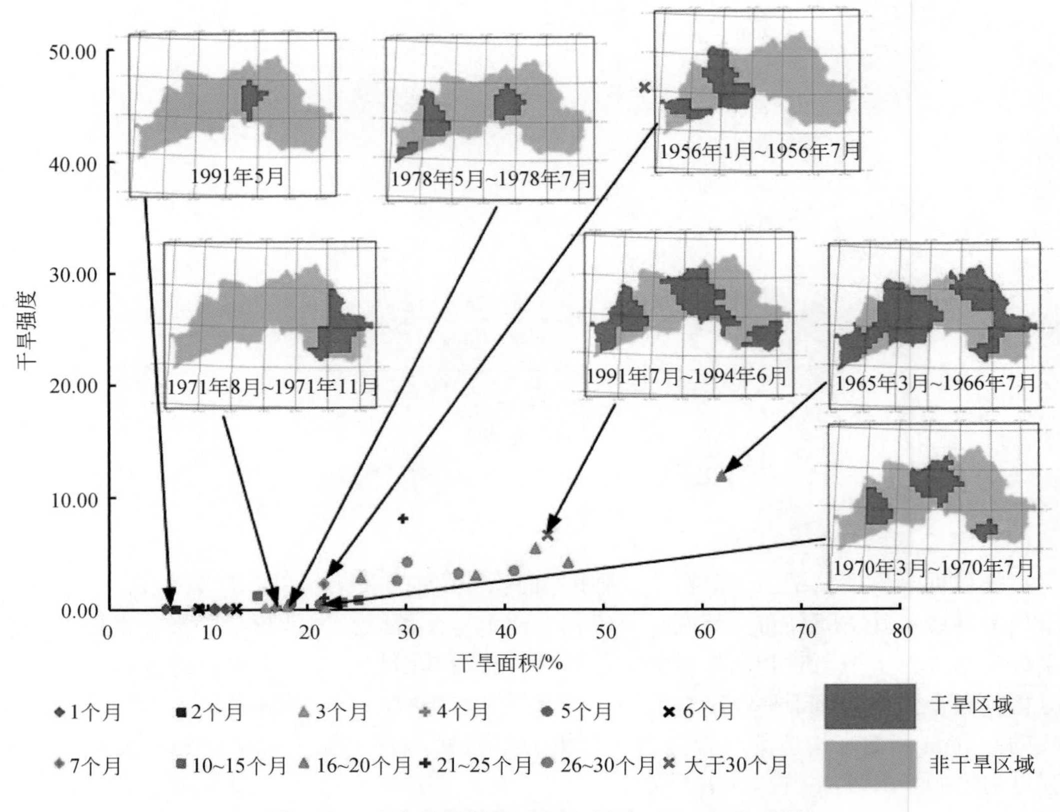

图 7-34　水文干旱强度-面积-历时（SAD）关系图

表 7-13　Copula 函数参数及拟合度评价指标计算结果

Copula 函数	参数估计及检验值	干旱强度-干旱面积（S-A）	干旱强度-干旱历时（S-D）
正态 Copula	ρ_1	0.9	0.932
	SED	0.025	0.016
t-Copula	ρ_2	0.903	0.937
	k	17 258 491.77	19.862
	SED	0.023	0.016
Clayton	α_1	6.187	5.719
	SED	0.017	0.013
Frank	α_2	15.8	15.482
	SED	0.008	0.016
Gumbel	α_3	2.553	3.579
	SED	0.063	0.02
Min（SED）		0.008	0.013
最优 Copula 函数		Frank	Clayton

可以看出，Frank-Copula 函数对干旱强度和面积拟合的 *SED* 值仅为 0.008，是各类函数拟合 *SED* 中最小的，因此可用 Frank-Copula 函数构造干旱强度和面积的联合概率分布；同样可得出 Clayton-Copula 函数对于干旱强度和历时拟合效果最好。将优选的 Frank-Copula 和 Clayton-Copula 函数理论概率分布与各自的经验概率分布进行比较，干旱强度和面积、干旱强度和历时拟合效果对比如图 7-35、图 7-36 所示。

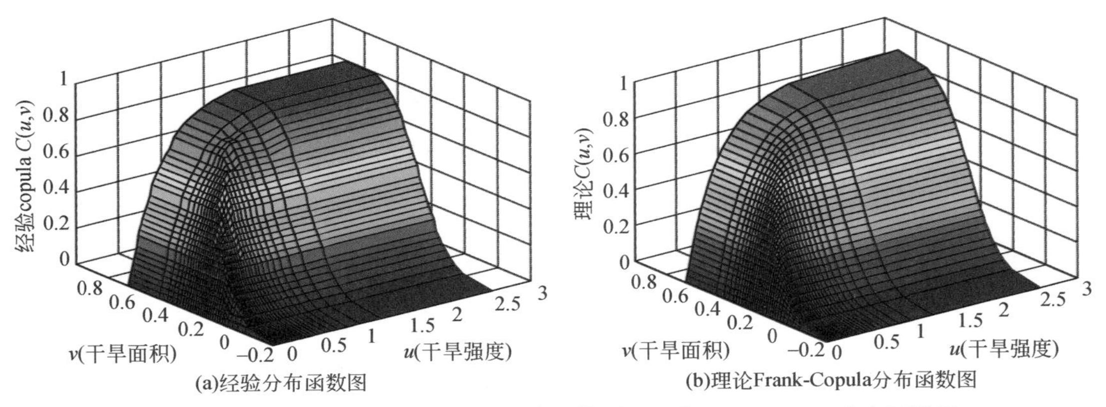

图 7-35　水文干旱强度–面积经验分布函数图和理论 Frank-Copula 分布函数图

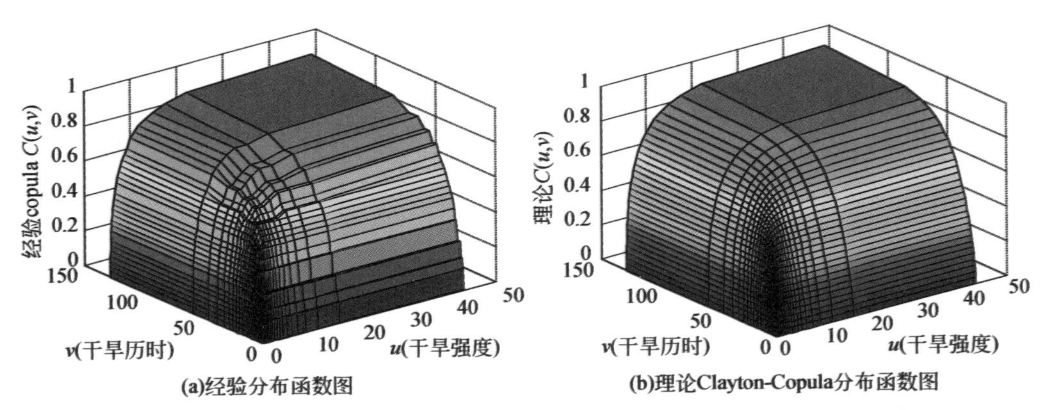

图 7-36　水文干旱强度–历时经验分布函数图和理论 Clayton-Copula 分布函数图

根据构造的 Copula 函数，按照式（3-27）和式（3-28）计算水文干旱条件概率，并绘制累积分布图如图 7-37、图 7-38 所示。以图 7-37（a）为例进行分析，可看出，干旱强度超越概率则是随着干旱面积的增大而增大的，图中曲线实际上表示的是给定干旱强度的干旱超越概率；固定干旱面积，强度越小的干旱发生概率越大，如设定 $A=0.4$，则有 $P(S\geqslant 0.1 \mid A\leqslant 0.4)=0.82$、$P(S\geqslant 0.5 \mid A\leqslant 0.4)=0.78$、$P(S\geqslant 1 \mid A\leqslant 0.4)=0.72$、$P(S\geqslant 3 \mid A\leqslant 0.4)=0.61$，即干旱面积不超过某特定值的干旱发生概率随强度条件增大而减小。

给定单变量重现期为 2 年、5 年、10 年、20 年、50 年和 100 年，由单变量边缘分布函数求其逆函数，得到干旱强度、面积和历时等特征值，再代入式（3-30）和式（3-31）

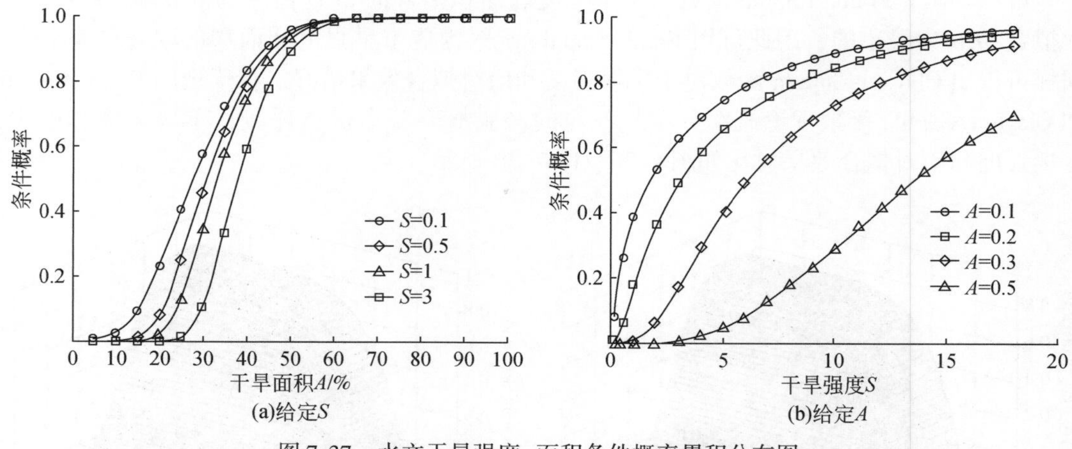

图 7-37　水文干旱强度-面积条件概率累积分布图

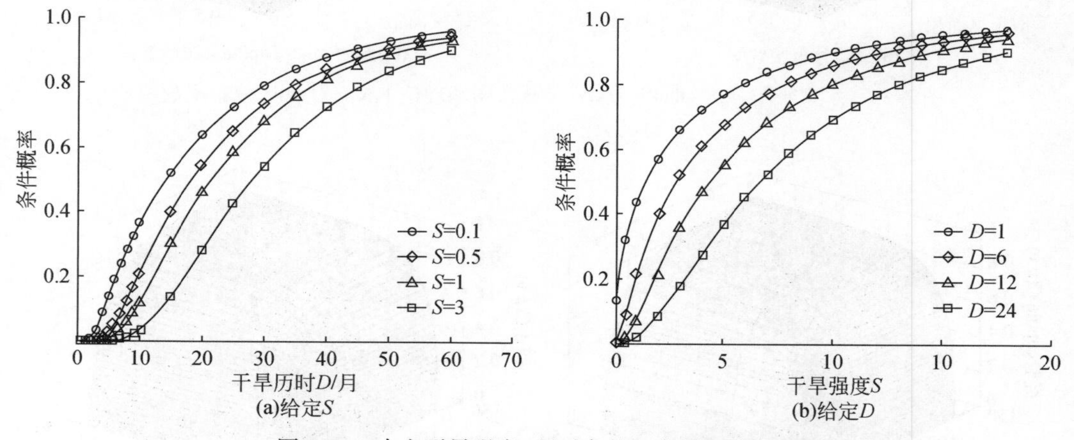

图 7-38　水文干旱强度-历时条件概率累积分布图

求出其对应的组合重现期，计算结果见表 7-14。

表 7-14　水文干旱特征指标边缘分布的重现期及对应的组合重现期

重现期/年	强度 S	面积 A/%	历时 D/月	S-A		S-D	
				联合重现期 T_a	同现重现期 T_0	联合重现期 T_a	同现重现期 T_0
2	0.09	12	2.68	1.90	2.12	1.94	2.06
5	2.85	31	17.82	4.39	5.82	4.08	6.46
10	6.49	38	30.40	7.91	13.59	6.98	17.63
20	10.78	44	43.36	13.94	35.41	12.26	54.15
50	17.04	50	60.81	29.99	150.32	27.49	276.39
100	22.05	55	74.17	55.49	505.05	52.57	1021.76

可以看出，单变量重现期介于联合重现期 T_a 和同现重现期 T_0，即联合分布的两种组合重现期可以看作边缘分布重现期的两个极端；在各单变量增加相同幅度下，相应的同现重现期 T_0 比联合重现期 T_a 增幅要大。

3. 农业干旱评估

利用干旱模拟平台对海河北系 1956～2009 年农业干旱进行模拟评估，评估结果如图 7-39所示。可以看出，1956～2009 年，共发生了 102 次农业干旱，其中干旱强度最大的一次发生在 1961 年 12 月～1963 年 10 月，干旱强度达 7.76，同时也干旱历时最长的一次农业干旱，达 23 个月；覆盖面积最大的一次农业干旱发生在 1971 年 12 月，为 0.73。

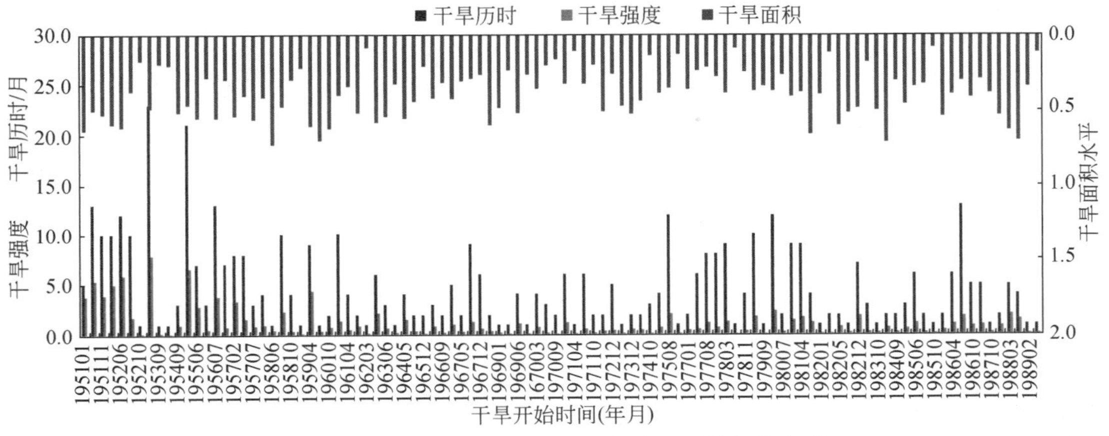

图 7-39 海河北系 1956～2009 年农业干旱事件序列

(1) 单变量特征

对海河北系农业干旱事件历时（D）、干旱面积（A）及干旱强度（S）等特征指标相关统计特征值进行分析，结果见表 7-15。1956～2009 年，平均干旱历时为 4.8 个月，最大值为 23 个月，最小值为 1 个月；平均干旱面积为流域总面积的 40%，最大干旱面积达 73%，最小干旱面积为 8%；平均干旱强度为 1.13，最大干旱强度为 7.76，最小干旱强度为 0.01。从各特征指标标准差、变异系数来看，干旱面积离散程度最小，其次是干旱历时，干旱强度分布最为离散；从各特征指标偏态系数来看，干旱历时和强度分布与正态分布相比呈现右偏，而干旱面积分布和正态分布较为接近。

表 7-15 农业干旱单一特征指标统计特征值

单变量特征	干旱历时/月	干旱面积/%	干旱强度
均值	4.8	40	1.13
标准差	4.22	0.16	1.47
最大值	23	73	7.76
最小值	1	8	0.01
变异系数	0.89	0.41	1.30
偏态系数	1.76	0.00	2.38

（2）双变量特征

a. S-D、S-A、D-A 关系

分别对干旱历时、干旱面积和干旱强度三个特征变量两两间的关系进行函数拟合，如图 7-40 所示。干旱历时和面积关系不明显，用指数函数拟合的 R^2值仅为 0.12；干旱历时和强度呈明显线性关系，两变量 R^2值达 0.74；干旱强度和面积呈指数关系，随着干旱强度增大，面积呈指数增大，两变量 R^2值为 0.53。采用 Pearson 线性相关系数 ρ、Kendall 秩相关系数 τ 和 Spearman 秩相关系数 ρ_s来进一步判断农业干旱特征指标间相关关系，结果见表 7-16。干旱历时和面积相关关系较弱，相关系数均不到 0.3；历时和强度相关关系较高，相关系数在 0.7 以上；强度和面积相关性也相对较高，在 0.4 ~0.65。

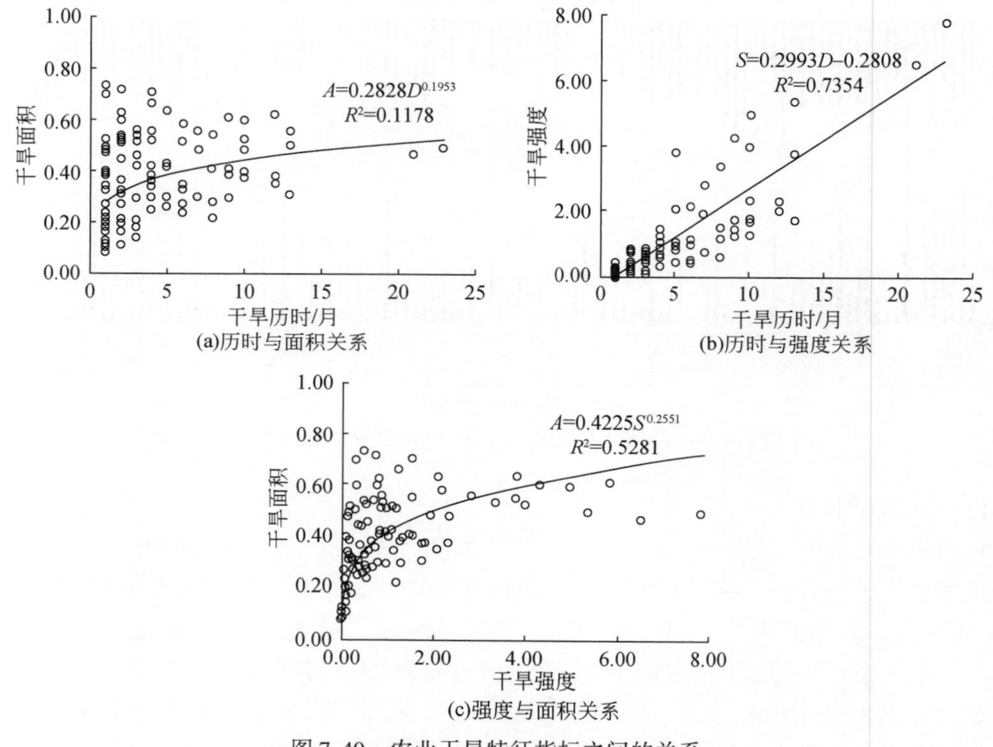

图 7-40　农业干旱特征指标之间的关系

表 7-16　农业干旱特征指标之间的相关性度量

变量	Pearson 线性相关系数 ρ	Kendall 秩相关系数 τ	Spearman 秩相关系数 ρ_s
历时（D）和面积（A）	0.21	0.18	0.26
强度（S）和历时（D）	0.86	0.73	0.89
强度（S）和面积（A）	0.44	0.44	0.62

b. S-F、D-F、A-F 关系

根据海河北系农业干旱事件各特征指标序列，采用概率分布方法依次对各干旱特征指

标进行频率分析。优先选用正态分布、Γ 分布等常见的函数分布对各特征指标概率分布进行拟合，并采用卡方分布检验和 Kolmogorov-Smirnov 检验方法对拟合优度进行检验，若通过检验，则得到相应分布函数曲线；若未通过检验，则采用核密度函数进行拟合。水文干旱历时、面积和强度分布拟合参数估计及拟合度检验见表 7-17，可以看出，干旱历时和强度服从指数分布、干旱面积服从正态分布。

各干旱特征指标累积频率观测值（根据干旱评估结果计算出的累积经验频率）与相应拟合分布函数理论值比较如图 7-41 所示。根据拟定各特征指标概率密度函数，任意给定干旱特征指标值，通过计算其对应的分布函数值，即可得出特征值小于或等于该值的农业干旱发生频率。

表 7-17　农业干旱特征指标分布拟合参数估计及拟合度检验（α=0.05）

分布类型	检验方法	参数估计	干旱历时/月	干旱面积	干旱强度
正态分布		均值（μ）	4.72	0.40	1.13
		方差（σ）	4.22	0.16	1.47
	卡方分布检验	h 值	1	0	1
		p 值	0.00	0.51	0.00
		是否通过检验	否	是	否
	Kolmogorov-Smirnov 检验	h 值	1	0	1
		p 值	0.00	0.79	0.00
		是否通过检验	否	是	否
Γ 分布		尺度参数（α）	1.51	4.97	0.76
		形状参数（β）	3.13	0.08	1.49
	卡方分布检验	h 值	1	0	0
		p 值	0.02	0.05	0.03
		是否通过检验	否	否	否
	Kolmogorov-Smirnov 检验	h 值	1	0	0
		p 值	0.01	0.47	0.80
		是否通过检验	否	是	是
指数分布		率参数（λ）	4.72	0.40	1.13
	卡方分布检验	h 值	0	1	0
		p 值	0.69	0.00	0.07
		是否通过检验	是	否	是
	Kolmogorov-Smirnov 检验	h 值	0	1	0
		p 值	0.21	0.00	0.08
		是否通过检验	是	否	是

注：h=0 且 $p>\alpha$ 表示通过检验

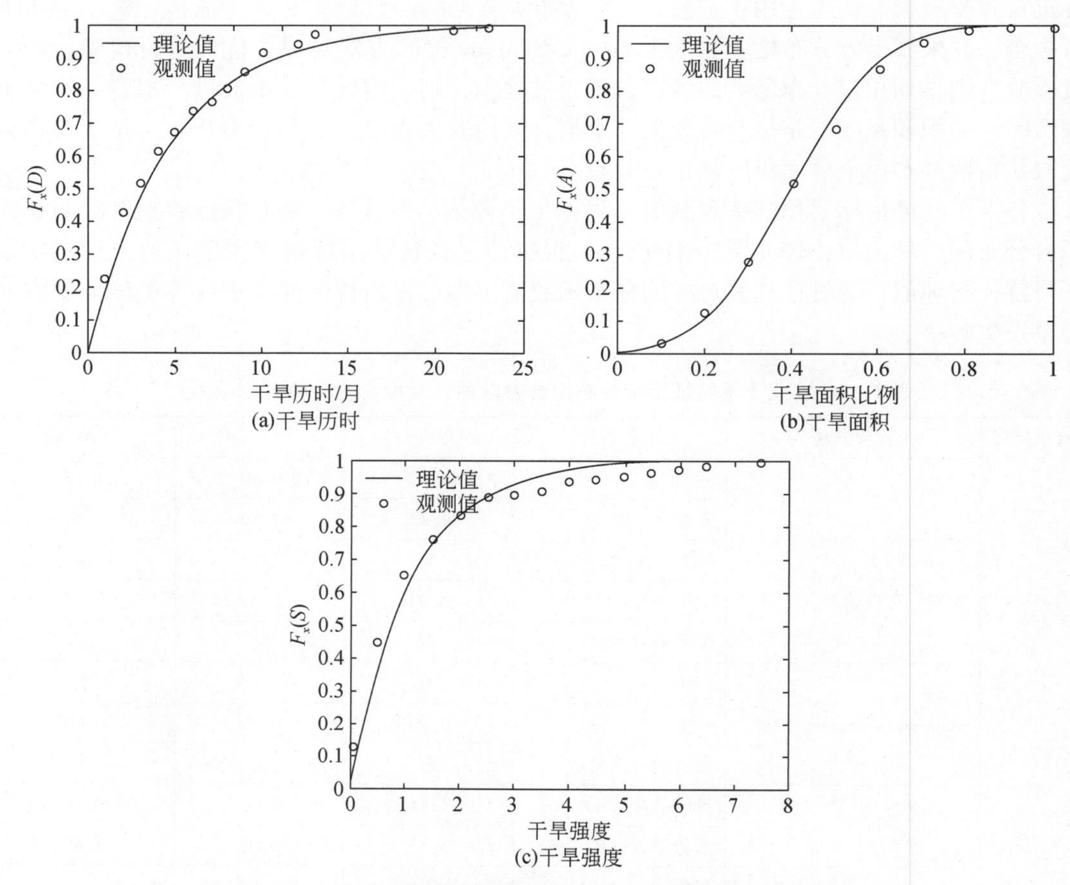

图 7-41　农业干旱特征指标累积频率观测值与理论值比较

（3）多变量特征

同气象干旱和水文干旱，首先分析农业干旱强度-面积-历时之间的关系（*SAD* 关系），再分别选用合适的 Copula 函数对农业干旱强度-面积-频率关系（*SAF* 关系）和强度-历时-频率关系进行分析（*SDF* 关系）

a. *SAD* 关系

将所有农业干旱事件按照强度、面积和历时特征值反映在图中，并选取 1964 年 11 月 ~ 1966 年 7 月、1972 年 3 月 ~1972 年 12 月等 9 次典型干旱事件，将其干旱空间分布展示出来并标注在图中相应位置，绘制干旱强度-面积-历时（*SAD*）关系图如图 7-42 所示。图中红色区域表示的干旱覆盖范围为各次干旱平均干旱面积所对应的范围，非最大覆盖范围，相当于强度达到该次干旱平均强度所对应的单元。

农业干旱事件集中在面积为 30% ~50% 的区域，两端则较为稀疏；随着干旱历时和干旱强度增大，干旱事件逐渐减少。从选取的 9 次典型干旱事件的影响范围来看，山西大同、忻州等地区受影响的次数最多，其次是河北的张家口、唐山，在一定程度上反映了这

些区域是农业干旱多发区域。

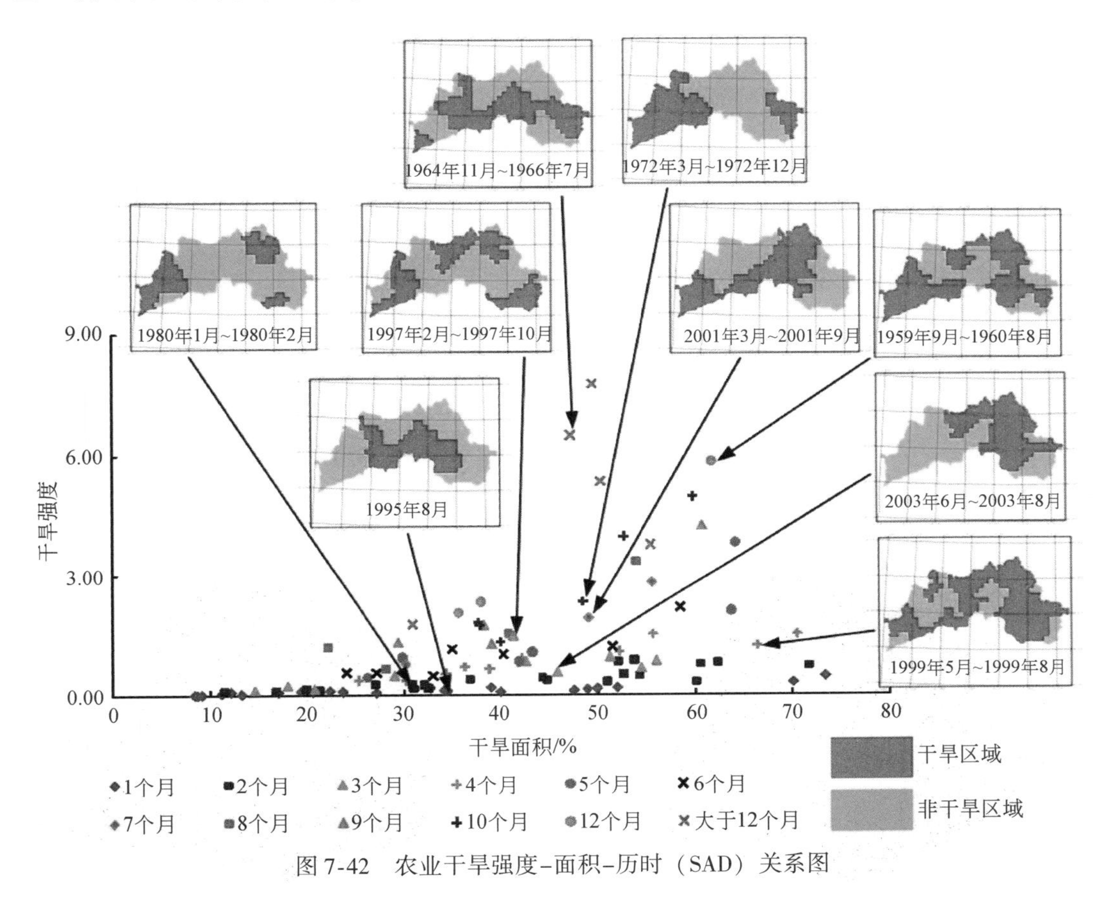

图 7-42　农业干旱强度-面积-历时（SAD）关系图

b. *SAF* 和 *SDF* 关系

在单变量频率分析中，已得出海河北系农业干旱强度历时服从指数分布，干旱面积服从正态分布，且干旱强度和面积、干旱强度和历时具有较强的相关关系，分别选用正态 Copula 函数、t-Copula 函数、Clayton-Copula 函数、Frank-Copula 函数和 Gumbel-Copula 函数 5 种函数进行拟合，并采用平方欧式距离法对拟合优度进行检验，各种参数估计结果及拟合优度评价指标计算结果见表 7-18。可以看出，Clayton-Copula 函数对于干旱强度和面积拟合效果最好、正态-Copula 函数对于干旱强度和历时拟合效果最好。将优选的 Clayton-Copula 和正态-Copula 函数理论概率分布与各自的经验概率分布进行比较，干旱强度和面积拟合效果对比图如图 7-43 所示，干旱强度和历时拟合效果对比图如图 7-44 所示。

表 7-18　Copula 函数参数及拟合度评价指标计算结果

Copula 函数	参数估计及检验值	干旱强度-干旱面积（*S-A*）	干旱强度-干旱历时（*S-D*）
正态 Copula	ρ_1	0. 608	0. 878
	SED	0. 046	0. 01

续表

Copula 函数	参数估计及检验值	干旱强度-干旱面积（S-A）	干旱强度-干旱历时（S-D）
t-Copula	ρ_2	0.561	0.803
	k	31.006	11 681 704
	SED	0.128	0.151
Clayton	α_1	1.43	1.516
	SED	0.014	0.257
Frank	α_2	4	8.546
	SED	0.056	0.025
Gumbel	α_3	1.418	2.171
	SED	0.121	0.094
Min（*SED*）		0.014	0.01
最优 Copula 函数		Clayton	正态

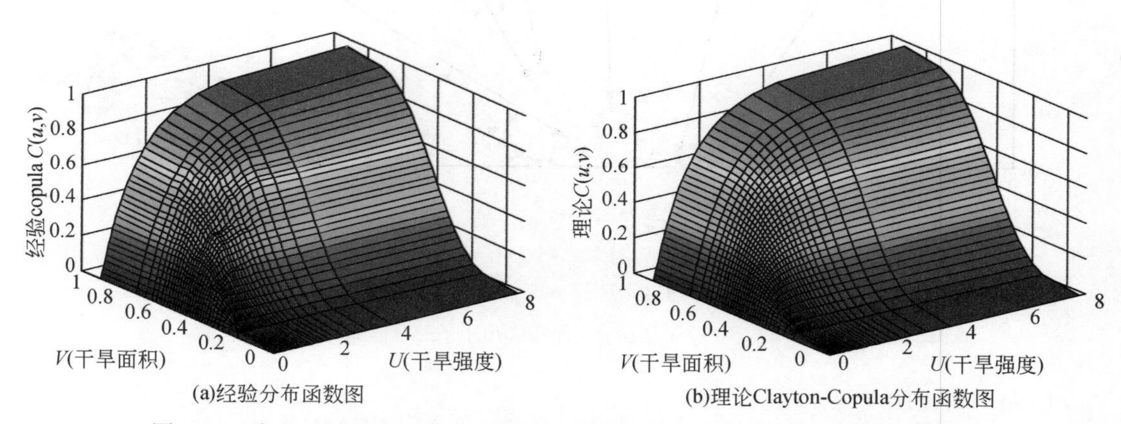

图 7-43　农业干旱强度-面积经验分布函数图和理论 Clayton-Copula 分布函数图

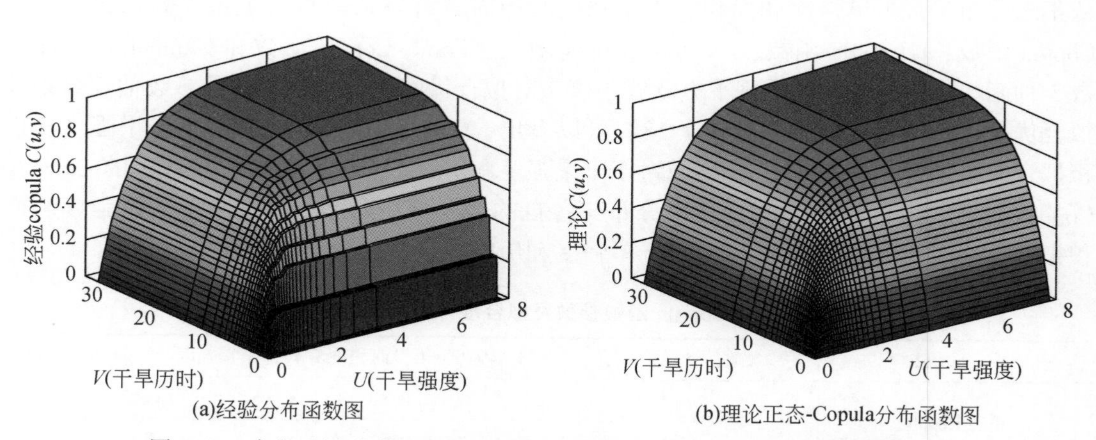

图 7-44　农业干旱强度-历时经验分布函数图和理论正态-Copula 分布函数图

根据构造的 Copula 函数，按照式（3-27）和式（3-28）计算水文干旱条件概率，并绘制累积分布图如图 7-45、图 7-46 所示。以图 7-45（a）为例进行分析，可看出，干旱强度超越概率则是随着干旱面积的增大而增大的，图中曲线实际上表示的是给定干旱强度的干旱超越概率；固定干旱面积，强度越小的干旱发生概率越大，如设定 $A=0.4$，则有 $P(S\geqslant 0.1 \mid A\leqslant 0.4)=0.51$、$P(S\geqslant 0.5 \mid A\leqslant 0.4)=0.37$、$P(S\geqslant 1 \mid A\leqslant 0.4)=0.28$、$P(S\geqslant 3 \mid A\leqslant 0.4)=0.22$，即干旱面积不超过某特定值的干旱发生概率随强度条件增大而减小。

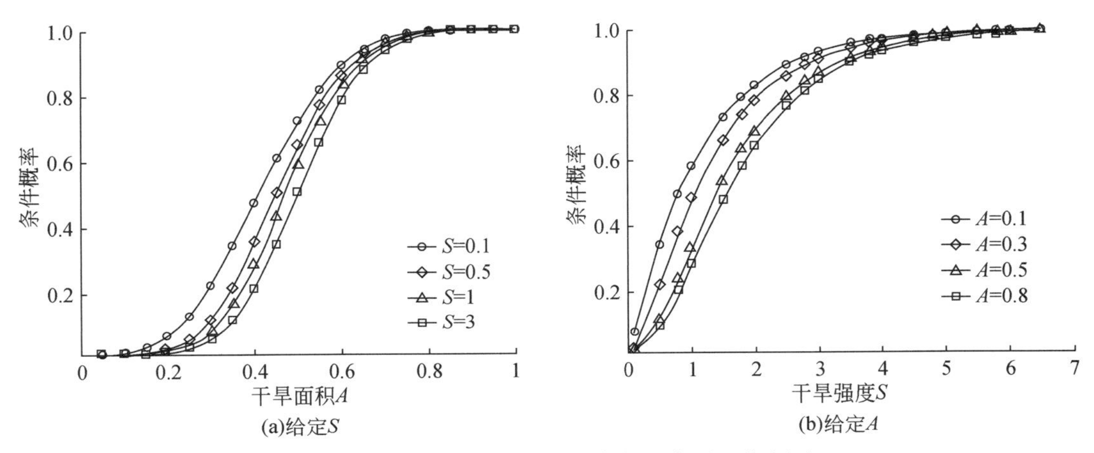

图 7-45　农业干旱强度-面积条件概率累积分布图

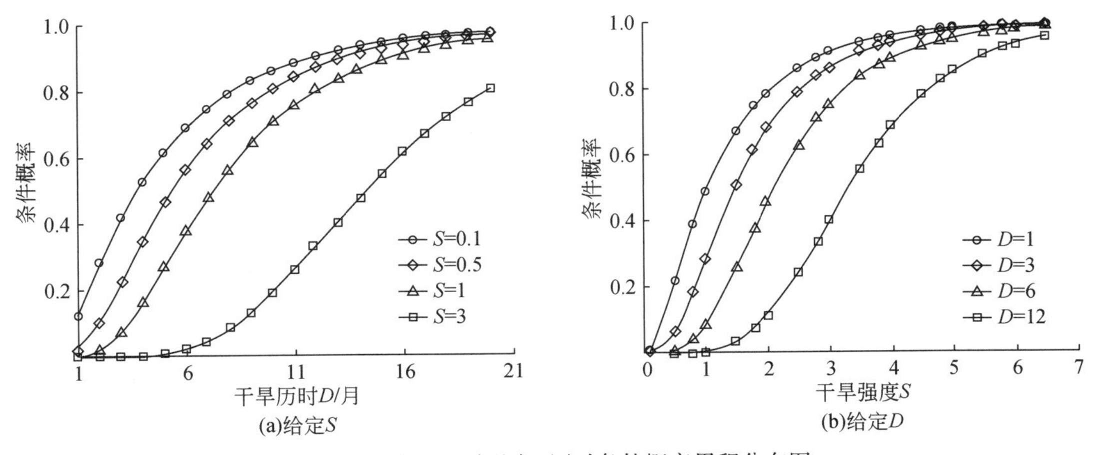

图 7-46　农业干旱强度-历时条件概率累积分布图

给定单变量重现期为 2 年、5 年、10 年、20 年、50 年和 100 年，由单变量边缘分布函数及构造的联合概率分布，求得干旱强度、面积和历时特征值及对应组合重现期，见表 7-19。

表 7-19 农业干旱特征指标边缘分布的重现期及对应的组合重现期

重现期/年	强度 S	面积 A/%	历时 D/月	S-A		S-D	
				联合重现期 T_a	同现重现期 T_0	联合重现期 T_a	同现重现期 T_0
2	1.50	50	6.27	1.31	4.20	1.61	2.65
5	2.54	60	10.59	2.82	21.77	3.74	7.56
10	3.32	65	13.86	5.33	81.10	7.17	16.53
20	4.11	71	17.13	10.33	312.39	13.85	35.95
50	5.14	76	21.45	25.33	1907.31	33.36	99.76
100	5.92	80	24.72	50.33	7569.05	65.14	215.13

可以看出，单变量的重现期介于联合重现期 T_a 和同现重现期 T_0，即联合分布的两种组合重现期可以看作边缘分布重现期的两个极端；在各单变量增加相同幅度下，相应的同现重现期 T_0 比联合重现期 T_a 增幅要大。

4. 干旱时空关联分析

（1）统计特征分析

根据海河北系气象、水文和农业干旱评估结果，对比分析干旱次数、历时、面积和强度之间的差异。因气象干旱评估时段为 1951 ~ 2009 年，而水文、农业干旱评估时段为 1956 ~ 2009 年，为对比分析三种干旱类型特征指标统计特征，均取 1956 ~ 2009 年评估结果来做对比分析。气象、水文和农业干旱主要特征指标对比结果如图 7-47 所示，图中分别给出了干旱次数对比结果，干旱面积、历时、强度平均值对比结果，因干旱历时和强度可累加，且累加值可反映发生干旱的总体特征，同时给出了其总计值对比结果。从图中可以看出，气象、水文和农业干旱各特征指标存在以下关系：

1）干旱次数。1956 ~ 2009 年，海河北系共发生气象干旱 146 次、农业干旱 102 次、水文干旱 34 次，气象干旱发生次数明显比农业干旱和水文干旱要多。原因包括两个方面：一是若气象干旱本身强度较小或者受灌溉等人类活动干扰，气象干旱发生并不一定会发生农业干旱和水文干旱；二是在一段时间内连续发生两次或者多次气象干旱事件引发的农业或水文干旱间隔可能不明显，在干旱识别时将其识别为一次干旱。

2）干旱面积。气象、农业和水文干旱平均干旱面积分别为 0.53、0.46 和 0.24，气象干旱平均覆盖面积最大，其次是农业干旱，平均干旱面积最小的是水文干旱。这一特征也可以用在某些地区虽然发生气象干旱但不一定发生农业干旱和水文干旱来解释。农业干旱面积较水文干旱面积大，是因为土壤水相对于水资源量对于降水和蒸发的变化更为敏感，农业干旱与气象干旱联系更为紧密。

3）干旱历时。气象、农业和水文干旱平均干旱历时分别为 2.44 个月、4.72 个月和 16 个月，气象干旱历时小于农业干旱历时，水文干旱平均历时最大；气象、农业和水文干旱历时总和分别为 356 个月、481 个月和 544 个月，气象干旱总历时依然最小，其次是农业干旱，水文干旱总历时最大。气象干旱是降水和蒸发不均衡而引起的，如果降水增加或蒸发减小而使其之间的均衡关系恢复，则气象干旱结束；而农业干旱和水文干旱则和土壤含水量和水资源量密切相关，其变化相对于降水和蒸发有一定的滞后效应，气象干旱解除后这些量不一定能立即恢复正常，往往也需要滞后一段时间，因此，农业或者水文干旱持续时间更长。

4）干旱强度。气象、农业和水文干旱平均干旱强度分别为 0.83、1.13 和 3.25，气象干旱平均干旱强度最小，其次是农业干旱，水文干旱平均干旱强度最大；而气象、农业和水文干旱强度总和则分别 120.5、115.3 和 110.4，三者较为接近，依次略有减小。气象干旱强度总和最大而平均干旱强度却最小，与气象干旱次数较多有密切关系。

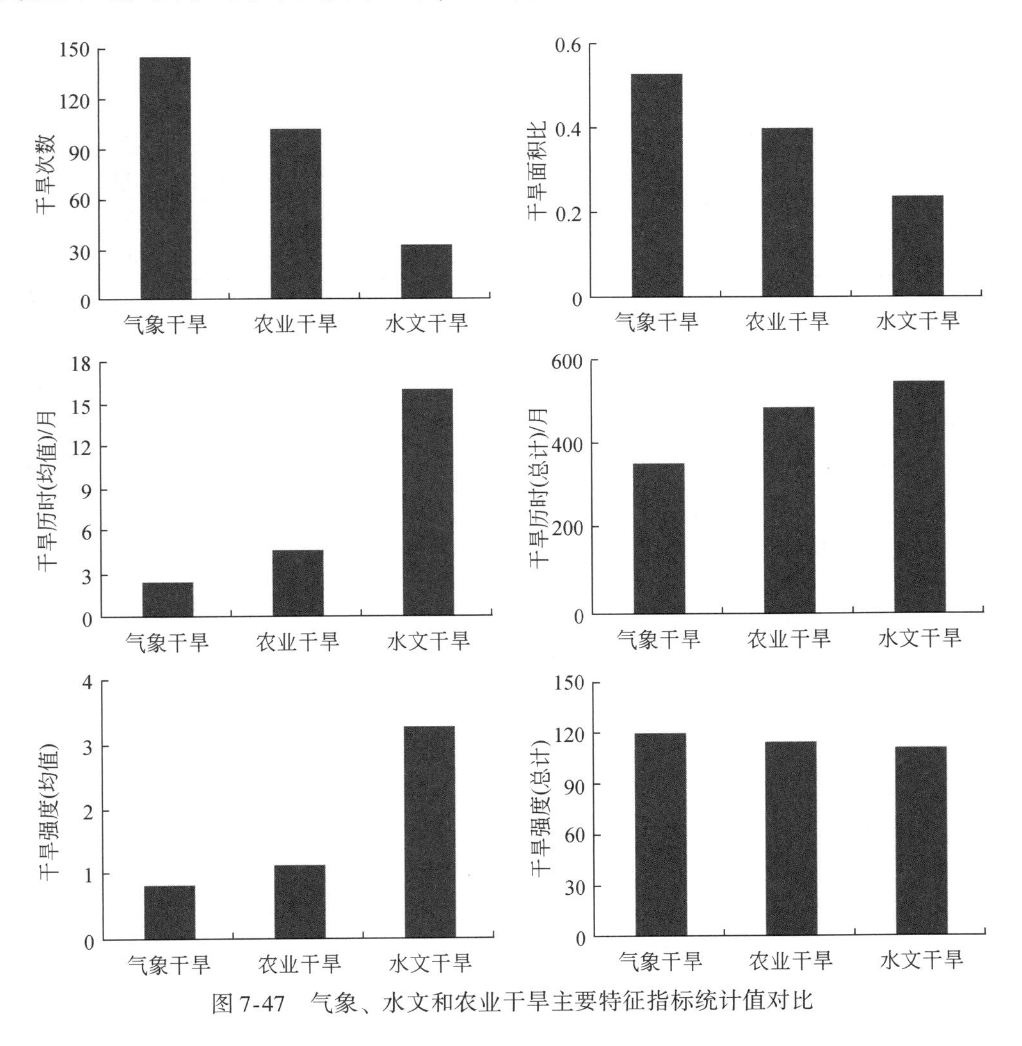

图 7-47　气象、水文和农业干旱主要特征指标统计值对比

(2) 时间关联分析

对气象、水文和农业干旱主要特征指标分时段统计，以探讨其特征指标之间的相关关系。以 5 年为一个时段进行统计，1996～2009 年因连续水文干旱，则将其作为一个时段进

行统计，气象、水文和农业主要特征指标分时段统计结果见表7-20，对各类干旱的历时、面积和强度进行相关性分析，结果如图7-48所示。

表7-20　气象、农业和水文干旱特征指标分时段统计结果

时段/年	气象干旱			农业干旱			水文干旱		
	历时/月	面积/%	强度	历时/月	面积/%	强度	历时/月	面积/%	强度
1956～1960	29	54	10.22	50	58	23.89	40	22	11.49
1961～1965	51	56	20.3	60	35	17.18	61	36	21.57
1966～1970	32	47	9.89	46	44	12.73	30	22	3.91
1971～1975	38	54	12.76	45	51	11.78	60	27	6.67
1976～1980	25	41	6.98	46	39	10.19	12	15	0.67
1981～1985	30	44	6.89	37	34	4.99	58	31	6.76
1986～1990	30	50	8.81	42	34	5.82	57	18	5.57
1991～1995	32	65	10.5	41	28	5.44	55	21	7.31
1996～2009	89	56	34.18	114	41	23.31	171	54	46.48

注：表中干旱历时和强度均为时段内所有干旱事件历时和强度之和

可以看出，气象、水文和农业干旱历时呈现明显的相关性，气象干旱和农业干旱历时拟合 R^2 值达0.93，气象干旱和水文干旱历时拟合 R^2 值为0.86，水文干旱和农业干旱历时拟合 R^2 值为0.79；气象、水文和农业干旱强度虽没有干旱历时相关关系那么明显，但是也呈现出一定的相关性，气象干旱和农业干旱强度、农业干旱和水文干旱强度拟合 R^2 值在0.45左右，而气象干旱和水文干旱强度相关度较高，拟合 R^2 值达0.95；气象、农业和水文干旱面积之间的相关性最弱，拟合 R^2 值均不到0.1。

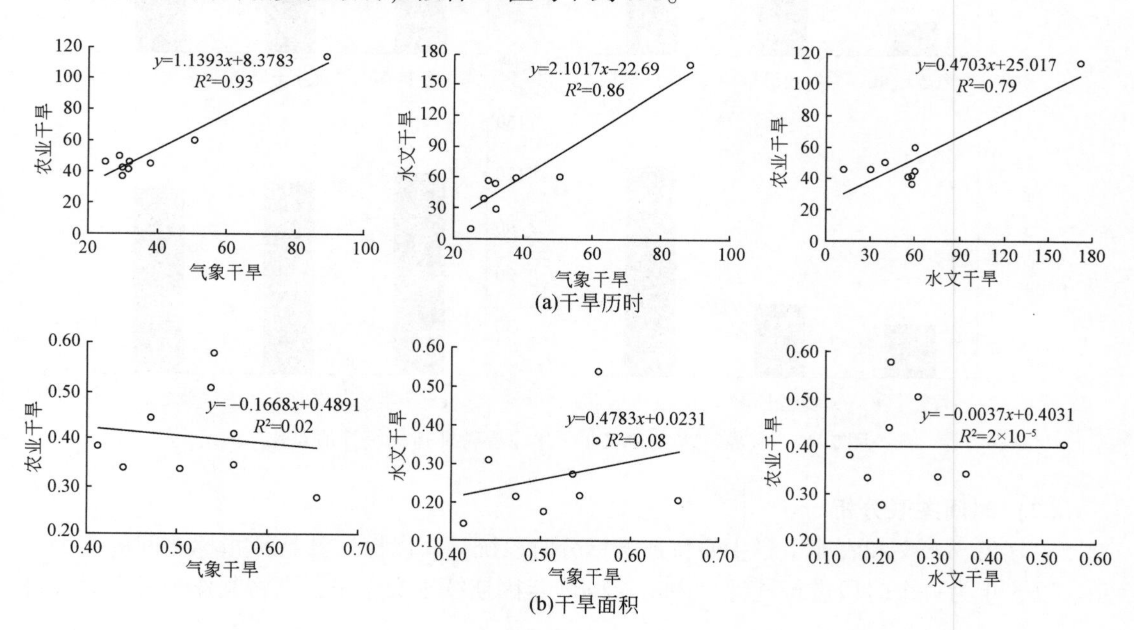

(a)干旱历时

(b)干旱面积

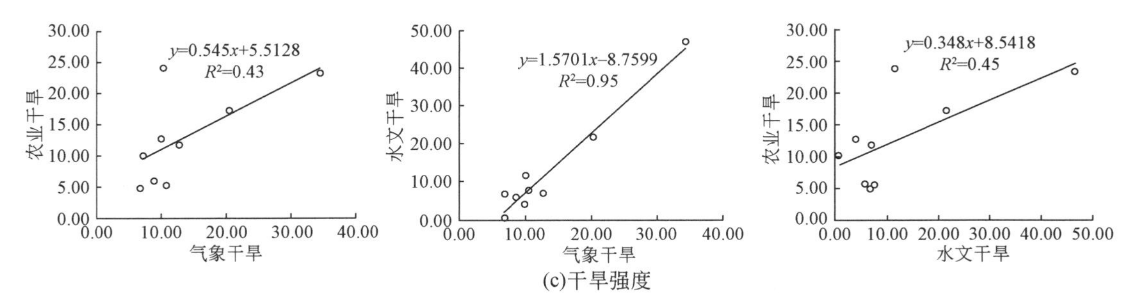

(c)干旱强度

图 7-48　气象、水文、农业干旱特征指标之间的相关关系

从理论上讲，土壤水对于气象干旱反映应该更为敏感，气象干旱强度和农业干旱强度之间应具有较水文干旱强度更好的相关性，而事实却并非如此，其中重要原因之一是灌溉这一人类活动的干扰。为说明灌溉对气象干旱与农业干旱强度关系的影响，选取了两个相邻的干旱评估单元进行对比分析，如图 7-49 所示，单元编号为 292 的单元为灌区单元，293 为非灌区单元。分别对这两个单元 1961 ~ 1970 年的气象干旱强度和农业干旱强度进行对比分析，结果如图 7-50 和图 7-51 所示。可以看出，两个单元气象干旱强度极为接近，但因灌溉条件不同其农业干旱强度则呈现明显差异，灌区单元农业干旱强度明显比非灌区单元小，为了更好地说明灌溉的作用，图 7-51 中同时给出了该时期的灌溉水量，灌溉水量与灌区单元农业干旱强度减小有较好的对应关系。所以，可认为是人类通过灌溉削弱了气象干旱和农业干旱之间的紧密联系，导致气象干旱强度和农业干旱强度相关关系相对较弱。

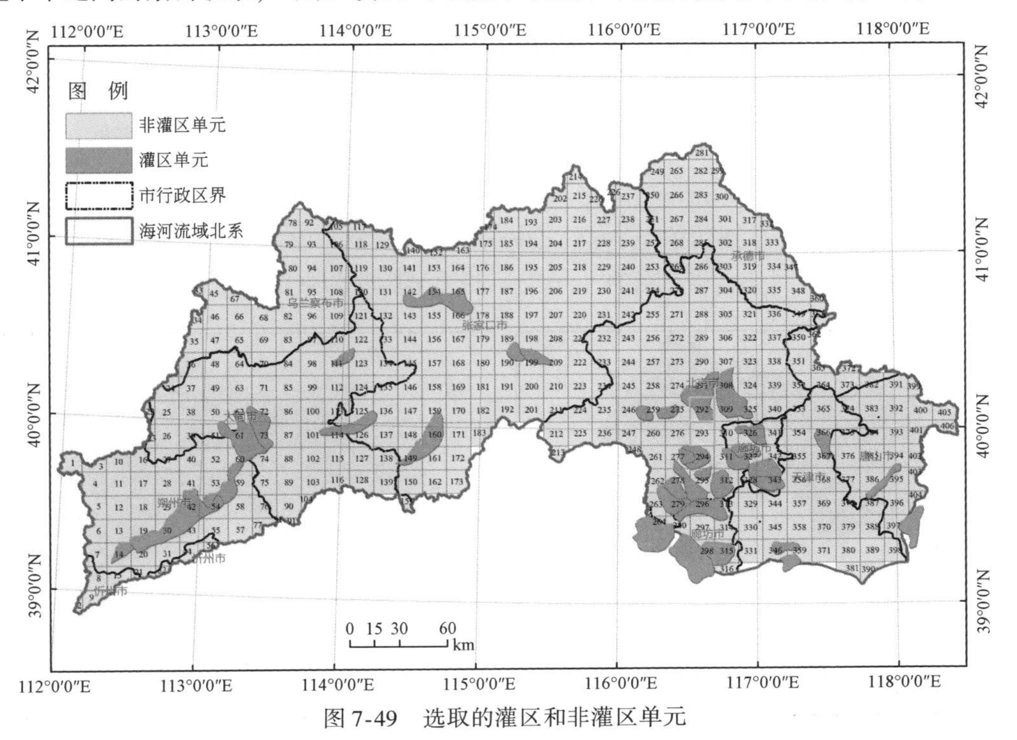

图 7-49　选取的灌区和非灌区单元

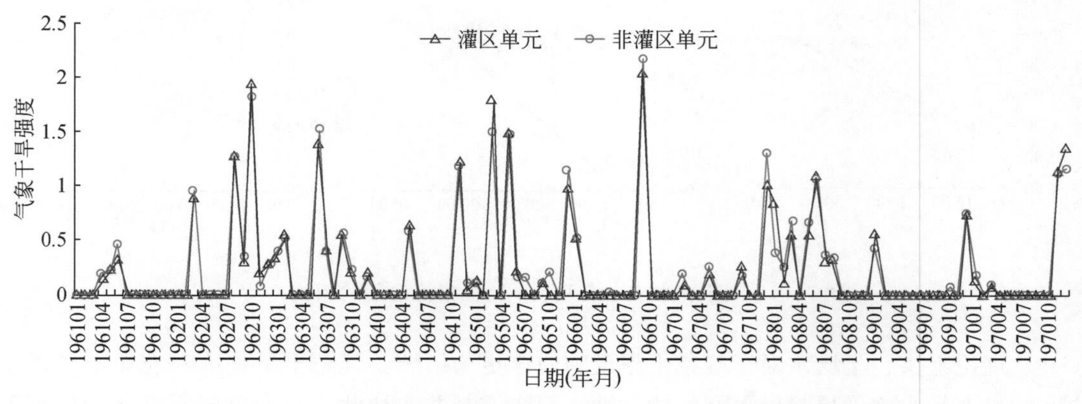

图 7-50　选取的灌区单元与非灌区单元 1961 ~ 1970 年气象干旱强度

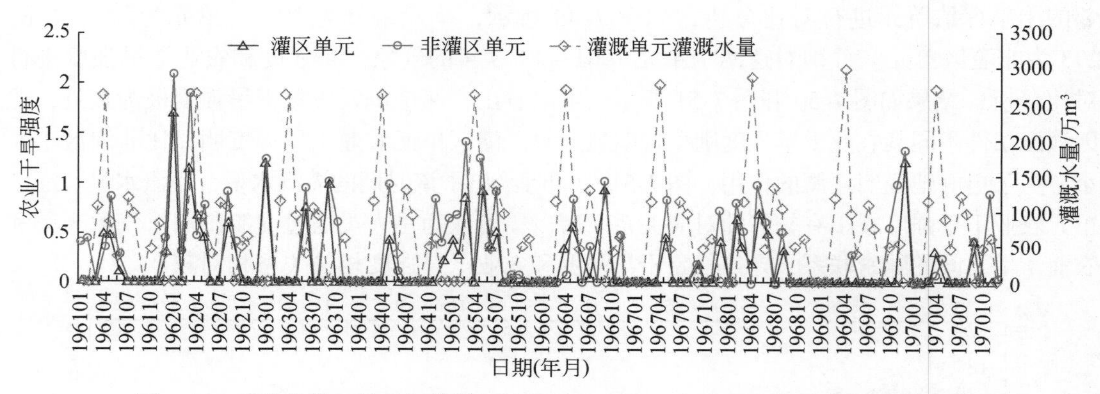

图 7-51　选取的灌区单元与非灌区单元 1961 ~ 1970 年农业干旱强度及灌溉水量

(3) 空间关联分析

将海河北系各个干旱评估单元 1956 ~ 2009 年发生气象、农业和水文干旱历时（总和）和强度（总和）进行对比，得到各种干旱类型的干旱历时和强度的空间分布，见图 7-52。

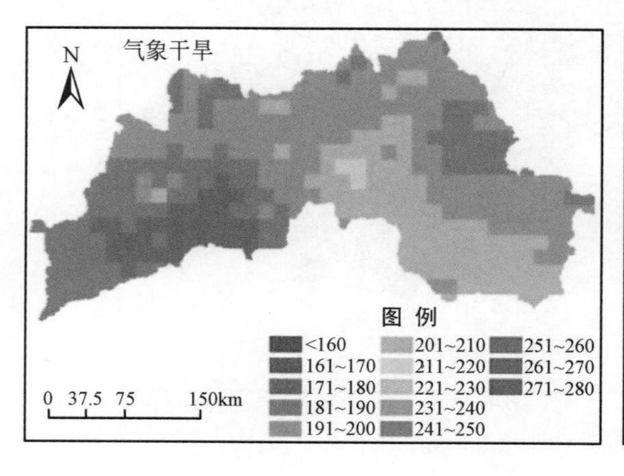

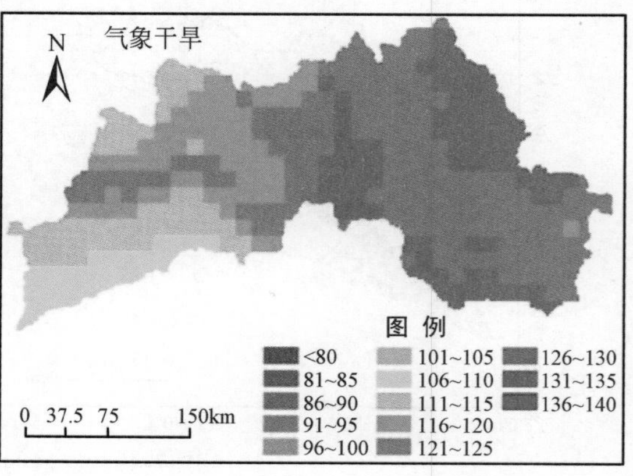

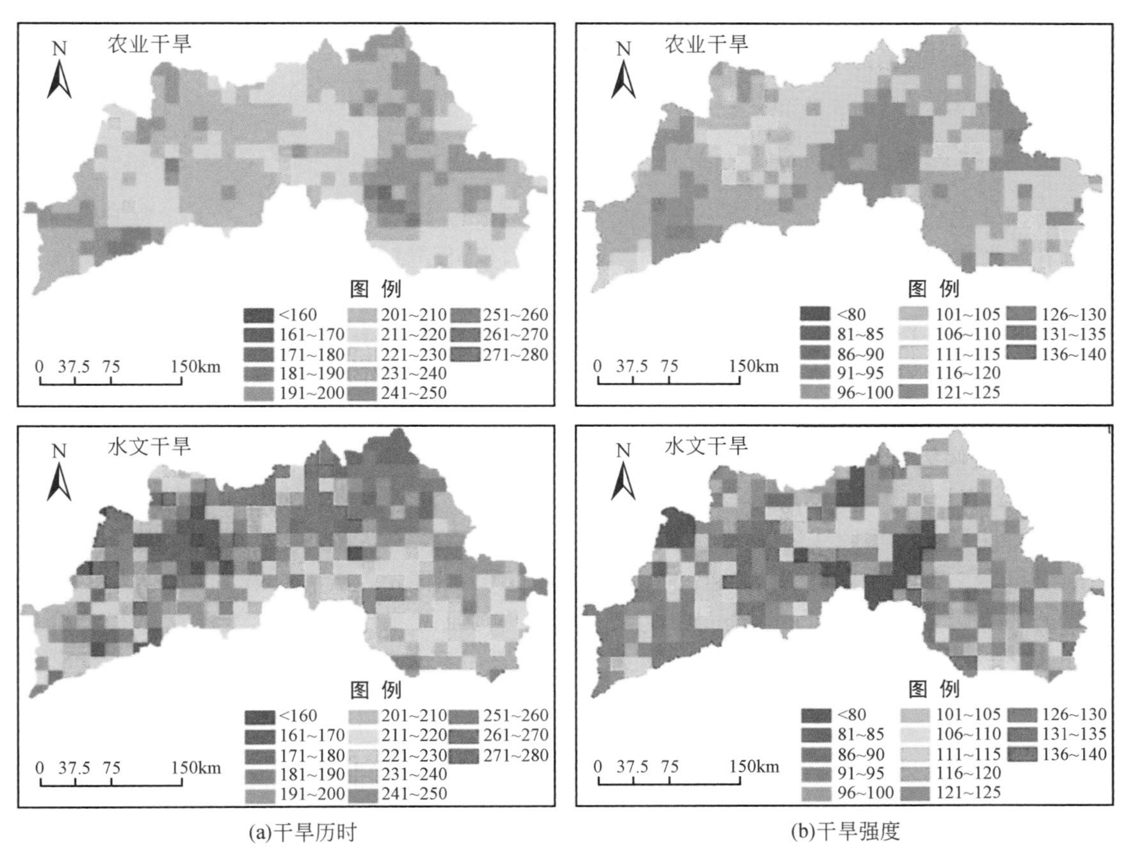

(a)干旱历时　　(b)干旱强度

图 7-52　气象、水文、农业干旱特征指标空间分布

从气象、农业和水文干旱历时分布对比来看，气象干旱历时较长的区域分布在张家口东南部及北京、廊坊、天津等平原地区；北京市南部因灌区较为集中，农业干旱历时比气象干旱历时要小，也比周围其他地区农业干旱历时要小；水文干旱则在张家口北部及山西大同等山丘区历时较长。从气象、农业和水文干旱强度分布来看，气象干旱强度较大的区域分布在海河北系的东部地区，即承德及北京、廊坊、天津一带，而这些地区也是农业干旱强度较为严重的地区，其中在灌区比较集中的北京市南部，农业干旱强度相对于周边其他地区有所减小；水文干旱强度则在张家口西北部、山西大同、朔州一带比较严重。从三类干旱历时和强度分布整体对比来看，气象干旱历时和强度要小于农业干旱历时和强度，水文干旱历时和强度相对较大；和平原区相比，山区水文干旱比气象干旱历时和强度的增大更为明显。出现这一特征的可能原因有：一是山区产流对于降水减少更为敏感，减少同样幅度的降水，山区产流减小幅度要比平原区大，所以虽然山区气象干旱强度没有平原区严重，而其水文干旱却更为严重；二是耕地大部分分布在山区，蓄积了大量雨水用于蒸发蒸腾，导致地表产流和入渗量较少；三是在平原区灌区面积较大，灌溉作用可能导致水资源量相对较大。

7.1.4 海河北系干旱驱动定量模拟分析

1. 驱动因素变化规律

海河北系驱动因素包括气候变化和人类活动两个方面，人类活动因素又分为土地利用变化和水资源开发利用两个主要因素。气候变化因素可用降水、气温等气象因素变化来表示，采用第3章中驱动因素变化规律分析方法对其趋势和突变进行诊断；土地利用变化因难以找到连续长序列资料，选取人类活动影响较大时期和相对天然时期的土地利用图进行对比分析，以得到各种土地利用类型相互转化过程及空间分布变化；水资源开发利用可用水资源开发利用量及水资源量变化过程来分析。

(1) 气候因素

a. 降水

趋势性分析。采用线性倾向趋势分析方法对海河北系年降水量变化趋势进行分析，分析结果见表7-21和图7-53。满足 $|r| \geqslant r_\alpha$（α=0.01）且 a=-2.319<0，因此，年降水量呈显著下降趋势。采用Mann-Kendall趋势分析法对海河北系年降水量变化趋势，得到检验统计量 Z=-2.642<0，设显著性水平 α=0.05，满足 $|Z| > Z_{(1-\alpha/2)}$=1.96，年降水量呈显著下降趋势。

表7-21 海河北系年降水量线性倾向估计参数值

a	b	r	$r_{0.01}$
-2.139	561.125	-0.372	0.333

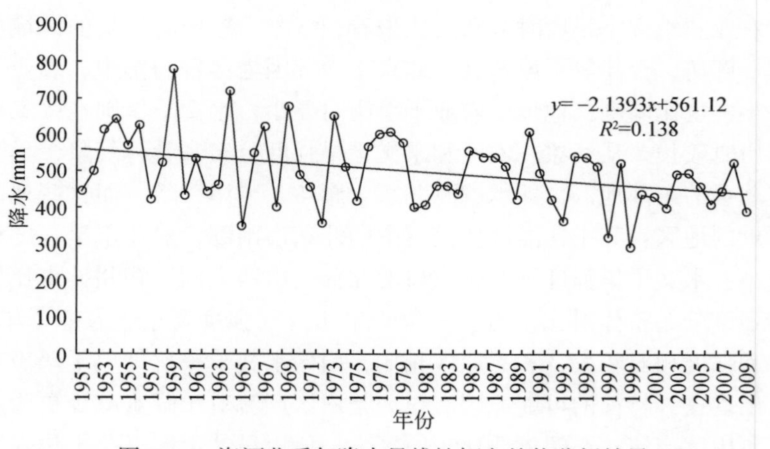

图7-53 海河北系年降水量线性倾向趋势分析结果

突变性分析。采用Mann-Kendall突变检验法对海河北系年降水量进行突变检验，结果如图7-54（a）所示。可以看出，绘制的UF、UB曲线在临界值（显著性水平取0.05）之间有 1967、1972、1979 三个交点，存在突变杂点问题；采用有序聚类法对海河北系年降水量进行突变检验作对比分析，结果如图 7-54（b）所示，可以看出突变点在 1979 年。综合两种方法检测结果，认为降水量突变点在 1979 年。

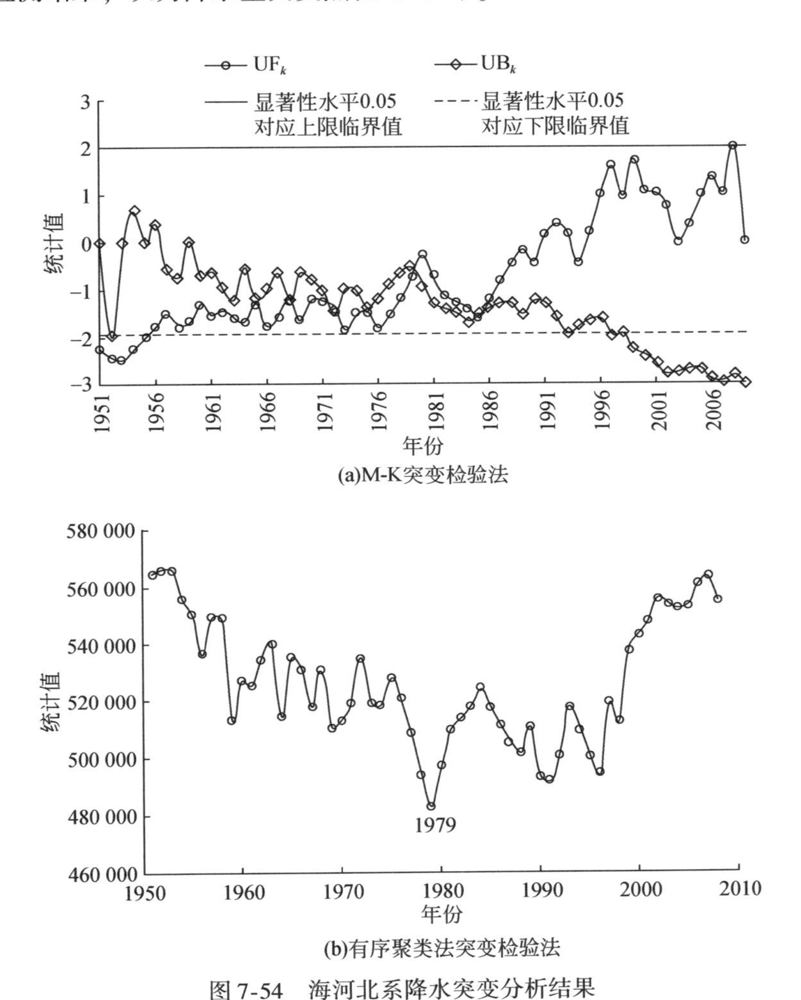

(a)M-K突变检验法

(b)有序聚类法突变检验法

图 7-54 海河北系降水突变分析结果

b. 气温

趋势性分析。采用线性倾向趋势分析方法对海河北系年均气温变化趋势进行分析，分析结果见表 7-22 和图 7-55。满足 $|r| \geq r_\alpha$（$\alpha=0.01$）且 $a=0.022>0$，因此，年均气温呈显著上升趋势。采用 Mann-Kendall 趋势分析法对海河北系年均气温变化趋势，得到检验统计量 $Z=3.924>0$，设显著性水平 $\alpha=0.05$，满足 $|Z|>Z_{(1-\alpha/2)}=1.96$，年均气温呈显著上升趋势。

表 7-22 海河北系年均气温线性倾向估计参数值

a	b	r	$r_{0.01}$
0.022	8.02	0.371	0.333

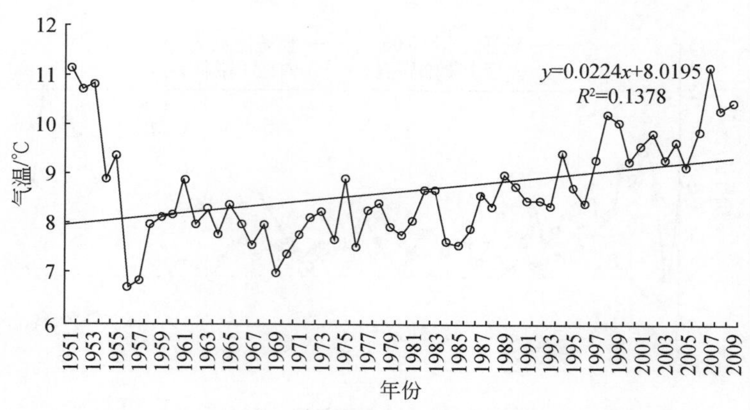

图 7-55 海河北系年均气温线性倾向趋势分析结果

突变性分析。采用 Mann-Kendall 突变检验法对海河北系年均气温进行突变检验，结果如图 7-56（a）所示。可以看出，绘制的 UF、UB 曲线在临界值（显著性水平取 0.05）之间没有交点，突变性不显著；采用有序聚类法对年均气温进行突变检验，结果如图 7-56（b）所示，突变点在 1996 年，认为年均气温突变点在 1996 年。

c. 风速

趋势性分析。采用线性倾向趋势分析方法对海河北系年均风速变化趋势进行分析，分析结果见表 7-23 和图 7-57。满足 $|r| \geq r_\alpha$（$\alpha=0.01$）且 $a=-0.012<0$，因此，年均风速呈显著下降趋势。采用 Mann-Kendall 趋势分析法对年均风速变化趋势，得到检验统计量 $Z=-4.63<0$，设显著性水平 $\alpha=0.05$，满足 $|Z|>Z_{(1-\alpha/2)}=1.96$，年均风速呈显著下降趋势。

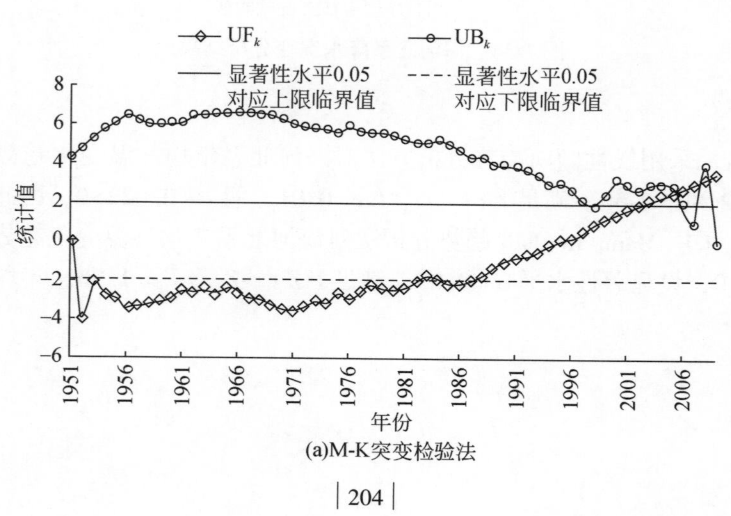

(a)M-K突变检验法

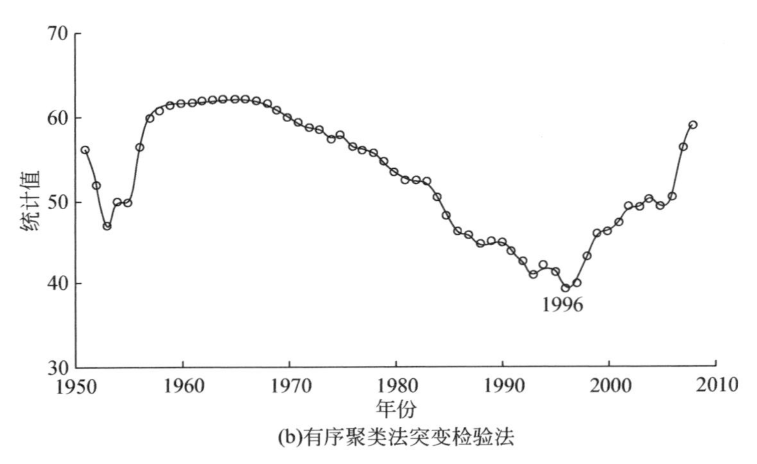

(b)有序聚类法突变检验法

图 7-56　海河北系气温突变分析结果

表 7-23　海河北系年均风速线性倾向估计参数值

a	b	r	$r_{0.01}$
-0. 012	3. 033	-0. 571	0. 333

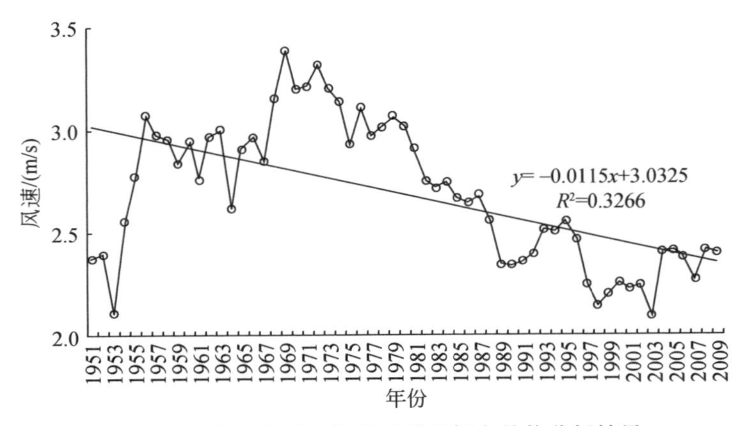

图 7-57　海河北系年均风速线性倾向趋势分析结果

突变性分析。采用 Mann-Kendall 突变检验法对海河北系年均风速进行突变检验，结果如图 7-58（a）所示。可以看出，绘制的 UF、UB 曲线在临界值（显著性水平取 0. 05）之间的交点为 1988 年；采用有序聚类法对海河北系年均风速进行突变检验分析，结果如图 7-58（b）所示，可以看出突变点在 1987 年，两种方法得出的结果相近，认为年均风速突变点在 1987 年左右。

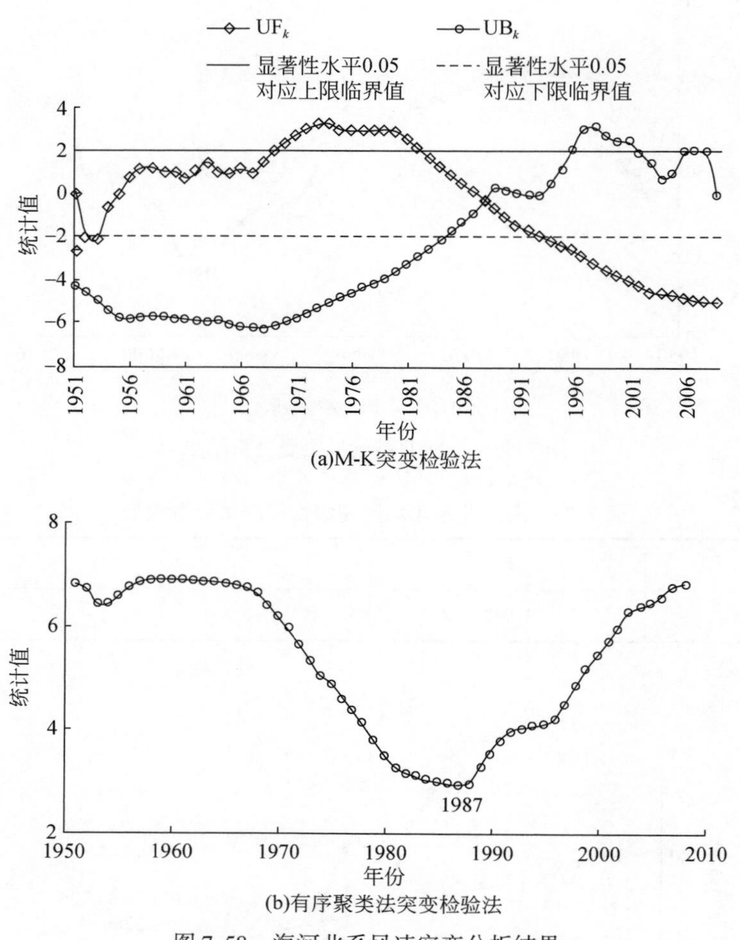

(a)M-K突变检验法

(b)有序聚类法突变检验法

图 7-58　海河北系风速突变分析结果

d. 相对湿度

趋势性分析。采用线性倾向趋势分析方法对海河北系年均相对湿度变化趋势进行分析，分析结果见表 7-24 和图 7-59。满足 $|r| \geqslant r_{\alpha}$（$\alpha=0.01$）且 $a=-0.072<0$，因此，年均相对湿度呈显著下降趋势。采用 Mann-Kendall 趋势分析法对年均相对湿度变化趋势，得到检验统计量 $Z=-4.041<0$，设显著性水平 $\alpha=0.05$，满足 $|Z|>Z_{(1-\alpha/2)}=1.96$，年均相对湿度呈显著下降趋势。

表 7-24　海河北系年均相对湿度线性倾向估计参数值

a	b	r	$r_{0.01}$
-0.072	59.474	-0.465	0.333

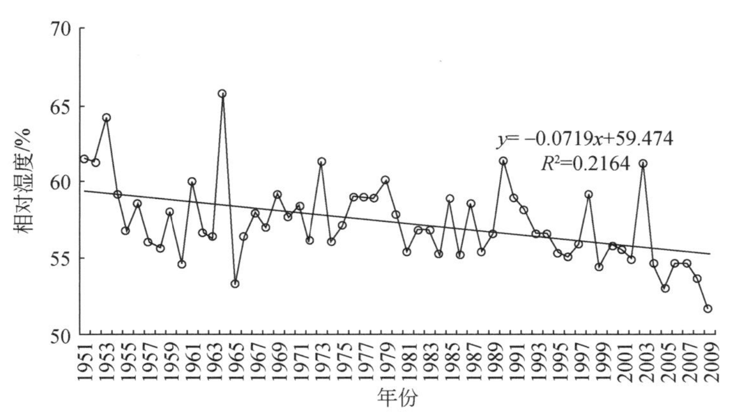

图 7-59　海河北系年均相对湿度线性倾向趋势分析结果

突变性分析。采用 Mann-Kendall 突变检验法对海河北系年均相对湿度进行突变检验，结果如图 7-60（a）所示。可以看出，绘制的 UF、UB 曲线在临界值（显著性水平取

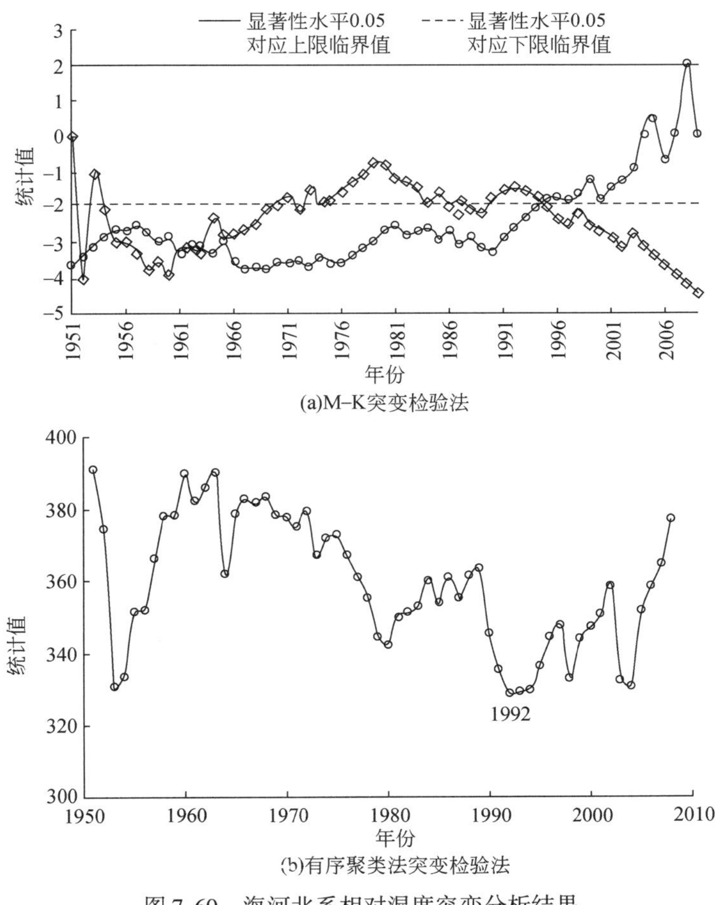

图 7-60　海河北系相对湿度突变分析结果

0.05）之间交点在 1995 年，即突变点为 1995 年；采用有序聚类法对海河北系年均相对湿度进行突变检验作对比分析，结果如图 7-60（b）所示，显示突变点在 1992 年。两种方法得出的结果相近，认为年均相对湿度突变点在 1993 年左右。

e. 日照时数

趋势性分析。采用线性倾向趋势分析方法对海河北系年日照时数变化趋势进行分析，结果见表 7-25 和图 7-61。满足 $|r| \geq r_\alpha$（$\alpha=0.01$）且 $a=-6.603<0$，年日照时数呈显著下降趋势。采用 Mann-Kendall 趋势分析法对年日照时数变化趋势，得到检验统计量 $Z=-6.121<0$，设显著性水平 $\alpha=0.05$，满足 $|Z|>Z_{(1-\alpha/2)}=1.96$，年日照时数呈显著下降趋势。

表 7-25　海河北系年均日照时数线性倾向估计参数值

a	b	r	$r_{0.01}$
-6.603	2394.032	-0.721	0.333

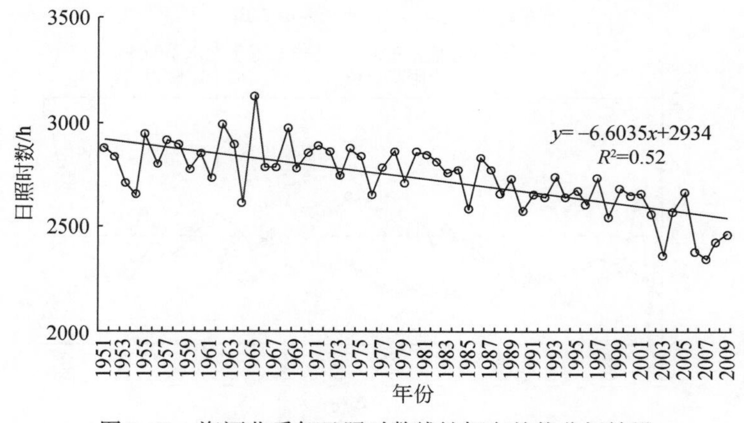

图 7-61　海河北系年日照时数线性倾向趋势分析结果

突变性分析。采用 Mann-Kendall 突变检验法对海河北系年日照时数进行突变检验，结果如图 7-62（a）所示。可以看出，绘制的 UF、UB 曲线在临界值（显著性水平取 0.05）之间没有交点，突变性不显著，该方法检测不出其突变点；采用有序聚类法对海河北系年日照时数进行突变检验，结果如图 7-62（b）所示，可以看出突变点在 1987 年。综合两种方法检测结果，认为海河北系日照时数突变点在 1987 年。

f. 潜在蒸发量

趋势性分析。采用线性倾向趋势分析方法对海河北系年潜在蒸发量变化趋势进行分析，分析结果见表 7-26 和图 7-63。满足 $|r| \geq r_\alpha$（$\alpha=0.01$）且 $a=-1.498<0$，因此，年潜在蒸发量呈显著下降趋势。采用 Mann-Kendall 趋势分析法对年潜在蒸发量变化趋势，得到检验统计量 $Z=-6.84<0$，设显著性水平 $\alpha=0.05$，满足 $|Z|>Z_{(1-\alpha/2)}=1.96$，年潜在蒸发量呈显著下降趋势。

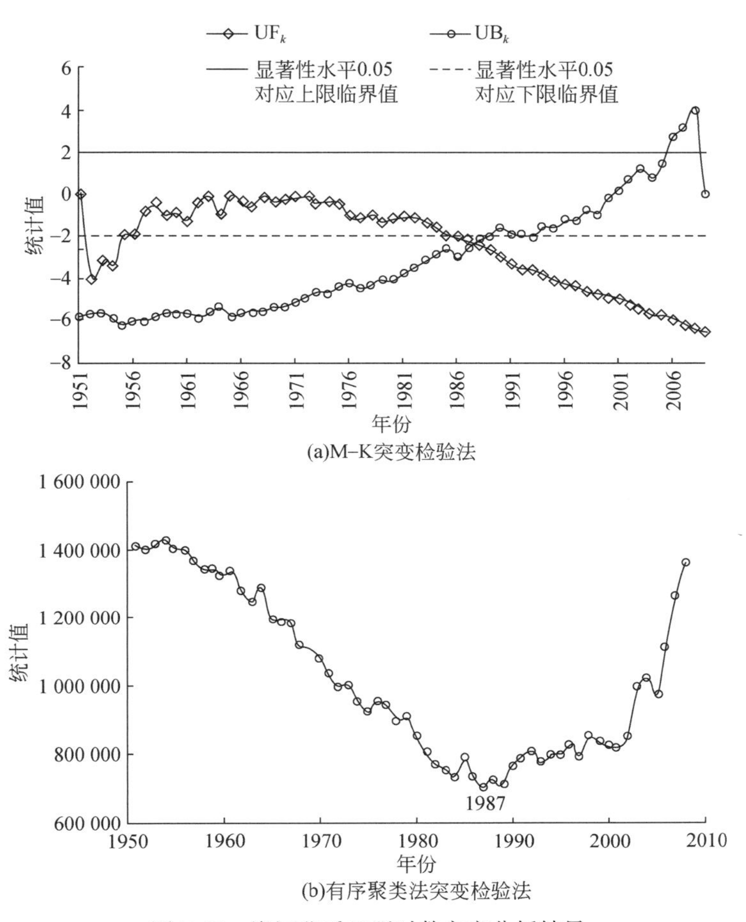

(a)M-K突变检验法

(b)有序聚类法突变检验法

图 7-62　海河北系日照时数突变分析结果

表 7-26　海河北系年潜在蒸发量线性倾向估计参数值

a	b	r	$r_{0.01}$
-1. 498	1208. 3	-0. 8	0. 333

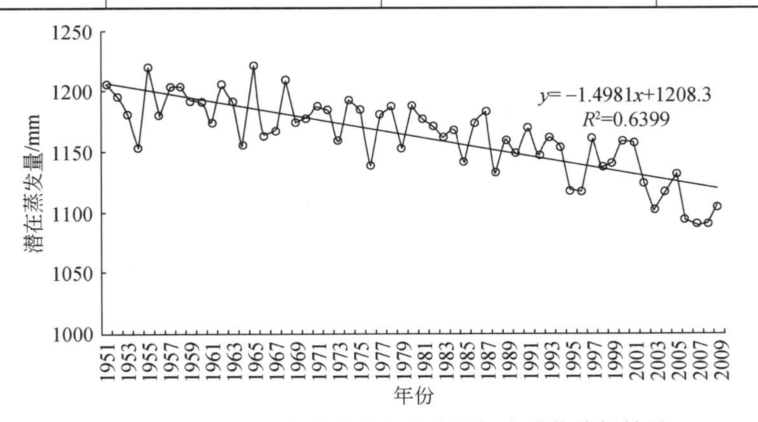

图 7-63　海河北系年潜在蒸发量线性倾向趋势分析结果

突变性分析。采用 Mann-Kendall 突变检验法对海河北系年潜在蒸发量进行突变检验，结果如图 7-64（a）所示。可以看出，绘制的 UF、UB 曲线在临界值（显著性水平取 0.05）之间没有交点，突变性不显著；采用有序聚类法对海河北系年潜在蒸发量进行突变检验，结果如图 7-64（b）所示，突变点在 1987 年。因此，认为潜在蒸发量突变点在 1987 年。

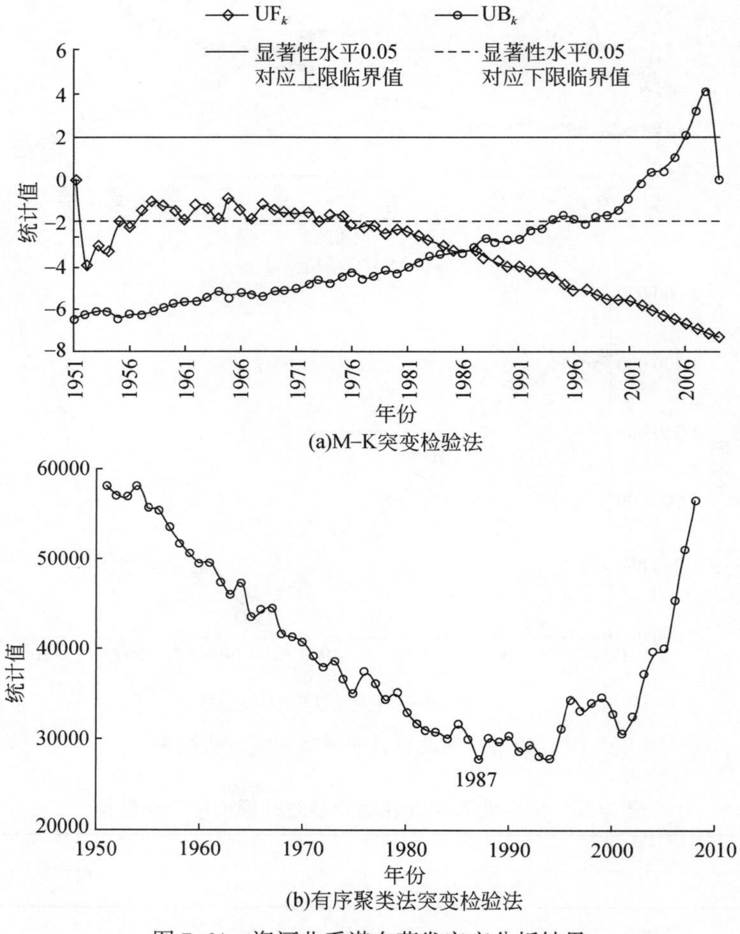

图 7-64　海河北系潜在蒸发突变分析结果

根据海河北系气象因素变化趋势及突变分析结果，除气温呈上升趋势外，其他因素均呈下降趋势；各因素的突变点主要分布在 1979 ~ 1990 年，可认为 1951 ~ 1979 年为气候发生突变前时段、1980 ~ 1989 年为过渡时段、1990 年以后为气候发生突变后时段。

（2）人类活动因素

a. 水资源开发利用量及水资源量

根据《海河流域水资源综合规划》《海河流域水资源公报》，以及流域所涉省区公布的《水资源公报》，收集整理了各行政区 1951 ~ 2009 年水资源开发利用数据及水资源量数据。其中，1970 年以前水资源开发利用数据是参照“十五”攻关项目专题报告《华北地区大气水–地表水–土壤水–地下水相互关系研究》中用水定额及经济发展数据估算得到的。海河北系1951～2009年水资源开发利用情况变化见表7-27、图7-65、图7-66。

表7-27　海河北系不同年代年均供用水量

时段/年	供水量/亿 m³			用水量/亿 m³			
	地表供水量	地下供水量	总供水量	生活	工业	农业	总用水量
1951～1959	13.99	2.69	16.68	1.27	3.28	12.13	16.68
1960～1969	30.34	8.97	39.31	2.49	7.24	29.58	39.31
1970～1979	40.82	24.19	65.01	4.09	12.56	48.36	65.01
1980～1989	30.84	40.22	71.06	7.79	13.82	49.45	71.06
1990～1999	32.56	41.08	73.64	14.23	16.5	42.91	73.64
2000～2009	25.21	51.6	79.35	20.05	13.16	45.88	79.05

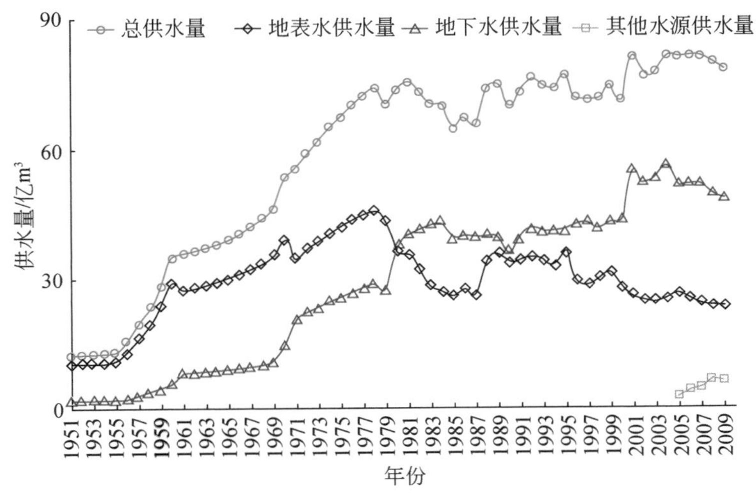

图7-65　海河北系1951～2009年供水量

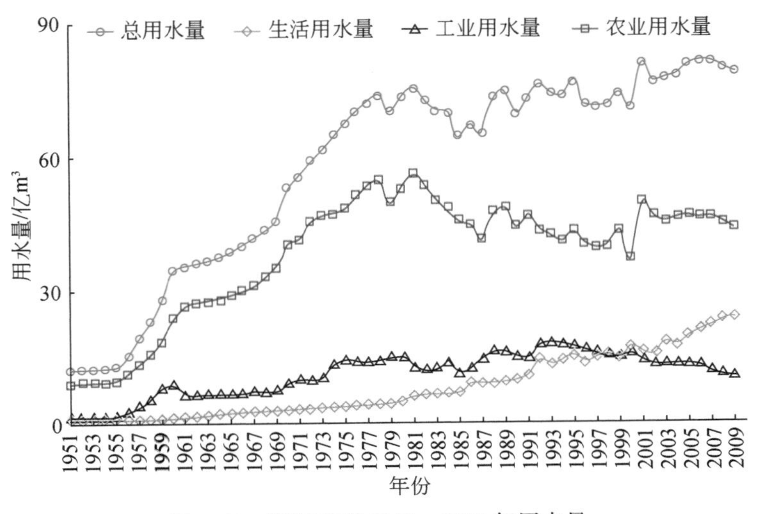

图7-66　海河北系1951～2009年用水量

可以看出，供水量变化呈现如下规律：①1951～1959 年，海河北系总供水量相对较小，且以地表水供水为主，地下水供水量很小；②1960～1969 年，总供水量开始增加，地表水供水量增加较快，地下水供水量增加相对缓慢；③1970～1979 年，总供水量迅速增加，地下水供水量快速增加，但依然以地表水供水为主；④1980 年以后，供水量波动增加，年供水量均超过 70 亿 m^3，地下水供水量快速增加并成为主要供水水源，地表水供水量和供水比例逐渐减小。

用水量变化呈现如下规律：①1951～1959 年，海河北系年均总用水量不到 20 亿 m^3，且农业用水占总用水量 70% 以上，工业和生活用水都很小；②1960～1969 年，工农业用水量缓慢增加使总用水量开始增加，而生活用水量增加较少；③1970～1989，总用水量快速增加，由 20 世纪 70 年代初的 40 亿 m^3 迅速增加至 80 年代的 70 多亿 m^3，生活、工业和农业用水均迅速增加，农业依然是第一大用水部门；④1990～1999 年，总用水量依然在缓慢增加，但由于产业结构的调整，农业用水量有所减少，工业用水量缓慢增加，而生活用水量快速增加；⑤2000 年以后，随着产业结构的进一步调整，农业用水和工业用水向生活部门转移，生活部门超过工业成为第二大用水部门，总用水量依然呈增加趋势。

随着人类活动对海河北系水资源系统干扰的不断加大，海河流域水资源量呈现明显的衰减趋势。从海河北系 1956～2009 年水资源量变化来看（图 7-67），地表水资源量、地下水资源量及水资源总量均呈减小趋势，尤其是 1980～1982 年、2000～2002 年连续枯水年，同时地下水又严重超采使产流条件发生变化，水资源量处于历史较低水平。从海河北系 1956～2009 年入海水量（图 7-68）来看，衰减趋势也十分明显，在某些年份甚至入海水量为零。

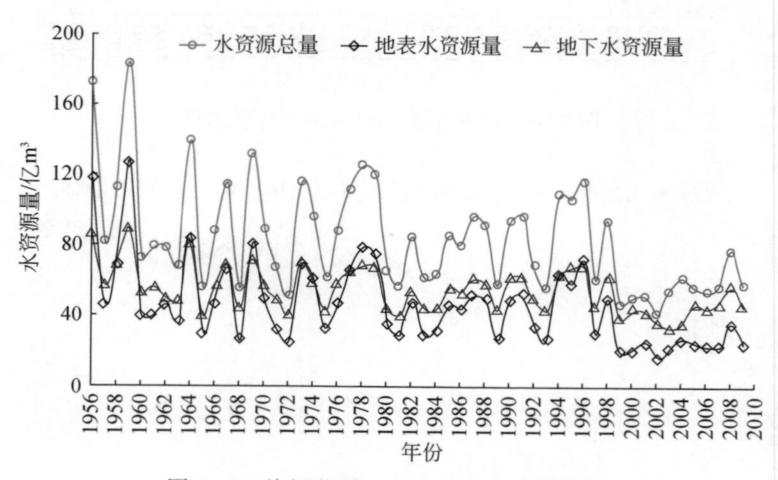

图 7-67　海河北系 1956～2009 年水资源量

b. 有效灌溉面积

有效灌溉面积是反映农业抗旱能力的一个重要指标，同时也是反映人类对水系统干扰程度的一个重要指标。根据《中国历史干旱（1949—2000）》（张世法等，2008）和海河北系各行政区统计年鉴提供的各行政区 1951～2009 年的有效灌溉面积数据，按照各行政

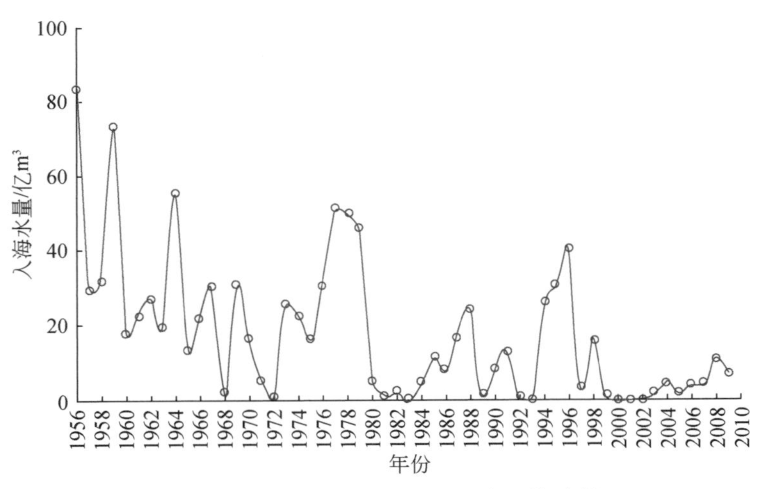

图7-68　海河北系1956~2009年入海水量

区在海河流域的面积比例来获得海河北系历年有效灌溉面积，如图7-69所示。可以看出，20世纪50年代，海河北系有效灌溉面积在30万 hm^2 左右；1960年以后开始不断增加，到60年代末已达到60万 hm^2；70年代以后，有效灌溉面积快速增加至110万 hm^2 左右，这一局面一直维持到2000年左右；2000年以后，随着退耕还林、还草等政策的不断落实，耕地面积减少，有效灌溉面积也略有下降。

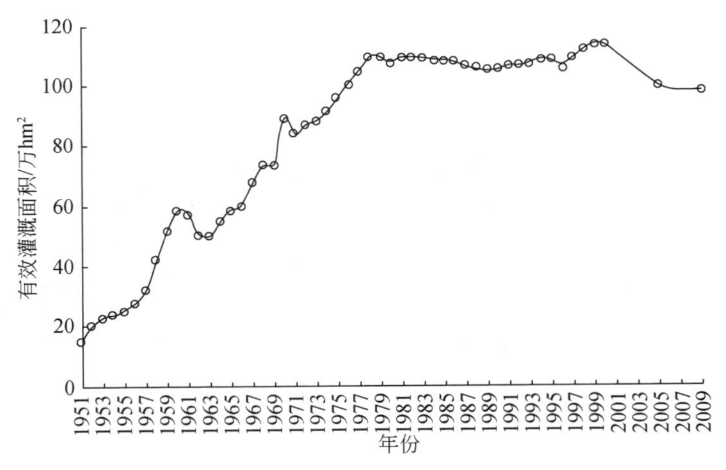

图7-69　海河北系1951~2009年有效灌溉面积

c. 土地利用变化

人类活动对下垫面的干扰可通过土地利用变化来反映。连续的历史土地利用数据信息难以获取，尤其是1980年以前的土地利用数据更难获取，且土地利用变化是个缓慢的过程，采用连续序列来分析其变化过程也不是十分必要，选用1980年和2005年的土地利用数据进行对比分析。根据中国科学院资源环境科学数据中心发布的我国土地利用数据，通过对海河北系部分土地利用空间分布信息的提取、重分类、校正后得到1980年、2005年土地利用情况见表7-28和图7-70、图7-71。可以看出，相对于1980年，2005年耕地面积减少3274km²，占总面积的比例减小3.9%；草地面积减少了2819km²，占总面积的比例减少3.4%；林地、居工地、水域和未利用地呈增加趋势，分别增加了4554km²、877km²、278km²和384km²。从土地利用的空间分布变化来看，永定河册田水库以上山区、永定河册田水库至三家店区间耕地向林地、草地转换；北三河山区草地向林地转换；北四河下游平原地区居工地面积增大明显，占用了部分耕地和未利用地。

表7-28　海河北系1980年、2005年土地利用情况对比

类型	1980年		2005年		变化	
	面积/km²	比例/%	面积/km²	比例/%	面积/km²	比例/%
耕地	37 381	44.5	34 106	40.6	−3 274	−3.9
林地	20 960	25	25 513	30.4	4 554	5.4
草地	18 619	22.2	15 800	18.8	−2 819	−3.4
居工地	4 648	5.5	5 524	6.6	877	1
水域	1 939	2.3	2 217	2.6	278	0.3
未利用地	370	0.4	754	0.9	384	0.5
总计	83 916	100	83 916	100	0	0

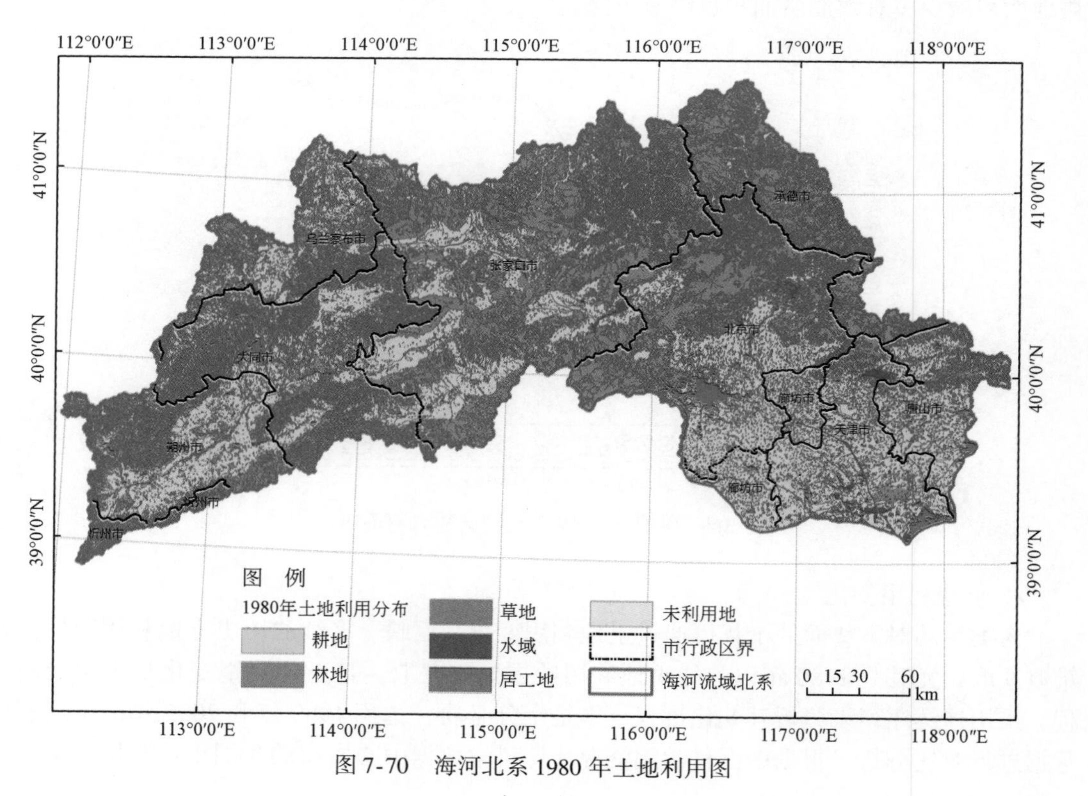

图7-70　海河北系1980年土地利用图

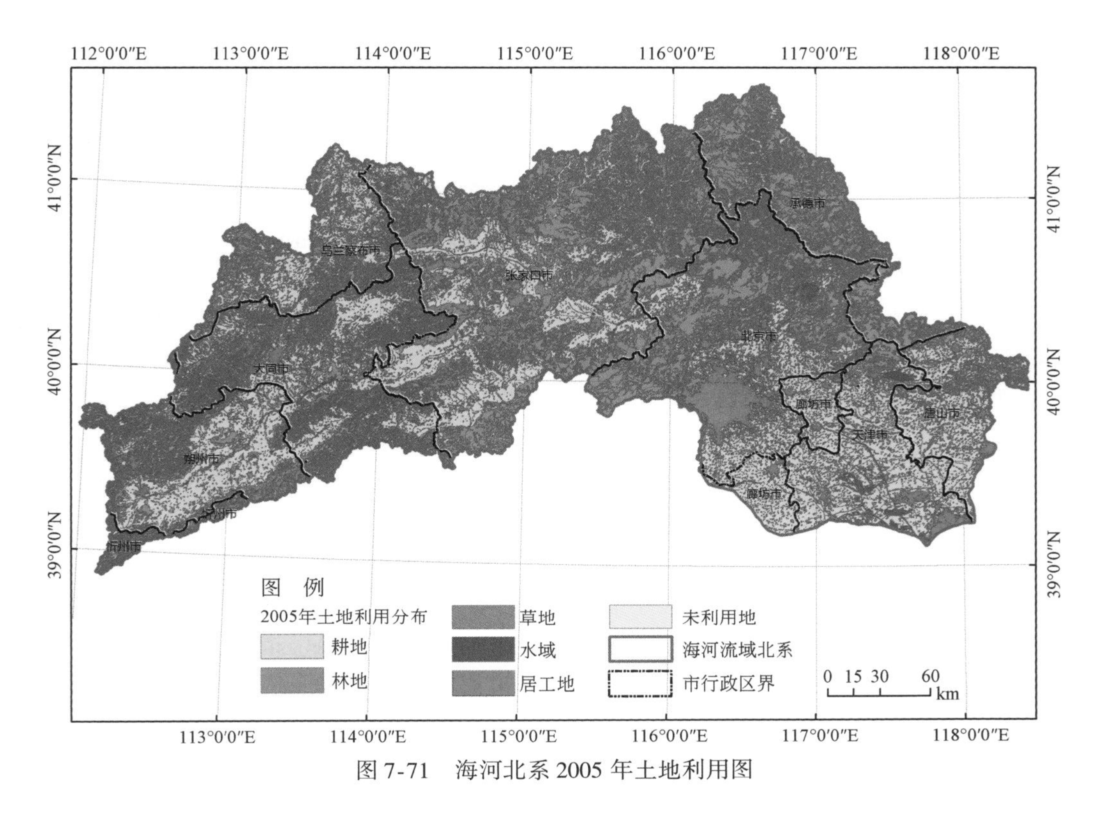

图 7-71　海河北系 2005 年土地利用图

从海河北系人类活动因素变化规律可以看出，在 20 世纪 50 年代，人类活动干扰很小且较为稳定；60 年代，人类活动干扰开始增大，但是增加幅度还相对较小；70 年代以后尤其是 70 年代中期以后，人类活动干扰开始大规模扩大，至 70 年代末期已达到较高水平；80 年代以后，人类活动干扰一直维持在较高水平。因此，可认为 70 年代以前是人类活动影响较小时段，70 年代以后人类活动影响较为剧烈。

2. 气象干旱驱动分析

因气候系统运动规律极其复杂，难以从气候运动机理角度定量模拟气候因素变化对气象干旱的驱动作用，采用统计学方法，通过分析气象干旱对气象因素变化的敏感性来探讨气候变化对气象干旱的驱动作用。以海河北系 1951 ~ 1970 年气象资料为基础，通过分析气象干旱对气候因素变化的敏感性来探讨气象干旱驱动。以天然状况下的气象干旱状况作为基准方案，以气象因素变化下的气象干旱状况作为对比方案。根据海河流域各气候因素变化趋势分析结果，除气温升高外，降水、风速等其他气象因素均呈减小趋势，对比方案设置按照各种气象因素变化趋势，将每个干旱评价单元每个时段的气象因素值变化 10%，再运用干旱评估方法进行干旱评估，并将各对比方案评估结果与基准方案对比，分析各种因素变化后的气象干旱特征变化状况。

选取降水、气温、风速、相对湿度、日照时数几个气候因子作敏感性分析，其中降水是气象干旱指标有直接关系的变量，计算其相应对比方案时直接将406个干旱评价单元降水量减小10%；而其他几个因素则是通过影响潜在蒸发量来影响气象干旱状况的，需先对各气温、风速、相对湿度、日照时数按照其变化趋势增加或减小10%，再根据变化后的数据按照FAO Penman-Montieth公式计算潜在蒸发量，最后将得到的潜在蒸发量数据按照Kriging插值方法展布到406个干旱评价单元。采用干旱评估方法分别评估各方案的干旱历时、面积和强度等特征指标，并根据拟合的气象干旱强度、历时和面积之间的关系按照提出的等量综合干旱特征指标计算方法，将干旱历时和面积转换为干旱强度，最后得到等量干旱强度指标作为干旱综合表征指标；将这些计算出的指标分别与基准方案对比得到其变化趋势及变化幅度。气温、风速、相对湿度、日照时数均是通过影响潜在蒸发来间接影响气象干旱的，为分析气象干旱对潜在蒸发变化的敏感性，另设置潜在蒸发减小10%的对比方案。

实际上降水、气温、风速、湿度、日照等气象因子之间也是相互影响的，如湿度直接影响蒸腾速率，而温度可以影响湿度，光可以影响温度，风可以影响温度和湿度，湿度影响降水，它们相互联系，共同影响气象干旱。在基于敏感性分析方法分析气象干旱驱动时，假设这些因素是相互独立的。气象干旱驱动分析结果见表7-29，可以看出：

1）降水是气象干旱最为敏感的驱动因素，因为它是气象干旱指标有直接关系因素；而气温、风速、相对湿度、日照时数等因素是通过影响潜在蒸发来间接影响气象干旱的，气象干旱对这些因素的敏感性相对较低。对比降水和潜在蒸发这两个直接相关因素，气象干旱对潜在蒸发的敏感性略次于对降水的敏感性。

2）从各气象因素对气象干旱驱动作用方向来看，降水减小、气温升高使干旱历时变长、面积、强度增大，风速、相对湿度、日照时数等气象要素减小可减缓干旱。原因是降水减小直接导致气象干旱指标（RDI）减小，而气温升高导致潜在蒸发量增大，干旱加剧，而风速、相对湿度、日照时数等气象要素减小则会使潜在蒸发减小，进而使RDI减小，干旱缓解。

3）降水减少是加剧干旱的主要因素，其次是气温升高因素；日数时数减少是缓解干旱的主要因素，其次是相对湿度减小，风速减小对于气象干旱缓解作用相对较小；潜在蒸发量直接减小对于气象干旱的缓解作用最为明显。

4）降水、相对湿度、日照时数等因素变化对干旱强度的影响最大，其次是干旱历时，对干旱面积的影响相对较小；气温升高对干旱历时影响最大，其次是干旱强度，对干旱面积影响最小；风速减小对干旱历时的影响最大，其次是干旱面积，对干旱强度影响最小。

5）从各因素对气象干旱的综合影响来看，降水量减小对干旱综合影响最大，其减小10%，等量干旱强度增加18.0%；其次是日照时数，日照时数减少10%，等量干旱强度减小7.5%；最后三位分别是相对湿度减小、气温升高和风速减小。潜在蒸发直接减小对于气象干旱的综合影响仅次于降水，即潜在蒸发减小10%，等量干旱强度减小16.2%。

表 7-29　气象干旱驱动分析结果

项目	基准方案	降水	气温	风速	相对湿度	日照时数	潜在蒸发
		-10%	10%	-10%	-10%	-10%	-10%
干旱历时 D/月	2.92	3.22	2.95	2.9	2.87	2.64	2.51
和基准方案比较		0.29	0.03	-0.02	-0.06	-0.29	-0.41
相对变化率（%）		10	0.9	-0.7	-2	-9.8	-14.2
干旱面积 A	0.574	0.614	0.576	0.572	0.567	0.561	0.521
和基准方案比较		0.04	0.002	-0.002	-0.007	-0.013	-0.053
相对变化率（%）		7	0.3	-0.4	-1.2	-2.2	-9.2
干旱强度 S	1.05	1.27	1.06	1.05	1.02	0.94	0.84
和基准方案比较		0.22	0.01	-0.002	-0.03	-0.11	-0.21
相对变化率（%）		20.6	0.9	-0.2	-3	-10.9	-20.3
等量干旱强度 S'	3.12	3.68	3.15	3.11	3.04	2.88	2.61
和基准方案比较		0.562	0.033	-0.007	-0.079	-0.235	-0.504
相对变化率（%）		18	1	-0.2	-2.5	-7.5	-16.2

3. 水文干旱驱动定量模拟

（1）模拟方案设计

驱动因素变化规律是水文干旱驱动定量模拟方案的基础。综合考虑海河北系气候变化和人类活动因素变化规律分析结果，1951～1979年为气候突变前时段、1980～1989年为过渡时段、1990年以后为气候突变后时段；1970年以前是人类活动影响较小时期，1970年以后人类活动影响较为剧烈，取气候发生突变前时期和人类活动影响较小时期的交集作为基准期，取气候发生突变后时期和人类活动影响剧烈时期的交集作为影响期，中间时期则作为过渡期，即1951～1970年为基准期，1990～2009年为影响时期，中间的1971～1989年为过渡时期。为分析气候变化、土地利用改变及对水资源开发利用等人类活动对水文干旱的驱动作用，需以基准期干旱状况作为基准方案，但因在干旱模拟时将1951～1955年作为模型的预热期，故将基准期向后顺延5年，即采用1956～1975年作为基准期，以该时段干旱状况作为基准方案。1990～2009年依然作为影响期，根据此时段的数据来设计对比方案。因1956～1975年土地利用数据难以获得，采用相近的1980年土地利用数据代替，对比方案土地利用采用2005年数据。气候变化和人类活动对水文干旱驱动作用定量模拟方案见表7-30。

基准方案：以1956～1975年气象数据、1980年土地利用数据，以及1956～1975年水资源开发利用数据作为输入条件，实际上是对基准期干旱状况的模拟。

方案1：气候变化方案。在基准方案基础上，用1990～2009年气象数据代替1956～1975年气象数据，其他参数不变。

方案2：土地利用变化方案。在基准方案基础上，用2005年土地利用数据代替1980年土地利用数据，其他参数不变。

方案3：水资源开发利用方案。在基准方案基础上，用1990～2009年水资源开发利用数据代替 1956 ~ 1975 年水资源开发利用数据，其他参数不变。

表 7-30　水文干旱驱动定量模拟方案

驱动力		数据序列	基准方案	方案 1	方案 2	方案 3
气候变化	气候条件变化	1956 ~ 1975 气象数据	√		√	√
		1990 ~ 2009 气象数据		√		
人类活动	土地利用变化	1980 年土地利用数据	√	√		√
		2005 年土地利用数据			√	
	水资源开发利用	1956 ~ 1975 年水资源条件	√	√	√	
		1990 ~ 2009 年水资源条件				√

（2）水文干旱驱动分析

以构建的干旱驱动机制模拟平台分别对各方案进行模拟，并采用第 3 章提出的干旱驱动因素相对作用分析方法计算气候变化、土地利用变化及水资源开发利用对水文干旱的相对驱动作用，结果见表 7-31 和图 7-72。可以看出：

1）从各驱动因素对水文干旱驱动作用方向来看，气候变化、土地利用变化和水资源开发利用对海河北系水文干旱均起加剧作用，即三者均不同程度的延长干旱历时、增大干旱面积和强度。

2）从各种因素对水文干旱综合影响来看，气候变化是引起水文干旱变化的主要驱动力，其对水文干旱驱动作用为 57%；其次是水资源开发利用因素，对水文干旱相对驱动作用为 33%；土地利用变化对水文干旱影响最小，仅占 10%。综合水资源开发利用因素和土地利用变化因素，得出人类活动对水文干旱相对驱动作用为 43%，依然小于气候变化因素。

3）从各种因素对水文干旱历时影响来看，土地利用变化对干旱历时的影响最大，其对水文干旱历时相对驱动作用为 42%；其次是气候变化因素，对干旱历时相对驱动作用为 30%；水资源开发利用相对驱动作用最小，为 28%。综合土地利用方式变化和水资源开发利用因素，人类活动对水文干旱历时相对驱动作用为 70%，占主导地位。

4）从各种因素对水文干旱面积影响来看，气候变化是水文干旱面积变化的主要驱动力，其对水文干旱面积相对驱动作用为 63%，而人类活动因素仅占 37%，其中土地利用方式相对驱动作用为 5%，水资源开发利用相对驱动作用为 32%。

5）从各种因素对水文干旱强度影响来看，气候变化对水文干旱强度相对驱动作用为 39%，人类活动因素占 61%，是最主要的驱动因素。人类活动因素中，土地利用变化相对驱动作用为 27%，水资源开发利用相对驱动作用为 34%。

总之，气候变化、土地利用变化和水资源开发利用对海河北系水文干旱均起加剧作用，气候变化对水文干旱综合影响最大；对水文干旱面积和强度影响最大的是气候变化因素，对水文干旱历时影响最大的是土地利用变化因素。

表 7-31　水文干旱驱动模拟分析结果

干旱特征指标		干旱历时/月	干旱面积比/%	干旱强度	等量干旱强度
评估结果	基准方案 x_0	13.21	27	3.06	13.75
	气候变化方案 x_1	16.3	31	4.36	25.1
	土地利用变化方案 x_2	17.64	27.3	3.98	15.8
	水资源开发利用方案 x_3	16.08	29	4.21	20.16
变化量	$\Delta x_1 = x_1 - x_0$	3.09	4	1.3	11.35
	$\Delta x_2 = x_2 - x_0$	4.42	0.3	0.92	2.05
	$\Delta x_3 = x_3 - x_0$	2.87	2	1.15	6.41
	$\Delta x = \vert \Delta x_1 \vert + \vert \Delta x_2 \vert + \vert \Delta x_3 \vert$	10.38	6	3.37	19.81
相对驱动作用/%	$\eta_1 = \Delta x_1 / \Delta x$	30	63	39	57
	$\eta_2 = \Delta x_2 / \Delta x$	42	5	27	10
	$\eta_3 = \Delta x_3 / \Delta x$	28	32	34	33

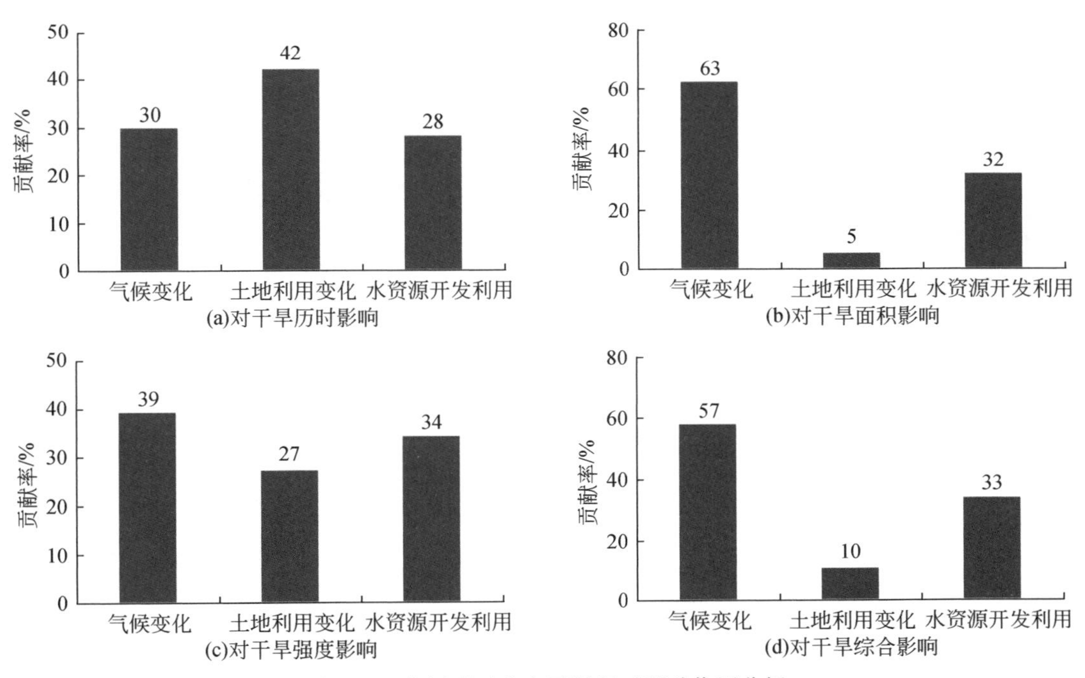

图 7-72　各因素对水文干旱相对驱动作用分析

4. 农业干旱驱动定量模拟

和水文干旱类似，农业干旱的主要驱动因素包括气候变化因素和土地利用改变及对水资源开发利用等人类活动因素，其驱动作用模拟分析方案同水文干旱（表 7-30）。以构建的干旱驱动机制模拟平台分别对各方案进行模拟，并采用本书提出的干旱驱动因素相对作用分析方法计算气候变化、土地利用变化及水资源开发利用对农业干旱的相对驱动作用，结果见表7-32和图7-73，可以看出：

1）从各驱动因素对农业干旱驱动作用方向来看，气候变化、土地利用变化对海河北系农业干旱起加剧作用，即延长干旱历时、增大干旱面积和强度；而水资源开发利用对农业干旱起缓解作用，对干旱历时、面积及强度均有不同程度的减小作用。

2）从各驱动因素对农业干旱综合影响来看，气候变化对农业干旱相对驱动作用为40%，而土地利用变化驱动作用相对较小，仅为4%，这两个因素起加剧作用；水资源开发利用对农业干旱相对驱动作用为56%，且起缓解作用；综合土地利用变化和水资源开发利用因素，人类活动对于农业干旱相对驱动作用为60%，超过气候变化因素占主导地位，且主要起缓解作用。

3）从各驱动因素对农业干旱历时影响来看，土地利用变化对于干旱历时几乎没有影响，水资源开发利用对干旱历时相对驱动作用为60%，占主导地位且起减小干旱历时作用；气候变化延长干旱历时，但对干旱历时变化的驱动作用相对于水资源开发利用要小。

4）从各驱动因素对农业干旱面积影响来看，水资源开发利用对干旱面积相对驱动作用达71%，很大程度上减小干旱面积；而气候变化和土地利用变化对于干旱面积相对驱动作用分别为27%和2%，这两个因素虽然可增大干旱面积，但是和水资源开发利用的缓解作用相比力度较小。

5）从各驱动因素对农业干旱强度影响来看，气候变化对农业干旱强度相对驱动作用为51%；人类活动对农业干旱相对驱动作用为49%，其中土地利用变化相对驱动作用为1%，且起加剧作用，水资源开发利用相对驱动作用为48%，起缓解作用，人类活动总体上起缓解作用。

总之，气候变化、土地利用变化和对海河北系农业干旱起加剧作用，而水资源开发利用起缓解作用，且占主导地位；对农业干旱历时和面积影响最大的是水资源开发利用因素，气候变化是对农业干旱强度影响最大的因素。

表7-32　农业干旱驱动模拟分析结果

干旱特征指标		干旱历时/月	干旱面积比/%	干旱强度	等量干旱强度
评估结果	基准方案 x_0	6.97	46.1	2.27	6.34
	气候变化方案 x_1	8.28	47.5	3.13	7.57
	土地利用变化方案 x_2	6.97	46.2	2.28	6.46
	水资源开发利用方案 x_3	4.97	42.3	1.47	4.59
变化量	$\Delta x_1 = x_1 - x_0$	1.31	1.4	0.86	1.23
	$\Delta x_2 = x_2 - x_0$	0	0.1	0.01	0.12
	$\Delta x_3 = x_3 - x_0$	-1.99	-3.8	-0.8	-1.75
	$\Delta x = \|\Delta x_1\| + \|\Delta x_2\| + \|\Delta x_3\|$	3.31	5.3	1.67	3.1
相对驱动作用/%	$\eta_1 = \Delta x_1 / \Delta x$	40	27	51	40
	$\eta_2 = \Delta x_2 / \Delta x$	0	2	1	4
	$\eta_3 = \Delta x_3 / \Delta x$	-60	-71	-48	-56

注：表中“+”表示加剧作用；“-”表示缓解作用

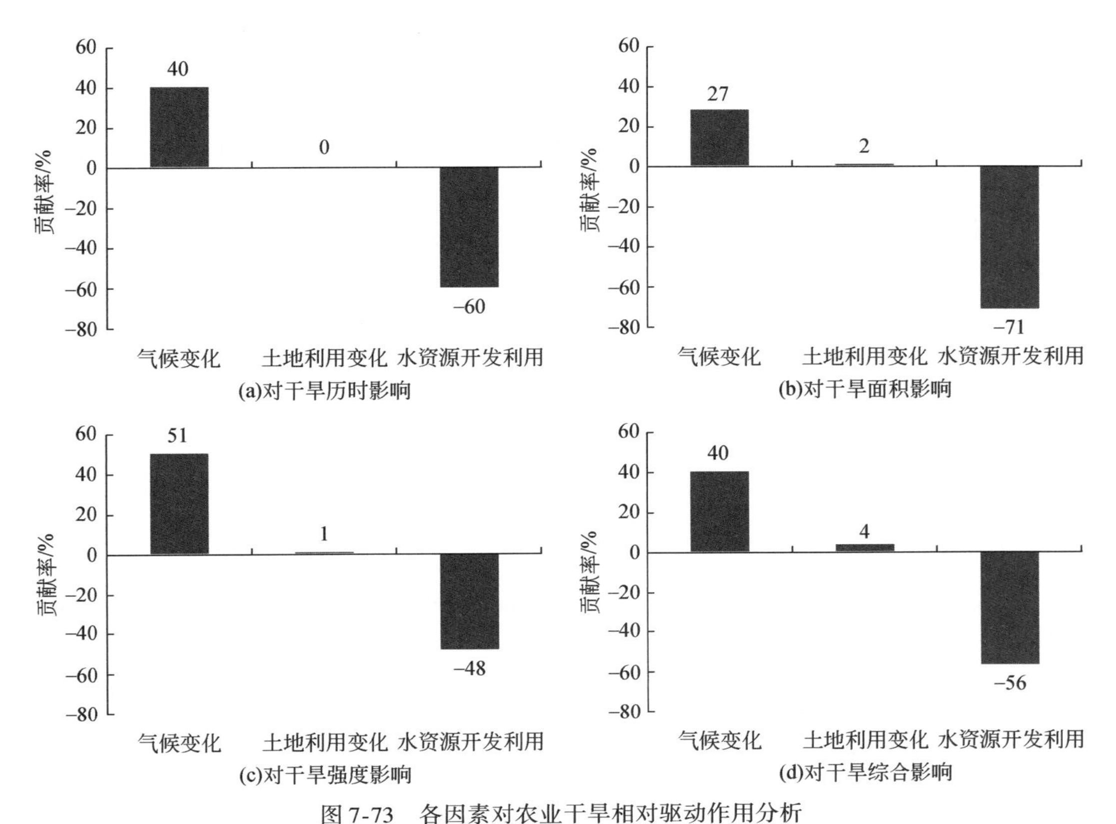

图 7-73　各因素对农业干旱相对驱动作用分析

7.2　渭河流域干旱模拟与评估

7.2.1　研究区概况

渭河是黄河第一大支流，发源于甘肃省渭源县的鸟鼠山，流经甘肃、宁夏、陕西三省区，于陕西省潼关县港口镇注入黄河，流域面积 13.54 万 km^2。本节渭河流域水文及农业干旱评价包括整个渭河流域。

1. 自然概况

渭河的干流全长 818km，一般认为宝鸡峡以上为上游，河长为 430km，其河谷狭窄，水流湍急，川峡相间。宝鸡峡至咸阳段为中游，河长为 177km，河道较宽，水流分散，多沙洲。咸阳至入黄口段为下游，河长为 211km，随着比降的减小河道泥沙淤积逐渐严重。

2. 地形地貌

渭河流域地形特点是东低西高，西部河源最高处海拔3495m，自西向东河谷变宽，地势逐渐变缓，河源高程与入黄口高程相差在3000m以上。主要山脉北部有陇山、六盘山、黄龙山、子午岭；南部为秦岭，最高峰为太白山，海拔3767m。流域南部为秦岭山脉，北部为黄土高原。地貌主要有黄土塬区、黄土丘陵区、土石山区、河谷冲积平原区、黄土阶地区等。

渭河上游主要是丘陵区，丘陵面积占该区的70%以上，海拔1200～2400m；河谷川面积约占10%，海拔900～1700m；渭河中下游北部为陕北黄土高原，海拔900～2000m；中部为经渭河干支流冲积的黄土沉积而成的河谷冲积平原区—关中平原区（平均海拔320～800m，西缘700～800m，东部320～500m）；南部为秦岭土石山区，多为海拔2000m以上高山。其间北岸有北洛河的泾河两大支流汇入。

3. 水文气象

渭河流域地属大陆性季风气候，春秋季气候温和多东风，夏季炎热多东南风，冬季严寒多西北风，多年平均风速2.4～2.7m/s，最大风速20～25m/s。多年平均气温5～14℃，极端最低气温-28.1℃，极端最高气温42.8℃，年平均气温由东向西、由渭河干流向两侧体现递减趋势。多年平均降水量589.8mm，特点是山区河谷多盆地少、西南多东北少。多年平均水面蒸发量660～1200mm，由南向北、由西向东、由山区向平原递增。

流域洪水主要来源于渭河干流咸阳以上、泾河和南山支流，具有峰高量大、暴涨暴落的特点。大多洪水发生在7～9月，汛期水量约占到年径流水量的60%。渭河历史上曾发生过多次大洪水，1898年渭河咸阳段发生特大洪水，华县站、咸阳站洪峰流量分别为11 500m^3/s、11 600m^3/s；1911年泾河发生特大洪水，张家山站洪峰流量达到14 700m^3/s；1933年华县站实测洪峰流量8340m^3/s；1981年8月华县站发生了5380m^3/s的洪水。20世纪90年代以后大洪水次数减少，但发生时间更加集中，具有流量水位偏高、漫滩概率增大，漫滩洪水传播时间延长的特点。

渭河下游控制站华县站多年平均含沙量51.4kg/m^3。来水来沙主要集中在汛期，水量占全年的61.9%，沙量占全年的90.4%，汛期平均含沙量为75.1kg/m^3，而非汛期为12.9kg/m^3。

4. 河流水系

渭河流域支流众多，其流域面积大于1000km^2的支流共有14条，其中北岸有散渡河、咸河、葫芦河、千河、牛头河、泾河、漆水河、北洛河、石川河；南岸有耤河、榜沙河、黑河、灞河、沣河等。北岸支流多发源于黄土高原和黄土丘陵，比降较小，源远流长，含沙量大；而南岸支流众多，但均发源于秦岭，谷狭坡陡，源近流急，含沙量小，径流较丰。

渭河最大的支流是泾河，流域面积4.54万km^2，其中张家山以上的流域面积4.38万km^2。两岸支流繁多，集水面积大于1000km^2的支流，左岸有蒲河、洪河、三水河、马莲河，右岸有黑河、汭河、泔河。其中马莲河为泾河最大的支流，流域面积1.91万km^2，河长

374.8km，占泾河流域面积的42%。

渭河第二大支流为北洛河，流域面积2.69万km^2，其中状头以上的流域面积2.52万km^2。集水面积大于1000km^2的支流有沮河、葫芦河、周河。其中葫芦河为北洛河最大的支流，河长235.3km，面积0.54万km^2。

5. 经济社会概况

（1）人口及其分布状况

渭河流域包括陕西省的西安市、宝鸡市、咸阳市、杨凌区、渭南市、铜川市和商洛市，以及甘肃省的白银市、定西地区、天水市、平凉地区，加上宁夏回族自治区的固原市等地区，共55个县（区）。截至2010年，流域总人口达到2685万人，人口密度为404人/km^2，其中城镇人口有1352万人，城镇化率为50.4%。人口分布最密集地区是陕西省关中地区，该地区人口为2108万人，占流域总人口的78.5%，人口密度为567人/km^2；而流域南北边缘的秦岭和黄土塬区，人口稀疏。

（2）工农业生产

2010年渭河全流域国内生产总值（GDP）为6385亿元，人均为23 780元。其中农业以种植业为主，播种面积为4128万亩，粮食面积占88.6%，作物以玉米、小麦、棉花、杂粮、油菜、豆类、瓜果为主，粮食总产量为1327万吨。牲畜有大牲畜近286.5万头，小牲畜近871.5万只。

流域资源主要有石油、煤、铁、金及钼等，主要工业城市有西安、咸阳、宝鸡、铜川、天水等，拥有航空、机械、电力、电子、化工、煤炭、建材和有色金属等工业，是我国西北地区门类较为齐全的工业基地。近年来，随着高科技、高新技术工业的发展，渭河关中地区已形成宝鸡、渭南的高新技术产业开发带。到2010年流域工业增加值为2431亿元，占到流域国内生产总值的38%。

同时，陕西关中地区，向来有“八百里秦川”之美称，历史悠久，城镇集中，旅游资源丰富，且高科技产业发达，也是国家重点经济建设地区。截至2010年，关中地区国内生产总值为5949亿元，占全流域的93.1%，人均GDP为28 220元。粮食产量为748万吨，占到全流域的56.4%。

7.2.2 干旱驱动分析方案

1. 渭河流域干旱评估单元划分

为研究水文及农业干旱的流域特性，首先应将对计算空间进行矩形单元划分，综合考虑评估单元大小对区域的甄别度和代表性，选择采用10km×10km的矩形网格对流域进行划分，共形成1469个干旱评估单元，如图7-74所示。

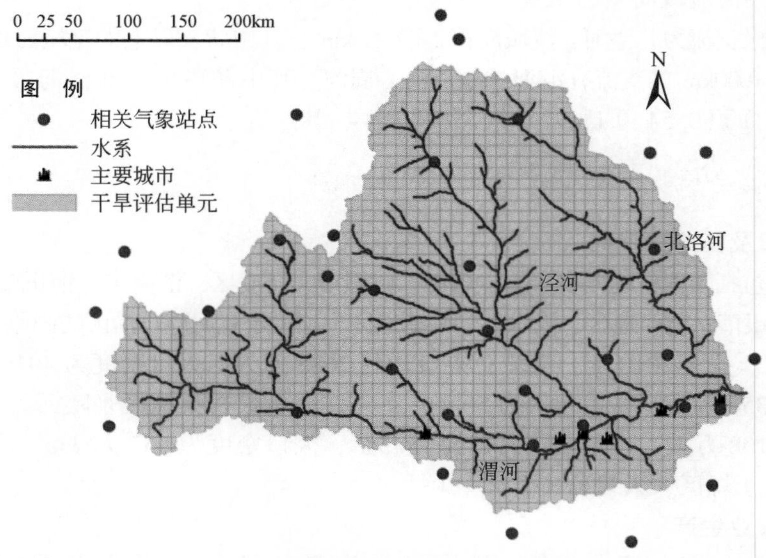

图 7-74 渭河流域干旱评估单元

2. 干旱评估方案

有研究表明，流域多年降水量下降趋势的突变点在 1994 年（薛春芳等，2012；马明卫和宋松柏，2012），同时水文序列的最可能变异点分别为 1990 年和 1993 年，置信度均超过 95%（马晓超等，2011；程三友等，2011）。而 NDVI 值在 1980 ~ 1990 显著增加（乔晨等，2011）。20 世纪 90 年代渭河地区经济社会对资源环境的胁迫属于耦合度快速变化时期（张洁等，2010）。则综上可以认为渭河流域 1981 ~ 2000 年为变化过渡期，则在干旱方案设计的时间上选择 1971 ~ 1980 年为变化前评估时段，即未变化期，认为 2001 ~ 2010 年为变化后评估时段，即已变化期。最终基准方案与三个对比方案的数据条件使用情况见表 7-33，除表中所列的变化条件各方案有不同外，其他模型模拟条件各方案均一致。

另外，按照前人研究经验（周振民，2004；冯平等，2002），基于渭河流域实际情况单元干旱识别选取截断水平 -0.5 为阈值，流域干旱识别选取临界面积（百分比）5% 为阈值。

表 7-33 渭河流域干旱驱动定量模拟方案

数据时间系列	气象条件	土地利用	水资源开发利用条件
基准方案	1971 ~ 1980 年	1980 年	1971 ~ 1980 年
对比方案Ⅰ	2001 ~ 2010 年	1980 年	1971 ~ 1980 年
对比方案Ⅱ	1971 ~ 1980 年	2005 年	1971 ~ 1980 年
对比方案Ⅲ	1971 ~ 1980 年	1980 年	2001 ~ 2010 年

注：因土地利用遥感数据并非连续，综合考量后，决定未变化期采用 1980 年土地利用数据，已变化期采用 2005 年土地利用数据

7.2.3 模型构建与验证

1. 单元离散与划分

首先，需根据各干旱评估单元的计算精度要求和本次所构建模型的特性，对渭河流域进行坡面离散化。模型 DEM 资料采用美国国家航空航天局发布的 2009 年的全球 30m×30m 的 DEM 数据。根据提取的河网水系，将渭河流域对应划分得到 247 个子流域，再对子流域结合行政区进行单元划分，由于模型在山区和平原区单元划分方法上的区别，选取渭河流域最大的两块平原区（关中平原区和庆阳平原区）按照 1km×1km 进行网格单元划分，而其他山区按照不规则单元进行划分，共计 22 792 个水循环计算单元。再将各单元结合渭河流域大中型灌区分布及灌溉类型，最后将引排水渠系、水库闸坝和灌溉水井等水利工程赋予其模型中的空间定义，得到渭河流域水循环模拟的空间离散图，如图 7-75 所示。

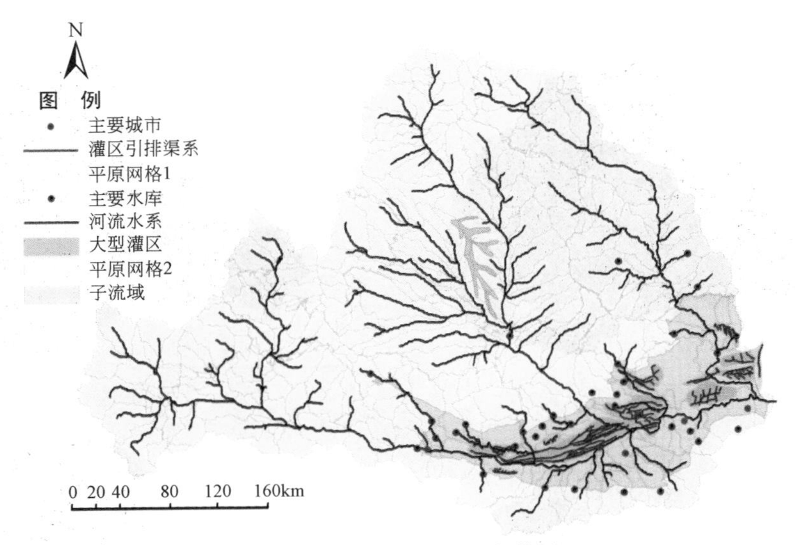

图 7-75 渭河流域坡面离散图

2. 基础数据处理与输入

(1) 气象数据

主要包括逐日降水量数据、逐日平均地表气温数据、逐日最高与最低地表气温、每天的照时数、每天的平均风速和每天的平均相对湿度等。计算所需的气象数据全部来源于中国气象数据共享服务网的“中国地面气候资料日值数据集（V3.0）”，本次模拟分析计算按照泰森多边形从中选取了渭河流域的 37 个相关气象站，选取时段为 1971 ~ 1980 年及 2001 ~ 2010 年，并以考虑高程的克里金插值法将逐日气象资料插值展布到各水循环计算单元。

(2) 土地利用及土壤数据

对中国科学院资源环境科学数据中心发布的全国土地利用数据，按照渭河流域部分的

6 种基本土地利用类型进行空间分布信息的提取、重分类、校正后，得到包括 1980 年、2005 年两期土地利用情况，如图 7-76 和图 7-77 所示。分析土地利用变化方案中六种主要类型的土地利用变化见表 7-34，土地利用主要变化趋势为草地变化为林地，而耕地略微减少，居工地略有增加。

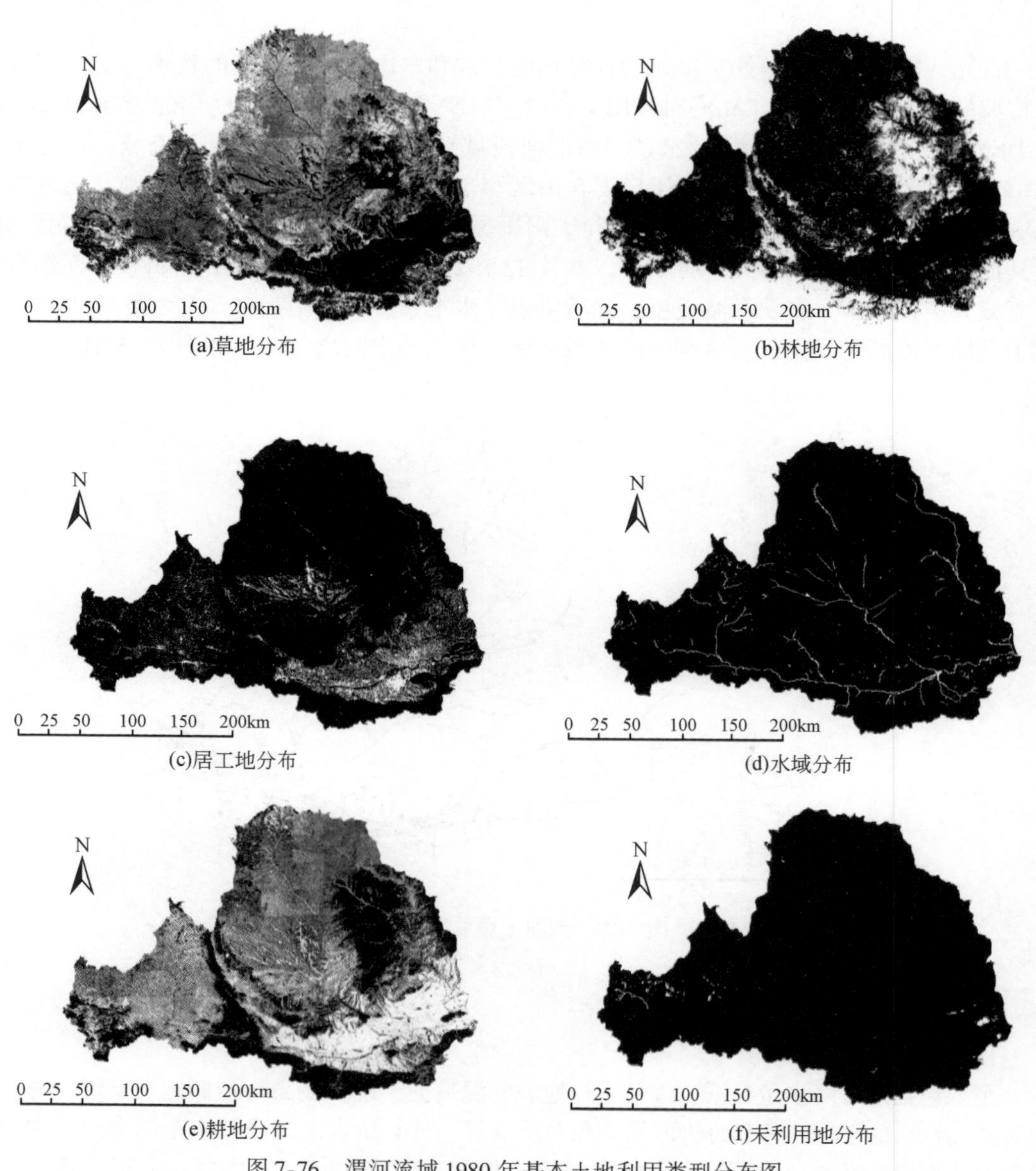

(a)草地分布 (b)林地分布 (c)居工地分布 (d)水域分布 (e)耕地分布 (f)未利用地分布

图 7-76　渭河流域 1980 年基本土地利用类型分布图

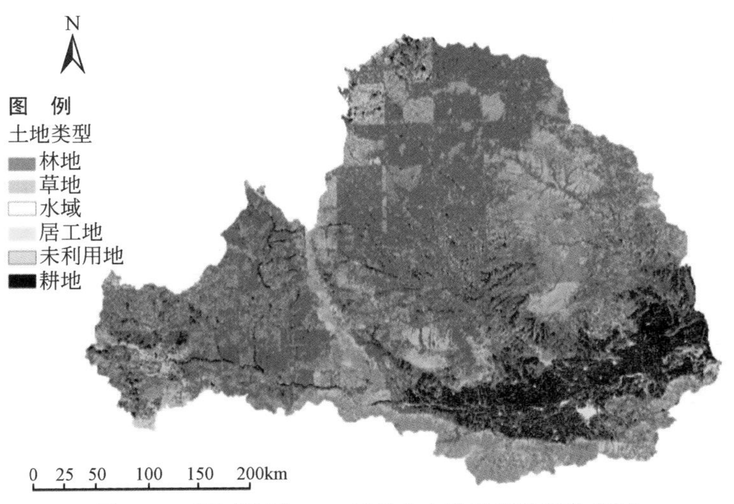

图 7-77　渭河流域 2005 年基本土地利用类型分布图

表 7-34　渭河流域土地利用变化情况　（单位:%）

占全流域面积的百分率	耕地	林地	草地	水域	居工地	未利用地
基准方案	43. 80	16. 10	36. 90	0. 60	2. 40	0. 20
变化方案	43. 50	19. 90	32. 90	0. 50	3. 00	0. 20
变化率	-0. 30	3. 80	-4. 00	-0. 10	0. 60	0. 00

另外，根据我国土壤类型分布和土壤类型划分标准，利用全国土壤类型 GIS 图，提取得到渭河流域黄绵土、黑垆土、土娄土等 17 种主要土地利用类型，其分布如图 7-78 所示。

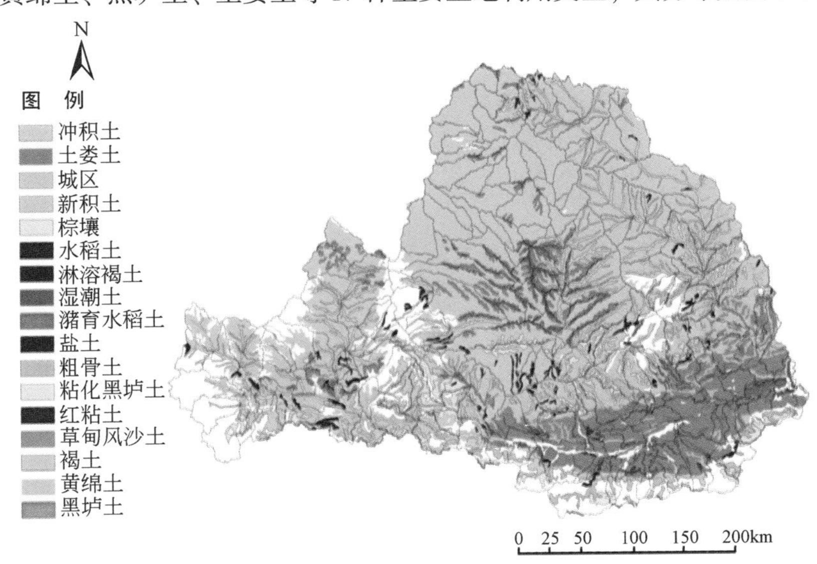

图 7-78　渭河流域主要土壤分布图

（3）水资源开发利用等数据

水资源开发利用的信息主要依据渭河流域各类水资源规划及相关报告，如《渭河水量分配方案制订》（2012）等，提取渭河流域农业、工业和生活用水量等信息。通过分析对比变化前和变化后两个评估时段的水资源开发利用的程度和状况，提取模型所需数据信息。

3. 模型率定和验证

（1）地表水验证

地表水率定和验证，选择渭河两大支流上的泾河张家山站、北洛河状头站及渭河干流上的华县站三个关键站点进行月径流过程的率定和验证。各站点率定期和验证期的实际径流过程与模拟径流过程如图 7-79 所示。可以看出，模拟相对误差、相关系数等数据满足模型要求。

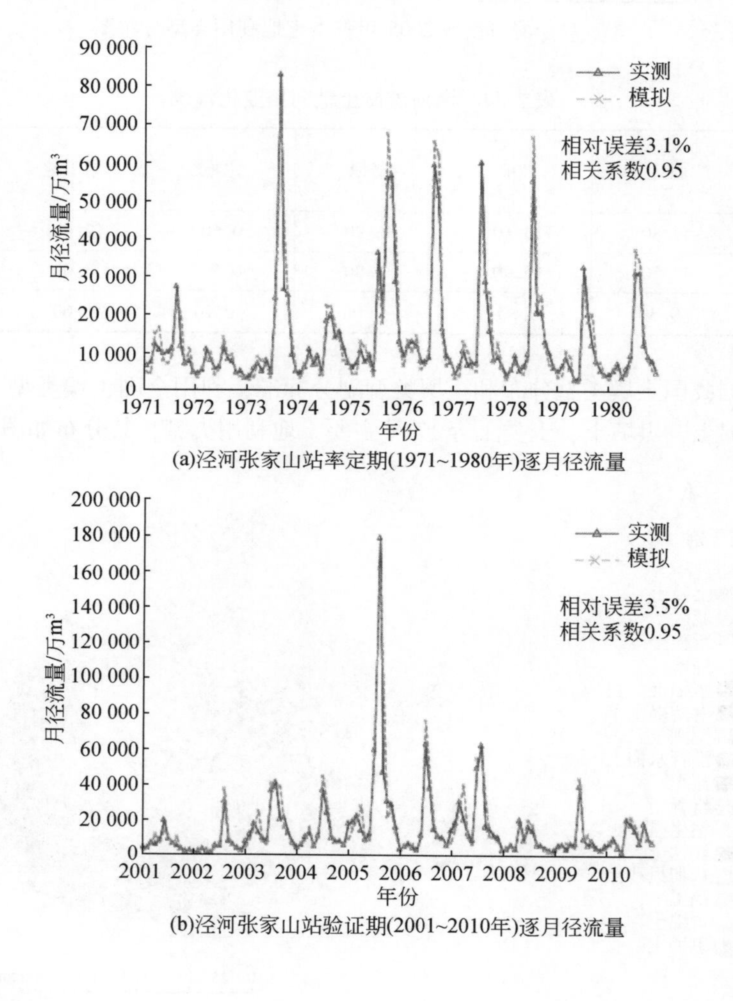

(a)泾河张家山站率定期(1971~1980年)逐月径流量

(b)泾河张家山站验证期(2001~2010年)逐月径流量

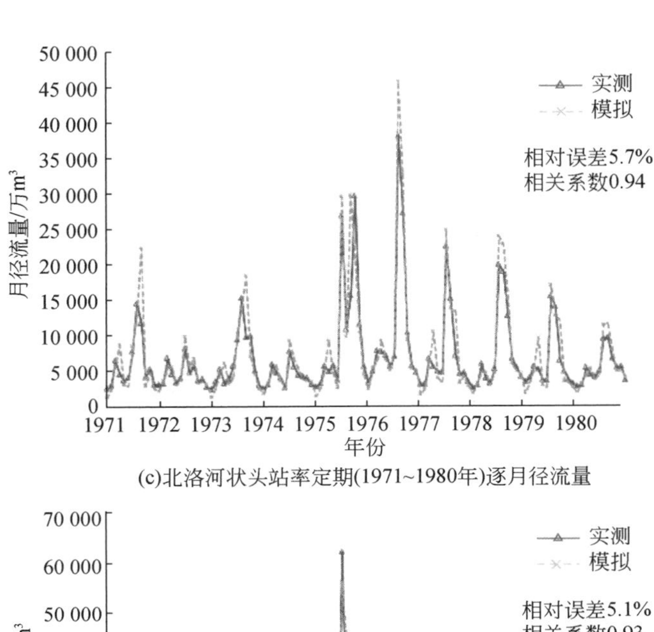

(c)北洛河状头站率定期(1971~1980年)逐月径流量

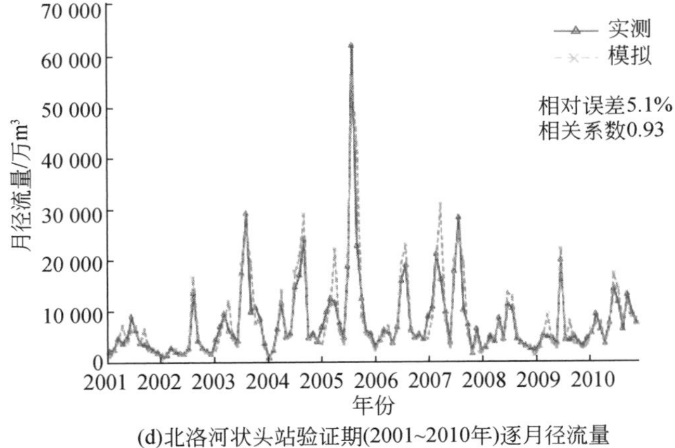

(d)北洛河状头站验证期(2001~2010年)逐月径流量

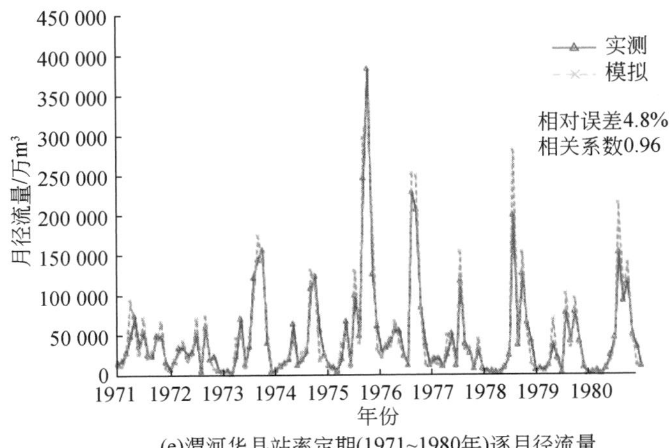

(e)渭河华县站率定期(1971~1980年)逐月径流量

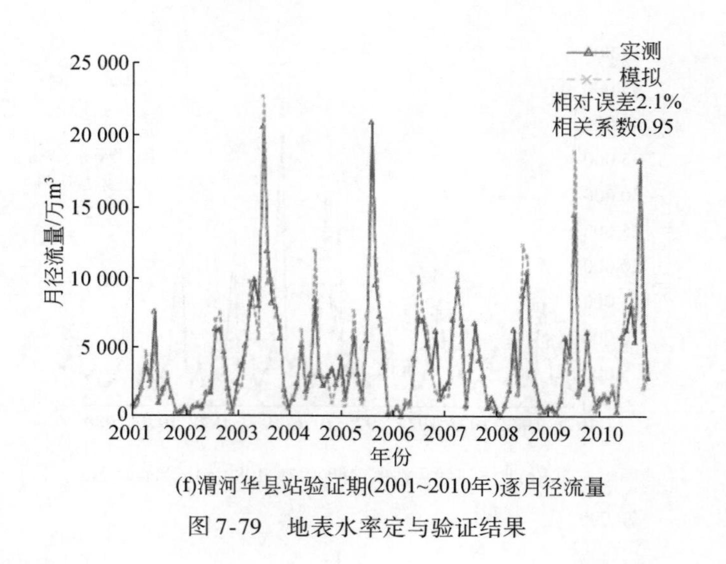

(f)渭河华县站验证期(2001~2010年)逐月径流量

图 7-79　地表水率定与验证结果

（2）土壤水验证

选取关中平原宝鸡峡灌区实验站的 2009 ~ 2010 年的土壤水监测数据对土壤水模拟结果进行对比验证，结果如图 7-80 所示。可以看出，模拟结果基本反映出小麦生育期内土壤水变化过程。

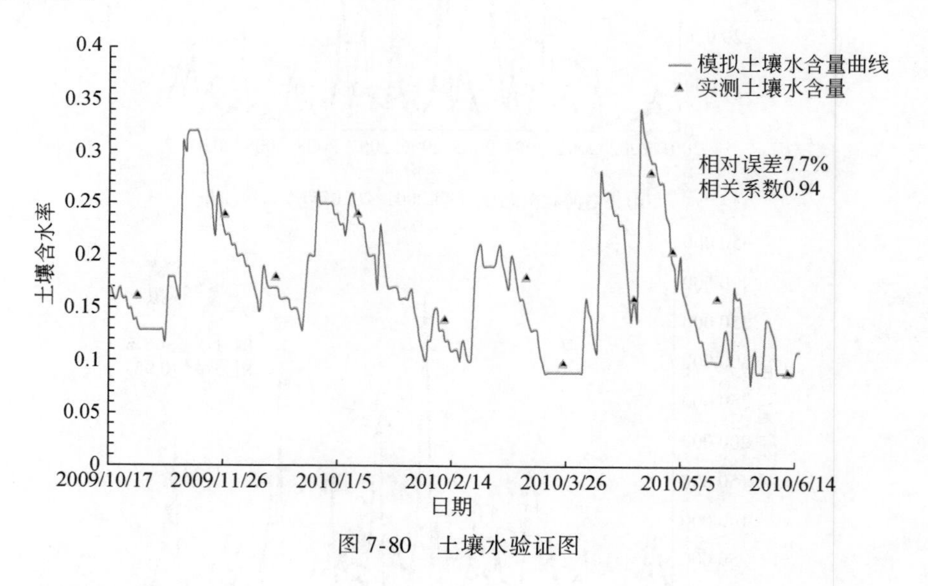

图 7-80　土壤水验证图

（3）地下水验证

选择渭河流域关中平原区 651 个地下水监测井的 2009 年 1 月 1 日和 2010 年 1 月 1 日的地下水位资料对地下水部分模拟结果进行率定和验证。地下水模拟值与观测值对比如图 7-81 所示，可以看出，地下水模拟结果与实际观测信息基本一致，反映出了该地区地下水运动特征。

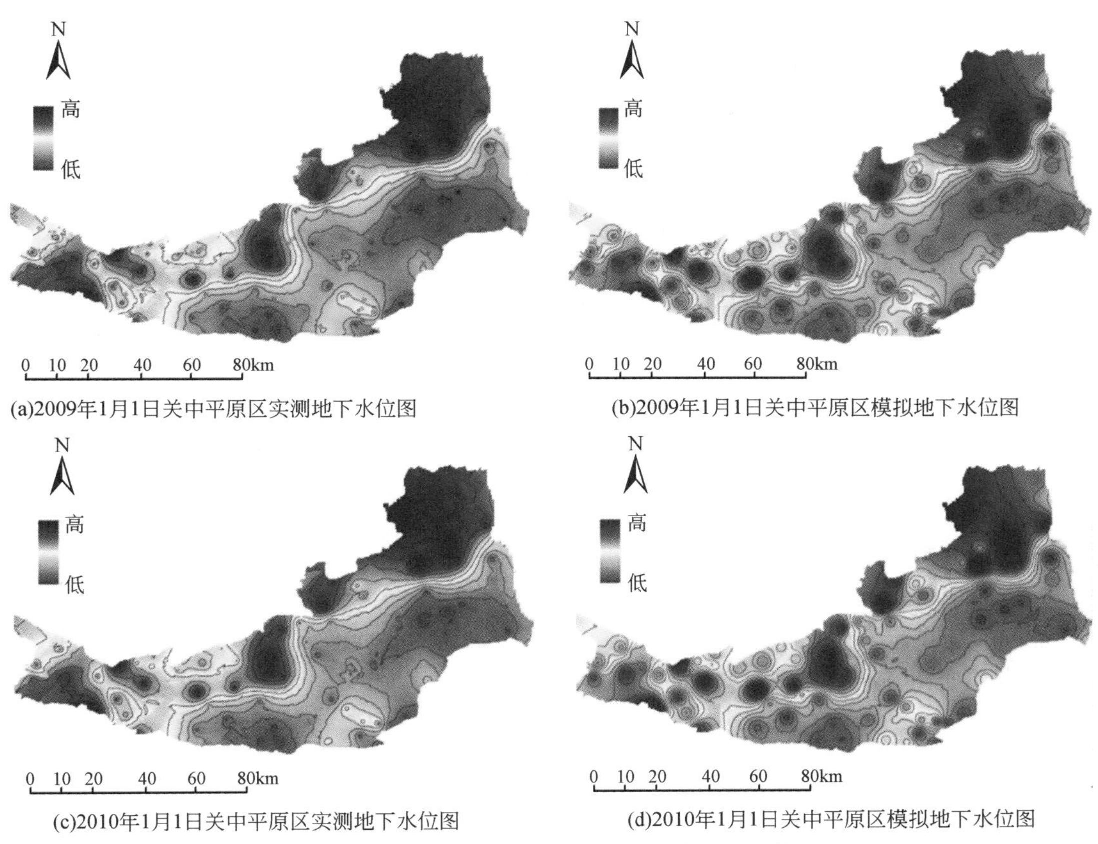

(a)2009年1月1日关中平原区实测地下水位图

(b)2009年1月1日关中平原区模拟地下水位图

(c)2010年1月1日关中平原区实测地下水位图

(d)2010年1月1日关中平原区模拟地下水位图

图 7-81 关中平原地下水模拟结果与实测对比情况

(4) 水资源量验证

为了验证流域整体水资源平衡的合理性，将模拟的全流域逐年水资源总量、地表水资源量、地下水资源量结果输出，与渭河流域水资源评价成果进行对比验证，结果如图 7-82 所示。整体来看，模型率定和验证状况良好，其可为干旱分析提供可靠的定量分析数据。

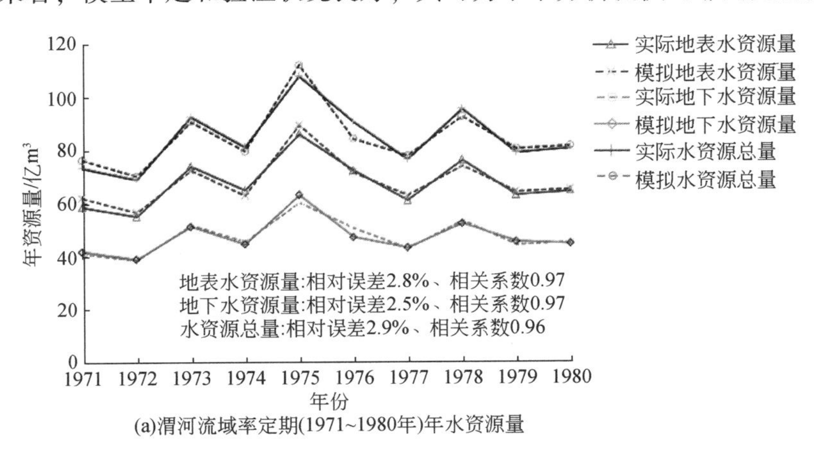

(a)渭河流域率定期(1971~1980年)年水资源量

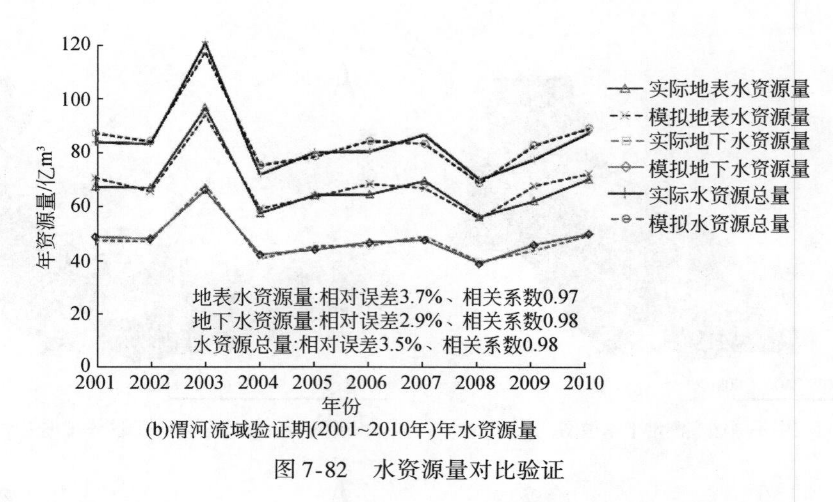

(b)渭河流域验证期(2001~2010年)年水资源量

图 7-82 水资源量对比验证

7.2.4 水文和农业干旱驱动定量辨识

根据拟定的干旱驱动定量辨识评估方案，采用构建的模型进行模拟，对比分析不同方案下水资源变化特征、干旱演变特征及其驱动要素贡献率。

1. 不同方案下渭河流域水资源量对比

通过模型模拟计算，基准方案和三种情景方案下的全流域年地表水资源量、地下水资源量及水资源总量见表 7-35。可以看出，气候变化对渭河流域水资源总量的影响最大，通过对气候变化方案主要气象因子的统计计算，发现变化后方案全流域年均降水减少了 6.7%，温度升高了 3.2%，风速降低了 8.0%，相对湿度下降了 3.9%，日照时数减少了 3.5%。可知，一方面降水减少直接导致地表水和地下水补给减少，另一方面全流域的蒸散发量在增大，故而出现了水资源总量出现较大减少的现象。

表 7-35 各对比方案水资源量变化情况

年平均水资源量	计算值			变化率		
	地表水资源量/亿 m³	地下水资源量/亿 m³	总水资源量/亿 m³	地表水资源量/%	地下水资源量/%	总水资源量/%
基准方案	65.10	45.52	81.59			
气候变化方案	60.22	43.52	76.04	-7.5	-4.4	-6.8
土地利用方案	63.47	45.84	80.20	-2.5	0.7	-1.7
水资源开发利用方案	62.82	46.25	79.39	-3.5	1.6	-2.7

对于土地利用变化方案，水资源总量也出现了减少的结果，但地下水资源量却略有增加。该流域土地利用主要变化趋势为草地变化为林地，而耕地略微减少，居工地略有增

加。林地的增多会提高土壤的保水性能，可能会减少地表水的产流量同时增加地下水的入渗补给量，从而使地表水资源量减少而地下水资源量增加，总体来看水资源总量呈现减少的结果。

对于水资源开发利用方案的结果，可能是在水资源开发利用之后，改变了天然的水循环格局，特别是耕地的田埂会束缚正常的地表产流，从而加大水量的入渗和蒸发，使地表水资源量减少而地下水资源量增加。

2. 干旱驱动因素贡献率

(1) 水文干旱

按照本书提出的流域干旱评估指标和区域干旱特征计算方法，对渭河流域基准方案及三个对比方案进行水文干旱评估，并分析各干旱驱动因素贡献（表 7-36），可以看出：

1）在渭河流域，气候变化、土地利用变化和水资源开发利用三大驱动因素都会加剧流域水文干旱，会不同程度的增加流域的干旱面积，造成干旱时间的延长及干旱程度的加深。

2）在贡献率上，从等量干旱强度来看，气候变化对流域水文干旱的驱动作用占到了 58.7%，说明气候变化是渭河流域水文干旱的主要驱动力，比所占的比例为 17.9% 的土地利用变化与所占比例为 23.3% 的水资源开发利用加起来还要多，说明人类活动在渭河流域水文干旱上其驱动作用不如气候变化。

3）在各干旱特征变化上，干旱历时与干旱强度的变化趋势与等量干旱强度类似，其变化幅度互相之间也相差不大；不同的是水文干旱面积在气候变化方案条件下，流域水文干旱面积出现了减少 12% 的状况，这可能与流域局部地区极端干旱事件的增多有关。

4）从整体来看，气候变化不仅在等量干旱强度上体现为主要驱动因素，在干旱历时、干旱面积、干旱强度分别占据了 70.2%、-77.1%、72.5% 的贡献率，起主导作用。另外，水资源开发利用、土地利用在干旱历时、干旱强度、干旱面积上均对流域干旱起加剧作用。

表 7-36　渭河流域水文干旱定量驱动结果

干旱特征指标		干旱历时/月	干旱面积比/%	干旱强度	等量干旱强度
评估结果	基准方案 x_0	3.64	54	0.78	2.56
	气候变化方案 x_1	5.82	42	1.12	3.24
	土地利用方式变化方案 x_2	4.00	56	0.84	2.77
	水资源开发利用方案 x_3	4.20	56	0.85	2.83
变化量	$\Delta x_1 = x_1 - x_0$	2.19	-12	0.34	0.68
	$\Delta x_2 = x_2 - x_0$	0.36	2	0.06	0.21
	$\Delta x_3 = x_3 - x_0$	0.56	2	0.07	0.27
	$\Delta x = \lvert \Delta x_1 \rvert + \lvert \Delta x_2 \rvert + \lvert \Delta x_3 \rvert$	3.11	16	0.47	1.16

续表

干旱特征指标		干旱历时/月	干旱面积比/%	干旱强度	等量干旱强度
各方案的相对驱动作用/%	$\eta_1=\Delta x_1/\Delta x$	70.2	−77.1	72.5	58.7
	$\eta_2=\Delta x_2/\Delta x$	11.7	12.1	12.4	17.9
	$\eta_3=\Delta x_3/\Delta x$	18.1	10.9	15.0	23.4

(2) 农业干旱

按照同样方法，对比分析不同驱动要素对农业干旱的影响，结果见表7-37。可以看出：

1）在渭河流域，与水文干旱不同，各驱动因素对农业干旱的作用方向并不一致，气候变化对渭河流域农业干旱起到加剧作用，而土地利用变化和水资源开发利用对渭河流域农业干旱起到不同程度的缓解作用。

2）气候变化是影响农业干旱的最重要因素，占到74.3%。而合理的水资源开发利用加强了农田水分的补给，能从一定程度上缓解农业干旱，对农业干旱相对驱动作用为−24.1%。同时，渭河流域的近三十年来的退耕还林与植树造林也加强了土地的保水性，缓解了农业干旱，但是其作用量很小，仅为−1.6%。

3）从各种因素对农业干旱历时和强度的影响来看，其与等量干旱强度的变化趋势基本一致；而在渭河流域，农业干旱面积在气候变化和水资源开发利用下与整体呈现相反的趋势，即气候变化减少了农业干旱面积，而水资源开发利用加大了农业干旱面积，其可能与流域极端气候时间增加，局部地区出现极旱有关。

4）从整体来看，气候变化同样是农业干旱的主要驱动因素，在干旱历时、干旱面积、干旱强度分别占据了76.6%、−60.9%、66.5%的贡献率，主导优势显著。另外，土地利用变化在干旱历时、干旱面积及干旱强度上均对农业干旱起到一定的缓解作用。

表7-37　渭河流域农业干旱定量驱动结果

干旱特征指标		干旱历时/月	干旱面积比/%	干旱强度	等量干旱强度
评估结果	基准方案 x_0	7.89	31	2.45	4.94
	气候变化方案 x_1	10.22	27	2.75	5.84
	土地利用方式变化方案 x_2	7.89	30	2.43	4.92
	水资源开发利用方案 x_3	7.18	33	2.31	4.65
变化量	$\Delta x_1=x_1-x_0$	2.33	−4	0.30	0.90
	$\Delta x_2=x_2-x_0$	0.00	0	−0.02	−0.02
	$\Delta x_3=x_3-x_0$	−0.71	3	−0.13	−0.29
	$\Delta x=\mid\Delta x_1\mid+\mid\Delta x_2\mid+\mid\Delta x_3\mid$	3.04	7	0.46	1.21
相对驱动作用/%	$\eta_1=\Delta x_1/\Delta x$	76.6	−60.9	66.5	74.3
	$\eta_2=\Delta x_2/\Delta x$	0.0	−0.6	−4.2	−1.6
	$\eta_3=\Delta x_3/\Delta x$	−23.4	38.5	−29.3	−24.1

第8章 气候变化影响下流域干旱模拟与评估

8.1 研究区概况

8.1.1 地理位置

澜沧江-湄公河发源于中国青藏高原唐古拉山北麓，自北向南先后流经中国的青海、西藏和云南，以及缅甸、老挝、泰国、柬埔寨和越南，在越南胡志明市西部入海，是东南亚地区最大的国际河流（中国境内称澜沧江，出境后称湄公河）。流域地理位置在94°～107°E，10°～34°N，流域面积81.1万km^2。流域内地形起伏剧烈，地势复杂。河流上下游较宽阔，中游狭窄，从河源到河口，干流全长4880km，总落差5167m，平均比降0.104%，多年平均径流量4750亿m^3，多年平均入海流量1.2万m^3/s。流域水资源主要靠大气降水、冰川融雪和地下水补给。流域地理位置如图8-1所示。

8.1.2 气候条件

澜沧江-湄公河流域位于亚洲热带季风区的中心，5～9月底受来自海上西南季风影响，潮湿多雨，5～10月为雨季，11月至翌年3月中旬受来自中国内陆的东北季风影响，干燥少雨，为旱季。

流域上游地区气候具有寒冷、干燥、风大、辐射强、冷季漫长、无绝对无霜期等特点。年平均气温一般在6.0～-4.0℃，但大部分地区在0℃以下，降水空间分布由东南向西北递减，东部年降水量500mm以上，西部年降水量在250mm左右。年内降水分布具有冷季少，暖季多的特点。

流域下游地区气温变化较小，最高年平均气温越南为30℃，泰国为33.5℃；最低年平均气温老挝为15℃，柬埔寨为22.7℃；相对湿度为50%～98%。年降水量从泰国东北部的1000mm以下递增到老挝南部、柬埔寨和越南的山区边缘的4000mm以上，在柬埔寨平均为2000mm，降水年内分布很不均匀，年降水量的88%左右集中于5～10月。

8.1.3 地形地貌

在流域河源区，河网纵横，水流杂乱，湖沼密布，流经的地区有险滩、深谷、原始林

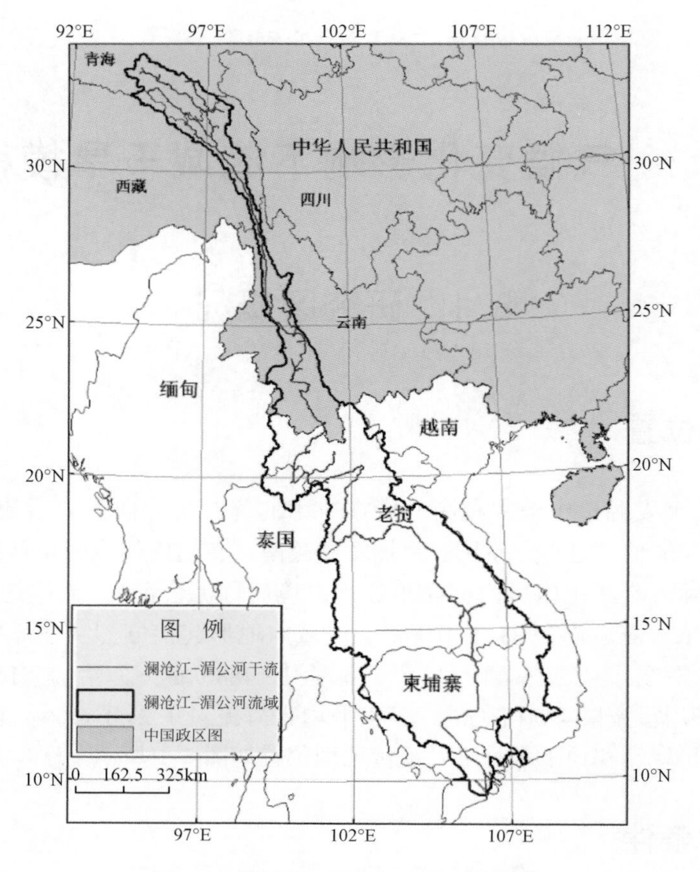

图 8-1 澜沧江–湄公河流域地理位置

区、平川，地形复杂，冰峰高耸，沼泽遍布，景致万千。流域下游地形可分为 5 个区：北部高原、安南山脉（长山山脉）、南部高地、呵叻高原和湄公河平原。北部高原包括老挝北部，泰国的黎府和清莱省山区，到处是崇山峻岭，高程达 1500～2800m，只有少量的高地平原和河谷冲积台地。安南山脉从西北向东南延伸 800 余千米，北部和中部的山坡较陡，南部为丘陵地区。南坡和西坡受西南季风的影响，雨量较大，而中部河谷较干旱。南部高地包括柬埔寨的豆蔻山脉，东面为绵延山地，西南为丘陵地。呵叻高原包括泰国东北部和老挝的一部分，为长宽各约 500km 的蝶状山间盆地，支流蒙河和锡河流经这里。湄公河平原为大片低地，包括三角洲地区。

8.1.4 土壤植被

澜沧江–湄公河流域南北跨度比较大，土壤类型丰富。上游源头地区属于高山土型，主要分为草毡土和黑毡土两类，上游河谷地区则为褐土，沿江而下，进入云南境内土壤开始变为红土，并随着纬度的减小，土壤逐渐由燥红土变为红壤，再由红壤变为赤红壤，最终为砖红壤（仅限境内）。

澜沧江上游源头区多为高寒草甸，河谷处夹杂有针叶林带，如冷杉、云杉、铁杉林等，西藏境内的河谷地区多为温带或亚热带高寒草甸，如苔草、嵩草、杂类草草甸等，自西藏经云南而下，植被逐渐由针叶林变为阔叶林，如刺栲、木栲、西南木荷等。云南境内河谷地区植被以温带矮禾草、灌木草为主，如含刺枣、金合欢等；云南南部，植被以亚热带常绿阔叶林及热带半常绿阔叶季雨林为主（仅限境内）。

8.1.5 水资源开发利用

澜沧江中上游地区水资源开发利用以水电为主，灌溉、旅游为辅；澜沧江下游至万象地区以水电、航运、旅游、热带生物资源为主，山区综合开发和边境贸易为辅；万象以下地区的开发以灌溉、渔业、防洪为主，以水电、航运、旅游为辅。澜沧江-湄公河流域有丰富的水力资源，全流域水能总蕴藏量约2854亿kW·h/a。澜沧江干流8个梯级水电站总装机容量25 855MW，年发电量约1200亿kW·h，目前小湾、漫湾、大朝山、景洪四座水电站已投入运行。湄公河地区已建成的11座水电站都在支流上，总装机容量为1560MW，仅占流域水能总蕴藏量的5%（Mekong river commission secretariat, 2010）。

8.2 流域水文气象要素变化趋势

为了揭示流域水文气象要素的变化趋势，综合考虑水文气象站点的地理位置，以及观测资料的同步性和完整性，选取流域内7个代表气象站和湄公河干流6个代表水文站，应用前述统计方法对流域水文气象要素变化趋势进行分析。气象数据来源于美国国家海洋和大气管理局（national oceanic and atmospheric administration, NOAA）的全球地表日数据集资料（global surface summary of day data, GSOD）中的温度和降水数据，资料时间序列长度为1980~2009年，共计30年。水文数据选取干流上6个代表水文站（清盛、琅勃拉邦、万象、穆达汉、巴色、上丁）1960~2005年逐日实测径流资料。站点信息见表8-1和表8-2，水文和气象站点分布位置如图8-2所示。

表8-1 澜沧江-湄公河流域代表气象站

气象站	所在国家	经度/(°)	纬度/(°)	高程/m
杂多	中国	95.30	32.90	4068
德钦	中国	98.88	28.45	3320
思茅	中国	100.98	22.77	1303
万象	老挝	102.57	17.95	171
穆达汉	泰国	104.72	16.53	139
猜也蓬	泰国	102.03	15.80	183
胡志明	越南	106.67	10.82	5

表 8-2　湄公河流域主要控制水文站

水文站	所在国家	经度/(°)	纬度/(°)	集水面积/10^4 km^2
清盛	泰国	100.08	20.27	18.9
琅勃拉邦	老挝	102.14	19.89	26.8
万象	老挝	102.62	17.93	29.9
穆达汉	泰国	104.74	16.58	39.1
巴色	老挝	105.80	15.17	54.5
上丁	柬埔寨	105.95	13.53	63.5

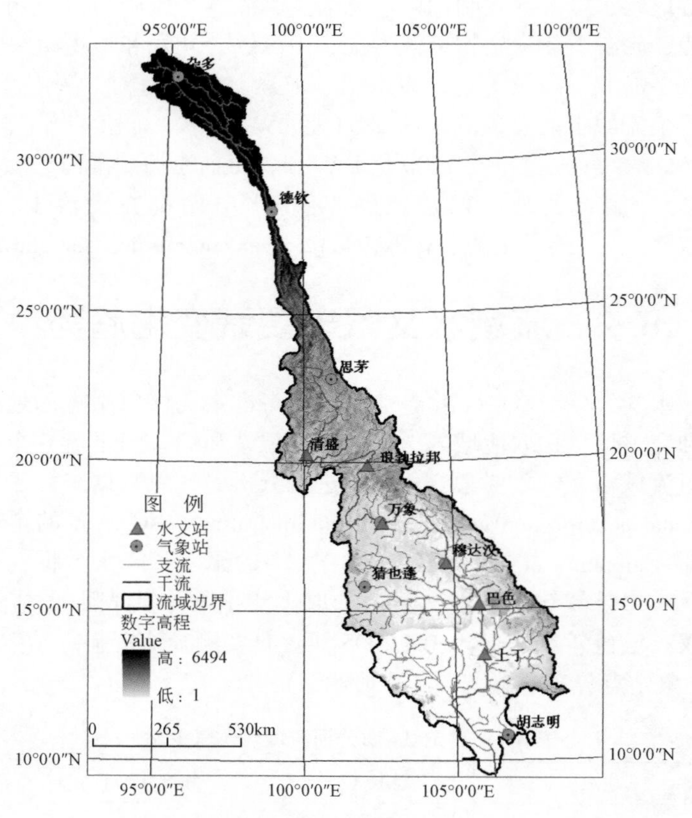

图 8-2　流域水文气象站点分布

8.2.1　降水变化趋势

1. 年际变化

据统计，澜沧江–湄公河流域多年平均降水量为 1143mm，年平均降水变化呈显著

(α=0.05)增加趋势，其线性倾向率为 10.49mm/a，降水 5 年滑动平均曲线大致呈“增加—减少—增加”的趋势（图 8-3）。从不同年代多年平均降水变化来看（图 8-4），20 世纪 80 年代年平均降水量为 1199mm，90 年代平均降水量为 1187mm，而 2000 年以来平均降水量为 1229mm，其降水年代变化趋势与滑动平均一致，但降水年代间变化不大。

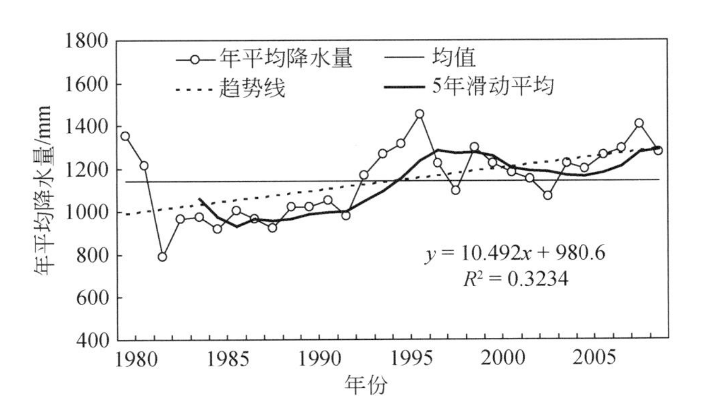

图 8-3　年平均降水量及其 5 年滑动平均

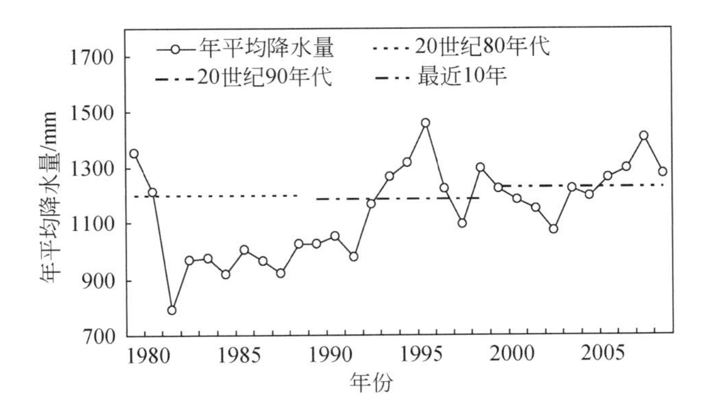

图 8-4　不同年代多年平均年降水变化

从空间分布来看，全流域不同地区降水变化趋势和强度并不一致，北部高海拔地区站点降水呈减少趋势，而南部平原区站点降水呈明显增加趋势（图 8-5）。具体来说，流域北部地区杂多和思茅站降水呈减少趋势，线性倾向率分别为-0.96mm/a 和-4.73mm/a，而德钦站降水呈增加趋势，线性倾向率为 1.82mm/a，但 3 站降水增减趋势均未通过 0.05 显著性水平的 t 检验；除穆达汉站，流域南部地区万象、猜也蓬和胡志明站年均降水均呈显著（α=0.05）增加趋势，其线性倾向率分别为 30.75mm/a、11.69mm/a 和 36.88mm/a。

采用曼-肯德尔（Man-Kendall，MK）法对流域各站点年平均降水量变化进行趋势检验，结果如图 8-6 和表 8-3 所示。可以看出，1993 年以前降水呈减少趋势，尤其是 1980 ~ 1988 年降水减少趋势显著；1993 年以后降水呈不显著的增加趋势，但 2005 年以后降水增加趋势明显。

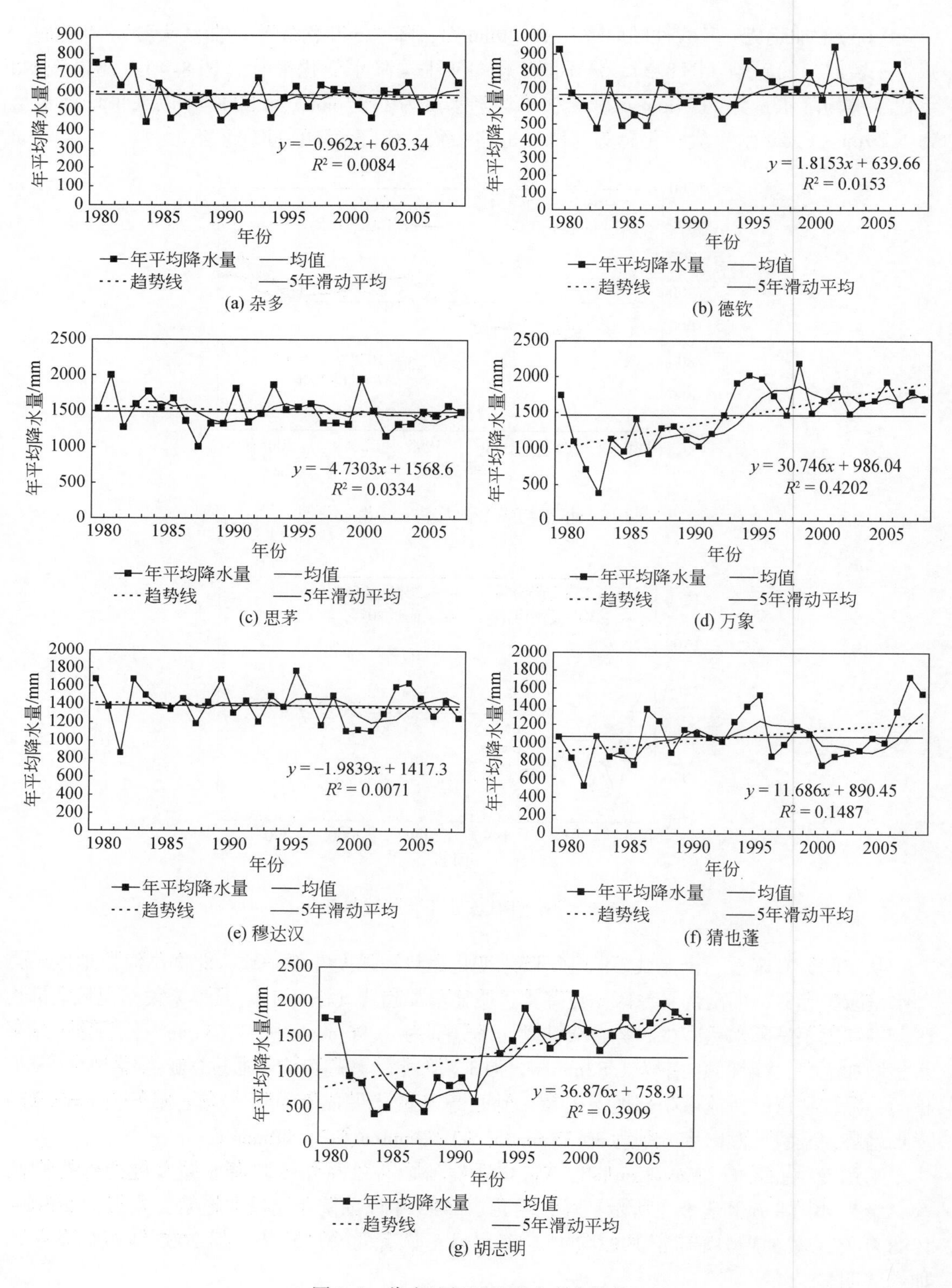

图 8-5 代表站年平均降水变化趋势

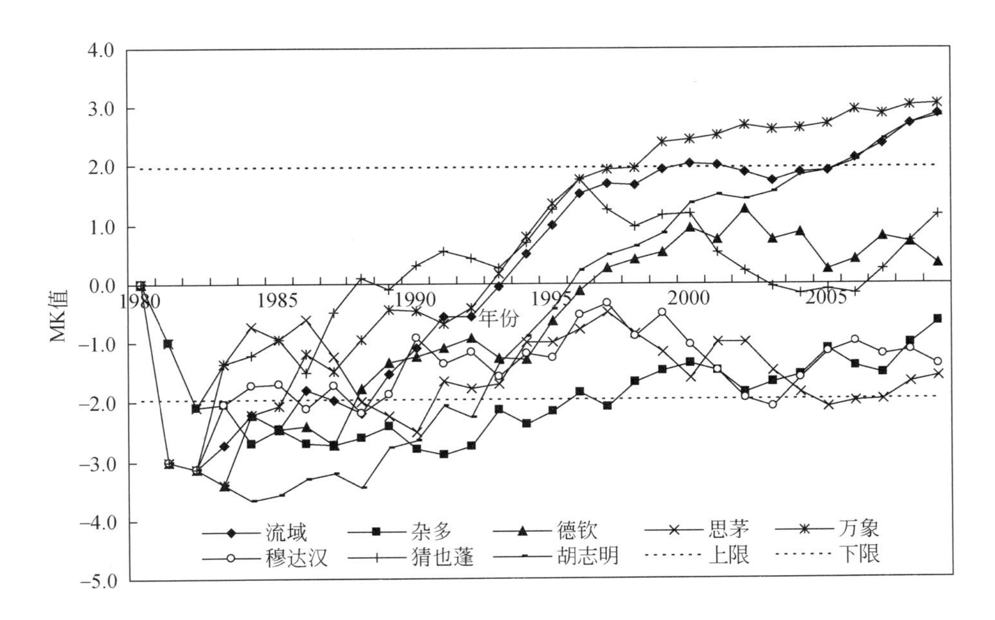

图 8-6　代表站年降水 MK 变化过程

表 8-3　代表站年降水变化趋势检验统计

站点名称	指标			
	MK 统计量 Zc	临界值	显著性	β/(mm/a)
杂多	-0. 66	±1. 96	—	-0. 17
德钦	0. 34	±1. 96	—	2. 11
思茅	-1. 59	±1. 96	—	-2. 45
万象	3. 05	±1. 96	↑	30. 76
穆达汉	-1. 37	±1. 96	—	-3. 69
猜也蓬	1. 16	±1. 96	—	10. 14
胡志明	2. 84	±1. 96	↑	43. 93
流域	2. 87	±1. 96	↑	12. 95

注：—表示无显著变化；↑表示显著上升趋势；↓表示显著下降趋势

空间上看，流域北部地区杂多、思茅和穆达汉 3 站降水变化均呈不显著（$\alpha=0.05$）减少趋势，其降水倾向度 β 分别为-0. 17mm/a、-2. 49mm/a 和-3. 69mm/a。流域南部地区德钦、万象、猜也蓬和胡志明 4 站降水变化较为复杂（表 8-3）。可以看出：①德钦站降水呈不显著（$\alpha=0.05$）增加趋势，其降水倾向度 β 为 2. 11mm/a；从降水 MK 曲线可以看出，1996 年以前降水呈减少趋势，尤其在 1987 年以前降水减少趋势明显。1996 年以后，降水呈不显著的增加趋势。②万象站降水呈显著（$\alpha=0.05$）增加趋势，其降水倾向度 β 为 30. 76mm/a；从 MK 变化曲线可以看出，在 1993 年以前降水呈减少趋势，尤其是在

1980～1985 年降水减少显著；在 1993 年以后降水呈增加趋势，在 1998～2009 年降水增加趋势明显。③猜也蓬站降水呈不显著（$\alpha=0.05$）的增加趋势，降水倾向度 β 为 10.14mm/a。从 MK 曲线可以看出，在 1989 年以前降水呈不明显的减少趋势，而在 1989 年以后降水呈不明显的增加趋势。④胡志明站降水呈显著（$\alpha=0.05$）增加趋势，其降水倾向度 β 为 43.93mm/a。从 MK 曲线可以看出，在 1995 年以前降水呈减少趋势，尤其是 1992 年以前，降水减少趋势显著；在 1995 年以后降水呈不明显增加趋势，但 2006 年以后的最近几年降水增加趋势明显。

2. 季节变化

澜沧江–湄公河流域位于亚洲热带季风区的中心，每年 5～9 月底受西南季风影响，潮湿多雨；11 月至翌年 3 月中旬受东北季风影响，干燥少雨，因此将流域全年降水划分为两个阶段，即雨季（5～10 月）和旱季（11 月至翌年 4 月）。流域雨季多年平均降水量为 975mm，占全年降水的 85%，而旱季多年平均降水量仅为 168mm，仅占全年降水的 15%，雨季降水年际变化过程与全年降水变化基本一致，雨季降水多少直接影响流域全年降水的变化，这种降水年内分配的不均匀性也容易导致流域雨季洪涝和旱季干旱的发生，如图 8-7 所示。

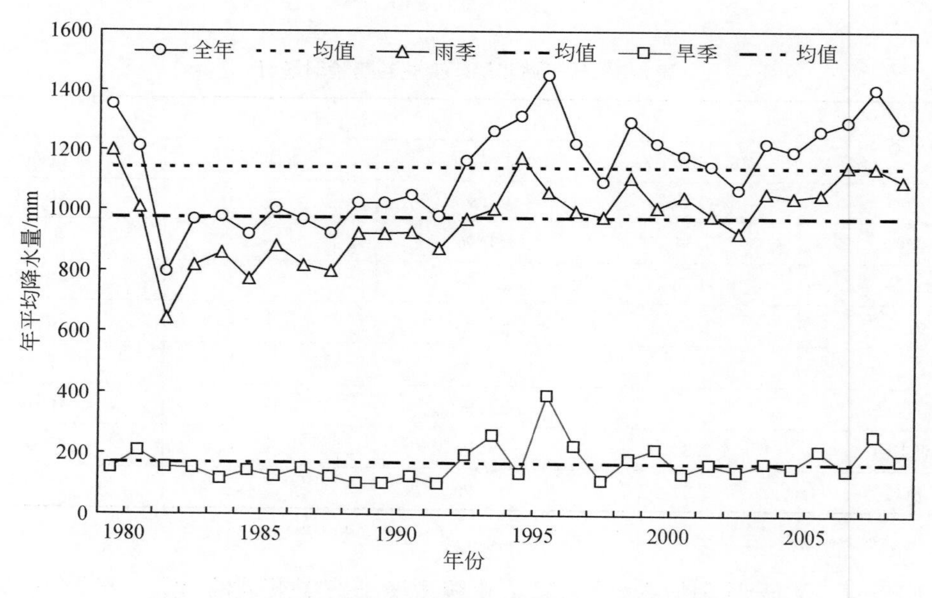

图 8-7　流域年、雨季和旱季降水年际变化过程

从降水季节 MK 统计检验结果看，流域雨季降水增加趋势明显，而旱季降水增加不明显。从区域上看，流域北部地区雨季降水增减趋势并不明显，而南部地区的万象和胡志明站降水增加趋势明显；流域北部地区旱季降水减少趋势不明显，而南部地区降水增加趋势也不明显。详见表 8-4。

表 8-4　代表站降水季节变化趋势 MK 检验

站点名称	雨季（5～10 月）			旱季（11 月至翌年 4 月）		
	均值/mm	Zc	趋势	均值/mm	Zc	趋势
杂多	524	-0.66	—	65	-0.70	—
德钦	492	0.70	—	176	-0.91	—
思茅	1279	-1.02	—	216	-1.52	—
万象	1295	2.91	↑	168	1.12	—
穆达汉	1245	-1.73	—	142	0.09	—
猜也蓬	898	1.20	—	174	0.66	—
胡志明	1094	2.98	↑	236	1.16	—
全流域	975	3.26	↑	168	1.02	—

注：—表示无显著变化；↑表示显著上升趋势；↓表示显著下降趋势

8.2.2　气温变化趋势

1. 年际变化

据统计，澜沧江-湄公河流域多年平均温度为 17.05℃，年平均温度变化呈增加趋势，线性倾向率为 0.02℃/a，其增加趋势的 t 检验通过了 0.05 的显著性水平（图 8-8）。全流域不同年代平均温度变化也呈不断增加态势（图 8-9），20 世纪 80 年代平均温度为 16.87℃，到了 90 年代平均温度为 17.04℃，较 80 年代增加了 0.17℃；而最近 10 年平均温度达到了 17.25℃，较 80 年代增加了 0.21℃，增加较为明显。

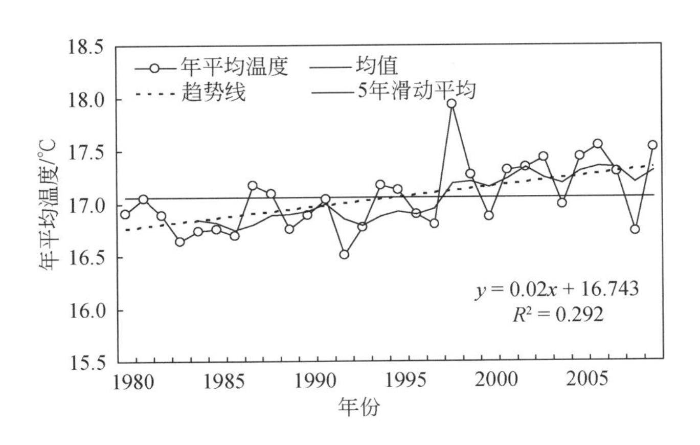

图 8-8　年平均气温变化

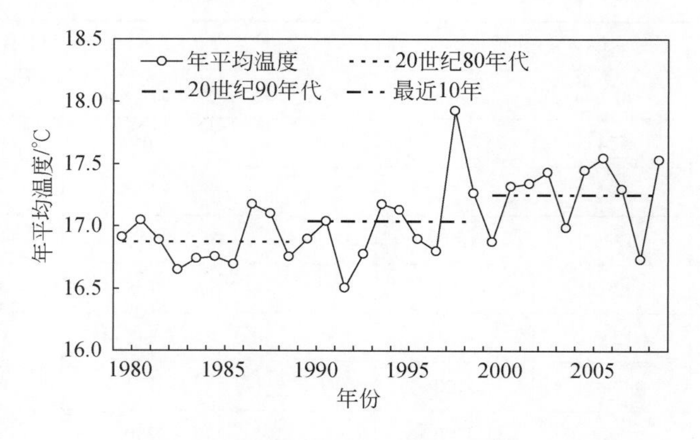

图 8-9　不同年代多年平均气温变化

从空间分布来看，受地理位置等综合因素影响，除个别站点温度变化表现出不显著的降温趋势外，流域年平均温度变化呈增加趋势，且北部地区温度增加幅度大于南部，表现出明显的温度随地形变化的特征（图 8-10）。具体来说，杂多、德钦和思茅站年平均温度变化均呈明显增加趋势，其趋势检验达到了 0.05 的显著性水平；穆达汉站年平均温度也呈增加趋势，但没有通过 0.05 的显著性水平检验，增加趋势不明显；万象、猜也蓬、胡志明站年平均温度呈减少趋势，都没有通过 0.05 的显著性水平检验，减少趋势不明显。从各站 5 年滑动平均曲线来看，杂多、德钦和思茅站年平均温度呈较为明显的波动上升趋势，而万象和胡志明站在 2000 年以后温度减少趋势明显，穆达汉和猜也蓬站年平均温度滑动平均曲线基本在均值线附近上下波动，趋势并不明显。另外，流域北部高海拔地区代表站温度增加趋势明显，杂多和德钦站线性倾向率最大，均达到了 0.06℃/a。这些特征与气候变暖背景下，青藏高原地区温度增加明显是一致的。

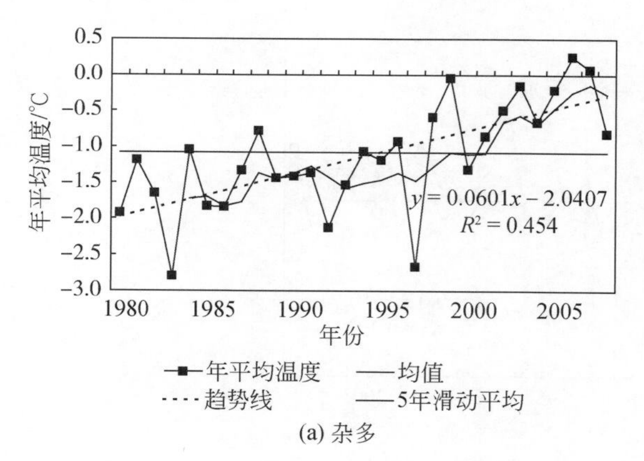

(a) 杂多

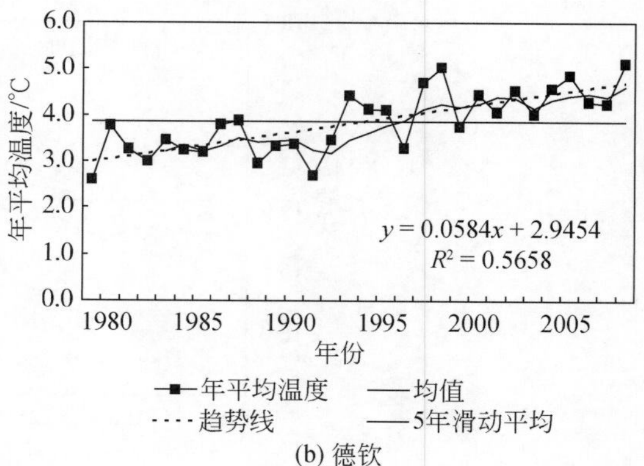

(b) 德钦

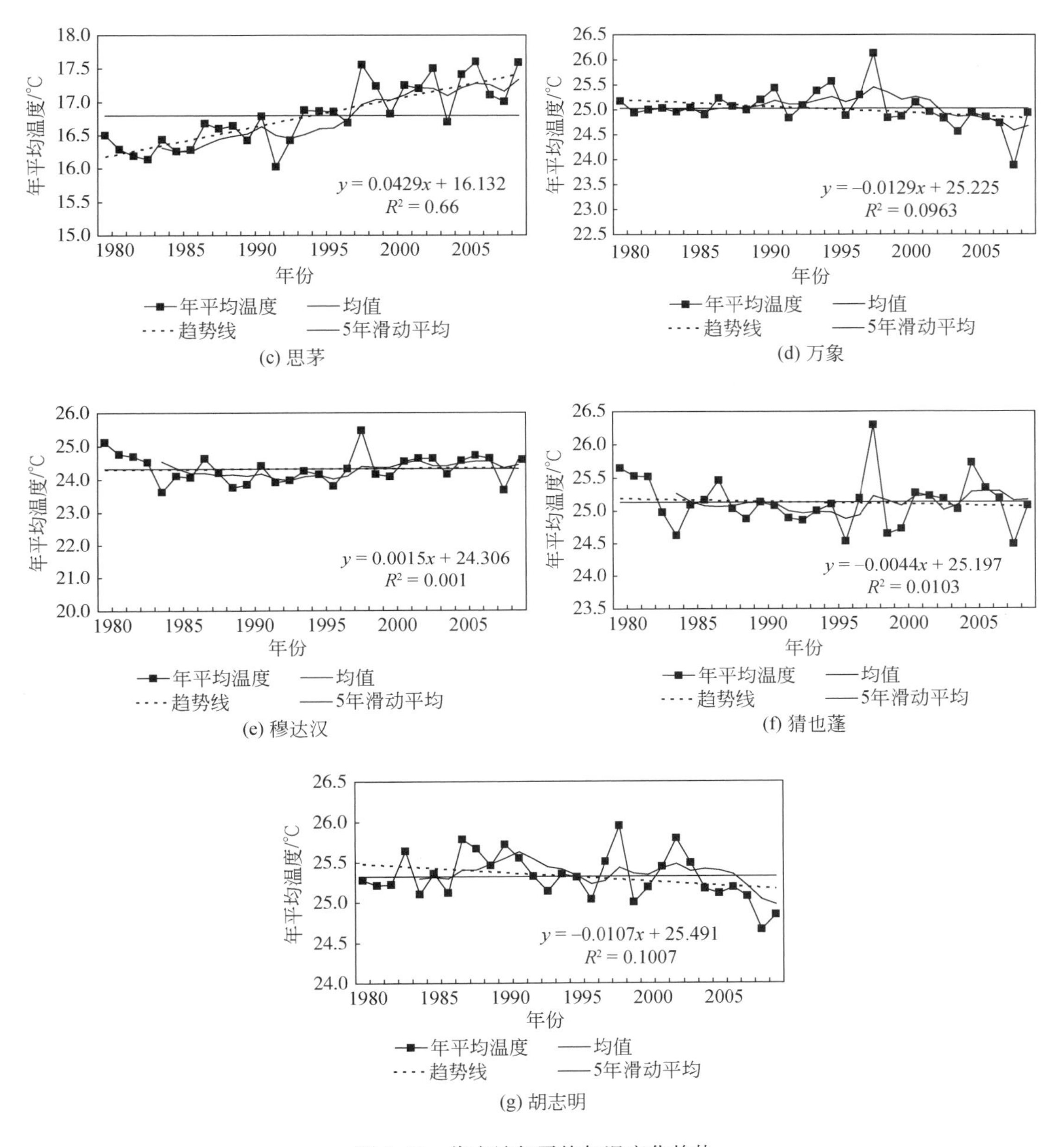

图 8-10　代表站年平均气温变化趋势

采用 MK 法对流域各站点年气温变化进行趋势检验，结果如图 8-11 及表 8-5 所示。可以看出，流域年平均温度呈显著上升趋势，温度倾向度 β 为 0.20℃/10a，年平均温度 MK 检验通过了给定的 $\alpha=0.05$ 的显著性水平。其中，1980～1998 年温度呈不明显的减少趋势，其中 1982～1986 年有一个明显的降温期；1998～2001 年，温度呈波动上升趋势，在 2002 年以后温度上升尤为明显。

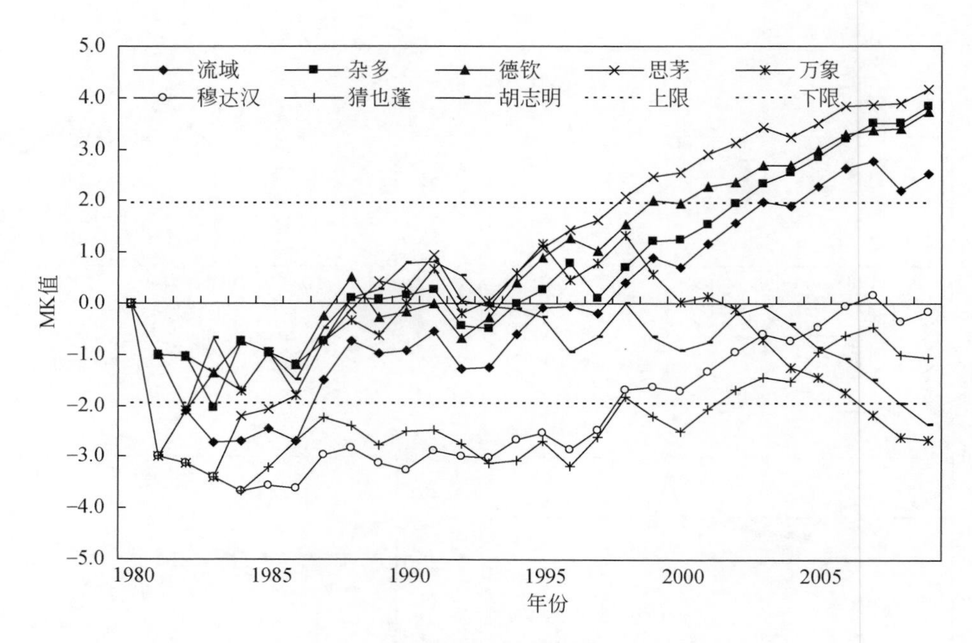

图 8-11　年平均温度 MK 值变化趋势

表 8-5　年平均温度变化趋势 MK 检验统计

站点名称	指标			
	MK 统计量 Zc	临界值（α=0.05）	显著性	β/(℃/10a)
杂多	3.84	±1.96	↑	0.67
德钦	3.73	±1.96	↑	0.56
思茅	4.16	±1.96	↑	0.44
万象	−2.66	±1.96	↓	−0.08
穆达汉	−0.16	±1.96	—	0.04
猜也蓬	−1.05	±1.96	—	−0.06
胡志明	−2.37	±1.96	↓	−0.12
流域	2.52	±1.96	↑	0.20

注：—表示无显著变化；↑表示显著上升趋势；↓表示显著下降趋势

空间上看，流域北部地区杂多、德钦和思茅站年平均温度呈显著（α=0.05）上升趋势，不同站点温度倾向度 β 分别为 0.66℃/10a、0.56℃/10a 和 0.43℃/10a，表明高海拔地区站点温度增加趋势明显。从 MK 值变化曲线来看，3 站温度变化阶段基本一致。1980～1994 年温度呈不明显的减少趋势，1994～2000 年，温度呈增加趋势，在 2000 年以后温度增加趋势更为明显。流域南部地区万象、穆达汉、猜也蓬和胡志明站年平均温度变化呈减少趋势。万象和胡志明站年平均温度减少趋势显著（α=0.05），而穆达汉和猜也蓬站年平均温度没有通过 α=0.05 的显著性水平检验，减少趋势不明显。4 站温度倾向度 β 分别为

-0.08℃/10a、0.04℃/10a、-0.06℃/10a 和-0.12℃/10a。从 MK 曲线可以看出，4 站温度变化增减阶段并不一致，胡志明站 1990～2000 年温度呈增加趋势，其余年份温度呈减少趋势，但温度增减趋势都不显著。穆达汉站年均温度变化呈减少趋势，但 1980～1998 年温度减少趋势明显，从 1998 年以后温度减少趋势并不显著。穆达汉和猜也蓬站年均温度变化呈减少趋势，1980～1998 年温度减少趋势明显，从 1998 年以后温度减少趋势并不显著。胡志明站年均温度变化呈不显著的减少趋势，1988～1992 年有一个明显的增温期，但趋势并不明显。

2. 季节变化

从气温的年内分布看，全流域不同季节温度增加趋势并不明显，详见表 8-6。温度均值比较，夏季>春季>秋季>冬季，除上游源区外，流域温度季节变化不分明，但表现出较明显的温度随地形变化的特征。从不同地区代表站温度季节变化上看，其增减趋势并不一致。春、夏、秋三季流域北部杂多、德钦和思茅站温度均有显著（α=0.05）的增加趋势；而冬季除思茅站温度增加趋势明显外，杂多和德钦站温度变化趋势不明显。流域南部的万象、穆达汉、猜也蓬和胡志明站春季温度呈显著（α=0.05）减少趋势，其他季节温度变化趋势不明显。总体来看，流域北部高海拔地区四季温度增加趋势明显，而南部地区变化趋势不明显。

表 8-6　温度季节变化趋势 MK 检验

站点名称	春季（3～5 月）			夏季（6～8 月）			秋季（9～11 月）			冬季（12 月至翌年 2 月）		
	均值/℃	Zc	趋势	均值/℃	Zc	趋势	均值/℃	Zc	趋势	均值/℃	Zc	趋势
杂多	-0.78	2.34	↑	8.18	3.48	↑	-0.52	2.52	↑	-11.21	1.48	—
德钦	3.08	3.98	↑	10.62	3.48	↑	4.79	2.19	↑	-3.09	0.98	—
思茅	18.16	3.26	↑	20.15	3.37	↑	17.03	2.94	↑	11.85	2.48	↑
万象	26.82	-3.23	↓	26.25	-2.55	↓	25.08	-1.16	—	21.95	-0.91	—
穆达汉	26.67	-1.98	↓	25.63	0.09	—	23.87	0.52	—	21.14	0.77	—
猜也蓬	27.16	-3.09	↓	25.91	-1.09	—	24.55	0.30	—	22.89	-0.12	—
胡志明	26.73	-1.98	↓	25.40	-2.34	↓	24.78	-2.66	↓	24.39	-0.77	—
全流域	18.26	0.48	—	20.31	1.84	—	17.09	1.80	—	12.56	1.37	—

注：—表示无显著变化；↑表示显著上升趋势；↓表示显著下降趋势

8.2.3　径流变化趋势

1. 年际变化

根据对湄公河流域 6 个代表站点的径流过程变化分析（表 8-7），可以看出，湄公河上游 3 站的变化趋势较小，而下游 3 站呈现先减小后显著上升的趋势。其中 20 世纪 60～70

年代，各站点径流量变化都较小；70～80 年代，各站点径流量均下降，其中上丁站下降趋势比较明显；80～90 年代，除上丁站上升趋势较显著，其他站点径流量变化不明显。90 年代至 21 世纪初，各站点径流量均呈上升趋势，其中上游的清盛、琅勃拉邦和万象 3 站上升较小，下游的穆达汉、巴色和上丁 3 站上升趋势十分明显（图 8-12）。

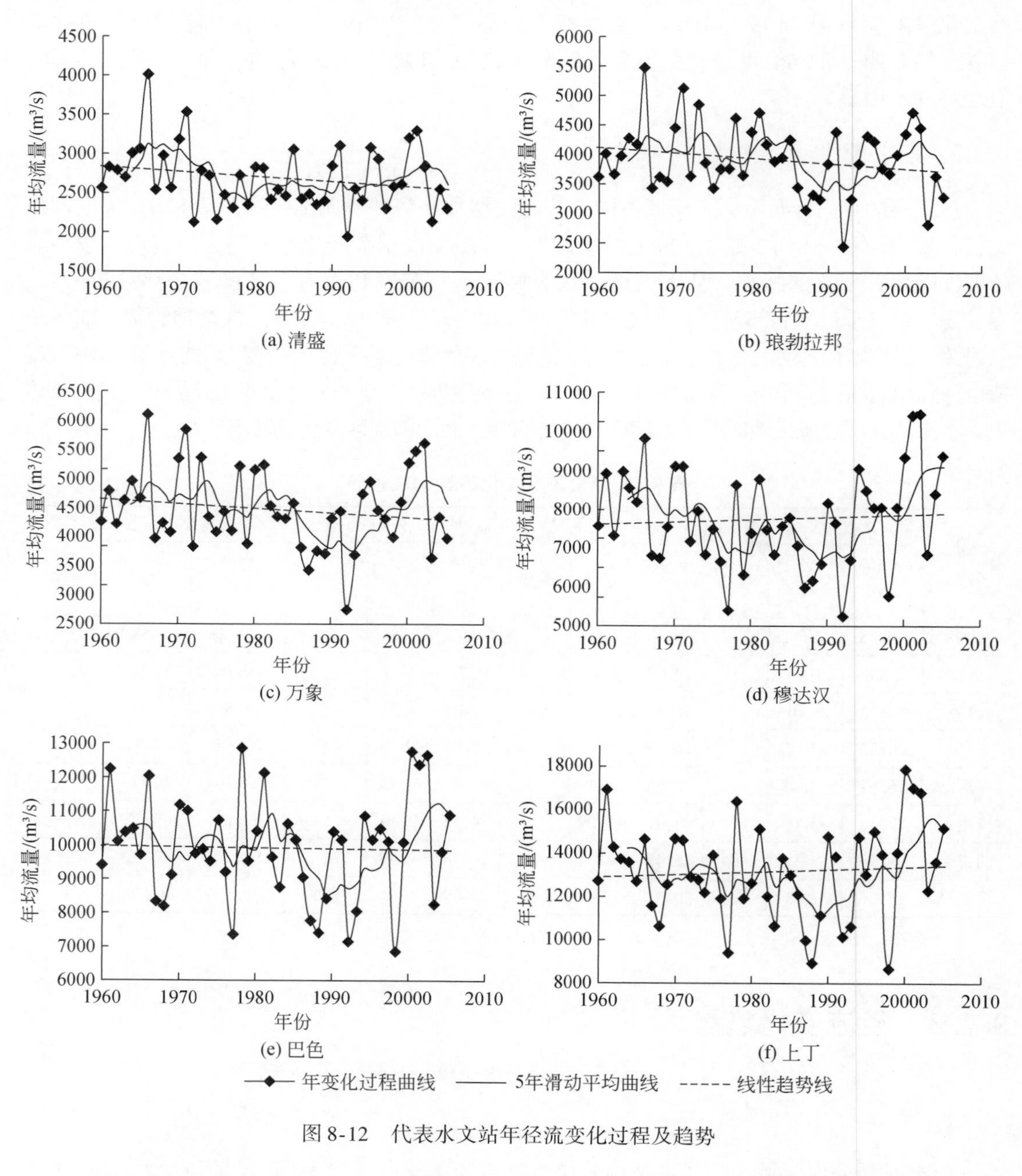

图 8-12　代表水文站年径流变化过程及趋势

径流量的变差系数 C_v 值和年径流量的年际极值比是反映径流量年际变化幅度的重要特

征指标。表 8-7 为各水文站径流年际变化统计特征值，可以看出，湄公河流域各水文站年径流量变差系数值都在 0.15 左右，年际变化幅度基本相同，丰枯变化比较平缓。各站点年际极值比基本在 2 左右，表明最丰年径流量为最枯年径流量的 2 倍左右，年际变化幅度较小。从偏态系数值可以看出，湄公河不同河段的大小径流量出现概率有较大差别，各站点为正偏态分布或正态分布，小于平均流量的低流量概率较高，其中清盛站值达到了 0.85，从上游到下游依次减小，巴色站和上丁站基本接近正态分布，而小于或大于平均流量的概率相当。

表 8-7　代表水文站年径流量年际变化特征值

水文站	C_v	$Q_{max}/(m^3/s)$	$Q_{min}/(m^3/s)$	年际极值比
清盛	0.17	4 003	1 943	2.06
琅勃拉邦	0.16	5 448	2 432	2.24
万象	0.16	6 131	2 725	2.25
穆达汉	0.15	10 681	5 236	2.04
巴色	0.18	12 335	6 815	1.81
上丁	0.17	17 486	8 614	2.03

2. 年内分布

从各水文站径流年内分布看（图 8-13），湄公河流域各站径流年内分配特征基本一致，径流量年内分配过程大致呈“单峰型”分布。流域径流量年内分配极不均匀，其中流域最大径流量发生在 8 月，占全年径流量的 21.69%；而最小径流量发生在 3 月，占全年径流量的 1.98%。汛期（6～11 月）流域径流量占全年的 83.20%，而非汛期（12～5 月）径流量仅占全年的 16.80%。

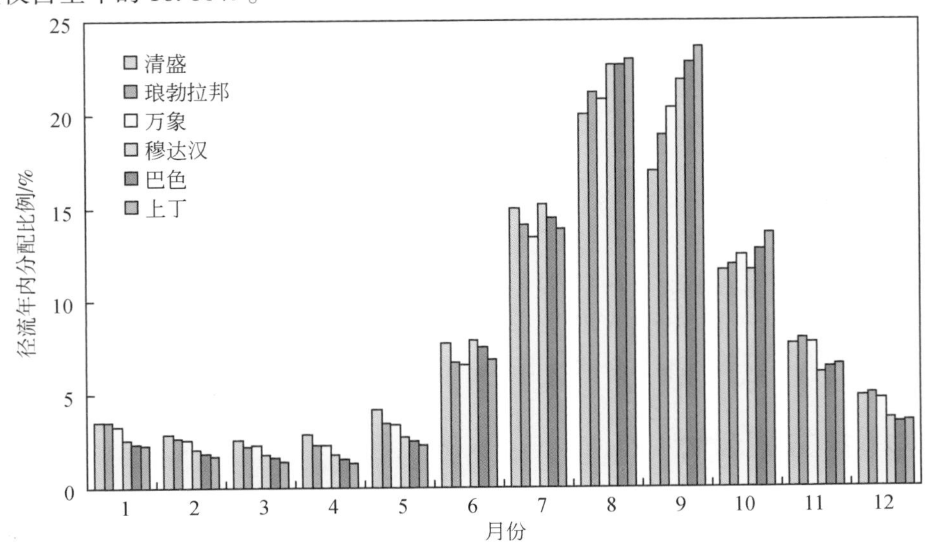

图 8-13　代表水文站平均年内径流分布（1960～2005 年）

采用MK法对各站月径流量变化趋势进行趋势检验（表8-8），整体来看，除个别月份外，流域各站径流变化趋势并不明显。琅勃拉邦和万象在冬季的11月和12月径流量下降趋势显著，穆达汉、巴色、上丁在春季（3～5月）径流量上升趋势显著，而其他月份各站径流量则无显著变化趋势。除穆达汉站非汛期径流量呈显著上升趋势外，其他各站汛期和非汛期流量变化均不显著。

表8-8 代表水文站年内径流变化趋势MK检验

月份	清盛		琅勃拉邦		万象		穆达汉		巴色		上丁	
	Zc	趋势	Zc	趋势	Zc	趋势	Zc	趋势	Zc	趋势	Zc	趋势
1	-0.23	*	-1.88	*	-1.62	*	0.49	*	-0.87	*	0.96	*
2	-0.22	*	-2.30	↓	-1.43	*	1.28	*	0.49	*	1.48	*
3	1.85	*	-1.02	*	0.16	*	2.24	↑	2.02	↑	1.22	*
4	1.73	*	-1.01	*	1.87	*	4.05	↑	3.71	↑	2.53	↑
5	1.93	*	1.17	*	1.78	*	3.17	↑	1.74	*	2.02	↑
6	-0.27	*	-0.43	*	-0.46	*	-0.26	*	-0.73	*	-0.35	*
7	0.16	*	0.69	*	0.57	*	1.03	*	0.43	*	0.31	*
8	-2.61	↓	-1.45	*	-1.63	*	0.02	*	0.35	*	0.48	*
9	-0.88	*	-0.67	*	-0.49	*	0.33	*	0.48	*	0.94	*
10	-0.93	*	-1.58	*	-1.47	*	-0.64	*	-1.16	*	-0.62	*
11	-1.26	*	-2.07	↓	-2.05	↓	-0.79	*	-1.69	*	-1.15	*
12	-0.57	*	-2.52	↓	-2.44	↓	-0.33	*	-1.15	*	0.42	*
汛期	-1.64	*	-0.47	*	-0.83	*	0.05	*	-0.49	*	0.06	*
非汛期	1.43	*	-1.82	*	-0.85	*	2.56	↑	1.18	*	1.74	*

注：*表示无显著变化；↑表示显著上升趋势；↓表示显著下降趋势

8.3 区域气候模拟与预估

为了研究气候变化对澜沧江-湄公河流域水循环、干旱的影响，需要对研究区未来气候变化进行情景模拟。以全球海-气耦合模式ECHAM5/MPI-OM的输出作为大尺度气候背景场，采用区域气候模式RegCM3作为动力降尺度工具，进行了20km水平分辨率研究区现状（1980～2009年）和SRES A1B情景下未来（2010～2039年）2×30a的数值积分模拟试验，以得到更详细的区域气候变化信息。

8.3.1 模拟方案设计

模拟区域范围为5°～45°N，85°～115°E，模拟区域中心坐标为（25°N，100°E）。RegCM3水平分辨率设定为20km，格点数为220×168（南北—东西），在包括整个流域的情况下向外进行了扩展。模式在垂直方向分为 18 层，顶层高度为 10hpa，积分时间步长取为 30s。模式中的辐射采用 NCAR CCM3 方案、陆面过程使用 BATS1e（生物圈-大气圈传输方案）、行星边界层方案使用 Holtslag 方案、积云对流参数化方案选择基于 Fritsch-Chappell 闭合假设的 Grell 方案。从图 8-14 可以看出，模式很好地再现了流域及其周边的地形特征，对流域由北到南地势逐渐降低的梯度分布特征刻画很好。由于水平分辨率较高，RegCM3 可以准确和详细地描述四川盆地、柴达木盆地、塔里木盆地等局地小地形特征。

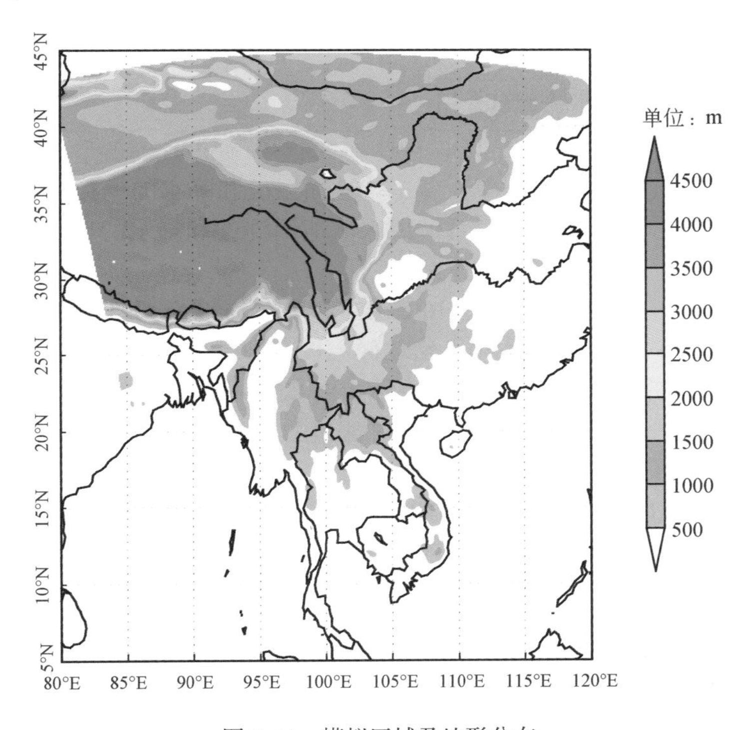

图 8-14 模拟区域及地形分布

嵌套区域模式所需的初始场和侧边界值由全球海气耦合模式 ECHAM5/MPI-OM 提供，包括各层风场、温度场、湿度场及地面气温、气压场等。与其他 GCM 比较，该模式对中国地区降水空间格局和季节内分配模拟效果较好。边界缓冲区设置为 12 圈，侧边界采用指数松弛方案。模拟过程中 GCM 输出产生的侧边界场每 6h 输入 RegCM3 一次，嵌套方式为单向嵌套。除了初始场和侧边界数据外，RegCM3 输入数据还包括美国地质调查局（USGS）制作的 10′×10′的 GTOPO30 地形资料；植被资料采用 USGS 基于卫星观测反演的全球陆地覆盖特征（GLCC）数据库资料，分辨率为 10′×10′；海温资料采用 ECHAM5/MPI-OM 全球模式输出结果。

模拟过程中设置了两个方案，即控制方案 Ex1 采用 ECHAM5（1980～2009 年）的输出结果，驱动 RegCM3 进行 30a 时间尺度的模拟；预估方案 Ex2 采用 ECHAM5（2010～2039 年）的输出结果，驱动 RegCM3 进行 30a 时间尺度的模拟，而 1979 年作为模式的初始化时段，不进行分析。

由于 GCM 情景数据获取上的困难，本书仅选择了 A1B 情景。A1B 情景是 2000 年 IPCC《排放情景特别报告（SRES）》提供的 6 组排放情景（A1B、A1FI、A1T、A2、B1 和 B2）中的一个中等排放情景，至 2100 年 CO_2 的体积分数将达到 720×10^{-6}（1990～2000 年 CO_2 浓度为 350×10^{-6}～370×10^{-6}）。通常气候平均值采用气象要素 30 年或以上的平均值。本书气候变化是指 A1B 情景下未来（2010～2039 年）相对于现状（1980～2009 年）温度、降水等气象要素平均值的变化。其中，现状和未来温度和降水数据均为 RegCM3 的模拟值。

8.3.2　RegCM3 模拟能力验证

通过对基准时段（1980～2000 年）年平均地面温度和降水的模拟结果与同期 CRU 观测格点资料进行对比分析，检验模式对模拟区域地面温度和降水的模拟能力，如图 8-15 所示。

图 8-15（a）和（b）分别给出了 RegCM3 对年平均地面温度观测和模拟场的对比结果。可以看出，模式对模拟区多年平均地面温度分布特征模拟较好，模拟出了由西北向东南温度逐渐升高的大尺度空间分布特征，与实况相符合。由于水平分辨率较高，区域模式对塔里木盆地、柴达木盆地、四川盆地的高温中心和昆仑山南侧低温带及祁连山等小地形引起的温度低值区模拟较好，与实际观测相吻合。地面温度的分布受局地地形影响明显，模式对青藏高原东侧由东向西的等温线密集带模拟较为细致，再现了陡峭地形下温度随地形变化的分布特征，横断山区垂直气候带的温度差异也表现十分明显。

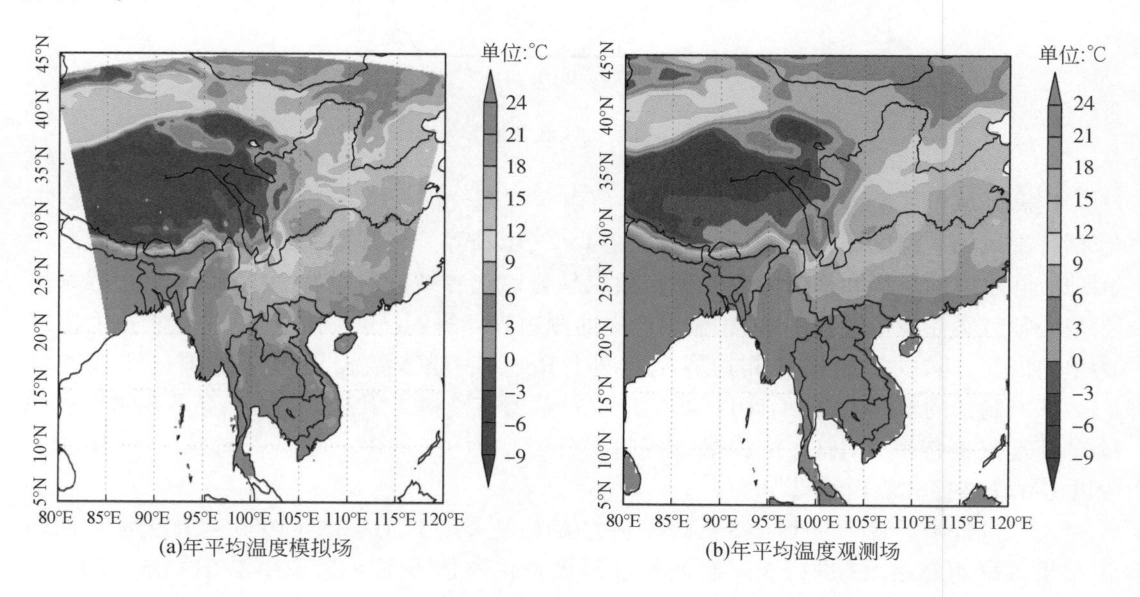

(a)年平均温度模拟场　　(b)年平均温度观测场

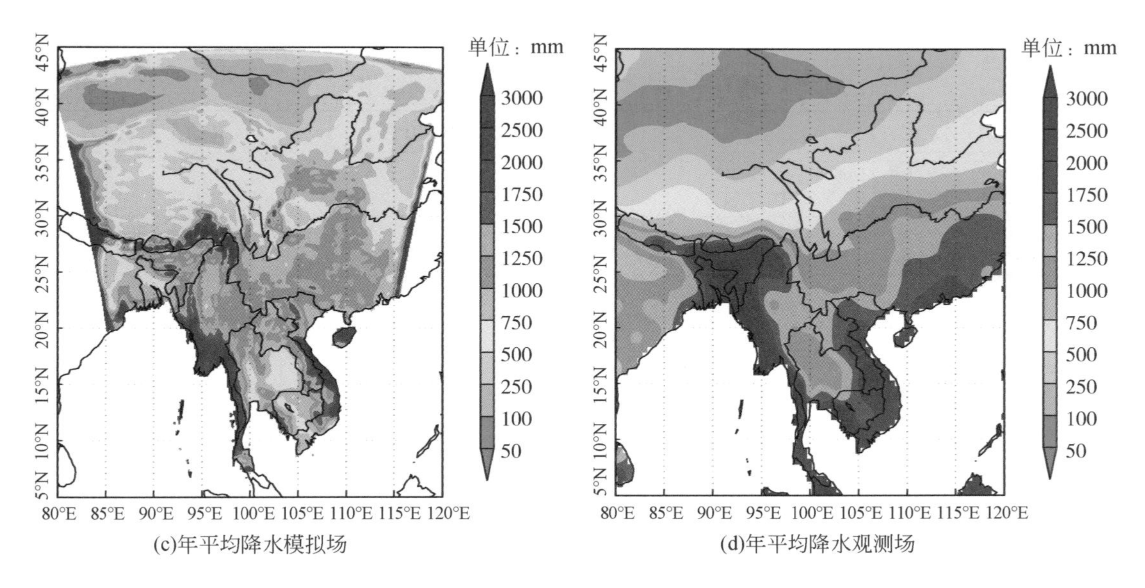

(c)年平均降水模拟场

(d)年平均降水观测场

图 8-15　模拟区年平均地表温度和降水模拟

图 8-15（c）和（d）分别给出了模式对模拟区多年平均降水的观测和模拟场对比结果。可以看出，模式模拟出了模拟区年平均降水由西北向东南逐渐减少的大尺度空间分布特征，更好地反映复杂地形条件下降水随地形的变化特征，与实况拟合较好。模拟区域内青藏高原南坡、孟加拉湾、泰国湾、越南南部沿海地区雨带分布与观测场基本一致，只是观测的雨带范围比模拟结果偏大，分析原因可能是青藏高原地区的观测站点较少，分布比较稀疏，导致观测场的雨带连成一片，降水等值线表现比较平滑所致。

总体来看，RegCM3 能够模拟出流域地面温度和降水的大尺度空间分布特征，对受地形影响的局地气候特征有较好的模拟能力；对温度的模拟效果要好于降水，对于降水的模拟效果还有待于进一步提高，这也是当前所有模式所面临的共性问题。

8.3.3　区域气候变化预估

1. 未来降水变化

由于特殊的地理位置，流域受季风气候影响明显，雨季（5～10 月）和旱季（11 月至翌年 4 月）分明，降水年内分配很不均匀，年降水量的 88% 集中在雨季。从表 8-9 可以看出，未来流域年、雨季和旱季降水有增加趋势，但增加并不明显，其中年平均降水增了 1.87%，雨季降水增加了 1.16%，旱季降水增加了 4.09%。从降水年内变化特征上看（图 8-16），现状和未来流域月平均降水年内分配趋势基本一致。相对于现状，未来各月降水增减变化并不一致。其中 3 月和 2 月降水增加较多，分别达到了 20% 和 19%；而 10 月和 4 月降水减少相对明显，分别减少了 25% 和 12%，其他各月降水变化幅度在±5% 左右。总体来看，流域未来年、季降水有增加趋势，但变化并不显著。

表 8-9　未来流域年、雨季和旱季降水变化

内容	全年	雨季（5～10 月）	旱季（11 月至翌年 4 月）
现状（1980～2009 年）/mm	887	673	214
未来（2010～2039 年）/mm	903	681	222
降水变化/%	1.87	1.16	4.09

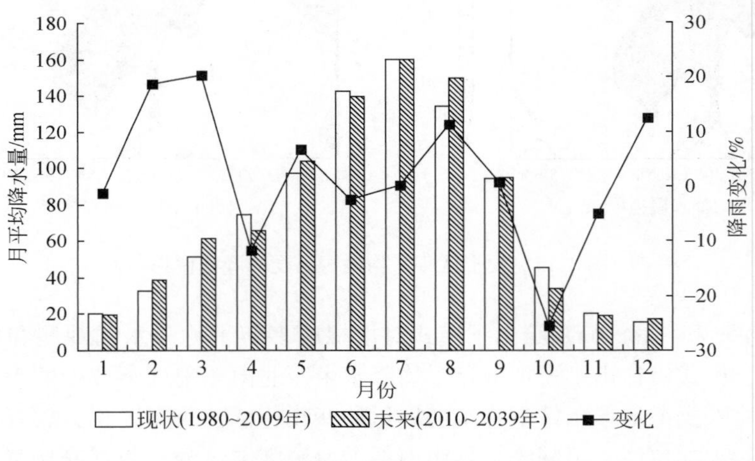

图 8-16　澜沧江-湄公河流域未来降水年内变化

图 8-17 是 Ex2 方案未来模拟区域多年平均降水的空间分布及其变化情况。从年平均

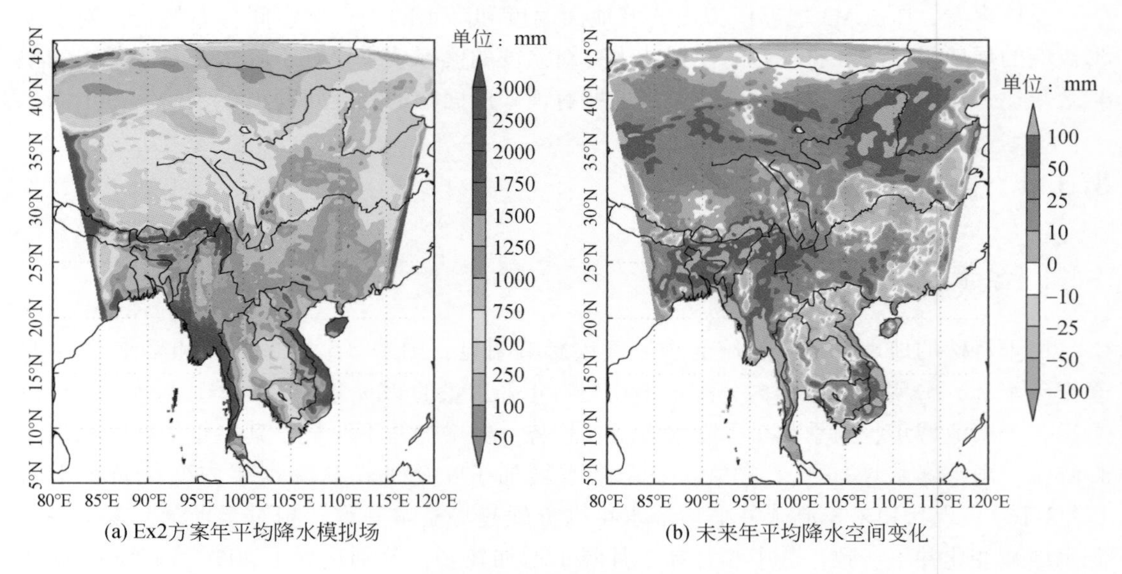

图 8-17　Ex2 方案年平均降水模拟场及其变化

降水空间变化上看，未来澜沧江流域降水有增加趋势，增加幅度在 5% 以内，增加并不明显；而湄公河流域局部地区降水有减少趋势，但在老挝南部、柬埔寨东部、越南南部局部地区降水有所增加，降水增减幅度在 5% 以内，变化幅度不大；在泰国东部、越南中部和湄公河三角洲河口局部地区降水有减少趋势，减少幅度在 5% ~10%。由于受地形、局地小气候等综合因素影响，流域不同地区和季节降水增减幅度有所差异，表现较为复杂。

2. 未来气温变化

相对于现状，未来流域年、季平均温度变化均呈增加趋势，流域多年平均气温增加了 0.66℃；从温度季节变化上看，秋季和春季温度增幅较大，分别达到 0.79℃ 和 0.78℃；其次是夏季，平均温度增幅达 0.68℃；而冬季温度增幅最小，仅有 0.36℃。详见表 8-10。

表 8-10　澜沧江–湄公河流域未来年、季地表温度变化　　(单位:℃)

内容	年	春季（3 ~ 5 月）	夏季（6 ~ 8 月）	秋季（9 ~ 11 月）	冬季（12 月至翌年 2 月）
现状（1980 ~ 2009 年）	14.93	16.99	19.21	14.78	8.78
未来（2010 ~ 2039 年）	15.59	17.78	19.89	15.56	9.13
温度变化	0.66	0.79	0.68	0.78	0.35

从年内气温分布看（图 8-18），流域现状和未来月平均温度变化趋势基本一致。相对于现状，未来各月温度均明显增加。其中 6 月和 10 月温度增加最大，均达到了 0.88℃；其次是 4 月，温度增加了 0.85℃；而 2 月温度增加最小，仅有 0.28℃。从温度年内变化看，春季（3 月、4 月）和秋季（9 月、10 月）温度增加较大，可能导致流域内局部地区季节性高温、干旱事件的发生。

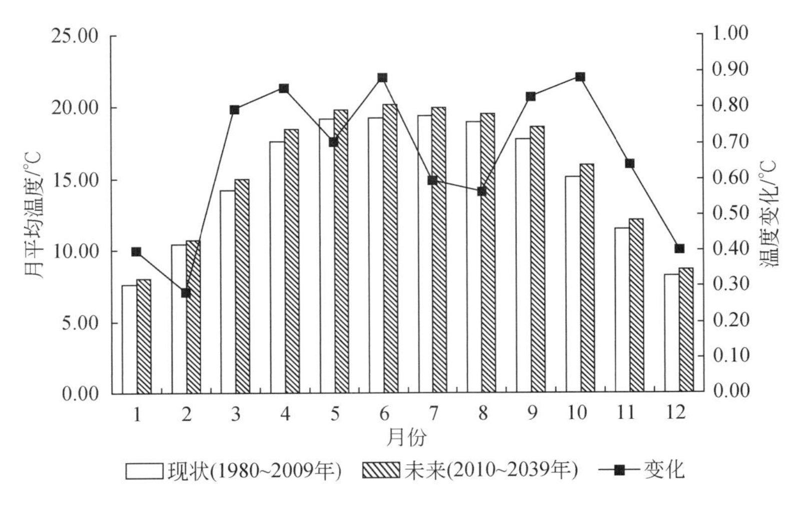

图 8-18　澜沧江–湄公河流域未来气温年内变化

图8-19是Ex2方案未来模拟区域多年平均温度的空间分布及其变化情况。从年平均温度空间变化上看，澜沧江流域源区温度增加明显，年平均温度增幅在0.8～0.9℃，澜沧江流域云南境内（横断山区）温度增幅在0.6～0.7℃；湄公河流域在泰国和老挝北部地区温度增加幅度在0.7～0.8℃，而泰国中部和老挝南部、柬埔寨北部大部分地区温度增幅在0.6～0.7℃，湄公河口三角洲和越南南部地区温度增幅在0.5～0.6℃。整体来看，未来流域北部温度增幅大于南部，表现出由北到南随地势变化梯度递减的特征。

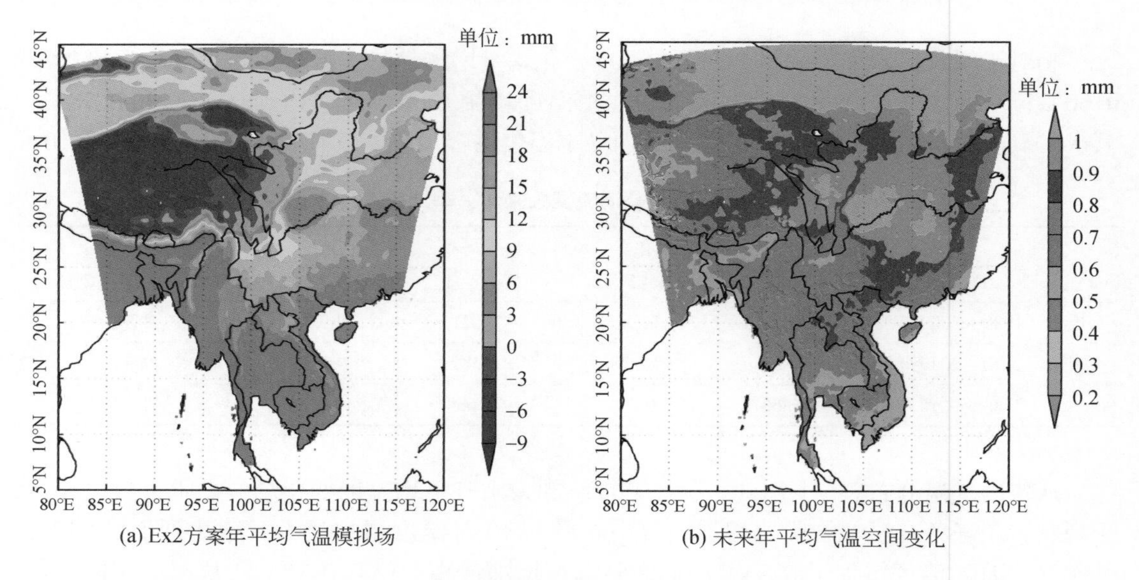

(a) Ex2方案年平均气温模拟场　　(b) 未来年平均气温空间变化

图8-19　Ex2方案年平均气温模拟场及其变化

8.3.4　不确定性分析

由于气候变化的复杂性，气候变化模拟和未来气候情景预估不可避免地存在一些不确定性，主要表现在以下几个方面：

（1）研究区独特的地理位置和地形特征

地面温度变化和降水分布在很大程度上受地形影响，研究区有其独特的地理特征，流域内包括高原、山地和平原，地形、地表状况十分复杂，流域同时跨越几个气候带，在不同地区和垂直方向上气候差异很大；受到青藏高原动力和热力作用，及多种季风（东亚季风、南亚季风、高原季风）环流影响，该地区气候复杂多变，是全球气候变化的敏感区，也是气候变化模拟较难的区域，因此对该地区气候变化模拟结果会产生一定的影响。

（2）气候变化情景及GCM模拟结果的不确定性

排放情景通常是根据一系列因子（包括人口增长、经济发展、技术进步、环境条件、全球化、公平原则等）的假设得到的，未来人口增长和社会经济发展等因子的不确定性，导致未来排放情景的不确定性，而温室气体排放浓度的不确定性，将直接影响到GCM的模拟结果。大尺度气候变化往往是局地气候变化的主要背景，由于采用 GCM 的输出结果作为区域气候模式的初始和侧边界场，虽然区域气候模式在一定程度上可以对全球环流模式的结果进行修正（如消除某些虚假降水中心），但 GCM 模拟结果的精度将直接影响到 RCM 的模拟效果。

（3） GCM 和 RCM 模式物理参数化过程还不完善

首先，大气环流模式存在局限性，这种局限性主要归因于用来建模的各种物理因素中存在很大的不确定性，包括模式计算稳定性、参数化的有效性、物理过程描述的合理性等；同时 RCM 物理参数化过程还有待于进一步完善，而计算过程当中的机器累积误差等也会对模拟结果产生一定的影响。

8.4 基于区域气候模式的流域农业干旱模拟与预估

澜沧江–湄公河流域位于亚洲热带季风区中心，流域地形复杂；同时受到青藏高原动力和热力作用的影响，该地区气候多变。在全球气候变暖背景下，由于其特殊的地理位置和气候特征，流域极端干旱事件频次和强度增加，局地性干旱频繁发生，受旱范围不断扩大。如 2010 年气候异常导致的中国西南地区和湄公河流域严重干旱给流域内各国的生活饮水、农业灌溉，陆地和水域生态系统及航运等带来严重的影响。因此，迫切需要对未来流域尺度农业干旱的变化趋势及其驱动因子进行深入研究，为综合应对流域极端干旱事件和减少旱灾损失提供参考。

湄公河流域下游国家是以传统农业为主的发展中国家，农业是其重要的经济命脉。因此，农业干旱对区域社会经济发展影响较大。以往农业干旱研究主要是基于农业干旱评价指标（如土壤含水量、土壤湿度、土壤有效水分存储量等），对农业干旱程度及时空演变规律进行分析，但对农业干旱的驱动因子和形成机理研究不足；而陆面能量的收支平衡以及地表各能量通量的变化与农业干旱的形成有着密切联系。本书以湄公河流域为试验区域，以根系层土壤含水量为农业干旱代表性指标，对控制试验（1980 ~ 2009 年）和预估试验（2010 ~ 2039 年）下月尺度农业干旱变化趋势进行了预估；并以地表能量平衡原理为基础，分析了降水、蒸发、地表温度等农业干旱主要影响因素与区域气候模式 RegCM3 模拟的大气环流和地表能量通量间的联系和变化规律，初步揭示试验区未来农业干旱的发生机理。

8.4.1 研究区地表能量通量变化

经典天气学理论认为：地表面除了辐射造成的能量收支外，还有地表和贴地层空气的热量交换（感热），地表和深层土壤之间的热交换和因水汽相变（地表水分蒸发）引起的地表能量损失（潜热）等项。而地表温度的改变特征可由式（8-1）来表示：

$$H_{al}=R_s-R_l-H_s-H_e-H_m \tag{8-1}$$

式中，H_{al} 为地表净能量通量（W/m^2）；R_s 为地表净短波辐射通量（W/m^2）；R_l 为净长波辐射通量（地面有效辐射）（W/m^2）；H_s为地表感热通量（W/m^2）；H_e为地表潜热通量（W/m^2）；H_m为流进土壤深层的热量（W/m^2）。

当H_{al}为正时，地表获得能量，地表温度上升；当H_{al}为负时，地面失去能量，地表温度下降；当H_{al}为零时，即地表达到能量平衡，地表温度不变。由于H_m量级较小，下面着重对方程右边前4个因子来进行地表系统的能量平衡分析。

控制和情景试验中各地表通量数据均来自RegCM3中BATS1e陆面过程模型的输出结果。从图8-20（a）中可以看出，Ex1和Ex2试验中试验区年内净吸收太阳短波辐射量变化趋势基本一致，春季（3～5月）太阳净短波辐射量最大，占全年净短波辐射量的31%；而夏季（7～9月）净短波辐射量最小，仅占全年的21%。Ex1中，净短波辐射的最大值出现在春季的3月，达到231.6W/m^2；其次是春季的4月，达到224.3W/m^2；最小值出现在夏季的7月，仅有146.4W/m^2。Ex2中，净短波辐射的最大值出现在春季的3月，达到230.7W/m^2；其次是春季的4月，达到225.3W/m^2；最小值出现在夏季的7月，仅有145.0W/m^2。从净短波辐射变化情况看，10月和6月净短波辐射与控制试验相比增加较多，分别达到11.0W/m^2和8.8W/m^2，而其他各月变化不明显。

净长波辐射是地表放射的长波辐射（向上）与大气逆辐射（向下）之差。从图8-20（b）中可以看出，Ex1和Ex2试验中试验区净长波辐射通量年内变化趋势大致呈“凹型”分布。Ex1中，净长波辐射最小值出现在夏季的7月，达到33.7W/m^2；最大值出现在冬季的2月，达到79.2W/m^2。Ex2中，净长波辐射最小值出现在夏季的7月，达到32.7W/m^2；最大值出现在冬季的1月，达到75.8W/m^2。主要原因可能是冬季地表温度较低，大气逆辐射强于地表放射的长波辐射；而夏季地表温度较高，放射的长波辐射强于大气逆辐射所致。

如图8-20（c）所示，感热通量变化主要受地表温度影响显，其变化趋势与地表净短波辐射变化趋势一致。Ex1和Ex2试验中，试验区内感热通量年内变化趋势基本一致。Ex1中，感热通量在春季（3月）达到最大值，为60.6W/m^2；夏季（7月）感热通量值最小，仅有19.9W/m^2。Ex2中，感热通量在春季（3月）达到最大值，为60.1W/m^2；夏季（7月）感热通量达到最小值18.7W/m^2。从感热通量变化上看，10月和6月地表感热与控制试验相比增加明显，分别增加了4.35W/m^2和4.08W/m^2，而其他各月变化不明显。与图8-20（d）比较，感热通量与潜热通量年内变化曲线基本呈反位相，即蒸发降低，潜热通量减少，水在由液态转化为气态过程中，所吸收的热量减少，而感热通量增加。

潜热通量的变化与蒸发密切相关，通常蒸发需要消耗能量，进而导致地表净辐射通量的减少，从图8-20（d）可以看出，Ex1和Ex2试验中试验区潜热通量变化趋势基本一致。Ex1中，夏季的6月，潜热通量值最大，为108.8W/m^2；冬季的2月潜热通量最小，为89.4W/m^2。Ex2中，夏季的6月，潜热通量值最大，为110.7W/m^2；冬季的2月潜热通量最小，为86.7W/m^2。与图8-20（e）比较，蒸发潜热的变化趋势与地表净能量通量变化趋势大致呈一种互补的关系。即蒸发增加，所消耗的潜热通量增加，地表净辐射通量减少，反之亦然。

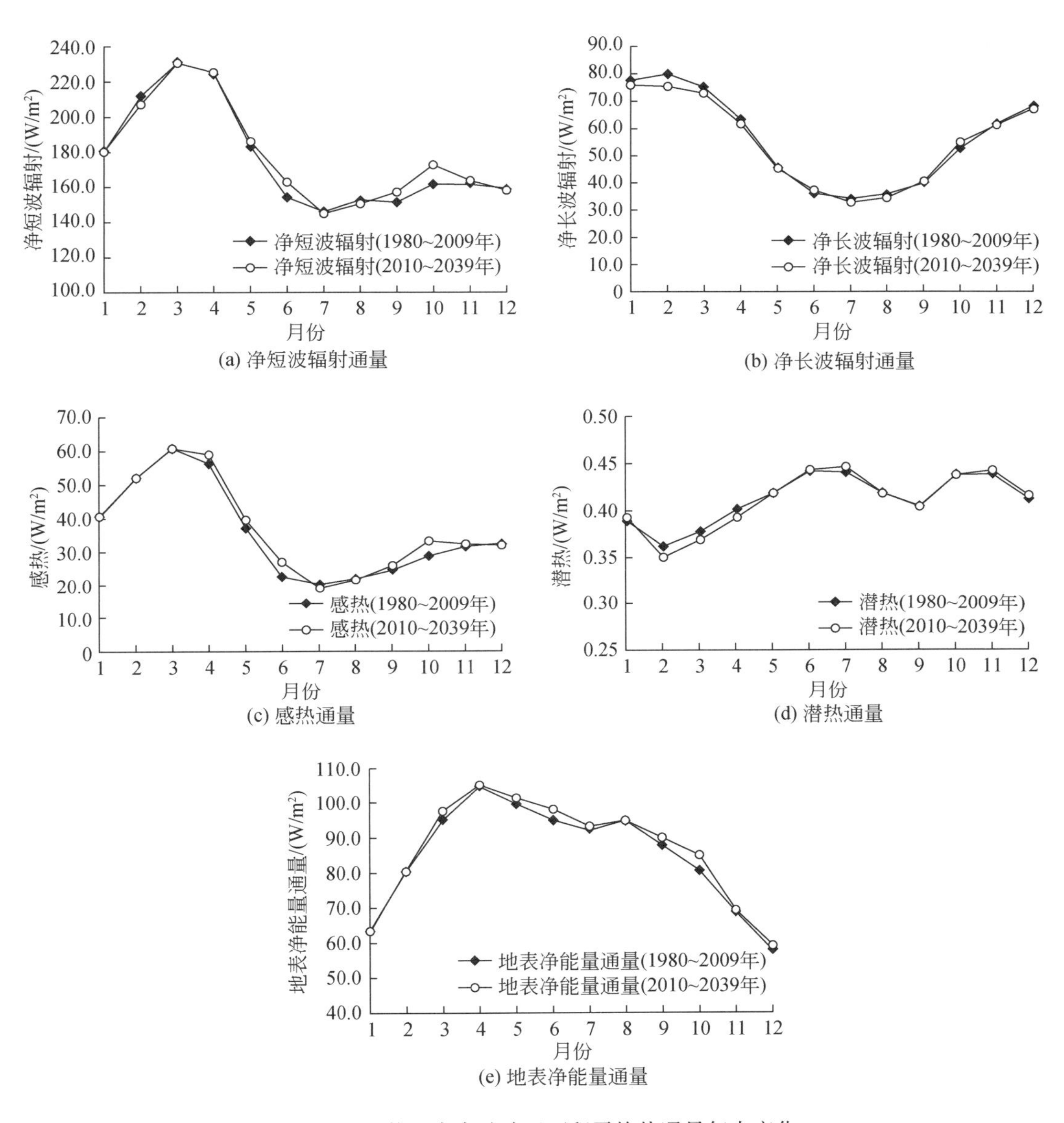

(a) 净短波辐射通量

(b) 净长波辐射通量

(c) 感热通量

(d) 潜热通量

(e) 地表净能量通量

图 8-20　现状和未来试验区面积平均热通量年内变化

8.4.2　农业干旱因子与地表能量通量变化关系分析

1. 蒸发量与地表潜热通量变化

从图 8-21 试验区面积平均地表蒸发量与潜热通量的年内变化可以看出，试验区面积平均地表蒸发量和潜热通量的年内变化趋势具有很好的一致性，未来试验区 7 月和 11 月蒸发量与控制试验相比增加相对较大，分别增加了 0.07mm/d 和 0.05mm/d。从图 8-22 可以看出，现状和未来试验区在 6 ~ 7 月和 10 ~ 11 月也处在蒸发相对比较旺盛时期。

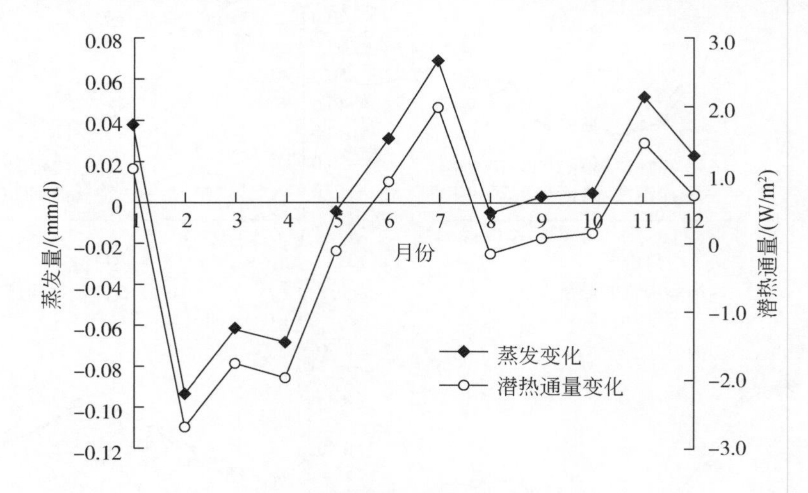

图 8-21 试验区地表蒸发量和潜热通量变化

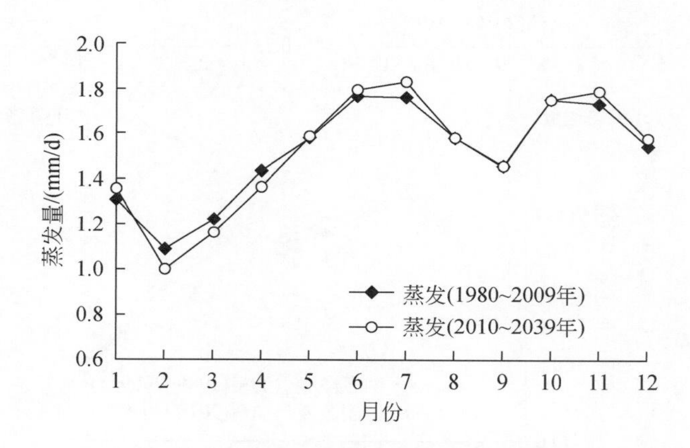

图 8-22 试验区现状和未来地表蒸发量

2. 地表温度与地表净通量变化

根据地表能量平衡原理，当地表净辐射为正时，也就是地表获得热量，地表温度升高；当地表净辐射为负时，地表将失去热量，地表温度降低。从图 8-23 可以看出，未来试验区年内地表温度变化与地表净通量变化趋势基本一致。其中年内的 10 月和 6 月地表净辐射通量与控制试验相比增加较多，分别增加了 8.83W/m^2 和 5.29W/m^2；与之相对应未来 10 月和 6 月的地表 2 m 处温度（T_{2m}）增加也最多，分别增加了 1.0℃ 和 0.9℃。因此，未来试验区在春末夏初和秋末地表温度升高明显，有可能加重农业干旱的影响程度。

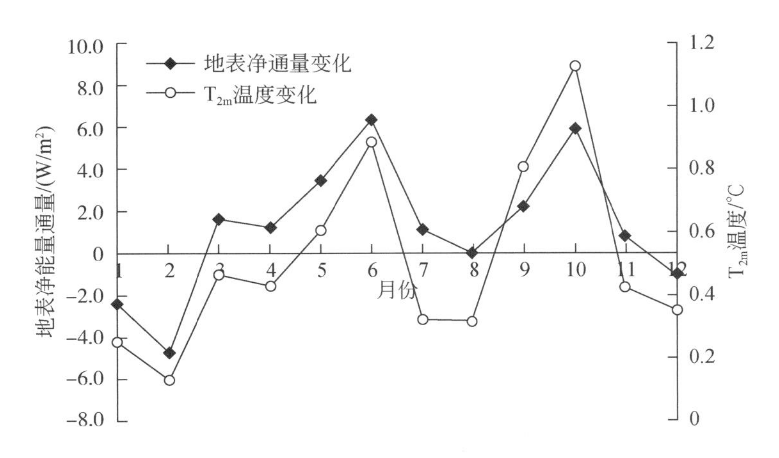

图 8-23　试验区地表温度和地表净通量变化

3. 大气环流与感热通量变化

大气环流的强弱直接影响水汽的输送，进而影响区域降水的多少。而陆面能量通量变化直接与大气环流的上升下沉运动相联系，低层陆面感热输送可以对大气产生加热作用，引起的垂直扩散加热对对流层低层大气运动状况起决定性作用。图 8-24 是区域气候模式模拟的未来地面感热通量的空间变化。可以看出，与控制试验相比，未来试验区上方青藏高原地区（圆圈所围区域）感热通量呈明显增加趋势，而高原周边地区感热通量则有明显减少趋势。研究表明，青藏高原的“感热气泵（SHAP）”引起的补偿性下沉气流是引起降水减少和干旱形成的主要原因之一。

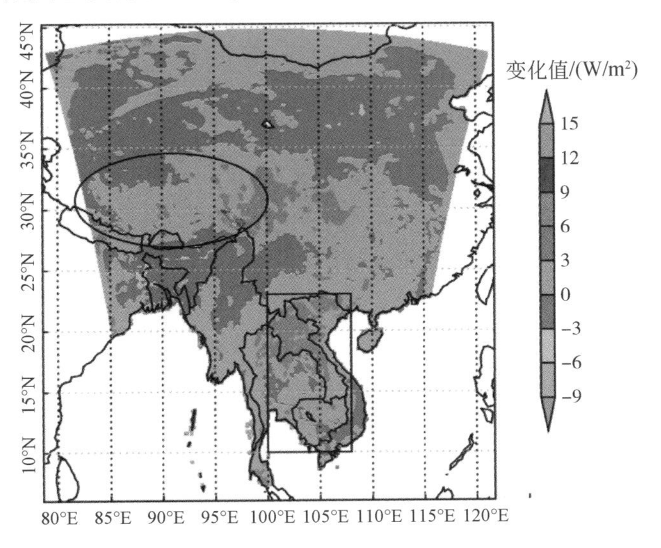

图 8-24　年均感热通量空间变化

通过青藏高原“感热气泵”的热力作用，高原上空大气上升运动强烈，进而通过水平运动把其周围的低层大气吸向高空，又通过热力适应在高原上空对流层高层引起反气旋式环流异常，在试验地区上空低层造成了负涡度和辐散异常，使试验地区大气环流减弱，携带水汽量减少，进而导致这一区域降水减少。

从试验区风场变化来看（图 8-25），未来流域下游地区 500 hpa 高度风速减弱，使大气环流携带水汽量减少；同时，在试验区域中心，500 hpa 高度有一反气旋性环流场，使大气环流产生顺时针的辐散运动。反气旋中心是下沉气流，不利于云雨的形成。通常反气旋控制的天气一般是晴朗无云，反气旋长期稳定少动，则易出现干旱情况。

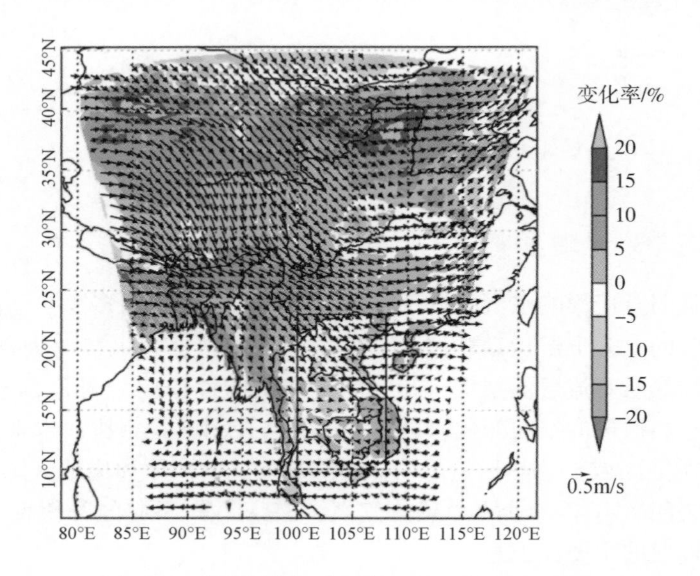

图 8-25　年均风场和降水场空间变化（500 hpa）

4. 根系层土壤含水量和降水空间变化

土壤含水量变化受降水、蒸发、地表温度等空间分布影响较大。通过比较未来年内各月根系层土壤含水量和降水空间变化（图 8-26），可以发现两者之间具有很好的一致性。未来试验区 6 月和 10 月根系层土壤含水量相对其他月份减少比较明显，而试验区 6 月和 10 月降水减少也很显著；与之对应的试验区夏季 8 月根系层土壤含水量增加相对较多，而对应的 8 月降水增加也较为明显，说明通过陆气间的水汽通量平衡，降水、蒸发和地表温度变化对根系层土壤含水量变化具有一定的影响作用。因此，未来试验区域在春末夏初（6 月）和秋末（10 月）由于降水减少、地表温度升高、蒸发增大、土壤含水量减少，可能导致试验区农业干旱的发生。

从历史干旱发生情况看，澜沧江–湄公河下游地区也是干旱发生较为频繁的区域，而该地区作为下游各国的农业区和粮食主产区，未来干旱发生将对下游各国的粮食生产造成负面影响。除了上述自然因素外，人为因素对干旱的形成和发展也不容忽视。主要表现在

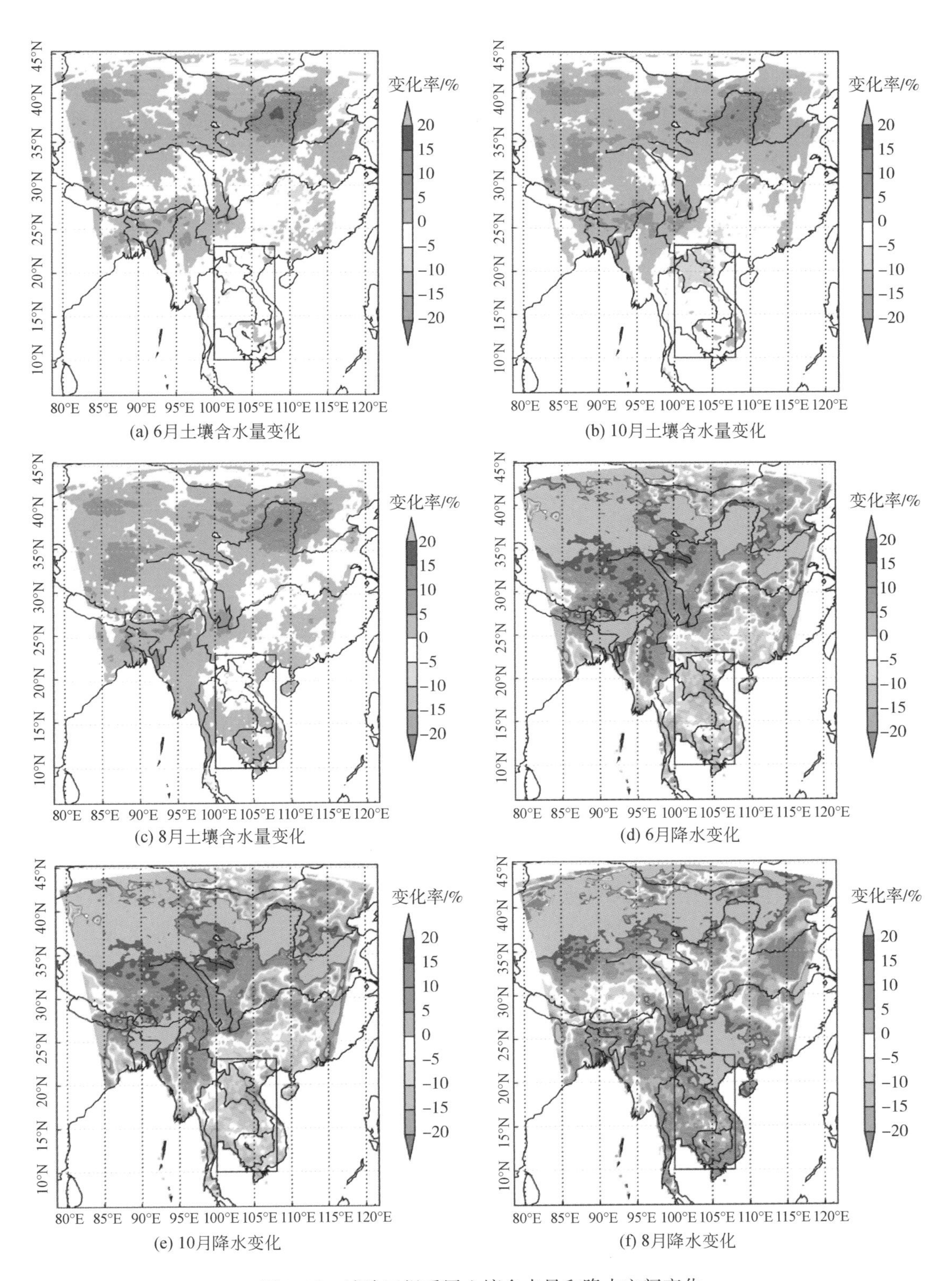

图 8-26 试验区根系层土壤含水量和降水空间变化

人们对干旱重视程度不够；没有建立完善的旱灾预警系统和应急响应机制；农业灌溉工程、蓄水工程、抗旱水源工程老化失修或建设滞后；农业节水技术应用和推广不利等都会对旱情的发展产生一定的影响。因此，下游所在国家应积极采取综合措施应对和减缓干旱带来的不利影响。

8.5 变化环境下流域水文干旱定量评估

近年来，气候变化已经引起了国际社会和各国政府的广泛关注。地球气候系统正在经历着以变暖为主要特征的显著性变化。气候变化将改变水循环过程，驱动降水量、蒸发量等水文要素的变化，从而导致干旱、洪涝等极端灾害的频率和强度发生变化，对生态环境与社会经济的发展产生重大影响。另一方面，随着社会经济的快速发展，人类活动也改变了天然水循环结构，加剧了水资源形成与变化的复杂性。人类活动主要影响水循环中的地表径流和下垫面条件，如引水灌溉、修建水库、跨流域调水，以及农业种植、水土保持等。人类活动对水循环的强烈改变，也会导致干旱、洪涝等极端灾害的频率和强度发生变化。本书以澜沧江–湄公河流域典型河段为例，面向不同的气候变化与人类活动影响作用，定量模拟和评估流域水文干旱变化特征。

8.5.1 研究思路与方法

基于区域气候模式研究流域水文干旱问题的基本思路是建立区域气候模式 RegCM3 与流域分布式水循环模型的耦合模型，本书的耦合方式为单向耦合，即水循环模型基于气候模式输出结果进行模拟计算，不对气候模式过程反馈参数或变量；分布式水循环模型采用 WACM 模型。具体方法如下：

1）以德国马普气象研究所的海气耦合模式 ECHAM5/MPI-OM 模拟的 SRES A1B 情景下的输出作为大尺度气候背景场，为 RegCM3 提供初始场和侧边界数据。通过动力降尺度方法，即在大尺度气候背景场的驱动下，考虑详细的地形、植被类型等下垫面特征，采用 20km 水平分辨率 RegCM3 对区域气候的时空变化进行模拟，得到区域尺度的未来气候变化情景，形成未来气候情景的降水、气温等输出数据集。

2）将高分辨率区域气候变化情景输出数据按照分布式水循环模型（WACM）的输入格式整理后，读入数据，驱动 WACM 模型，模拟气候变化条件下流域水循环全过程。

3）通过分布式水循环模拟输出各情景下水文干旱评估计算所需的径流、水资源量等序列信息，按照水文干旱评估指标和方法计算研究区水文干旱的频率、强度、持续时间、影响范围及周期等特征。

4）最后通过不同方案下干旱指标的对比分析，得到气候变化及人类活动对流域水文干旱的影响程度。

8.5.2 澜沧江–湄公河流域分布式水循环模型构建与验证

1. 模型构建与输入数据处理

1）研究区边界。本书以澜沧江–湄公河流域中上游地区，清盛站是我国境外湄公河干流第一个水文控制站，距我国国界 244km，距源头 2405km，控制流域面积 18.98 万 km^2，多年平均径流量 850 亿 m^3。本书研究区域即为从澜沧江–湄公河源头到清盛站之间的典型河段，如图 8-27 所示。

2）单元划分。采用的从美国地质调查局（USGS）提供的 DEM 数据信息（图 8-28），提取研究区流域特征信息，包括流域边界、水系、子流域分区，将研究区划分为 159 个子流域，如图 8-29 所示。

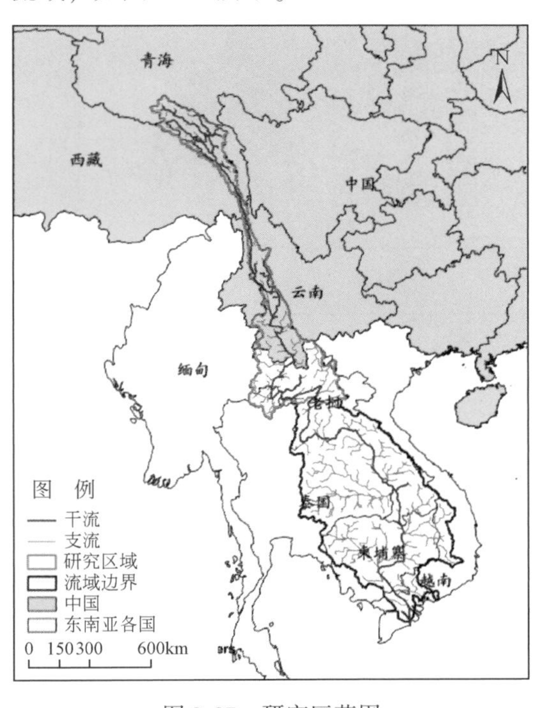

图 8-27 研究区范围

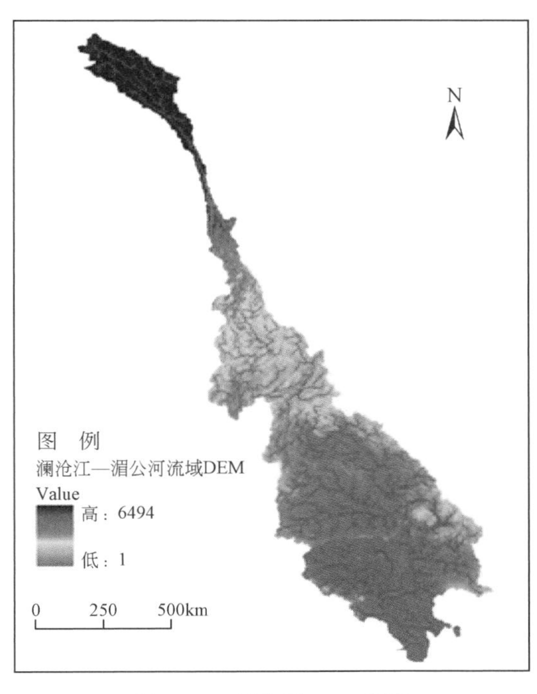

图 8-28 研究区 DEM 信息

3）提取计算单元信息与主要参数。根据划分的计算单元，提取土地利用、土壤属性等分布信息。其中土地利用信息来自湄公河委员会（MRC）提供的比例尺为 1：112 万的土地利用分布图（图 8-30）。土壤空间分布资料来自中国科学院南京土壤研究所土壤数据库，澜沧江–湄公河流域中上游地区主要有六种土壤类型（图 8-31），分别是草毡土、黑毡土、褐土、红壤、赤红壤和砖红壤。

4）气象和水文数据信息。模型所需气象数据来自 NOAA 全球地表（日）数据集资料 GSOD（ftp：//ftp. ncdc. noaa. gov/pub/data/gsod/），选择澜沧江–湄公河流域上中游及其周边的 17 个主要气象站 1990 ~ 2009 年逐日降水和气温等观测数据，如图 8-32 所示。

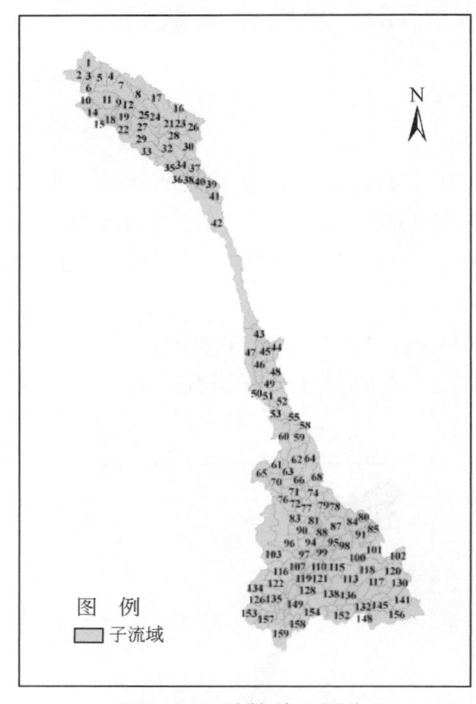

图 8-29　计算单元划分

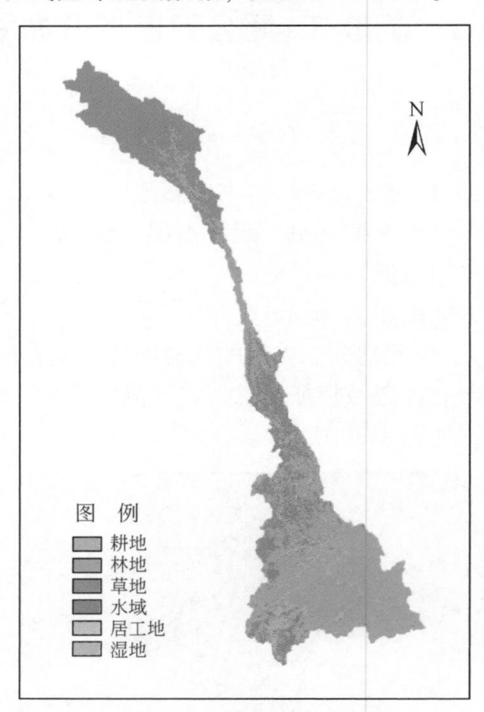

图 8-30　土地利用信息

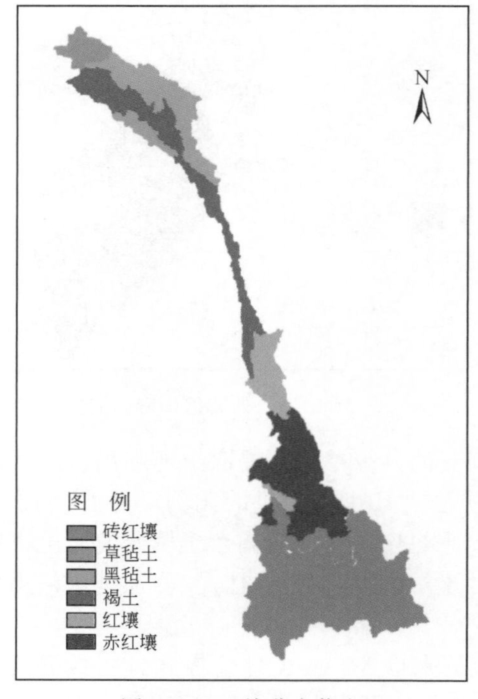

图 8-31　土壤分布信息

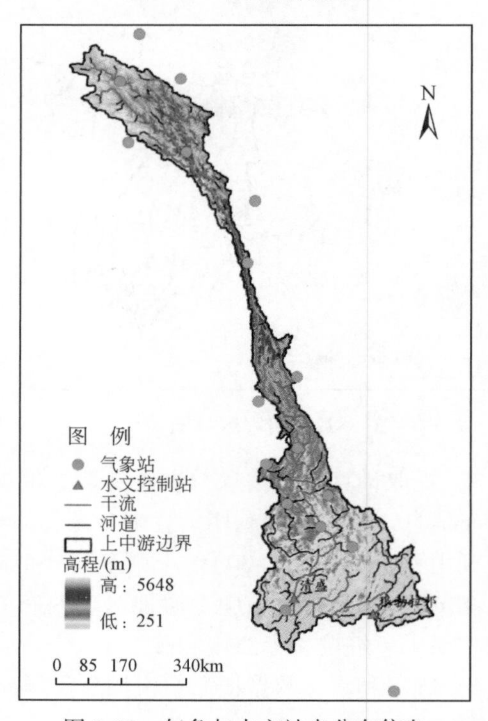

图 8-32　气象与水文站点分布信息

5）未来气候情景数据。由于气候模式输出结果的不确定性，国内外常采用 δ 差值方法，进行气候变化对未来水资源影响研究。即采用模拟的未来气候与模拟的现状气候值的差值和目前观测气候序列相叠加作为未来气候变化情景。该方法特点是在一定程度上避免了由于气候模式模拟系统偏差造成的未来气候变化对水资源影响评估的误差。具体是计算区域气候模式基准（1980～2009 年）和未来（2010～2039 年）两个时段月平均温度和降水多年平均值的差值，将其作为未来的气候变化量；将该变化量叠加上 1990～2009 年逐日观测温度和降水序列值上作为 WACM 模型未来（2010～2029 年）气候变化的输入数据。区域模式的格点值通过双线性插值方法插值到流域气象站点上，再将站点数据转化为 WACM 模型所需的面数据。

2. 模型率定与验证

（1）径流过程验证

采用清盛站 1990～1997 年和琅勃拉邦站 1990～1998 月平均径流实测资料进行模型参数的率定，清盛站 1998～2005 年和琅勃拉邦站 1999～2007 年的月平均流量实测资料进行模型的验证。率定期和验证期模型评价结果如图 8-33 和表 8-11 所示。可以看到，清盛站模拟期相对误差为 12.29，相关系数为 0.85，E_{ns} 值达到 0.81；验正期相对误差为 13.47，相关系数为 0.87，E_{ns} 值达到 0.83。琅勃拉邦站模拟期相对误差为 14.25，相关系数为 0.84，E_{ns} 值达到 0.85；验正期相对误差为 15.01，相关系数为 0.86，E_{ns} 值达到 0.84。结果表明：在澜沧江–湄公河流域应用 WACM 进行径流模拟是完全可行的，为在此基础上进行径流对气候变化的响应研究奠定基础。

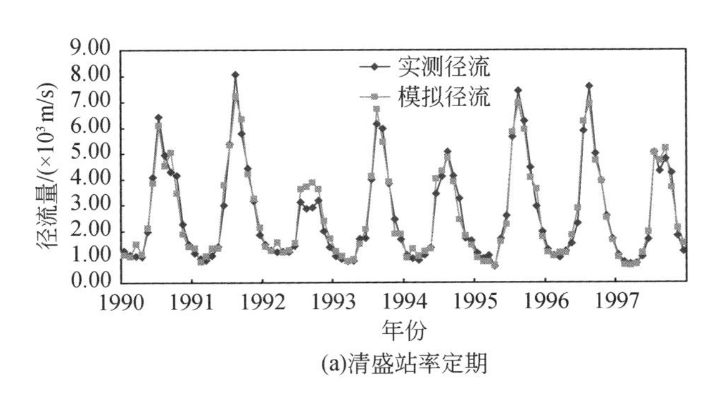

(a)清盛站率定期

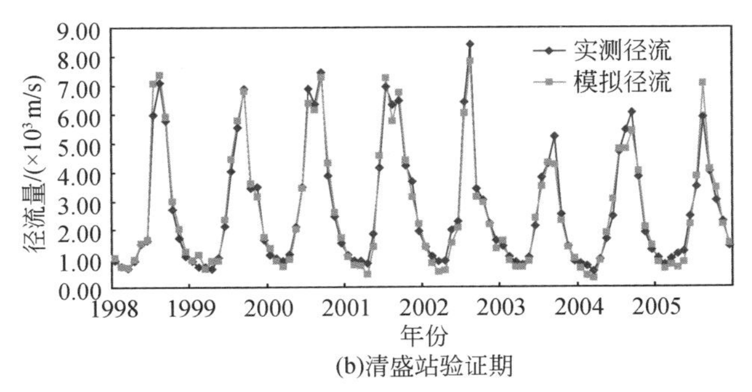

(b)清盛站验证期

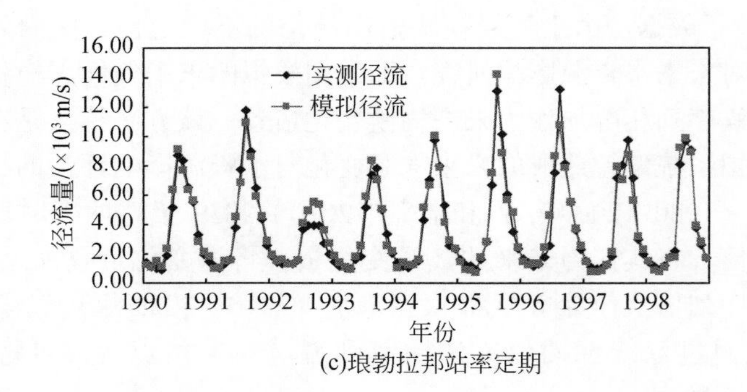

(c)琅勃拉邦站率定期

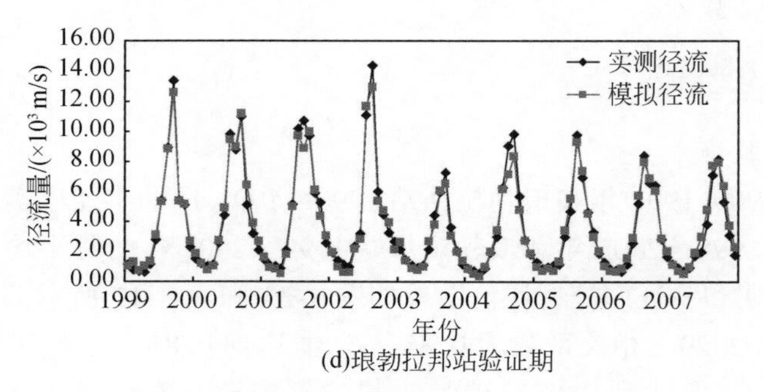

(d)琅勃拉邦站验证期

图 8-33　率定和验证期月径流模拟与实测值对比

表 8-11　WACM 模型率定和验证结果

干流控制水文站	模拟期	评价指标		
		R_e/%	R^2	E_{ns}
清盛	率定期（1990～1997 年）	12.29	0.85	0.81
	验证期（1998～2005 年）	13.47	0.87	0.83
琅勃拉邦	率定期（1990～1998 年）	14.25	0.84	0.85
	验证期（1999～2007 年）	15.01	0.86	0.84

（2）水库调度出流过程验证

基于漫湾和景洪两个水库 2009 年 9 月 1 日～2010 年 3 月 10 日的日流量资料，对水库调度模拟模块进行验证。模拟模块采用实测入流，根据模拟调度规则计算得到的出流与实测出流进行对比，可验证该水库调度模拟模块的适用性，如图 8-34（a）和（b）分别为漫湾水库和景洪水库调度模拟出流与实测出流对比图。计算得到验证期内漫湾水库和景洪水库模拟与实测数据的相对误差分别为 12.31% 和 9.79%，相关系数和纳什效率系数都在 0.90 左右，可见该水库调度模拟模块精度较高，具有一定的适用性。

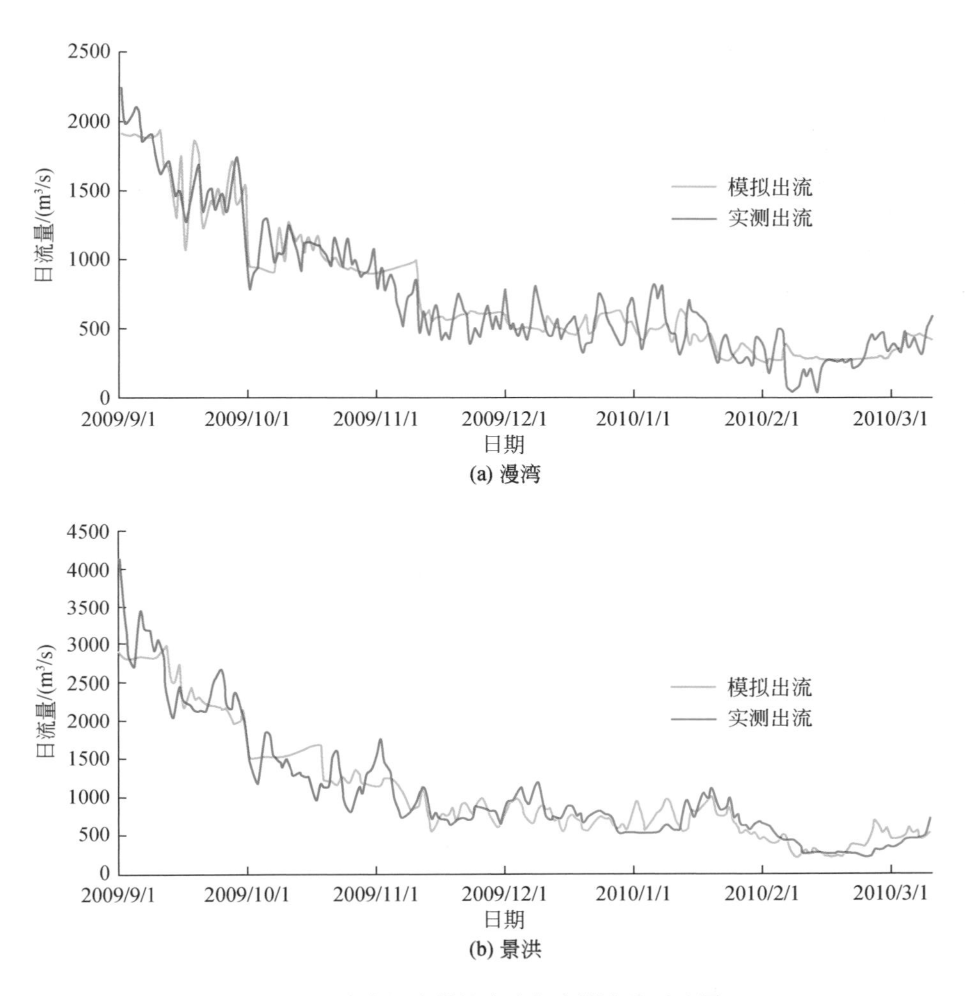

图 8-34　水库调度模拟出流与实测出流对比图

8.5.3　气候变化情景下的澜沧江流域水文过程响应

1. 气候变化情景

考虑设置 4 种情景来研究气候变化下水文过程响应问题。其中，情景 0 为天然情景，即在现状情景基础上去掉人工作用因素，具体做法是在模型模拟中去掉人工干预模块部分(如水库、人工取用水等)，最终得到的模拟结果即认为是天然径流过程。情景 Ⅰ 为气候变化情景，综合考虑未来流域降水和温度的变化；情景 Ⅱ 为降水变化情景，仅考虑降水的变化；情景 Ⅲ 为温度变化情景，仅考虑气温的变化。泰国境内的清盛和老挝境内的琅勃拉 2 个水文控制站点水文过程变化，得到水文过程响应的定量化成果。

2. 气候变化情景下的径流过程响应

(1) 年径流过程响应

情景Ⅰ综合考虑了未来流域温度和降水的变化，从而得出气候变化对流域径流量的综合影响，如图 8-35 所示。A1B 情景下未来清盛站和琅勃拉邦站多年平均径流量均有减少，与天然情况比较分别减少了 1.23% 和 3.69%，但减少幅度不大，径流量变化不明显。从径流量的年际变化趋势上看，两站径流量均呈减少趋势，可能与全球气候变暖背景下，近几十年来源头地区气温升高、降水减少和蒸发增大的暖干化化趋势，导致源区部分多年冻土和冰川融化、河流流量减少、湖泊水位下降、土地荒漠化加剧有关（李林等，2004；2006）。

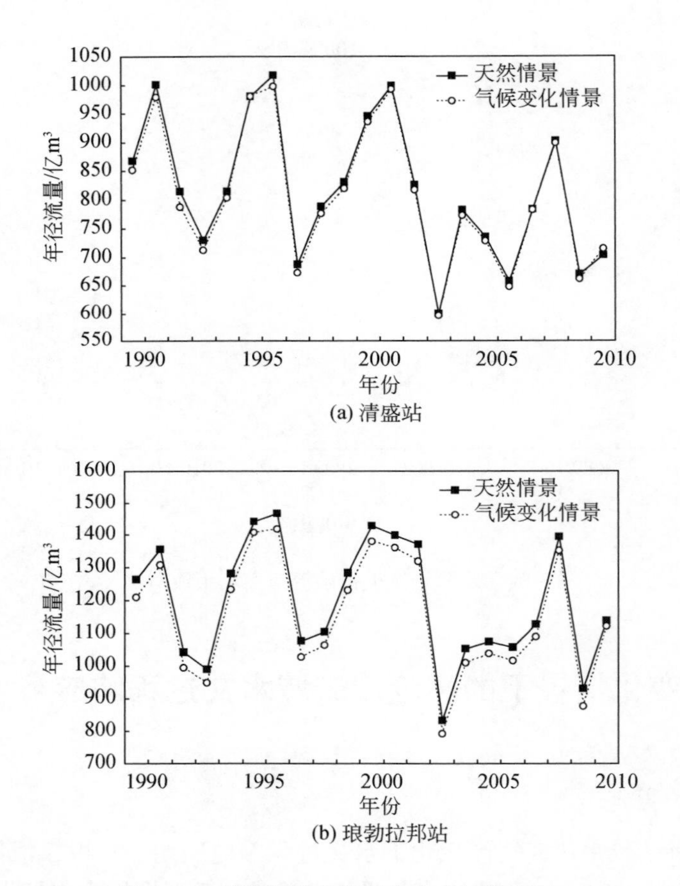

(a) 清盛站

(b) 琅勃拉邦站

图 8-35　天然情景和情景Ⅰ水文过程响应

情景Ⅱ假设未来气候变化情景中温度没有变化，仅降水发生了变化，单独分析降水变化对流域清盛和琅勃拉邦站多年平均径流量的影响。结果表明（图 8-36），仅降水发生变化，清盛站多年平均径流量增加了 0.92%，而琅勃拉邦站多年平均径流量减少了 0.15%，但多年平均径流量增减变化幅度较小。

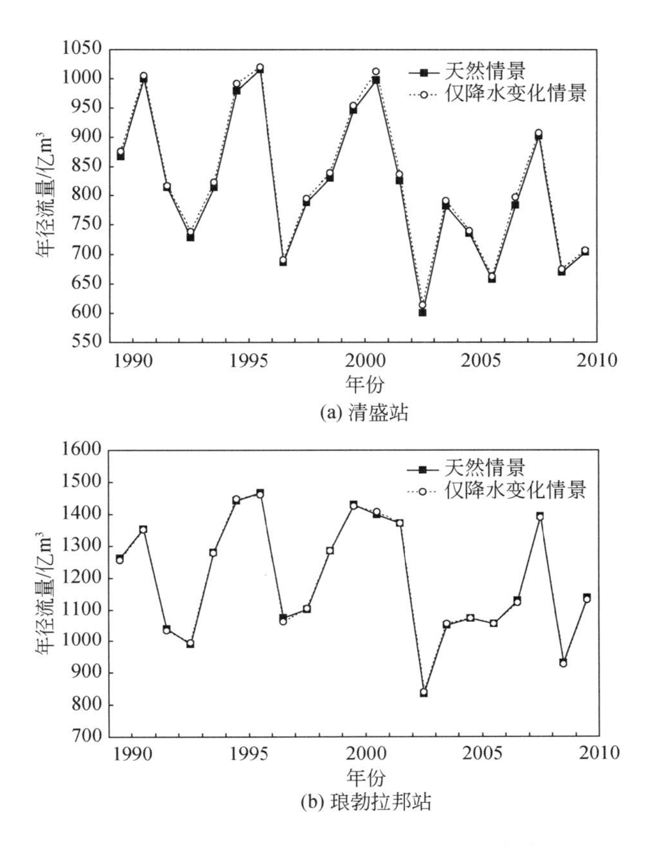

(a) 清盛站

(b) 琅勃拉邦站

图 8-36　天然情景和情景 Ⅱ 水文过程响应

情景Ⅲ假设未来气候变化情景中，降水没有变化，仅温度发生变化，单独分析温度变化对流域清盛站和琅勃拉邦站多年平均径流量的影响。结果表明（图 8-37)，仅温度发生变化，清盛站多年平均径流量减少了 2.18%，而琅勃拉邦站多年平均径流量减少了 2.14%。相对于只考虑降水变化情景，温度变化导致两站径流量减少作用为更强一些，也反映了径流量的变化对温度的影响更为敏感。

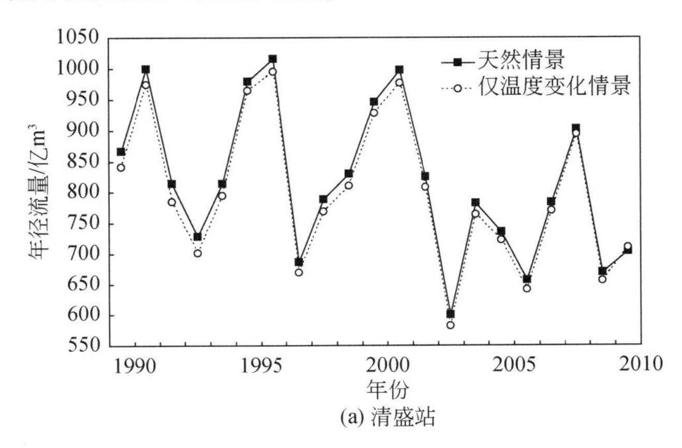

(a) 清盛站

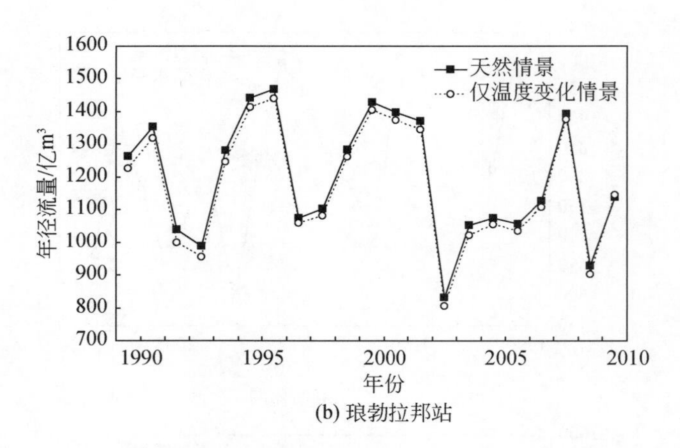

(b) 琅勃拉邦站

图 8-37　天然情景和情景Ⅲ水文过程响应

综上所述，三种气候变化情景下，清盛站和琅勃拉邦站多年平均径流量减少幅度不大，变化幅度基本在5%以内，说明气候变化并不会对流域多年平均径流量变化产生大的影响。从径流量的年际变化上看，三种情景下两站径流量的年际变化均呈减少趋势；情景Ⅱ（仅降水变化）下对年平均径流量的影响明显小于情景Ⅲ（仅温度变化），说明径流量的变化对温度变化影响较为敏感，主要原因可能是未来流域温度升高，蒸发加大，导致蒸发支出大于降水所致。

（2）年内径流过程响应

从不同情景径流年内变化看，清盛站［图 8-38（a）］在汛期（6～11 月）径流所占比例较大，而非汛期（12 月至翌年 5 月）径流所占比例相对较小，径流年内分配不匀。从月平均径流变化率来看［图 8-38（b）］，三种气候变化情景与天然情景比较，4 月径流减少相对明显，分别减少了 8.42%、12.21% 和 8.93%；3 月径流增加相对明显，分别增加了 7.23%、8.25% 和 10.19%，而其他月径流变化并不显，变化幅度一般在±5% 左右。这里认为变化幅度在 5% 以内为不显著或不明显。

琅勃拉邦站径流变化过程与清盛站径流年内分配基本一致［图 8-38（c）、（d）］。从月平均径流变化率上看，三种情景下，4 月径流量减少相对明显，分别减少了 5.31%、

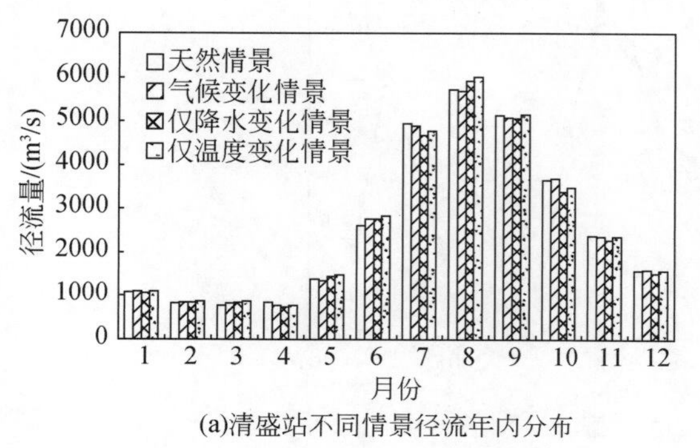

(a)清盛站不同情景径流年内分布

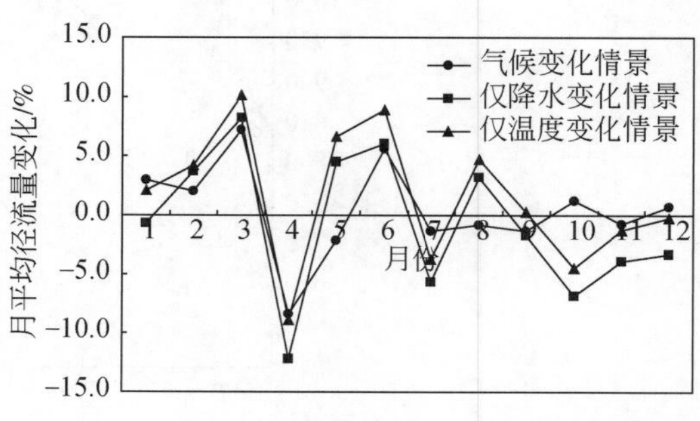

(b)清盛站不同情景径流年内变化

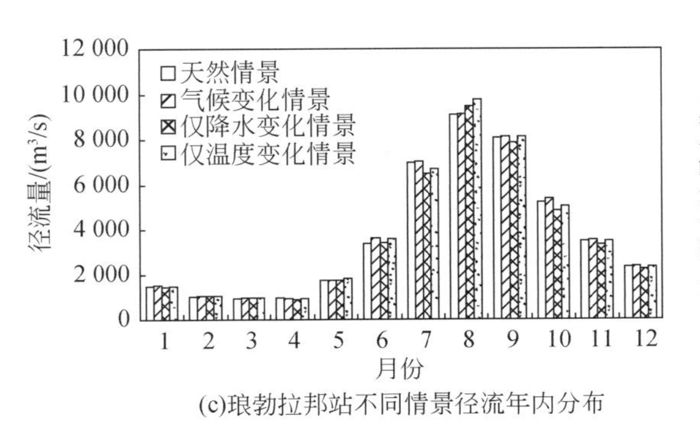

(c)琅勃拉邦站不同情景径流年内分布

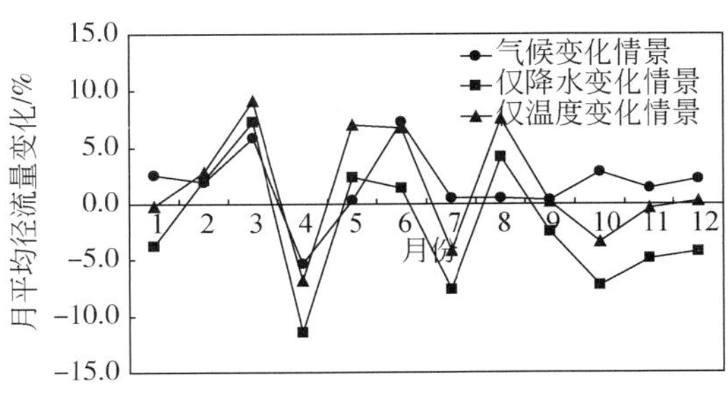

(d)琅勃拉邦站不同情景径流年内变化

图 8-38 气候变化情景下径流响应

11.47%和6.84%；而3月平均径流量增加相对明显，分别增加了5.87%、7.30%、9.18%，其他月径流量变幅一般在±5%左右。总体来看，未来春季和夏季的3~6月径流量增减变化趋势相对明显，波动较大，径流分配不均，局部地区有水文干旱和洪涝的风险。

8.5.4 气候变化与人工调控对流域水文干旱的影响评估

1. 情景方案设置

(1) 气候变化情景

根据RegCM3动力降尺度模拟出的研究区气候变化值，设置以下四个情景分析气候变化对水文干旱的影响。

1) 天然情景：假设温度和降水均未发生变化；

2) 降水情景：假设温度没有变化，仅降水发生变化；

3) 温度情景：假设降水没有变化，仅温度发生变化；

4) 综合情景：假设温度和降水均发生变化。

(2) 人工调控情景

考虑到水库调蓄是人工影响澜沧江径流的主要手段，根据澜沧江上游各水库建成及开始运行的时间，设置以下四个情景分析澜沧江梯级水库运行调度对清盛站水文干旱的影响。

1) 天然情景：没有水库；

2) 二库情景：漫湾和大朝山二库运行状态；

3) 四库情景：小湾、漫湾、大朝山和景洪四库运行状态；

4) 五库情景：小湾、漫湾、大朝山、糯扎渡和景洪五库运行状态。

2. 历史水文干旱特征分析

(1) 水文干旱定量评估方法

本书拟采用阈值法、径流亏损指数(SDI)和转换概率法从干旱历时、干旱强度、干旱频率三方面定量评估澜沧江流域水文干旱特征。数据采用清盛站1960~2010年的日实测径流系列。

a. 阈值法

定量识别水文干旱是评估水文干旱的前提，最常用的方法是阈值法。所谓阈值，是指一个领域或一个系统的界限值。变量超过阈值时，系统的状态就会发生改变。当径流量小于阈值就认为发生了水文干旱(图8-39)，同时可以识别出水文干旱的起始时间、历时、缺水量、最小流量等特征。

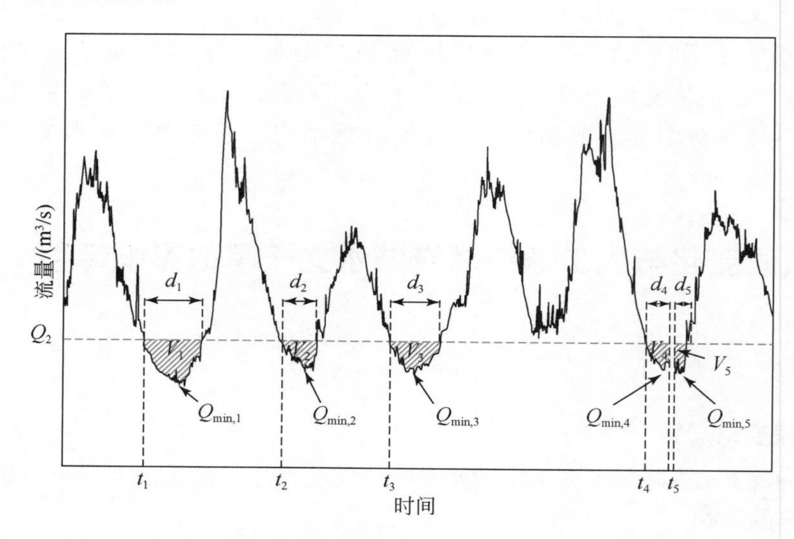

图8-39 阈值法识别水文干旱(Hisdal et al.,1999)

阈值的大小会影响一定时期内水文干旱事件的数目，以及水文干旱的各种特征。因此选择合理的阈值，对于水文干旱识别十分重要。阈值的确定需要同时考虑河川的流量变化特征和流域的需水量，一定时期内社会发展水平相当，认为需水量也保持不变。因此，目前实际确定阈值时还是更多地以流量变化特征为主，包括很多种方法，可以是一个特定的流量值，也可以是一个枯水量指标、平均流量的一个百分比，或者流量历时曲线的一个百分位。为了便于不同流域之间的对比，水文干旱识别中最常用无量纲的流量历时曲线的一个百分位作为阈值。对于常流河，一般采用流量历时曲线中Q_{70}~Q_{95}作为阈值，即保证率为70%~95%的流量。对于间断性河流，根据出现零流量的天数选择更低的百分位，如Tallaksen等(1997)选用Q_5~Q_{20}作为水文干旱阈值。

目前还没有关于水文干旱等级划分的标准，因此参考气象干旱和农业干旱的等级划分，分别将3年一遇、5年一遇、10年一遇和50年一遇的干旱作为轻度干旱、中度干旱、严重干旱和特大干旱，其发生频率分别为 70%、80%、90% 和 98%。以清盛站 1960 ~ 2010 年日实测流量为样本，从大到小排序作保证率曲线分析计算。查对应轻度干旱 70% 保证率的流量为 881m³/s，中度干旱 80% 保证率的流量为 805 m³/s，严重干旱 90% 保证率的流量为 711m³/s，特大干旱 98% 保证率的流量为 440 m³/s，见表 8-12。

表 8-12　等级水文干旱对应频率及保证率流量

旱情等级	频率/%	标准	清盛站保证率流量/(m³/s)
轻度干旱	70	3 年一遇	881
中度干旱	80	5 年一遇	805
严重干旱	90	10 年一遇	711
特大干旱	98	50 年一遇	440

b. 径流亏损指数

径流亏损指数（SDI）只考虑了地表径流量一个因素，计算简单，适用性较强。假设月径流系列 $Q_{i,j}$，其中 i 代表水文年，而 j 代表水文年内的月份（本书中，$j=1$ 代表 6 月，$j=12$ 代表 5 月），基于这个系列，可以得到：

$$V_{i,k}=\sum_{j=1}^{3k}Q_{i,j},\quad i=1,2,\cdots;\ j=1,2,\cdots,12;\ k=1,2,3,4 \tag{8-2}$$

式中，$V_{i,k}$为第 i 个水文年第 k 个统计期的累计径流量；$k=1$ 代表 6 ~ 8 月，$k=2$ 代表 6 ~ 11 月，$k=3$ 代表 6 月至翌年 2 月，$k=4$ 代表 6 月至翌年 5 月。

基于累计径流量 $V_{i,k}$，第 i 个水文年第 k 个统计期的径流亏损指数定义为

$$\mathrm{SDI}_{i,k}=\frac{V_{i,k}-\bar{V}_k}{s_k},\quad i=1,2,\cdots;\ k=1,2,3,4 \tag{8-3}$$

式中，$\bar{V}_k$ 和 s_k 分别为累计径流量的平均值和标准差，此处截断值设定为 $\bar{V}_k$；水文干旱指数与标准径流量相等。

一般对于小流域，径流可能是倾斜的概率分布，可以用 γ 分布函数近似。然后把 γ 分布转变为正态分布。取径流的自然对数，使用两个参数的对数正态分布使标准化更简单。此时，SDI 计算方法如下：

$$\mathrm{SDI}_{i,k}=\frac{y_{i,k}-\bar{y}_k}{s_{y,k}},\quad i=1,2,\cdots;\ k=1,2,3,4 \tag{8-4}$$

式中，$y_{i,k}=\ln V_{i,k}$表示累计径流量的自然对数，$i=1,2,\cdots,k=1,2,3,4$。

基于 SDI 水文干旱可划分为五级，并分别用 0 ~ 4 表示这五个等级，见表 8-13。

表 8-13　基于 SDI 的水文干旱等级划分（Byzedi，2011）

状态	描述	准则	概率/%
0	无干旱	SDI≥0	50.0
1	轻度干旱	-1≤SDI<0	34.1

续表

状态	描述	准则	概率/%
2	中度干旱	−1.5≤SDI<−1	9.2
3	严重干旱	−2≤SDI<−1.5	4.4
4	特大干旱	SDI<−2	2.3

c. 转换概率方法

基于径流序列计算得到的SDI序列可以反映一系列的干旱状态。$x_{i,k}$序列是式（8-4）计算出来的SDI序列根据表8-12分类得到的，其中，$i=1$，2，…；N为水文年份；$k=1$，2，3，4表示统计期。对于每一个统计期k，$X_{i,k}$的具体值$m\in[0，1，2，3，4]$。因此统计期k出现状态m的频率可以用式（8-5）估计：

$$F_{m,k}=\frac{n_{m,k}}{N} \tag{8-5}$$

式中，$n_{m,k}$为总共N年内统计期k出现状态m的次数。这是对统计期k出现状态m边际概率的估计：

$$p_{m,k}=P(X_{i,k}=m) \quad m\in[0, 1, 2, 3, 4]\ \forall i \tag{8-6}$$

式中，P（.）为概率。对于每个k来说，概率$p_{m,k}$（$m=0$，1，2，3，4）组成一个5×1的向量p_k。因此统计期k状态m转变为统计期$k+1$状态m'的概率$F_{m,m',k}$：

$$F_{m,\ m',\ k}=\frac{n_{m,\ m',\ k}}{\sum\limits_{m'} n_{m,\ m',\ k}} \tag{8-7}$$

式中，$n_{m,m',k}$为统计期k出现状态m同时统计期$k+1$出现状态m'的次数，这是对转移概率$p_{m,m',k}$的估计：

$$p_{m,m',k}=P(X_{i,k+1}=m' \mid X_{i,k}=m),\ m\in[0, 1, 2, 3, 4],\ m'\in[0, 1, 2, 3, 4]\ \forall i \tag{8-8}$$

式中，P（.|.）为条件概率。对于每个k，转移概率组成一个5×5的矩阵P_k。

假设目前的时间段为（i，k），则下一时间段（i，$k+1$）发生水文干旱的概率为p_{k+1}，则可通过式（8-9）进行预测：

$$p_{k+1}=P_k p_k \tag{8-9}$$

式中，P_k为研究区不同时间尺度不同等级干旱的转换概率，根据式（8-7）计算得到；p_k为当前时间段（i，k）发生各类等级干旱的概率，根据式（8-5）计算得到。

相对于联合概率，转换概率不需要选择复杂的联合分布函数，也不需要通过适线法确定分布函数的参数，转换概率计算简单，而且可以根据历史数据资料，预测未来发生干旱的概率，实用性较强，方便流域采取更加合理有效的干旱减缓措施和管理方法。

（2）水文干旱历时特征分析

根据确定的不同等级水文干旱阈值，计算得到澜沧江流域水文干旱阈值以下干旱历时。结果表明，清盛站1960～2010年轻度干旱阈值以下，最长历时为2009年12月15

日 ~2010 年 7 月 12 日共 210 天；中度干旱阈值以下，最长历时为 2009 年 12 月 28 日 ~ 2010 年 7 月 4 日共 189 天；严重干旱阈值以下，最长历时为 2010 年 1 月 1 日 ~2010 年 6 月 19 日共 170 天；特大干旱阈值以下，最长历时为 2010 年 2 月 1 日 ~2010 年 4 月 16 日共 75 天。由此可见，2009 ~2010 年枯季是近 50 年清盛站干旱历时最长的一次水文干旱。

清盛站 1960 ~2010 年不同等级水文干旱阈值以下干旱历时及变化趋势如图 8-40 所示。结果表明，1960 ~2010 年 4 个等级水文干旱阈值以下干旱历时都呈增加的趋势，尤其是 2000 年以后，增加趋势十分显著。严重干旱主要分布于 19 世纪 60 年代及 90 年代以后，而特大干旱则发生在 2005 ~2010 年。

清盛站 1960 ~2010 年不同等级水文干旱历时如图 8-41 所示。结果表明，近 50 年共有 5 个水文年没有发生过水文干旱，分别是：1986 ~1987 年、1987 ~1988 年、1989 ~1990 年、1991 ~1992 年、1995 ~1996 年。相对 20 世纪 60 ~90 年代，21 世纪以来清盛站水文干旱历时增加明显，尤其表现在严重干旱和特大干旱历时上。整体来看，近些年来研究区所发生的水文干旱有向极端化发展的趋势。

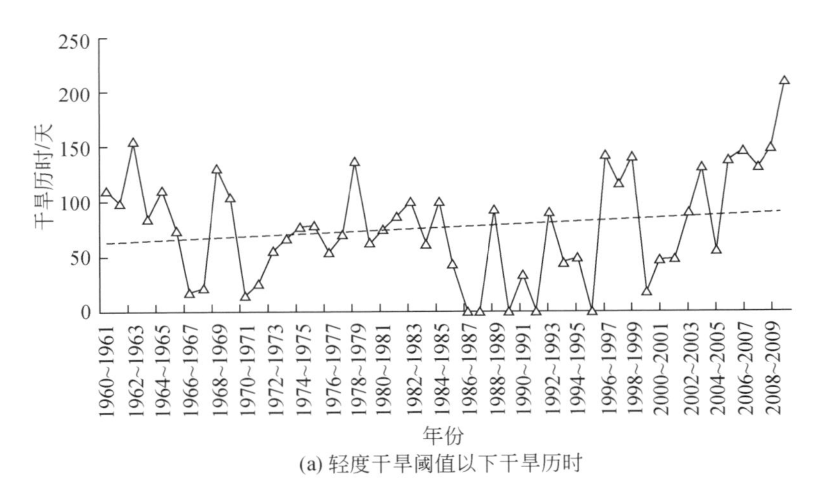

(a) 轻度干旱阈值以下干旱历时

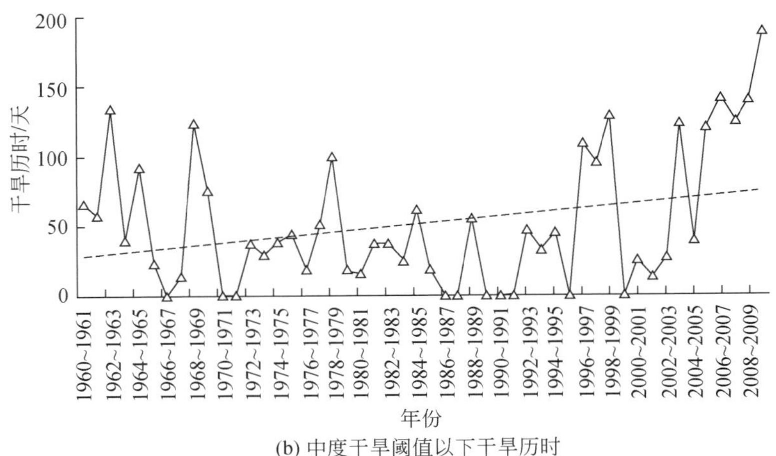

(b) 中度干旱阈值以下干旱历时

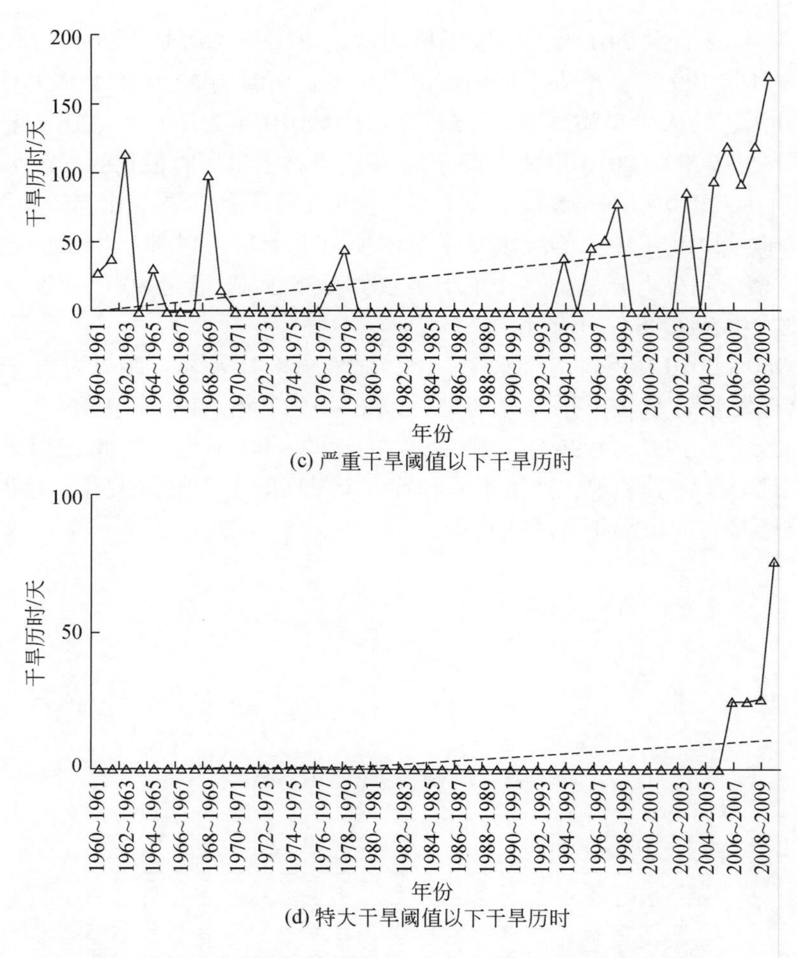

(c) 严重干旱阈值以下干旱历时

(d) 特大干旱阈值以下干旱历时

图 8-40　清盛站 1960～2010 年不同等级水文干旱阈值以下干旱历时

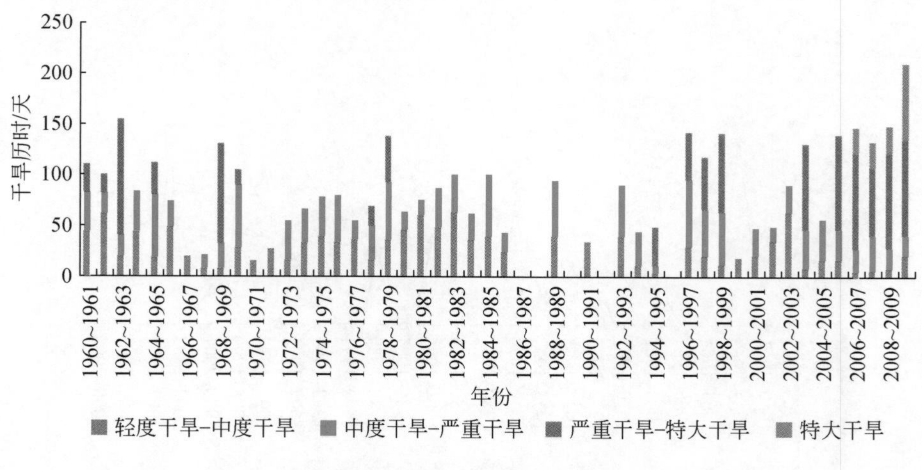

图 8-41　清盛站 1960～2010 年不同等级干旱历时

(3) 水文干旱强度特征分析

清盛站不同时间尺度 SDI 值变化及对比过程如图 8-42 所示。结果表明，不同时间尺度 SDI 值的变化趋势基本一致，不同时间尺度反映出的水文干旱强度存在一定差异，如清盛站 2009 ~ 2010 年 SDI-3 为-0.07，属于轻度干旱，SDI-6 为-0.94，也属于轻度干旱，SDI-9 为-1.33，属于中度干旱，SDI-12 为-1.52，属于严重干旱。这是由于随着时间的推移，短期水文干旱可能会因为降水增加得到缓解，也可能因为降水持续性短缺导致水文干旱更加严重。

对于 3 个月和 6 个月时间尺度来说，1972 ~ 1973 年发生了严重干旱，1992 ~ 1993 年发生了特大干旱。对于 9 个月时间尺度来说，2003 ~2004 年和 2006 ~ 2007 年发生了严重干旱，1992 ~ 1993 年发生了特大干旱。对于 12 个月时间尺度来说，2009 ~ 2010 年发生了严重干旱，1992 ~ 1993 年发生了特大干旱。由此可见，1992 ~ 1993 年是近 50 年来清盛站发生水文干旱最严重的水文年，各个时间尺度都达到了特大干旱。2009 ~ 2010 年清盛站所发生的水文干旱随着时间尺度的增长逐渐严重，由 3 个月时间尺度的轻度干旱积累到 12 个月时间尺度的严重干旱。

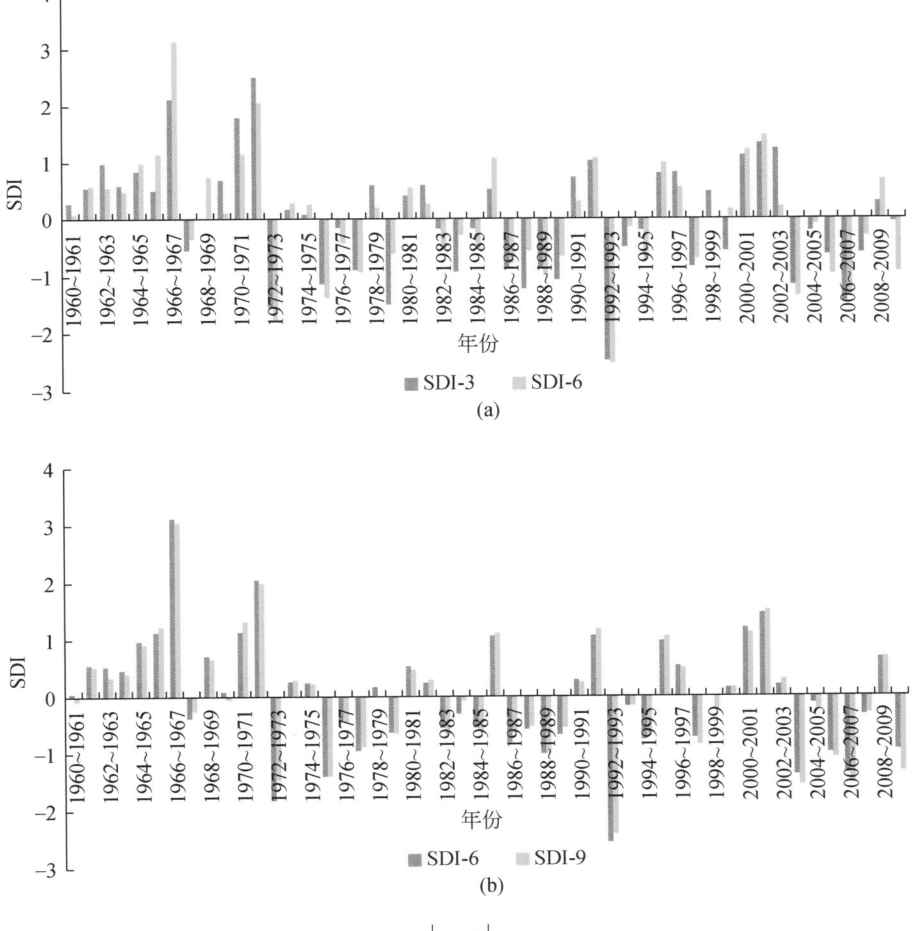

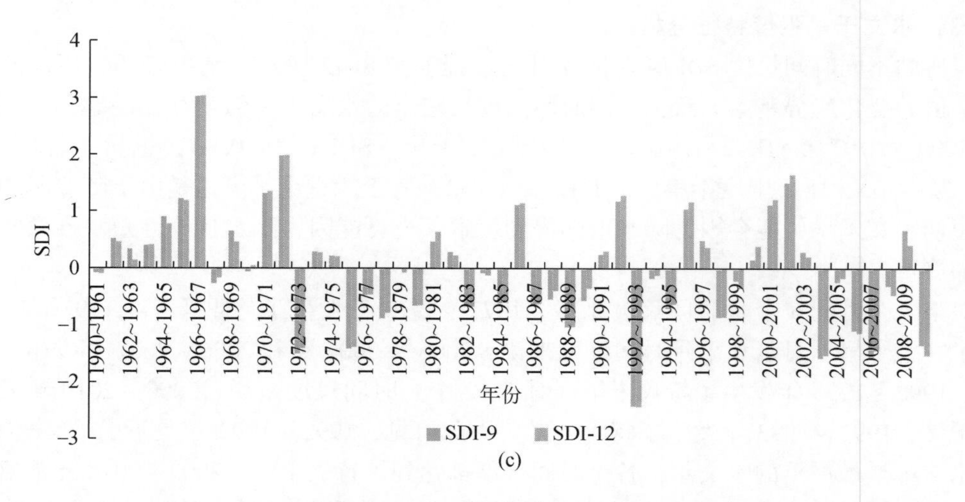

图 8-42 清盛站不同时间尺度 SDI 值变化过程

从图 8-41 中还可以看出，20 世纪 60 年代清盛站水量充沛，除 1967 ~ 1968 年发生了轻度干旱，其他年份均没有发生干旱；70 年代清盛站水文干旱强度呈逐渐减小的趋势；80 年代和 90 年代清盛站水文干旱强度波动性较大，但除 1992 ~ 1993 年以外，所发生水文干旱的强度均较小；21 世纪以来，尤其是 2003 年以后清盛站水文干旱强度普遍较大。

（4）水文干旱频率特征分析

清盛站 1960 ~ 2010 年水文干旱频率见表 8-14。结果表明，随着干旱程度的加剧，干旱发生频率逐渐降低。时间尺度对干旱频率也存在一定的影响，但没有明显的正相关或者负相关关系。

表 8-14 清盛站 1960 ~ 2010 年水文干旱频率 （单位：%）

干旱状态	SDI-3	SDI-6	SDI-9	SDI-12
0	52	54	48	48
1	32	36	38	36
2	12	6	8	12
3	2	2	4	2
4	2	2	2	2

不同时间尺度水文干旱强度转换概率见表 8-15 ~ 表 8-17。结果表明，不同时间尺度同一强度的水文干旱之间转换概率最高，也即长时间尺度发生的水文干旱强度受其之前短时间尺度水文干旱强度的影响最大，反映了水文干旱具有一定的延续性。根据表 8-15 ~ 表 8-17 给出的转换概率，在已知当前短时间尺度的干旱强度时可以预测更长时间尺度的干旱强度，可以为流域抗旱减灾决策制定提供理论依据。

表 8-15　清盛站 SDI-3 与 SDI-6 的转换概率　　（单位:%）

SDI-3	SDI-6				
	0	1	2	3	4
0	100.00	0.00	0.00	0.00	0.00
1	6.25	93.75	0.00	0.00	0.00
2	0.00	50.00	50.00	0.00	0.00
3	0.00	0.00	0.00	100.00	0.00
4	0.00	0.00	0.00	0.00	100.00

表 8-16　清盛站 SDI-6 与 SDI-9 的转换概率　　（单位:%）

SDI-6	SDI-9				
	0	1	2	3	4
0	88.89	11.11	0.00	0.00	0.00
1	0.00	88.89	11.11	0.00	0.00
2	0.00	0.00	33.33	66.67	0.00
3	0.00	0.00	100.00	0.00	0.00
4	0.00	0.00	0.00	0.00	100.00

表 8-17　清盛站 SDI-9 与 SDI-12 的转换概率　　（单位:%）

SDI-9	SDI-12				
	0	1	2	3	4
0	95.83	4.17	0.00	0.00	0.00
1	5.26	89.47	5.26	0.00	0.00
2	0.00	0.00	75.00	25.00	0.00
3	0.00	0.00	100.00	0.00	0.00
4	0.00	0.00	0.00	0.00	100.00

3. 气候变化对流域水文干旱的影响

以流量历时曲线的 Q_{70}、Q_{80}、Q_{90}和 Q_{98}作为轻度干旱、中度干旱、严重干旱和特大干旱的阈值。结果表明，在目前定义的气候变化情景下清盛站水文干旱历时、强度和频率都基本没有发生变化。如图 8-43 所示为清盛站不同气候变化情景下 1990 ~ 2010 年轻度干旱识别示意图，如图 8-44 所示为清盛站不同气候变化情景下 SDI-12 对比示意图。虽然目前气候变化对径流过程的影响十分微小，而且暂时并未能影响到水文干旱的历时、强度和频率，但研究表明，气候变化对流域年径流总量还是存在一定的影响。降水气候变化情景将导致清盛站年径流量增加，增加幅度在 0.25% ~ 2.33%，多年平均径流量增加 0.97%；

温度气候变化情景将导致清盛站年径流量减少，减少幅度在1.58%～3.65%，多年平均径流量减少2.51%；综合气候变化情景将导致清盛站年径流量减少，减少幅度在0.02%～3.25%，多年平均径流量减少1.55%。

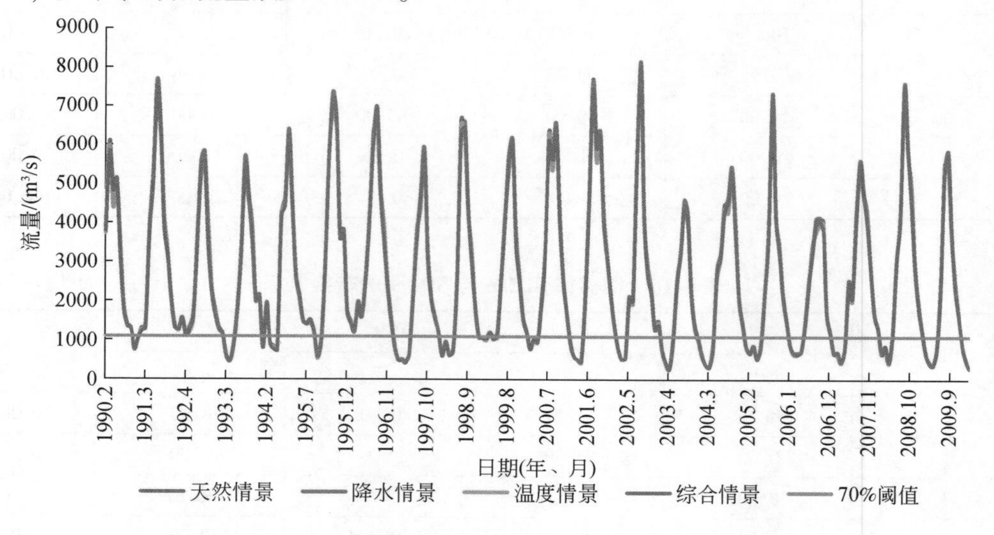

图8-43　不同气候变化情景轻度水文干旱识别

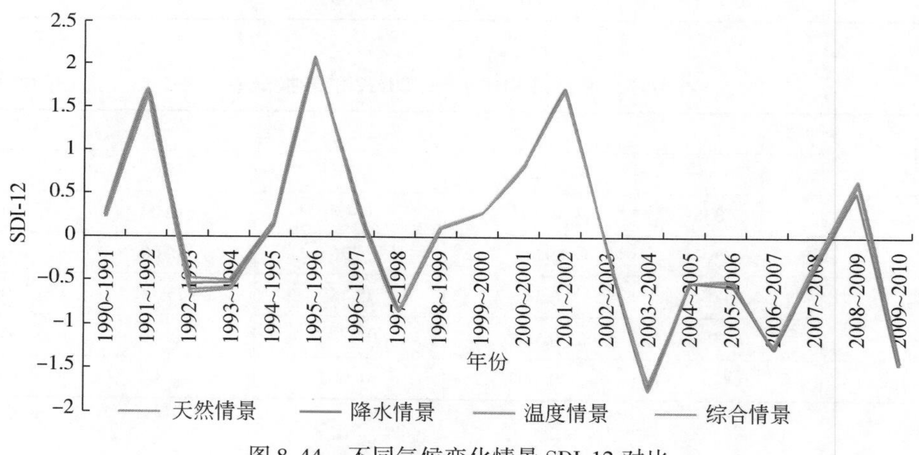

图8-44　不同气候变化情景SDI-12对比

4. 人工调控对流域水文干旱的影响

（1）水文干旱历时

同样以881m³/s、805 m³/s、711m³/s和440 m³/s分别作为清盛站轻度干旱、中度干旱、严重干旱和特大干旱的阈值，根据清盛站不同水库调度情景1990～2010年不同等级水文干旱识别结果，对于同一阈值，不同情景下发生水文干旱的历时有很大差异。如图8-45所示为不同水库调度情景下水文干旱历时对比图。结果表明，二库情景与天然情景干旱历时基本相同，四库情景与五库情景下水文干旱历时大幅度减少，其中近20年四库情景下只有134天流量低于轻度干旱阈值，65 天流量低于中度干旱阈值，没有出现低于严重干旱和特大干旱阈值的流量；五库情景下只有 75 天流量低于轻度干旱阈值，18 天流量低于中度干旱阈值，同样没有出现低于严重干旱和特大干旱阈值的流量。由此可见，四库情景与五库情景下研究区不同程度的水文干旱历时都会明显减少。

由表 8-18 可知，清盛站不同水库调度情景干旱历时占总历时的比例。结果表明：二库情景较天然情景水文干旱历时占总历时的比例基本没有发生变化；而四库情景和五库情景较天然情景对水文干旱历时的影响都非常明显，无论是轻度干旱、中度干旱、严重干旱，还是特大干旱阈值以下的水文干旱历时都显著降低，各类阈值以下干旱历时占总历时的比例都在 3% 以内。五库情景对各类干旱历时的影响最大，四库情景次之。例如，天然情景和二库情景下轻度干旱阈值以下历时占总历时接近 25%，四库情景下轻度干旱阈值以下的历时占总历时仅为 1.83%，五库情景下轻度干旱阈值以下的历时占总历时比例更小，只有 1.03%。

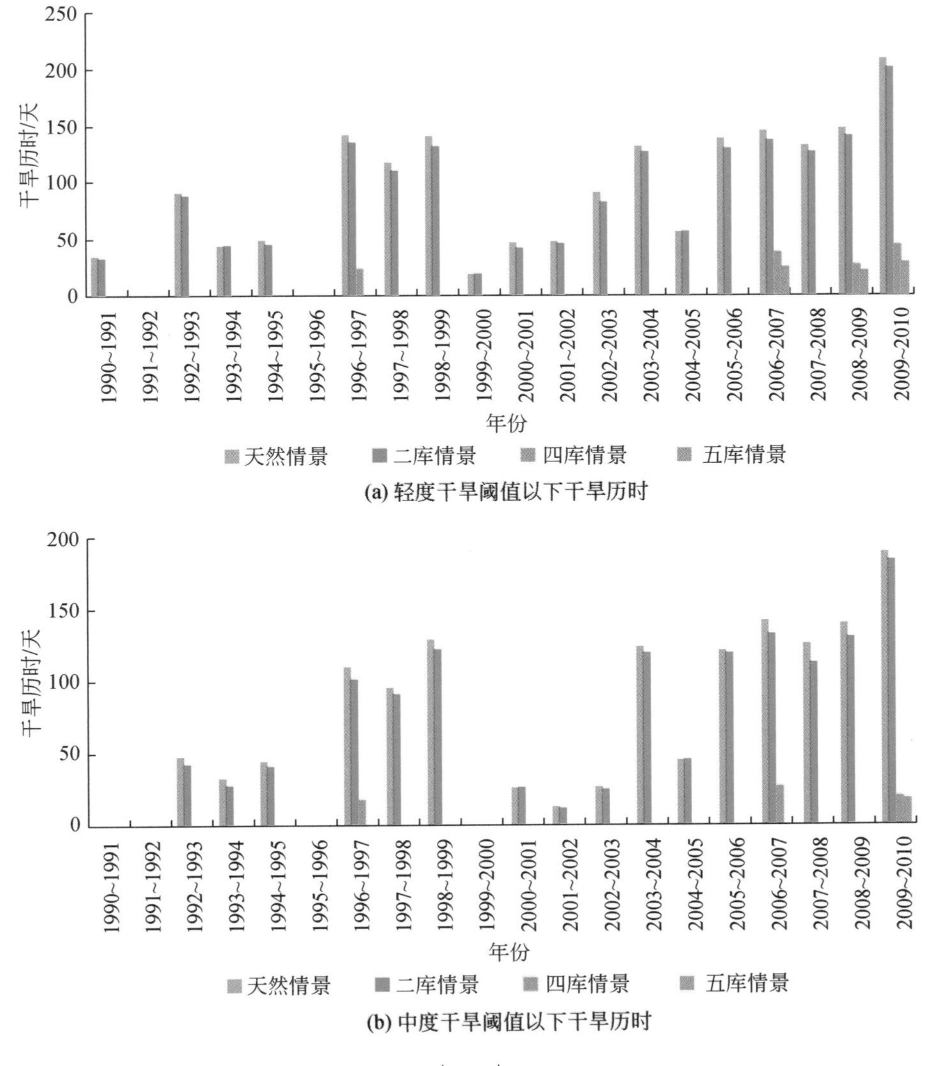

(a) 轻度干旱阈值以下干旱历时

(b) 中度干旱阈值以下干旱历时

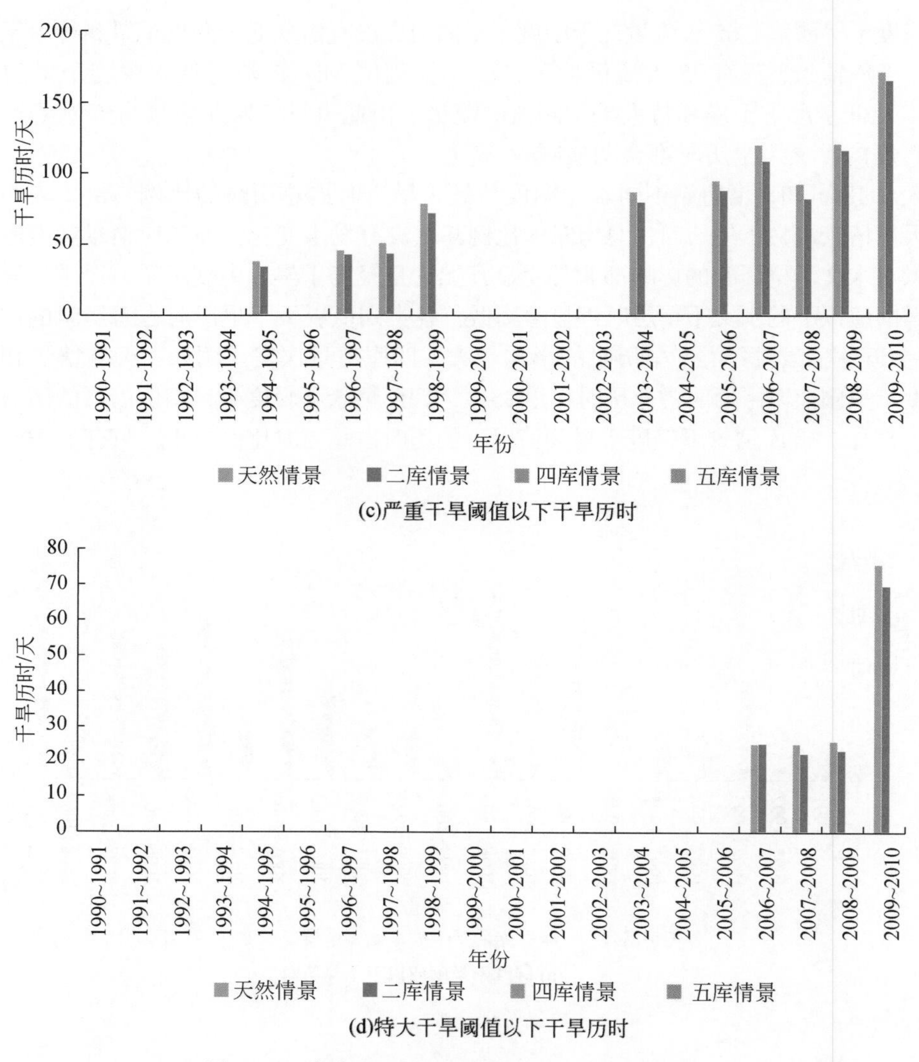

(c)严重干旱阈值以下干旱历时

(d)特大干旱阈值以下干旱历时

图 8-45　清盛站不同水库调度情景干旱历时对比

表 8-18　清盛站不同水库调度情景干旱历时占总历时的比例　　（单位：%）

情景	轻度干旱阈值以下	中度干旱阈值以下	严重干旱阈值以下	特大干旱阈值以下
天然情景	24.39	19.29	12.24	2.07
二库情景	23.09	18.08	11.27	1.90
四库情景	1.83	0.89	0.00	0.00
五库情景	1.03	0.25	0.00	0.00

（2）水文干旱强度

图 8-46 为清盛站不同水库调度情景不同时间尺度 SDI 值对比情况。结果表明，二库

情景相对天然情景对各时间尺度的水文干旱强度影响较小，四库情景和五库情景减缓水文干旱强度的作用较明显，且五库情景对水文干旱的减缓作用大于四库情景。

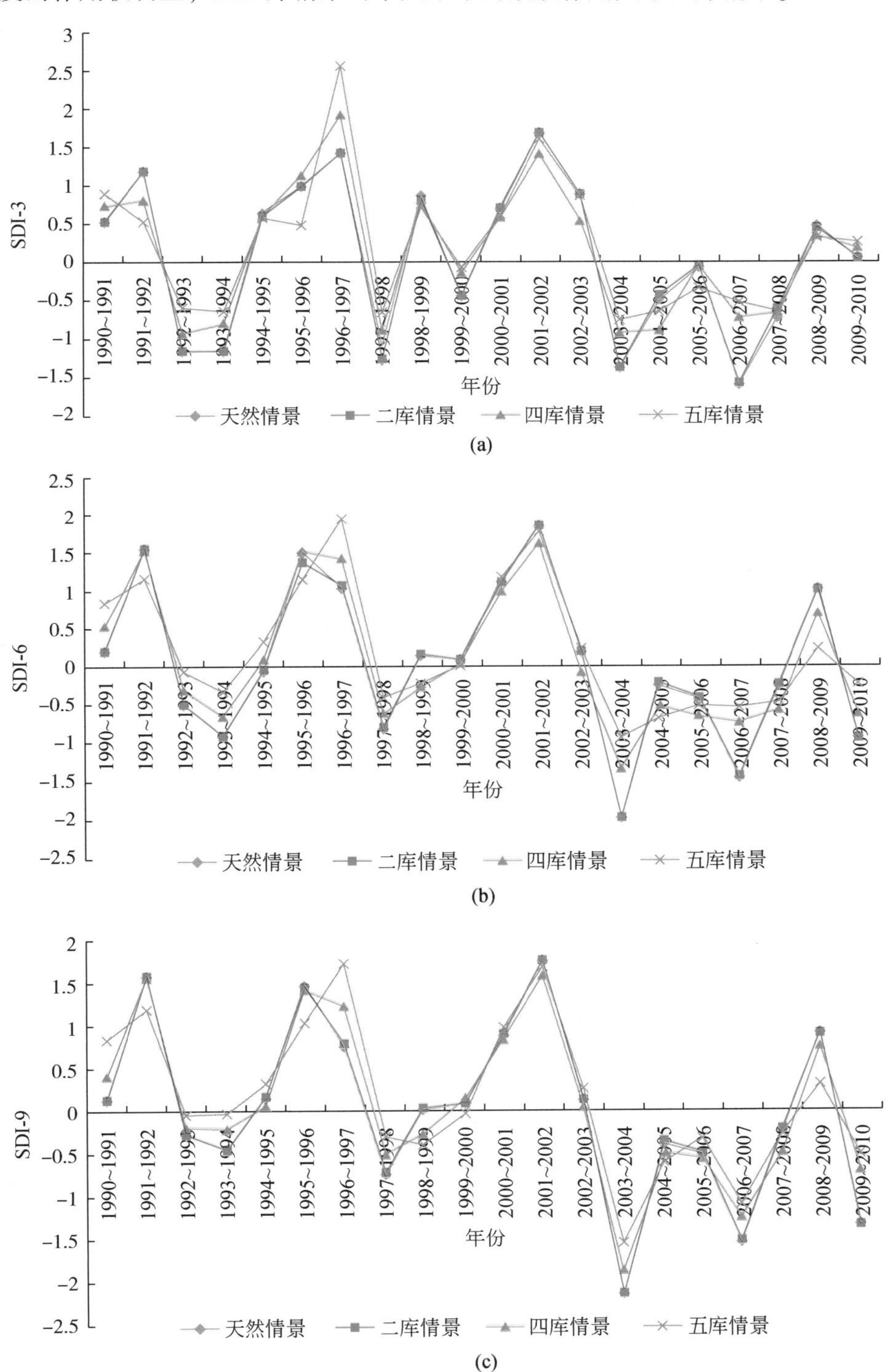

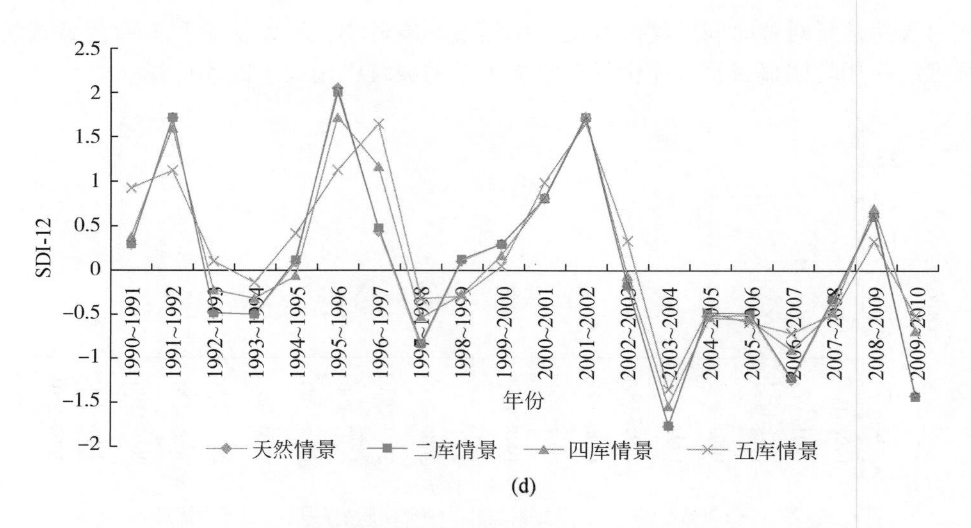

图 8-46　清盛站不同水库调度情景不同尺度 SDI 值对比

以 12 个月时间尺度为例，表 8-19 为清盛站不同水库调度情景 SDI-12 值。大部分水文年，天然情景与二库情景的水文干旱强度差不多，四库情景的水文干旱强度有所减小，五库情景的水文干旱强度比四库情景更小。2009 ~ 2010 年，天然情景下 SDI-12 值为-1.44，属于中度干旱；二库情景下 SDI-12 为-1.43，与天然情景基本一致，也属于中度干旱；四库情景下 SDI-12 为-0.71，干旱强度有所减小，属于轻度干旱；五库情景干旱强度更小，SDI-12 为-0.54，属于轻度干旱。

表 8-19　清盛站不同水库调度情景 SDI-12 值

水文年	天然情景	二库情景	四库情景	五库情景
1990 ~ 1991	0.27	0.29	0.36	0.91
1991 ~ 1992	1.71	1.7	1.57	1.1
1992 ~ 1993	-0.5	-0.5	-0.25	0.06
1993 ~ 1994	-0.52	-0.51	-0.33	-0.17
1994 ~ 1995	0.09	0.08	-0.07	0.4
1995 ~ 1996	2.02	1.99	1.71	1.1
1996 ~ 1997	0.43	0.45	1.14	1.63
1997 ~ 1998	-0.86	-0.86	-0.53	-0.34
1998 ~ 1999	0.11	0.1	-0.29	-0.33
1999 ~ 2000	0.26	0.25	0.16	0.03
2000 ~ 2001	0.81	0.79	0.82	0.96
2001 ~ 2002	1.69	1.69	1.71	1.65

续表

水文年	天然情景	二库情景	四库情景	五库情景
2002 ~ 2003	-0. 19	-0. 16	-0. 06	0. 3
2003 ~ 2004	-1. 76	-1. 79	-1. 55	-1. 37
2004 ~ 2005	-0. 53	-0. 5	-0. 53	-0. 47
2005 ~ 2006	-0. 53	-0. 53	-0. 56	-0. 59
2006 ~ 2007	-1. 29	-1. 23	-0. 91	-0. 74
2007 ~ 2008	-0. 37	-0. 32	-0. 49	-0. 52
2008 ~ 2009	0. 59	0. 58	0. 69	0. 32
2009 ~ 2010	-1. 44	-1. 43	-0. 71	-0. 54

(3) 水文干旱频率

不同水库调度情景下清盛站水文干旱频率见表 8-20。结果表明，不同水库调度情景下总的干旱频率并没有发生变化，但四库情景和五库情景下严重干旱和特大干旱频率明显减小，而轻度干旱频率则增加了，说明四库情景和五库情景的水库调度使发生的水文干旱强度由较大向较小转移。

表 8-20　不同水库调度情景下水文干旱频率　（单位:%）

干旱指数	水库调度情景	轻度干旱	中度干旱	严重干旱	特大干旱	合计
SDI-3	天然情景	20. 00	20. 00	5. 00	0. 00	45. 00
	二库情景	20. 00	20. 00	5. 00	0. 00	45. 00
	四库情景	45. 00	0. 00	0. 00	0. 00	45. 00
	五库情景	45. 00	0. 00	0. 00	0. 00	45. 00
SDI-6	天然情景	40. 00	5. 00	5. 00	0. 00	50. 00
	二库情景	40. 00	5. 00	5. 00	0. 00	50. 00
	四库情景	50. 00	0. 00	0. 00	0. 00	50. 00
	五库情景	50. 00	0. 00	0. 00	0. 00	50. 00
SDI-9	天然情景	30. 00	5. 00	5. 00	5. 00	45. 00
	二库情景	30. 00	5. 00	5. 00	5. 00	45. 00
	四库情景	35. 00	5. 00	5. 00	0. 00	45. 00
	五库情景	40. 00	5. 00	0. 00	0. 00	45. 00
SDI-12	天然情景	35. 00	10. 00	5. 00	0. 00	50. 00
	二库情景	35. 00	10. 00	5. 00	0. 00	50. 00
	四库情景	45. 00	5. 00	0. 00	0. 00	50. 00
	五库情景	45. 00	5. 00	0. 00	0. 00	50. 00

表 8-21 ~ 表 8-24 为清盛站不同水库调度情景 SDI-3 与 SDI-6 的转换概率，可以得到以下结论：二库情景与天然情景不同程度水文干旱之间的转换概率完全一致；四库情景与五库情景下三个月时间尺度不存在中度干旱、严重干旱和特大干旱，因此也就不存在这些程度干旱的转换概率；同一强度的水文干旱之间转换概率最高。水库调度情景下其他时间尺度水文干旱强度之间转换概率如表 8-25 ~ 表 8-32 所示，利用这些转换概率表，在特定水库调度情景下已知当前短时间尺度的干旱强度时能够预测更长时间尺度的干旱强度，可以反过来指导水库采取合理的运行方式以减缓水文干旱的发生。

表 8-21　清盛站天然情景 SDI-3 与 SDI-6 的转换概率　　（单位:%）

SDI-3	SDI-6				
	0	1	2	3	4
0	81.82	18.18	0.00	0.00	0.00
1	25.00	75.00	0.00	0.00	0.00
2	0.00	75.00	0.00	25.00	0.00
3	0.00	0.00	100.00	0.00	0.00

表 8-22　清盛站二库情景 SDI-3 与 SDI-6 的转换概率　　（单位:%）

SDI-3	SDI-6				
	0	1	2	3	4
0	81.82	18.18	0.00	0.00	0.00
1	25.00	75.00	0.00	0.00	0.00
2	0.00	75.00	0.00	25.00	0.00
3	0.00	0.00	100.00	0.00	0.00

表 8-23　清盛站四库情景 SDI-3 与 SDI-6 的转换概率　　（单位:%）

SDI-3	SDI-6				
	0	1	2	3	4
0	72.73	27.27	0.00	0.00	0.00
1	11.11	77.78	11.11	0.00	0.00

表 8-24　清盛站五库情景 SDI-3 与 SDI-6 的转换概率　　（单位:%）

SDI-3	SDI-6				
	0	1	2	3	4
0	81.82	18.18	0.00	0.00	0.00
1	0.00	100.00	0.00	0.00	0.00

表 8-25 清盛站天然情景 SDI-6 与 SDI-9 的转换概率 (单位:%)

SDI-6	SDI-9				
	0	1	2	3	4
0	100. 00	0. 00	0. 00	0. 00	0. 00
1	12. 50	75. 00	12. 50	0. 00	0. 00
2	0. 00	0. 00	0. 00	100. 00	0. 00
3	0. 00	0. 00	0. 00	0. 00	100. 00

表 8-26 清盛站二库情景 SDI-6 与 SDI-9 的转换概率 (单位:%)

SDI-6	SDI-9				
	0	1	2	3	4
0	100. 00	0. 00	0. 00	0. 00	0. 00
1	12. 50	75. 00	12. 50	0. 00	0. 00
2	0. 00	0. 00	0. 00	100. 00	0. 00
3	0. 00	0. 00	0. 00	0. 00	100. 00

表 8-27 清盛站四库情景 SDI-6 与 SDI-9 的转换概率 (单位:%)

SDI-6	SDI-9				
	0	1	2	3	4
0	100. 00	0. 00	0. 00	0. 00	0. 00
1	10. 00	80. 00	10. 00	0. 00	0. 00
2	0. 00	0. 00	0. 00	100. 00	0. 00

表 8-28 清盛站五库情景 SDI-6 与 SDI-9 的转换概率 (单位:%)

SDI-6	SDI-9				
	0	1	2	3	4
0	100. 00	0. 00	0. 00	0. 00	0. 00
1	0. 00	81. 82	9. 09	9. 09	0. 00

表 8-29 清盛站天然情景 SDI-9 与 SDI-12 的转换概率 (单位:%)

SDI-9	SDI-12				
	0	1	2	3	4
0	90. 91	9. 09	0. 00	0. 00	0. 00
1	0. 00	100. 00	0. 00	0. 00	0. 00
2	0. 00	0. 00	100. 00	0. 00	0. 00

续表

SDI-9	SDI-12				
	0	1	2	3	4
3	0. 00	0. 00	100. 00	0. 00	0. 00
4	0. 00	0. 00	0. 00	100. 00	0. 00

表 8-30　清盛站二库情景 SDI-9 与 SDI-12 的转换概率　（单位:%）

SDI-9	SDI-12				
	0	1	2	3	4
0	90. 91	9. 09	0. 00	0. 00	0. 00
1	0. 00	100. 00	0. 00	0. 00	0. 00
2	0. 00	0. 00	100. 00	0. 00	0. 00
3	0. 00	0. 00	100. 00	0. 00	0. 00
4	0. 00	0. 00	0. 00	100. 00	0. 00

表 8-31　清盛站四库情景 SDI-9 与 SDI-12 的转换概率　（单位:%）

SDI-9	SDI-12				
	0	1	2	3	4
0	80. 00	20. 00	0. 00	0. 00	0. 00
1	0. 00	100. 00	0. 00	0. 00	0. 00
2	0. 00	100. 00	0. 00	0. 00	0. 00
3	0. 00	0. 00	0. 00	100. 00	0. 00

表 8-32　清盛站五库情景 SDI-9 与 SDI-12 的转换概率　（单位:%）

SDI-9	SDI-12				
	0	1	2	3	4
0	100. 00	0. 00	0. 00	0. 00	0. 00
1	22. 22	77. 78	0. 00	0. 00	0. 00
2	0. 00	100. 00	0. 00	0. 00	0. 00
3	0. 00	0. 00	100. 00	0. 00	0. 00

第9章　中国干旱时空变化特征与综合应对

从水文循环视角出发，采用大尺度水文模型模拟流域水文过程，获取流域内径流、蒸发和土壤水等水文要素信息，在水分平衡计算的基础上，利用Palmer干旱评价模型评价中国干旱指数，利用统计方法分析干旱时空变化规律。采用相对湿润指数研究中国农业干旱态势。基于降水量和参考作物蒸散量，采用相对湿润度指数评估农业干旱，分析中国干旱时空演变特征及农业干旱灾害的时空特征，分析农业干旱成因。结合我国干旱应对典型案例，分析我国的干旱应对措施及问题，参考国外干旱应对的对策，提出我国干旱应对战略。

9.1　全国尺度干旱评估模型构建

将全国划分为25700个20km×20km网格（图9-1），根据1：400万土地利用（图9-2）和土壤类型（图9-3），以面积最大，定义每个网格的土地利用和土壤类型，划分参数分区，以水资源三级区（图9-4）为计算子流域，建立大尺度陆面水文模型，以径流量Nash-Sutcliffe效率系数为目标函数，采用SCE-UA优化算法率定水文模型参数。

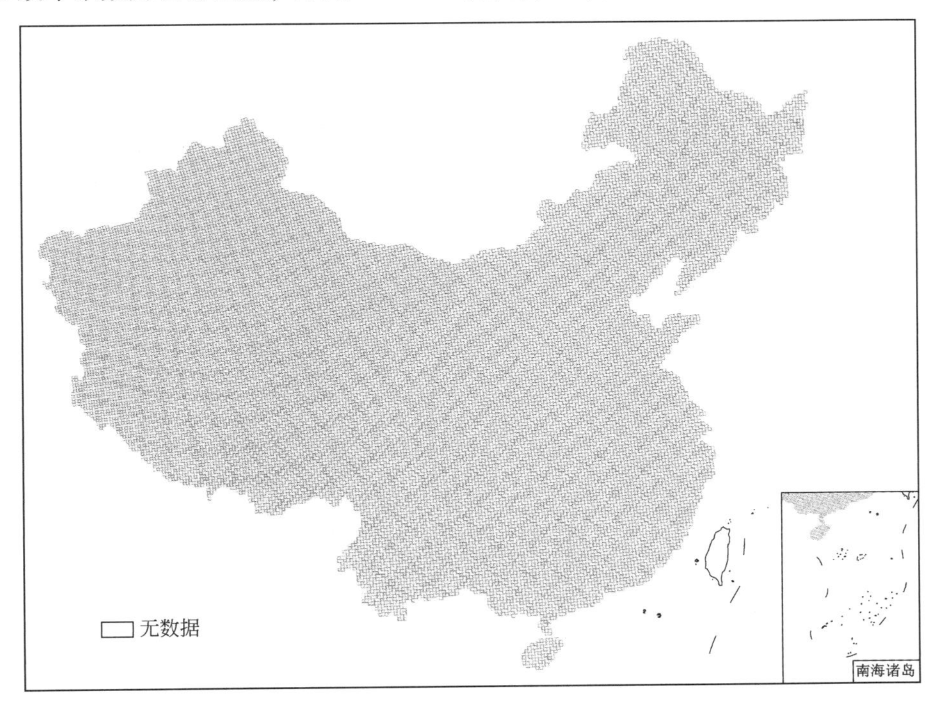

图9-1　计算网格

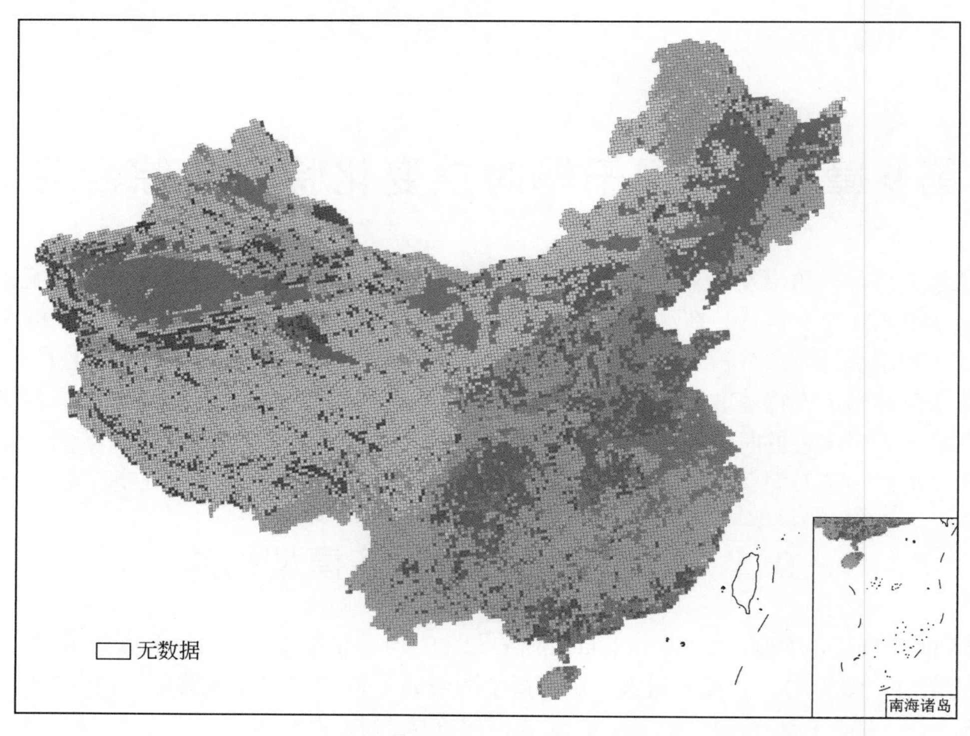

图 9-2　土地利用

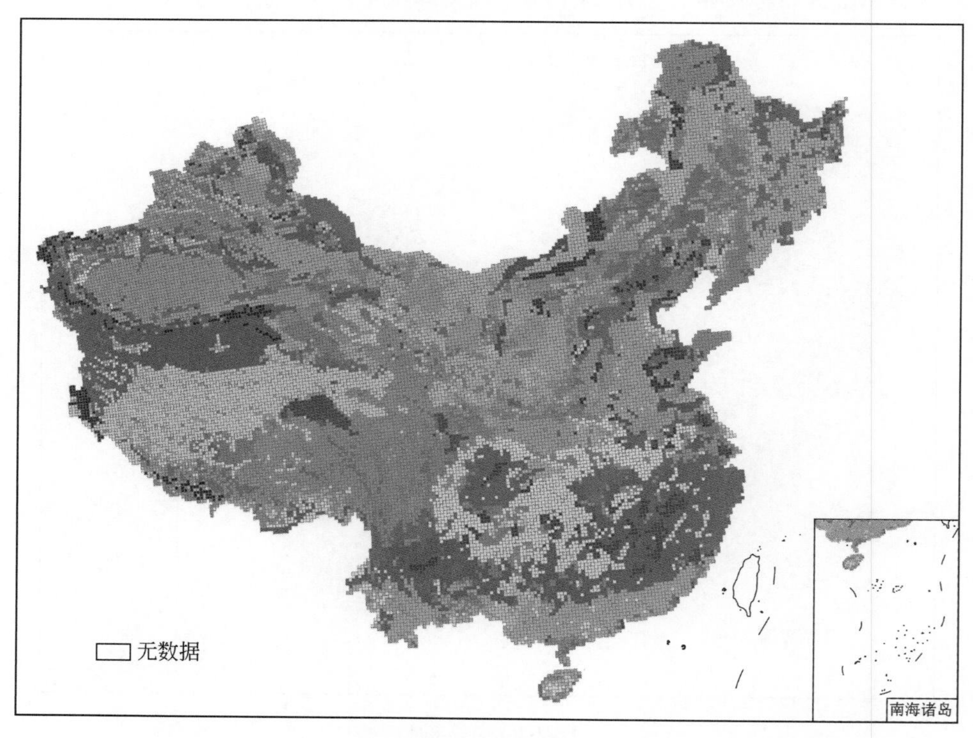

图 9-3　土壤类型

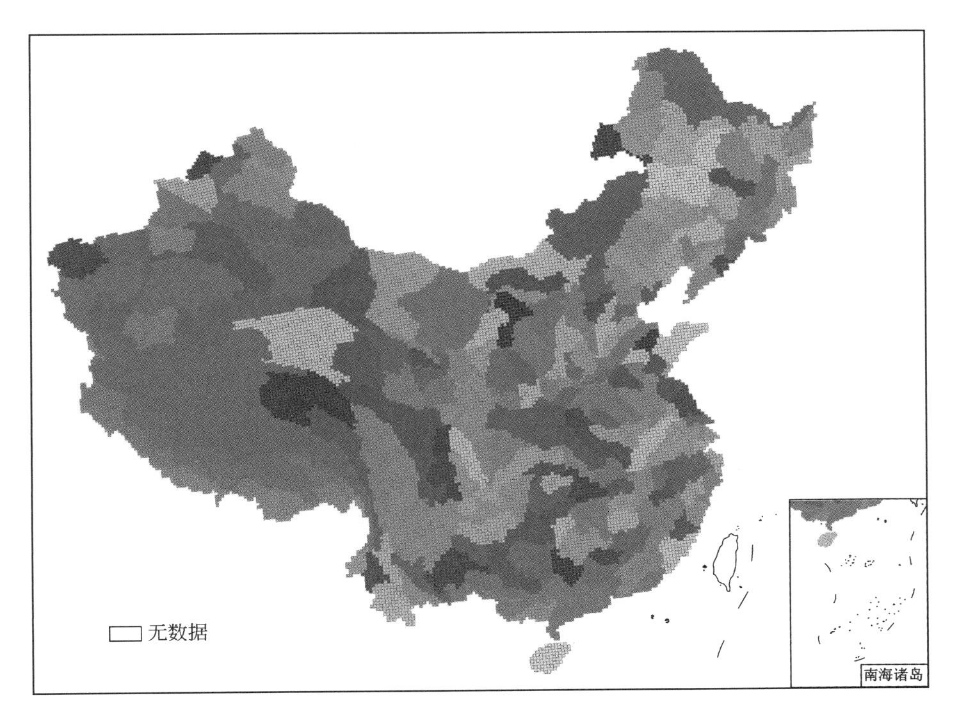

图 9-4　水资源三级区

本章所使用的气象资料采用中国气象局国家气候中心提供的 1961 ~ 2012 年中国区域 756 站逐日监测数据，考虑到资料的连续性，在资料处理过程中剔除了单月序列缺测 3a 及以上的站点，剩余 542 个（图 9-5）。对监测资料不连续的站点进行了插补，插补方法为选用该站附近并与该站线性相关最高的站进行线性插补，相关系数绝大多数在 0. 9 以上，极少数站相关系数在 0. 75 以上，使插补后资料在气候分析中是可靠的。

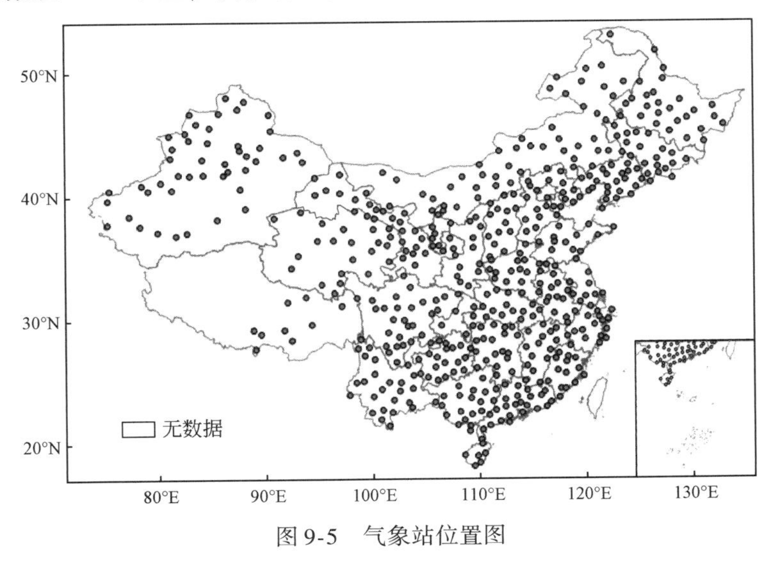

图 9-5　气象站位置图

根据542个气象站的逐日日最高温度、日最低温度、日平均相对湿度、日照时数和风速等气象资料，采用Penman-Monteith公式计算各气象站逐日潜在蒸发量PE。根据各气象站逐日潜在蒸发量PE，汇总得到逐月PE。选取的几个代表性气象站1960～2012年逐日潜在蒸发量如图9-6所示。

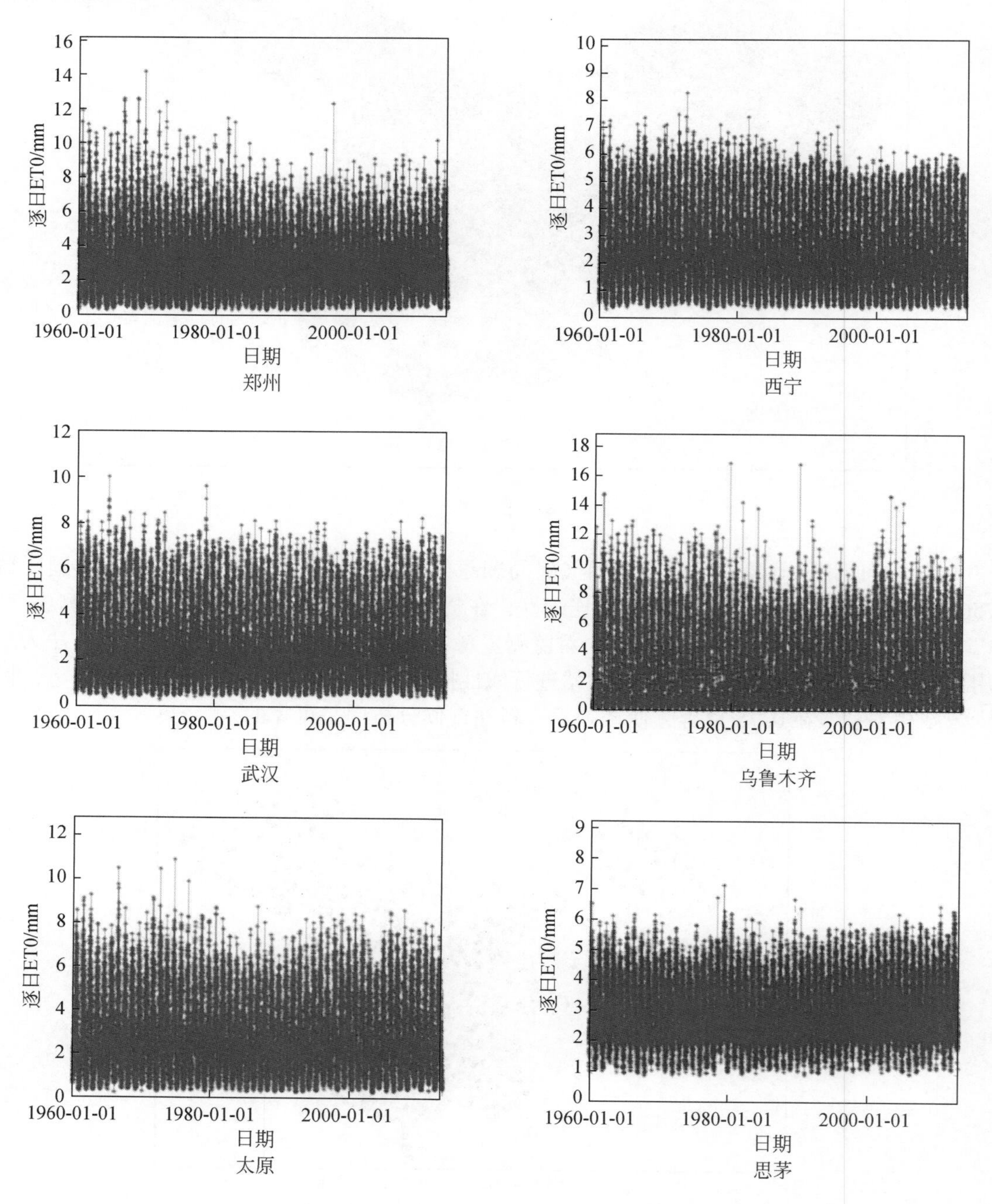

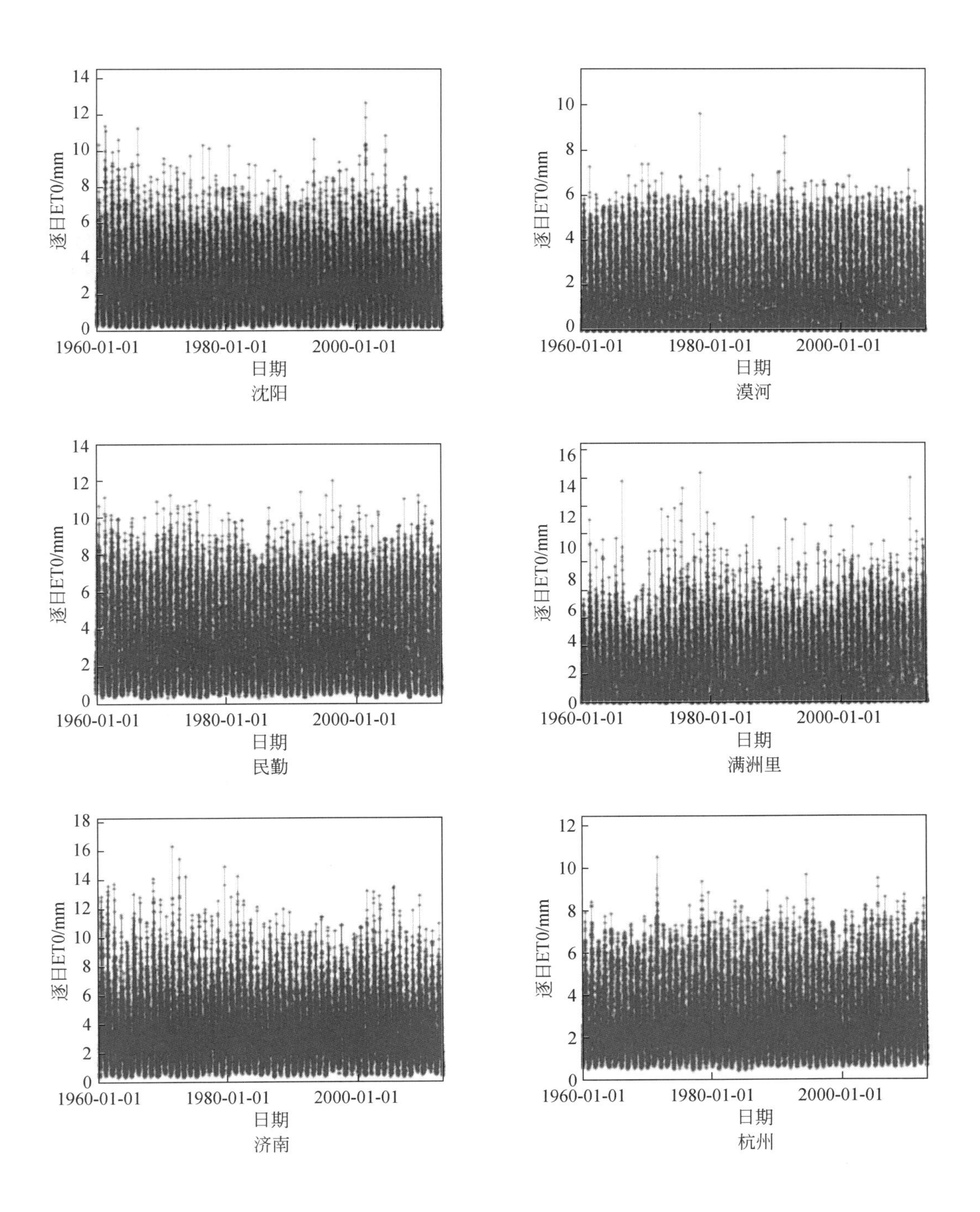

逐日ET0/mm
日期
1960-01-01
1980-01-01
2000-01-01
沈阳
漠河
民勤
满洲里
济南
杭州

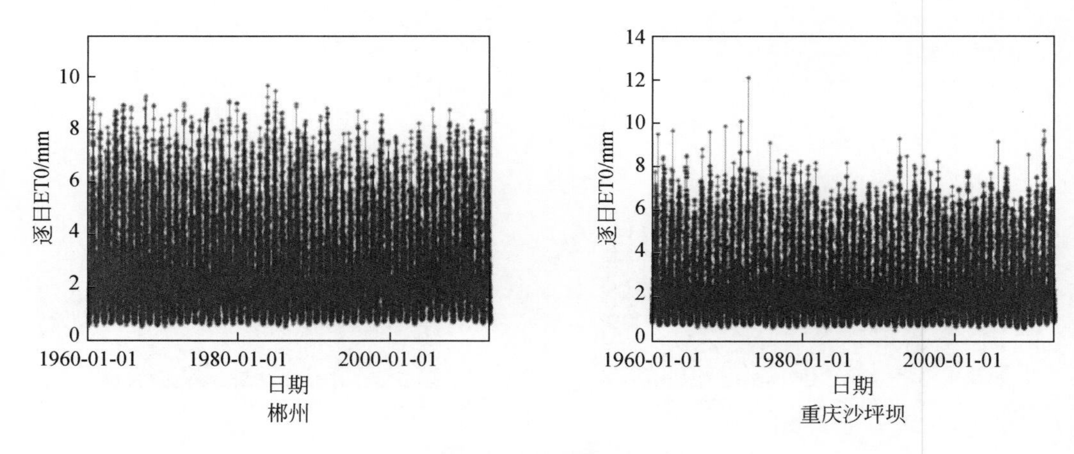

图 9-6　逐日潜在蒸发量

根据各气象站逐月潜在蒸发量，利用 ArcGIS 平台和 Python 语言，采用 Kriging 插值法对潜在蒸发量进行空间展布。以 2012 年 3 月、6 月、9 月和 12 月为例，各气象站月潜在蒸发量空间展布后的全国潜在蒸发量如图 9-7 所示。

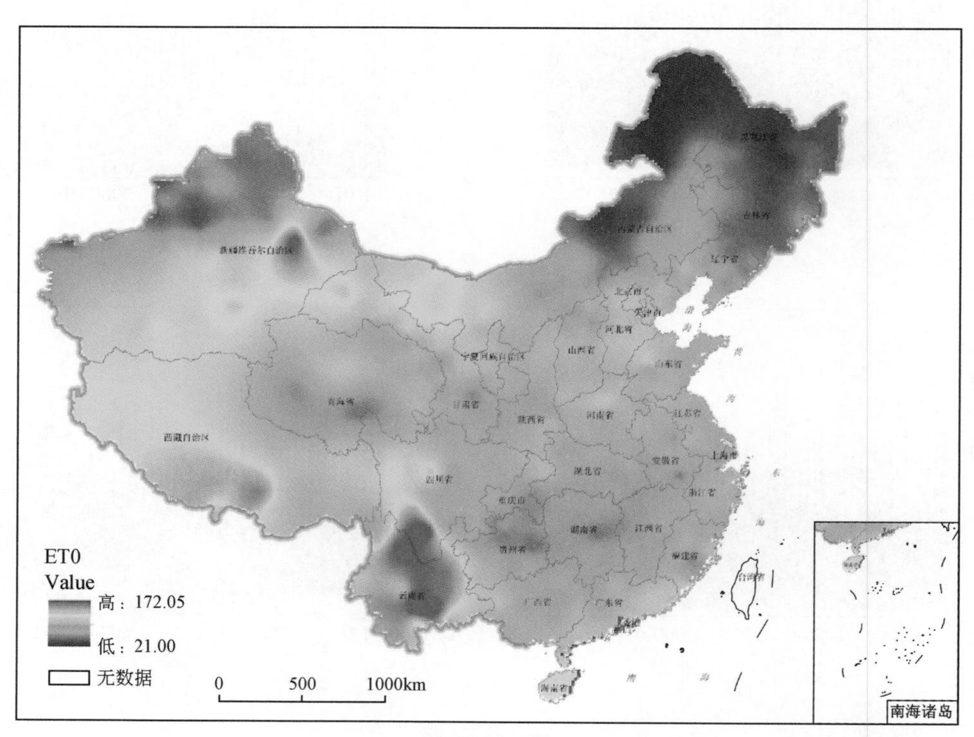

(a) 2012年3月

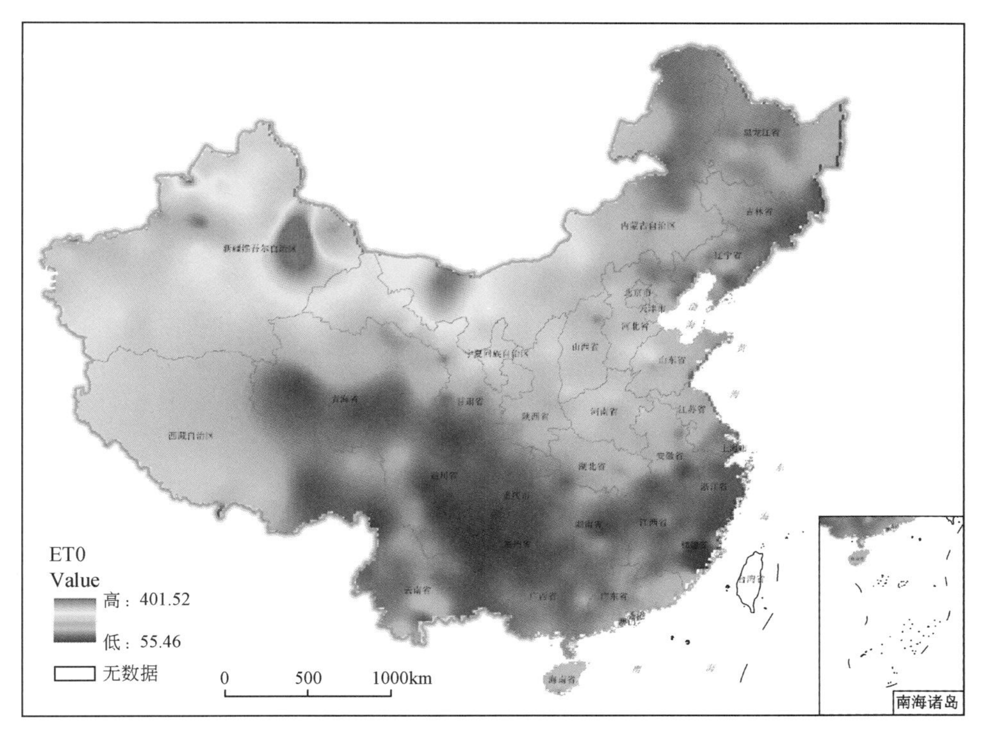

(b) 2012年6月

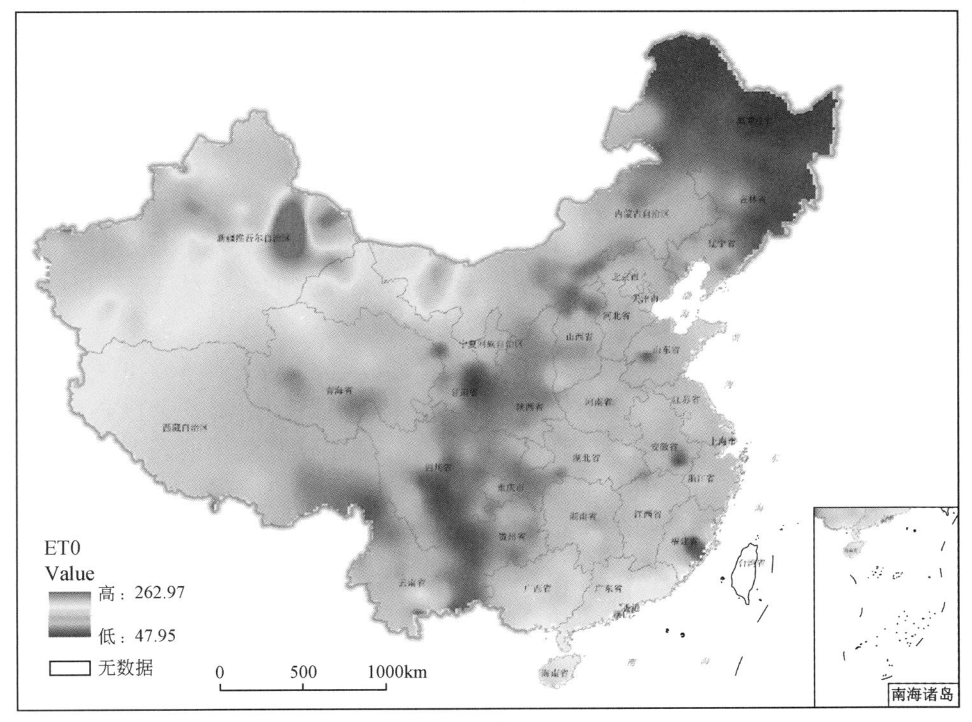

(c) 2012年9月

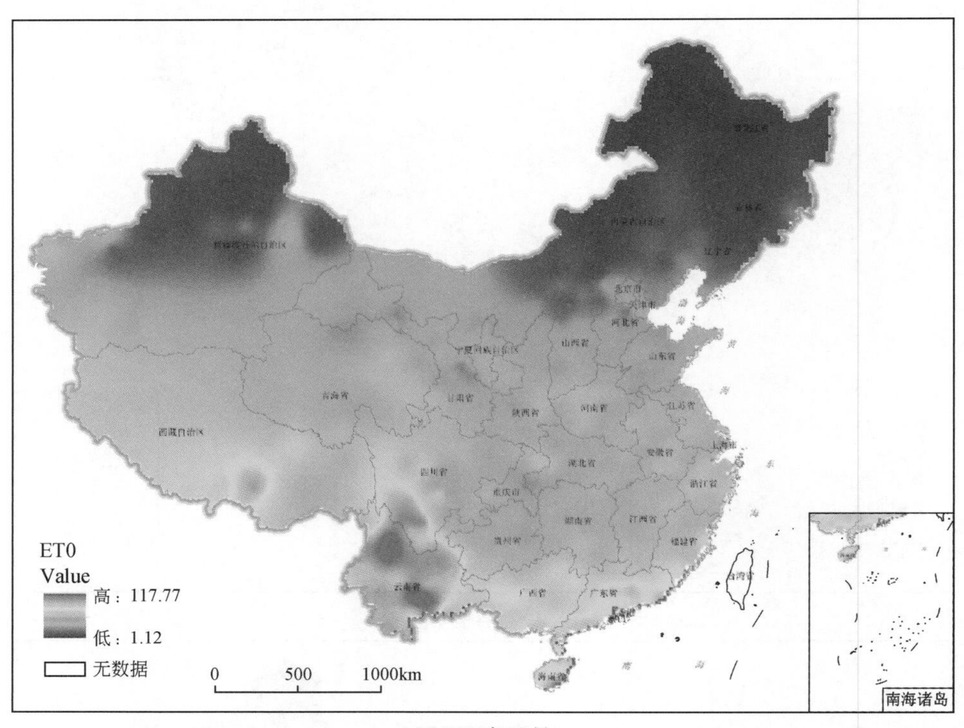

(d) 2012年12月

图 9-7　2012 年潜在蒸发量

采用 Penman-Monteith 公式计算潜在蒸发量 PE，利用大尺度水文模型，计算实际蒸发量 ET、实际径流量 RO、土壤有效含水量 S，土壤有效含水量的变化量 ΔS，其他水量平衡分量的实际值和可能值采用 PDSI 水文账统计方法计算。

计算气候适宜值和水分距平指数，根据干旱历史资料，确定指数 x 值与水分亏缺 z 值和干旱持续时间 t 之间的关系。首先，根据历史干旱资料，绘制各个代表性地点最旱时期的持续月数 t 与累积的 z 的散点图（图 9-8），并假定这些最旱时段为极端干旱，令 $x=-4.0$ 作图，将纵坐标按正常到极端分成 4 等份，作出另外 3 条直线，分别表示严重中等和轻微干旱，相应的 x 值分别等于−3.0、−2.0 和−1.0。根据散点图可以确定干旱指数 x 与水分距平值 z 和持续时间 t 之间的函数关系。

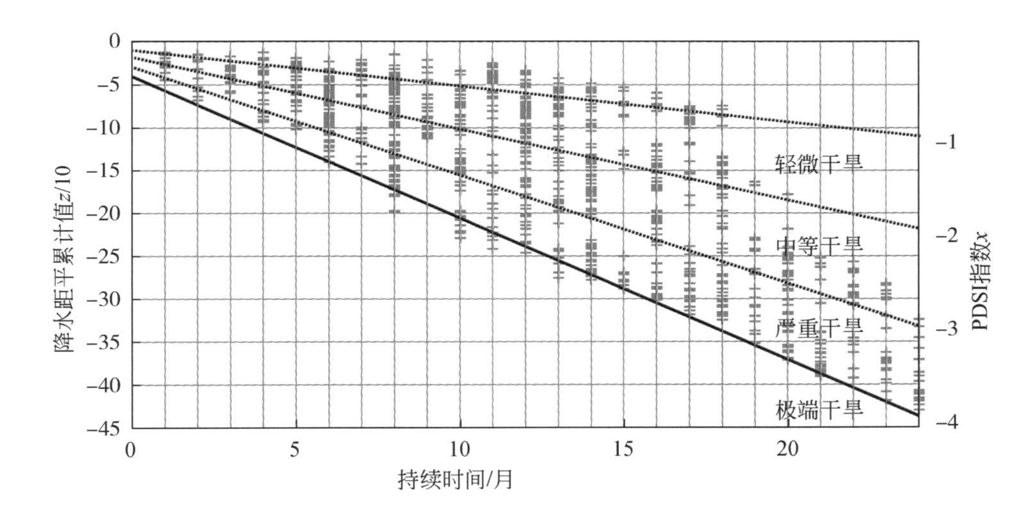

图 9-8　干旱等级与水分距平值累积量和持续时间的关系

Palmer 旱度模式是利用有限的站点资料建立的，用在其他地区往往不适用，因为相同的水分距平指数 z 在不同的地区干旱程度往往是不一样的。为了使该模式具有更好的空间适用性，需要对权重因子进行修正，重新确定水分距平指数 z。在修正气候特征系数 K 的基础上，建立修正的 Palmer 干旱指数计算公式：

$$x_i = \sum_{t=1}^{i} z_i/(9.93t + 120.66) \tag{9-1}$$

利用修正的 Palmer 干旱指数计算公式分析了 1960～2010 年干旱时空变化。典型站点和全国范围的干旱时空变化如图 9-9 和图 9-10 所示。

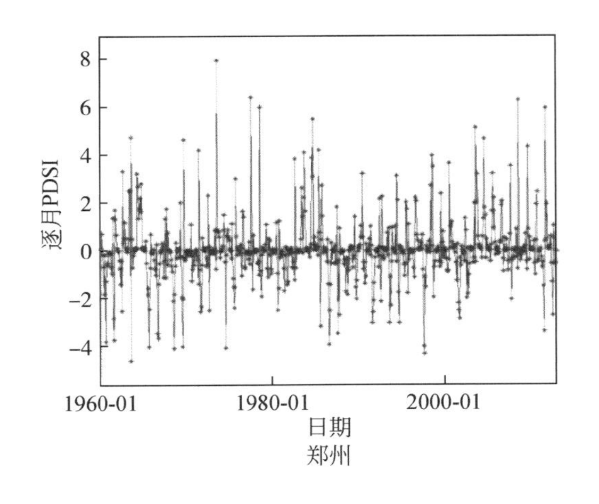

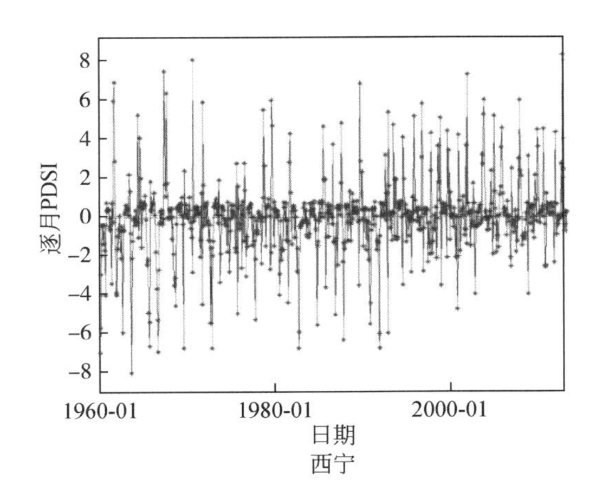

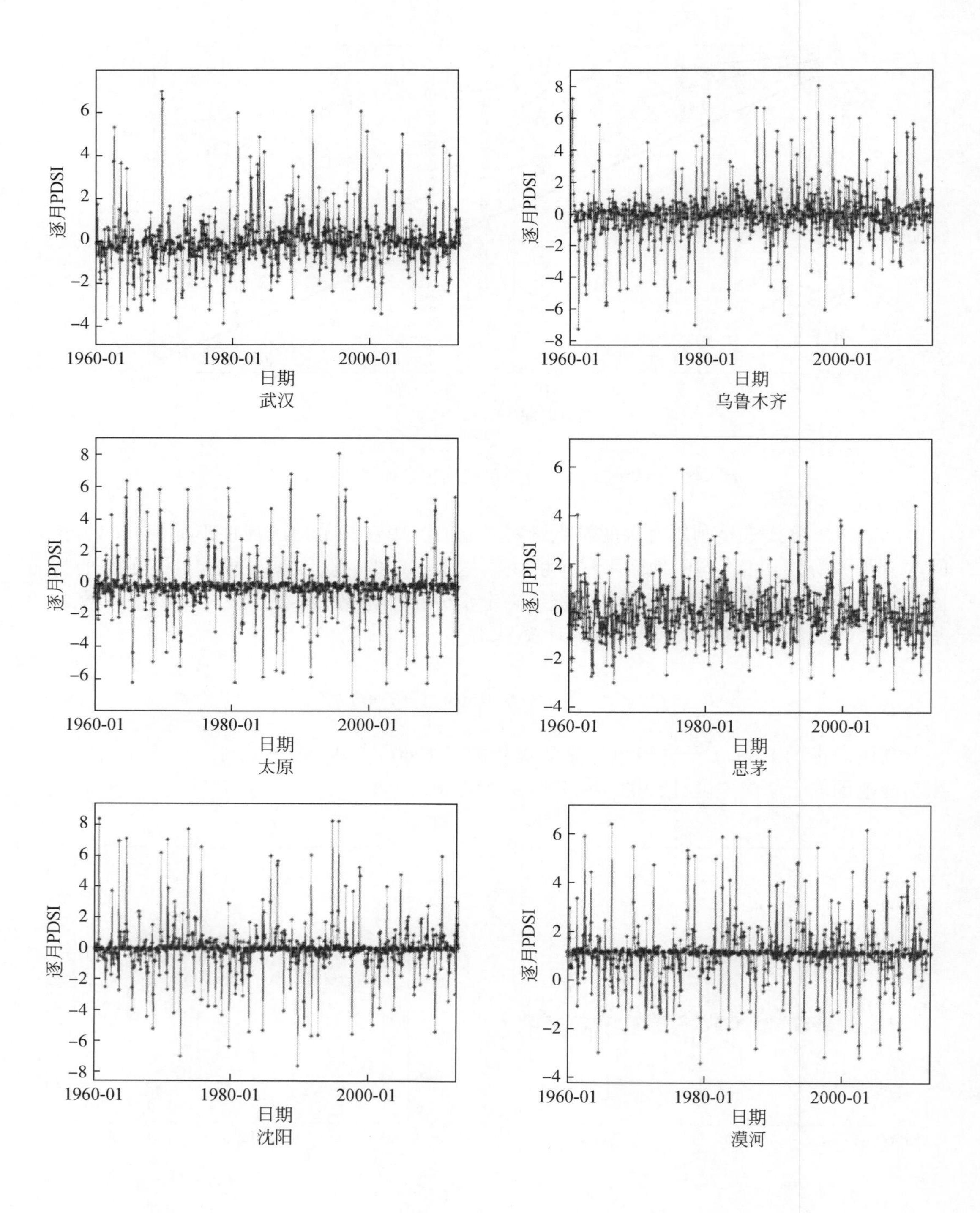
逐月PDSI
日期
1960-01
1980-01
2000-01
武汉
乌鲁木齐
太原
思茅
沈阳
漠河

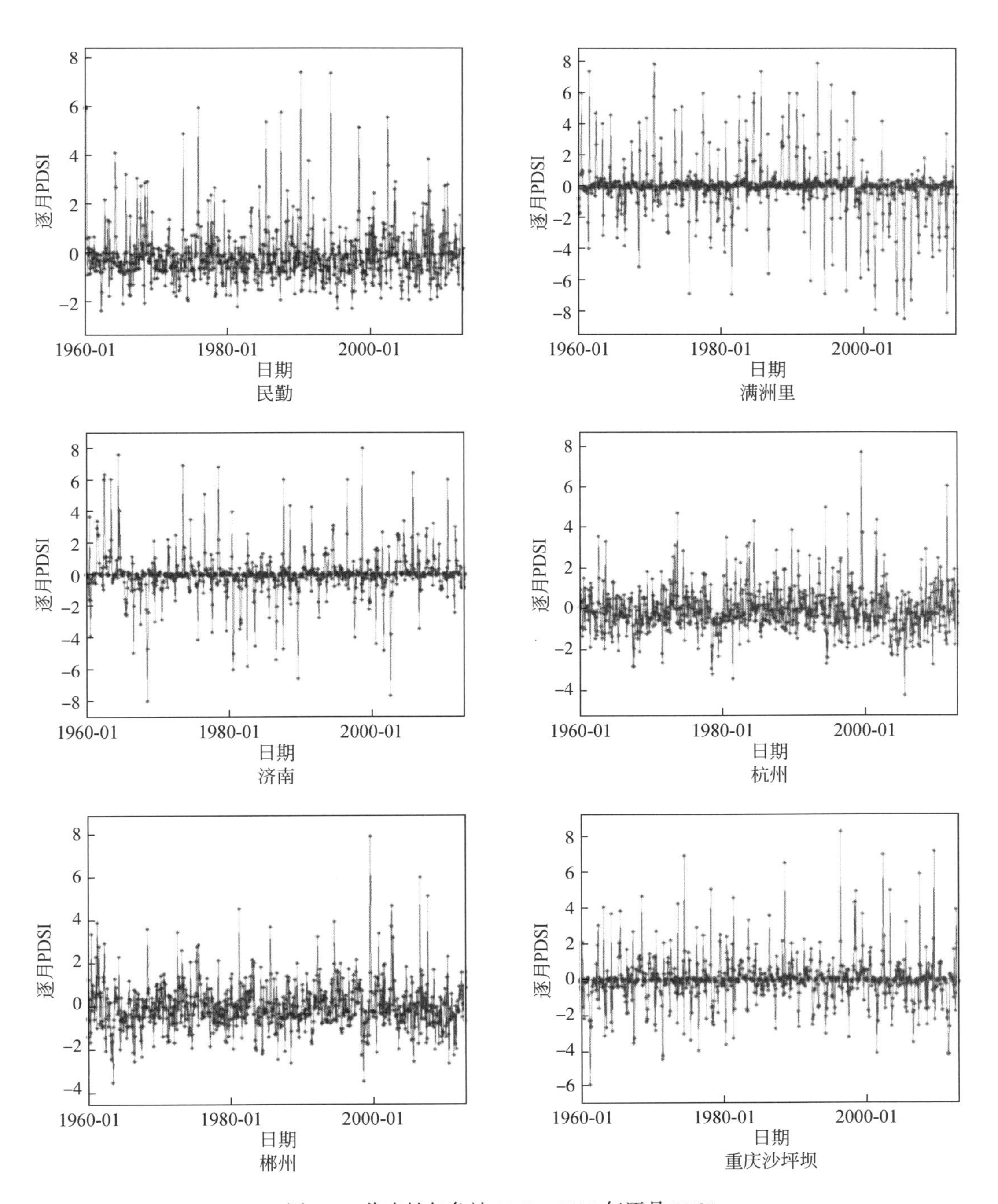

图 9-9 代表性气象站 1960 ~ 2012 年逐月 PDSI

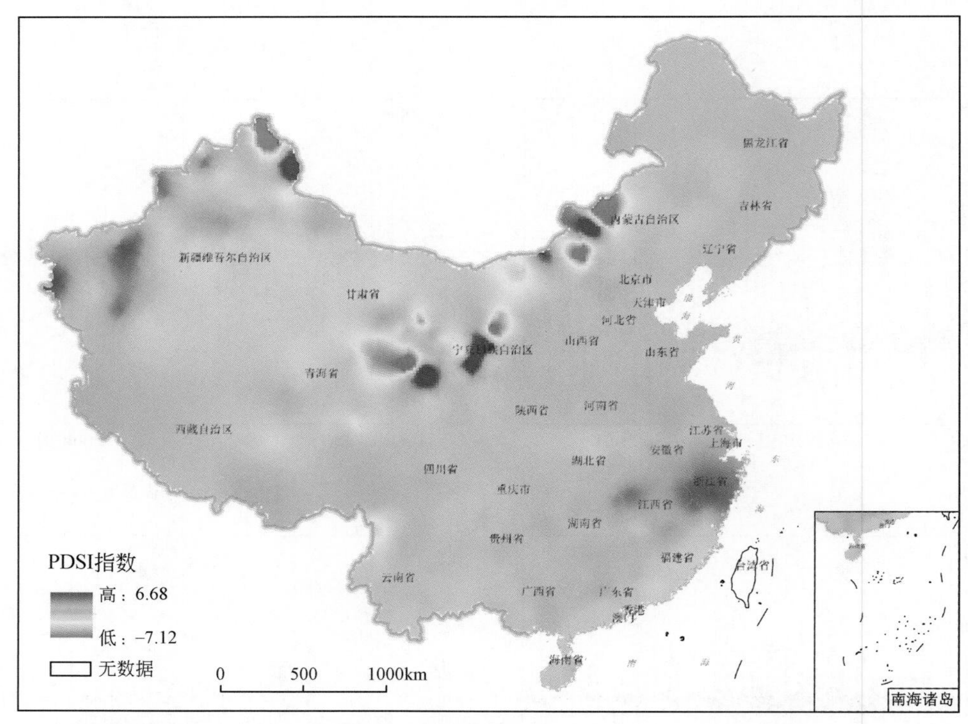

(a) 2012年3月

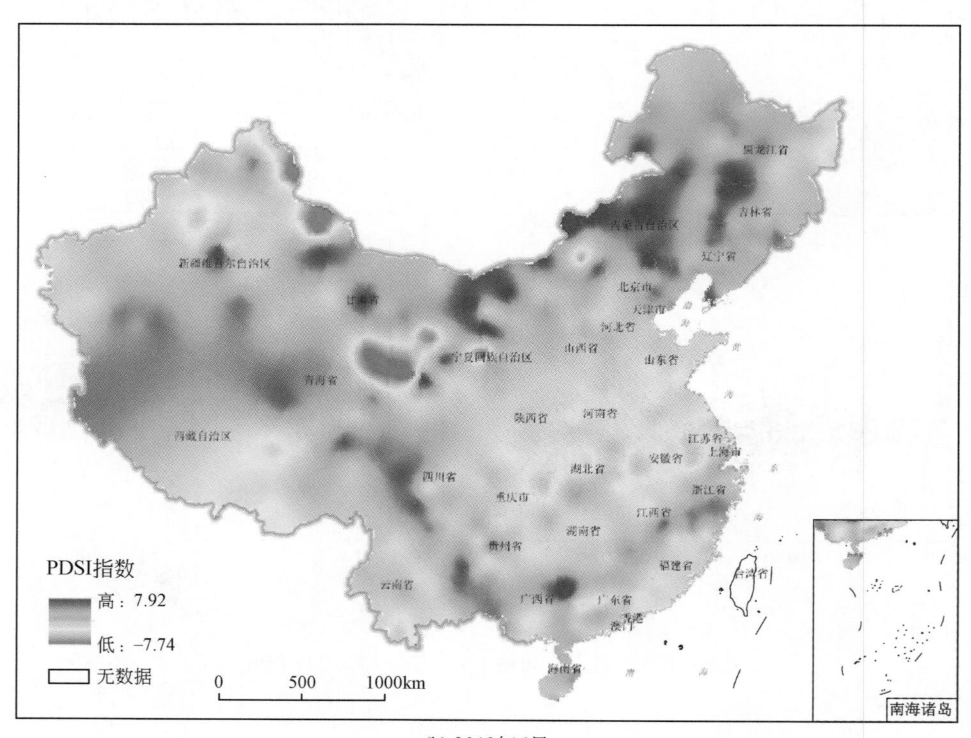

(b) 2012年6月

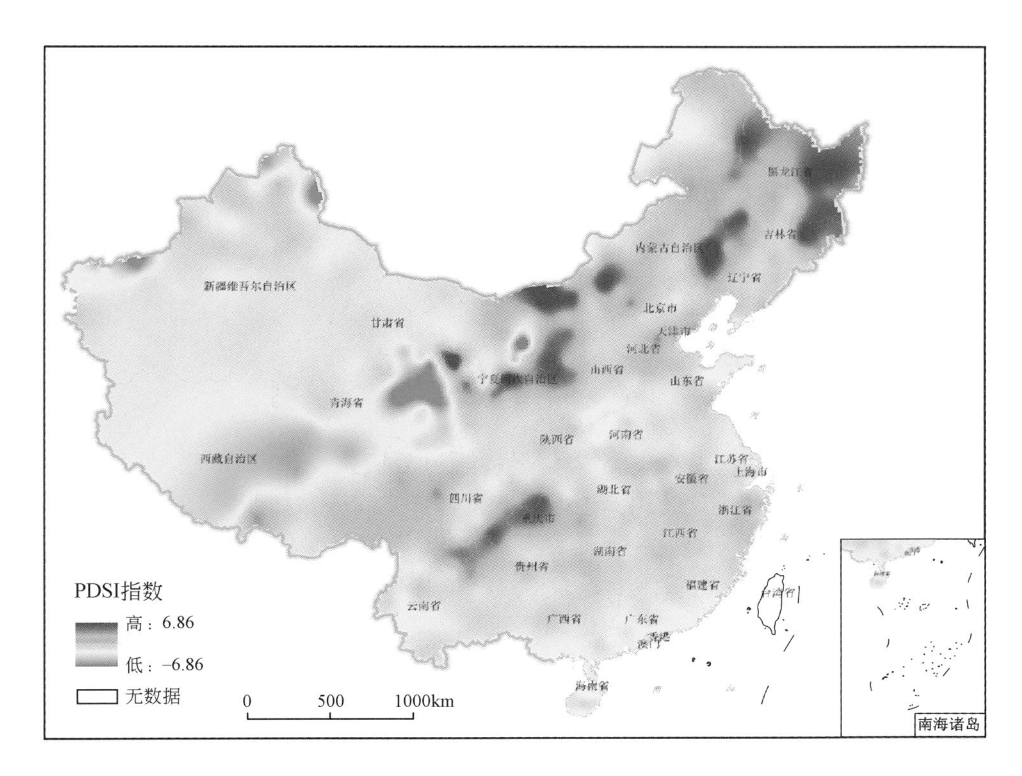

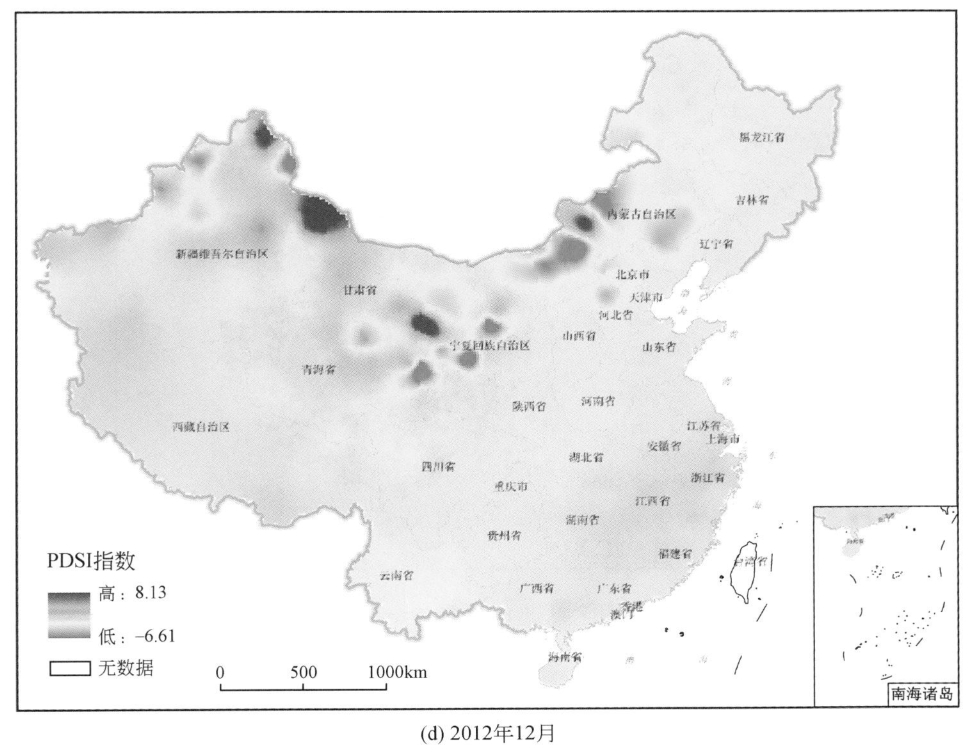

(d) 2012年12月

图 9-10　2012 年 PDSI 指数

9.2　中国干旱时空变化特征

根据 Palmer 干旱指数，采用统计方法从变化趋势、突变特征和周期性特征等方面分析我国 1960～2012 年干旱时空变化特征。

9.2.1　干旱变化趋势性

1. PDSI 指数年变化趋势

根据 542 个气象站的年干旱指数，采用线性趋势分析法，计算各气象站年 PDSI 指数变化趋势，1960～2012 年中国区域 PDSI 指数变化趋势空间分布如图 9-11 所示。根据各站点 1960～2012 年 PDSI 指数年变化率计算结果，PDSI 指数年变化率空间分布如图 9-12 所示。从 PDSI 指数年变化率分布整体上看，东北、华北和西南地区 PDSI 指数年变化率整体上小于 0，呈现干旱趋势，部分地区变化率低于 0.01，干旱趋势显著；东南、中南和西北地区 PDSI 指数年变化率大于 0，呈现湿润趋势，新疆则更为明显，超过了 0.006。

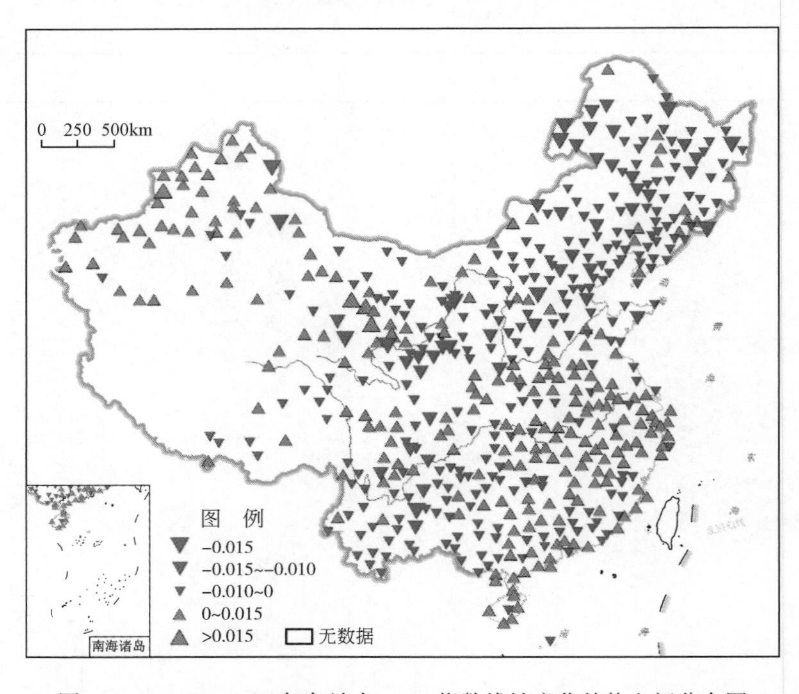

图 9-11　1960～2012 年各站点 PDSI 指数线性变化趋势空间分布图

542 个气象站 1960～2012 年 PDSI 指数年线性变化率统计结果见表 9-1，其中显著性水平分析采用 Mann-Kendall 趋势分析法得到。在全年尺度下 PDSI 指数下降的站点数量是上升站点数量的 1.3 倍，整体呈下降的趋势，但下降的趋势不显著。

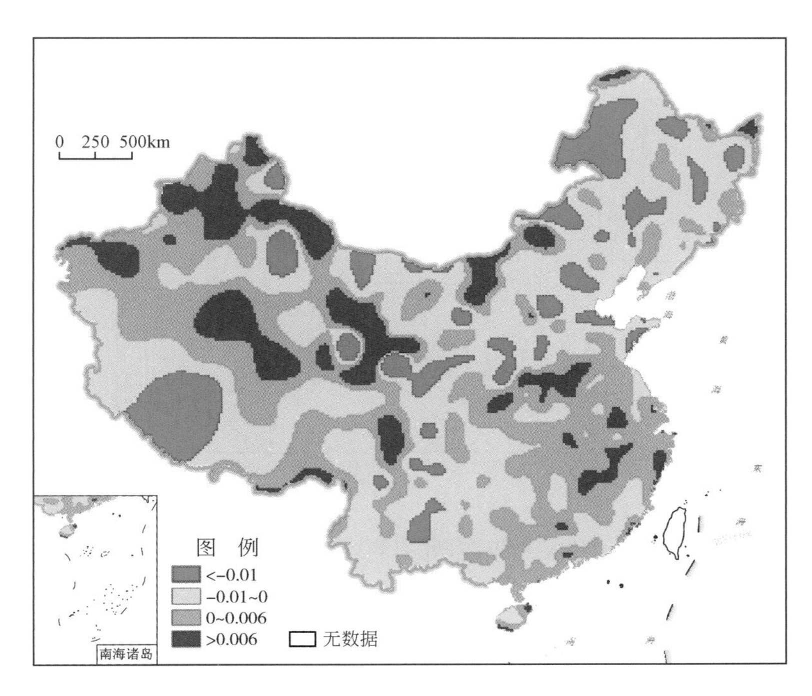

图 9-12　1960 ~ 2012 年全国 PDSI 指数线性变化趋势空间分布图

表 9-1　年 PDSI 干旱指数线性变化率统计

时间尺度	增加的站点数					降低的站点数				
	0.01 显著性水平	0.05 显著性水平	0.1 显著性水平	不显著	合计	0.01 显著性水平	0.05 显著性水平	0.1 显著性水平	不显著	合计
全年	16	28	30	161	235	14	49	42	202	307
春季	5	26	32	167	230	14	35	40	223	312
夏季	26	51	31	187	295	15	31	38	163	247
秋季	7	20	11	119	157	24	73	70	218	385
冬季	26	52	51	225	354	17	20	20	131	188

根据各气象站点统计得到的 1960 ~ 2012 年全国逐年年均 PDSI 指数计算结果，1960 ~ 2012 年年均 PDSI 指数及其线性趋势如图 9-13 所示。1960 ~ 2012 年，全国年均 PDSI 指数整体上呈下降趋势，其中最大值年份为 1964 年，PDSI 超过 0.3，说明当年的气候湿润，最小值年份为 1997 年，低于-0.2，而 1998 年 PDSI 指数为 0.27，PDSI 的变化与我国在 1997 年和 1998 年受厄尔尼诺现象影响出现的 1997 年干旱和 1998 年涝灾现象保持一致。从 PDSI 干旱指数 5a 滑动平均曲线和线性变化趋势计算结果可知，我国年均 PDSI 指数呈现出明显的下降趋势，反映了我国存在干旱化趋势。

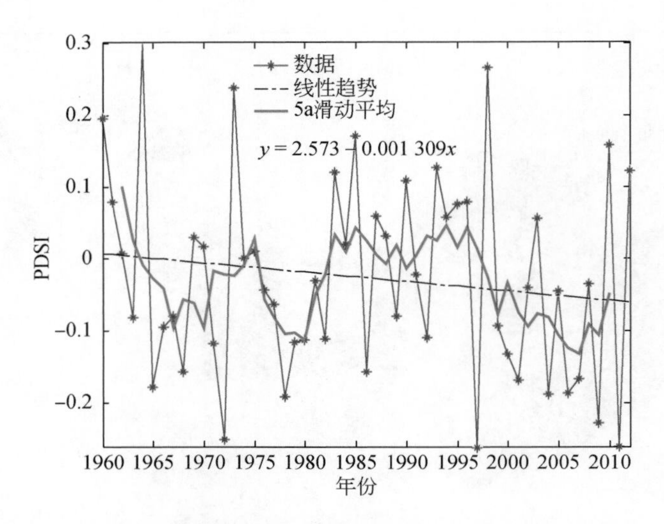

图 9-13　1960～2012 年年均 PDSI 指数及其线性趋势

2. PDSI 指数不同季节变化趋势

根据各站点 1960～2012 年春季（3～5 月）、夏季（6～8 月）、秋季（9～11 月）和冬季（12 月至翌年 2 月）PDSI 指数，不同季节 PDSI 指数线性变化统计见表 9-1，不同季节全国 PDSI 指数变化过程及其线性趋势如图 9-14 所示。

春季 PDSI 指数线性变化率降低的站点数量是变化率增加的站点数量的 1.36 倍，表明 1960～2012 年春季全国大多数地区呈干旱趋势。由全国春季平均 PDSI 指数变化过程及其线性趋势图可知，PDSI 指数最大值的年份为 1973 年，指数超过了 0.4，最小值年份为 2011 年，指数低于 −0.4。1960～2012 年春季 PDSI 指数曲线线性拟合趋向率为 −0.019/10a，为不显著性水平，表明 1960～2012 年我国春季呈现逐渐干旱趋势，但干旱趋势不显著。夏季 PDSI 指数线性变化率上升的站点数量与下降的站点数量基本相当。由

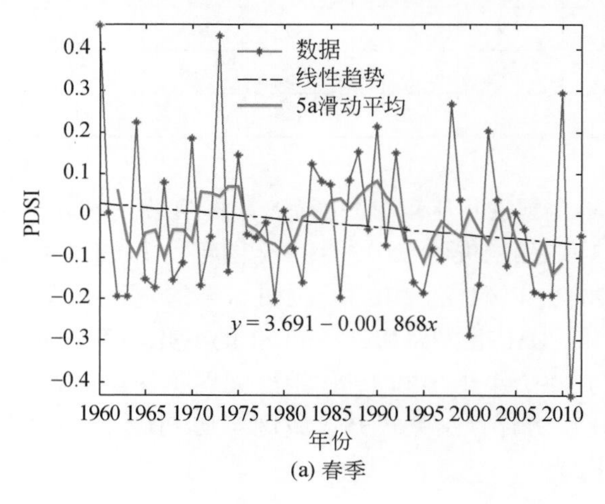

(a) 春季

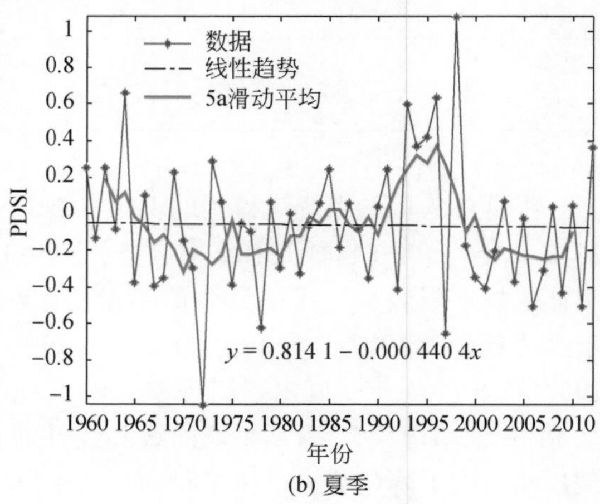

(b) 夏季

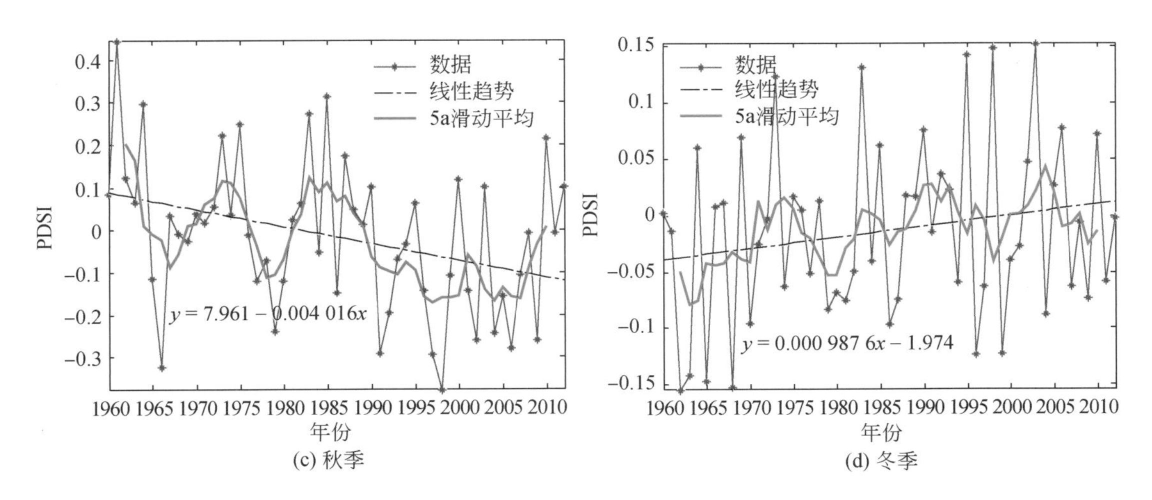

(c) 秋季
(d) 冬季

图 9-14　1960～2012 年各季全国平均 PDSI 指数及其线性趋势

全国夏季平均 PDSI 指数变化过程及其线性趋势图可知，PDSI 指数最大值年份为 1998 年，指数超过了 1，最小值年份为 1972 年，指数低于-1，1997 年 PDSI 指数也较低，这与我国 1972 年和 1997 年的大旱及 1998 年的强降雨相吻合。1960～2012 年夏季 PDSI 指数曲线线性拟合趋向率为-0.004/10a，为不显著性水平，表明 1960～2012 年我国夏季呈现逐渐干旱趋势，但干旱趋势不显著。秋季 PDSI 指数线性变化率降低的站点数量远远大于变化率增加的站点，表明 1960～2012 年秋季全国大多数地区呈干旱趋势。由全国秋季平均 PDSI 指数变化过程及其线性趋势图可知，PDSI 指数最大值的年份为 1961 年，指数超过了 0.4，最小值的年份为 1998 年，指数低于-0.3。1960～2012 年秋季 PDSI 指数曲线线性拟合趋向率为-0.04/10a，满足 99% 显著性水平检验，表明 1960～2012 年我国秋季呈现逐渐干旱趋势，且干旱趋势显著。冬季 PDSI 指数线性变化率降低的站点数量小于变化率增加的站点数量，表明 1960～2012 年冬季全国大多数地区呈现变湿的趋势。由全国冬季平均 PDSI 指数变化过程及其线性趋势图可知，PDSI 指数最大值的年份为 2003 年，指数超过了 0.15，较低的年份为 1962 年和 1968 年，均低于-0.15。1960～2012 年夏季 PDSI 指数曲线线性拟合趋向率为 0.01/10a，满足 90% 显著性水平检验，表明 1960～2012 年我国冬季呈现逐渐湿润的趋势，且趋势比较显著。

根据各站点 1960～2012 年 PDSI 指数春季、夏季、秋季、冬季的变化率计算结果，全国不同季节 PDSI 指数年变化率空间分布如图 9-15 所示。

春季全国大部分地区干旱程度均有增加的趋势，尤其是华中、华南、华东的大部分地区、东北、华北和西北的部分地区，PDSI 指数年变化率范围在-0.01～0，呈干旱化趋势，且内蒙古、华中部分地区 PDSI 指数年变化率小于-0.01，有些地区甚至低于-0.03，干旱化趋势明显。东北、华北、西南大部分地区 PDSI 指数年变化率范围在 0～0.02，少数地区甚至大于 0.02，表明上述地区气候呈现变湿润的趋势。夏季 PDSI 指数年变化率存在明显的分区性，从东北到西南地区形成一条 PDSI 指数年变化率小于 0 的带，东北和西南区域

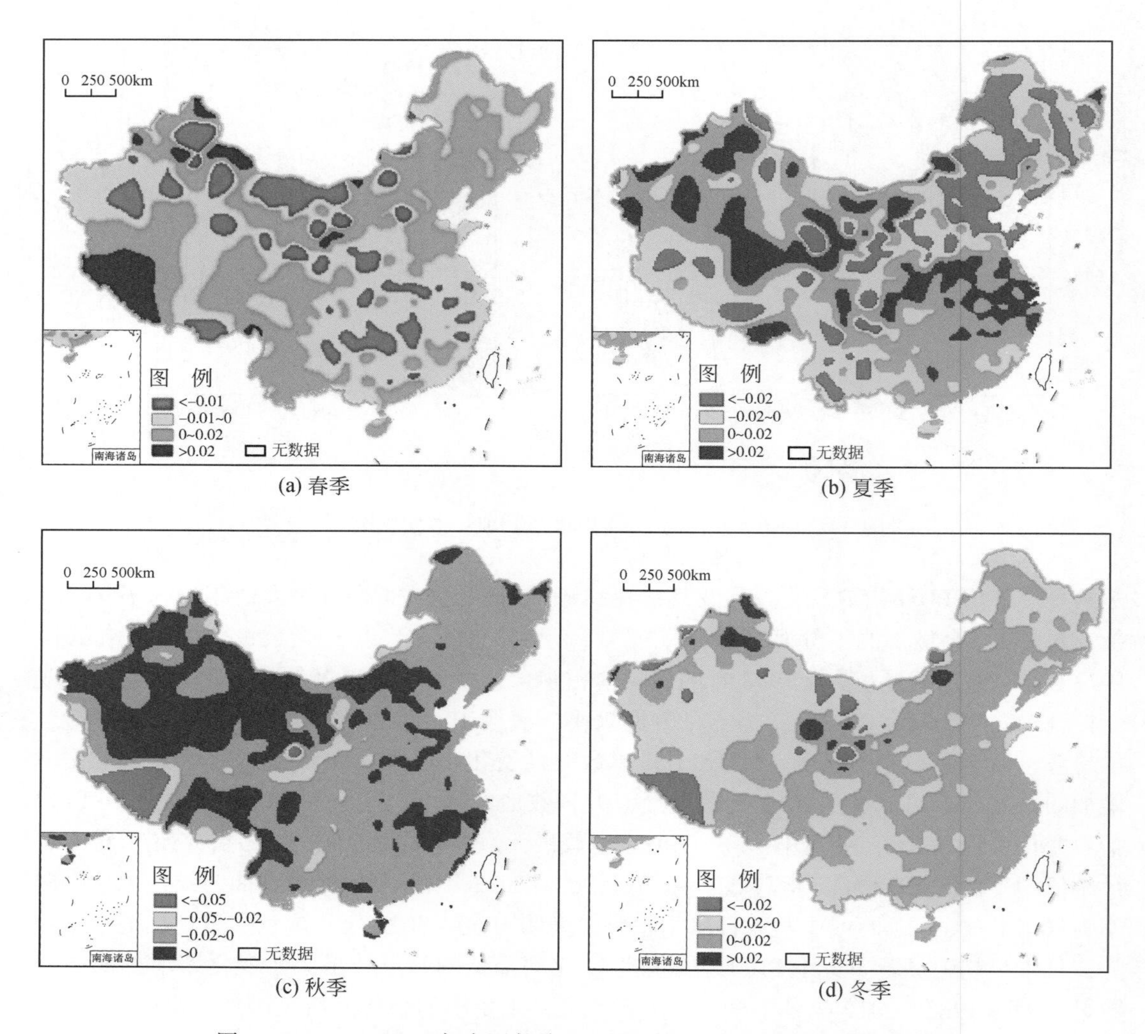

(a) 春季

(b) 夏季

(c) 秋季

(d) 冬季

图 9-15 1960 ~ 2012 年全国各季 PDSI 指数线性变化趋势空间分布图

干旱明显，且部分地区 PDSI 指数年变化率达到-0.05，干旱趋势性较强。而从东南向西北延伸形成一条 PDSI 指数年变化率大于 0 的带，存在变湿趋势，且在华中、华东、和西北部分地区 PDSI 指数年变化率达到 0.05，湿润化趋势显著。秋季全国大部分地区 PDSI 指数年变化率范围在-0.02 ~ 0，表明全国大部分地区秋季存在明显的干旱化趋势。但西北地区，特别是新疆、青海、甘肃地区，PDSI 指数年变化率大于 0，呈湿润趋势。冬季 PDSI 指数年变化率呈明显地域性分布，华中、华北和华东大部分地区，以及东北、西北的部分地区，PDSI 指数年变化率范围在 0 ~ 0.02，存在变湿的趋势。而西南、西北大部分地区及东北部分地区，PDSI 指数年变化率范围在-0.02 ~ 0，存在干旱化趋势，部分地区 PDSI 指数年变化率在-0.05 ~ -0.02，干旱趋势显著。

9.2.2 干旱变化的突变性

采用 Mann-Kendall 突变检验法对 1960 ~2012 年 PDSI 指数进行突变检验，结果如图 9-16 所示。

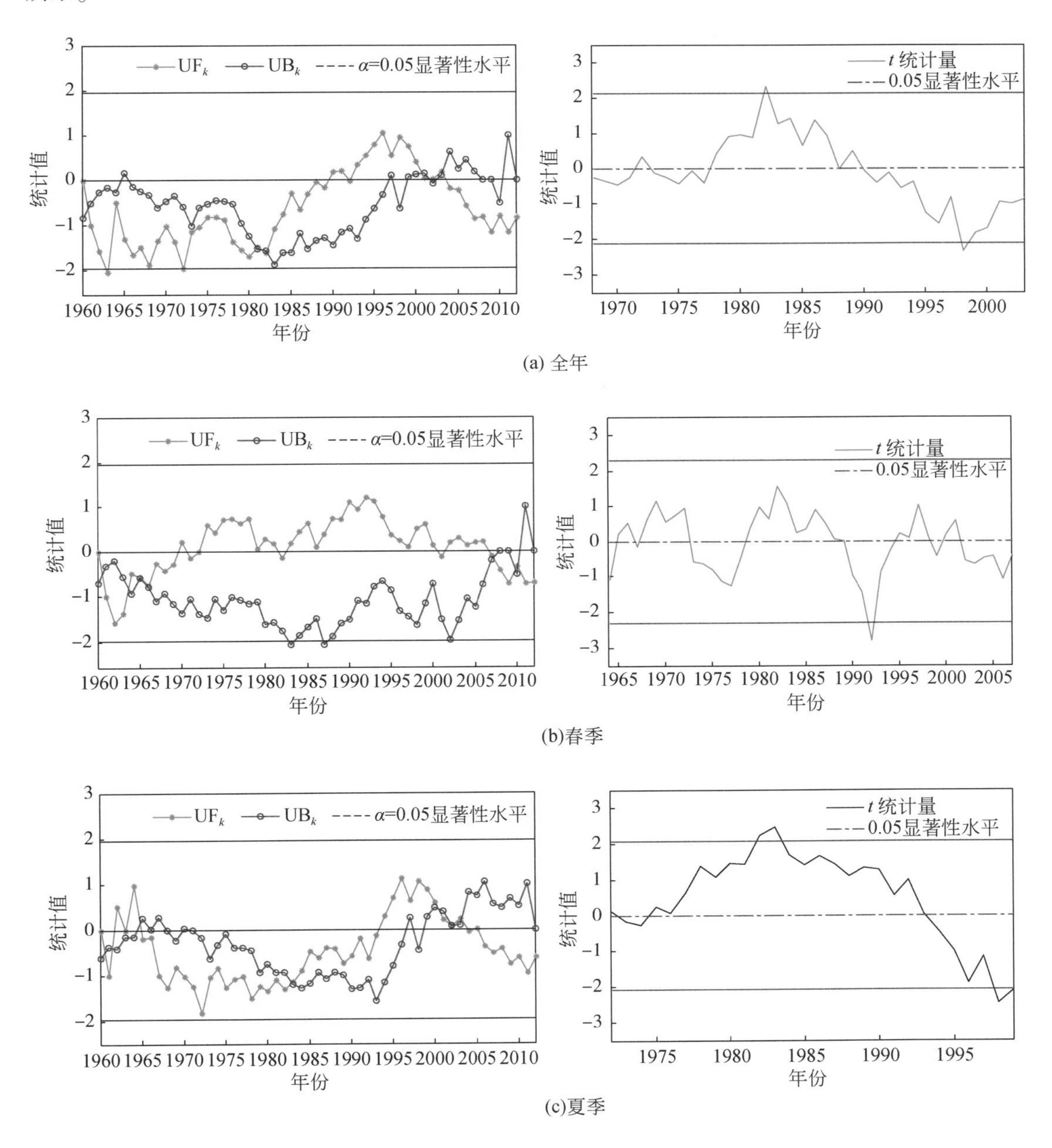

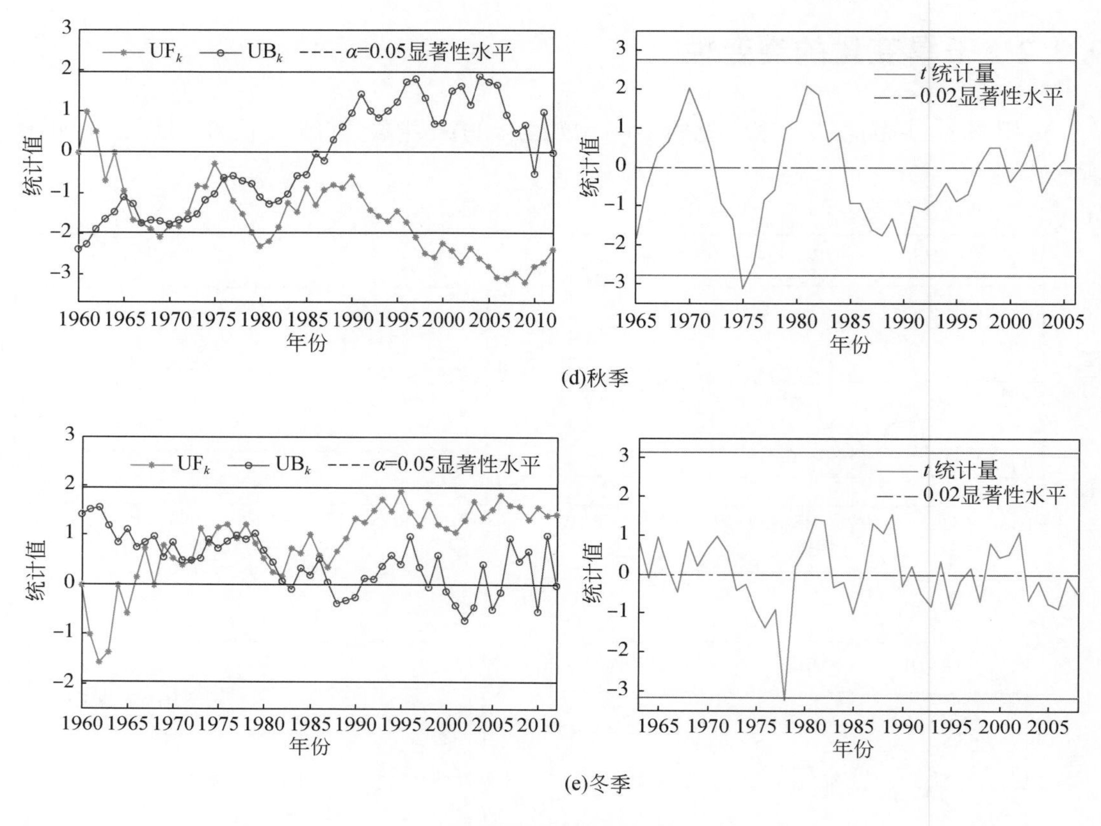

图 9-16　PDSI 指数突变分析结果

由年均 PDSI 指数 Mann-Kendall 突变曲线可知，1960 ~ 1989 年 UF_k 小于 0，1990 ~ 2003 年 UF_k 大于 0，2004 年以后 UF_k 小于 0。1960 ~ 1982 年 UF_k 小于 0，并上下波动，干旱变化不明显，1982 ~ 1996 年 UF_k 逐渐增加，并于 1990 年大于 0，呈湿润变化趋势，但未超过置信区间，趋势不显著。1996 ~ 2012 年 UF_k 逐渐降低，呈干旱化趋势，但未超过置信区间，趋势不显著。虽然 UF_k 与 UB_k 曲线之间存在多个交点，如 1961 年、1981 年、1982 年、2001 年、2003 年，但只在 1964 年 UF_k 曲线超过置信区间，因此我国年均 PDSI 指数突变性不显，即干旱变化突变性不显著。利用滑动 t 检验法对 1960 ~ 2012 年全国年均 PDSI 指数进行突变分析，当 $n_1=n_2=9$ 时，给定显著水平 $\alpha=0.05$，按 t 分布自由度 $v=16$，$t_{0.05}=\pm2.12$，根据 t 统计量序列图可知，统计量有两处超过 0.05 显著性水平，1982 年为正值，1998 年为负值，说明 1960 ~ 2012 年全国年均 PDSI 指数出现了明显的突变。而且当 n_1、n_2给定从 6a 到 15a 时，t 统计量序列曲线均在 1982 年超过 0.05 显著性水平。结合 Mann-Kendall 突变分析结果，可以认为 1982 年为全国年均干旱发生突变的时间。根据 Mann-Kendall 突变分析和滑动 t 检验法分析结果，1992 年、1983 年、1976 年、1978 年分别为全国春季、夏季、秋季和冬季干旱发生突变的时间。

9.2.3 干旱变化的周期性

为了解 1960 ~2012 年 PDSI 指数周期性变化特征，对 PDSI 指数时间序列进行小波分析。

由年均 PDSI 指数复 Morlet 小波系数实部图（图 9-17）可知，年均 PDSI 指数演化过程中存在多时间尺度特征。总体上，在 PDSI 指数演变过程中存在着 38 ~ 52a，12 ~ 24a 及 3 ~8a 的 3 类尺度的周期变化规律。其中，在 38 ~52a 尺度上出现了干-湿交替的准两次震荡；在 12 ~24a 时间尺度上存在准 5 次震荡。同时，38 ~52a 尺度的周期变化在整个分析时段表现得非常稳定，具有全域性；12 ~24a 和 3 ~8a 两个尺度的周期变化在整个分析时段不稳定，具有局部性，其中 12 ~24a 尺度在 1990 年前比较稳定。Morlet 小波系数的模是不同时间尺度变化周期所对应的能量密度在时间域中分布的反映，系数模值越大，表明其所对应时段或尺度的周期性就越强。从小波系数模等值线图（图 9-18）可知，在 PDSI 指数演化过程中，38 ~52a 时间尺度模值最大，说明该时间尺度周期变化最明显，在整个分析时段表现得非常稳定，具有全域性；15 ~22a 时间尺度的周期变化次之，但其周期变化具有局部性（1990 年以前），其他时间尺度的周期性变化较小。为确定 PDSI 指数演化过程中的主周期，采用 PDSI 指数小波方差图分析 PDSI 指数序列的波动能量随尺度的分布情况。根据 PDSI 指数的小波方差图（图 9-19），可知存在 4 个较为明显的峰值，依次对应 42a、18a、8a 和 4a 的时间尺度。其中，最大峰值对应 42a 的时间尺度，说明 42a 左右的周期震荡最强，为 PDSI 指数变化的第一主周期；18a 时间尺度对应着第二峰值，为 PDSI 指数变化的第二主周期，第三、第四峰值分别对应着 8a 和 4a 的时间尺度，依次为 PDSI 指数的第三和第四主周期。这说明上述 4 个周期的波动控制着 PDSI 指数在整个时间域内的变化特征。

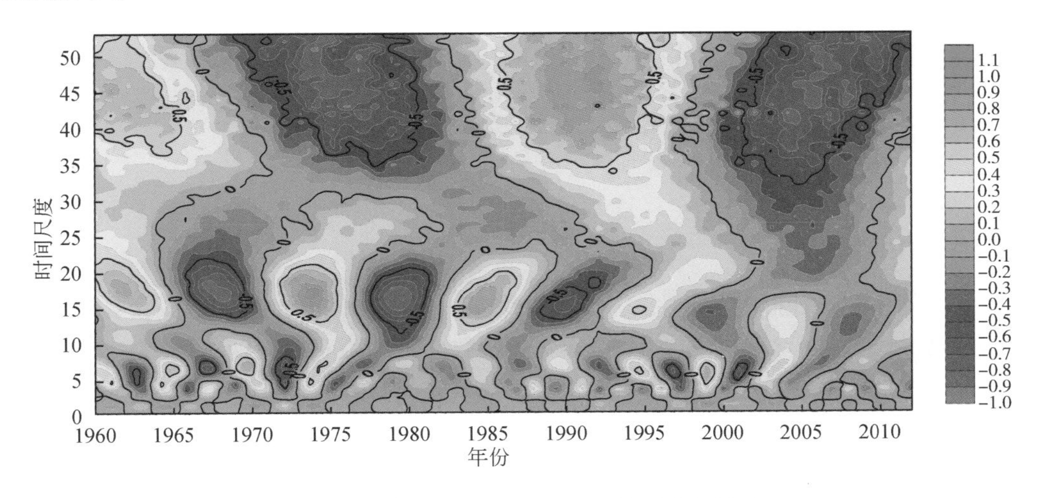

图 9-17 年均 PDSI 复 Morlet 小波系数实部图

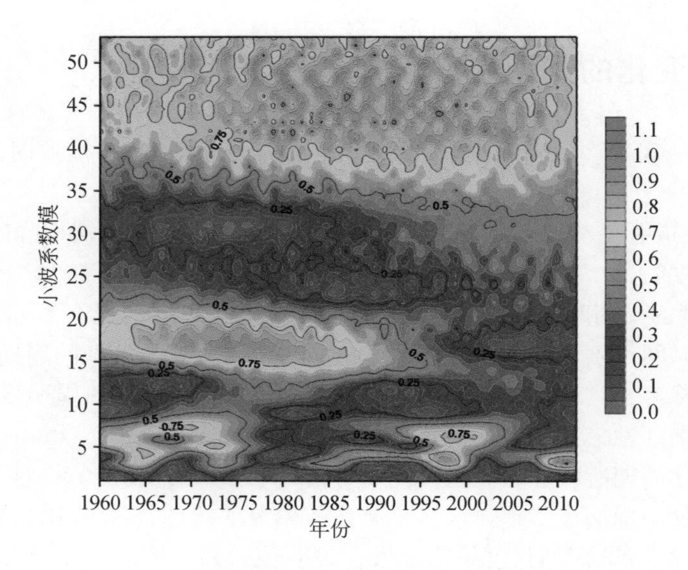

图 9-18　小波系数模等值线图

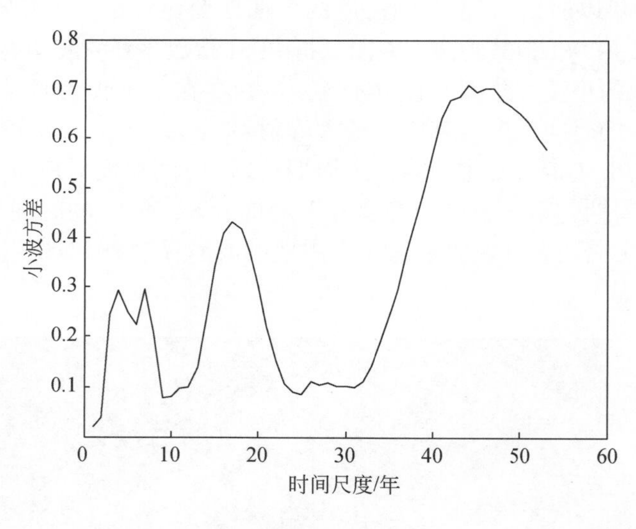

图 9-19　小波方差图

根据不同季节 PDSI 指数小波方差分析结果（图 9-20），春季 PDSI 指数存在 51a、21a、10a 和 5a 的时间尺度，其中 21a 为 PDSI 指数变化的第一主周期，第二、三、四主周期分别为 5a、10a 和 51a。夏季 PDSI 指数存在 46a、27a、18a、8a 和 4a 的时间尺度，其中 46a 为 PDSI 指数变化的第一主周期，第二、三、四、五主周期分别为 27a、18a、8a 和 4a。秋季 PDSI 指数存在 40a、19a、10a 和 4a 的时间尺度，其中 19a 为 PDSI 指数变化的第一主周期，第二、三、四主周期分别为 40a、10a 和 4a。冬季 PDSI 指数存在 4a、25a 和 14a 的时间尺度，其中 4a 为 PDSI 指数变化的第一主周期，第二、三主周期分别为 25a 和 14a。

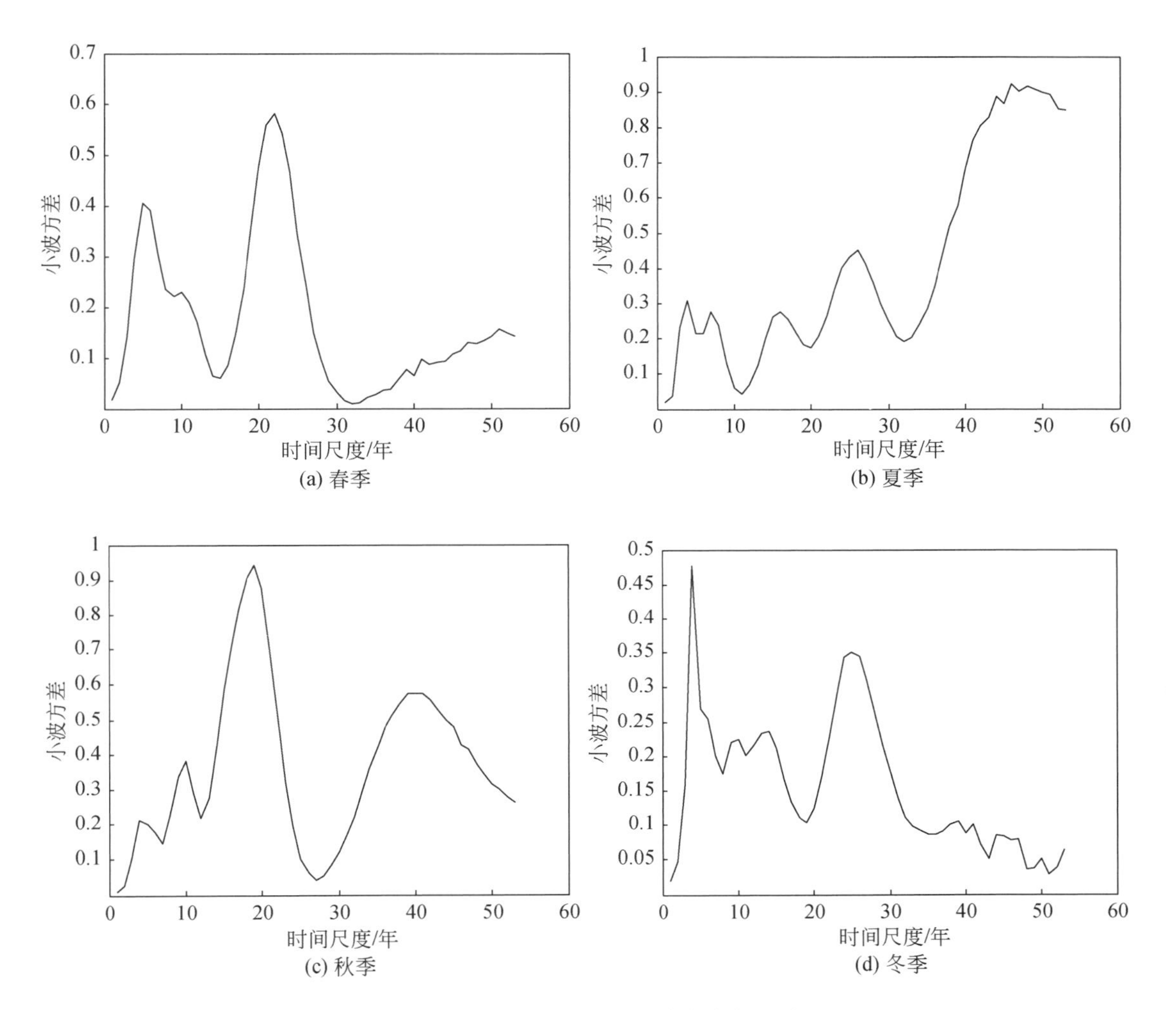

图 9-20　不同季节 PDSI 指数小波方差图

9.2.4　干旱气象成因分析

干旱成因较多，其中气象因素为干旱主要成因，本节分析降水和气温对干旱的影响。

1. 气象因子对干旱趋势性影响

根据 542 个气象站年平均降水和气温，采用线性趋势分析法，计算得到降水和气温线性变化率统计结果分别见表 9-2 和表 9-3，其中显著性水平分析采用 Mann-Kendall 趋势分析法。

表 9-2　年平均降水线性变化率统计

时间尺度	增加的站点数					降低的站点数				
	0. 01 显著性水平	0. 05 显著性水平	0. 1 显著性水平	不显著	合计	0. 01 显著性水平	0. 05 显著性水平	0. 1 显著性水平	不显著	合计
全年	30	33	21	182	266	11	24	41	200	276
春季	18	52	44	183	297	8	26	30	181	245
夏季	25	42	29	192	288	12	25	36	181	254
秋季	7	18	19	128	172	19	57	59	235	370
冬季	76	73	64	242	455	1	1	4	81	87

表 9-3　年平均气温线性变化率统计

时间尺度	增加的站点数					降低的站点数				
	0. 01 显著性水平	0. 05 显著性水平	0. 1 显著性水平	不显著	合计	0. 01 显著性水平	0. 05 显著性水平	0. 1 显著性水平	不显著	合计
全年	474	25	11	22	532	2	3	1	4	10
春季	353	68	42	62	525	2	2	1	12	17
夏季	323	55	31	66	475	9	10	6	42	67
秋季	385	74	32	39	530	2	2	0	8	12
冬季	332	106	45	52	535	1	0	0	6	7

在全年尺度下降水变化率下降的站点数量是上升站点的 1. 04 倍，但多数站点下降的趋势不显著。春季、夏季和冬季降水变化率上升的站点数量多于下降站点，但多数站点上升的趋势不显著。秋季降水变化率下降站点多于上升站点。在全年尺度下气温变化率上升的站点数量是下降站点数量的 53. 2 倍，上升趋势明显，且绝大多数站点上升趋势达到 0. 01 显著性水平。在不同季节尺度下气温变化率上升的站点远远多于下降站点，不同季节的年平均气温上升趋势明显，且绝大多数站点上升趋势达到 0. 01 显著性水平。

根据 542 个站点降水年变化率、气温年变化率及 PDSI 指数年变化率，其相关性如图 9-21 所示。由图可知，年降水变化率与 PDSI 指数变化率存在明显的正相关，而气温变化率与 PDSI 指数变化率存在负相关。

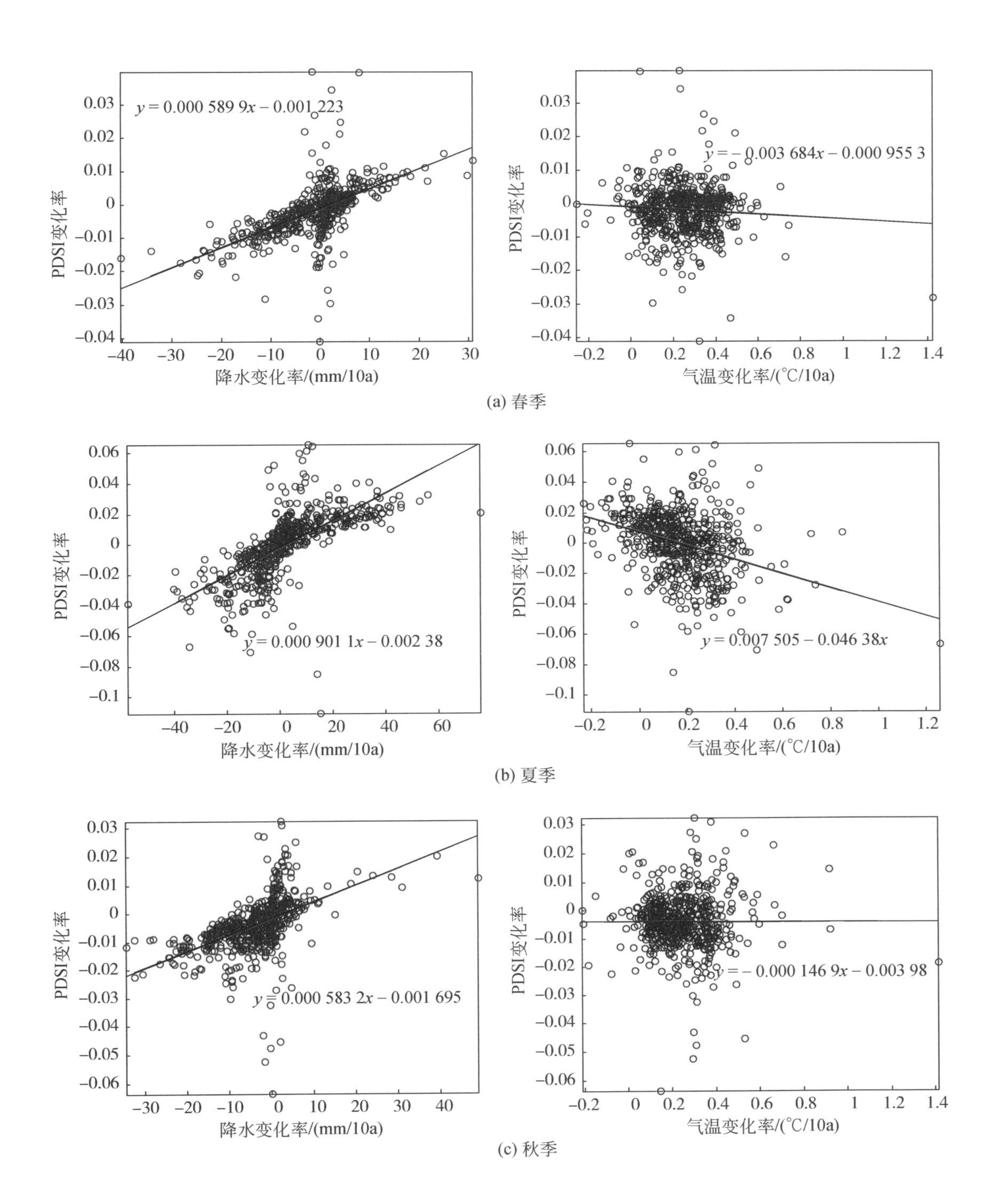
y = 0.000 589 9x − 0.001 223
PDSI变化率
降水变化率/(mm/10a)
y = −0.003 684x − 0.000 955 3
气温变化率/(℃/10a)
y = 0.000 901 1x − 0.002 38
y = 0.007 505 − 0.046 38x
y = 0.000 583 2x − 0.001 695
y = −0.000 146 9x − 0.003 98

(a) 春季

(b) 夏季

(c) 秋季

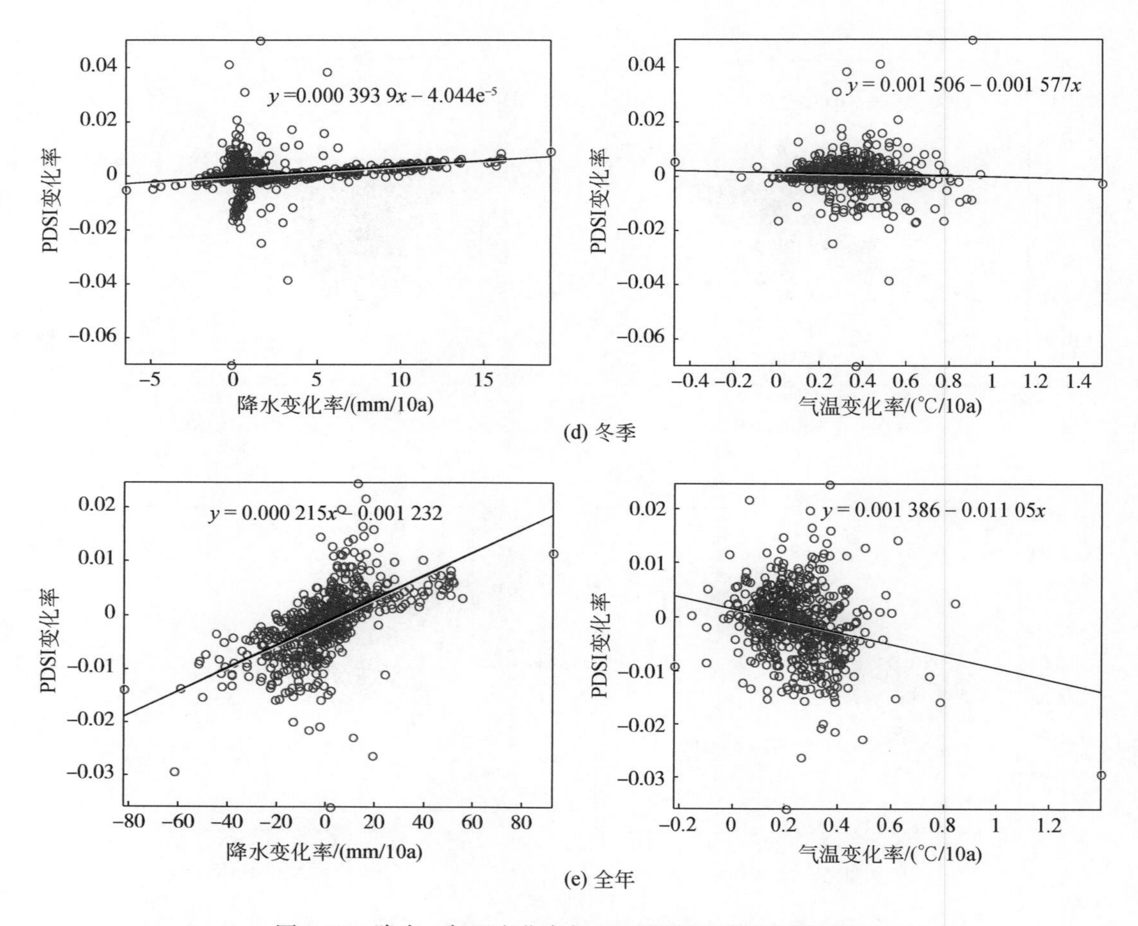

图 9-21　降水、气温变化率与 PDSI 指数变化率相关关系

根据各站点 1960～2012 降水和气温年变化率计算结果，其全年尺度变化率空间分布分别如图 9-22 和图 9-23 所示。我国的气温年变化率呈明显上升趋势，其中，华北、华中、华南、华东、西南地区，以及新疆大部分地区气温变化相对较小，普遍为 0～0.3℃/10a，东北、内蒙古、西北和西藏地区的气温变化较大，达到 0.3～0.6℃/10a，其中青海、甘肃的部分地区变化超过了 0.6℃/10a。降水年变化率与气温变化率有所不同，东北、华北、华中和华南地区的降水量呈下降趋势，东北地区变化量为 0～20mm/10a，河北、河南、山东、贵州和广西地区的年降水量减少量超过了 20mm/10a，而华东、东南地区的降水量有所增加，变化率在 0～20mm/10a，部分地区超过 20mm/10a，西北、西南地区的降水量也有所增加，在 0～20mm/10a。对比 PDSI 指数年变化率分布图，东北、华北和西南地区 PDSI 指数年变化率小于 0、干旱趋势明显的地区都为降水量下降明显、气候上升显著的地区，而东南、中南和西北地区 PDSI 指数年变化率大于 0、呈现湿润趋势的地区，均为降水增加，气温上升较小的地区。说明气温的升高和降水量的减少对于干旱都有着促进作用，气温的升高带来更大的蒸发量，降水和蒸发的变化直接影响了干旱程度的增减。

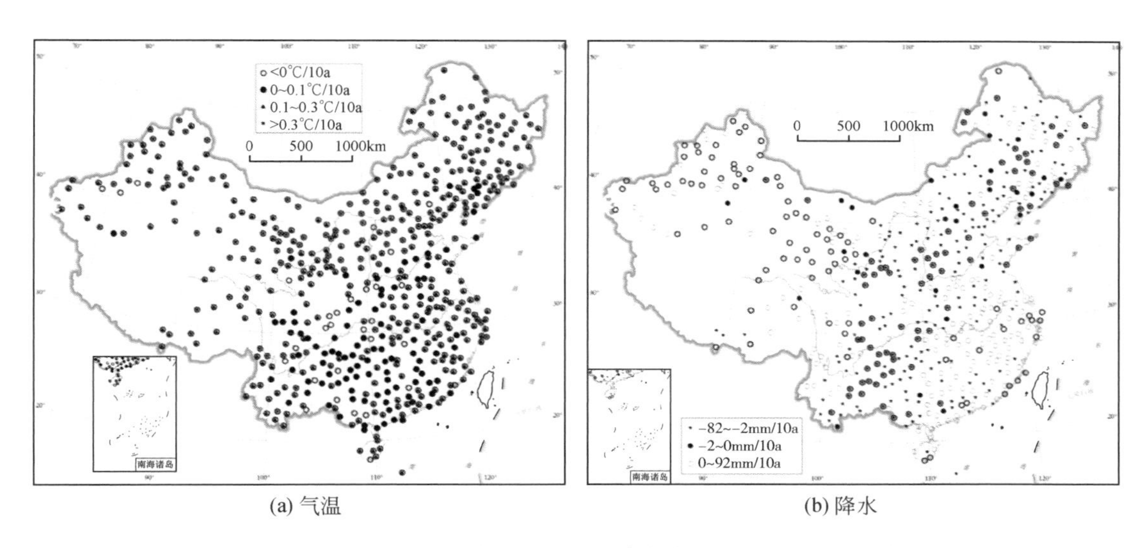

(a) 气温　　(b) 降水

图 9-22　1960 ~ 2012 年各站点气温和降水线性变化趋势空间分布图

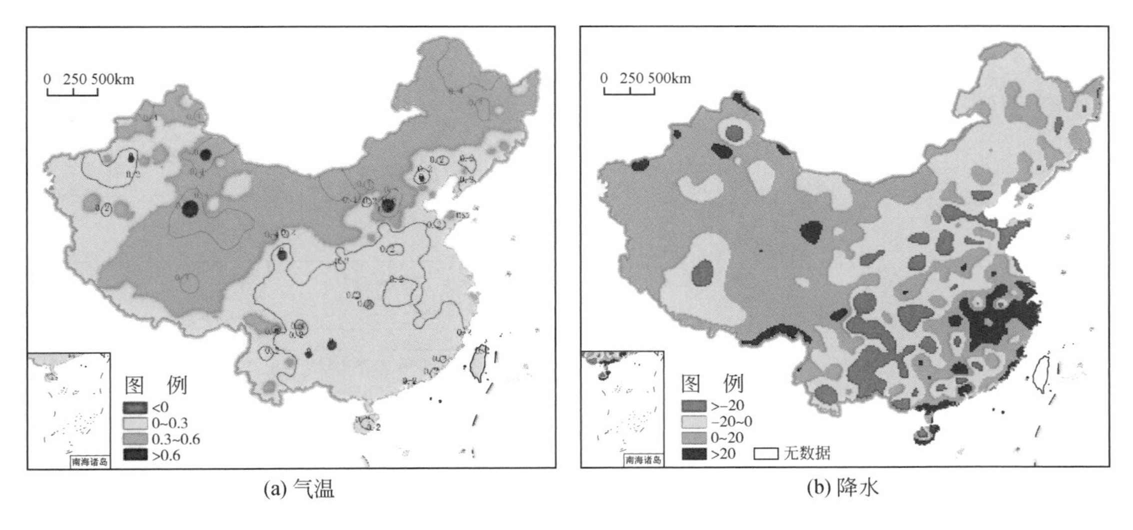

(a) 气温　　(b) 降水

图 9-23　1960 ~ 2012 年全国气温和降水线性变化趋势空间分布图

2. 气象因子对干旱突变性影响

采用 Mann-Kendall 突变检验法对 1960 ~ 2012 年气温进行突变检验，结果如图 9-24 所示。由全年气温 Mann-Kendall 突变曲线可知，1960 ~ 1970 年 UF_k 小于 0，超过置信区间，趋势显著。1970 年开始 UF_k 逐渐增加，超过置信区间，趋势显著。UF_k 与 UB_k 曲线于 1990 年处相交，1991 年 UF_k 曲线超过置信区间，因此，1990 年为我国气温发生突变的时间，1991 ~ 2012 年为气温呈显著性上升趋势时期。春季、夏季、秋季和冬季气温突变年份分别为 1993 年，1992 年，1985 年和 1966 年。根据不同季节 PDSI 指数突变分析结果，春季、夏季、秋季和冬季干旱发生突变的时间分别为 1992 年，1983 年，1976 年和 1978 年。对比干旱和气温突变发生时间的先后顺序，彼此之间存在较好的一致性，基本满足气温突变时间早，干旱突变的时间也早的特征，即气温突变影响干旱突变。根据 PDSI 指数 UF_k 与气温 UF_k 相关关系图（图 9-25），全年、冬季和夏季的 PDSI 指数 UF_k 与气温 UF_k 变化趋势基本一致，春季和秋季变化趋势不一致，可知温度的突变性对干旱的突变性影响复杂。

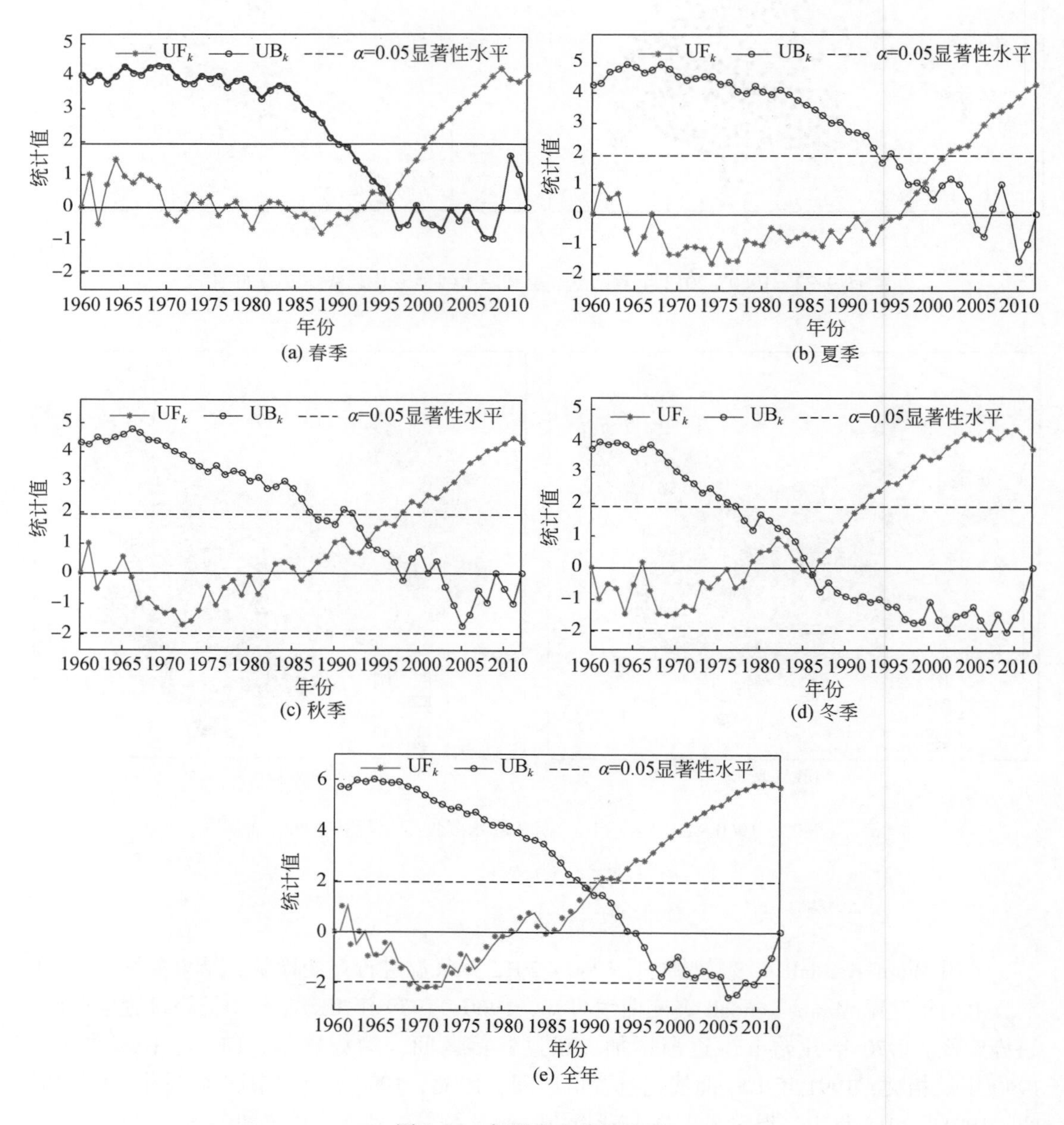

图 9-24　气温突变分析结果

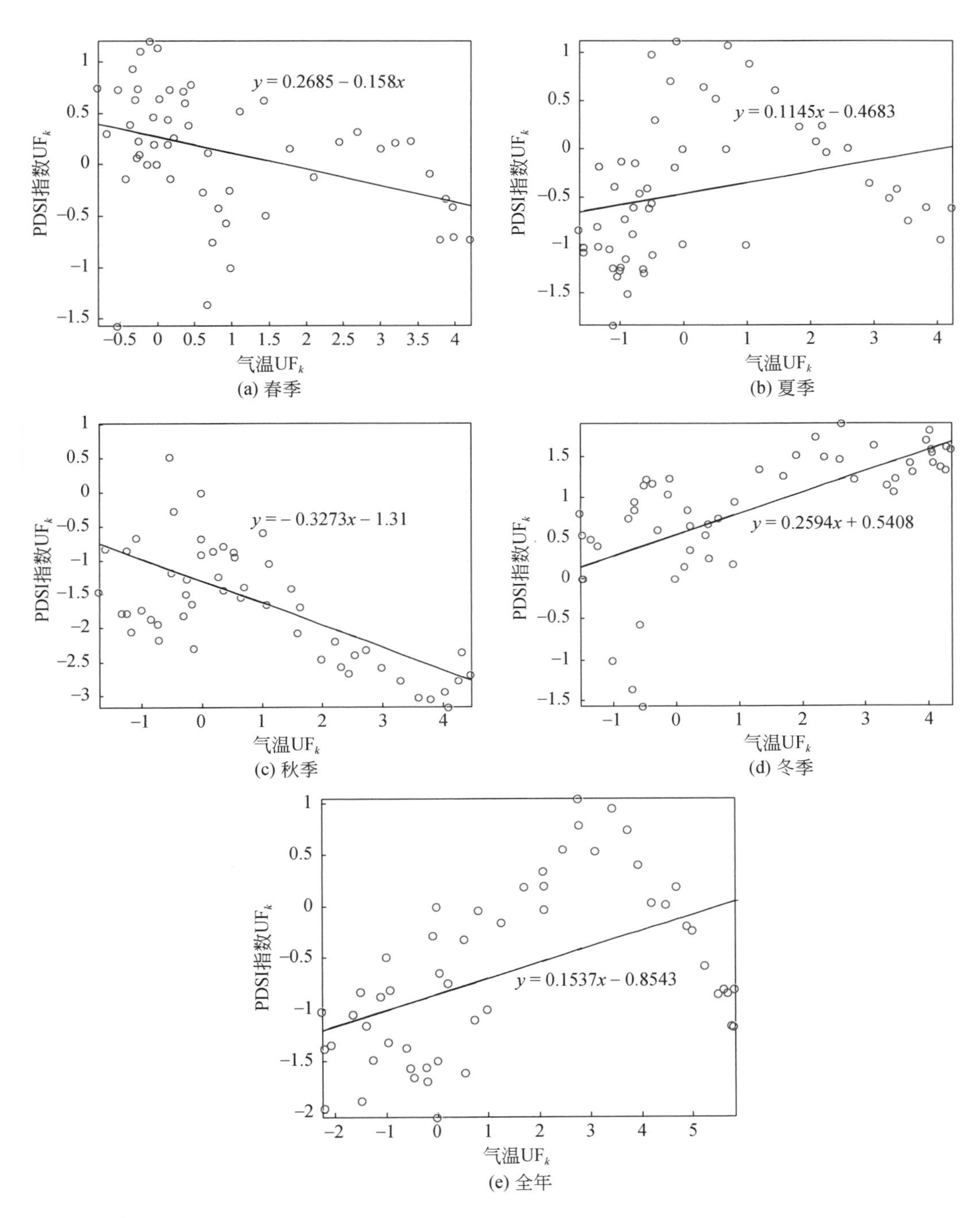

图 9-25　PDSI 指数 UF_k 与气温 UF_k 相关关系图

由 1960 ~ 2012 年降水 Mann-Kendall 突变曲线（图 9-26）可知，从 1960 年到 2010 年的降水变化图中 UF 曲线上下波动，始终没有超过 0.05 的显著性水平，说明年平均降水量虽有波动，但没有达到显著性水平。利用滑动 t 检验法对 1960 ~ 2012 年全国年均降水进行突变分析，当 $n_1 = n_2 = 9$ 时，给定显著水平 $\alpha = 0.05$，按 t 分布自由度 $v = 16$，$t_{0.05} = \pm 2.21$，可知 t 统计量序列在 1998 年超过 0.05 显著性水平，因此 1998 年为年均降水发生突变的时间。春季、夏季、秋季和冬季降水突变年份分别为 1993 年、1992 年、1985 年和 1966 年。根据不同季节 PDSI 指数突变分析结果，春季、夏季、秋季和冬季干旱发生突变的时间分别为 1992 年、1983 年、1976 年和 1978 年。根据 PDSI 指数 UF_k 与降水 UF_k 相关关系曲线（图 9-27），PDSI 指数 UF_k 与降水 UF_k 相关性较好，不同季节均表现为降水 UF_k 数值增加，PDSI 指数 UF_k 数值增加，表明降水的突变对干旱的突变作用显，且高于气温突变对干旱突变的影响程度。

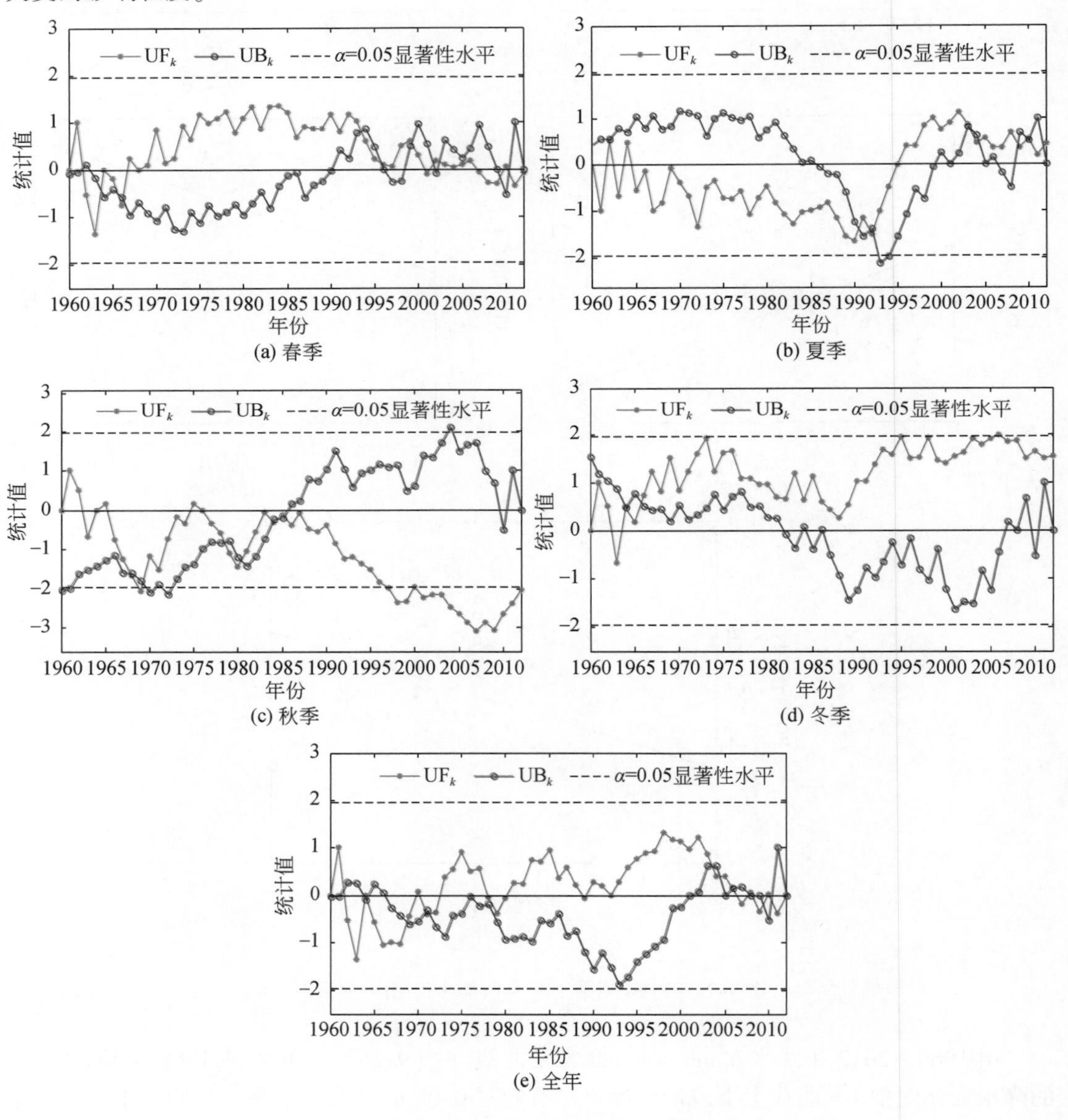

(a) 春季 (b) 夏季 (c) 秋季 (d) 冬季 (e) 全年

图 9-26 降水突变分析结果

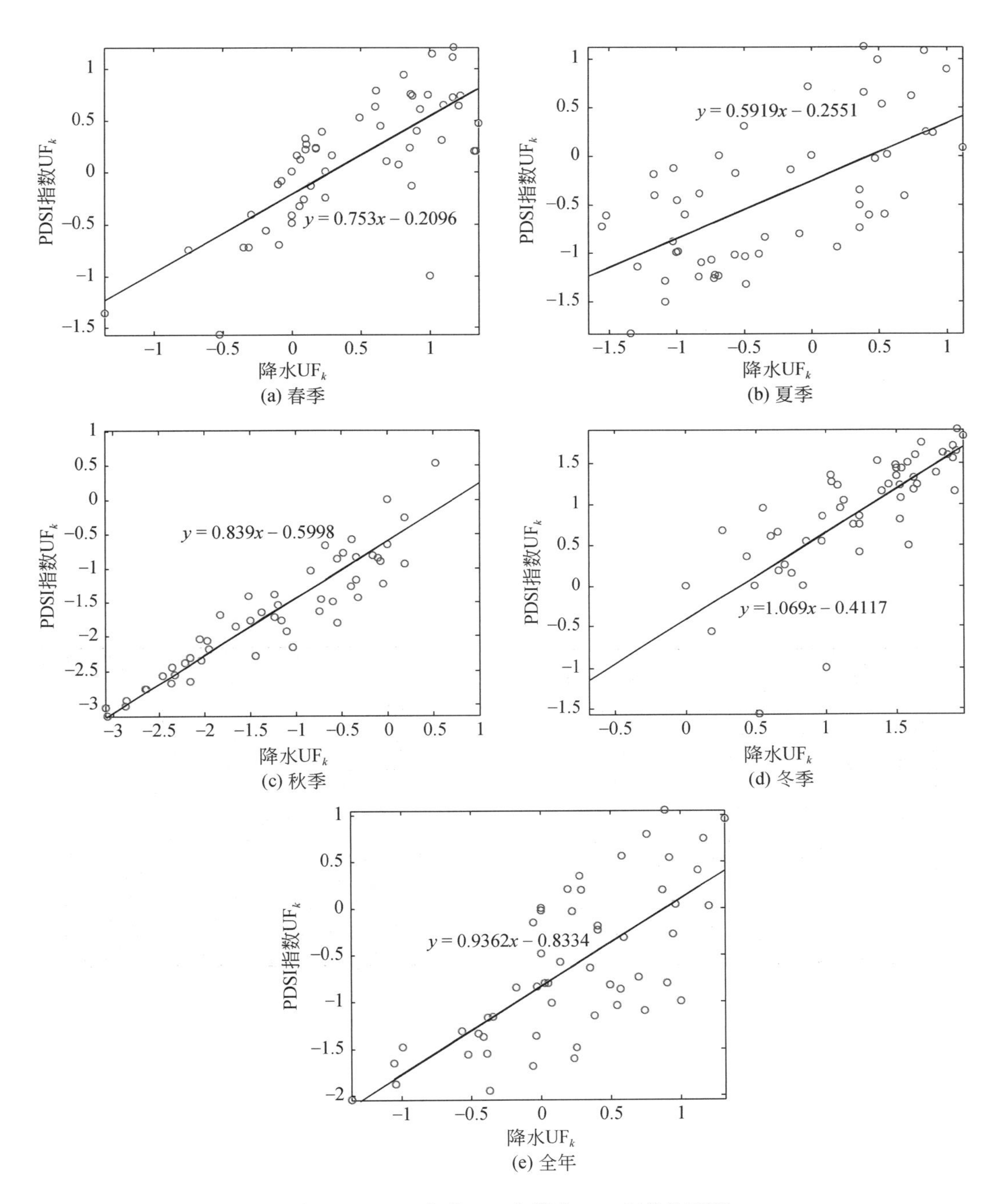

图 9-27 PDSI 指数 UF_k 与降水 UF_k 相关关系图

3. 气象因子对干旱周期性影响

采用复 Morlet 小波对 1960 ~ 2012 年年均降水和气温进行周期性分析。

全年降水和气温小波系数实部图如图 9-28 所示。全国年均降水量变化过程中存在多时间尺度特征，总体上存在 25 ~ 40a、10 ~ 22a 及 3 ~ 8a 的 3 类尺度的周期变化规律。其中，在 25 ~ 40a 尺度上出现了准 2 次震荡，整个分析时段表现非常稳定，具有全域性；在 10 ~ 22a 时间尺度上存在准 3 次震荡，但只在 1990 年以前稳定，具有局部性。结合小波方差分析结果，存在 3 个较为明显的峰值，依次对应 30a、18a 和 8a 时间尺度，其中最大峰值对应 18a 的时间尺度，为年均降水量变化的第一主周期；第二、第三峰值分别对应着 30a 和 8a 的时间尺度，依次为年均降水量变化的第二和第三主周期。全国年均气温变化过程中存在多时间尺度特征，总体上存在 30 ~ 42a、8 ~ 15a 及 3 ~ 7a 的 3 类尺度的周期变化规律。其中，在 30 ~ 42a 尺度上出现了准 2 次震荡，整个分析时段表现非常稳定，具有全域性；其他时间尺度上不稳定，具有局部性。根据小波方差分析结果，存在 3 个较为明显的峰值，依次对应 38a、12a 和 5a 时间尺度，其中最大峰值对应 38a 的时间尺度，为年均气温变化的第一主周期；第二、第三峰值分别对应着 12a 和 5a 的时间尺度，依次为年均气温变化的第二和第三主周期。对比 1960 ~ 2012 年 PDSI 指数小波周期性分析结果，PDSI 指数存在 42a、18a、8a 和 4a 的时间尺度，其中第一主周期为 42a，与气温的第一主周期的 38a 接近，而第二主周期为 18a，与降水的第一主周期的 18a 一致，其他较短的时间周期也基本相当，可见降水、气温的周期震荡控制着 PDSI 指数周期性的变化。

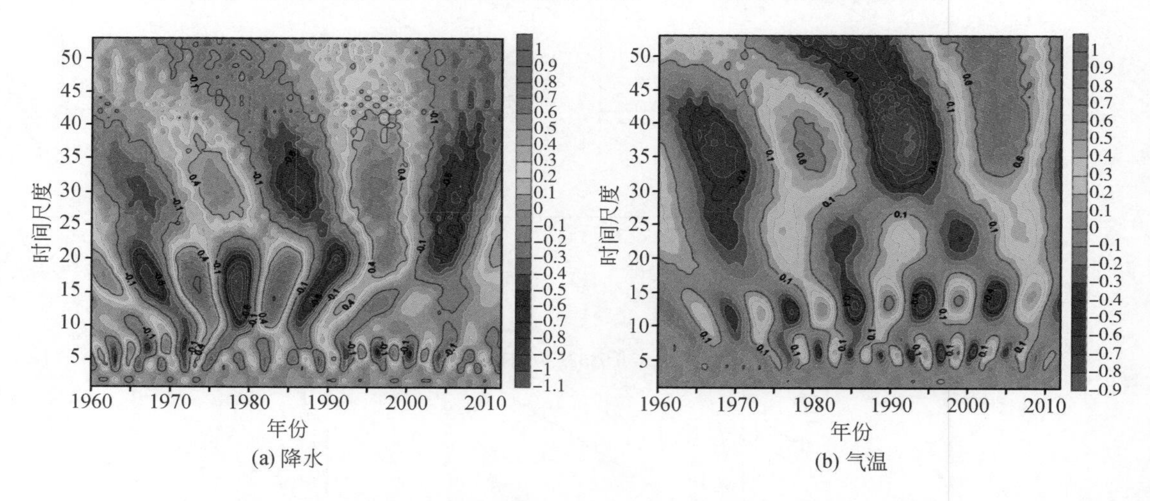

图 9-28　年均降水和气温复 Morlet 小波系数实部图

不同季节气温小波系数实部如图 9-29 所示。春季气温存在 36 ~ 48a、10 ~ 15a 及 3 ~ 8a 的 3 类尺度的周期变化规律，结合小波方差分析结果，气温变化第一主周期为 41a，第二、第三主周期分别为 7a 和 13a。夏季气温存在 32 ~ 48a、10 ~ 18a 及 3 ~ 8a 的 3 类尺度的周期变化规律，结合小波方差分析结果，气温变化第一主周期为 37a，第二、第三主周期分别为 8a 和 15a。秋季气温存在 30 ~ 46a 和 5 ~ 15a 的 2 类尺度的周期变化规律，结合小波方差分析结果，气温变化第一主周期为 39a，第二、第三主周期分别为 8a 和 24a。冬季气温存在 22 ~ 37a、10 ~ 16a 和 3 ~ 8a 的 3 类尺度的周期变化规律，结合小波方差分析结果，气温变化第一主周期为13a，第二、第三和第四主周期分别为23a、6a和36a。

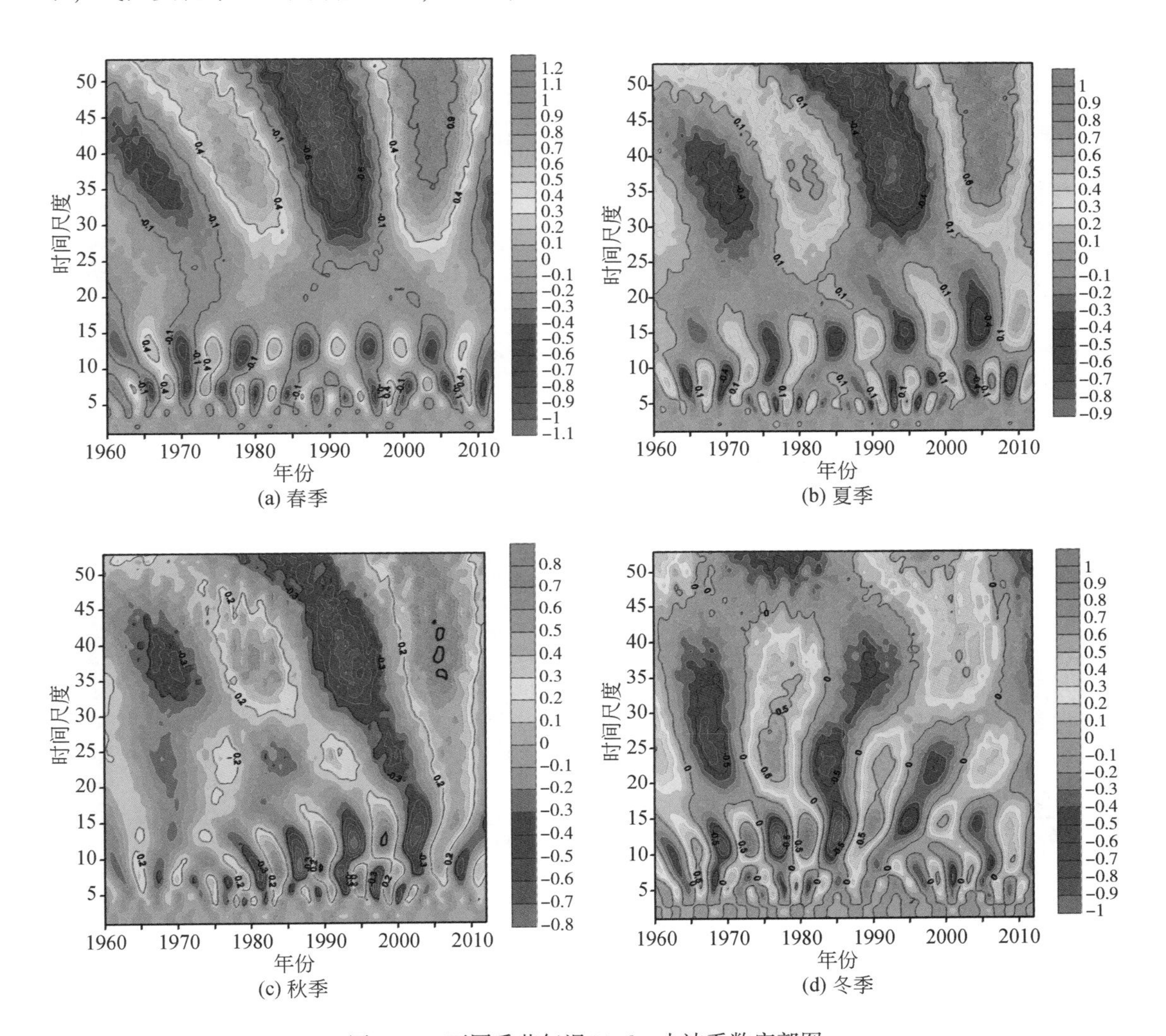

(a) 春季　(b) 夏季　(c) 秋季　(d) 冬季

图9-29　不同季节气温 Morlet 小波系数实部图

不同季节降水小波系数实部如图9-30所示。春季降水存在30～40a、8～15a及3～8a的3类尺度的周期变化规律，结合小波方差分析结果，降水变化第一主周期为12a，第二、第三主周期分别为4a和23a。夏季降水存在15～32a、7～12a及3～7a的3类尺度的周期变化规律，结合小波方差分析结果，降水变化第一主周期为5a，第二主周期为27a。秋季降水存在32～48a、13～23a和3～8a的3类尺度的周期变化规律，结合小波方差分析结果，降水变化第一主周期为19a，第二、第三主周期分别为41a和4a。冬季降水存在20～43a、9～17a和3～7a的3类尺度的周期变化规律，结合小波方差分析结果，降水变化的第一主周期为4a，第二和第三主周期分别为30a和11a。

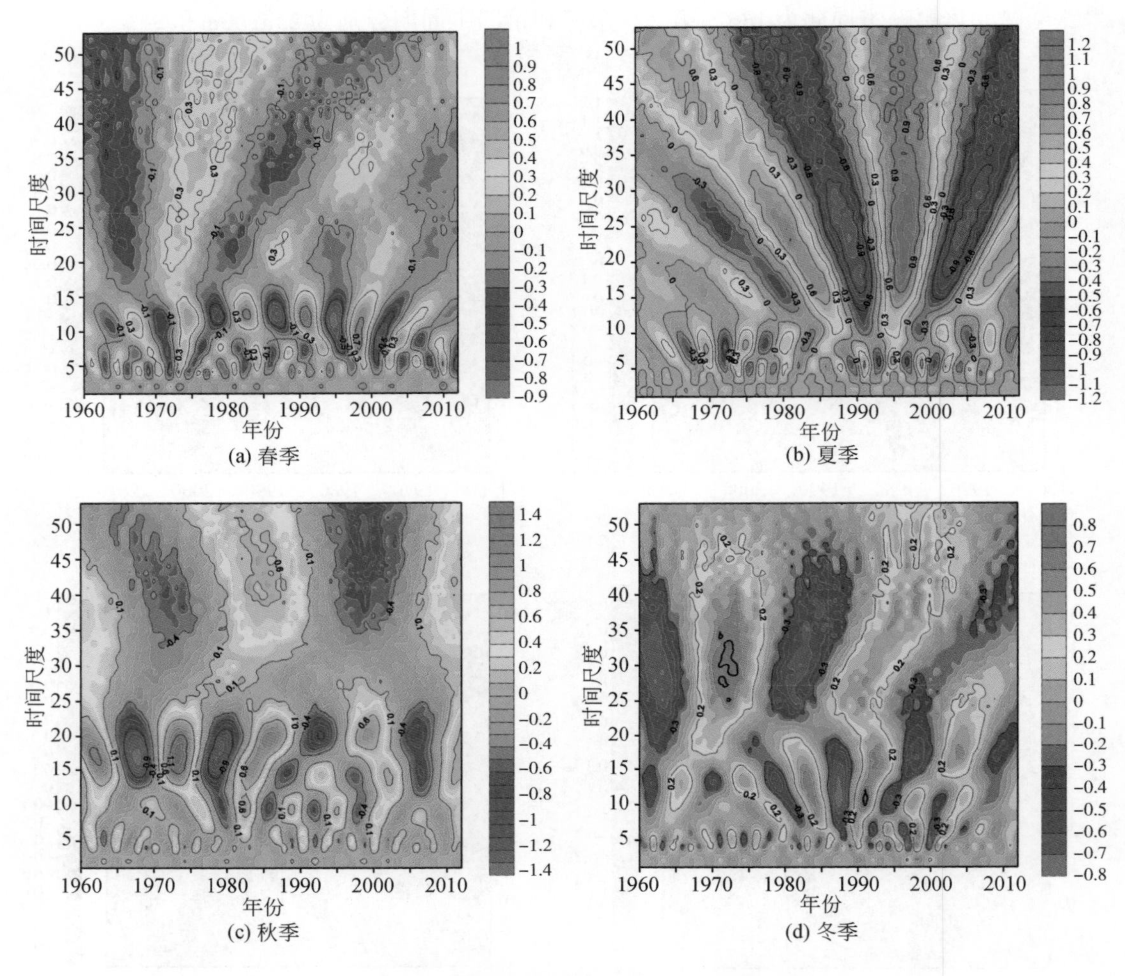

图 9-30　不同季节降水 Morlet 小波系数实部图

对比 1960 ~ 2012 年不同季节 PDSI 指数小波周期性分析结果，春季 PDSI 指数存在 21a、5a、10a 和 51a 的时间尺度，其中第二主周期为 5a，与气温的第二主周期的 7a 接近，与降水的第二主周期 4a 基本一致。夏季 PDSI 指数存在 46a、27a、18a、8a 和 4a 的时间尺度，第一主周期 46a 与气温的第一主周期 37a 接近，第二主周期 27a 与降水的第一主周期 27a 相同。秋季 PDSI 指数存在 19a、40a、10a 和 4a 的时间尺度，第一主周期 19a 与降水第一主周期 19a 相同，第二主周期 40a 与降水第二主周期 41a 接近，也与气温的第一主周期 39a 接近。冬季 PDSI 指数存在 4a、25a 和 14a 的时间尺度，第一主周期 4a 与降水第一主周期 4a 相同，第二主周期 25a 与气温第二主周期 23a 接近，也与降水第二主周期 30a 接近。可见不同季节的降水和气温的周期震荡影响着 PDSI 指数周期性的变化，相比气温，降水周期性对 PDSI 周期性的影响程度更大。

9.3 中国农业干旱灾害时空特征

9.3.1 农业干旱态势分析

1. 相对湿润度指数

相对湿润度指数是表征某时段降水量与蒸发量之间平衡的指标之一，能够反映作物生长季节的水分平衡特征，适用于作物生长季节旬以上尺度的干旱监测和评估。因此，采用相对湿润指数研究我国农业干旱态势。

相对湿润度指数的计算公式为

$$M=\frac{P-\mathrm{PE}}{\mathrm{PE}} \tag{9-2}$$

式中，P 为某时段降水量（mm）；PE 为某时段可能蒸散发量（mm），采用 FAO Penman-Menteith 或 Thornthwaite 方法计算。本书 PE 的计算采用 FAO Penman- Menteith 公式。采用的资料包括全国 542 个气象站 1960 ~ 2012 年逐日降水、日最高温度、日最低温度、日平均相对湿度、日照时数和风速等气象资料。

相对湿润度干旱等级和划分标准见表 9-4。

表 9-4 相对湿润度干旱等级划分表

等级	类型	相对湿润度
1	无旱	$-0.4<M$
2	轻旱	$-0.65<M\leqslant-0.4$
3	中旱	$-0.80<M\leqslant-0.65$
4	重旱	$-0.95<M\leqslant-0.80$
5	特旱	$M\leqslant-0.95$

2. 全国农业干旱态势分析

根据 542 个气象站的相对湿润度指数，采用线性趋势分析法，计算各气象站相对湿润度指数年变化趋势，1960 ~ 2012 年中国相对湿润度指数年变化趋势空间分布如图 9-31 所示。可知，相对湿润度下降的站点主要分布在内蒙古东北、山西、河北、北京、天津、山东、西南地区、宁夏、甘肃东南地区，呈干旱化趋势。新疆、甘肃西部、青海、江西、浙江等地区的大多数站点的相对湿润度呈增加趋势，存在湿润化趋势。其他地区相对湿润度上升和下降的站点基本均等。

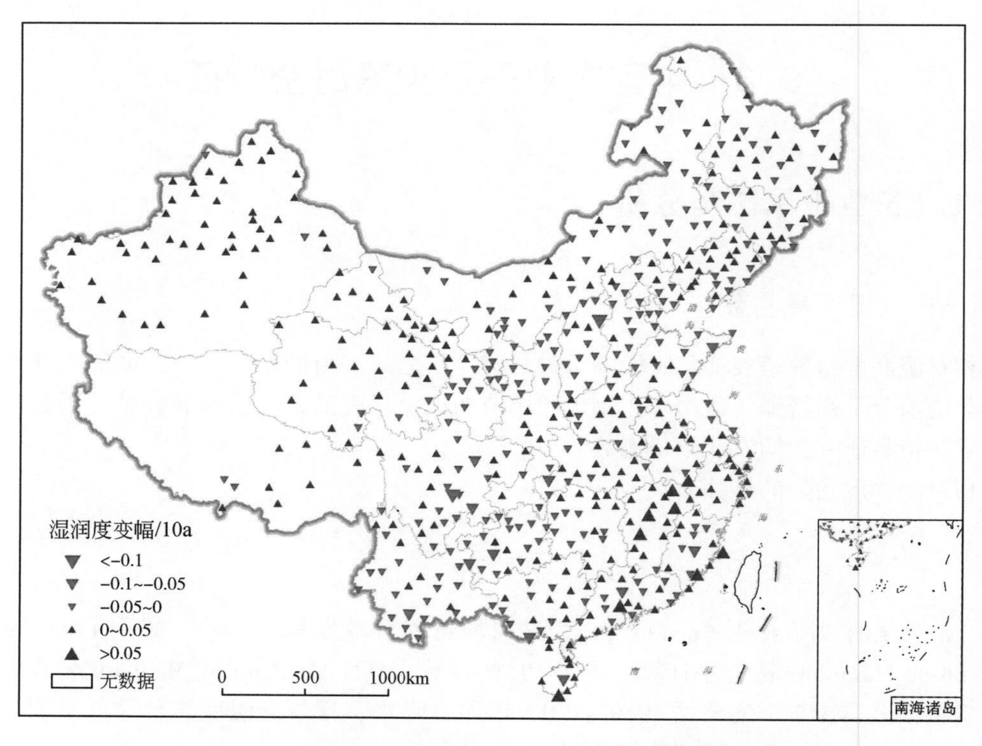

图 9-31　代表性站点 1960～2012 年相对湿润度变化趋势

根据 1960～2010 年全国年均相对湿润度及其线性趋势图（图 9-32），1960～2012 年全国年均相对湿润度整体呈下降趋势，但不显著。从相对湿润度 5a 滑动平均曲线可知，相对湿润度呈上升、下降的波动变化，其中 1998 年后，相对湿润度呈下降趋势。近 10a 中，2004 年、2009 年和 2011 年相对湿润度较低，与当年干旱现状一致。

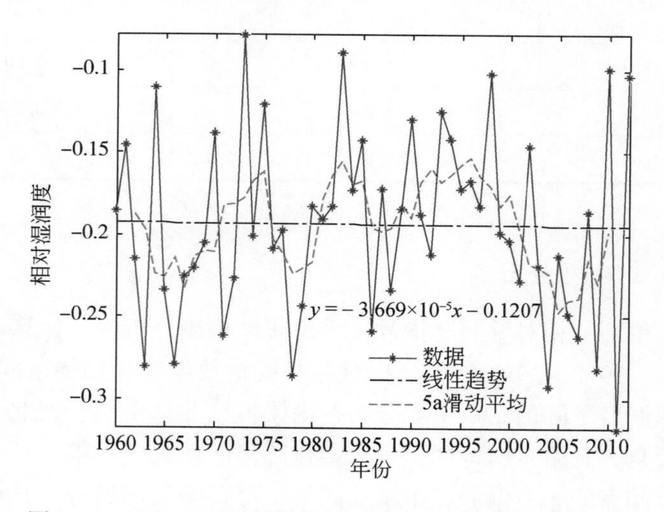

图 9-32　1960～2012 年年均相对湿润度指数及其线性趋势

由年均相对湿润度复 Morlet 小波系数实部图（图 9-33）可知，相对湿润度指数演变过程中存在着 25～34a，12～23a 及 4～8a 的 3 类尺度的周期变化规律。结合相对湿润度的小波方差结果，存在 3 个较为明显的峰值，依次对应 30a、19a 和 4a 的时间尺度。其中，最大峰值对应 19a 的时间尺度，说明 19a 左右的周期震荡最强，为相对湿润度指数变化的第一主周期，30a 时间尺度对应第二峰值，为相对湿润度变化第二主周期，第三峰值对应 4a 时间尺度，为第三主周期。

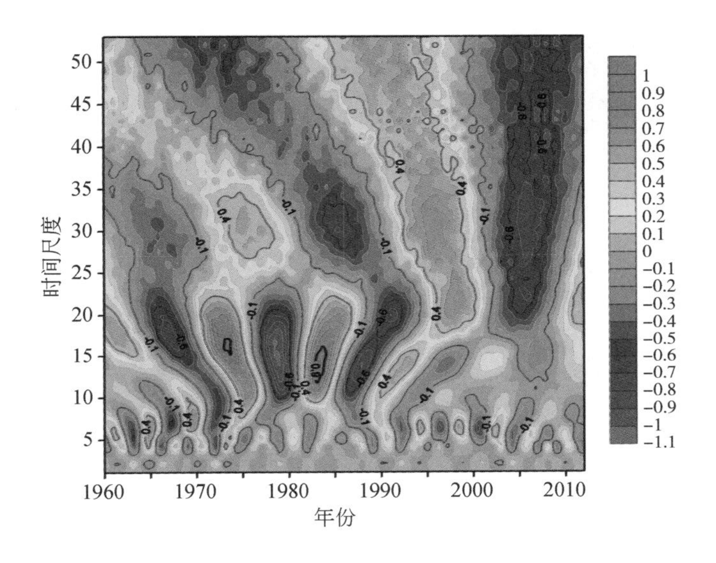

图 9-33　全国年均相对湿润度小波分析结果

根据 542 个气象站 1960～2012 年相对湿润度结果，采用 Kriging 插值法，得到全国尺度 1960～2012 年多年平均相对湿润度空间分布图（图 9-34）。

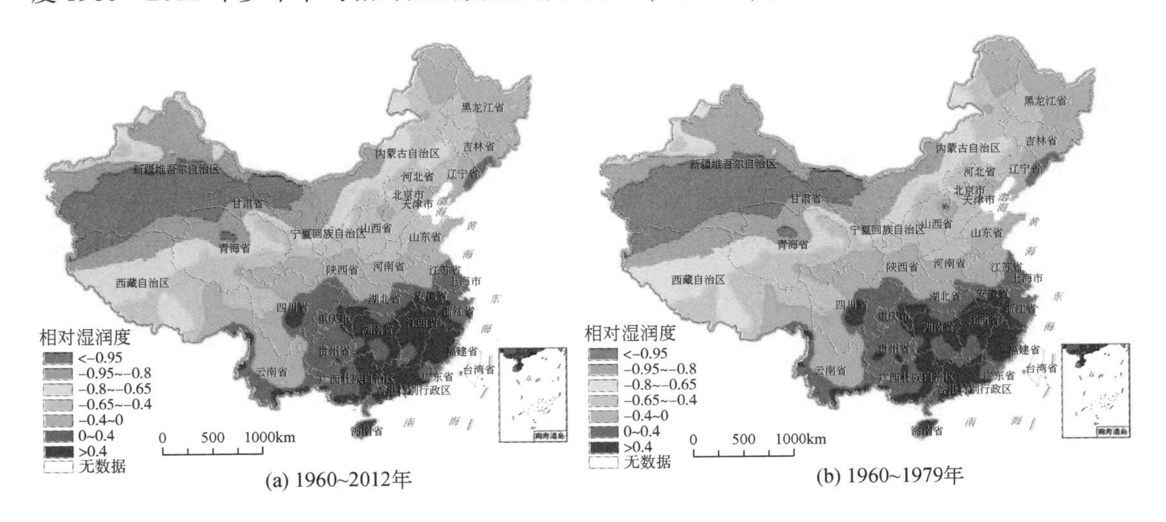

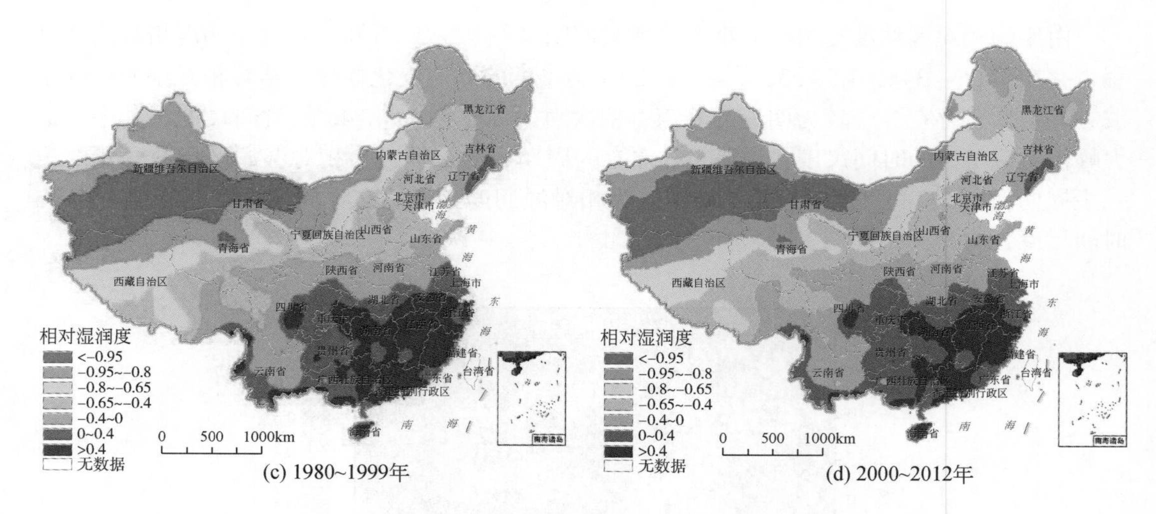

(c) 1980~1999年　　(d) 2000~2012年

图 9-34　年均相对湿润度

从 1960 ~ 2012 年多年平均相对湿润度分布来看，我国的相对湿润度分布与降水分布呈基本一致的趋势：由东南向西北逐渐变干，地区间存在显著差异。西北地区年均相对湿润度指数属全国最低的地区，相对湿润度指数小于-0.65，部分地区，特别是新疆、甘肃西北部、内蒙古西北部相对湿润度指数小于-0.95，根据相对湿润度干旱等级划分标准，属于特旱。西北内陆的灌溉农作区属干旱荒漠气候，干旱是农业生产的严重威胁，没有灌溉就没有农业。青藏西北部地区地处高原，地势高亢，日照充足，年辐射量高，年蒸散量大，雨量少，属特旱、重旱地区。东南地区、华中、华东地区的相对湿润指数较高，大多数地区相对湿润指数大于 0，其中江西、福建、广东、湖南的大部分地区，雨量丰沛，相对湿润度指数大于 0.4，属于相对湿润的地区。山西、河北、北京、天津、河南中北部、山东西北部、四川西北部、西藏东南部，以及内蒙古、辽宁、吉林和黑龙江的部分地区相对湿润度指数处于-0.65 ~ 0.4，属轻旱地区。

1960 ~ 1979 年、1980 ~ 1999 年及 2000 ~ 2012 年年均相对湿润度变化趋势一致，由东南向西北逐渐变干，但地区间存在显著差异，东南地区相对湿润度>0.4 的地区的面积，1980 ~ 1999 年高于其他两个时段以及多年平均值，而 2000 ~ 2012 年为最低时期，表明干旱化程度加重，2000 ~ 2012 年新疆西北部相对湿润度-0.95 ~ 0.8 的重旱地区面积低于其他时段，而内蒙古东北部的相对湿润度-0.8 ~ -0.4 的中旱和轻旱的面积高于其他时段，干旱化程度加重。

3. 区域农业干旱态势分析

为分析不同区域农业干旱态势，统计不同区域内所有站点平均相对湿润度序列，得到东北、华北、西北、华中、华东、西南和华南地区 1960 ~ 2012 年相对湿润度序列，采用线性趋势分析法对不同区域相对湿润度序列进行趋势线分析，采用复 Morlet 小波对其进行周期性分析。相对湿润度指数年变化趋势和变化特征如图 9-35 所示，不同区域相对湿度变化特征统计见表 9-5。

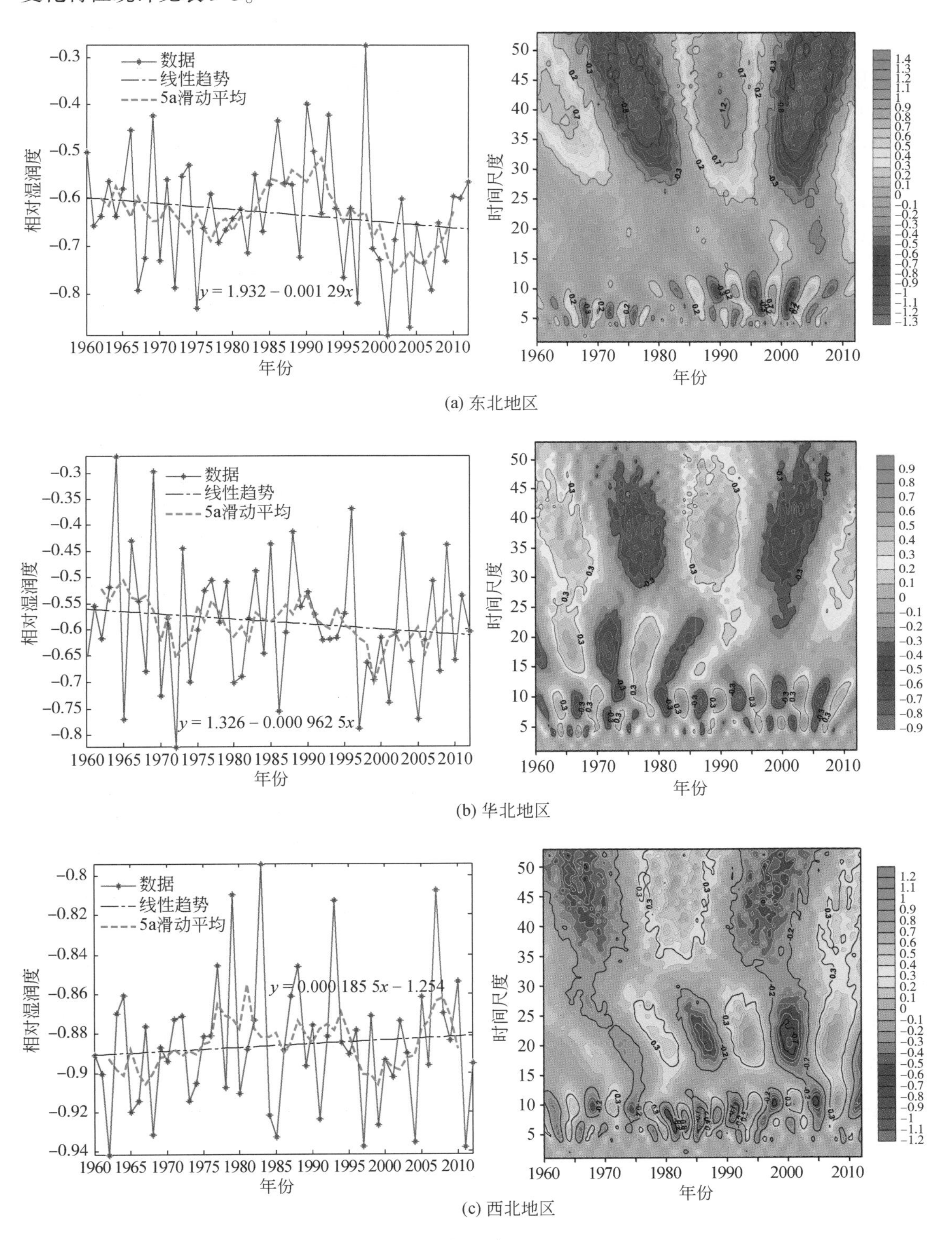

(a) 东北地区

(b) 华北地区

(c) 西北地区

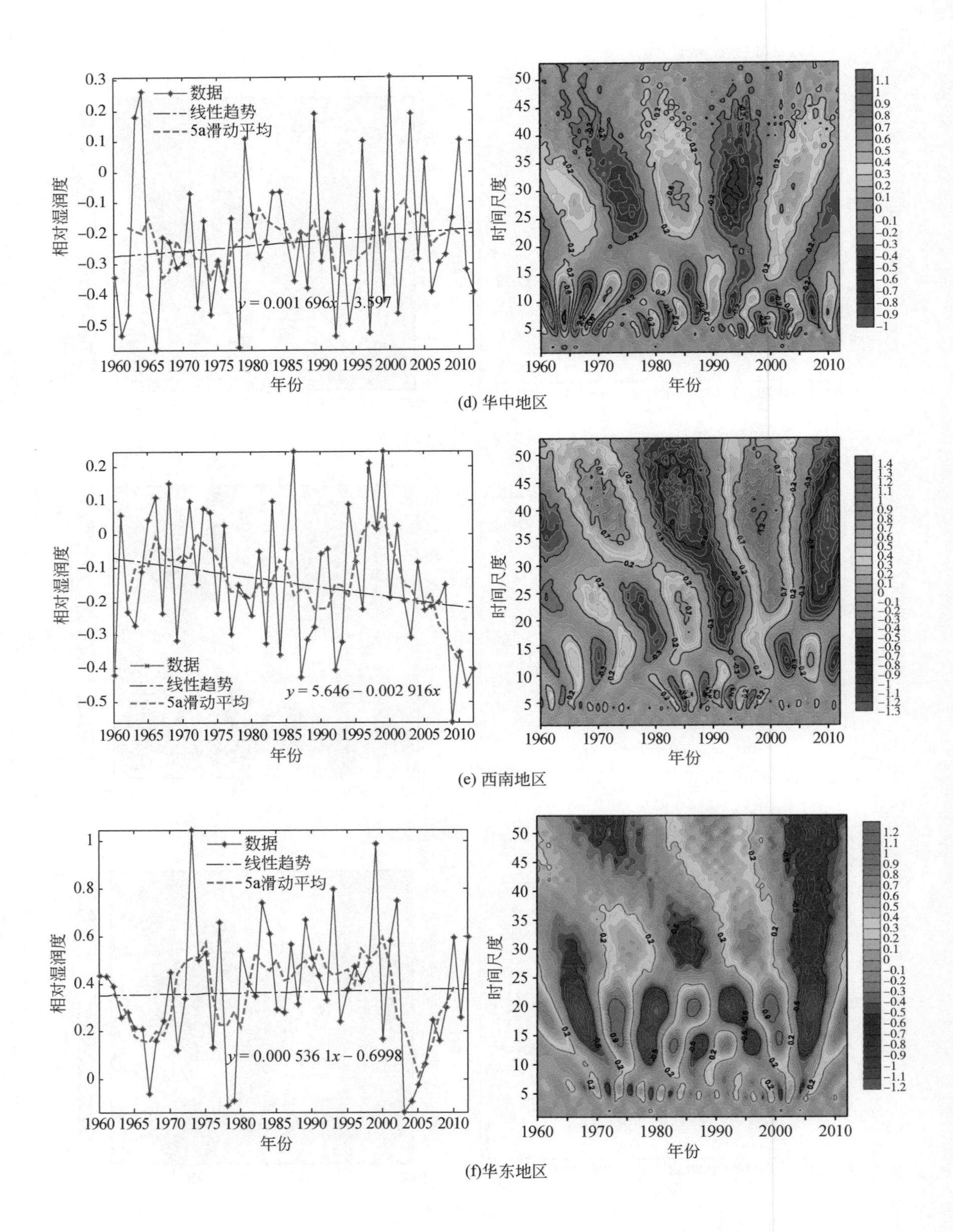

(d) 华中地区

(e) 西南地区

(f)华东地区

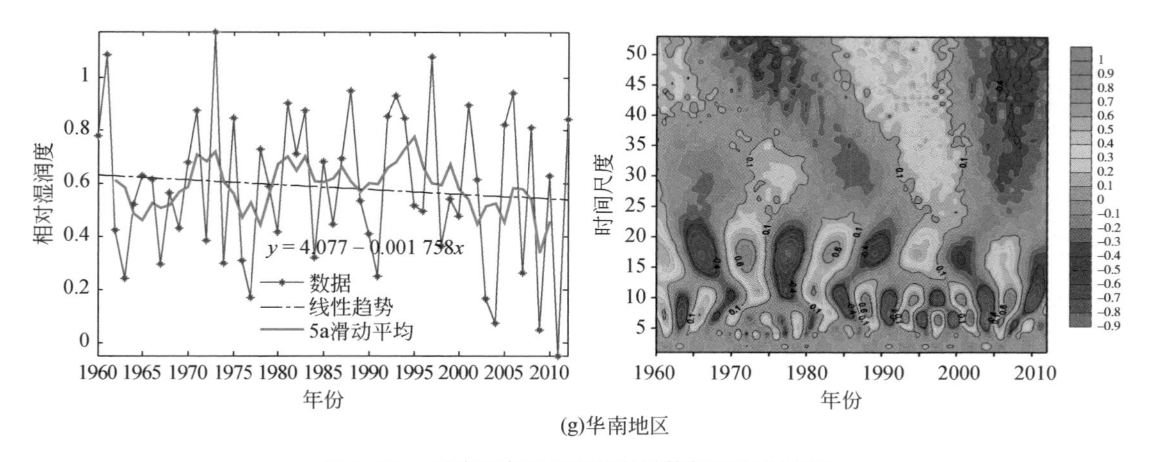

(g)华南地区

图 9-35　不同区域相对湿润度指数年际变化特征

表 9-5　不同区域相对湿润度变化特征统计

地区	变化趋势		变化周期
	线性变化率/10a	显著性水平	
东北	-0.013	不显著	41a、6a
华北	-0.009	不显著	10a、4a、36a
西北	0.002	不显著	9a、44a、21a
华中	0.017	不显著	8a、29a
华东	0.005	不显著	20a、30a、5a
西南	-0.029	0.05	39a、24a、4a、12a
华南	-0.018	不显著	7a、17a

由计算结果可知，东北、华北、西南、华南地区的相对湿润度呈降低趋势，西北、华中和华东地区的相对湿润度呈上升的趋势，其中西南地区相对湿润度下降趋势满足 0.05 水平，其他地区相对湿润度上升或下降趋势不显著。西南地区相对湿润度线性下降率最大，为 -0.029/10a，其次为华南地区，表明西南和华南地区干旱化趋势显著高于其他地区。

根据复 Morlet 小波得到的周期性结果，不同区域的相对湿润度演变的主周期存在较大差异，但华北、西北、华中、华南地区第一主周期均为 10a 左右，干旱发生周期短，频繁发生。东北地区第一主周期为 41a，但第二主周期仅为 6a，西南地区第一主周期为 39a，但存在多时间尺度周期，因此，西南和东北地区干旱发生也比较频繁。

9.3.2　农业干旱灾害时空变化特征

1. 干旱灾害面积变化特征

根据 1950 ~ 2013 年①我国农作物总受灾（旱灾、洪涝、低温、风雹、台风）、总成灾

① 缺 1967 ~ 1969 年总受灾面积和总成灾面积统计数据。

面积、旱灾受灾和成灾面积统计资料，我国年均农作物总受灾、总成灾面积分别为58 071万亩和27 327亩，年均旱灾受灾和成灾面积分别为32 334万亩和144 467万亩，年均干旱受灾面积占总受灾面积的55.7%，年均干旱成灾面积占总成灾面积的52.9%，说明旱灾是最主要的农作物灾害，对我国的农业生产，尤其是大田的粮食生产有非常大的影响。根据全国逐年农作物总受灾、总成灾面积、旱灾受灾和成灾面积变化过程（图9-36），我国农作物总受灾面积、总成灾面积、干旱受灾面积和干旱成灾面积虽然个别年份或时段有所减少，但总体上均存在上升的趋势，且总受灾面积和总成灾面积上升趋势更为显著。

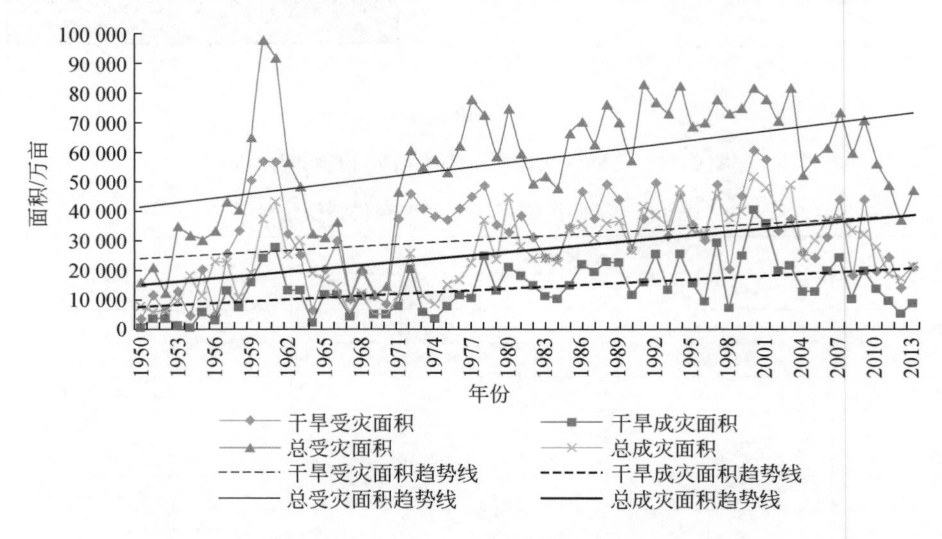

图9-36　我国农作物总受灾、总成灾面积、旱灾受灾和成灾面积

根据华北地区（北京、天津、河北、山西、内蒙古）、东北地区（辽宁、吉林、黑龙江）、华东地区（上海、江苏、浙江、安徽、福建、江西、山东）、中南地区（河南、湖北、湖南）、华南地区（广东、广西、海南）、西南地区（重庆、四川、贵州、云南、西藏）和西北地区（陕西、甘肃、青海、宁夏、新疆）① 1950～2013年年均灾情统计结果（表9-6）可知，总受灾面积、总成灾面积和总绝收面积最大的地区为华东地区，而干旱受灾面积、干旱成灾面积和干旱绝收面积最大的地区为华北地区。总受灾面积、总成灾面积和总绝收面积及干旱受灾面积、干旱成灾面积和干旱绝收面积最小的地区均为华南地区。从干旱受灾面积占全部农作物受灾面积比例看，华北地区和西北地区农作物灾害主要为干旱灾害，超过60%，其中华北地区66%，为干旱最严重的地区。此外，东北地区、西南地区、中南地区比例也较高，超过或接近55%，华东地区和华南地区干旱灾害比例较低，其中华南地区为最低地区，干旱受灾面积不超过总受灾面积的45%。从干旱成灾面积占全部农作物成灾面积比例看，华北地区和西北地区比例超过或接近65%，其中华北地区比例最大。东北地区和西南地区均超过55%，华东地区和华南地

① 台湾、香港和澳门缺少统计资料。

区相对较小，为 40% 左右，而中南地区略高，接近 50%。从干旱绝收面积占全部农作物绝收面积的比例看，依然是华北地区最大，超过 65%，其次为西北地区，接近 60%，西南地区也较高，接近 55%，华南地区相对较小，仅为 30%，东北地区、中南地区和华东地区在这个范围之间。

表 9-6　1950 ~ 2013 年不同区域年均灾情统计

区域	华北	东北	华东	中南	华南	西南	西北
总受灾面积/万亩	10 277.09	8 059.69	14 477.02	10 598.31	3 503.03	5 967.60	5 188.37
总成灾面积/万亩	5 277.25	3 921.65	6 377.72	4 988.47	1 471.03	2 673.10	2 617.33
总绝收面积/万亩	1 423.97	1 272.65	1 576.51	1 363.12	442.77	859.60	732.83
干旱受灾面积/万亩	6 797.91	4 694.31	6 792.24	5 780.03	1 504.24	3 432.04	3 333.84
干旱成灾面积/万亩	3 443.17	2 172.01	2 620.09	2 453.41	580.99	1 507.46	1 690.12
干旱绝收面积/万亩	952.07	583.71	549.82	557.78	132.72	470.01	429.79
干旱受灾面积/总受灾面积/%	66.1	58.2	46.9	54.5	42.9	57.5	64.3
干旱成灾面积/总成灾面积/%	65.2	55.4	41.1	49.2	39.5	56.4	64.6
干旱绝收面积/总绝收面积/%	66.9	45.9	34.9	40.9	30.0	54.7	58.6

根据各区域 1950 ~ 2013 年逐年干旱受灾面积过程线（图 9-37），华北地区、东北地区、西南地区和西北地区干旱受灾面积存在增加的趋势，华东地区干旱受灾面积存在下降的趋势，华南地区和中南地区干旱变化趋势不明显。根据各区域 1950 ~ 2013 年逐年干旱成灾面积过程线（图 9-38），所有地区干旱成灾面积均存在增加的趋势，且华北地区、东北地区、西北地区和西南地区干旱成灾面积增加趋势比较明显。

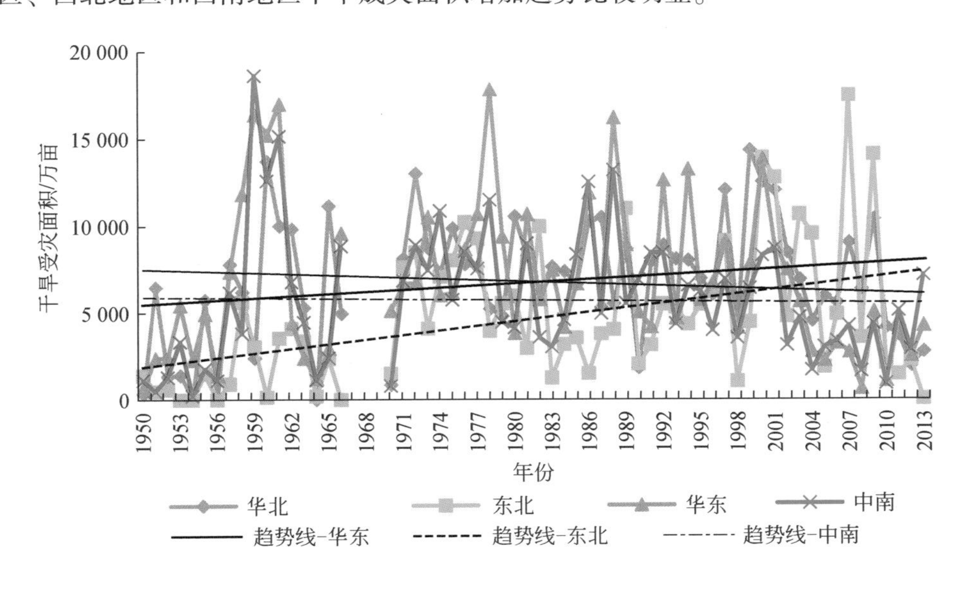

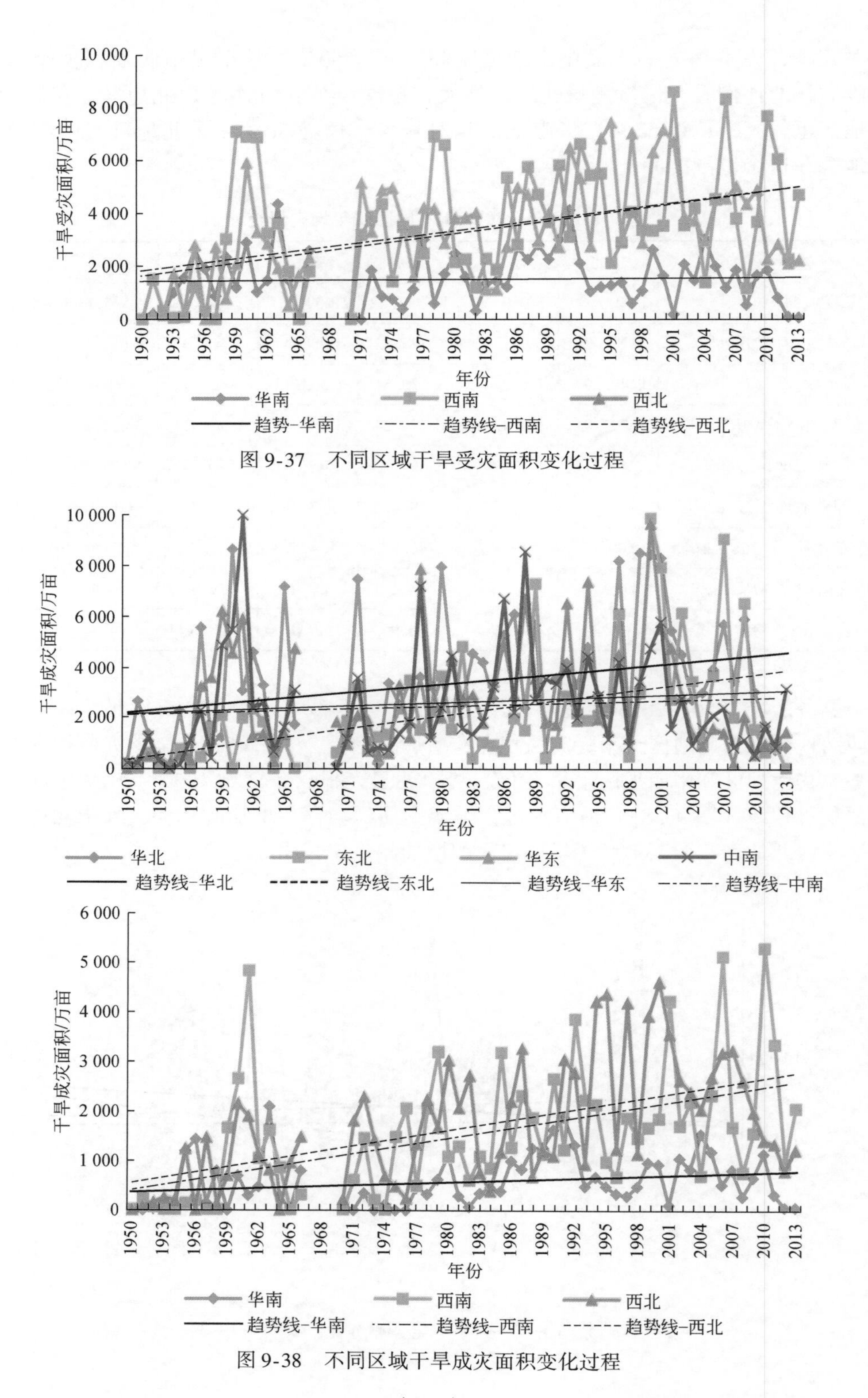

图 9-37　不同区域干旱受灾面积变化过程

图 9-38　不同区域干旱成灾面积变化过程

1950 ~ 2013 年年均干旱受灾面积最大的 5 个省区依次为山东、河南、河北、黑龙江和内蒙古，年均干旱受灾面积分别为 3008 万亩、2889 万亩、2641 万亩、2171 万亩和 2038 万亩。干旱受灾面积最小的 5 个省区依次为海南、天津、北京、西藏和上海，年均干旱受灾面积分别为 136 万亩、104 万亩、97 万亩、36 万亩和 4.79 万亩。1950 ~ 2013 年年均干旱成灾面积最大的 5 个省区依次为山东、河北、内蒙古、河南和山西，年均干旱成灾面积分别为 1268 万亩、1230 万亩、1168 万亩、1167 万亩和 966 万亩。干旱成灾面积最小的 5 个省区依次为海南、天津、北京、西藏和上海，年均干旱成灾面积分别为 53 万亩、45 万亩、33 万亩、10 万亩和 0.33 万亩。根据不同省区的干旱受灾面积和成灾面积变化趋势统计结果（表 9-7）可知，干旱受灾面积呈上升趋势的省区共 18 个，呈下降趋势的省区 10 个，趋势不明显的省区 3 个，其中呈上升趋势的省区主要集中在华北地区、东北地区和西北地区，下降趋势或趋势不明显的省区主要在华东地区和华南地区。而干旱成灾面积除天津、上海和西藏趋势不明显外，其他省区均存在不同程度的上升趋势。

表 9-7　各省区干旱面积变化趋势统计

省区	变化趋势	
	受灾面积	成灾面积
北京	↑	↑
天津	—	—
河北	↓	↑
山西	↑	↑
内蒙古	↑	↑
辽宁	↑	↑
吉林	↑	↑
黑龙江	↑	↑
上海	—	—
江苏	—	↑
浙江	↓	↑
安徽	↓	↑
福建	↓	↑
江西	↑	↑
山东	↓	↑
河南	↓	↑

省区	变化趋势	
	受灾面积	成灾面积
湖北	↑	↑
湖南	↑	↑
广东	↓	↑
广西	↑	↑
海南	↓	↑
重庆	↓	↑
四川	↑	↑
贵州	↑	↑
云南	↑	↑
西藏	↓	—
陕西	↑	↑
甘肃	↑	↑
青海	↑	↑
宁夏	↑	↑
新疆	↑	↑
全国	↑	↑

注：↑表示上升趋势，↓表示下降趋势，—表示趋势不明显

2. 干旱灾害广度变化特征

一般可用旱灾受灾率来表示干旱灾害广度，即干旱受灾面积占当年总播种面积的比

例。1950～2012年[①]我国旱灾受灾率变化过程如图9-39所示，旱灾受灾率高峰值、低谷值比旱灾受灾面积的高峰值和低谷值更为明显，几个主要的大旱年份都反映得非常明显。从年代变化来看，20世纪50年代农作物干旱受灾率大部分年份小于10%，但1959～1961年的大旱，受灾率超过20%。其他年代的代受灾率基本维持在10%～20%，平均超过15%，明显高于50年代。从年际变化来看，受灾率最大的年份是1961年，达到26.4%，其次为2000年，达到25.9%。受灾率超过20%的年份有：1959年、1960年、1961年、1972年、1978年、1986年、1988年、1989年、1992年、1994年、1997年、2000年和2001年。从旱灾受灾率的趋势线可知，旱灾受灾率呈上升趋势，表明我国的农业干旱广度加大，呈广发趋势。

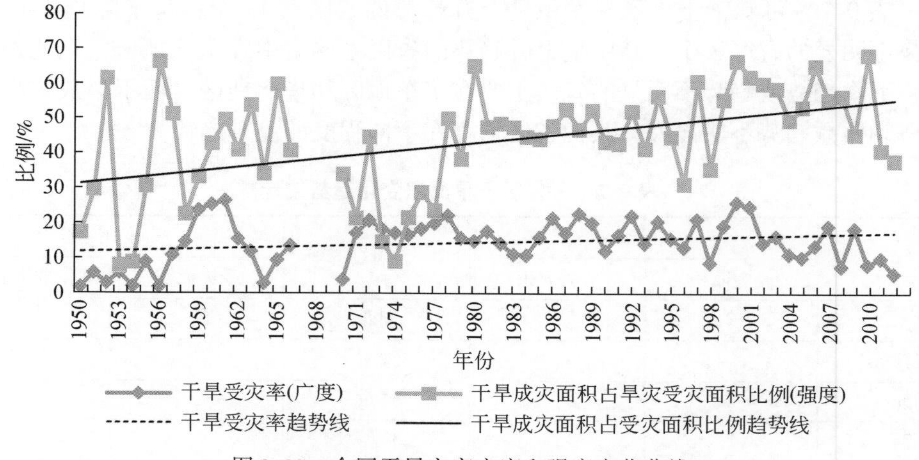

图9-39　全国干旱灾害广度和强度变化曲线

从不同区域不同年代旱灾受灾率来看（图9-40），华北地区旱灾受灾率高于其他地区，为我国干旱受灾率最大的地区，多年平均干旱受灾率接近23.8%，其次为东北地区和西北地区，多年平均干旱受灾率均超过17%，中南地区接近15%，华东地区和西南地区基本相同，大于10%，华南地区最小，小于10%。

从干旱受灾率的年代变化来看，华北地区除20世纪50年代为10%左右，其他时段均维持在较高状态，特别是60～90年代均超过25%。东北地区干旱受灾率虽然80年代和90年代略有缓和，但整体受灾率较高，且呈上升趋势。华东地区干旱受灾率年代变化较小，从70年代开始逐渐下降。中南地区与华东地区类似，60年代受灾率最高，并呈下降趋势。华南地区为我国干旱受灾率最低的地区，从60年代开始受灾率呈下降趋势。西南地区干旱受灾率从60年代开始基本保持不变，而西北地区呈明显的增加趋势。旱灾受灾率表明，华北地区农业干旱一直维持高广度，东北地区干旱和西北地区广度呈上升趋势，华东地区和中南地区干旱广度呈下降趋势。西南地区干旱广度从60年代开始维持在较高水平。不同区域1950～2012年逐年受灾率变化曲线（图9-41）可更为直观地反映干旱广度的时间变化。华北地区、东北地区、西南地区和西北地区受灾率呈增加趋势，且东北地区和西北地区增幅更大。

---

① 因缺少2013年农作物总播种面积，故干旱灾害广度和强度变化特征分析年限为1950～2012年。

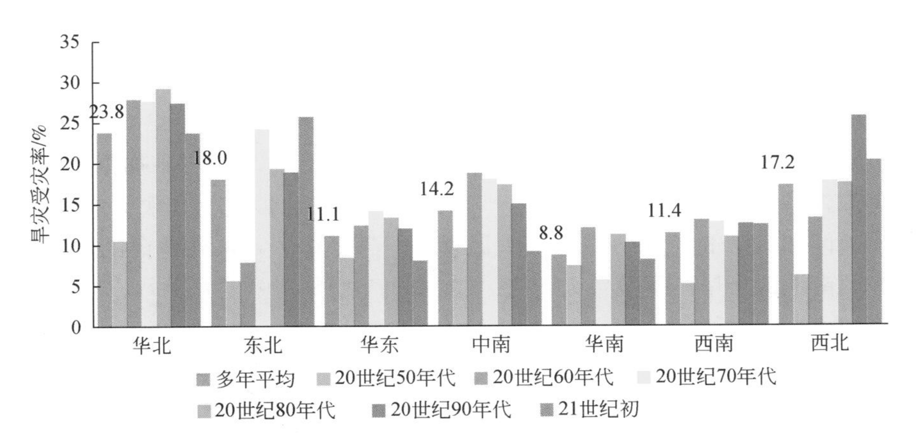

图 9-40　各区域不同年代干旱灾受灾率

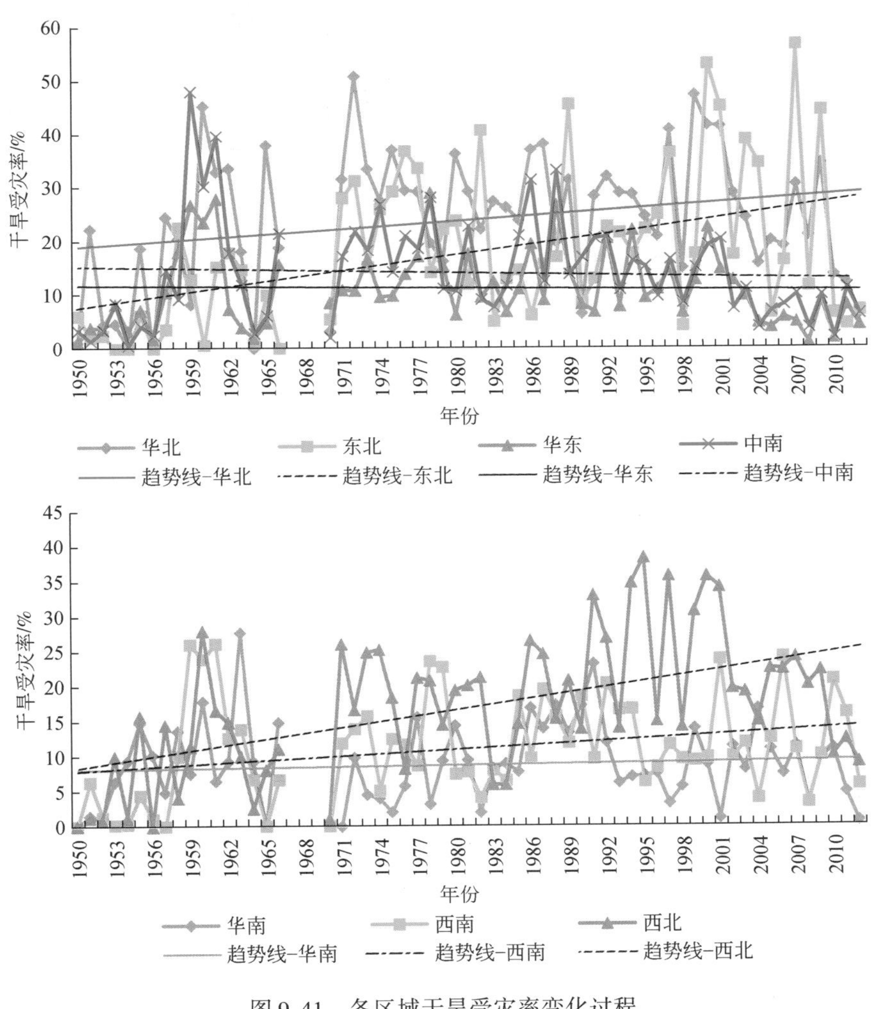

图 9-41　各区域干旱受灾率变化过程

1950～2012年年均干旱受灾率最大的5个省区依次为山西、内蒙古、甘肃、陕西和吉林，年均干旱受灾率依次分别为30.5%、28.4%、20.7%、20.0%和19.6%。干旱受灾面积最小的5个省区依次为江西、福建、广东、浙江和上海，年均干旱受灾率依次分别为7.5%、6.8%、6.4%、4.9%和0.5%。不同省区多年平均干旱受灾率如图9-42所示，可知干旱受灾率较高的省区分布在华北地区、西北地区和东北地区，其次为中南地区和西南地区，华南地区和华东地区最小，表明华北地区、西北地区和东北地区的干旱广度最高，中南地区和西南地区干旱广度也较大。

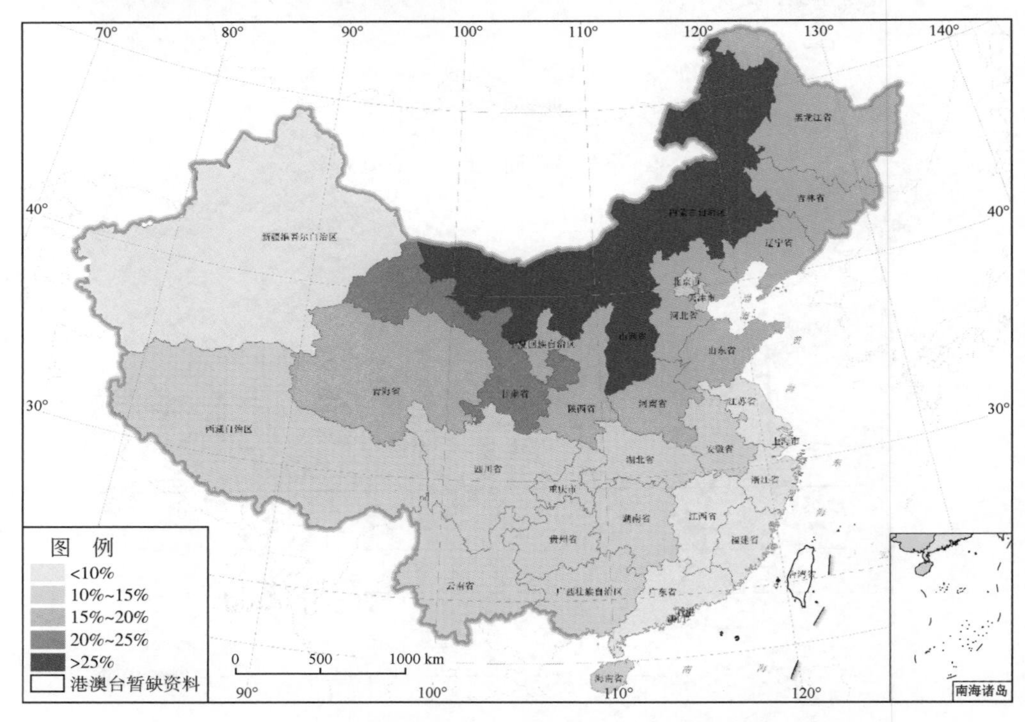

图9-42　各省区1950～2012年年均农业干旱受灾率

21世纪初，年均干旱受灾率最大的5个省区依次为内蒙古、山西、吉林、甘肃和辽宁，年均干旱受灾率依次分别为33.2%、30.4%、28.5%、28.4%和28.2%。干旱受灾面积最小的5个省区依次为西藏、广东、江苏、浙江和上海，年均干旱受灾率依次分别为5.9%、5.7%、5.5%、3.6%和0.3%。不同省区21世纪初年均干旱受灾率如图9-43所示，可知干旱受灾率较高的省区分布在华北地区、西北地区和东北地区，其次为中南地区、华东地区和西南地区。表明21世纪初我国干旱广度最大的地区依然是华北地区、西北地区和东北地区。

各省区1950～2012年多年平均和21世纪初年均干旱受灾率统计结果见表9-8。相比多年平均，21世纪初，干旱受灾率大于25%的省区增加，云南、重庆、黑龙江、吉林、甘肃、青海等地干旱受灾率高于多年平均值，干旱广度高于多年平均值，湖南、海南、安徽、广西、西藏等地干旱受灾率低于多年平均值，干旱广度低于多年平均值。

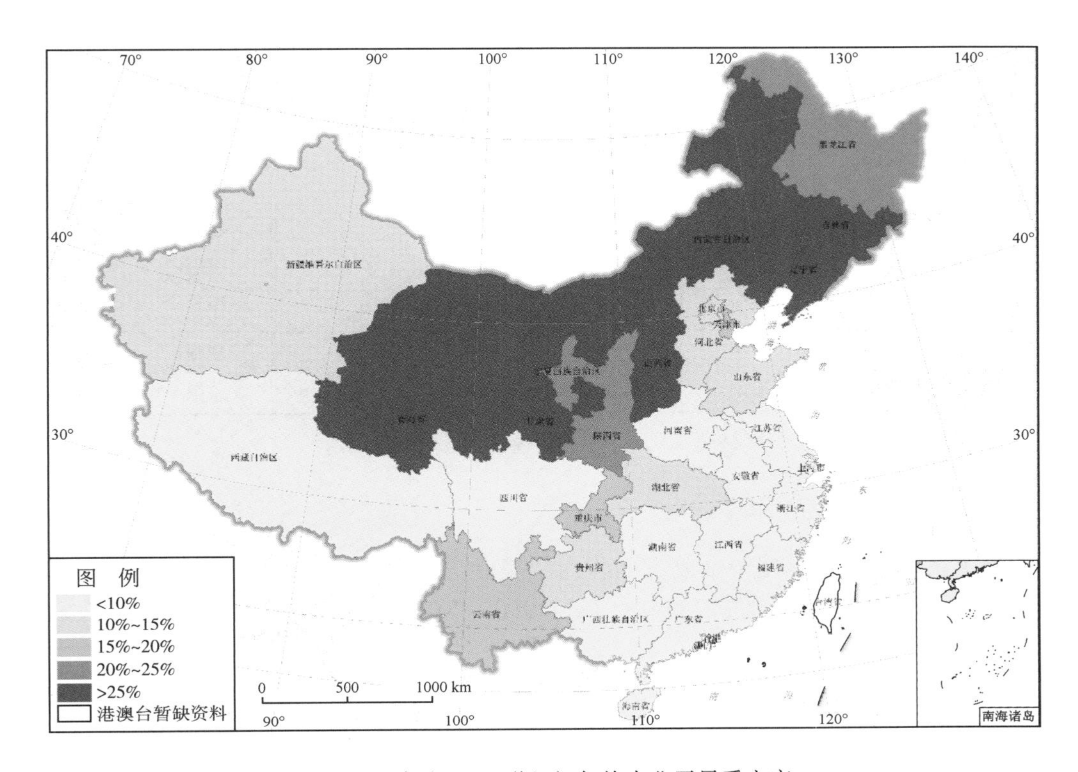

图 9-43 各省区 21 世纪初年均农业干旱受灾率

表 9-8 各省区干旱受灾率统计

时段	干旱受灾率				
	<10%	10%～15%	15%～20%	20%～25%	>25%
1950～2012 年	新疆、江苏、江西、福建、广东、浙江、上海	重庆、湖北、天津、安徽、湖南、贵州、云南、北京、广西、四川、海南、西藏	陕西、吉林、青海、河北、辽宁、宁夏、山东、河南、黑龙江	甘肃	山西、内蒙古
21 世纪初	广西、四川、湖南、海南、安徽、江西、河南、福建、西藏、广东、江苏、浙江、上海	河北、北京、湖北、山东、贵州、新疆	云南、天津、重庆	宁夏、陕西、黑龙江	内蒙古、山西、吉林、甘肃、辽宁、青海

各省市干旱灾害广度变化趋势统计结果见表 9-9，干旱灾害广度呈上升趋势的省区共 15 个，呈下降趋势的省区 13 个，趋势不明显的省区 3 个，其中上升趋势的省区集中在华北地区、东北地区和西北地区，下降趋势或趋势不明显的省区主要在中南地区、华东地区和华南地区。

表 9-9　各省区干旱广度变化趋势统计

省区	变化趋势	省区	变化趋势	省区	变化趋势	省区	变化趋势
北京	↓	上海市	—	湖北	—	云南	↑
天津	↓	江苏	↑	湖南	↓	西藏	↓
河北	—	浙江	↓	广东	↑	陕西	↑
山西	↑	安徽	↓	广西	↓	甘肃	↑
内蒙古	↑	福建	↓	海南	↓	青海	↑
辽宁	↑	江西	↓	重庆	↓	宁夏	↑
吉林	↑	山东	↓	四川	↑	新疆	↑
黑龙江	↑	河南	↓	贵州	↑	全国	↑

注：↑表示上升趋势，↓表示下降趋势，—表示趋势不明显

3. 干旱灾害强度变化特征

干旱灾害强度一般可用干旱成灾面积占干旱受灾面积的比例表示。由 1950～2012 年我国农作物干旱灾害强度（图 9-39）可知，1950～2012 年年均干旱灾害强度为 43%，年际变化较大，最大年份为 2010 年，为 68%，最小年份为 1953 年，仅为 8%。相比干旱受灾率，1950～2012 年干旱灾害强度增加趋势更为显著，干旱强度加剧。从年代变化来看，20 世纪 50 年代干旱灾害强度为 33%，60 年代、80 年代和 90 年代分别为 46%、49% 和 46%，但 21 世纪初年干旱灾害强度已高达 55%，表明近十几年干旱的强度增大。

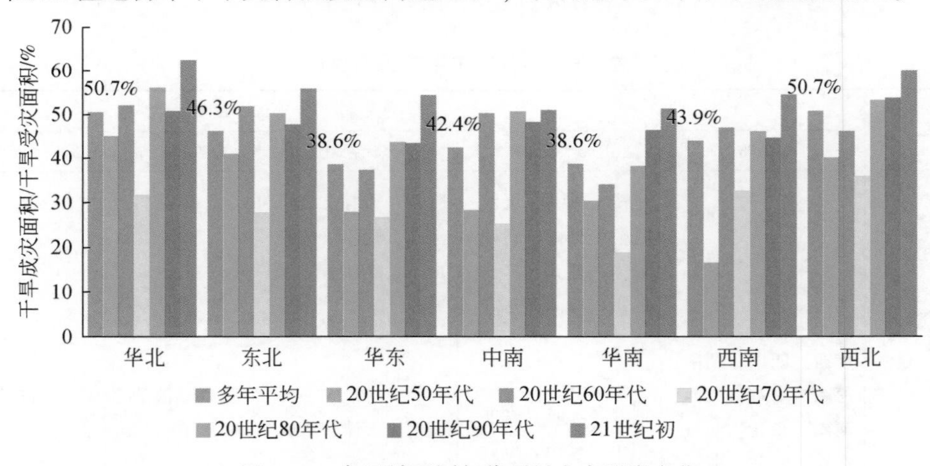

图 9-44　各区域不同年代干旱灾害强度变化

从不同区域不同年代干旱灾害强度（图 9-44）可知，华北地区和西北地区干旱灾害强度大，多年平均超过 50%，其次为东北地区、西南地区和中南地区，均超过 40%，华南地区和华东地区基本相同，小于 40%。表明华北地区和西北地区抗旱能力最低，华东地区和华南地区抗旱能力相对最强，这与区域降水较多，灌溉比较发达有关。从干旱灾害强度年代变化来看，华北地区除 70 年代较低外（30% 左右），其他时段均维持在较高状态，

且逐渐增加，到 21 世纪初超过 60%。东北地区干旱灾害强度经历了上升、下降、上升的变化过程，70 年代较低，但整体呈上升趋势。华东地区干旱灾害强度 50 年代和 70 年代较小，其他年代较大，且 21 世纪初比例达到 54.3%，呈增加趋势。中南地区除 50 年代和 70 年代干旱灾害强度较小外，其他年代均较大，在 50% 左右。华南地区为我国干旱灾害强度最低的地区，但也表现为显著增加的趋势，虽然 70 年代比例较低，90 年代却超过 50%。西南地区干旱灾害强度 50 年代较低，60 年代迅速增加，70 年代虽然有所缓和，但 80 年代开始继续上升，到 21 世纪初比例接近 55%。西北地区干旱灾害强度除 70 年有所下降外，其他时段逐渐增加。全国 7 大区域干旱灾害强度均呈增加趋势，且东北地区、华东地区、华南地区和西南地区增幅更大，表明抗旱能力呈下降趋势（图 9-45）。

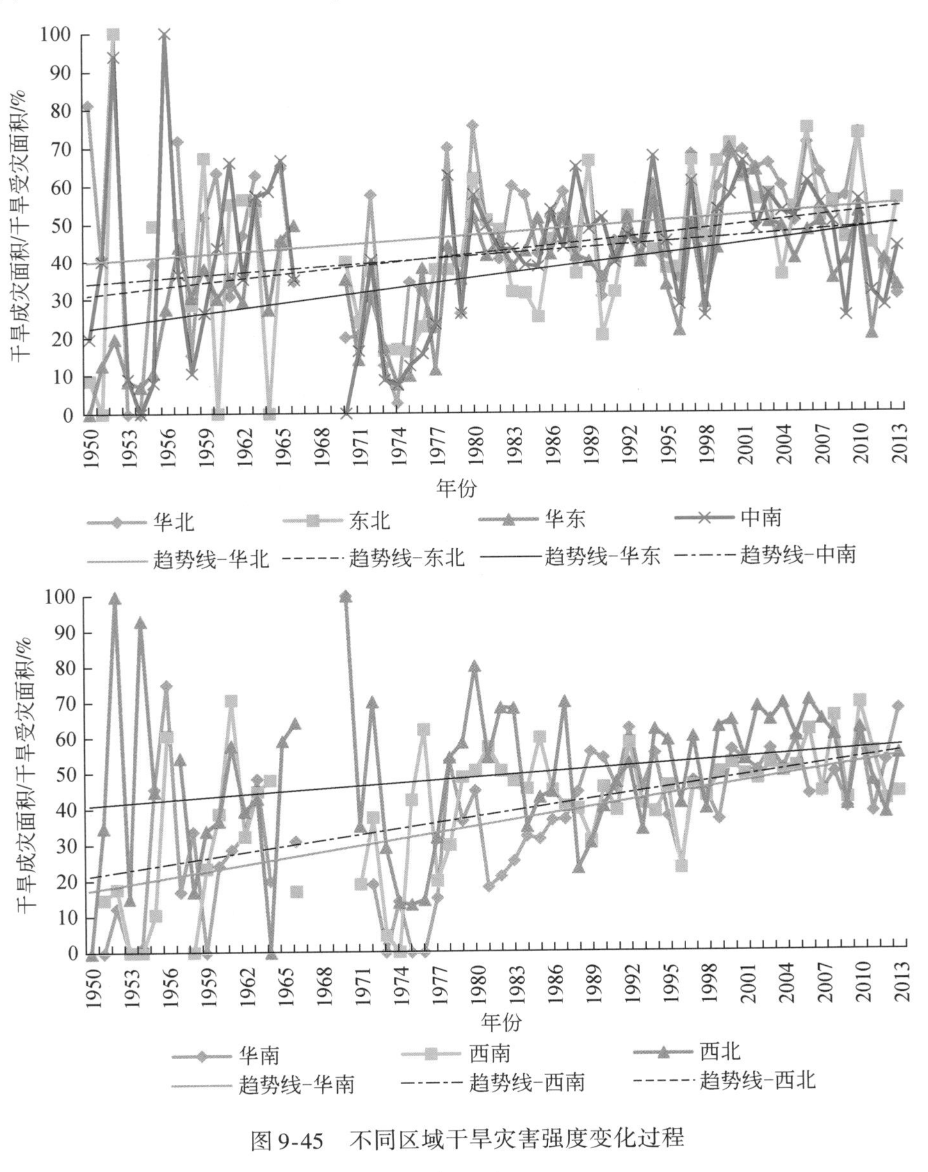

图 9-45　不同区域干旱灾害强度变化过程

根据不同省区1950～2013年年均干旱灾害强度分布（图9-46），大部分省区干旱灾害强度小于45%，其中干旱灾害强度最大的5个省区依次为内蒙古、宁夏、甘肃、山西和辽宁，分别为57.3%、54.3%、53.9%、50.4%和50.3%，旱灾害强度最小的5个省区依次为江苏、浙江、广东、西藏和上海，分别为32.5%、31.9%、30.1%、27.0%和6.8%。根据各省区21世纪初年均干旱灾害强度分布（图9-47），大部分省区干旱灾害强度大于50%，其中干旱灾害强度最大的5个省区依次为新疆、河北、内蒙古、吉林和甘肃，分别为65.7%、65.5%、62.6%、61.4%和61.4%，而干旱灾害强度最小的5个省区依次为北京、广东、河南、西藏和上海，分别为45.7%、43.6%、42.2%、23.9%和5.8%。

各省区1950～2013年多年平均和21世纪初年均干旱灾害强度统计结果见表9-10。21世纪初绝大部分省区的干旱灾害强度高于多年平均值，比例大于55%的省区为17个，比例小于50%的省区只有7个，而多年平均干旱灾害强度大于55%的只有内蒙古，比例小于50%的省区25个，表明21世纪初我国的农业干旱强度高于多年平均水平，抗旱能力降低。各省区干旱灾害强度变化趋势统计结果见表9-11，干旱灾害强度除上海、重庆、西藏趋势不明显或下降外，其他省区均存在不同程度的上升趋势。

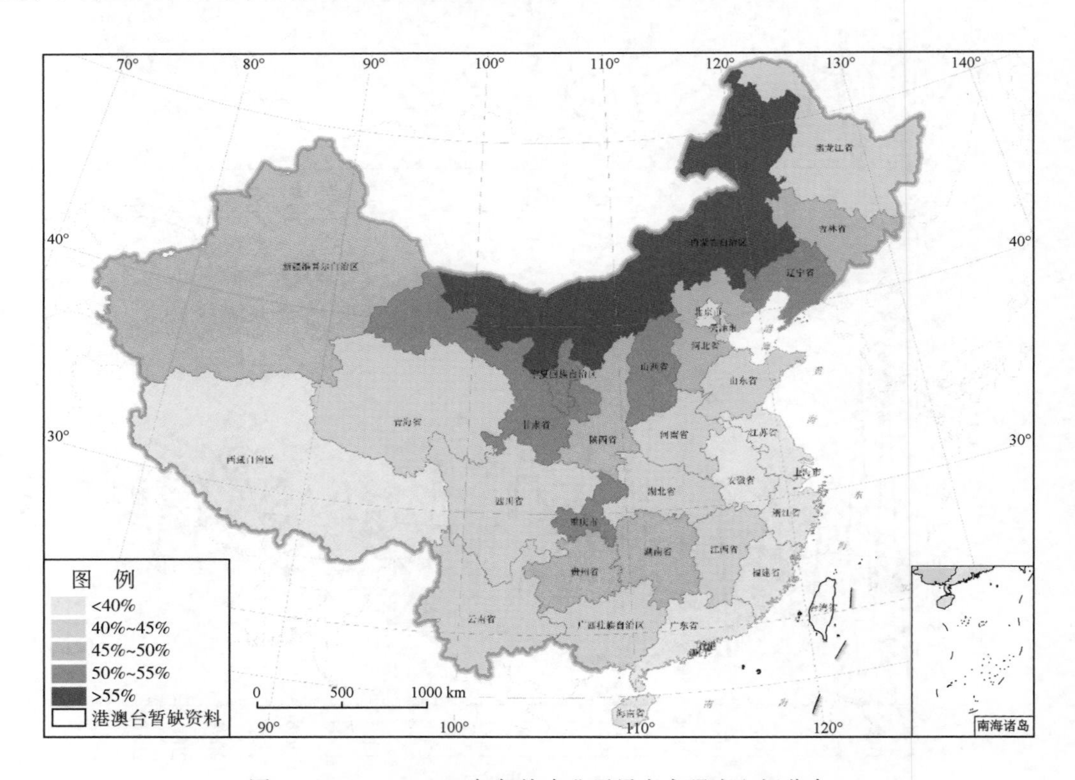

图9-46　1950～2013年年均农业干旱灾害强度空间分布

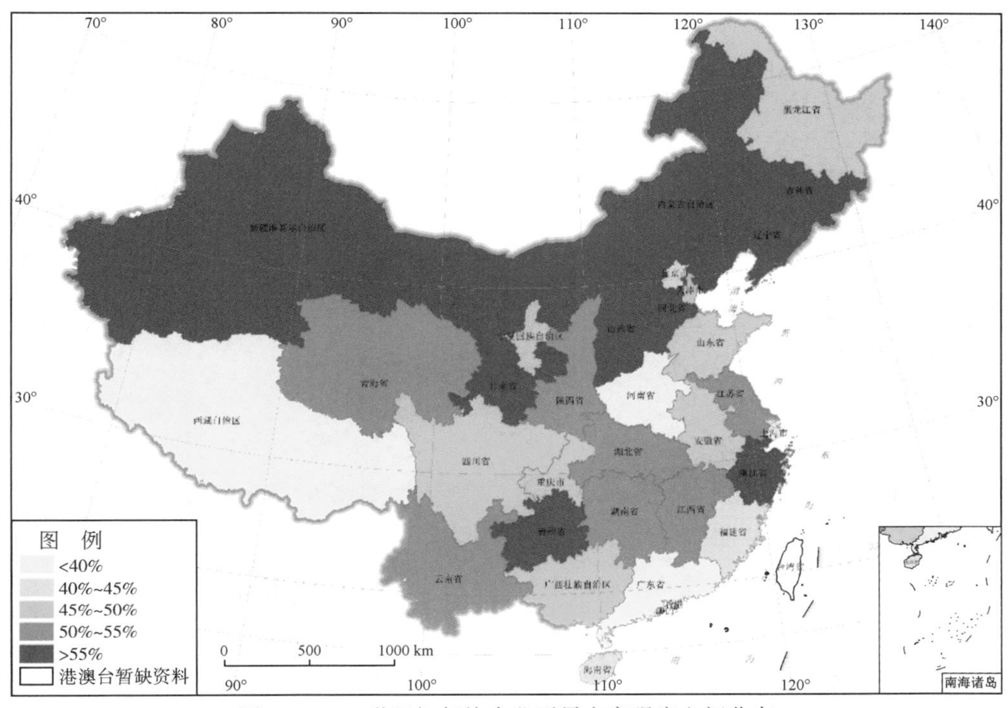

图 9-47 21 世纪初年均农业干旱灾害强度空间分布

表 9-10 干旱灾害强度统计

时段	干旱成灾面积占干旱受灾面积比例					
	<40%	40% ~45%	45% ~50%	50% ~55%	55% ~60%	>60%
1950 ~2013 年	海南、安徽、北京、福建、江苏、浙江、广东、西藏、上海	云南、广西、江西、天津、湖北、青海、山东、四川、河南、黑龙江	陕西、贵州、吉林、河北、新疆、湖南	宁夏、甘肃、重庆、山西、辽宁	内蒙古	
21 世纪初	西藏、上海	广东、河南	海南、福建、北京	广西、宁夏、山东、天津、重庆、安徽、黑龙江、四川	青海、江西、湖北、江苏、云南、陕西、湖南、	新疆、河北、内蒙古、吉林、甘肃、辽宁、贵州、山西、浙江

表 9-11 各省区干旱灾害强度变化趋势统计

省区	变化趋势	省区	变化趋势	省区	变化趋势	省区	变化趋势
北京	↑	上海	—	湖北	↑	云南	↑
天津	↑	江苏	↑	湖南	↑	西藏	↓
河北	↑	浙江	↑	广东	↑	陕西	↑
山西	↑	安徽	↑	广西	↑	甘肃	↑

续表

省区	变化趋势	省区	变化趋势	省区	变化趋势	省区	变化趋势
内蒙古	↑	福建	↑	海南	↑	青海	↑
辽宁	↑	江西	↑	重庆	—	宁夏	↑
吉林	↑	山东	↑	四川	↑	新疆	↑
黑龙江	↑	河南	↑	贵州	↑	全国	↑

注：↑表示上升趋势，↓表示下降趋势，—表示趋势不明显

9.4 中国干旱综合应对

9.4.1 我国干旱应对现状及问题

1. 我国干旱应对典型案例

2009年7月~2010年4月，贵州大部分地区降水持续大幅减少、气温偏高，出现历史罕见的夏、秋连旱叠加冬、春连旱，为贵州省有气象记录以来最为严重的干旱。面对持续旱情，旱区因地制宜采取留、引、提、截流等多种措施，通过修建抗旱应急水源工程、应急调水工程、打井挖泉和输水、运送水等方式解决群众用水困难；各级水利部门制定科学合理的供水计划和应急供水方案，强化水量的统一调度和管理。

（1）工程措施

a. 常规供水工程

2009年6月，贵州省水库、山塘总蓄水量为12.39亿m^3，其中中型水库4.19亿m^3，占总蓄水量的33.82%；小Ⅰ型水库5.06亿m^3，占总蓄水量的40.84%。2010年3月底，贵州省水利工程蓄水量为5.9亿m^3，比2009年6月少蓄6.49亿m^3，其中中型骨干水源实际蓄水2.11亿m^3，占总蓄水量的35.76%，比2009年同期减少1.65亿m^3，同比减幅为44%，水利工程减少的6.49亿m^3蓄水大部分用于保障当地居民生活用水。

b. 应急供水工程

干旱期间，各级水利部门应急打井1792眼，建设抗旱应急提水工程988处。新建小（微）型工程4226处、引水工程1497处、调水工程761处，铺设铺水管线4786km。

c. 人工增雨

贵州省气象局适时组织开展人工增雨作业，协调成都军区派遣两架飞机实施人工增雨作业44架次，组织火箭、高炮开展人工增雨作业2606次，发射炮弹3.7万余发，火箭弹1003枚，对缓解旱情起到了积极作用。

（2）非工程措施

a. 抗旱组织体系

各级党委、政府高度重视，切实加强抗旱救灾工作的组织领导。灾情发生后，党中

央、国务院十分关心贵州省抗旱救灾工作。时任胡锦涛总书记、温家宝总理等领导分别做出重要指示。2010 年 4 月 3 ~5 日，温家宝总理专程赶赴贵州视察灾情，指导抗旱救灾工作。贵州省人民政府防汛抗旱指挥部、贵州省水利厅迅速研究安排抗旱救灾工作，落实了行政首长负责制和行政领导分工责任制。

b. 抗旱法规、制度和技术标准

贵州省政府要求地方各级抗旱指挥机构认真履行《中华人民共和国抗旱条例》《中华人民共和国水法》《中华人民共和国城市供水条例》《贵州省水旱灾害应急预案》《贵州省防汛抗旱值班细则》《贵州省抗旱排涝服务队管理办法》《贵州省防汛抗旱工作考核评比办法》等规章制度，使抗旱工作做到有章可循。贵州省防汛抗旱指挥部多次下发《关于认真做好枯水季节防旱抗旱工作，保障城镇供水安全的通知》《关于切实做好当前抗旱保供水工作的通知》《关于进一步做好当前抗旱工作的紧急通知》和《关于加强城镇应急供水工作确保城乡居民饮水安全的通知》等通知，适时安排部署抗旱工作。先后派出 40 多个工作组，赴人饮困难较为突出的开阳、丹寨、封山、长顺、望漠等地实地调研，投入大量资金帮助这些地方解决人饮困难问题。在抗旱救灾的同时，安排编制《贵州省城市应急（备用）水源工程建设规划》并报水利水电规划设计总院。此外，还编制并实施了《贵州省 2010 年特大干旱灾害城镇应急供水预案》。

c. 抗旱水量调度

本着“先生活，后生产，保重点，讲效益”的原则，对有限的抗旱水源加强统一管理和调配，加强对旱情的研判，了解各地供水保证天数，制定并落实相应的应对措施。加强水资源调度管理和蓄水保水工作，做好节水工作。对一些非重点高耗水行业，如洗车、洗浴等进行关停或限制。对一些兼备人饮、农灌和水力发电的水库，优先保证城乡供水需求。同时，在城区倡导采用原水或污水厂出水用于实行分时段、分片区限时供水，有效地保证了城镇居民的基本生活用水需求。例如，贵州省水利厅直管的松柏山水库，在贵阳市城区供水水源花溪水库蓄水不足的情况下，减少农灌用水，先后向花溪水库调水 2600 万 m^3，确保了贵阳市城区供水安全；为满足兴义市城区日需水量约 7 万 m^3 的需要，紧急从木浪河水库调水 4 万 m^3/d 到兴西湖水库，缓解了兴义市城区供水紧张局势。

d. 抗旱预案和应急预案

旱情发生后，及时组织力量对全省城镇（含乡镇）供水情况进行摸底排查，制定城镇应急供水预案，保障极端天气情况下的人饮安全。贵州省防汛抗旱指挥部、贵州省水利厅根据旱情发展态势，及时启动《贵州省水旱灾害应急预案》，同时组织编制了《贵州省 2010 年特大干旱灾害城镇应急供水预案》，对应急供水水源、供水方式、节水措施等进行了规定。

e. 抗旱资金、物资投入

制定《贵州省特大抗旱救灾应急资金管理暂行办法》，加大资金投入力度，及时调整财政支出结构。加快资金拨付进度，下达抗旱救灾资金 7.85 亿元，其中中央资金 5.80 亿元，省级资金 1.35 亿元，捐赠资金 0.7 亿元。贵州省广播电影电视局协助贵州省委宣传部、贵州省慈善总会主办了“让爱滋润大地——2010 贵州抗旱救灾公益晚会”，晚会现场共筹得善款0.28亿元，全部用于干旱重灾区群众购买生活用水、打井挖渠、修建水窖等。各部门广泛开展向灾区群众奉献爱心活动，民政系统（含救灾捐赠接收办公室和慈善总会）接收捐款2.25亿元、港币0.40亿元和价值0.17亿元的捐赠物资，团委系统筹集抗旱救灾资金0.41亿元、饮用水1.60万t和价值13万元的大米。

f. 水情雨情测报及发布

各有关部门严格执行24小时值守制度。及时向贵州省政府报告每日灾情。抗旱期间，省政府应急管理办公室共接待、处理灾情1000余件，编发《贵州值班信息》7期、《应急信息专报》20期、《值班快报》23期，及时向国务院和贵州省委、省政府及各地各部门报告或通报灾情及应对情况。为做好灾情统计核实工作，采取“政府统筹、归口统计、层层把关、会商审核”的方法，由各级政府应急管理办公室牵头、民政部门具体负责统计数据汇总、每周组织2次灾情信息会商审核，确保了灾情数据的准确性。贵州省水文水资源局加强江河来水监测，坚持抗旱水情信息日报制度。

2. 我国干旱应对问题

（1）抗旱法规、组织和服务体系不健全

2009年和2011年我国先后出台了《中华人民共和国抗旱条例》（以下简称《抗旱条例》）和《全国抗旱规划》，为我国的抗旱减灾工作的开展提供了法规和制度上的保障。但长期以来，我国抗旱减灾工作缺少完备的法律制度体系，一些地方还没有出台《抗旱条例》《全国抗旱规划》的配套法规，严重影响抗旱工作的实施。

目前我国已确立了行政首长负责制的防汛抗旱组织体系，中央设立国家防汛抗旱总指挥部；七个流域机构设立防汛办公室（其中黄河水利委员会、长江水利委员会分别设立黄河、长江防汛抗旱总指挥部办公室），负责流域内防洪管理和关键工程调度；各省区、地（市）、县均设立防汛抗旱指挥部，建立了报汛站网，还在重点地区建立了防汛专用通信网和洪水预报、警报系统，在历年防汛、抗旱工作中发挥了重要作用。但在实际工作中，仍然存在职责界定不清、抗旱责任制没有落到实处、专职专业人员缺乏、抗旱调度和应急调度管理机制不健全等问题，影响抗旱工作指挥决策和应急处置，陷入“年年抗旱年年旱”的怪圈。

经过20多年建设和发展，全国抗旱服务组织建设取得了长足进步，但与抗旱工作和旱区群众的迫切需求相比，还存在一定差距。一是发展不平衡，突出表现在北方与南方之间差距大，北方省区基本上每个县都成立了抗旱服务队，南方省区抗旱服务队建设起步晚、数量少。二是扶持不到位，一些地方对抗旱服务组织建设重视不够，抗旱服务组织缺编制、缺投入、缺仓库、缺设备、缺技术、缺人才，发展严重滞后。三是队伍不稳定，大多数抗旱服务队为自收自支事业单位，随着抗旱服务成本增加，抗旱服务队难以为继的情况较为普遍。四是投入不落实，相当一部分抗旱服务组织仅仅依靠自身力量开展少量有偿服务、微利经营，发展难度大。五是管理不完善，部分抗旱服务组织经营机制不活，管理水平低，技术力量薄弱，服务功能单一[①]。

---

① http：//politics. people. com. cn/h/2011/1202/c226651-2162272350. html。

（2）抗旱资金短缺

《抗旱条例》要求各级人民政府应当建立和完善与经济社会发展水平及抗旱减灾要求相适应的资金投入机制，在本级财政预算中安排必要的资金，保障抗旱减灾投入。财政部、水利部联合出台了《中央防汛抗旱物资储备管理办法》，增加了中央抗旱物资储备的具体规定，修改了储备管理费使用支出范围，明确在直属流域机构调用或国家防总启动Ⅱ级以上应急响应时向地方所调物资可予核销。但与严峻的抗旱形势相比，抗旱资金投入不足，抗旱资金短缺。直到2011年新增了2亿元中央抗旱物资储备，才实现国家抗旱物资储备零的突破。目前全国31个省区（不含港、澳、台地区）和新疆生产建设兵团，只有12个设立了少量抗旱专项资金，总额不足6000万元。抗旱资金投入严重不足，没有建立与当地经济社会发展水平相适应的抗旱投入机制，严重影响了抗旱减灾措施的有效落实。

（3）抗旱预案体系不完善

抗旱预案是有效组织实施抗旱减灾工作的行动指南，全面推行和落实抗旱预案制度是实现抗旱减灾的重要措施和关键手段。国家防汛抗旱总指挥部组织其成员单位编制国家防汛抗旱预案，经国务院批准后实施。县级以上地方人民政府防汛抗旱指挥机构组织其成员单位编制抗旱预案，经上一级人民政府防汛抗旱指挥机构审查同意，报本级人民政府批准后实施。近年来，各级抗旱指挥机构开展了抗旱预案的编制工作，为抗旱管理和应急指挥奠定了很好的基础，在历次抗旱工作中发挥了重要的作用。但总体来看，现有的抗旱预案存在可操作性不强，相关措施难以落实，抗旱紧急期水库、水电站的水量调度未形成有效制度，这些难题都说明预案体系仍不完善，应急响应启动程序不够规范，可操作性不强。

（4）抗旱基础设施不完善，水资源调控能力不足

尽管这些年病险水库除险加固、灌区节水改造等水利建设取得了显著成效，但大多只是应用到危、急、重、险等骨干水利工程。农业用水设施因建设标准较低、配套不完善、维修更新不及时，造成设施老化失修，抗旱效益衰减严重。目前，我国耕地面积约为18.26亿亩，有效灌溉面积为9.25亿亩，旱涝保收面积只有4.13亿亩，全国约有一半的耕地面积没有灌溉设施，超过50%的有效灌溉面积还在沿用传统落后的灌溉方法。全国有2.8亿农村人口饮水不安全，相当一部分城市尤其是县级城市供水系统比较脆弱，供水保证率低。抗旱应急备用水源缺少，难以应对严重、特大干旱灾害造成的供水危机，严重影响居民的正常生活。据统计，全国平均有2880万人、2775万头牲畜因旱发生临时性饮水困难。

（5）社会抗旱减灾意识薄弱，主动防灾减灾能力亟待加强

目前全社会抗旱减灾意识较淡薄，缺乏应对大旱、抗长旱的充分思想准备，主动抗旱、积极避灾能力明显偏低。抗旱的根本出路在节水。要提高全民节水意识，加快转变经济发展方式。因地制宜推广节水灌溉技术和设备，大力推进农业节水，努力减少水资源消耗，加大防治水污染工作力度。深化水资源管理体制改革，充分运用价格等经济杠杆，引导节约用水，严格控制高耗水项目，鼓励发展低耗水的高新技术产业。加强城乡生活用水管理，加快更新改造供水管网，研制推广节水型用水器具、计量仪表。

（6）抗旱科技支撑能力弱

目前我国旱情监测站网不足，特别是土壤墒情和抗旱水源监测等严重滞后，旱情信息采集分析手段落后，科学的测旱报旱制度不够完善，尚不能及时、准确、科学地掌握、分析旱情的发展变化①。

9.4.2 国外应对干旱的对策及启示

1. 国外应对干旱的对策及经验

（1）欧洲联盟应对干旱和缺水对策

在全球气候变化大背景下，近30年来欧洲发生干旱的数量和强度显著增加。为有效抵御干旱灾害，降低旱灾损失，欧洲联盟（简称欧盟）制定了旱灾风险管理战略。

a. 制定合理的水费制度，强调“谁用水谁付费”原则，强制引入用水计量措施

欧盟委员会按照《欧盟水框架法令》的要求，运用市场手段，以水资源使用与水资源价值一致性的经济评估为基础，采取适当激励措施，建立水费制度，允许欧盟成员国和市政权威机构对所提供的水服务征税，根据不同用水目的征收不同的水费，在优先确保居民生活用水的前提下，强调“谁用水谁付费”“谁污染谁付费”的原则，以促进水资源的有效使用。在各用水部门引入强制性计量措施，确保《欧盟水框架法令》的全面执行，有效利用水资源。

b. 强调经济发展规划和生产活动与当地的水资源可开采量相适应

欧盟已认识到一些流域，特别是长期受缺水威胁的流域，经济发展规划对水资源可持续利用会产生不利影响，加剧流域的水资源稀缺程度。例如，在水资源比较稀缺的流域，旅游度假地的广泛开发，对当地水资源的可持续利用产生了严重的负面影响。在一些成员国，特别是许多农业补贴与农业产量没有脱钩的成员国，过度取水问题仍然存在，不合理的农业灌溉措施对水资源也存在负面影响。此外，生物质能种植面积的增加对水资源利用也产生了一定的负面影响。因此，欧盟提出所有生产活动（包括农业灌溉和生物质能生产）都应与当地的水资源可开采量相适应，强调应该进一步加强生物质能开发和水资源可持续利用之间的内在关系的研究。为保证在各经济部门严格实施《战略环境评估法令》，欧盟要求各成员国需要进一步加强执行力度，确保经济规划不会对环境造成不利影响，同时加强各成员国对面临干旱与缺水地区的识别，在缺水流域，应该制定合理的政策并采取适当措施，确保能恢复到可持续的水资源供需平衡状态。另外，在水资源稀缺区域，应采取强制性的节水措施，并将这些措施纳入水框架指令中。例如，在“联合国防治荒漠化公约”框架中，希腊政府发布了“国家行动计划”，解决水资源供需之间的矛盾。

c. 实施水资源分级管理，确保节水资金有效使用，提高用水效率

在欧盟，一方面，用水效率的潜力尚未能全部被挖掘；另一方面，虽然欧洲基金和国家援助为应对缺水与干旱的挑战提供了资金保障，但要有效地解决干旱缺水，不仅要依靠资金投入，更要求资金的有效使用。为此，欧盟在制定水资源管理政策法规时，强调实行

---

① http://www.mwr.gov.cn/ztpd/2012ztbd/2012qgfxkhgzhy/zcdh/201202/t20120202_313335.html。

水资源分级管理，节约用水和提高水资源利用效率位于水资源管理最高等级，具有最大的优先权。只有充分采取各种节水措施和提高水资源利用效率之后，才可以考虑增加供水设施，任何没有采用节水措施的地区、部门和单位，都不可以新增供水设施。积极探索行业政策更好地促进水资源使用效率的提升，通过资金补偿方式激励用水户节约用水并参与环境保护。同时要保障欧盟和国家资金的有效使用，完善需水管理体系，普及水资源可持续管理理念、加强节约用水、建立风险监测系统及风险管理等措施。在充分考虑社会环境和地区差异的情况下，因地制宜地制定财政奖励政策，积极推广节水设备和技术。

d. 强调从危机管理走向干旱风险管理，建立干旱预警系统

为应对日益增多的干旱，部分欧盟成员国已经从水资源危机管理转向干旱风险管理，应对干旱的措施也逐渐向综合干旱风险管理转变。根据《欧盟水框架法令》规定，建立具体干旱管理计划，作为对《欧盟水框架法令》流域管理计划的补充。此外，欧盟通过建立干旱观测站和干旱预警系统，增进对干旱的认识，为相关管理部门应对干旱提前做出准备提供有力保障。干旱预警系统将整合有关数据和研究成果，从地方到国家再到欧盟，进行不同空间尺度的干旱监控、探测和预报，对未来的干旱事件做出有效的评估和预测。欧盟决定在 2012 年，初步形成可操作的“欧洲干旱监测站”和预警系统执行规范，成立欧洲干旱中心，以促进科学家和政府之间的合作，增强社会适应干旱的能力。

e. 加强耗水行业的节水管理，开发高效用水技术，制定节水标准

据统计，在欧盟一些地区，建筑物内浪费的水量约占供水量的 30%，公共供水网络的渗漏水量超过 50%，农业灌溉系统中渗漏现象也普遍存在。因此，欧盟规定各经济部门要进一步加强节水技术研究和应用。除了改进节水技术外，农业、制造业、旅游业等耗水量大的行业，应进一步加强水资源节水管理；对耗能用水设备（如农业灌溉系统和其他农业耗能设备）制定统一的节水标准，对非耗能用水装置（如水龙头、淋浴喷头、抽水马桶等）增加节水标准；将高效用水标准纳入建筑物性能标准，建立建筑物用水新法规，包括对水龙头、淋浴器、抽水马桶、雨水采集和中水再利用等节水措施内容；鼓励在新建建筑物和公共供水网络上引入具有约束力的性能参数，对超出的渗漏予以罚款。

f. 推广“产品节水标签”，培育节水文化

产品用水标签是一种为公众提供产品用水信息的有效方式，帮助消费者了解产品在工业或农业食品生产过程中所有阶段的用水信息。以企业社会责任为准则的“欧洲商业联盟”成员，发起了以节约用水为目的的活动，鼓励在现有和未来的产品质量和认证体系中，增加节约用水管理条款，探索欧盟产品节水标签推广方式，普及节水装置和节水产品。

此外，通过信息、教育和培训等措施，加强节水经验、节水活动和节水实践的交流，提高公众的节水意识，培育节水文化。例如，2006 年夏季，法国发起了一场名为“每个人都能得到足够的水吗?”的活动，该活动以电视台和广播电台为媒介，鼓励市民节约用水，得到了广大市民的广泛支持，据调查，88% 的市民表示将努力节水。

g. 建立缺水与干旱信息共享平台

掌握缺水与干旱蔓延和影响范围的准确信息是各级决策者正确制定应对措施的前提。

欧盟决定建立欧洲缺水与干旱信息管理系统，确保在欧盟层面上干旱缺水信息和数据的一致性。“欧洲水资源信息系统”为整合、发布和共享这些信息提供了理想的平台。欧盟每年对由成员国和利益相关者向欧盟委员会或欧洲环境署提供的数据进行一次评估，并充分利用“全球环境和安全监控系统”，将空间数据和监测信息应用于水政策、土地利用规划和改进的灌溉措施。此外，欧盟鼓励和支持应对缺水与干旱研究的开展，促进研究成果的应用，按照欧洲睦邻与伙伴关系法律文件，要求欧盟和国家之间在应对缺水与干旱研究上应互相支持、密切协作。

（2）美国干旱应对对策

美国是一个干旱频发的国家，据美国联邦应急管理局测算，美国因干旱造成的经济损失年均达60亿~80亿美元，远远超过了其他气象灾害。美国政府为了防治干旱灾害，建立了比较完善的干旱防灾减灾体系。

a. 建立干旱防灾减灾法制体系

1970年以来，相继颁布实施了一系列干旱防灾减灾法规制度，包括环境保护法、土壤和资源保护法、国家干旱政策法、国家干旱预防法等，为实施干旱防灾减灾提供了法律保障。

b. 建立干旱防灾减灾管理体系

美国建立健全了国家旱灾理事会和国家干旱预防办公室，理事会设在联邦应急管理局内，成员包括联邦应急管理局局长、内务部长、国防部长、农业部长等成员。例如，2004年11月到2005年2月的华盛顿干旱，旱区遍布美国西部15个州，华盛顿州长宣布进入干旱应急阶段，成立了水源供给委员会和水应急执行委员会，干旱应急有条不紊。水源供给委员会负责抗旱应急期间的水源供给，由生态部门牵头，美国地质调查局、国家气象局、国家资源保护局、美国农垦局、美国工程兵团、博尼维尔电力管理局参加。水应急执行委员会负责协调水源供给委员会的职能发挥，由行政长官办公室牵头，农业、生态、野生动物、健康、军队、社区和经济贸易、自然资源保护委员会参加。

c. 建立干旱防灾减灾预警体系

美国通过建立不同干旱指数来描述干旱，通过气象监测、水文监测和地下水监测来预报干旱，通过制定干旱规划来有效防御干旱。截至2006年，美国中西部各州均制定了干旱防治规划。美国地质调查局与相关部门、州政府、用水户联合，建立了全国地下水监测网，有5年以上数据的监测井4.2万多个，1200多个监测井实现了自动实时监测、远程数据传输和互联网发布，为干旱预报提供了判别依据。宾夕法尼亚应急管理委员会通过对历史水位监测数据分析，提出干旱预警水位和干旱应急水位，一旦地下水位低于预警水位值时，便发出干旱预警信息。

d. 建立干旱防灾减灾技术支撑体系

一是利用水银行调节水资源时空配置。1979年、1991年和1993年，美国爱达荷州、加利福尼亚州和得克萨斯州相继建立了水银行，并利用水银行进行救旱。水银行向社会提供各种水价和其他必要的交易信息，并严格执法把关；买卖双方要向州自然资源保护委员会提出申请，以便获得暂时或永久转移水权或所持有的水量。二是利用经济杠杆调控水资源分配。经济杠杆在调控水资源分配中发挥着重要作用，如加利福尼亚州西南部圣迭戈农场的灌溉用水量是 120 万 m^3，水费为 17 美元；而在圣迭戈市内，居民消耗同量的水却得付水费 1311 美元，城市水价高出农村水价 77 倍，有效调控水资源消费结构。三是利用生物转基因技术抗旱防灾。美国科学家已经利用现代生物技术培育出具有强抗旱性能的转基因烟草，下一步将把这种技术应用于西红柿、水稻、小麦、棉花等农作物，培育出有更强抗旱和节水性能的农作物品种。

（3）澳大利亚干旱应对对策

澳大利亚是世界上最大的干旱大陆，在所有影响澳大利亚的自然灾害中，干旱造成的经济损失最为严重。干旱除影响城市居民生活和农牧业生产外，还常常引发森林大火、沙尘暴、土地退化等次生灾害。20 世纪 90 年代以前，澳大利亚的抗旱对策与其他国家一样，都是以应急救援和危机管理为主。1990 年提出了转变干旱管理的理念，即干旱是自然现象的一部分，农业生产应该与其他商业行为一样，把干旱作为一种风险来考虑；政府应以提高社区的自我适应力和恢复力为目标，建立风险管理机制。

a. 颁布国家干旱管理政策

1992 年，澳大利亚政府颁布了以可持续发展、风险管理和农业结构调整为主旨的国家干旱管理政策，成为较早提出和实施干旱风险管理的国家。澳大利亚抗旱管理政策包括帮助农民实施风险管理，实施农民收入税方案，提供旱灾福利补贴，政府提供专项资金用于资助旱灾预报、风险管理等。澳大利亚从 1994 年开始实施抗旱新政策，新政策鼓励农民与农业生产有关部门采取自力更生的方法应对旱灾，确保尽早恢复农业生产，保持农业的世界先进水平。

b. 农民资助与政府帮扶结合

国家干旱管理政策规定，在应对气候变化造成的干旱风险中，农民必须承担重要责任，将商业、财政管理与生产、资源管理相结合，确保农业经营中的财政和自然资源得到合理高效利用。政府帮助建立有益于实施财产管理和风险管理措施的整体环境，通过建立包括激励机制、信息交换、教育培训、土地保护及科研开发在内的一套体系，来鼓励和保障农业生产者采用完善的财产管理措施。除联邦政府可以提供旱灾援助措施之外，州政府也可以进一步提供援助措施，但这些措施不能违背国家干旱政策的总体原则。

c. 多措施并举应对干旱

在国家干旱政策引导下，澳大利亚采取了一系列干旱防灾减灾措施。近年来，澳大利亚论证建设了几个海水淡化工厂。其中，位于珀斯的海水淡化工厂是澳大利亚第一家向公众大规模供应淡化海水的工厂，投资达 3.87 亿澳元，2007 年运行以来，为西澳大利亚州 75% 的人口供应着大约 17% 的饮用水。2002 年以来，澳大利亚州持续遭受干旱，特别是 2006 ~ 2007 年遭受超百年一遇干旱，农田灌溉水量被大幅度削减，给农灌区造成毁灭性打击。此后，水务提供商投资对农田灌溉供水系统进行了大规模改善，通过提高用水效率保障了供水安全。澳大利亚还在废水回收利用、地下水开采与含水层储水、暴雨回收与地表水库建设等方面采取了一系列行动。

（4）以色列干旱应对对策

以色列全国一半地区属于典型的干旱和半干旱气候，南部地区年降水量不足 200mm，有些地区年降水量不足100mm。以色列境内水资源严重贫乏，有“水贵如金”之说。以色列《水法》规定，境内的所有水资源归国家所有，其开发利用必须着眼于满足居民和国家发展需要。国家水利管理委员会负责全国水资源的管理，负责制定水利政策，制定用水计划和水资源开发规划，负责废水开发、海水淡化、控制废水污染和土壤保护等。

a. 实施工农业和民用用水配额

国家水利管理委员会每年先把70%的用水配额分配给有关用水单位，其余30%的配额根据降雨情况予以分配。为鼓励节水，用水单位交纳的用水费用按照其实际用水配额的百分比计算，超额用水，加倍付款。在严重缺雨少水的状况下，为确保工业用水，国家水利管理委员会曾连续两年将农业用水份额减少50%，农民因此遭受的损失由国家负责补偿。

b. 推行节水灌溉

以色列研究的节水压力灌溉技术已成为一个系统工程。这个系统把水通过塑料管直接送到植物最需要水的根部，用水率高，经济效益好。压力灌溉先将化肥溶入水，水肥灌溉一气呵成。压力灌溉系统全部由电脑控制，电子传感器自动将植物所需的水、化肥量传入电脑，电脑便自动调节和控制灌溉，具有省人、省力、节水和个性化设计特点。以色列的农业灌溉几乎全部采用这种滴灌方式，由于采用自动化高科技节水技术和监控系统，农业用水总量逐步减少，农业产出有增无减。

c. 强化废水再利用

以色列的水循环处理已经成为日常生活的一部分，其污水回收利用率达到75%，80%以上的家庭用水是循环再利用水，规模达到每年4亿m^3。以色列对全国工业和城市所排放的废水进行处理，使其成为“循环水”并用于农业灌溉，不仅节约了水资源，也有利于改善生态环境。以色列每年大约将2.5亿m^3处理过的废水用于农业灌溉，全国1/3的农业灌溉使用处理过的废水。

d. 微咸水灌溉

以色列干旱缺水，水比牛奶还贵，但其却占据了40%的欧洲瓜果、蔬菜市场，并成为仅次于荷兰的欧洲第二大花卉供应国。这得益于以色列的咸水灌溉利用。微咸水灌溉的作物在产量上会有所下降，但产品质量却得到提高。例如，微咸水灌溉的甜瓜甜度增加，瓜形变得更有利于出口；微咸水灌溉的西红柿，其可溶性总物质含量提高，甜度增加。

2. 国际经验对我国干旱综合应对的启示

国际干旱管理的总趋势是由过去被动的危机管理和应急抗旱模式朝主动的风险管理、资源可持续利用、环境生态保护、信息化决策支持等方向转化。结合我国的基本情况，为综合有效地应对干旱，在我国干旱应对的总体思路上应做出五大转变。

（1）从被动抗旱向主动抗旱转变

坚持“以防为主、防重于抗、抗重于救”的方针，根据旱灾的自然属性和社会经济属性，将灾前预防和降低风险、灾中高效抗旱与灾后合理恢复重建和救济作为一个完整的体系运行。在注重加强工作前瞻性，增强预案可操作性，从危机管理转向风险管理，提高抗旱工作的主动性的同时，综合运用行政、法律、经济、工程、科技、管理等多种手段，全面提高我国抗旱工作的管理水平和减灾成效，减轻干旱对经济社会发展和环境的影响。

（2）从“短时应急管理”向“长–中–短时相结合管理”转变

我国传统的抗旱工作模式是短时应急管理，即在旱情出现后才对于旱做出反应，缺乏系统性和连续性，没有统筹规划和长远打算，干旱应对落后于经济发展和社会需求，导致“年年喊旱，年年抗旱，年年还旱”的恶性循环。干旱应对应从“短时应急管理”向“长–中–短时相结合管理”转变。从长期宏观发展战略层次上，以水资源和水环境承载能力为基础，将干旱纳入区域整体发展规划及水资源综合规划中，构建与水资源承载能力相适应的经济社会发展模式，保证各方的用水安全，从根本上提高干旱应对能力；在中尺度时段上，划定干旱风险区，并据此优化产业与水利工程布局；在短尺度时段上，制定干旱应对应急预案，保障应急水源。

（3）从“危机管理”向“风险管理与常态管理相结合”转变

当前的危机管理模式过分依赖和开发现有自然资源，缺少早期预警系统，导致社会在旱灾面前的脆弱性加大，而风险管理模式是基于风险分析的干旱政策，以及与其相应的干旱预案和预防性的减灾策略，实施早期预警系统，减小了干旱的影响，增强了社会抵御干旱的能力。干旱风险管理是在分析影响区域水安全的不确定因素的基础上，计算风险指标和干旱风险指数，综合分析和评价干旱缺水现象发生的可能性大小、干旱历时长短、系统恢复正常供水的能力，以及干旱缺水的严重程度，进而为水资源管理和决策者提供科学的决策依据。同时，还应将干旱应对纳入日常的水资源综合管理中，实现干旱管理从“危机管理”向“风险管理和常态管理相结合”的转变，规避干旱风险，减小干旱危害。

（4）从单一抗旱向全面抗旱转变

抗旱领域从农业扩展到各行各业，从农村扩展到城市，从生产、生活扩展到生态，这是国民经济和社会协调发展的需要，也是社会进步的需要。长期以来，抗旱工作的定位是保障农业生产稳定健康发展。随着经济社会的发展，受旱灾影响的部门增多，城市旱灾损失增大，干旱对生态环境的影响也进一步加重，抗旱工作的领域也应从主要为农业服务扩大到为整个国民经济和社会发展服务，防旱抗旱应当在为农业结构调整、农民增收、粮食安全提供优质服务的同时，为保障城市和工业供水安全、保护生态环境服务。抗旱工作必须随着形势的变化进行战略调整。要加强对城市干旱缺水问题的研究，探讨减轻干旱对城市影响的对策措施。要树立水资源统一协调可持续利用的思想，注重生态环境保护，不仅要避免因抗旱取水造成地下水超采和环境破坏，而且要把维系良好的生态环境作为抗旱工作的一项重要内容和目标。

（5）从“有限目标管理”向“全过程综合管理”转变

传统旱情监测理念是建立在传统水文学理论基础上的，无论站网布局还是监测方法理念都是建立在水的自然属性之上，且将大汽水、地表水、地下水按照行业部门分工进行割裂监测，监测方法简单，手段单一。随着全球气候变化和人类活动影响的加剧，以及水资源演变的“自然–人工”二元驱动特性凸显，传统的干旱监测难以满足现代水资源开发、管理与保护的需求，在充分考虑来水、需水和水资源配置的基础上，以 3S 技术、应用气象雷达、卫星监测遥感技术、核物理技术、现代通信技术、计算机网络技术等现代科学技术为依托，实现从“有限目标管理”向“全过程综合管理”转变，建立气-陆耦合模式的干旱预警预测系统，将旱情预警预报、抗旱实时决策与旱情影响评估相结合。

同时，在干旱的具体管理方法中，国际上在干旱风险评估、干旱公众意识、干旱信息化管理、可持续发展管理和干旱区地下水管理方面的经验对我国也有很大的借鉴意义，应该在我国的干旱管理综合体系中予以体现。

9.4.3 我国干旱应对战略

1. 干旱应对的基本原则和目标

（1）干旱应对基本原则

a. 以人为本原则

制定干旱应对战略应坚持以人为本的原则，关注民生，重点保障城乡居民饮水安全，解决受旱地区群众的基本生活用水，协调经济发展用水、粮食生成用水和生态环境用水等需求。

b. 可持续发展原则

干旱应对战略的制定应尊重自然规律和经济规律，充分考虑水资源和水环境承载能力，构建与水资源承载能力相适应的经济社会发展模式，妥善处理资源开发与生态环境保护的关系，兼顾经济效益、社会效益和环境效益，保证各方的用水安全，从根本上提高干旱应对能力。

c. 全面抗旱原则

随着我国经济社会的快速发展，干旱的影响范围在扩大、旱灾造成的损失在加重，抗旱领域不能只停留在城市干旱和农业干旱上，必须适应经济社会发展对抗旱的新要求，扩大抗旱领域，按照科学发展观，全面应对农业、城市、生态干旱，既重视抗旱的经济利益，也重视生态效益，实现从单一抗旱向全面抗旱转变。

d. 工程措施与非工程措施并重原则

坚持工程措施与非工程措施并重，在充分挖掘现有水利工程抗旱潜力的同时，兴建完善“蓄、引、提、调”等抗旱工程体系，综合运用行政、法律、经济、工程、科技、管理等多种手段，着力加强旱情监测预警系统、抗旱管理体系和抗旱服务体系建设，提升防灾减灾能力，减轻干旱对经济社会发展和环境的影响。

e. 主动抗旱原则

改变以往被动抗旱的局面，遵循“以防为主、防重于抗、抗重于救”的应对方针，加强应对干旱灾害的前瞻性战略和措施，包括增强干旱应对意识、研究制定抗旱规划、制定干旱应对制度和法规、建立干旱预警预测系统、应急水源建设等，从危机管理转向风险管理，提高抗旱工作的主动性。同时，综合运用行政、法律、经济、工程、科技、管理等多种手段，全面提高我国抗旱工作的管理水平和减灾成效，减轻干旱对经济社会发展和环境的影响。

f. 政府主导，社会参与

坚持各级政府在抗旱减灾工作中的主导作用，加强各部门之间的协同配合。组织动员社会各界力量参与抗旱减灾工作，顺应自然规律，主动调整产业布局和种植结构，减少干旱灾害损失。

（2）干旱应对目标

根据当前干旱应对工作的实际情况，确定我国干旱应对的总体目标为：通过行政、法律、经济、工程、科技、管理等手段的整合和运用，在全国建成健全应对干旱应对组织管理体系、干旱应对工程保障体系、干旱应对法律体系、干旱应对投入体系、干旱应对技术体系及社会化干旱应对服务体系，增强全民干旱应对减灾意识，提高我国干旱应对能力。

2. 干旱应对措施

（1）干旱应对体制机制

干旱应对是一项跨部门、跨地区、跨学科的系统工程，涉及自然、经济、社会等诸多领域。但目前我国的干旱应对还存在许多体制机制上的问题，导致干旱应对落后于经济发展和社会需求，很多地区抗旱工作短期行为较为明显，工作缺乏系统性和连续性，没有统筹规划和长远打算，导致“年年喊旱，年年抗旱，年年还旱”的恶性循环。为提高干旱应对能力，急需深化干旱应对体制机制改革。

a. 健全干旱应对组织机构

健全抗旱组织机构，充实抗旱专职人员，提升各级政府抗旱管理水平，加强各级抗旱管理队伍建设，加强业务技术培训，提高管理人员素质和工作水平。

建立抗旱工作行政首长负责制。应根据经济社会发展和抗旱工作的需要，建立健全抗旱工作行政首长负责制，逐级明确行政领导的抗旱工作责任，层层建立和完善与抗旱任务相适应的组织领导保障机制，做到旱前检查、抗旱工作部署，以及抗旱应急措施落实等方面统筹安排，明确各级各方责任一抓到底。

b. 推进干旱应对法规、制度和技术标准体系建设

干旱应对的法规和技术标准的颁布和实施为我国干旱应对提供了重要的法律保障和技术支撑。为应对干旱问题，我国已制定了许多与干旱应对相关的法规和技术标准，其发展历程如图 9-48 所示。但法规、制度和技术标准体系还不能完全满足干旱应对的需要，需要推进干旱应对法规、制度和技术标准体系建设。

国务院各相关部门及地方各级政府要加快建立和完善与国家法律、法规相衔接的抗旱法规和制度体系，修订现有的法律法规文件，在不断总结实践经验的基础上，组织力量开展《抗旱法》的编制准备工作，将干旱应对纳入法制化、规范化、制度化轨道。此外，我国的抗旱减灾技术标准总体还很薄弱，因此应尽快编制干旱应对相关技术标准，如《抗旱预案编制导则》《旱灾等级标准》《旱情风险评价导则》《旱灾风险图编制导则》等，建立健全与干旱应对战略实施相适应的技术标准体系。

图 9-48　我国干旱应对法规、制度和技术标准发展历程

c. 完善干旱应对资金投入机制

稳定的资金保障是实施干旱应对战略的基本条件。中央及地方各级政府要建立健全与经济社会发展水平及抗旱减灾要求相适应的资金投入保障机制。构建以政府投入为主、引导社会积极参与的多元化、多渠道、多层次的抗旱投入体系，建立与经济发展同步增长、分级负担、稳定的抗旱投入机制，形成国家、地方、群众、社会相结合的抗旱投入格局。

1）发展抗旱基础设施需要巨额投入，应根据《国务院关于投资体制改革的决定》所确定的将水利（包括抗旱）作为公益性为主的社会定位，把抗旱投入纳入公共财政投入的主体框架。在完善以公共财政为主渠道的抗旱投资体质，建立起各级政府稳定的抗旱财政投入机制的同时，坚持多渠道筹资扩充水利建设基金来源，建立财政投入和社会融资相结合的多元化抗旱投资融资机制。

2）建立一套与防汛抗旱应急响应级别相适应的分级投入机制，解决应急响应与资金投入同步性差、投入责任不明确和考核监管机制不健全等问题。

3）建立投入责任考核机制，调动地方政府投入积极性，确定各等级防汛抗旱应急响应下中央和地方投入额度，为建立防汛抗旱资金投入责任考核制度奠定了基础。为充分调动地方各级财政对防汛抗旱资金投入的积极性，建议构建有效的防汛抗旱投入责任考核机制。该机制应遵循“客观、透明、公正”原则，把各级政府作为考核对象，以各级财政应投入额度为考核目标，具体考核内容为防汛抗旱资金的实际投入情况，并辅以奖惩制和问责制作为考核保障措施。

（2）干旱应急能力建设

目前，中国干旱应急能力总体偏低，各区域的抗旱应急能力更是参差不齐，难以满足干旱应对需求，亟须加强旱情监测预警能力建设、提高干旱应急供水能力、干旱应急服务能力和干旱应急响应能力。

a. 加强旱情监测预警能力建设

旱情监测预警是防旱抗旱的重要手段，为干旱应对决策提供重要的基础信息支撑，是实现由干旱灾害危机管理向风险管理转变的核心内容之一。目前我国已经开展了旱情监测方面的工作，但尚不能为旱情预警提供全面有效支撑。因此，需要加强气象、水文、农情、工情、取水和供用水等与干旱相关的监测系统建设。提高对旱情旱灾信息的动态监测能力，形成覆盖全国、布局合理、信息完备、资源共享的旱情监测站网。提高雨情水情预报水平。整合旱情信息资源，构建旱情监测预警系统平台。实现旱情分析预测评估和早期预警。

1）以国家防汛抗旱指挥系统为基础，加快建设旱情监测站网，以土壤墒情监测站网为建设重点，合理补充建设蒸发站网、抗旱水源地监测站网和旱情遥感监测系统。同时充分利用水文、气象和农业部门已建和规划的站网，最终形成覆盖全国、布局合理、信息完备、资源共享的旱情监测站网。

2）基于旱情综合数据库，结合国家防汛抗旱指挥系统工程的要求，构建旱情监测预警系统平台，用干旱灾害风险管理的理念指导系统功能的扩展和应用，实现旱情实时监测、旱情信息服务和旱情分析预测评估，及时有效地进行旱情预警。

3）加强国家防汛抗旱指挥系统工程中抗旱指挥调度系统平台的建设，运用旱情监测预警系统成果，实现抗旱决策和指挥调度，为干旱灾害风险管理提供重要的支撑平台。

b. 加强干旱应急供水能力建设

抗旱设施是防旱的基础和抗旱的保障，目前我国的抗旱基础设施不足，抗旱应急供水能力远远不能满足需求，导致一些地区抗灾能力低、部分城乡供水安全隐患较多等。因此，应以提高抗旱应急供水能力为重点，大力加强抗旱基础工程建设。

1）建立多层次抗旱水源工程体系。从总体来看，目前我国的抗旱基础设施还不能满足社会经济发展要求，因此必须强化工程手段，大力加强抗旱基础设施建设。在已有水利工程的基础上，新建一批新的蓄水、引水、提水等骨干水源工程，适时建设区域调水工程，小塘、小堰、小库、小井、小水窖等投资小、见效快的小型、微型水利工程，形成多层次抗旱水资源工程体系。

2）建立国家抗旱水源储备体系。我国西南地区水资源丰沛，地表水资源开发利用率仅为 1.7%，地下水开发利用率更低，但是近年出现了短时严重干旱，给经济社会带来巨大损失，主要原因在于人工调蓄工程和地下水提水工程的匮乏，缺乏必要的应急供水战略储备。该地区应着重加强水源工程和配置工程建设，充分利用地下水的涵养能力，增强流域和区域水资源调控能力，为应对极端干旱提供应急水源。

建立抗旱水资源储备是主动抗旱的重要措施，为提升全国干旱应对能力，应加快推进国家水资源战略储备规划，建立国家抗旱水资源战略储备体系。完善抗旱水资源储备政策法规体系，建立以水行政主管部门管理为主的抗旱水资源储备管理体制；加快全国水资源储备系统规划工作，建立面向全国的地下水储备、当地地表水储备、跨流域调水、跨界河流开发、非常规水利用等为一体的战略储备方式；建立以政府投入为主的水资源战略资金保障机制；大力发展水资源储备的科技保障体系，在雨水洪水回灌技术、污水资源化技术、海水淡化技术、水源污染修复技术等方面寻求突破。

c. 加强干旱应急响应能力建设

建立反应迅速、协调有序、运转高效的抗旱应急管理机制，对于提高抗旱应急响应能力至关重要。目前，中国已基本建立了抗旱预案制度，对于有效应对干旱灾害发挥了积极的作用，但普遍存在预案的科学性、合理性较差，可操作性不强的问题。因此，应全方位地提高抗旱应急响应能力，加强抗旱应急响应体制机制建设，不断完善抗旱预案，加强抗旱组织体系建设，强化责任机制，完善部门协调联动机制，建立干旱及灾害影响评价机制，健全信息报告和通报机制，强化信息发布和舆论引导机制，加强社会动员机制建设。

d. 加强干旱应急服务能力建设

目前中国抗旱服务组织的应急服务能力不足，中央和绝大多数地方政府都没有建立抗旱物资储备制度，与抗旱减灾需求还有很大的差距。

1）加强抗旱服务组织能力建设。抗旱服务组织建设要坚持因地制宜、分类指导、统筹规划、布局合理、讲求实效、量力发展的原则，以现有县乡两级抗旱服务组织建设为重点。优先在易旱地区发展，加大投入力度，更新淘汰老化设备，进一步提高干旱期间机动送水能力和抗旱浇地能力，确保能够有效开展抗旱减灾服务。

加强抗旱服务组织的运行管理，在资金、政策扶持的基础上，进一步完善抗旱服务组织的建设和管理办法，有序推进抗旱服务队和抗洪抢险机动队的资源整合，力争将抗旱服务组织管理人员纳入财政预算范围。

2）建立健全抗旱物资储备制度。根据中国保障粮食安全和抗旱减灾的要求，结合不同区域防汛物资储备仓库情况，建立中央级和省级抗旱物资储备。在东北、黄淮海、长江中下游、华南、西南、西北等六大区建设中央级抗旱物资储备仓库，进行物资储备；在省级行政区利用已有的防汛物资储备仓库建立抗旱物资储备，其中粮食主产省区抗旱物资储备数量和规模可适当提高。中央和省级抗旱物资储备主要包括水泵、发电机组、打井设备、输水管等。此外，有需求的地区，依托市、县级抗旱服务组织因地制宜储备必要的抗旱物资。各级抗旱物资储备仓库应及时建立抗旱物资储备管理和调配制度。

（3）需水节水管理

水资源是基础性的自然资源和战略性的经济资源，是生态与环境的控制性要素。中国水资源时空分布极为不均，人均占有水资源量不足世界人均水平的30%。特别是在全球气候变化和水资源大规模开发利用双重因素的共同作用下，水资源短缺形势愈加严峻。传统的供水管理模式导致用水需求不断增加，不能适应水资源可持续发展的要求，应向需水管理模式转变，构建与水资源承载能力相适应的经济社会发展模式，加快推进节水型社会建设。

a. 构建与水资源承载能力相适应的经济社会发展模式

目前我国水资源供需矛盾突出，工业的迅速发展，城市化进程的加快，尤其是乡镇企业迅猛崛起，导致工农业争水、城乡争水、地区间争水和挤占生态用水等矛盾加剧。其中重要原因是在确定经济发展规模、经济结构、产业布局时，缺乏对干旱缺水因素的考虑，未做到因水制宜、量水而行，其后果严重影响了地区经济社会可持续发展。只有从长期宏观发展战略层次上构建与水资源承载能力相适应的经济社会发展模式，进行经济结构和产业布局的优化调整，才能保持水资源需求量的长期稳定，保证各方的用水安全，解决部分水资源短缺问题，并从根本上提高干旱应对能力，减轻干旱灾害的危害。

通过调整工业产业结构提高水资源承载力，火电、纺织、石油化工、造纸、钢铁等高耗水行业，应逐步向水资源丰富地区转移；结合产业结构优化升级，全面推行清洁生产，大力发展循环经济；加速淘汰浪费水资源、污染水环境的落后生产工艺、技术、设备和产品；坚决关停并转一批生产规模小、工艺落后、用水量大、污水排放量大的企业。水资源缺乏的北方地区要提升产业结构，发展低耗水产业，适当减少粮食生产，从区外调入部分粮食，扭转目前南北方粮食生产与水资源分布失衡的局面。特别是西北地区，第一产业比重高，大量的水资源消耗在粮食生产上，不利于解决该地区以水资源问题为核心的经济社会和生态环境问题。这些地区应优化产业结构，高效利用水资源的商品，输入本地没有足够水资源生产的粮食产品，以物流代替水流，与跨流域调水相结合，通过贸易的形式最终解决水资源短缺和粮食安全问题。对于严重缺水地区，要严格限制高耗水、高污染行业发展，限制盲目开荒和发展灌区。

b. 节水型社会建设

节水是主动抗旱的重要战略手段，也是根本性的抗旱措施。在农业节水方面，改变大田漫灌式的粗放用水，推广喷灌、滴灌等节水灌溉方式，建立先进的灌溉用水制度，促进灌区改造、推广节水技术和改革管理体制相结合；扩宽农业节水投资渠道，探索农业用水权转让制度，建立城市、工业补偿农业节水的机制。在工业方面要严格控制高耗水项目，加快高耗水行业的结构调整和技术改造步伐，推广节水工艺技术和设备，提高水的重复利用率，发展污水零排放企业。生活节水方面，通过加快更新改造供水管网、大力推广节水器具等手段避免水资源浪费。建立有利于节约用水和水资源循环利用的水价机制，全面推行阶梯式水价，对不同水源和不同类型用水实行差别水价。完善城市规划、经济布局、重大建设项目水资源论证制度，形成与水资源承载能力相适应的经济发展布局。实行严格的水资源管理制度。要加快建立用水总量控制、用水效率控制、水功能区限制纳污三项制度，确立用水总量、用水效率和水功能区限制纳污三条红线。

(4) 干旱应对科技支撑

目前，中国的干旱应对科技水平还较低，技术手段仍然比较落后。例如，干旱长期和超长期预测预报尚处于探索和研究阶段，旱情监测预警、干旱灾害影响评估，以及风险分析方法和定量分析技术等才刚刚起步，旱情旱灾评估标准体系还够不完善等。干旱应对科技支撑不足是中国干旱灾害管理从危机管理模式向风险管理模式转变的主要障碍之一。

a. 推进基于风险管理模式的抗旱规划

将风险管理理论融入抗旱规划与管理中，基于干旱风险图绘制、面向极值过程的水资源配置等关键支撑技术，提出干旱综合管理对策及风险预案。

干旱风险图是编制抗旱预案的一项重要内容，能直观反映不同干旱等级受旱范围、受旱面积、人口、旱情发展态势、干旱造成的损失，以及抗旱工程分布等，能为抗旱决策提供必要的依据，是指导抗旱工作的一个重要手段。结合全国干旱区划和不同干旱区划特点，研究干旱灾害风险的区域分布规律，提出适合中国国情的风险等级评价准则，推进旱灾风险图的编制，为干旱灾害风险管理提供基本的依据。

把极端干旱和洪涝从应急管理层面纳入区域水资源配置规划中，在充分考虑水文和气候变化的极端事件的基础上，基于面向极值过程的水资源合理配置技术，进行未来可能极端干旱情境下水资源的供给与需求分析，优化经济社会发展布局，提出与区域极端干旱情境下的水资源承载能力相适应的水资源配置格局。

b. 建立科学的旱情评估体系

国内外根据干旱的成因及影响特征，将干旱划分为气象干旱、水文干旱、农业干旱和社会经济干旱，干旱评估指标众多。目前，亟须在结合区域降水、供水、需水及水利工程特征，综合考虑影响旱情、旱灾形成因素的基础上，加快研究并制定一套适合全国的较为科学、合理的包括农业、城市、生态、社会经济干旱及其旱情和灾情评估标准，使旱情信息收集和干旱评价工作统一化和规范化。

c. 推进面向干旱的多水源综合应急调度管理

结合干旱预警预报及干旱影响，对地表水、地下水等常规水资源与中水、再生水等非常规水资源及应急水源进行综合调度，并提出综合性的保障措施。

传统水资源调度大多针对常规水资源进行跨区域或跨流域的调度，但是，当发生重大、特大干旱时，在区域内整个水资源异常短缺，而相邻地区或流域可供调剂水量也不富余的情况下，应考虑实行多水源综合应急调度，特别是应急水源。各地根据不同地区经济社会发展水平和水资源承载能力，针对抗旱等级标准和规划目标，在充分考虑常规水资源、非常规水资源和应急水源的前提下，首先对已有的水源工程进行配套、维修改造，对以优化配置抗旱水源为目的的多库串联、水系联网、地表水与地下水联调等工程，进一步规划相关配套设施，在此基础上经规划认证，合理确定多水源综合应急调度的类型和规模，在保证水源和水质的基础上，提出综合性的保障措施。

实施多水源综合调配时，应大力推进非常规水源的开发利用。目前，我国北方许多地区的水资源开发利用已经达到了较高的程度，再开发新的水源难度很大。据全国水资源公报，2010 年全国非常规水源利用量（不包括海水直接利用量）为 33.1 亿 m^3，其中再生水利用量 27.6 亿 m^3（占 83.4%）、雨水利用量 5.1 亿 m^3（占 15.4%）、海水淡化水量 0.4 亿 m^3（占 1.2%）。大力推进非常规水源的开发利用，建立多水源开发利用应对干旱体系，提高干旱应对能力。

d. 加快建立气-陆耦合模式的干旱预警预测系统

基于区域尺度，综合干旱灾害形成时间、孕灾环境、致灾因子、承灾体的特征，以及减灾技术和救灾方式等要求，应用气象雷达、卫星监测遥感技术、大气预测预报、水文预测预报、生态模拟与作物模拟等现代化技术，建立物理机制统一、基于气-陆耦合模式的干旱预测预警平台，提高旱情监测、预报水平和时效性，增加灾情及抗旱成效评估的准确性，提高抗旱指挥决策水平。应用干旱预警预测系统，进行水资源来水和需水预报，根据来水和需水的供需平衡关系进行水资源调度，结合预警级别划分方案，提出干旱预警预报方案，科学预测评价干旱严重程度和所处阶段，制作并发布干旱监测、干旱评估、预测预警、旱灾评估等各类干旱预测产品。

e. 借鉴发达国家经验，建立农业气象灾害险

从目前全球平均水平来看，在自然灾害造成的经济损失中，保险可以承担到30%，发达国家的这一比例可以高达60%以上，但在我国这个比例却很低。以 2008 年雨雪冰冻灾害为例，全国直接经济损失为 1516.5 亿元，但是保险赔付仅为 6629 万元，覆盖率仅为 0.04%。我国的保险业经过数十年的发展，目前已逐步走向规范，而农业气候灾害保险尚未完全建立，仅在安徽等部分省区试点政策性农业巨灾险，但险种单一且赔付范围和程度有限，面对气象灾害对农业生产造成的影响，大部分受灾者也只能望保险而兴叹。美国在 2003 年颁布了《农业援助法案》，重点向遭受干旱等气象灾害的农民提供补贴，1996～2005 年，美国仅作物保险的赔偿金额就高达 100 亿美元，有力地支撑了农业的可持续发展。国外的经验证明，气候灾害保险可以在相当程度上帮助农民树立防范意识，并且切实帮助农民规避损失。美国、澳大利亚等国家在这方面都比较成熟，其农业灾害险的经营模式包括政府主导模式、政府支持下的互助模式、民办公助模式，以及国家重点选择性扶持模式等。因此，可以借鉴发达国家的成功经验，结合我国实际情况，通过政府牵头，相关部门参与，建立农业气象灾害险，同时建立健全发展农业气象灾害险的扶持政策和配套措施，诸如税收优惠政策、财政补贴等，从而在灾害发生后减少农民损失，提高农民的生产积极性。

参考文献

包云轩，孟翠丽，申双和，等 . 2011. 基于 CI 指数的江苏省近 50 年干旱的时空分布规律 . 地理学报，66（5）：599-608.

鲍艳，吕世华，陆登荣，等 . 2006a. RegCM3 模在西北地区的应用研究 I：对极端干旱事件的模拟 . 冰川冻土，28（2）：164-174.

鲍艳，吕世华，左洪超，等 . 2006b. RegCM3 模式在西北地区的应用研究 Ⅱ：区域选择及参数化方案的敏感性 . 冰川冻土，28（2）：175-181.

曹一梅 . 2013. 基于帕尔默干旱指数的云南地区干旱评价 . 水电能源科学，（1）：5-7.

陈峰，袁玉江，魏文寿，等 . 2011. 树轮记录的伊犁地区近 354 年帕尔默干旱指数变化 . 高原气象，30（2）：355-362.

陈丽丽，刘普幸，姚玉龙，等 . 2013. 1960-2010 年甘肃省不同气候区 SPI 与 Z 指数的年及春季变化特征 . 生态学杂志，（3）：704-711.

陈权亮，华维，熊光明，等 . 2010. 2008-2009 年冬季我国北方特大干旱成因分析 . 干旱区研究，27（2）：182-187.

程国栋，王根绪 . 2006. 中国西北地区的干旱与旱灾——变化趋势与对策 . 地学前缘，13（1）：3-14.

程三友，王红梅，李英杰 . 2011. 渭河水系流域特征及其成因分析 . 地理与地理信息科学，27（3）：45-49.

崔炳玉 . 2004. 气候变化和人类活动对滹沱河区水资源变化的影响 . 河海大学硕士学位论文 .

戴昌军，梁忠民 . 2006. 多维联合分布计算方法及其在水文中的应用 . 水利学报，37（2）：160-165.

邓拓，冯天瑜 . 2012. 中国救荒史 . 武汉：武汉大学出版社 .

董俊玲，张仁健，符淙斌 . 2010. 中国地区气溶胶气候效应研究进展 . 中国粉体技术，16（1）：1-4.

董雯 . 2010. 人类活动和气候变化对水文水资源的影响研究-以新疆精河流域为例 . 新疆大学博士学位论文 .

董喜春，汤剑平，王元，等 . 2008. 长江中下游地区城市化进程中地表植被变化气候效应的数值模拟 . 气象科学，28（2）：147-154.

冯德光 . 1998. 干旱和旱灾研究中应更新的几个概念 . 海河水利，（6）：35-36.

冯定原，邱新法 . 1995. 农业干旱的成因、指标、时空分布和防旱抗旱对策 . 中国减灾，5（1）：22-27.

冯平，李绍飞，王仲珏 . 2002. 干旱识别与分析指标综述 . 中国农村水利水电，（7）：13-15.

冯锐，张玉书，纪瑞鹏，等 . 2009. 基于 GIS 的干旱遥感监测及定量评估系统 . 安徽农业科学，37（26）：12626-12628.

冯焱，姚勤农，张治怡，等 . 2009. 海河流域水旱灾害（1949-1990）. 天津：天津科学技术出版社 .

符淙斌，温刚 . 2002. 中国北方干旱化的几个问题 . 气候与环境研究，7（1）：22-29.

付丽娟，曹杰，德勒格日玛 . 2013. 三种气象干旱指标在内蒙古地区的适用性分析 . 干旱区资源与环境，（2）：108-113.

高升荣 . 2005. 清代淮河流域旱涝灾害的人为因素分析 . 中国历史地理论丛，20（3）：80-86.

高学杰，林一骅，赵宗慈 . 2003. 用区域气候模式模拟人为硫酸盐气溶胶在气候变化中的作用 . 热带气象学报，19（2）：169-176.

高学杰，徐影，赵宗慈，等 . 2006. 数值模式不同分辨率和地形对东亚降水模拟影响的试验 . 大气科学，30（2）：185-192.

高学杰，张东峰，陈仲新，等 . 2007. 中国当代土地利用对区域气候影响的数值模拟 . 中国科学：地球科学，37（3）：397-404.
耿鸿江. 1993. 干旱定义述评. 灾害学，8（1）：19-22.
宫德吉，郝慕玲，侯琼. 1996. 旱灾成灾综合指数的研究. 气象，22（10）：3-7.
龚志强，封国林. 2008. 中国近1000年旱涝的持续性特征研究. 物理学报，57（6）：3920-3931.
顾颖. 2006. 风险管理是干旱管理的发展趋势. 水科学进展，17（2）：295-298.
光明网. 2013. 中国历史上的重大旱灾. http：//www. gmw. cn/01gmrb/2010-04/21/content_ 1099003. htm. [2013-4-1]
郭瑞，查小春. 2009. 泾河流域1470-1979年旱涝灾害变化规律分析. 陕西师范大学学报（自然科学版），37（3）：90-95.
国家防汛抗旱总指挥部，中华人民共和国水利部. 2007. 中国水旱灾害公报2006. 北京：中国水利水电出版社.
国家防汛抗旱总指挥部，中华人民共和国水利部. 2012. 中国水旱灾害公报2011. 北京：中国水利水电出版社.
国家防汛抗旱总指挥部，中华人民共和国水利部. 2013. 中国水旱灾害公报2012. 北京：中国水利水电出版社.
国家防汛抗旱总指挥部，中华人民共和国水利部. 2014. 中国水旱灾害公报2013. 北京：中国水利水电出版社.
国家防汛抗旱总指挥部，中华人民共和国水利部. 2015. 中国水旱灾害公报2014. 北京：中国水利水电出版社.
国家防汛抗旱总指挥部，中华人民共和国水利部. 2016. 中国水旱灾害公报2015. 北京：中国水利水电出版社.
国家防汛抗旱总指挥部办公室，水利部南京水文水资源研究所. 1997. 中国水旱灾害. 北京：中国水利水电出版社.
国家防汛抗旱总指挥部办公室. 2010. 防汛抗旱专业干部培训教材. 北京：中国水利水电出版社.
何马峰，张俊栋. 2011. 唐山市干旱特点及成因研究. 河北水利，3：38-39.
和付强，袁祖亮. 2009. 中国灾害通史：元代卷. 郑州：郑州大学出版社.
侯光良，于长水，许长军. 2009. 青海东部历史时期的自然灾害与LUCC和气候变化. 干旱区资源与环境，23（1）：86-92.
侯威，张存杰，高歌. 2013. 基于标准降水指数的多尺度叠加干旱监测指标及其等级划分. 干旱区研究，（1）：74-88.
胡铁佳，钟中，闵锦忠. 2008. 两种积云对流参数化方案对1998年区域气候季节变化模拟的影响研究. 大气科学，32（1）：90-100.
黄安宁，张耀存. 2007. BATS1e陆面模式对 p-σ 九层区域气候模式性能的影响. 大气科学，31（1）：155-166.
黄建武. 2002. 湖北省旱涝灾害的基本特征与成因分析. 长江流域资源与环境，11（5）：482-487.
吉振明，高学杰，张冬峰，等. 2010. 亚洲地区气溶胶及其对中国区域气候影响的数值模拟. 大气科学，34（2）：262-274.
江善虎，任立良，雍斌，等. 2010. 气候变化和人类活动对老哈河流域径流的影响. 水资源保护，26（6）：1-4.
姜逢清，朱诚. 2002. 当代新疆洪旱灾害扩大化：人类活动的影响分析. 地理学报，57（1）：57-66.
蒋高明. 2007. 植物生理生态学. 北京：高等教育出版社.

焦培明，刘春雨，贺予新，等．2009. 中国灾害通史：秦汉卷．郑州：郑州大学出版社．
琚建华，吕俊梅，谢国清．2011. MJO 和 AO 持续异常对云南干旱的影响研究．干旱气象，29（4）：401-406.
鞠丽霞，王会军．2006. 用全球大气环流模式嵌套区域气候模式模拟东亚现代气候．地球物理学报，49（1）：52-56.
康丽莉．2005. 高分辨率区域气候模式对 1998 年 6 月长江流域降水的模拟试验．中国气象学会 2005 年年会论文集：1993-1997.
李红军．2012. 近 50 年塔里木河流域干湿变化特征及其成因分析．南京信息工程大学．
李红英，张晓煜，曹宁，等．2012. 两种干旱指标在干旱致灾因子危险性中的对比分析——以宁夏为例．灾害学，27（2）：58-61.
李建云，王汉杰．2008. ReCM3 积云参数化方案对中国南方夏季强降水过程模拟的影响．气候与环境研究，13（2）：149-160.
李景保，王克林，杨燕，等．2008. 洞庭湖区 2000-2007 年农业干旱灾害特点及成因分析．水资源与水工程学报，19（6）：1-5.
李立新，严登华，秦天玲，等．2012. 海河流域 1961 ~ 2010 年干旱化特征及其变化趋势分析．干旱区资源与环境，26（11）：61-67.
李丽娟，姜德娟，李九一，等．2007. 土地利用/覆被变化的水文效应研究进展．自然资源学报，22（2）：211-224.
李林，李风霞，郭安红，等．2006. 近 43 年来“三江源”地区气候变化趋势及其突变研究．自然资源学报，21（1）：79-85.
李林，朱西德，周陆生，等．2004. 三江源地区气候变化及其对生态环境的影响．气象，30（8）：18-22.
李茂稳，李秀华．2002. 承德旱灾成因分析及防灾减灾思考．河北水利水电技术，（4）：37.
李巧萍，丁一汇．2004a. 区域气候模式对东亚季风和中国降水的多年模拟与性能检验．气象学报，62（2）：140-153.
李巧萍，丁一汇．2004b. 植被覆盖变化对区域气候影响的研究进展．南京气象学院学报，27（1）：131-140.
李铁键，王光谦，刘家宏．2006. 数字流域模型的河网编码方法．水科学进展，17（5）：658-664.
李维京，赵振国，李想，等．2003. 中国北方干旱的气候特征及其成因的初步研究．干旱气象，21（4）：1-5.
林朝晖，刘辉志，谢正辉，等．2008. 陆面水文过程研究进展．大气科学，32（4）：935-949.
林文鹏，陈霖婷．2000. 福建省干旱灾害的演变及其成因研究．灾害学，15（3）：56-60.
刘慧，田富强，汤秋鸿，等．2013. 基于水文模型和遥感的干旱评估和重建．清华大学学报（自然科学版），53（5）：613-617.
刘继刚，袁祖亮．2008. 中国灾害通史：先秦卷．郑州：郑州大学出版社．
刘树华，蒋浩宇，胡非，等．2008. 区域大气模式中陆面子模式起转过程的研究．气象学报，66（3）：351-358.
刘薇．2005. 山东省抗旱预案研究——地表水干旱指标、综合旱涝指标评价及抗旱对策研究．济南：山东大学硕士学位论文．
刘晓东，江志红，罗树如，等．2005. RegCM3 模式对中国东部夏季降水的模拟试验．大气科学学报，28（3）：351-359.
刘晓云，李栋梁，王劲松．2012. 1961-2009 年中国区域干旱状况的时空变化特征．中国沙漠，32（2）：

473-483.
刘秀红，李智才，刘秀春，等.2011. 山西春季干旱的特征及成因分析．干旱区资源与环境，25（9）：156-160.
刘占明，陈子燊，黄强，等.2013.7 种干旱评估指标在广东北江流域应用中的对比分析．资源科学，（5）：1007-1015.
卢海新，陈并.2010. 同安干旱成因分析及其对农业生产的影响．中国农业气象，31（s1）：144-146.
卢燕宇，吴必文，田红，等.2010. 基于 Kriging 插值的 1961 ~ 2005 年淮河流域降水时空演变特征分析．长江流域资源与环境，20（5）：567-573.
陆桂华，闫桂霞，吴志勇，等.2010 基于 copula 函数的区域干旱分析方法．水科学进展，21（2）：188-193.
罗翔宇，贾仰文，王建华，等.2006. 基于 DEM 与实测河网的流域编码方法．水科学进展，17（2）：259-264.
马明卫，宋松柏.2010. 椭圆型 Copulas 函数在西安站干旱特征分析中的应用．水文，30（4）：36-42.
马明卫，宋松柏.2011. 非参数方法在干旱频率分析中的应用．水文，31（3）：5-12.
马明卫，宋松柏.2012. 渭河流域干旱指标空间分布研究．干旱区研究，29（4）：681-691.
马晓超，粟晓玲，薄永占.2011. 渭河生态水文特征变化研究．水资源与水工程学报，22（1）：16-21.
马柱国，任小波.2007.1951-2006 年中国区域干旱化特征．气候变化研究进展，3（4）：195-201.
茅海祥，王文.2011. 中国南方地区近 50 年夏季干旱时空分布特征．干旱气象，29（3）：283-288.
茅海祥.2012. 五种干旱指数在淮河流域的适用性研究．南京信息工程大学硕士学位论文．
闵祥鹏，袁祖亮.2008. 中国灾害通史：隋唐五代卷．郑州：郑州大学出版社．
穆兴民，王飞.2010. 西南地区严重旱灾的人为因素初探．水土保持通报，30（2）：1-4.
裴源生，赵勇，陆垂裕，等.2006. 经济生态系统广义水资源合理配置．郑州：黄河水利出版社．
彭国伦.2002. Fortran 95 程序设计．北京：中国电力出版社．
彭思岭.2010. 气象要素时空插值方法研究．中南大学硕士学位论文．
乔晨，占车生，徐宗学.2011. 渭河流域关中段近 30 年植被动态变化分析．北京师范大学学报（自然科学版），47（4）：432-436.
邱海军，曹明明，郝俊卿，等.2013.1950-2010 年中国干旱灾情频率-规模关系分析．地理科学，33（5）：576-580.
邱云飞，孙良玉，袁祖亮.2009. 中国灾害通史：明代卷．郑州：郑州大学出版社．
邱云飞，袁祖亮.2008. 中国灾害通史：宋代卷．郑州：郑州大学出版社．
邵晓梅，严昌荣，魏红兵.2006. 基于 Kriging 插值的黄河流域降水时空分布格局．中国农业气象，27（2）：65-69.
佘敦先，夏军，杜鸿，等.2012. 黄河流域极端干旱的时空演变特征及其多变量统计模型研究．应用基础与工程科学学报，20（9）：15-29.
沈晓琳，祝从文，李明.2012.2010 年秋、冬季节华北持续性干旱的气候成因分析．大气科学，36（6）：1123-1134.
盛绍学，马晓群，荀尚培，等.2003. 基于 GIS 的安徽省干旱遥感监测与评估研究．自然灾害学报，12（1）：151-157.
师战伟.2016. 基于水文模型的大凌河流域综合干旱指数研究．水利规划与设计，（4）：48-51.
施雅风，张祥松.1995. 气候变化对西北干旱区地表水资源的影响和未来趋势．中国科学：化学，25（9）：968-977.

石英，高学杰. 2008. 温室效应对我国东部地区气候影响的高分辨率数值试验. 大气科学，32 (5)：1006-1018.
史东超. 2011. 河北省唐山市干旱状况与旱灾成因分析. 安徽农业科学，39 (8)：4684-4686.
宋松柏，蔡焕杰，金菊良，等. 2012. Copula 函数及其在水文中的应用. 北京：科学出版社.
宋松柏，聂荣. 2011. 基于非对称阿基米德 Copula 的多变量水文干旱联合概率研究. 水力发电学报，30 (4)：20-29.
宋星原，舒全英，王海波，等. 2009. SCE-UA、遗传算法和单纯形优化算法的应用. 武汉大学学报（工学版），42 (1)：6-9+15.
孙荣强. 1994. 干旱定义及其指标述评. 灾害学，9 (1)：17-21.
孙颖，丁一汇. 2009. 未来百年东亚夏季降水和季风预测的研究. 中国科学：地球科学，(11)：1487-1504.
孙智辉，王治亮，曹雪梅，等. 2014. 3 种干旱指标在陕西黄土高原的应用对比分析. 中国农学通报，(20)：308-315.
汤剑平，赵鸣，苏炳凯. 2006. 分辨率对区域气候极端事件模拟的影响. 气象学报，64 (4)：432-442.
唐运忆，栾承梅. 2007. SCE- UA 算法在新安江模型及 TOPMODEL 参数优化应用中的研究. 水文，27 (6)：33-35.
王春林，董永春，李春梅，等. 2006. 基于 GIS 的广东干旱逐日动态模拟与评估. 华南农业大学学报：自然科学版，27 (2)：20-25.
王春林，郭晶，薛丽芳，等. 2011. 改进的综合气象干旱指数 CI_{new} 及其适用性分析. 中国农业气象，30 (4)：621-626.
王纲胜，夏军，万东晖，等. 2006. 气候变化及人类活动影响下的潮白河月水量平衡模拟. 自然资源学报，21 (1)：86-71.
王国庆，张建云，刘九夫，等. 2008. 气候变化和人类活动对河川径流影响的定量分析. 中国水利，(2)：55-58.
王建华，郭跃. 2007. 2006 年重庆市特大旱灾的特征及其驱动因子分析. 安徽农业科学，35 (5)：1290-1292，1294.
王劲松，郭江勇，倾继祖. 2007. 一种 K 干旱指数在西北地区春旱分析中的应用. 自然资源学报，22 (5)：709-717.
王娟，汤洁，杜崇，等. 2003. 吉林西部农业旱灾变化趋势及其成因分析. 灾害学，16 (2)：27-31.
王俊，刘亚玲，郃文河，等. 2011. 干旱指标 SPI 在通辽地区干旱监测评估中的应用. 现代农业科技，(15)：262-263.
王舒，严登华，秦天玲，等. 2011. 基于 PER-Kriging 插值方法的降水空间展布. 水科学进展，22 (6)：756-763.
王树鹏，张云峰，方迪. 2011. 云南省旱灾成因及抗旱对策探析. 中国农村水利水电，(9)：139-141.
王素萍，段海霞，冯建英. 2010. 2009-2010 年冬季全国干旱状况及其影响与成因. 干旱气象，28 (1)：107-112.
王素艳，郑广芬，杨洁，等. 2012. 几种干旱评估指标在宁夏的应用对比分析. 中国沙漠，32 (2)：517-524.
王文，徐红. 2012. Palmer 干旱指数在淮河流域的修正及应用. 地球科学进展，27 (1)：60-67.
王小军，贺瑞敏，尚熳廷. 2011. 气候变化对区域农业灌溉用水影响分析. 中国农村水利水电，(1)：29-32.

王芝兰，王劲松，李耀辉，等 . 2013. 标准化降水指数与广义极值分布干旱指数在西北地区应用的对比分析 . 高原气象，(3)：839-847.
卫捷，张庆云，陶诗言 . 2004. 1999 及 2000 年夏季华北严重干旱的物理成因分析 . 大气科学，28（1）：125-137.
邬伦，刘瑜，张晶，等 . 2001. 地理信息系统：原理、方法和应用 . 北京：科学出版社 .
吴泽新，郑光辉，张荣霞 . 2009. 2008-2009 年度德州市小麦越冬期旱灾加重的成因分析 . 中国农业气象，30（s2）：320-323.
吴志勇，陆桂华，郭红丽，等 . 2012. 基于模拟土壤含水量的干旱监测技术 . 河海大学学报（自然科学版），40（1）：28-32.
肖金香，穆彪，胡飞 . 2009. 农业气象学（第二版）. 北京：高等教育出版社 .
谢华，黄介生 . 2008. 两变量水文频率分布模型研究述评 . 水科学进展，19（3）：443-452.
谢五三，田红 . 2011a. 五种干旱指标在安徽省应用研究 . 气象，37（4）：503-507.
谢五三，田红 . 2011b. 安徽省近 50 年干旱时空特征分析 . 灾害学，26（1）：94-98.
辛朋磊，李致家，汤嘉辉，等 . 2011. 新安江模型参数全局优化——以月潭流域为例、湖泊科学，23（4）：626-634.
许继军，杨大文 . 2010. 基于分布式水文模拟的干旱评估预报模型研究 . 水利学报，41（6）：739-747.
许月萍，张庆庆，楼章华，等 . 2010. 基于 Copula 方法的干旱历时和烈度的联合概率分析 . 天津大学学报，43（10）：928-932.
薛春芳，董文杰，李青，等 . 2012. 近 50 年渭河流域秋雨的特征与成因分析 . 高原气象，31（2）：409-417.
闫宝伟，郭生练，肖义，等 . 2007. 基于两变量联合分布的干旱特征分析 . 干旱区研究，24（4）：537-542.
闫桂霞，陆桂华 . 2009. 基于 PDSI 和 SPI 的综合气象干旱指数研究 . 水利水电技术，40（4）：10-13.
杨世刚，杨德保，赵桂香，等 . 2011. 三种干旱指数在山西省干旱分析中的比较 . 高原气象，30（5）：1406-1414.
杨雅薇，杨梅学 . 2005. RegCM3 在青藏高原地区的应用研究：积云参数化方案的敏感性 . 冰川冻土，28（3）：351-359.
杨扬，安顺清，刘巍巍，等 . 2007. 帕尔默旱度指数方法在全国实时旱情监测中的应用 . 水科学进展，18（1）：52-57.
姚素香，张耀存 . 2008. 区域海气耦合模式对中国夏季降水的模拟 . 气象学报，66（2）：131-142.
尹盟毅，赵西社，刘新生，等 . 2012. 几种干旱评估指标在黄土高原的应用对比分析 . 安徽农业科学，40（7）：4190-4193.
尹正杰，黄薇，陈进 . 2009. 水库径流调节对水文干旱的影响分析 . 水文，29（2）：41-44.
游珍，徐刚 . 2003. 农业旱灾中人为因素的定量分析——以秀山县为例 . 自然灾害学报，12（3）：19-24.
于敏，王春丽 . 2011. 不同卫星遥感干旱指数在黑龙江的对比应用 . 应用气象学报，22（2）：221-231.
余晓珍 . 1996. 美国帕尔默旱度模式的修正和应用 . 水文，(6)：30-36.
袁文平，周广胜 . 2004. 标准化降水指标与 *Z* 指数在我国应用的对比分析 . 植物生态学报，28（4）：523-529.
曾新民，丁彪，宇如聪 . 2005. 区域气候模式 RegCM3 产流方案的改进及数值试验 . 南京大学学报自然科学，41（6）：603-611.
翟家齐，蒋桂芹，裴源生，等 . 2015. 基于标准水资源指数（SWRI）的流域水文干旱评估——以海河北系为例．水利学报，46（6）：687-698.
翟劭燚，张晓雪，刘九夫，等．2009. 重庆地区干旱频率分析．人民长江，40（9）：62-64.
张宝庆，吴普特，赵西宁，等．2012. 基于可变下渗容量模型和Palmer干旱指数的区域干旱化评价研究．水利学报，43（8）：926-934.
张冬峰，高学杰，白虎志，等．2005b. RegCM3 模式对青藏高原地区气候的模拟．高原气象，24（5）：714-720.
张冬峰，高学杰，赵宗慈，等．2005a. RegCM3 区域气候模式对中国气候的模拟．气候变化研究进展，1（3）：119-121.
张冬峰，欧阳里程，高学杰，等．2007. RegCM3 对东亚环流和中国气候模拟能力的检验．热带气象学报，23（5）：444-452.
张继权，李宁．2007. 主要气象灾害风险评价与管理的数量化方法及其应用．北京：北京师范大学出版社．
张家团，屈艳萍．2008. 近30年来中国干旱灾害演变规律及抗旱减灾对策探讨．中国防汛抗旱，（5）：48-52.
张建云，王国庆．2007. 气候变化对水文水资源影响研究．北京：科学出版社．
张建云，章四龙，王金星，等．2007. 近50a来我国六大流域年际径流变化趋势研究．水科学进展，18（2）：230-234.
张洁，李同昇，王武科．2010. 渭河流域人地关系地域系统耦合分析．地理科学进展，29（6）：733-739.
张景书．1993. 干旱的定义及其逻辑分析．干旱地区农业研究，11（3）：97-100.
张美莉，逷继宪，焦培明，等．2009. 中国灾害通史：魏晋南北朝卷．郑州：郑州大学出版社．
张强，潘学标，马柱国，等．2009a. 干旱．北京：气象出版社．
张强，王胜，张杰，等．2009b. 干旱区陆面过程和大气边界层研究进展．地球科学进展，24（11）：1185-1194.
张庆云，陶诗言，卫捷．2002. 华北干旱的年际和年代际变化特征及成因．中国科协2002年减轻自然灾害研讨会论文汇编之一．
张尚印，姚佩珍，吴虹，等．1998. 我国北方旱涝指标的确定及旱涝分布状况．自然灾害学报，7（2）：22-28.
张世法，苏逸深，宋德敦，等．2008. 中国历史干旱（1949-2000）．南京：河海大学出版社．
张天峰，王劲松，郭江勇．2007. 西北地区秋季干旱指数的变化特征．干旱区研究，24（1）：87-92.
张伟东，石霖．2011. 区域干旱帕尔默旱度指标的修正．地理科学，31（2）：153-158.
张文华．2003. 自然灾害与汉武帝末年的经济衰落．菏泽师范专科学校学报，25（3）：60-62.
张晓明，曹文洪，余新晓，等．2009. 黄土丘陵沟壑区典型流域土地利用/覆被变化的径流调节效应．水利学报，40（6）：641-650.
张志富，王澄海，邱崇践．2006. 荒漠化扩展对我国区域气候变化影响的数值模拟．兰州大学学报（自然科学版），42，（6）：22-26.
赵安周，刘宪锋，朱秀芳，等．2015. 基于SWAT模型的渭河流域干旱时空分布．地理科学进展，34（9）：1156-1166.
赵宗慈，罗勇．1998. 二十世纪九十年代区域气候模拟研究进展．气象学报，56（2）：225-241.
郑倩，谢正辉，戴永久，等．2007. 陆面过程模型CoLM与区域气候模式RegCM3的耦合及初步评估．中国气象学会2007年年会气候学分会场论文集．
中华人民共和国国家质量监督检验检疫局，中国国家标准化管理委员会．2006. 气象干旱等级标准

（GB/T 20481—2006）. 北京：气象出版社.
钟中，胡轶佳，闵锦忠，等. 2007. 季节尺度区域气候模拟适应调整时间选取问题的数值试验. 气象学报，65（4）：469-477.
周建玮，王咏青. 2007. 区域气候模式 RegCM3 应用研究综述. 气象科学，27（6）：702-708.
周婷，李传哲，于福亮，等. 2011. 澜沧江–湄公河流域气象干旱时空分布特征分析. 水电能源科学，29（6）：4-8.
周婷. 2012 变化环境下水文干旱评估方法与应用研究. 中国水利水电科学研究院硕士学位论文.
周秀洁，那济海，潘华盛. 2011. 黑龙江省夏季干旱气候特征及成因分析. 自然灾害学报，20（5）：131-135.
周玉良，袁潇晨，金菊良，等. 2011. 基于 Copula 的区域水文干旱频率分析. 地理科学，31（11）：1383-1388.
周振民. 2004. 区域干旱特征理论及其应用. 水科学进展，15（4）：479-484.
朱凤祥，袁祖亮. 2009. 中国灾害通史：清代卷. 郑州：郑州大学出版社.
朱业玉，潘攀，匡晓燕. 2011. 河南省干旱灾害的变换特征和成因分析. 中国农业气象，32（2）：311-316.
朱悦璐，畅建霞. 2017. 基于 VIC 模型构建的综合干旱指数在黄河流域的应用. 西北农林科技大学学报（自然科学版），27（2）：203-212.
庄晓翠，杨森，赵正波，等. 2010. 干旱指标及其在新疆阿勒泰地区干旱监测分析中的应用. 灾害学，25（3）：81-84.
《第一次全国水利普查成果丛书》编委会. 2017. 水利工程基本情况普查报告. 北京：中国水利水电出版社.
Andreadis K M，Clark E A，Wood A W，et al. 2005. Twentieth- Century Drought in the Conterminous United States. Journal of Hydrometeorology，6（6）：985-1001.
Anthes R A. 2009. A Cumulus Parameterization Scheme Utilizing a One-Dimensional Cloud Model. Monthly Weather Review，105（3）：270.
Benton G S. 1942. Drought in the United States analyzed by means of the theory of probability［J］. Technical Bulletins，819：63.
Bergman K H，Sabol P，Miskus D. 1988. Experimental indices for monitoring global drought conditions. Proceedings of the 13th Annual Climate Diagnostics Workshop，Cambridge，MA，U. S. Dept. of Commerce：190-197.
Bhalme H N，Mooley D A. 1980. Large-scale droughts/floods and monsoon circulation. Monthly Weather Review，108：1197-1211.
Blenkinsop S，Fowler H J. 2007. Changes in drought frequency，severity and durationfor the British Isles projected by the PRUDENCE regional climate models. Journal of Hydrology，342：50-71.
Burke E J，Brown S J. 2008. Evaluating uncertainties in the projection of future drought. Journal of hydrometeorology，9（2）：292-299.
Byun H R，Wilhite D A. 1999. Objective quantification of drought severity and duration. International Journal of Climatic，12（9）：2747-2756.
Byzedi M. 2011. Analysis of hydrological drought based on daily flow series. World Academy of Science Engineering & Technology，（74）：496.
Cancelliere，A，Mauro，G D，Bonaccorso B，et al. 2007. Drought forecasting using the Standardized

Precipitation Index. Water Resources Management, 21 (5): 801-819.

Dai A G. 2011. Drought under global warming: a review. Wiley Interdisciplinary Reviews: Climate Change, 2 (1): 45-65.

Deo R C, Syktus J I, Mcalpine C A, et al. 2009. Impact of historical land cover change on daily indices of climate extremes including droughts in eastern Australia. Geophysical Research Letters, 36 (8): 262-275.

Desalegn C E, Mukand S B, Ashim D G. 2010. Drought Analysis in the Awash River Basin, Ethiopia. Water Resources Management, 24: 1441-1460.

Dickinson R E, Errico R M, Giorgi F, et al. 1989. A regional climate model for the western United States. Climatic Change, 15 (3): 383-422.

Dickinson R E, Henderson-Sellers A, Kennedy P. 1993. Biosphere-atmosphere transfer scheme (BATS) version 1e as coupled to the NCAR Community Climate Model. NCAR Tech. Note.

Dickinson R E. 1986. Biosphere/Atmosphere Transfer Scheme (BATS) for the NCAR Community Climate Model. Technical Report.

Dobrovolski S G. 2015. World droughts and their time evolution: agricultural, meteorological, and hydrological aspects. Water Resources, 42 (2): 147-158.

Dracup J A, Lee K S, Paulson E G. 1980. On the statistical characteristics of drought events. Water Resources Research, 16 (2): 289-296.

Duan J, Mao J T. 2009. Influence of aerosol on regional precipitation in North China. Science Bulletin, 54 (3): 474-483.

Eckhardt K, Arnold J G. 2001. Automatic calibration of a distributed catchment model. Journal of Hydrology, 251 (1-2): 103-109.

Eleanor J B, Simon J B. 2010. Regional drought over the UK and changes in the future. Journal of Hydrology, 394: 471-485.

Elguindi N, Bi X, Giorgi F, et al. 2004. RegCM Version 3. 1 User's Guide. Trieste.

Emanuel K A. 1991. A scheme for representing cumulus convection in large- scale models. Journal of the Atmospheric Sciences, 48 (21): 2313-2329.

Eslamian S, Hassanzadeh H, Abedi- Koupai J, et al. 2012. Application of L- moments for regional frequency analysis of monthly drought indexes. Journal of Hydrologic Engineering, 17 (1): 32-42.

Gibbs W J, Maher J V. 1967. Rainfall Deciles as Drought Indicators. Bull. no. 45, Bureau of Meteorology, Melbourne, Australia.

Giorgi F, Marinucci M R, Bates G T. 1993a. Development of a second- generation regional climate model (RegCM2). Part I: boundary- layer and radiative transfer processes. Monthly Weather Review, 1993a, 121: 10.

Giorgi F, Marinucci M R, Canio D D, et al. 1993b. Development of a second-generation regional climate model (RegCM2). Part Ⅱ: convective processes and assimilation of lateral boundary conditions. Monthly Weather Review, 121 (10): 2814.

Giorgi F. 1990. Simulation of regional climate using a limited area model nested in a general circulation model. Journal of climate, 3 (9): 941-964.

Grell G A. 1993. Prognostic Evaluation of Assumptions Used by Cumulus Parameterizations. Monthly Weather Review, 121: 3 (3): 764-787.

Hapuarachchi H A P, Li Z J, Wang S H. 2001. Optimal use of the SCE- UA global optimization method for calibrating watershed models. Journal of Hydrology, 4: 304-331.

Heddinghaus T B, Sahol P. 1991. A Review of the Palmer Drought Severity Index and Where Do We Go From Here? In: Proc. 7th Conf. on Applied Climatology, American Meteorological Society, Boston, Massachusetts: 242-246.

Henricksen B L. 1986. Reflections on drought: Ethiopia 1983- 1984. International Journal of Remote Sensing, 7 (11): 1447-1451.

Hisdal H, Tallaksen L M, Demuth S, et al. 1999. Drought Event Definition. Assessment of the Regional Assessment Impacts of Droughts in Europe (ARIDE) . Oslo Department of Geophysics University of Oslo Technical Report No.

Hisdal H, Tallaksen L M. 2003. Estimation of regional meteorological and hydrological drought characteristics: a case study for Denmark. Journal of Hydrology, 281: 230-247.

Hollinger S E, Isard S A, Welford M R. 1993. A New Soil Moisture Drought Index for Predicting Crop Yields. In: Preprints, Eighth Conf. on Applied Climatology, Anaheim, CA, Amer. Meteor. Soc: 187-190.

Holtslag A A M, De Bruijn E I F, Pan H L. 1990. A high resolution air mass transformation model for short-range weather forecasting. Monthly Weather Review, 118 (118): 1561-1575.

Huang J P, Yu H P, Guan X D, et al. 2015. Accelerated dryland expansion under climate change. Nature Climate Change, 6 (2): 1-6.

Hunt E D, Hubbard K G, Wilhite D A, et al. 2009. The development and evaluation of a soil moisture index. International Journal of Climatic, 29 (5): 747-759.

Im E S, Kim M H, Kwon W T. 2007. Projected change in mean and extreme climate over Korea from a one-way double-nested regional climate model. Journal of the Meteorological Society of Japan, 85 (6): 717-732.

IPCC. 2012. Managing the risks of extreme events and disasters to advance climate change adaptation. Cambridge: Cambridge University Press.

Jenkins K, Warren R. 2015. Quantifying the impact of climate change on drought regimes using the Standardized Precipitation Index. Theoretical and Applied Climatology, 120 (1): 41-54.

Johnson W K, Kohne R W. 1993. Susceptibility of reservoirs to drought using Palmer index. Journal of Water Resources Planning and Management, 119 (3): 367-387.

Jones P D, Hulme M, Brifta K R, et al. 1996. Summer moisture accumulation over Europe in the Hadley center general circulation model based on the Palmer drought severity index. International Journal of Climatology, 16 (2): 155-172.

Karl T R. 1986. The sensitivity of the Palmer drought severity index and Palmer' s Z index to their calibration coefficients including potential evapotranspiration. Journal of Climatic Applied Meteorology, 25: 77-86.

Keeth J J, Byram G M. 1968. A drought index for forest fire control: USDA Forest Service Research Paper SE-38. Asheville: Southeastern Forest Experment Station: 33.

Keyantash J, Dracup J A. 2002. The quantification of drought: an evaluation of drought indices. The drought monitor. Bulletin of the American Meteorological Society, 83 (8): 1167-1180.

Kiehl J T, Hack J J, Bonan G B, et al. 1993. Description of the ncar community climate model (ccm3) . NCAR Technical Note: 55-60.

Kim T, Valdes J B. 2003. Nonlinear model for drought forecasting based on a conjunction of wavelet transforms and neural networks. Journal of Hydrologic Engineering, 8 (6): 319-328.

Kim T, Valds J B, Yoo C. 2003. Nonparametric approach for estimating return periods of droughts in arid regions. Journal of Hydrologic Engineering, 8 (5): 237-246.

Kincer J B. 1919. The seasonal distribution of precipitation and its frequency and intensity in the United States. Monthly Weather Review, 47: 624-631.

Kirono D G C, Kent D M, Hennessy K J, et al. 2011. Characteristics of Australian droughts under enhanced greenhouse conditions: Results from 14 global climate models. Journal of Arid Environments, 75: 566-575.

Konstantinos M A, Elizabeth A C, Andrew W, et al. 2005. Twentieth- Century Drought in the Conterminous United States. Journal of Hydrometeor, 6 (6): 985-1001.

Koster R D, Suarez M J. 1999. A simple framework for examing the inter-annual variability of land surface moisture fluxes. Journal of Climate, 12: 1911-1917.

Lemuel A M, Asha S K. 1995. Predictions of drought length extreme order statistics using theory. Journal of Hydrology, 169: 95-110.

Liu W T, Kogan F N. 1996. Monitoring regional drought using the vegetation condition index. Journal of Remote Sensing. 17: 2761-2782.

Livada I, Assimakopoulos V. 2007. Spatial and temporal analysis of drought in greece using the Standardized Precipitation Index (SPI) . Theoretical and Applied Climatology, 89 (3): 143-153.

López-Vicente M, Navas A, Gaspar L. et al. 2014. Impact of the new common agricultural policy of the EU on the runoff production and soil moisture content in a mediterranean agricultural system. Environmental Earth Sciences, 71 (10): 4281-4296.

Marcovitch S. 1930. The measure of droughtiness. Monthly Weather Review: 58-113.

McKee T B, Doesken N J, Kleist J. 1993. The Relationship of Drought Frequency and Duration to Time Scales. Paper Presented at 8th Conference on Applied Climatology. American Meteorological Society, Anaheim, CA.

McKee T B, Doesken N J, Kleist J. 1995. Drought monitoring with multiple time scales. Paper presented at 9th conference on applied climatology. American Meteorological Society, Dallas, Texas.

Mekong river commission secretariat. 2010. Preliminary report on low water level conditions in the Mekong mainstream.

Meyer J L, Pulliam W M. 1992. Modification of Terrestrial- Aquatic Interactions by a Changing Climate. In: Firth P, Fisher S G (eds) . Global Climate Change and Freshwater Ecosystems. New York: Springer.

Meyer S J, Hubbard K G. 1995. Extending the Crop- specific Drought Index to Soybean. In: Preprints, Ninth Conference on Applied Climatology, Dallas, TX, American Meteor Society: 58-259.

Milly P C D, Dumme K A, Vecchia A V. 2005. Global pattern of trends in stream flow and water availability in a changing climate change. Nature, 438: 347-350.

Milly P C D, Dunne K A. 2002. Macroscale water fluxes 2: water and energy supply control of their inter- annual variability. Water Resources Research, 38 (10): 1206-1214.

Mishra A K, Desai V R, Singh V P. 2007. Drought forecasting using a hybrid stochastic and neural network model. Journal of Hydrologic Engineering, 12 (6): 626-638.

Mishra A K, Desai V R. 2005. Spatial and temporal drought analysis in the Kansabati River Basin, India. International Journal of River Basin Management, 3 (1): 31-41.

Mishra A K, Singh V P, Desai V R. 2009. Drought characterization: a probabilistic approach. Stochastic Environmental Research and Risk Assessment, 23 (1): 41-55.

Mishra A K, Singh V P. 2010. A review of drought concepts. Journal of Hydrology, 391 (1-2): 202-216.

Mishra A K, Singh V P. 2011. Drought modeling - A review. Journal of Hydrology, 403: 157-175.

Munger T T. 1916. Graphic method of representing and comparing drought intensities. Monthly Weather Review, 44: 642-643.

Nalbantis I, Tsakiris G. 2009. Assessment of hydrological drought revisited. Water Resources Management, 23 (5): 881-897.

Narasimhan B, Srinivasan R. 2005. Development and evaluation of soil moisture deficit index (SMDI) and evapotranspiration deficit index (ETDI) for agricultural drought monitoring. Agricutural and Forest Meteorology, 133: 69-88.

Nelson R B. 1999. An Introduction to Copulas. New York: Springer.

Pal J S, Small E E, Eltahir E A B. 2000. Simulation of regional-scale water and energy budgets: representation of subgrid cloud and precipitation processes within RegCM. Journal of Geophysical Research Atmospheres, 105 (D24): 29579-29594.

Palmer W C. 1965. Meteorologic drought, U. S. Weather Bureau, Research Paper No. 45.

Palmer W C. 1968. Keeping track of crop moisture conditions, nationwide: the new crop moisture index. Weatherwise, 21: 156-161.

Penman H L. 1948. Natural evaporation from open water, bare soil and glass. Proc. Roy. Soc. London 193A: 120-146.

Rao A R, Padmanabhan G. 1984. Analysis and modeling of Palmer' s drought index series. Journal of Hydrology, 68: 211-229.

Shafer B A, Dezman L E. 1982. Development of a surface water supply index (SWSI) to assess the severity of drought conditions in snowpack runoff areas Proceedings of the (50th) 1982 Annual Western Snow Conference, Fort Collins, CO, Colorado State University: 164-175.

Shiau J T. 2006. Fitting drought duration and severity with two-dimensional copulas. Water Resources Management, 20 (5): 795-815.

Shukla S, Wood A W. 2008. Use of a standardized runoff index for characterizing hydrologic drought. Geophysical Research Letters, 35 (2): 226-236.

Smakhtin V U. 2001. Low flow hydrology: a review. Journal of Hydrology, 240 (3-4): 147-186.

Solmon F, Mallet M, Elguindi N, et al. 2008. Dust aerosol impact on regional precipitation over western Africa, mechanisms and sensitivity to absorption properties. Geophysical Research Letters, 35 (24): 851-854.

Song S, Singh V P. 2010. Meta- elliptical copulas for drought frequency analysis of periodic hydrologic data. Stochastic Environmental Research and Risk Assessment, 24 (3): 425-444.

Soule P T. 1993. Spatial patterns of drought frequency and duration in the contiguous USA based on multiple drought event definitions. International Journal of Climatology, 12: 11-24.

Steven C. 2010. Chapra, Raymond P. Canale, Numerical Methods for Engineers, Sixth Edition. New York: McGraw-Hill.

Szalai S, Szinell C, Zoboki J. 2000. Drought monitoring in Hungary. In: Early Warning Systems for Drought Preparedness and Drought Management. WMO, Geneva: 161-176.

Tallaksen L M, Hisdal H, Henny A J, et al. 2009. Space-time modelling of catchment scale drought characteristics. Journal of Hydrology, 375: 363-372.

Tallaksen L M, Hisdal H, Lanen H A J V. 2009. Space- time modelling of catchment scale drought characteristics. Journal of Hydrology, 375 (3): 363-372.

Tallaksen L M, Madsen H, Clausen B. 1997. On the definition and modelling of streamflow drought duration and deficit volume. Hydrological Sciences Journal, 42 (1): 15-33.

Texas A & M Research Foundation. 2007. Drought Monitoring Index for Texas. American: the Texas Water Development Board.

Thornthwaite C W. 1948. An approach toward a rational classification of climate. Geographic Review, 38: 55-94.

Tsakiris G, Vangelis H. 2005. Establishing a drought index incorporating evapotranspiration. Europe Water: 3-11.

Van M P. 1965. A rainfall anomaly index independent of time and space. Notos 14: 43.

Wang G L. 2005. Agricultural drought in a future climate: results from 15 global climate models participating in the IPCC 4th assessment. Climate Dynamics, 25: 739-753.

Weghorst K M. 1996. The reclamation drought index: guidelines and practical applications. Bureau of Reclamation, Denver, CO.

Wilhite D A, Glantz M H. 1985. Understanding the drought phenomenon: the role of definitions. Water International, 10: 111-120.

Wilhite D A. 2000. Drought: a global assessment, natural hazards and disasters series. London & New York: Routledge.

Wills T, Newsome B. 2008. Beginning Microsoft Visual Basic 2008. Indianapolis, John Wiley & Sons.

WMO. 2016. The global climate 2011- 2015, World Meteorological Organization. http: //apo. org. au/node/70399 [2016-5-1].

Xiong W, Holman I, Erda L. 2010. Climate change, water availability and future cereal production in China. Agriculture, Ecosystems and Environment, 135: 58- 69.

Yevjevich V. 1983. Methods for determing statistical properties of droughts. Colorado: Water Resources Publications.

Yi C, Wei S, Hendrey G. 2014. Warming climate extends dryness-controlled areas of terrestrial carbon sequestration. Scientific Reports, 4 (4): 5472.

Zavareh K. 1999. The duration and severity of drought over eastern Australia simulated by a coupled ocean-atmosphere GCM with a transient. Environmental Modelling & Software, 14: 243-252.

Zhang H Q, Li Y H. 2009. Potential impacts of land- use on climate variability and extremes. Advances in Atmospheric Sciences, 26 (5): 840-854.

özger M, Mishra A K, Singh V P. 2009. Low frequency variability in drought events associated with climate indices. Journal of Hydrology, 364: 152-162.